纺织服装高等教育“十三五”部委级规划教材

服装立体裁剪（2版）

DRAPING FOR APPAREL DESIGN

於琳 张杏 赵敏 编著

東華大學出版社 ·上海

前言

服装作为技术与艺术结合的产物，日益成为人们美化身体、展现个性、体现审美情趣的重要载体。服装立体裁剪作为服装结构设计的重要技术，是将面料覆在人体或人体模型上直接塑型、裁剪，并最终获得平面样板。其作为从服装设计到成衣过程中的一个重要环节，对表达服饰外形美及结构美的效果产生着重要影响。因此在服装立体裁剪教学中，不仅要教会学生裁剪的技巧，还应加强学生审美能力的培养，以适应服装艺术专业教学的需求。

服装造型设计的过程是对人体着装进行创造的过程，立体裁剪作为直观的造型手法，其独有的直接性能使服装造型设计者更加方便、快捷地再现服装构成各要素之间的比例分配关系以及相互依存和交错的多种形式，因此在实践中可大胆尝试新方法、新构思，使服装的语言更加丰富和更具有感染力。

本书共分九章，包括服装立体裁剪的理论知识、所需的工具与材料以及衣身、衣领、衣袖、裙装、生活类服装和礼服类服装的裁剪方法等。全书对每一知识点都进行了详细的阐述与分析，内容安排循序渐进，实践性非常强。本书第一章、第四章、第五章、第六章由张杏编写，第二章、第八章、第九章由於琳编写，第三章、第七章由赵敏编写。全书由於琳统稿。由于编写时间及制作条件的限制，本书尚有不足之处，望同行、专家们给予批评指正。

本书在编写过程中参考了大量书籍资料，也得到南通大学和其他兄弟院校同仁及服装设计专业学生们的大力支持，在此谨表谢意；同时感谢东华大学出版社为此书提供出版的机会。

作者

目录

第一章　立体裁剪概述

学习目标

在学习立体裁剪操作技法之前，对立体裁剪的基本知识点进行系统地了解，并认识立体裁剪与平面裁剪的差异性和联系性，以在实际操作中能充分运用立体裁剪理论知识，实现理论与实践的有效结合。

第一节　关于立体裁剪

一、立体裁剪的概念和特征

立体裁剪是区别于服装平面制图的一种裁剪方法，是完成服装款式造型的重要手段之一。它主要采用立体造型分析的方法来确定服装结构的形状，完成服装款式的纸样设计。服装立体裁剪在法国被称为“抄近裁剪(cauge)”，在美国和英国被称为“覆盖裁剪(dyapiag)”，在日本则被称为“立体裁断”。它是直接将面料覆盖在人台(人体模型)上，通过分割、折叠、抽缩、拉伸、编织等技术手法制成预先构思好的服装造型，然后从人台上取下完成的衣片并平铺在平台上进行修片，将其转换成服装纸样，最后再缝合制成服装的一种技术手段。

立体裁剪的特征有如下几点：

(1)立体裁剪能直接感触面料的特性。相对于平面裁剪而言，立体裁剪更能在空间造型中对面料进行一种预想性应用和改造，将面料的特性最大限度地发挥于衣服的设计中。

(2)立体裁剪能直接观察造型的可塑性。设计者可以根据自身的设计思维直接作用于人体模型上，并能同时观察到操作结果，对其造型进行及时调整，增强设计者对作品的直观理解，有利于思维拓展。

(3)立体裁剪能直观地对人体与服装之间的空间形态进行调整。立体裁剪通常被认为是一种“软雕塑”(图1-1-1)，这就决定了立体裁剪在某种程度上跟雕塑相似，只不过这种空间是以人体为媒介，作用于服装之中。立体裁剪是游走于人体与服装之间的一种在空间形态中进行创作的艺术行为。

由于立体裁剪的直观性，使得其在操作过程中比较便捷、自由。另外，因其较强的可操作性，也使初学者能在实践中较快地掌握基础的操作方法。

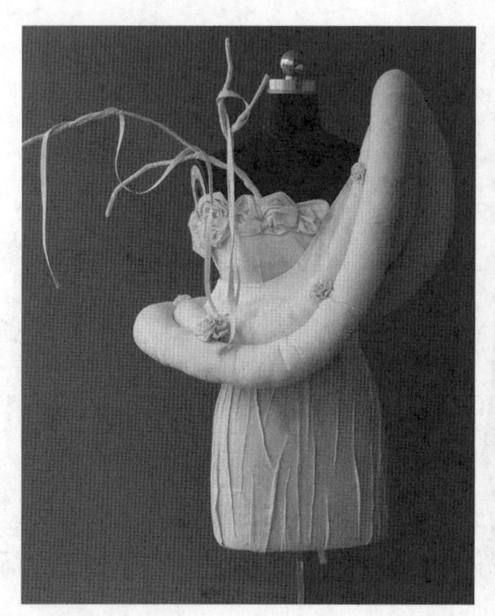

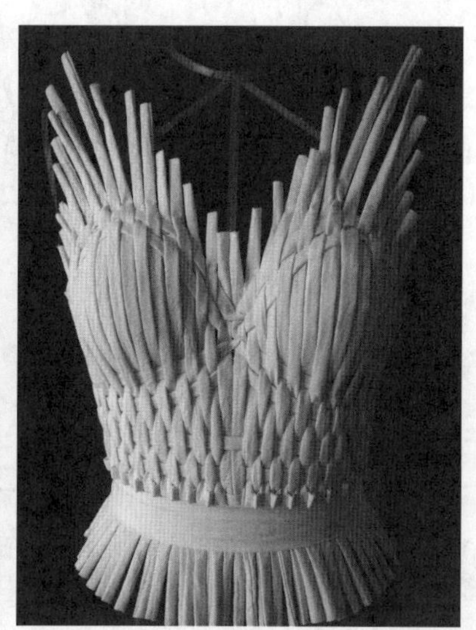

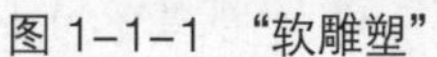
图1-1-1　“软雕塑”

二、立体裁剪的发展

立体裁剪是随着服装文明的发展而产生与发展的。在西方服装史上对服装造型的分类，一般分为非成型、半成型和成型三个阶段，每个阶段都很好地诠释了西方服装史的发展过程。立体裁剪产生于西方服装发展史上的第三个阶段，也就是历史上的哥特时期。在这一时期，随着西方人文主义哲学和审美观的确立，在日耳曼窄衣文化的基础上逐渐形成了强调女性人体曲线的立体造型。这种造型促成了一种既定的立体空间意识形态，从此成为西方女装的主体造型。因此，欧洲历史上的哥特时期也是欧洲服装史上窄衣文化形成的重要时期。

13至15世纪是服装史上的一个重要时期，是东西方服饰结构发展的时间交叉点。13至15世纪欧洲在经济和社会方面产生了深刻的变革，其思想、文化和艺术也得到了空前的发展。这一时期的艺术风格通常被称为"哥特式"风格。此时期受建筑风格的影响，衣服在裁剪方法上出现了新的突破。过去宽衣时代的衣服构成有一种很强的平面性，其裁剪属于古典式或东方式的"直线裁剪"。虽然罗马时代衣服也曾收腰，但那还只是从一片两侧向里挖剪，仍未摆脱宽衣时代的衣服结构。而此时期的新的裁剪方法则是从前、后、侧三个方向去掉了胸腰之差的多余部分。值得注意的是，从袖根到下摆，在侧面加进数条三角形布。这些不规则的三角形布之间，在腰身处形成了许多棱形空间，这就是现在衣服上的"省"(英语称"Dart")，如图1-1-2所示[1]。这样就构成一个过去衣片上所不曾有过的侧面空间。正是由于这个侧面的形成，才把衣服的裁剪方法从古代平面的二维空间构成的宽衣中彻底分离出来，确立了近代三维空间构成的窄衣基型。也就在这时，西方的服装和东方的服装在构成形式和构成观念上彻底分道扬镳(图1-1-3)。

18世纪洛可可服装风格的确立，强调了女性身体的三围差别，紧身衣的普及更是体现了其注重衣身立体效果，其中华托长裙是18世纪洛可可风格的代表，见图1-1-4。另外一个影响立体裁剪的重要因素是，由于文艺复兴时期注重面料的装饰，纹样风格厚重华丽，服饰造型夸张并伴有填充物的流行，这些都对立体裁剪技术的发展起着促进作用。而真正将立体裁剪作为生产设计灵感手段的是20世纪20年代的设计大师玛德琳·维奥尼。对人体的真正尊重是这位"女裁缝"的成功秘诀。在设计中她几乎从不画平面设计图，而是将面料直接在人体上反复缠绕、打褶、固定和裁剪。她认为，利用人体模型进行立体裁剪造型是设计服装的唯一途径，并在设计的基础上首创了斜裁法。所谓"斜裁"就是将面料斜过来，使裁剪的中心线与布料的经纱呈45°夹角。这样裁剪出来的衣服有着极佳的悬垂感，同时面料的光泽也发生了微妙的变化，尤其是把柔软的丝质面料斜裁成合体的长裙，会显得更加飘逸，能突出身体的曲线，十分

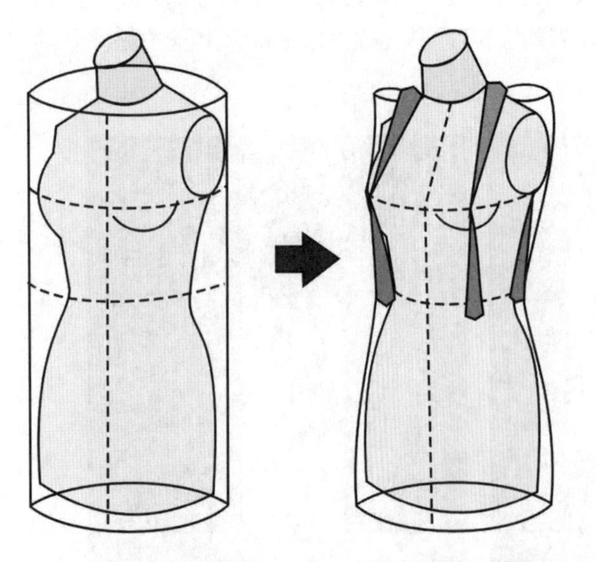

图1-1-2 从平面性到"省"的出现是服装在空间意识上的重要转变

图1-1-3 哥特时期在裁剪方法上出现新的突破，确定了欧洲三维空间构成窄衣文化的起点，以格陵兰长袍为代表

[1]吴永红.从元代长袍和格陵兰长衣看中西方服装结构的差异[D].北京：北京服装学院，2006.

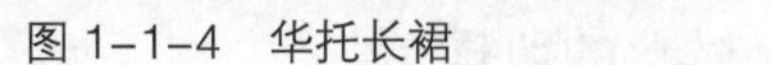

图 1-1-4　华托长裙

图 1-1-5　创作中的玛德琳·维奥尼及其设计的作品

性感。斜裁技术发动了服装史上的一次重大革命，相对于延续了千百年的直裁历史而言，实际上斜裁法是建立了人与服装的一种新空间关系。这种在人体上直接进行的手工立体裁剪，使服装无论在形态结构还是艺术效果上，都与人体达到了自然和谐的状态，使服装进入了一个新的前景（图 1-1-5）。

随着消费需求的不断提高，时装定制开始普及。因为定制服装要求合体度高，立体裁剪技术在服装的定制过程中逐渐得到发展，所以以实际人体为基础进行立体裁剪是必然的。这种方法一直沿用到今天的高级时装制作中。随着成衣业的发展，人们开始采用一种标准尺寸的人体模型替代人体来完成某个服装号型的立体裁剪。另外，针对一些特体人群的需求，立体裁剪可以根据这些实际人体体型要求在人体模型上进行直观地修补和调整，以便取得更合理的平面纸样数据，从而定制出合体的服装。

三、立体裁剪与平面裁剪的关系

在说明立体裁剪和平面裁剪的关系之前，先将两者做一个优势与特点方面的比较分析，以便能更好地认识立体裁剪和平面裁剪的相互关系。

1. 平面裁剪的优势与特点

（1）平面裁剪是最普遍的服装制作方式，是经过长期实践经验总结而得。因此，其理论性很强且接受面广。

（2）平面裁剪的尺寸较为固定，有得到广泛认可的统一标准，比例分配相对合理，具有较广的使用范围和较强的操作稳定性。

（3）平面裁剪的操作性强、接受度高，对于一些批量生产的定型产品而言，是提高生产效率的一个有效方式。

（4）在松量的控制上，平面裁剪有较为具体的计算公式，能有据可依。

2. 立体裁剪的优势与特点

（1）立体裁剪是以人台或模特为操作对象，是一种具象操作，所以具有较高的适体性和科学性。

（2）立体裁剪的整个过程实际上是二次设计、结构设计以及裁剪的集合体，操作的过程实质就是一个美感体验的过程，因此立体裁剪有助于设计的完善。

（3）立体裁剪是直接对布料进行操作的一种方式，所以对面料的性能有更强的感受，在造型表达上也更加多样化。许多富有创造性的造型都是运用立体裁剪来完成的。

（4）立体裁剪具有较强的随机性，促进了设计者自由创作的思维。

综上所述，立体裁剪和平面裁剪为服装结构设计的两种不同的方法，有着自身的优势和不同，两者殊途同归、相辅相成、相互渗透。立体裁剪离不开平面裁剪的支持，因为立体裁剪的最终目的是得到平面纸样，但在批量化的工业生产中还要结合平面推档技术将纸样进行系列化；平面裁剪也离不开立体裁剪，因为平面裁剪来源于人体的原型，而原型的确定就是大量立体裁剪原型结构的分析与归纳。另外，立体试样又为观察修正服装和累积平面裁剪经验提供了参考和现实依据，尤其是对特殊人体构造的需求具有绝对的适体优势。

第二节 立体裁剪的艺术性

一、造型的形式美

立体裁剪的直观性和随机性，使设计者在创作时可以对服装进行更高要求的造型塑形，这就决定了立体裁剪这种“软雕塑”的艺术手法比平面裁剪更能强调服装廓形和面料二次设计的艺术表现。

在立体裁剪中，塑造的造型也要讲求形式美感，其中包括服装的廓形美和面料的造型美，这两者又与构成艺术的形式美法则密不可分，如对称法则、均衡法则、比例法则、对比法则、反复法则、旋律法则、视错法则、调和法则等。其中，对称法则是服装造型中最基本、最常用的法则，是指图形或物体的对称轴两侧或中心点的四周在大小、形状和排列组合上具有一一对应关系。在立体裁剪中经常以前、后中线为对称轴或者以某个点为中心点进行局部对称的相关设计。图 1-2-1 中的造型就是运用对称美法则的造型设计，以前中心线为对称轴对胸部造型进行了对称设计，达到视觉平稳和心理平衡的审美要求。而均衡法则与对称法则相比较，没有那种单调、四平八稳的感觉，更富有动感，也相对活泼，见图 1-2-2。图 1-2-3 是一款创意型上衣，在造型设计中运用了韵律美法则，将编织元素作为音符，奏响着既重复又有变化的旋律。当然，在造型的时候往往不能用到每一个形式美元素，因此在造型中应把握好各元素的主次，平衡它们的相互关系。例如，在一立裁作品中其造型可能在强调对称美的同时，也运用到了韵律美和重复美，于是在形式美作用于造型的特征上时，某些元素也就自然形成。因此，在造型与形式美的相互渗透中存在必然性和偶然性，才使得造型看上去更加自然和谐。

二、材料的肌理美

随着现代纺织科技的发展，各种新型服装材料推陈出新。为了提高服装的外观品质、增强审美感受、体现设计理念和独特风格，优秀服装设计师通常都善于在服装材料上巧妙运用肌理美来表达自身的艺术手法。在服装设计领域，肌理被认为是“服装产品表象所具有的纹理效果”，它既可以指服装材料本身的特质，也可以指材料在制造过程中或服装造型设计中产生的外观效果。在服装设计中，各种材料外表的肌理是指其表面具有自然存在或人为加工的能被人的视觉或触觉所感受到的质感纹理。

由于服装材料的肌理是通过其表面形态赋予人们在视觉或触觉上的某种感知，因此肌理可有视觉肌

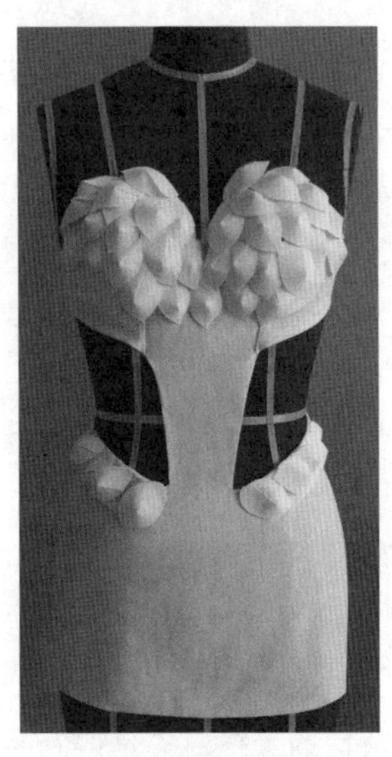

图 1-2-1 对称美的造型设计

图 1-2-2 均衡美的造型设计

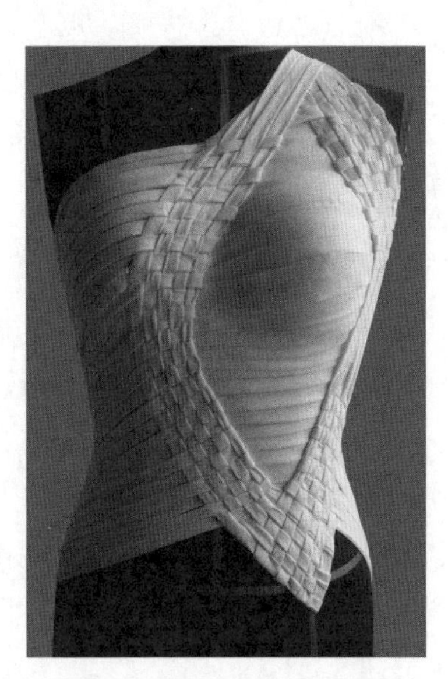

图 1-2-3 韵律美的造型设计

理和触觉肌理两类。视觉肌理是可以直接用肉眼看到服装材料的特质和形象，并可以不借助于触摸就能对其材料的肌理形态进行判断和鉴别。常见于一些带有绘画艺术、刺绣艺术等的服装面料，或者在这些材料上装饰某些具象的饰物，如珍珠、金线、贝壳等，都能直接被视觉感知。图 1-2-4 中的礼服造型，以花朵为基本元素进行重复排列和堆积，形成特殊的视觉肌理。而触觉肌理是指通过皮肤的接触而能被感知到的肌理，一般通过手的接触来对服装材料进行鉴别和判断。最常见的就是毛皮类织物，另外带有提花、暗花、粗糙、凹凸、起伏等手感的服装材料都是触觉肌理的典型例子。在立体裁剪中，常通过运用层叠、堆积、抽缩、拼贴、镂空、缠绕、分割、编织等各种设计技法对服装材料进行二次创造。图 1-2-5 中的服装造型，运用堆积、镂空的技法充分表现出了独特的触觉冲击力的肌理美，使本身简单、平庸的面料变得层次分明，具有空间感。

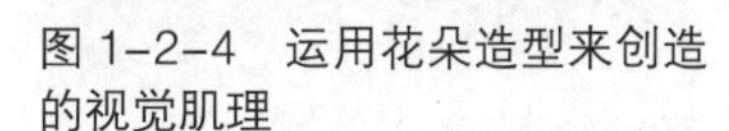

图 1-2-4　运用花朵造型来创造的视觉肌理

图 1-2-5　运用堆积和镂空的技法体现出面料的触觉肌理美

第三节　立体裁剪的训练方法

一、模仿阶段

对大多数初学者来说，在立体裁剪学习中的模仿阶段是一条必经且也是一个重要的学习阶段。这就好比初学画画的人，临摹就是一个很好的学习方法。由于立体裁剪的表现方法相对于平面裁剪而言要灵活得多，因此模仿阶段的训练有一定难度。但是，立体裁剪毕竟是一门技法训练与创意训练相结合的课程，因此它也有既定的训练模式和操作程序。初学者在模仿阶段的训练中要牢记立体裁剪的操作程序，以便为后期的创作阶段训练打下基础。

立体裁剪的基本操作程序如下：

（1）确定服装的款式。只有确认了自己所要操作的款式，才能清楚地进行服装结构的变化。

（2）选择合适的人台。根据设计对象的体型选择合适的人台，必要时还要对人台进行补正以达到合体。

（3）标记服装款式造型线。将服装款式的重要造型线用标识线粘贴在人台上，以方便后面的操作。

（4）进行初步造型。以坯布或面料为材料，用大头针、剪刀以及记号笔等为辅助工具进行服装款式初步造型。

（5）做点影记号或贴色带。在初步造型完成的衣片上做点影记号或用色带做标识。

（6）修片。将布片从人台上取下并平铺，依据点影记号或色带进行画线、整理，修剪缝份，得到衣片。

（7）将完成的衣片缝合后并穿于人台上，审视服装造型并调整，得到最终的服装造型。

（8）根据最后完成的衣片进行描图，制作纸样。

（9）制作成衣。将面料依据完成的纸样进行剪裁，并缝制成型。

以上是立体裁剪学习的基本步骤，是每个初学者都必须掌握的。在模仿学习阶段对这些基本程序的掌握程度，决定着学习者后来创作的熟练程度。在模仿学习阶段还应注意以下基本程序操作的要点：

（1）选择可操作性强的款式。在模仿学习阶段，选择的服装款式不应过于复杂。一般初学者很容易犯这样的错误，即只注重款式的造型美和独特性而往往忽视了可操作性。因为在很多初学者眼里，立体裁剪的操作程序貌似简单，但实际操作起来却会发现有很多不明白的地方，一旦选择的款式过于复杂，就会给自身的模仿学习造成困难。

（2）重视做点影记号或贴色带。初学者很容易把做点影记号或贴色带当做是可有可无的，或不太重视。其实恰恰相反，做点影记号或贴色带，能够减小人台上的衣片结构尺寸与取下衣片后的结构尺寸的误差。

（3）重视平面纸样。初学者在学习立体裁剪时往往忽视平面纸样。其实，在人台上操作得到的衣片依然要回归到平面纸样。因此，修片是个重要的步骤，要将在人台上裁剪得到的衣片放到平台上进行修正调整，以便得到更为清晰的平面纸样，这样才能符合最初的设计。

二、创作阶段

创作阶段已经是比较自由发挥的设计阶段了。相对于模仿阶段，这个阶段的训练更讲究自身在基本技法熟练掌握的基础上对服装结构及其造型轮廓进行创意。在创作训练阶段中最为明显的两个学习难点如下：

（1）如何克服在模仿阶段学习中造成的依赖性。在前期模仿学习阶段，大多数人都会产生一种学习惯性，这种惯性会影响到创作阶段的学习。模仿阶段学习主要是为了帮助学习者更为有效地掌握立体裁剪的基本步骤和操作方法，所以会不断地对成衣作品或者展现基础技法的款式进行模仿训练，以确定能达到独立进行操作的熟练程度。因此，在模仿的过程中难免会被别人的训练技法所影响而形成惯性，所以在创作中学会摒弃习惯性技法的影响是一大难点。

（2）对创作阶段学习的误解。在创作训练过程中，很多学习者以为创作是无序的、杂乱无章的。又由于立体裁剪具有直观性特征，使创作阶段的学习增添了很多趣味性和随机性，这通常也符合创作自由不断变化的特性。在创作中不经意萌发的设计灵感随时会推翻先前的设计构想，创作阶段中总是有不可预见的偶然性。但同时也得明白一点，很多个偶然性会导致必然性的结果。因此，在创作阶段的学习中，很多创作手法还是必须依据基本技法步骤和立体裁剪的基本规律来进行，否则就很难有好的作品。所以在教学中，建议学生随身携带相机和笔纸，随时记录在立体裁剪创作时设计的轮廓样式，以便与后来的操作效果进行对比，从而取得更合理、更佳的造型。

第四节　立体裁剪的构思与表现

立体裁剪具有直观操作性，因此在表现形式上相较于平面裁剪而言，其具有更多的表达方式。设计师们都知道，并不是所有的设计都能被准确地表达出来，立体裁剪也一样。构思的合理性是需要去证实和实际操作的，构思很巧妙但是在操作上却出现不合理性，这种构思与表现的矛盾有时候在立体裁剪中会表现得很突出。这就需要一个从草图到直接表现的设计流程。

一、草图

绘制草图是设计中必不可少的一个步骤，是设计者对自己构思的一个初步确定。立体裁剪在操作前也需要绘制一个草图，以帮助设计者将脑海中抽象的款式具象化，尤其对于初学者来说，绘制草图更是一个必不可少的步骤。当设计思维由脑海转移到纸上时，它就代表着一个想法诞生，且随着对草图的不断修改和细化，设计款式将会越来越清晰（图 1-4-1）。

二、复稿

复稿就是在草图的基础上进一步修改，不断充实细节，有的还可以配上面料小样，这样使设计者在操作前能做更充分的准备。复稿比草稿在很多方面都有了进一步的细化，如款式的轮廓细节、装饰的细节、服装结构的细节以及色彩的细节等，尤其对具有一些特殊图案的服装款式，复稿时就必须将这样的图案表现清楚，以便设计者更能准确把握成衣的效果（图 1-4-2）。

三、直接表现

立体裁剪的构思过程不同于平面裁剪，它既可以先绘好效果图，依图造型，也可以仅在一个抽象的构思基础上直接设计，因为立体裁剪技术的突出的特点之一就是可操作性较强，即在操作过程中可随时调整原始设计的轮廓及其内部结构。但随时调整并不意味着可以随便操作。立体裁剪是可以直接将面料甚至是非纺织品材料覆于人台上，进行服装的轮廓设计与装饰，这就要求必须充分考虑面料和材料的悬垂

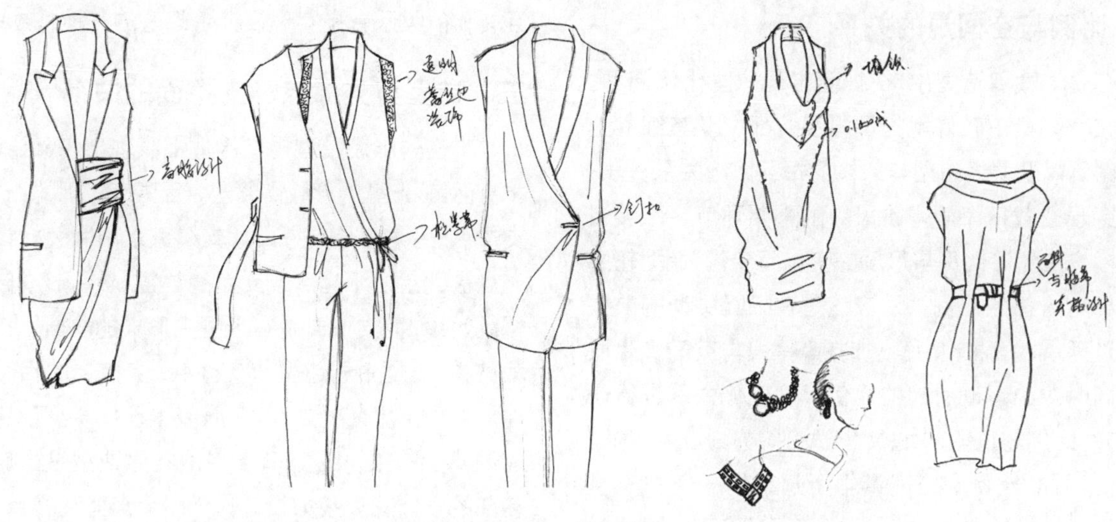

图 1-4-1　草图范例

图 1-4-2　复稿范例（相对于草图有了更多的细节）

性、可塑性、柔软度以及质感等。因此，直接表现最为关键的是如何有效、合理地利用材料在人台上准确地表达出设计作品。

第五节　立体裁剪的思考要点

一、造型与材质的关系

在立体裁剪中，为实现特有的创意思维会采用一些特殊材质，例如绳结类、纸张类、塑料类等很多看似跟服装没有关系的塑型材质（图 1-5-1）。因此，在利用材质的时候要充分考虑到材质的特性和质感。对于常规面料的使用要注意其悬垂性、柔软度、透明度和可塑性等；对于非纺织品的材质要充分考虑到材质在造型后的可成形性，以便保证在取下人台后的成衣制作造型与人台造型相吻合。所以，正确选择和利用材质表现服装造型的空间美感是立体裁剪学习中的一个重点。

二、结构与人体的关系

结构是服装的骨架，在一味追求造型和结构美感性的同时，也要考虑人体的合理性，这也是很多设计者容易忽视的问题。当设计者面对人台时，脑海里总是在强调服装结构的成型性，而很少考虑人体在实际穿着时的舒适性、便利性。人体是运动的，不同于人台，它需要一定的活动空间，这也是在平面裁剪时总是会强调放松量的原因。同样，在立体裁剪中也要考虑放松量，尤其是一些特殊造型，一定要做好对放松量的把握，特别是针对使用不同面料时需要不同的放松量。通过目测、手感或仪器工具度量，对人体进行观察与研究，设计出既具有美感又符合人体变化特征的服装结构，这是设计任何造型的基础。

三、比例与空间量的关系

在立体裁剪造型中，往往会出现一些比例问题。如何在空间量中较好地把握服装各部位及其细节的相互比例以及服装造型与人体的相互比例关系，是一直贯穿于立裁每个学习阶段中的重要环节。服装造型的多样性随着比例与尺度的变化而变化，造型轮廓的大小与人体的比例关系应该是在相互协调的前提下通过延展、扭曲、收缩、加减等手段与空间产生联系。同时对由运动引起的比例尺度变化关系进行研究，如对比例与造型、功能、舒适度等方面“量”的考虑等。因此，比例在空间量里所起到的一个“量化”作用是帮助设计者更好掌控造型全局的关键。

四、平面与空间的关系

之所以提出平面与空间相互关系的思考，是因为立体裁剪训练中有必要回归到平面修片的步骤中。前面探讨过立体裁剪的基本步骤，其中做点影记号（或贴色带）和修片都是为了更准确地得到立裁造型中的衣片细节，创作从空间到平面，使造型有更科学的数据和更合理的轮廓来支持。那么设计者在创作时应考虑空间上得到的结果是否也能在平面中实现，这就是一个相互衔接和补充的关系。设计者肯定不希望在三维空间里创作的造型只能固定在人台上而不能真正在人体上完美展现，那么关注空间和平面相互转化的关系就是实现设计者想法的一种有效手段。

五、造型与支撑点、支撑面的关系

丰富的服装造型需在人体上表现出来，但就服装本身而言，造型的形成需要两个因素来实现的：一个是支撑点，另一个是支撑面。支撑点是由服装材料的某一点被固定处于起点或支点的位置，从而形成自然的褶纹效果；而支撑面是在造型中形成的块面。在立体裁剪中，正是由于造型与支撑点、支撑面的相互关系才能体现出服装的外观，使服装呈现出多样动感且带有韵律的美感。图 1-5-2 中的礼服造型是由肩部至胯部的立体花束装饰设计作为一个典型支撑点，成为设计的亮点。图 1-5-3 中的服装造型是将面料做出错落有致的立体褶纹，形成支撑面的同时体现出该款服装的精髓所在。因此，在造型的塑造中考虑支撑点、支撑面的位置是形成造型的重心点，依据该点能做出丰富自然的造型装饰。

同步练习

在本章的学习中，需要把握关于立体裁剪的基本知识，并思考立体裁剪和平面裁剪在相互转化的过程中需要注意的要点，尤其对立体裁剪的思考要点需进一步的理解，并在要点中提炼更精髓的内容。

图 1-5-1 运用旧报纸制作的礼服

图 1-5-2　肩部至胯部的花束装饰形成服装的设计亮点

图 1-5-3 立体褶纹形成服装的造型重点

第二章　立体裁剪的工具与准备

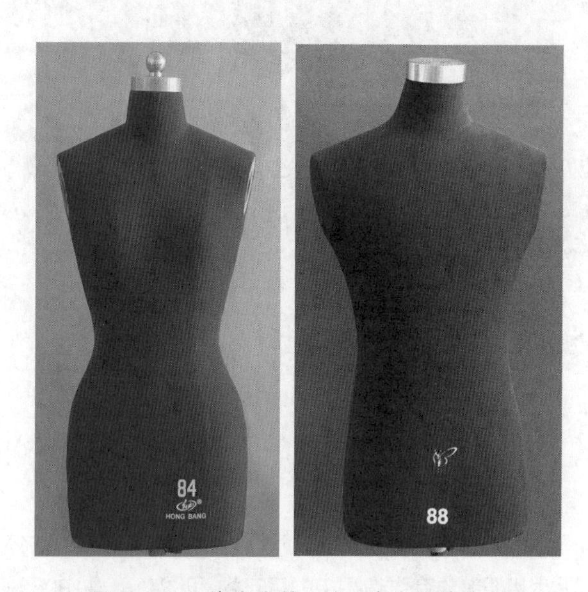

图 2-1-1　半身女体人台、半身男体人台

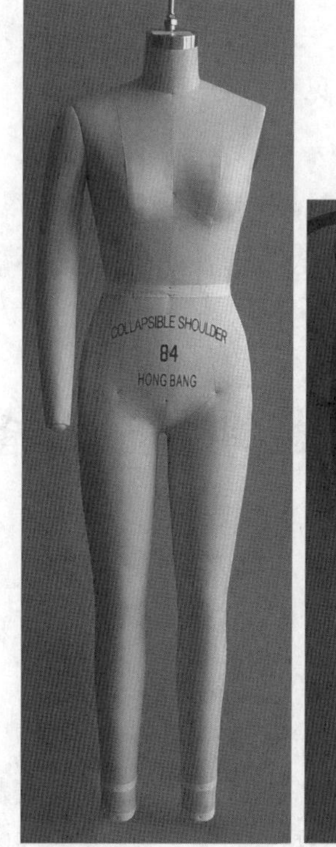

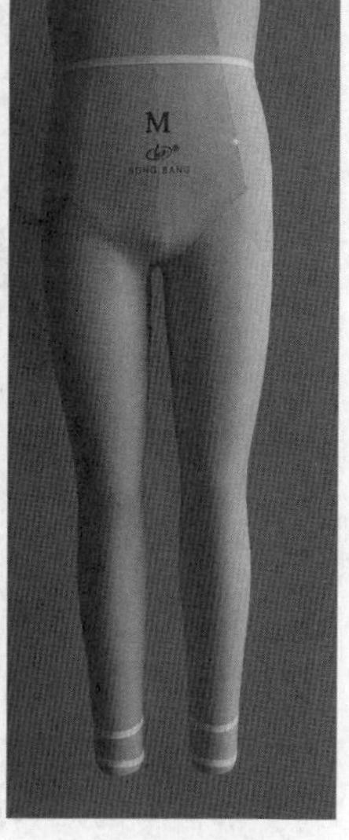

图 2-1-2　全身女体人台、女下体人台

学习目标

了解立体裁剪所需要的工具，并通过实践掌握坯布的整理过程、预裁方法等。学会制作手臂模型，学会人台标识线的标定、人台模型的补正等，为下一步立体裁剪操作做好充分的准备。

第一节　立体裁剪的工具

人台、布料、大头针、剪刀是立体裁剪必备的基本工具。

一、人台

人台又称为人体模型，是人体的替代品，从根本上解决了在人体上进行立体裁剪的不便，因此它是立体裁剪最基本的工具之一。人台的尺寸规格及造型的准确性，直接影响立体裁剪工作的效率和服装成品的质量。人台的分类方法很多：按加放松量分类可分为成衣人台和裸体人台；按性别和年龄分类可分为女体人台、男体人台和童体人台；按设计的目的和用途分类可分为试衣用人台、展示用人台和立裁用人台；按人体国别分类可分为法式人台、美式人台、日式人台等；此外按操作需要分类还可分为全身人台、半身人台。选择人台时应注意各部位尺寸比例应与实际人体相符，质地也要软硬适度，富有弹性，便于插针，见图 2-1-1、图 2-1-2。

二、手臂模型

手臂模型作为人体手臂的替代品，也是立体裁剪不可缺少的工具。手臂模型可以自由装卸，用时只要将手臂固定在人台上即可，见图 2-1-3。

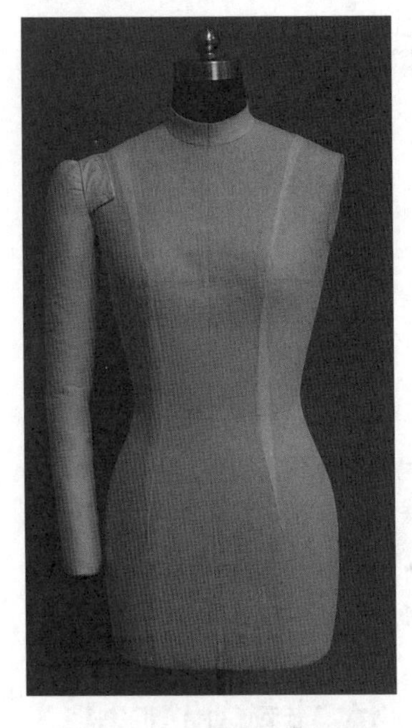

图 2-1-3 人台手臂模型

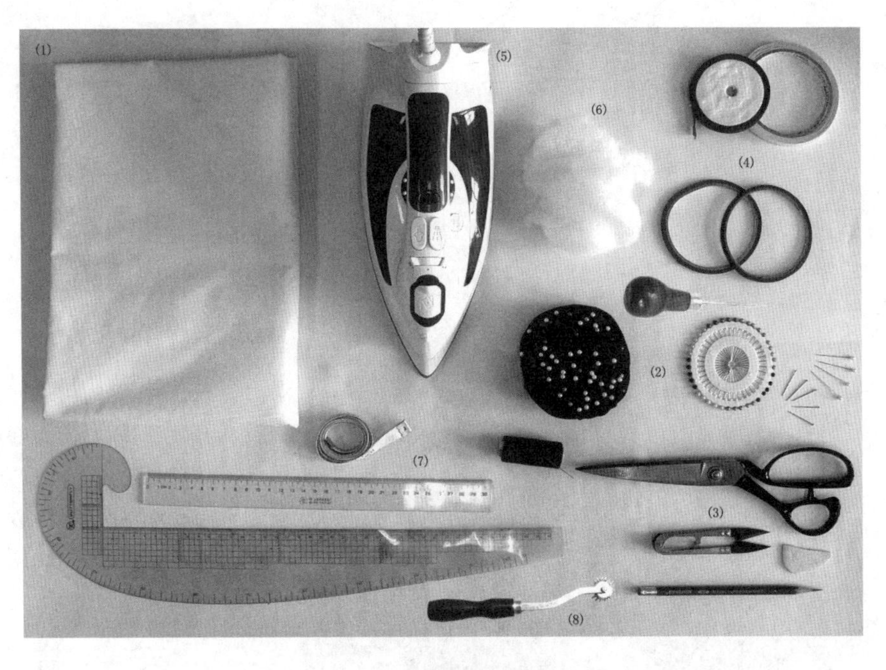

图 2-1-4 立裁所需材料及工具

三、其他材料和工具

1. 布料

立体裁剪所用布料的选择必须遵循与实际裁剪面料的性质相近的原则。为降低操作成本,一般选取白坯布作为代用布,见图 2-1-4 中(1)。

2. 大头针和针插

立体裁剪的专用大头针是用来固定布料和人台、布料和布料的媒介。其针身细长,约 3cm 左右,便于刺透多层布料。针插可自行制作,在裁剪过程中佩戴于手腕,便于针的收纳,见图 2-1-4 中(2)。

3. 剪刀

由于立体裁剪操作的独特性,剪刀可比裁剪用剪刀小一点,通常以 9 号、10 号为宜,见图 2-1-4 中(3)。

4. 粘带

粘带用于在人台上标记出人体的基础标识线,如胸围线、腰围线、臀围线等,同时也可以记录坯布造型的轮廓线。因其可以随意撕动,且在记录时可以随时调整其位置、形状、长短、方向等,使用非常方便。粘带的宽度越细越好,最宽不宜超过 0.5cm,见图 2-1-4 中(4)。

5. 熨斗、烫台

熨斗和烫台用来熨烫和整理坯布,坯布的平整程度和丝缕的平直程度直接影响服装的外观造型,见图 2-1-4 中(5)。

6. 棉花和腈纶棉

棉花和腈纶棉主要用来制作人台手臂和修正人台体型,也用于制作夸张造型中的填充物,见图 2-1-4 中(6)。

7. 铅笔、各类专用制图尺

铅笔用来标注坯布上的结构线,一般以点影线标注。立裁用尺包括直尺、三角板、6 字尺、软尺等,用于辅助修正服装板型轮廓,见图 2-1-4 中(7)。

8. 其他工具

除了以上的基本工具与材料外,画粉、齿状滚轮、锥子、牛皮纸等用来进行纸样拷贝和放缝,在立体裁剪中也是必须的,见图 2-1-4 中(8)。

第二节　立体裁剪的技术准备

一、坯布的准备

对坯布处理是否规范,直接影响立裁的规范性和科学性。坯布的准备需要以下三个步骤。

1. 坯布的取样

立体裁剪的第一步就是布料的取样,即对需要裁剪的某一衣片进行长度和宽度的预算并裁剪。操作时首先要将布料经向垂直,双手固定布料两端,预测该部位所需布料的长度，并用剪刀做刀眼。然后再将布按纬向方向测量所需布料的宽度，同样做记号。在操作中始终保证布料平整、丝缕平直。接着依据记号进行布料的剪裁。剪裁时可采用撕开法，即用剪刀剪约半公分的小口，然后用手撕开，这样能保证撕开口的丝缕齐整，但要力度适中，否则会使丝缕歪斜错位，见图 2-2-1。

2. 坯布丝缕的确定

必须确定取下的布样的丝缕方向，一般取经向方向，并要在坯布上用笔画出基准线（如前中心线、胸围线等），这样可以保证立体裁剪的准确性和规范性。确定坯布丝缕的正确方法有两种：一种是抽丝法，即将布样的经向丝线抽出，见图 2-2-2；另一种方法是在抽丝的空隙处嵌入红色（或其他深色）棉线作为经纱的标注线，这样更加明显，见图 2-2-3、图 2-2-4。

3. 坯布丝缕的检查与整理

布样丝缕的确定，可以为检验坯布的平整度提供科学的依据。一般以抽丝的位置为该布料的中轴线将布料进行对折，并用大头针固定。如果重叠的布料布边均对齐，则这块布料比较平整，未产生丝缕歪斜的现象，见图 2-2-5。如果重叠的布料产生皱褶或布边偏斜，则要运用归拔的熨烫手法来完成布料的整理。整理时可借用熨斗进行熨烫，短的地方进行拔烫，有余量的地方进行归烫，最后使两层布料布边对齐、纬纱垂直，见图 2-2-6。

只有经过以上三个步骤后，坯布才可达到立体裁剪的规范化要求，也就可以上人台操作了。图 2-2-7 是已经完成整理步骤的坯布。

二、立体裁剪的基础针法

正确使用大头针是进行立体裁剪必须掌握的技巧之一，其用法不当会使服装造型走样、变形，影响最终的服装制作效果。大头针的别法主要如下。

1. 固定针法

在立体裁剪中，最基本的针法就是固定针法，即将布料固定在人台上。固定针法可分为单针固定法和双针固定法，见图 2-2-8、图 2-2-9。

图 2-2-1 坯布的取样

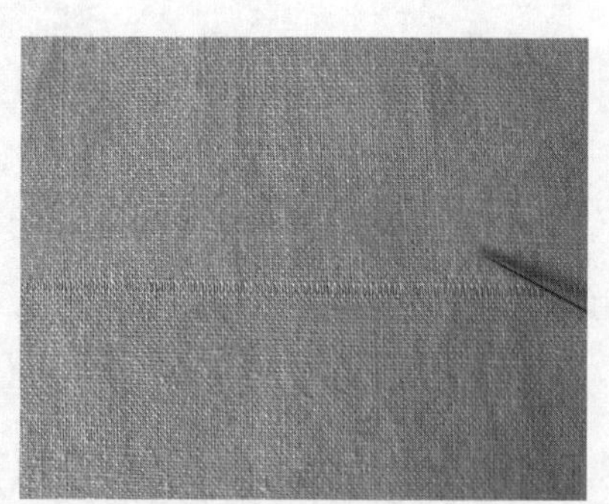

图 2-2-2 坯布抽丝的效果

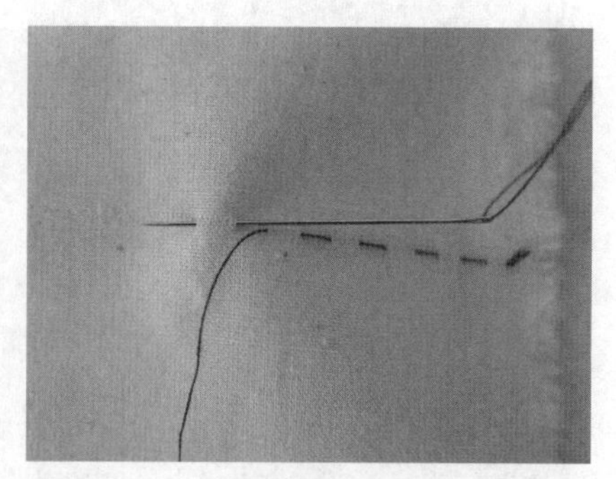

图 2-2-3 在抽丝的空隙处嵌入深色棉线

图 2-2-4 坯布丝缕的确定

图 2-2-5 运用布料对折的方法检查丝缕是否对称

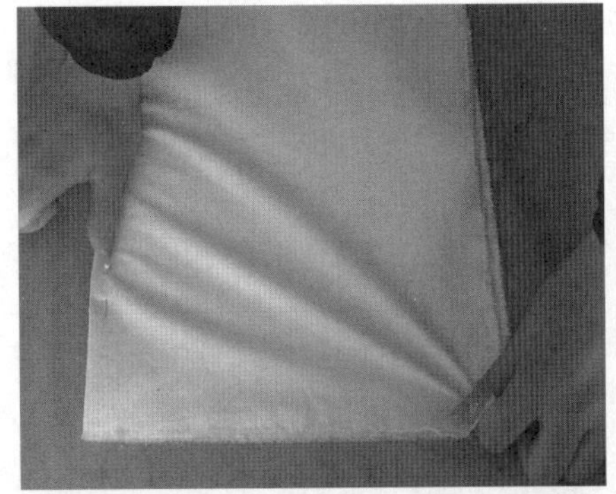

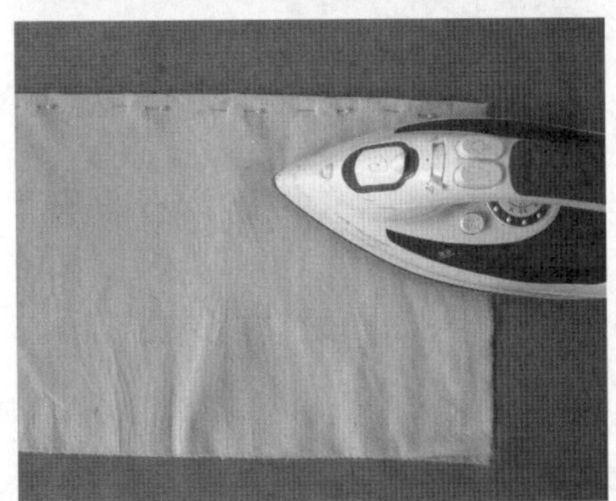

图 2-2-6 坯布的归拔处理

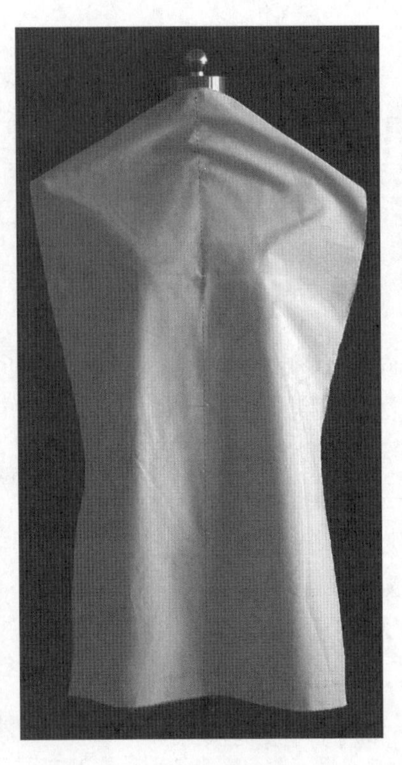

图 2-2-7 完成整理后的坯布

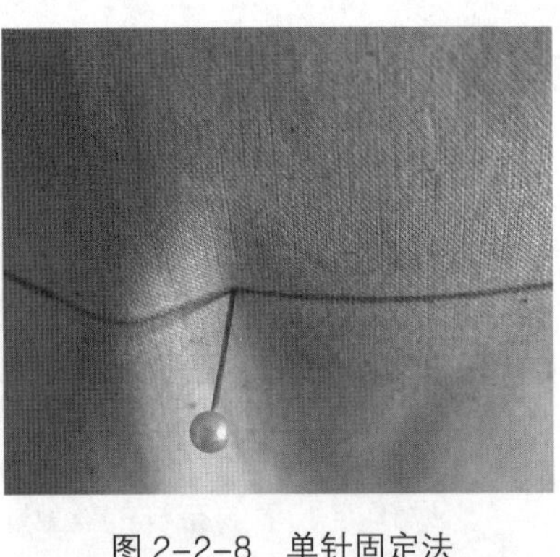

图 2-2-8 单针固定法

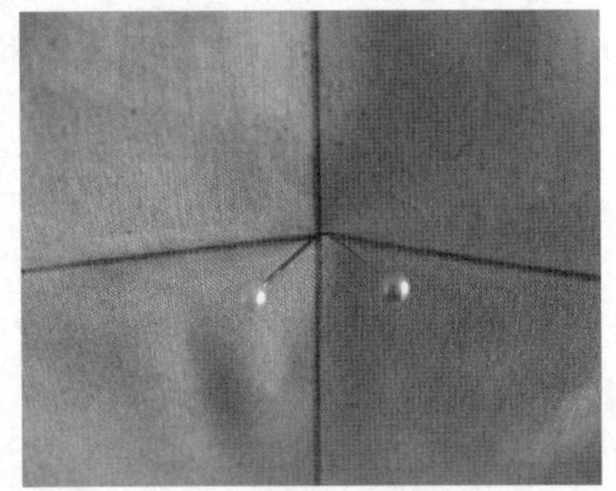

图 2-2-9 双针固定法

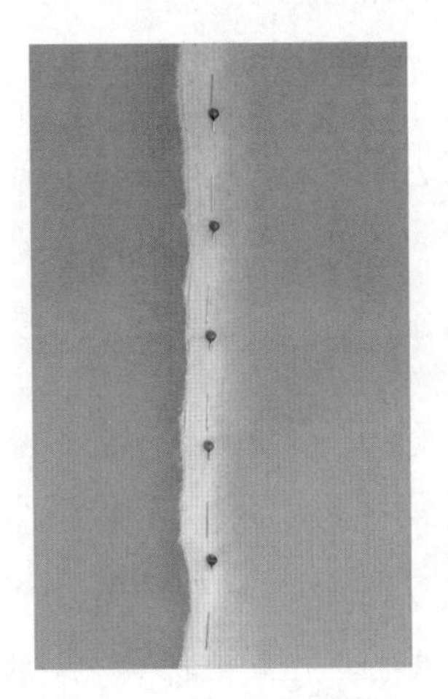

图 2-2-10 抓合固定法

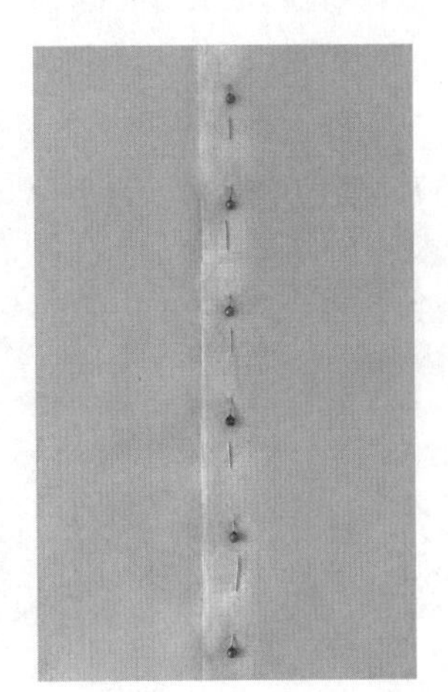

图 2-2-11 重叠固定法

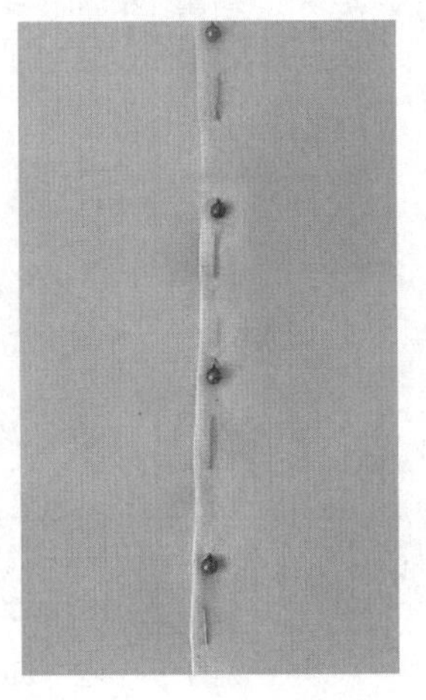

图 2-2-12 盖别固定法

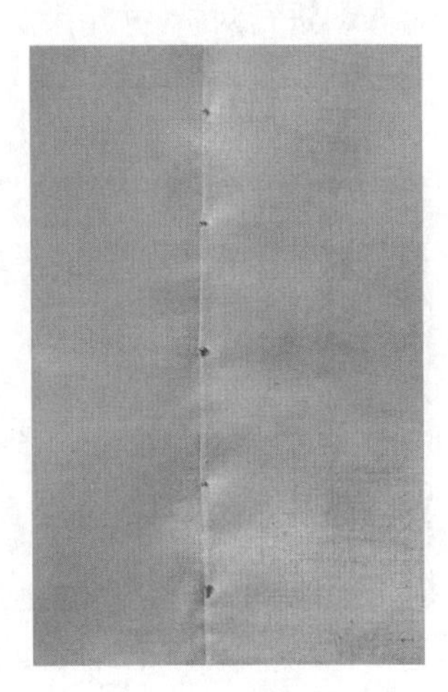

图 2-2-13 藏针固定法

2.连接针法

在裁剪中会有若干块布片需要连接，这就需要用到连接针法。连接针法大致分为以下四种。

1）抓合固定法

将两片布用手指尖掐起抓合，使布紧贴人台并用大头针固定，尽量使针靠近人台，针的位置就是最终缝合的位置，起到连接布料的作用，见图 2-2-10。

2）重叠固定法

两块布重叠 1cm，但布边不折叠，然后用大头针固定，也起到连接布料的作用，见图 2-2-11。

（3）盖别固定法

一块布折叠 1cm 并压在另一块布上，再用大头针固定，折叠的位置即为最终的缝合线。例如肩缝、育克等制作过程中均采用此种针法，见图 2-2-12。

（4）藏针固定法

一块布折叠 1cm 并压在另一块布上，再将针从折痕线处插入，并穿过另一块布，再回到第一块布的折痕处的针法。这种针法固定后从正面看只看到针尾，较好地显示出造型完成后的缝合效果，因此此针法更多地被运用于服装的假缝，见图 2-2-13。

无论哪种针法，在实际操作中都必须遵循：一是针的方向要一致；二是针与针的间距要均匀，否则会影响操作的规范性。

第三节　手臂模型的缝制及安装

自制的手臂模型要尽量与真人手臂相仿，能抬起和装卸。立体裁剪习惯以制作右半身为主，所以一般制作右手臂即可。制作手臂需要的材料有坯布、腈纶棉、棉花、硬纸板。制作手臂的具体步骤如下。

一、制图

手臂的制图包括两个部分：一部分是手臂芯的制图，见图 2-3-1；另一部分是手臂套的制图，分为手臂大袖片、手臂小袖片、臂根挡片、腕根挡片，见图 2-3-2。

二、裁剪

根据制图裁剪手臂大袖片、手臂小袖片、臂根挡

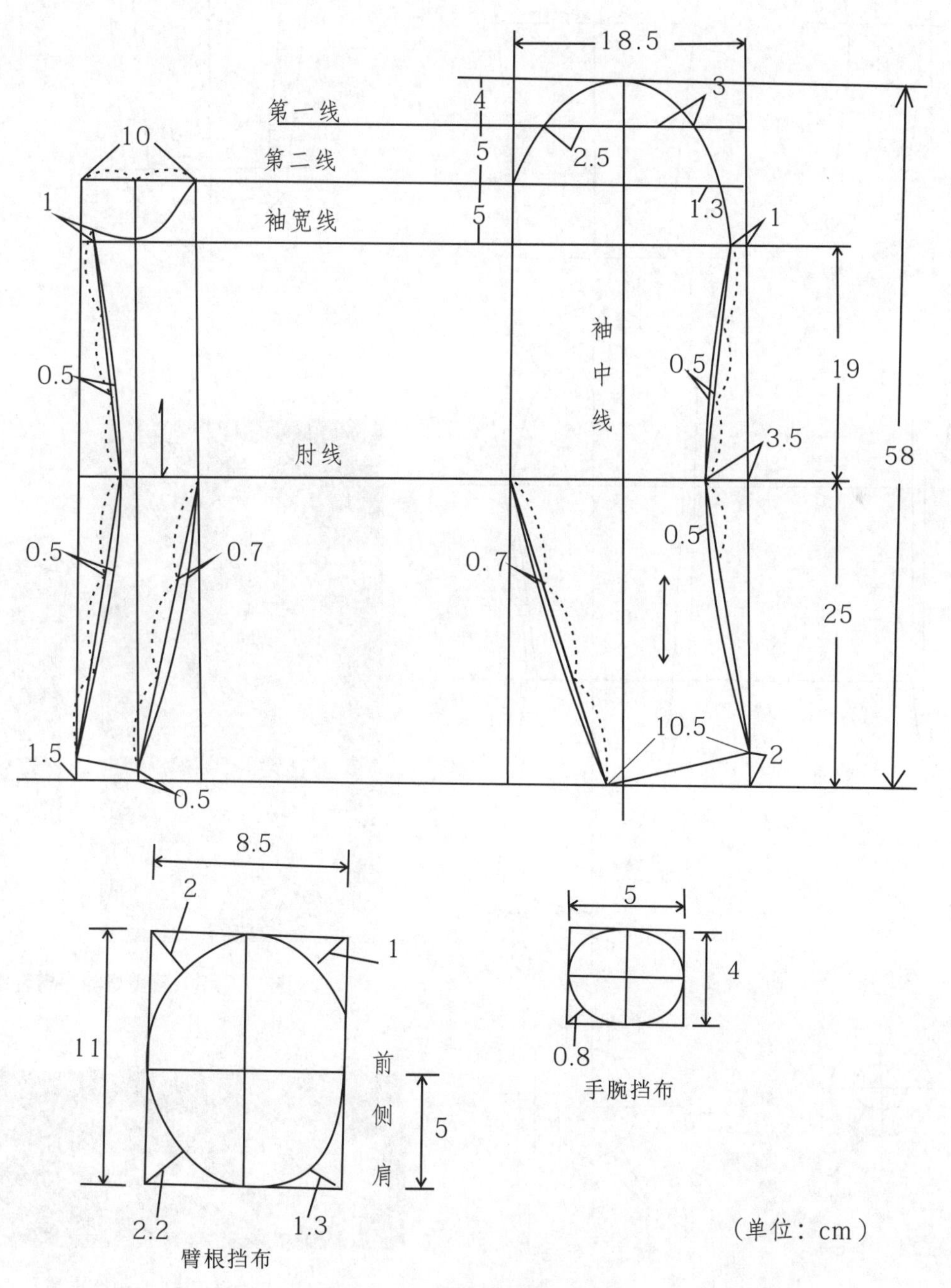

图 2-3-1　手臂芯的制图（单位：cm）

片布、腕根挡片布及手臂包裹布，见图 2-3-3。

三、缝制

首先对大袖片内侧的肘线部位进行拔烫或拉伸，小袖片内侧的肘处部位进行归拢，以保证缝合好的手臂模型与人的手臂造型相近。然后对齐大、小袖片的基础线，将大袖片和小袖片进行缝合，完成手臂套，见图 2-3-4。

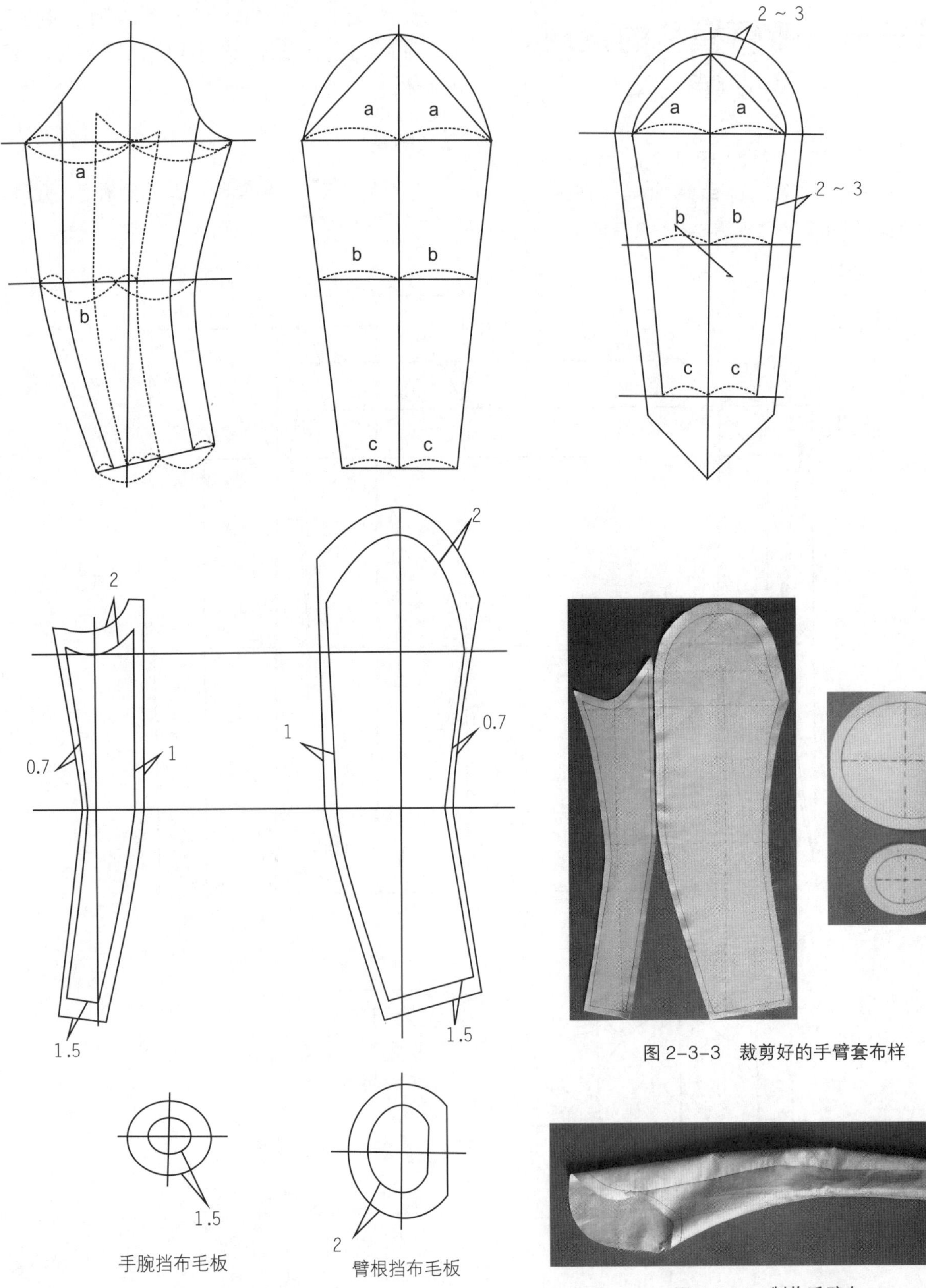

图 2-3-2 手臂套的制图（单位：cm）

图 2-3-3 裁剪好的手臂套布样

图 2-3-4 制作手臂套

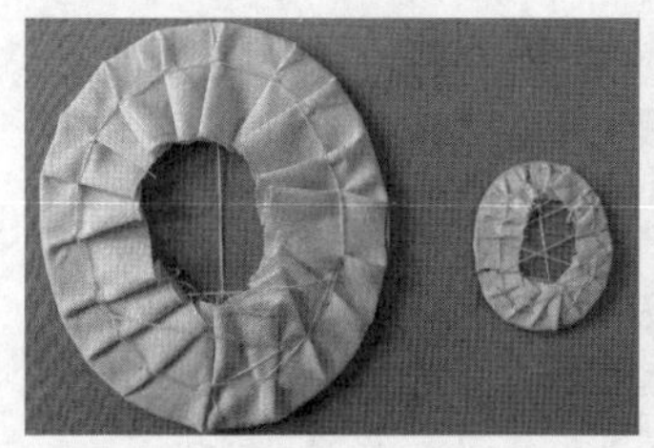
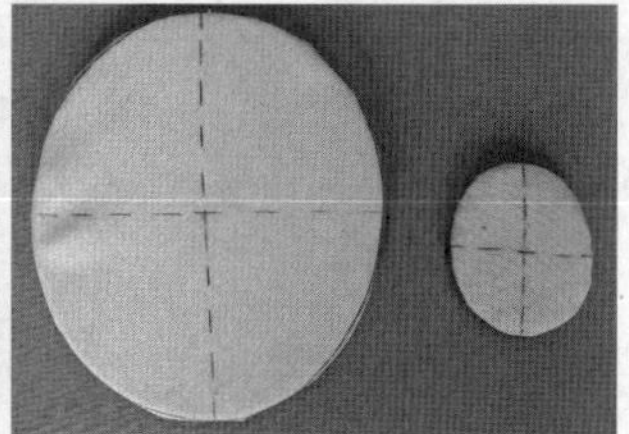

图 2-3-5　缝合臂根挡片布和腕根挡片布

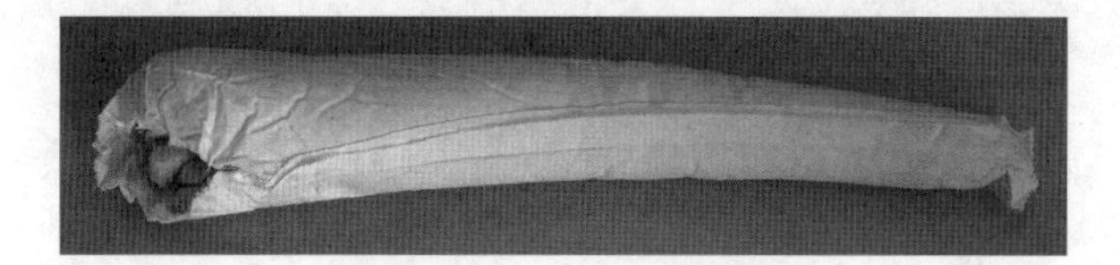

图 2-3-6　制作手臂芯

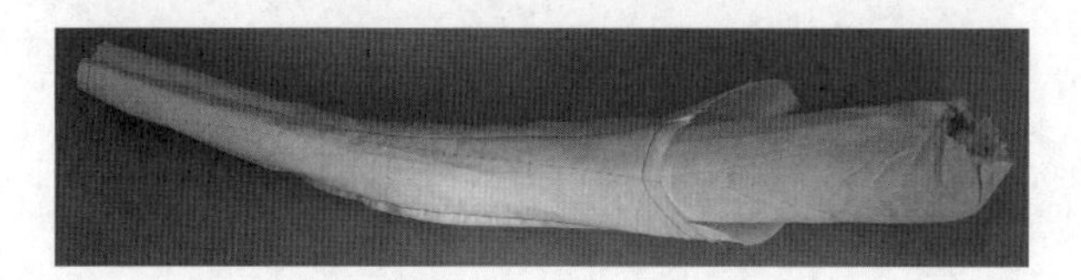

图 2-3-7　套入手臂芯

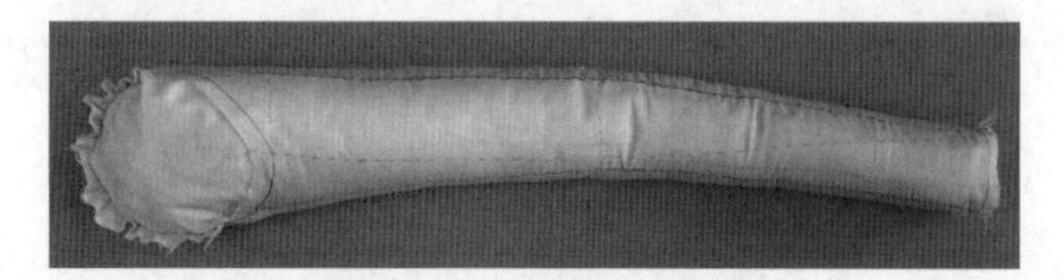

图 2-3-8　调整手臂形状

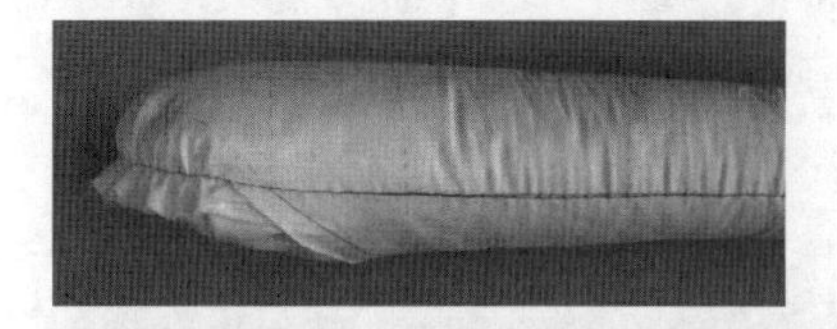
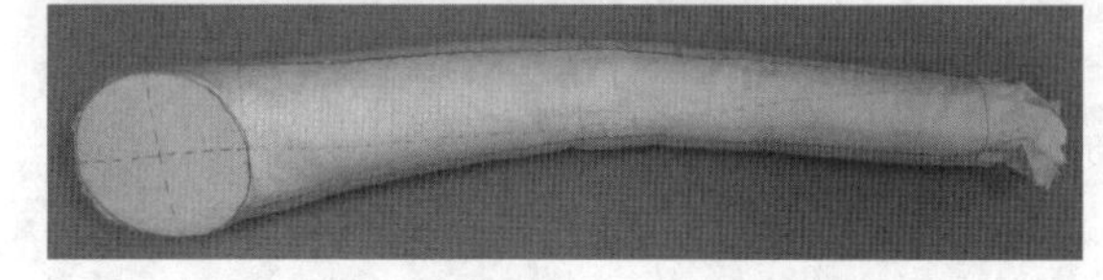

图 2-3-9　安装臂根挡片和腕根挡片

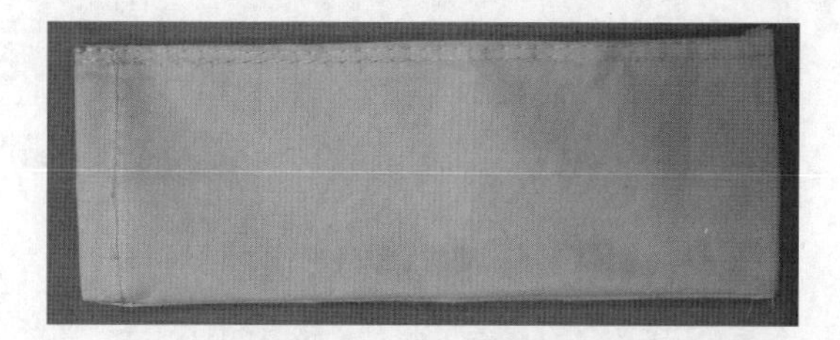

图 2-3-10　制作袖山布条

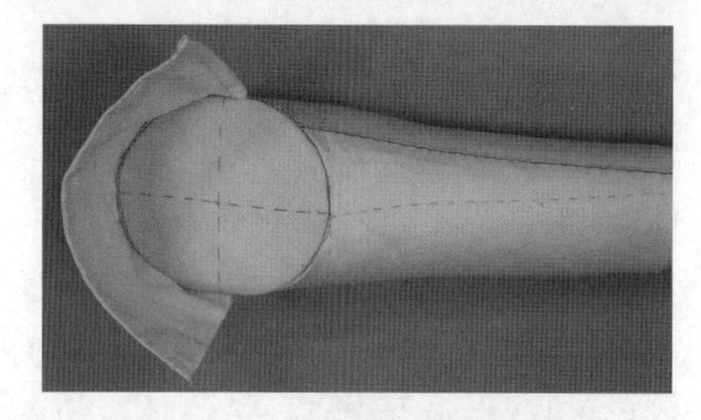

图 2-3-11　袖山布与手臂连接

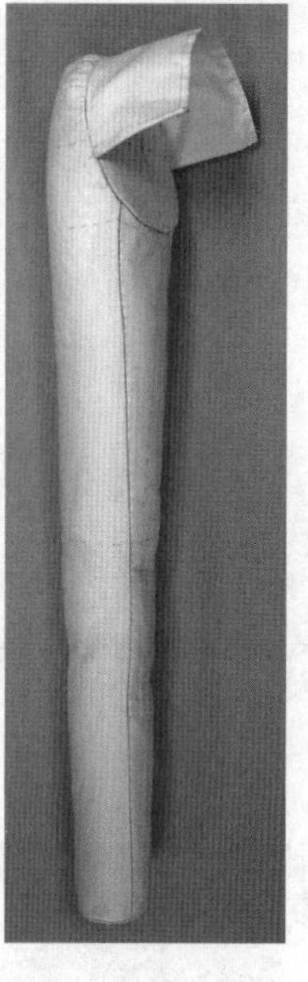

图 2-3-12　手臂模型制作完成

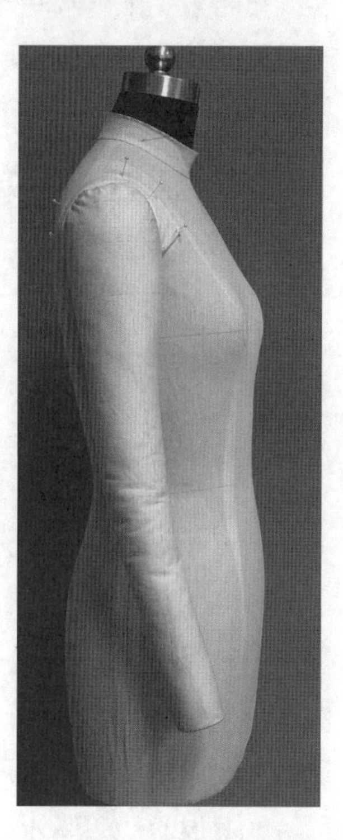

图 2-3-13　手臂模型安装示意图

在臂根挡片布和腕根挡片布内垫入硬纸板，然后进行缩缝缝合处理，见图 2-3-5。

先将铺好的腈纶棉或棉花卷成柱状，用包裹布包紧、缝合。由于包裹布是斜丝裁剪，所以很容易将包裹好的手臂芯调整出与手臂相似的弯势，见图 2-3-6。

为了使手臂芯顺利地插入缝制好的手臂筒中，需将手臂筒分段后插入手臂芯，见图 2-3-7。

既要保证手臂基准线的平直，又要使手臂呈现自然弯势。同时将两头多余面料向内折成光边，便于安装臂根挡片布和腕根挡片布，见图 2-3-8。

对手臂根部边缘进行缩缝处理，再用缲针法缝合臂根挡片和腕根挡片，并使各基准线对齐，见图 2-3-9。

袖山布条的作用是使手臂能与人台固定并可自由拆卸，布条可折成双层，见图 2-3-10。

用缲针法把袖山布条与袖山连接，见图 2-3-11。

手臂模型完成与安装示意图见图 2-3-12、图 2-3-13。

第四节 人台标识线的标定

人体是由许多不规则的多交曲面组成的一个较为复杂的三维立体结构。如果想制作出合体的服装造型，就必须先了解人体的曲面结构。

一、了解人体结构特征

在立体裁剪中为了分析与理解方便，通常把人体的曲面分解成若干个互相连接的多边形面，而面与面之间的相交线就形成了人体的结构线。这些多边形面以及它们相交的结构线是用平面布料塑造合体服装造型的重要依据，这也体现了人台标识线的重要性。如图 2-4-1 所示，已经贴好标识线的人台被分解成若干个面，这些不规则的平面就是服装裁片的基础。

二、人台标识线的标定要点

人台标识线是立体裁剪过程中的对位线与参考线，是保证布料纱线方向稳定的基础。在立体裁剪时基本的服装尺寸很少用尺去量，大多依靠人台上的标识线来确定服装各部位的数量关系和造型特征，因此标识线的作用就如尺子，它的标定是要非常准确的。

在标定标识线前，首先应将人台固定在架子上，并确保人台横截面呈水平状态。标识线应选择红色或黑色等与人台颜色形成对比的醒目粘带，所有纵向线（除公主线外）都应垂直于水平面，所有的横向线必须保持水平，即按照横平竖直的原则标定标识线。

三、人台标识线的标定步骤

人台标识线的标定的操作步骤见图 2-4-2 ~图 2-4-11。

图 2-4-1 人台标识线示意图

图 2-4-2 前中线的标定。用粘带自领围前中心点向下拉一条垂线，可在粘带下端悬一重物，以确保粘带垂直，然后再将粘带贴在人台上，即完成前中线的标定

图 2-4-3 后中线的标定。自领围后中点向下标定后中心线，方法同前中心线。小提示：前、后中线标定结束后，要用软尺检查前、后中心线左右的距离是否相等

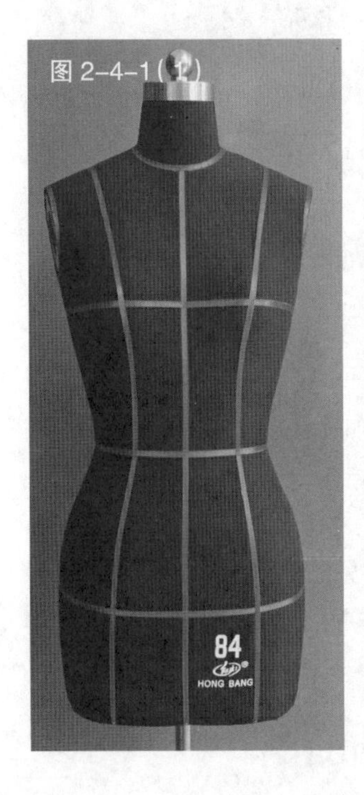

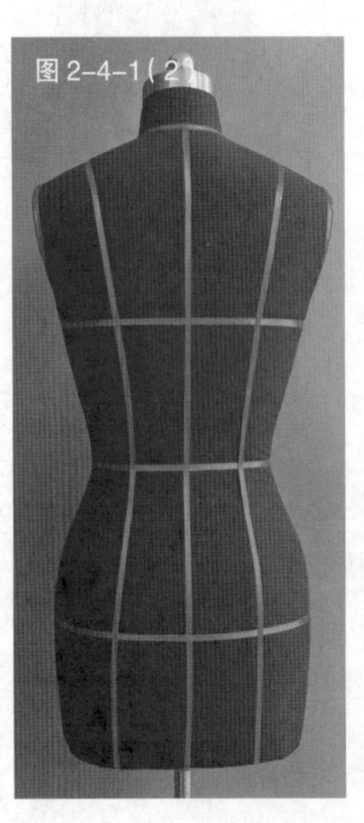

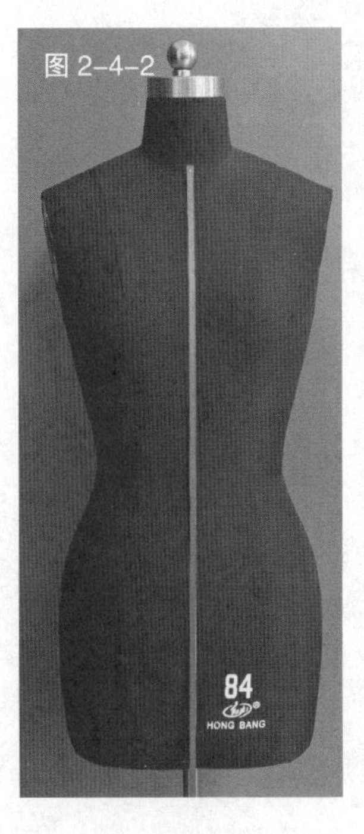

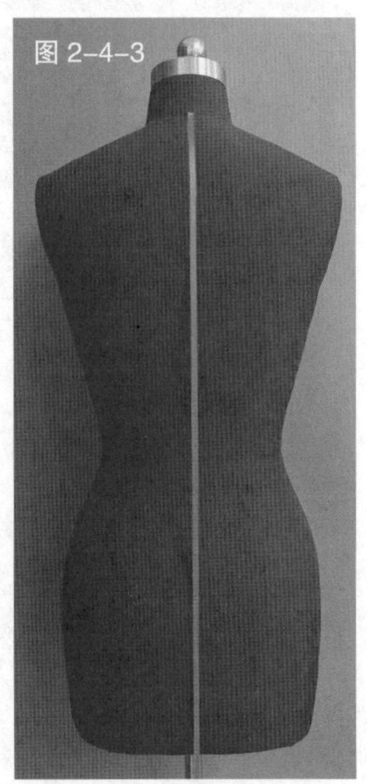

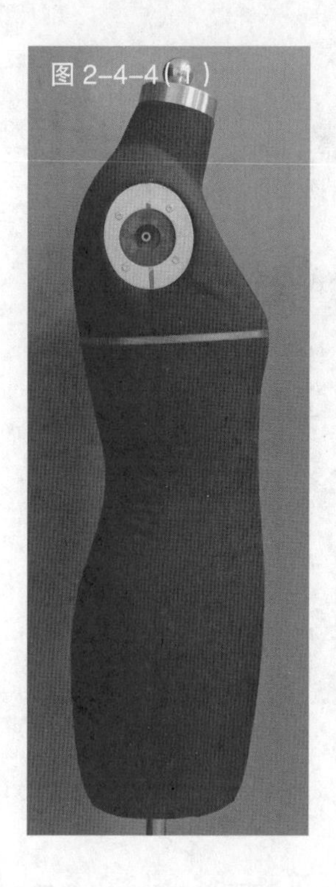
图 2-4-4(1)

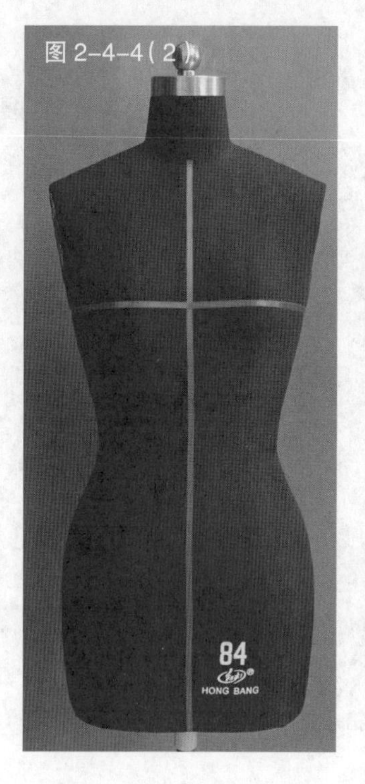

图 2-4-4(2)

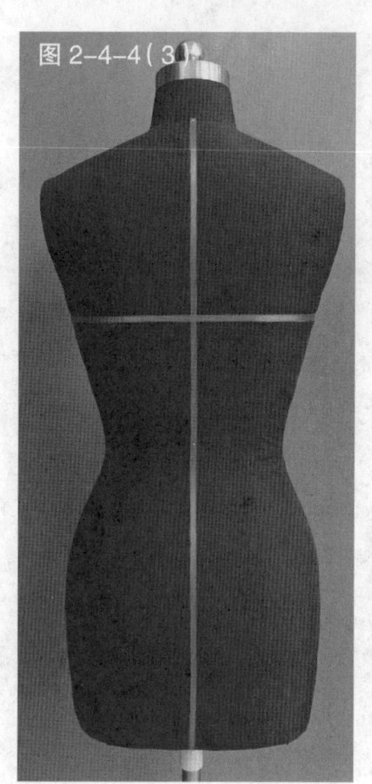
图 2-4-4(3)

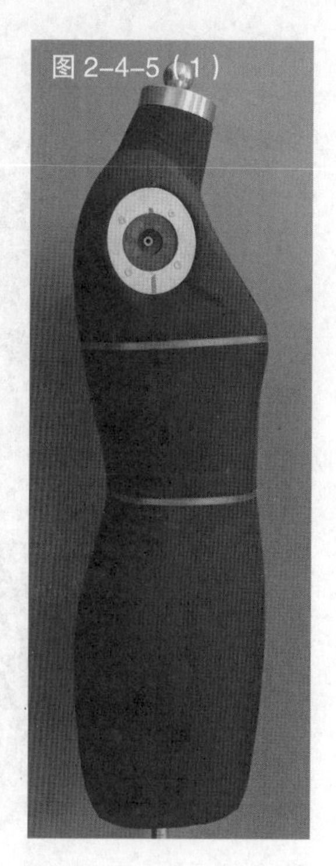
图 2-4-5(1)

图 2-4-4 胸围线的标定。可从人台正侧面找到胸高点，以此为起点环绕人台水平一周贴粘带。小提示：可利用测高仪检测胸围线上所有的点与地面的垂直距离是否相等

图 2-4-5 腰围线的标定。腰围线是腰部最细部位的水平线，可从人台正侧面找到腰部最低点，以此为起点环绕人台水平一周贴粘带。同样可利用测高仪来检测腰围线

图 2-4-6 臀围线的标定。臀围线是臀部最丰满处的水平线，可从人台正侧面找到臀部最突点，以此为起点环绕人台水平一周贴粘带。同样可利用测高仪来检测臀围线

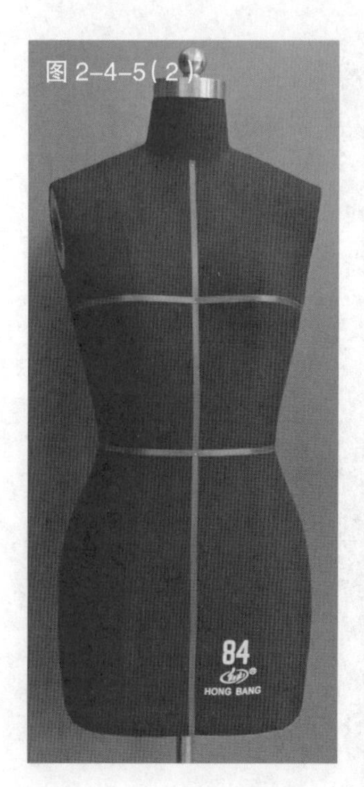

图 2-4-5(2)

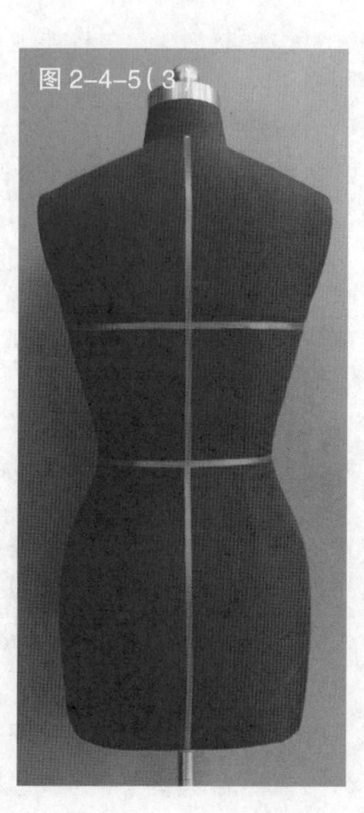
图 2-4-5(3)

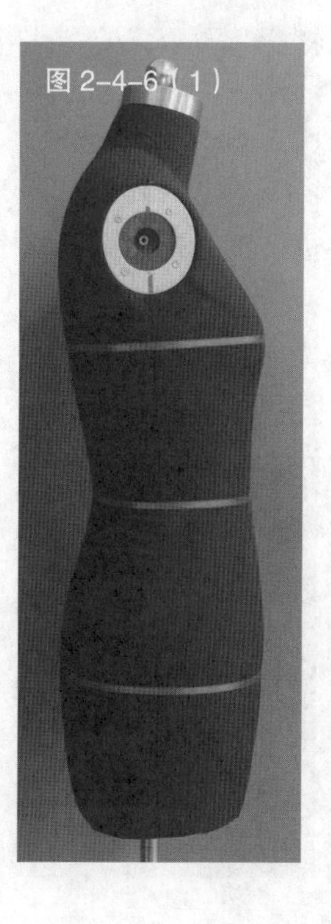
图 2-4-6(1)

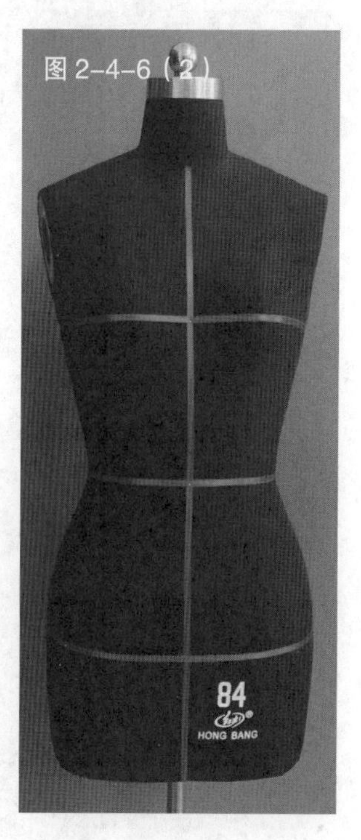

图 2-4-6(2)

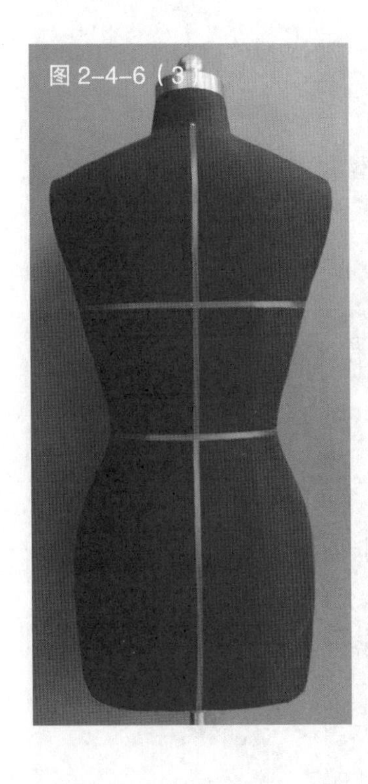
图 2-4-6（3）

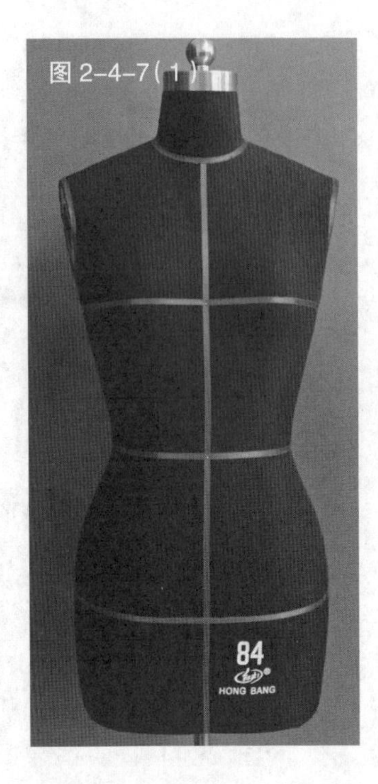
图 2-4-7（1）

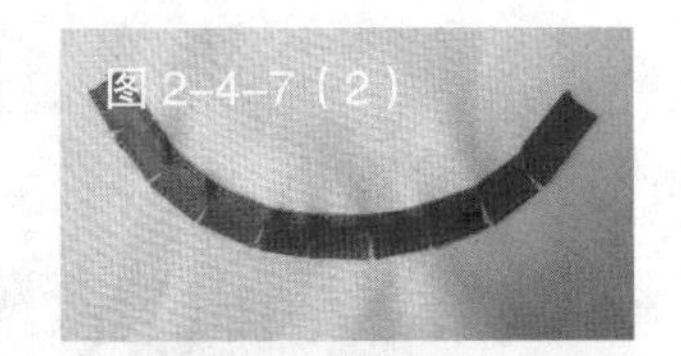
图 2-4-7（2）

图 2-4-7（3）

图 2-4-7　颈围线、手臂根部围线的标定。用软尺准确量出颈根围的尺寸，用粘带标定颈围线。同样，用粘带沿手臂根部环绕一圈标定，注意手臂根的前后弧线并不相同。小提示：贴合时将粘带下口剪刀口，便于贴出弧度

图 2-4-8　肩线的标定。由颈侧点到肩点的连线就是肩线。注意，颈侧点位于颈侧部中央厚实部位稍偏后的位置；肩点位于手臂根部围线的上部中点

图 2-4-9　前公主线的标定。从肩宽中点起，经过胸点（BP），斜向腰围线，再向外斜向臀围线直至人台底部。这样形成的前公主线在胸围线处较宽，在腰围线处变窄，在臀围线处又变宽，从而体现出三围尺寸的曲线美

图 2-4-10　后公主线的标定。从肩宽中点起，经过肩胛骨中心，然后斜向腰围线，再向外斜向臀围线直至人台底部。小提示：公主线又叫刀背线，形似大刀背的线条。它一般用于女装，能够修饰不太完美的体型，使人看起来身材挺拔修长，其流畅度直接影响服装外观造型

图 2-4-8

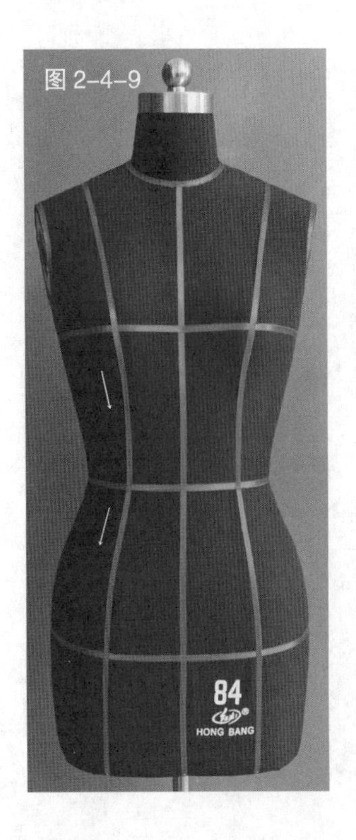
图 2-4-9

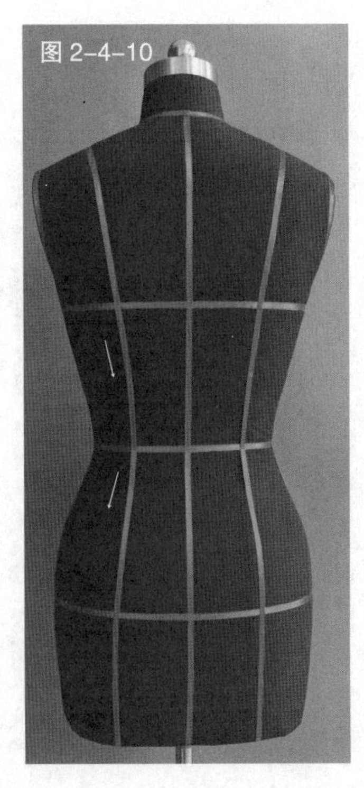
图 2-4-10

第五节 人台模型的补正

一、人台模型补正的目的

虽然人体模型是根据标准人体尺寸制作的，裁剪出的服装尺寸属于标准号型。但如果是为某一穿着者进行单件定制，并且他（她）的某一个或多个关键部位与人台的尺寸有明显偏差时，就需对现有人台进行相应的调整，使其与穿着者的体型接近，这样使立裁的造型更加符合穿着者。如胸围的大小、肩的高低、背部的厚度、腹部与臀部的丰满度等，尽可能将人台调整到与穿着者接近的体型。人台的补正通常无法采用削除的方法，只能采用加衬垫的方法调整出理想体型，主要材料一般为腈纶棉、成品胸垫或肩垫。

二、人台模型补正的方法

人台模型补正的方法见图 2-5-1 ~图 2-5-7。除这几个主要部位需要补正外，在裁剪时还会碰到其他一些特殊体型，如削肩、平肩、鸡胸、驼背、大肚、肥臀等，其均可采用腈纶棉作为填充物来进行尺寸或形态的补正。

图 2-5-1 胸部的补正。将腈纶棉修剪成适当的椭圆形并修薄边缘，用大头针固定于人台胸部来补正人台与穿着者胸乳形状或尺寸的差异，也可用成品胸垫来补正

图 2-5-2 腰部的补正。将适当宽度的腈纶棉围裹人台腰部位置，用软尺测量使其达到穿着者的腰部尺寸

图 2-5-3 胯臀部的补正。观察穿着者胯臀部与人台胯臀部的形状差异，并用软尺测量两者的尺寸差异，将腈纶棉修剪成合适的造型，并用大头针固定

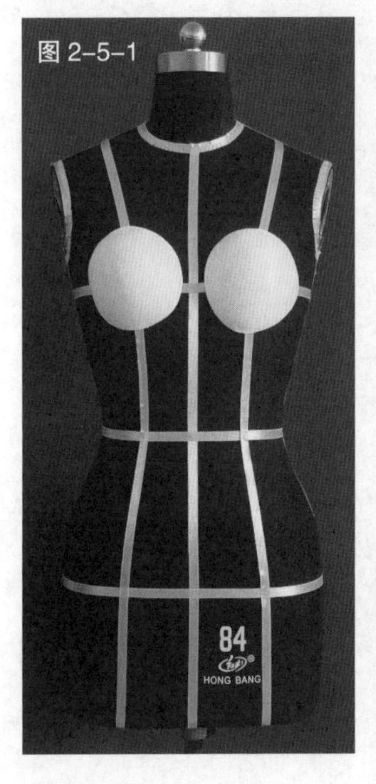

图 2-5-1

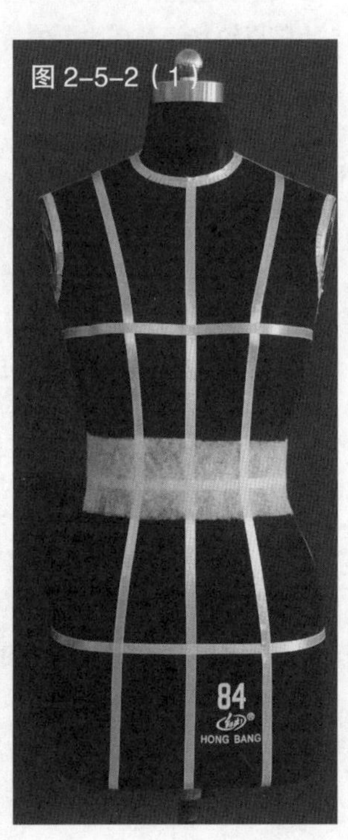

图 2-5-2（1）

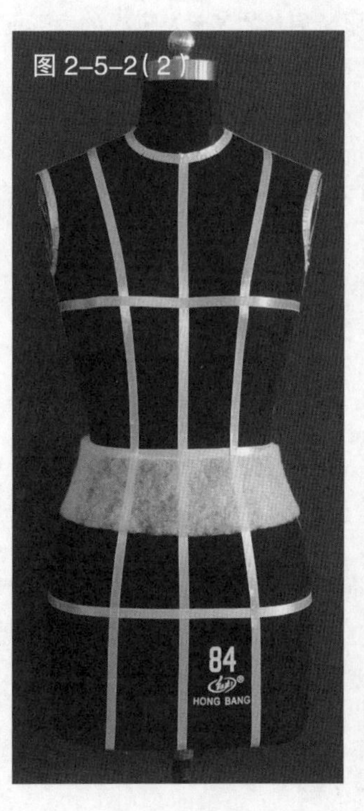

图 2-5-2（2）

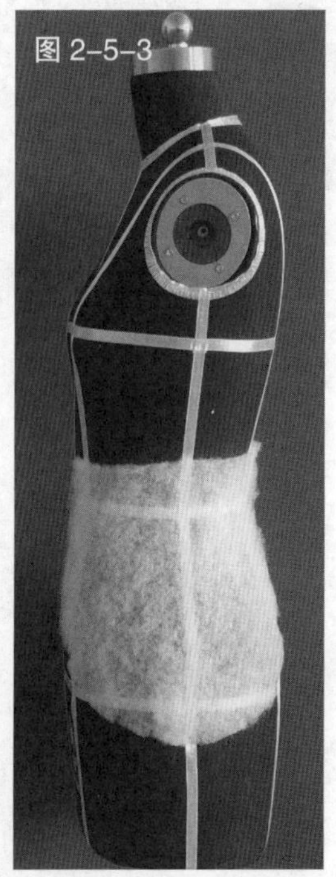
图 2-5-3

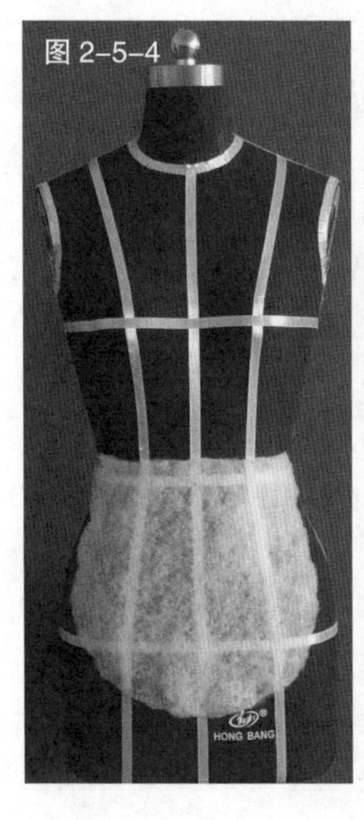

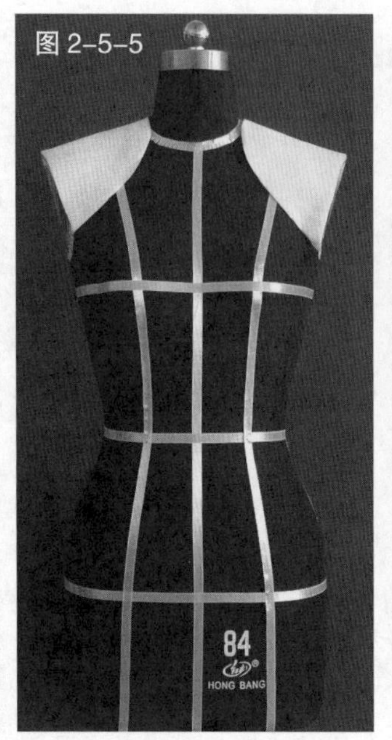

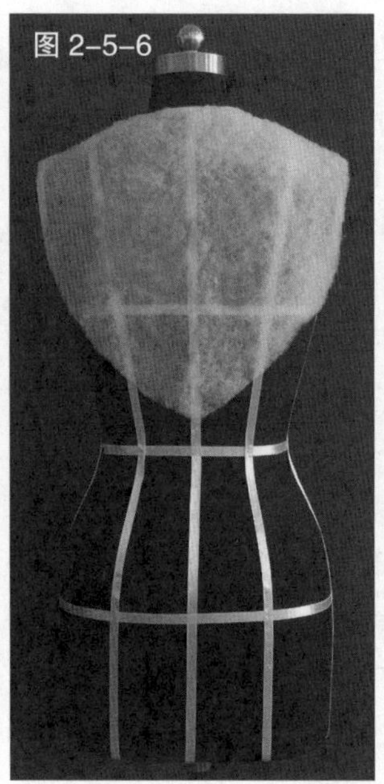

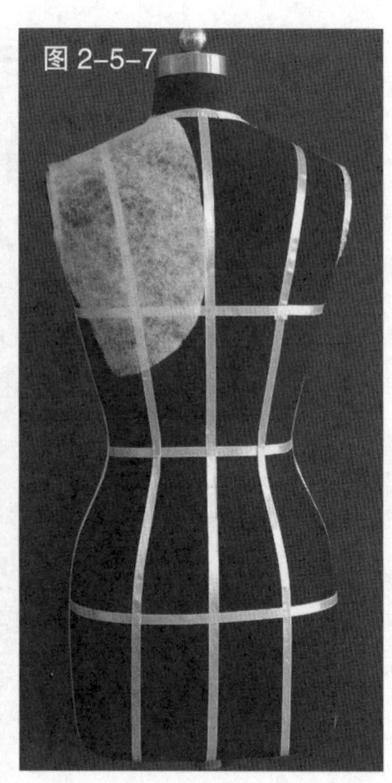

图 2-5-4　腹部的补正。同样观察或测量出穿着者腹部与人台腹部的形状及尺寸差异，并将腈纶棉修剪成合适的造型，用大头针固定于人台腹部，使其造型接近穿着者的腹部造型

图 2-5-5　肩部的补正。一种情况是用在冬季外套裁剪中，由于冬季人体会穿较多内衣，导致肩部尺寸及形态的变化，可将腈纶棉修剪成需要的造型固定于人台上相应位置；另一种是为了强调服装肩部的高耸及挺括的廓形而使用成品垫肩来补正

图 2-5-6　肩背部的补正。人体在肩背部的造型差异较大，在裁剪时不能忽视。若穿着者的肩背部较厚实、造型突出，可将腈纶棉沿斜方肌的方向从颈部、肩部到背部修成需要的造型，并用大头针固定

图 2-5-7　肩胛骨部位的补正。通常用于裁剪上身较合体的服装中，（如 A 型服装款式、女式短大衣等）进行肩胛骨部位的补正，能更好地突出肩部和背部的曲线美，可将腈纶棉修剪成需要的造型，并用大头针固定

同步练习

1. 准备立体裁剪需要的工具和材料。
2. 制作手臂模型并安装于人台上。
3. 在立体裁剪前进行坯布的整理过程，观察丝缕状态，并运用好归拔的熨烫手法。
4. 在长约 50cm 的坯布上练习针法，要求布片平整，针迹整齐，间距均匀。
5. 了解人台标识线的功能和作用，并在人台上标定标识线，注意操作中的提示。
6. 了解人体补正的作用，并进行人台的补正。

第三章 衣身的立体裁剪

学习目标

衣身的立体裁剪是立体裁剪学习的基础，通过正确把握人体与服装的关系，掌握立体裁剪的基本技能。本章节主要介绍人台紧身衣、基本型、省道转移的立体裁剪基本方法，并以实例分析不同衣身的变化形式，包括省道、分割线、褶裥等造型手法在成衣中的使用。本章的重点及难点是在了解人体结构特征的基础上，熟练掌握各种基本造型方法，并能综合应用。本章的学习将为以后的裙装、生活类服装和礼服的立体裁剪学习奠定坚实的基础。

第一节 紧身衣的立体裁剪

紧身衣是覆合于凹凸人台上的无松量的衣服。学习紧身衣的立体裁剪制作，使学生加深了解人体的曲线变化以及人体与服装的关系。在操作过程中牢固掌握立体裁剪的基本操作方法，培养对立体造型的体验和思考。

（1）预裁布料的准备

对照人台上的胸围线、腰围线和臀围线位置，在预裁布料上用铅笔画出三条对应的标识线，或采用抽纱的方法抽掉布料上三围线处的纬纱，并在前衣片中间位置画出前中线，在后衣片距离布边3cm（预留的缝份）处画出后中线。图3-1-1是紧身衣的坯布预裁图。将预裁好的布料与人台上的相应位置对齐并用大头针固定，检查其大小是否合适。

（2）操作步骤

见图3-1-2～图3-1-36。

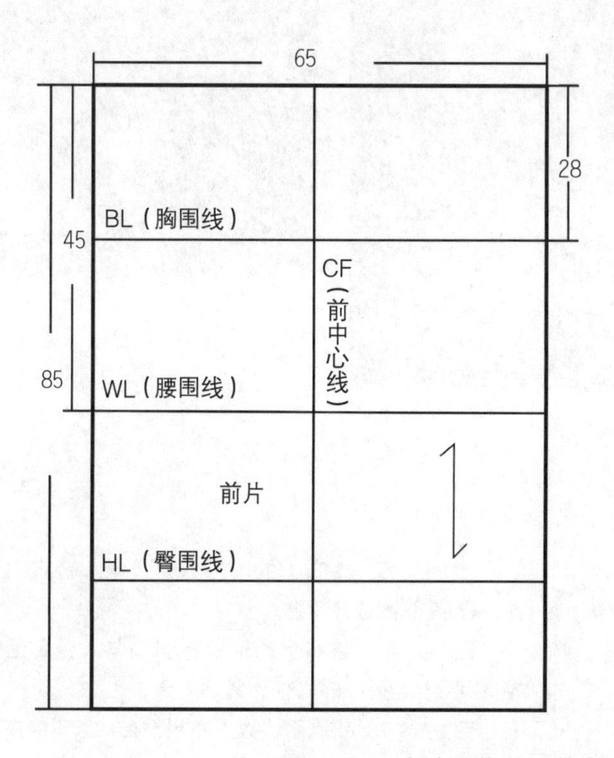

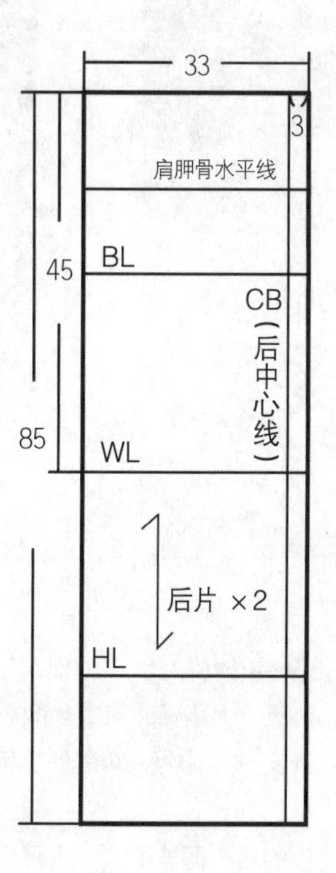

图3-1-1 坯布预裁图 （单位：cm）

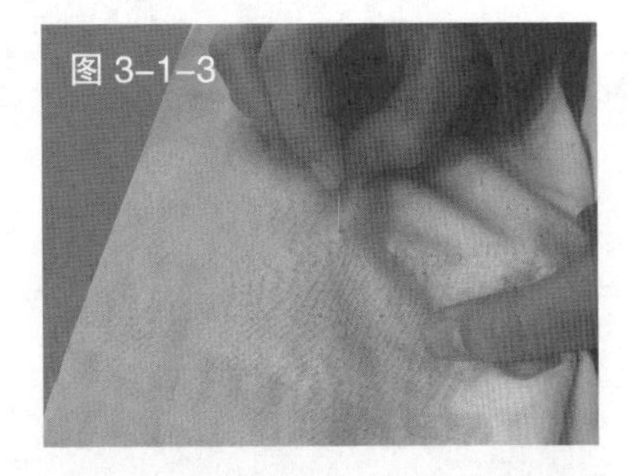
图 3-1-3

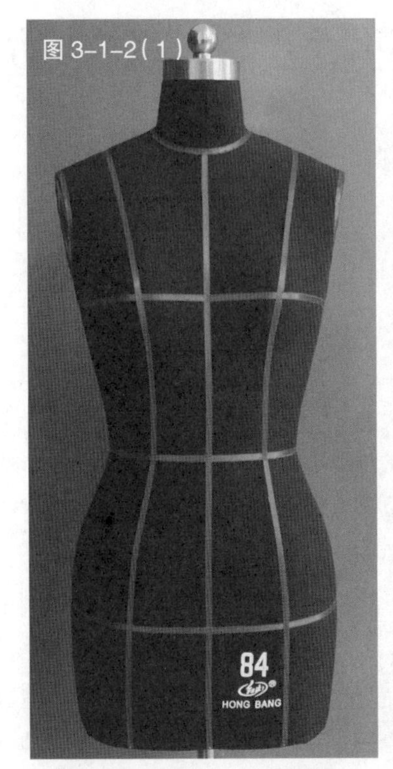

图 3-1-2(1)

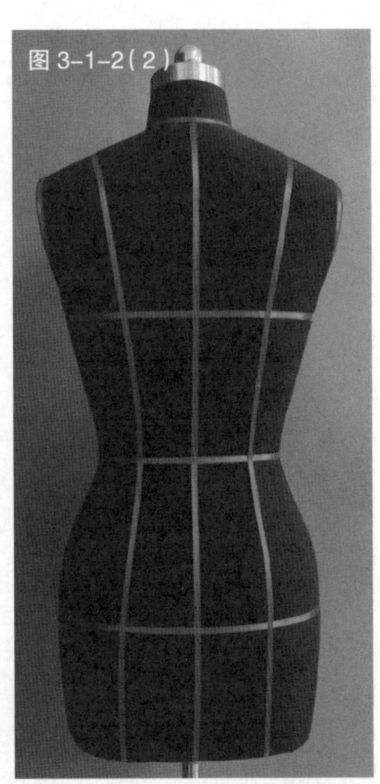
图 3-1-2(2)

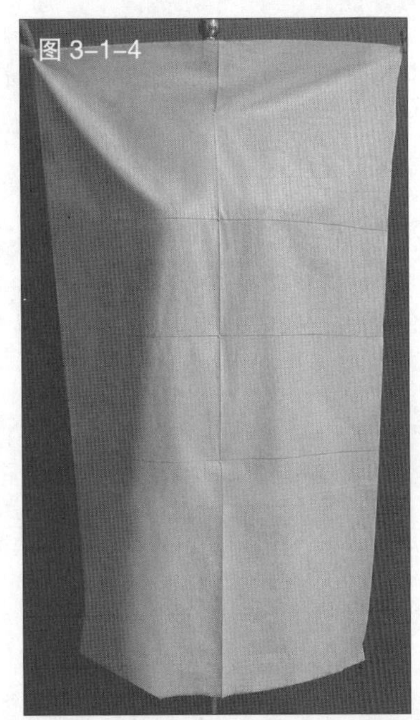
图 3-1-4

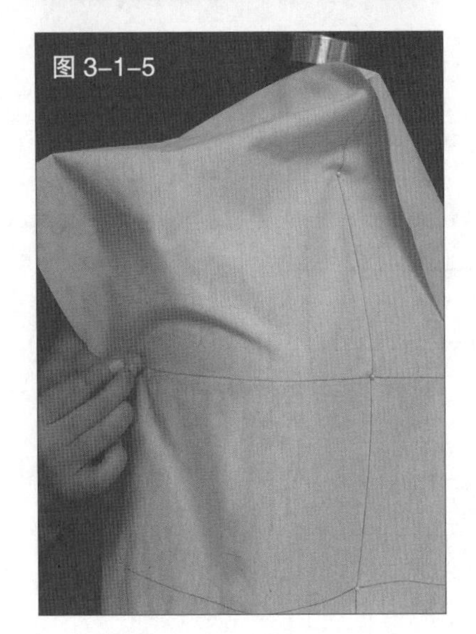
图 3-1-5

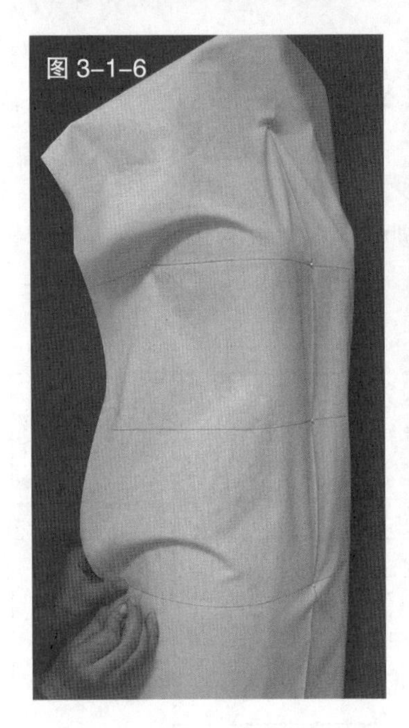
图 3-1-6

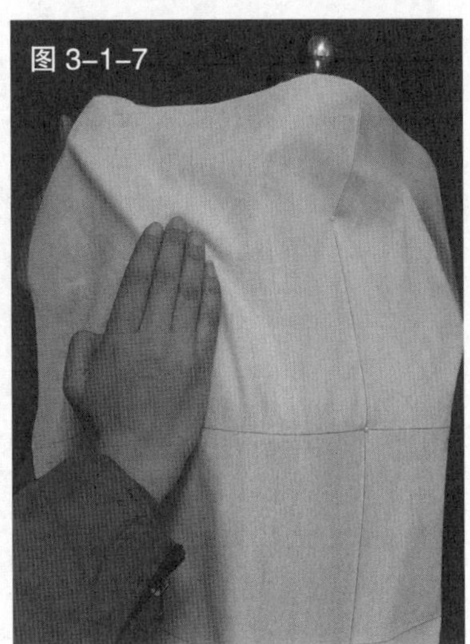
图 3-1-7

图 3-1-2　准备贴好标识线的人台

图 3-1-3　根据人台尺寸大小预裁前衣片的布料，并在布料上用抽纱的方法确定前中心线、胸围线、腰围线、臀围线的位置

图 3-1-4　将抽好纱的用布覆盖于人台正面，并将布上的前中心线与人台上的前中心线对齐且用大头针固定

图 3-1-5　将布上的胸围标识线与人台胸围线对齐，使布在胸围线处紧贴人台

图 3-1-6　将布上的臀围标识线与人台臀围线对齐，抚平臀围线处布料，使之紧贴人台

图 3-1-7　将胸围线以上布料余量从腋下向肩部轻轻推抚，将余量收归于肩部

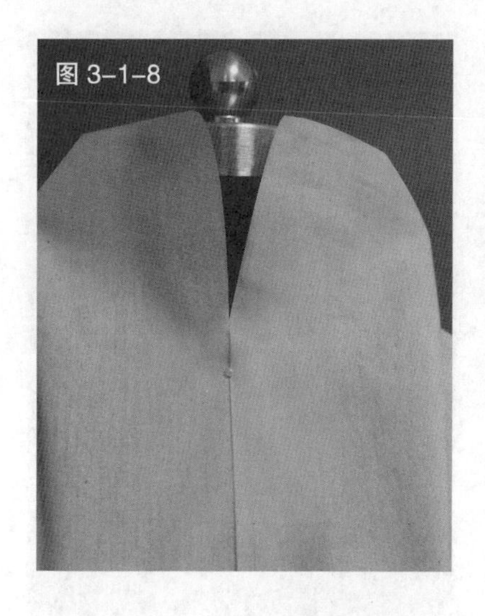
图 3-1-8

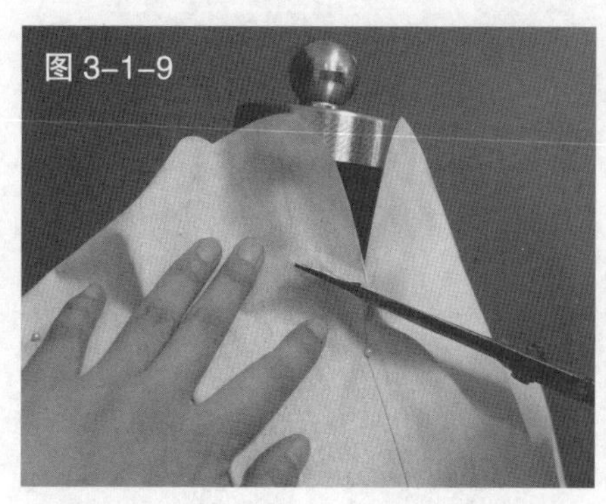
图 3-1-9

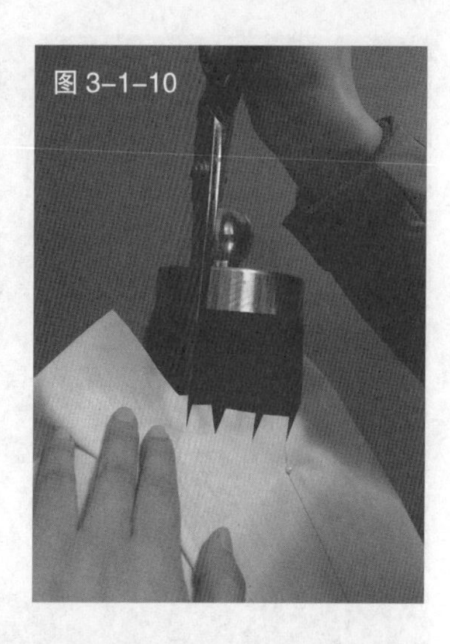
图 3-1-10

图 3-1-8 为使布料贴合人台，在颈围处用剪刀从前中线向下做一剪口，注意不要露出颈围线

图 3-1-9 沿颈围线预留 1cm 缝份后，剪掉颈围处多余的布料，注意左手尽量使布料贴合颈部，右手紧随左手的位置剪开。

图 3-1-10 在预留的缝份处剪放射状剪口，确保领围处布料平伏。用相同的方法完成另一侧

图 3-1-11 将另一侧胸部的浮余量推向肩部中央

图 3-1-12 转至人台侧面，将腰部的布料顺势贴向人台腰部，注意不要前后拉扯布料，保证侧缝处丝缕的自然顺畅，再用大头针固定

图 3-1-13 将胸围线至臀围线处的浮余量推至前公主线附近，抓合形成一个腰省

图 3-1-14 用抓合固定针法固定前公主线处的省道，注意省量要抓足，力度要适量

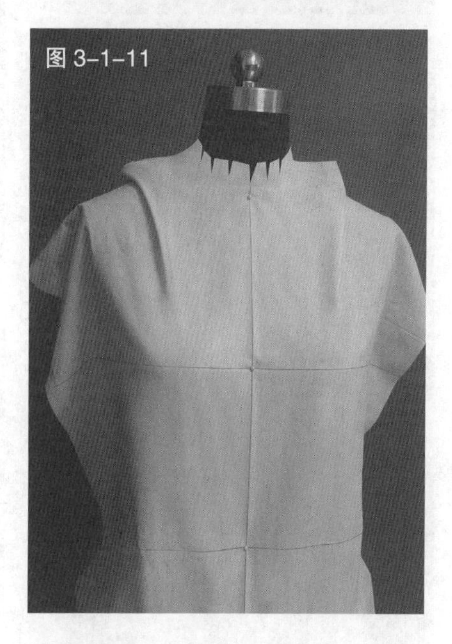
图 3-1-11

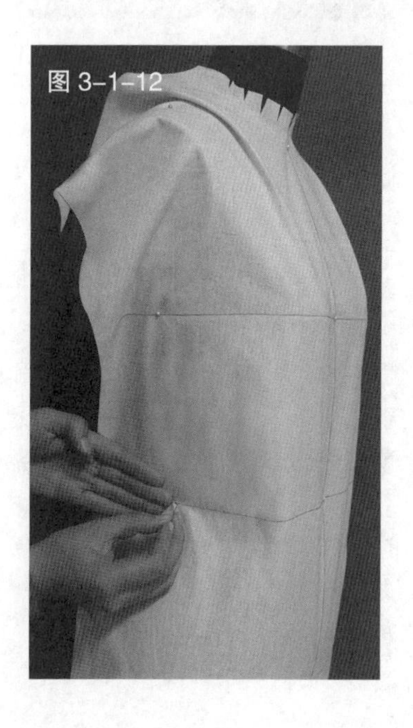
图 3-1-12

图 3-1-13

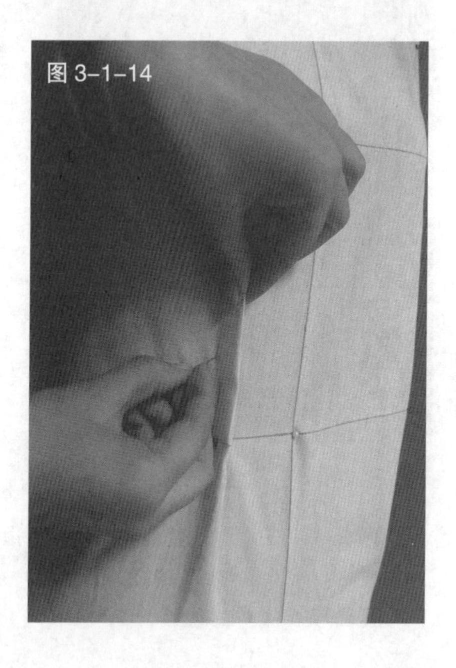
图 3-1-14

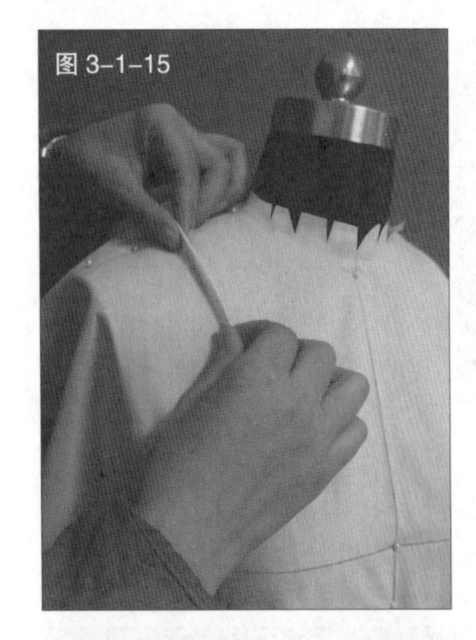

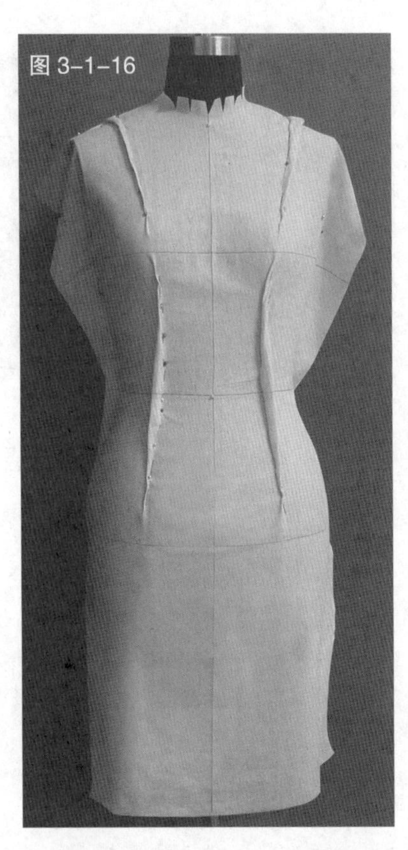

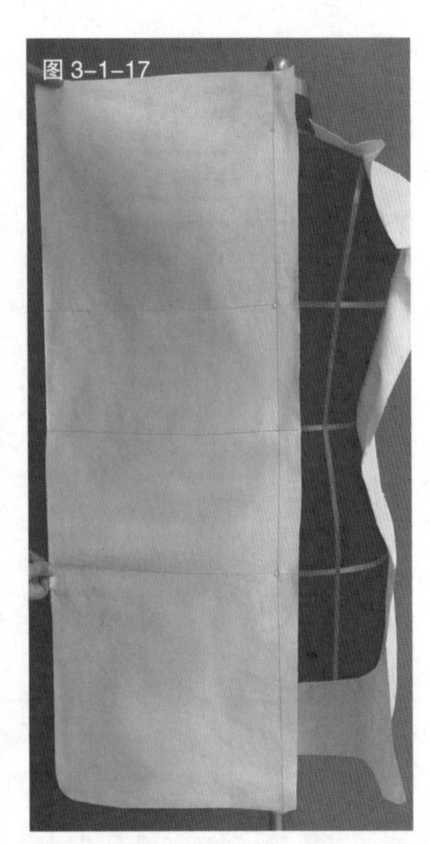

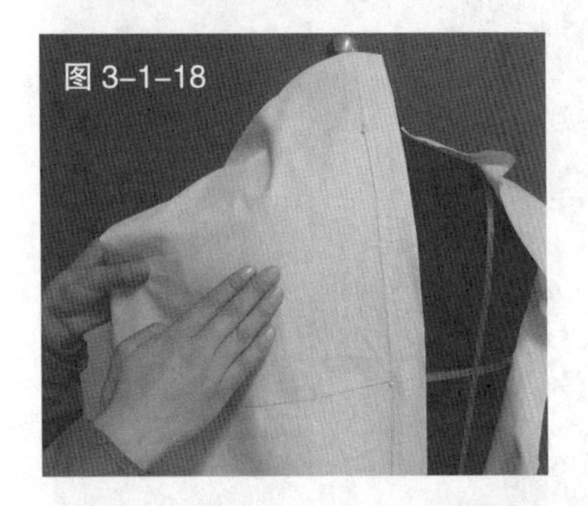

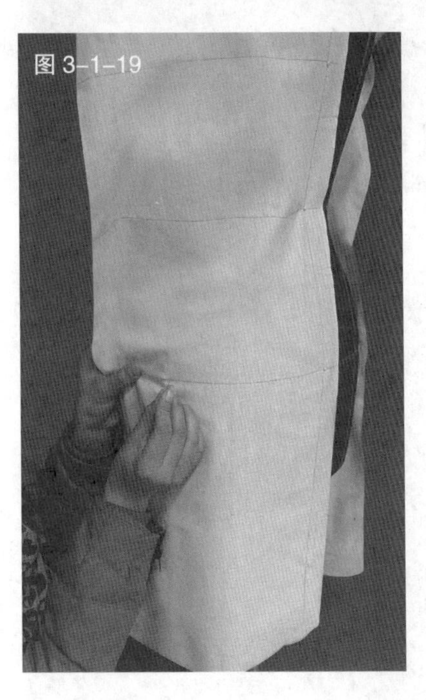

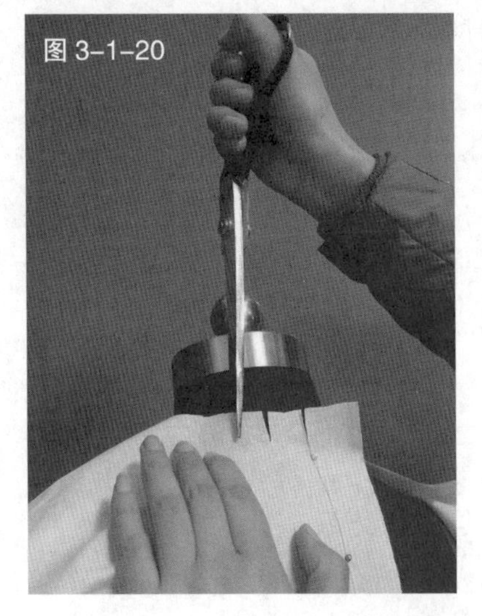

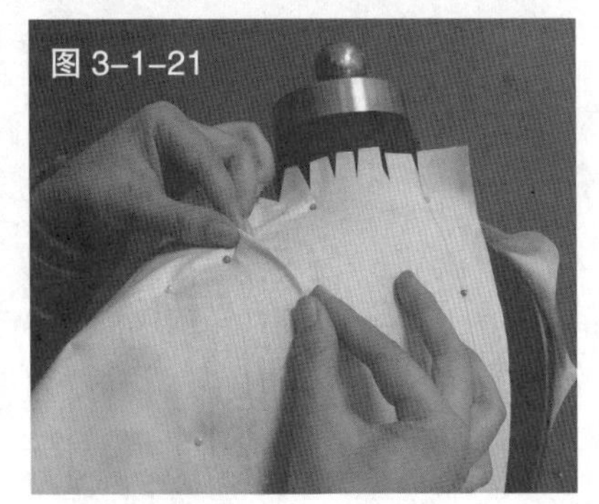

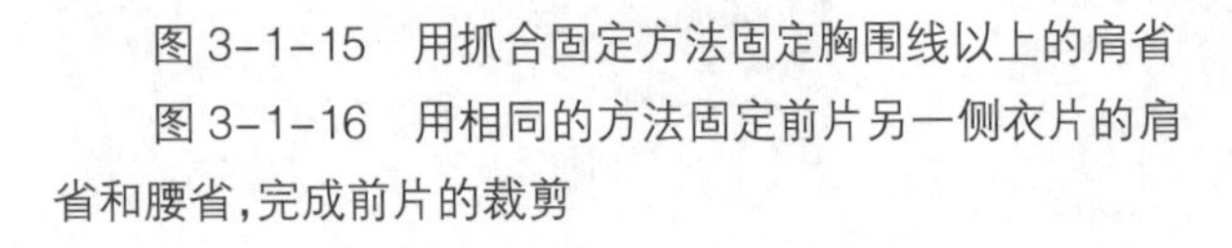
图 3-1-15　用抓合固定方法固定胸围线以上的肩省

图 3-1-16　用相同的方法固定前片另一侧衣片的肩省和腰省，完成前片的裁剪

图 3-1-17　将预裁好的后衣片用布对准人台后中心线并固定

图 3-1-18　在肩胛骨处将布料抚平并用大头针固定，同时将布料余量推抚至肩部

图 3-1-19　固定臂围线处布料，使布在臂围处与人台贴合

图 3-1-20　用与前片相同的裁剪方法，将领围处多余的布料剪掉，并剪出放射状的剪口

图 3-1-21　将肩部的浮余量用抓合固定法在肩部 1/2 处进行固定

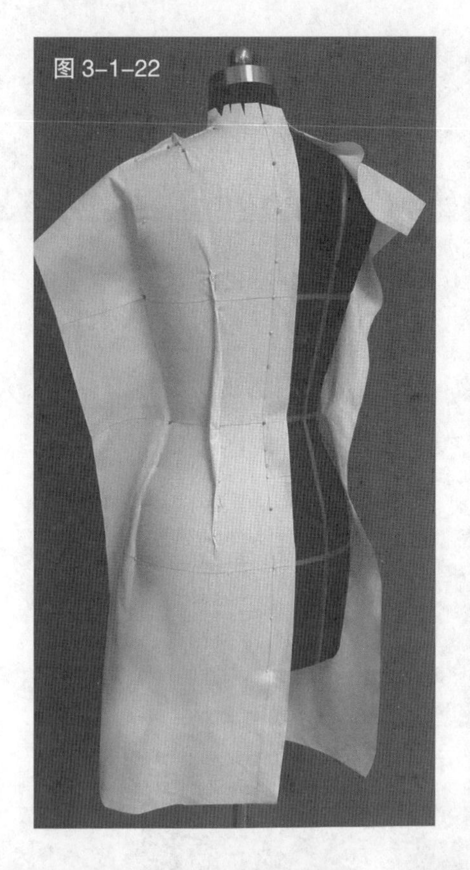

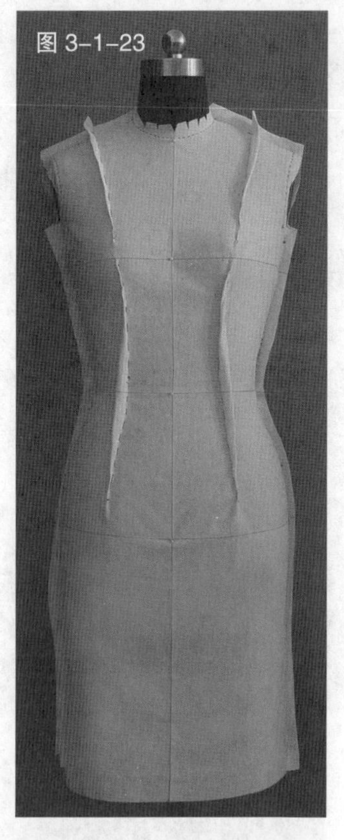

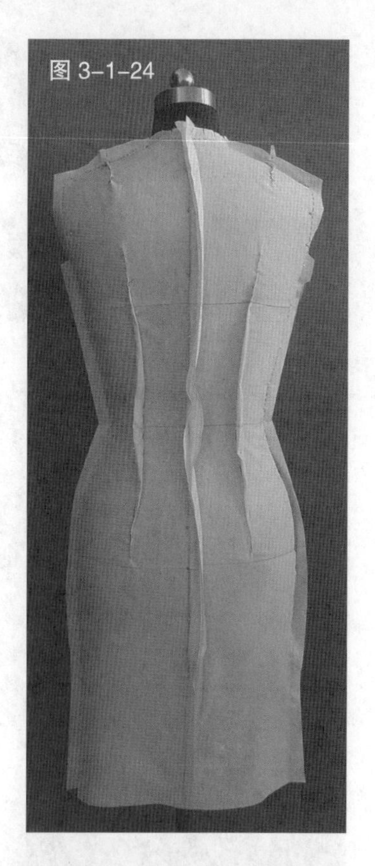

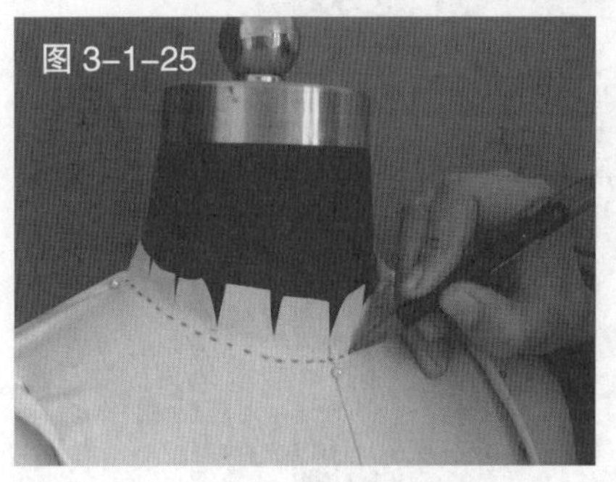

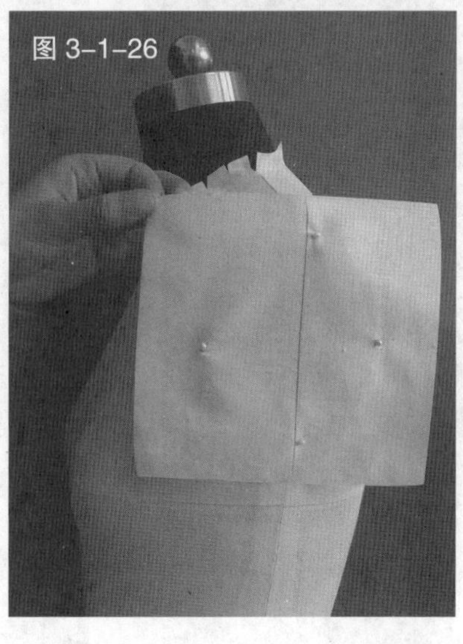

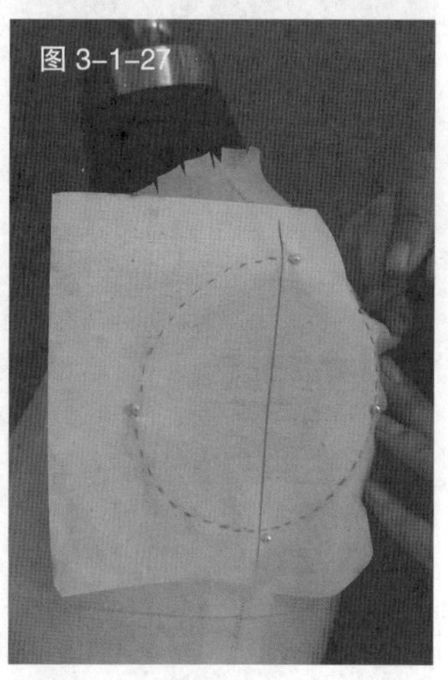

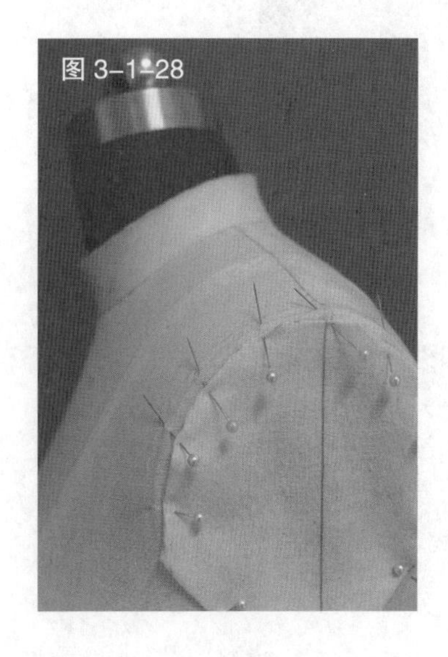

图 3-1-22　用与前片相同的裁剪方法，将侧缝布料与人台贴合、固定，将腰部的余量用抓合固定法在后公主线附近进行固定。注意该腰省上端的省尖点位于胸围线以上。用相同的方法完成另一侧后片的裁剪

图 3-1-23　将前、后布片在侧缝和肩缝处用大头针别合、固定，并修剪缝份

图 3-1-24　将左、右后片在后中心线处用大头针别合、固定

图 3-1-25　在领围线、袖窿弧线、侧缝线及抓合的省道处用铅笔做点影（或用胶带粘贴），确定各造型线

图 3-1-26　预裁袖窿贴片布料并把它固定于人台上，注意确保布片平整

图 3-1-27　在预裁用布上点影，画出袖窿造型线

图 3-1-28　修剪袖窿贴片缝份，将毛边内折，用大头针固定，要保证弧线圆顺

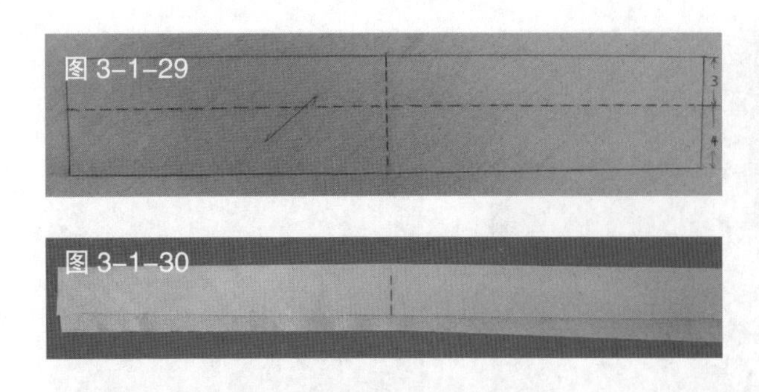

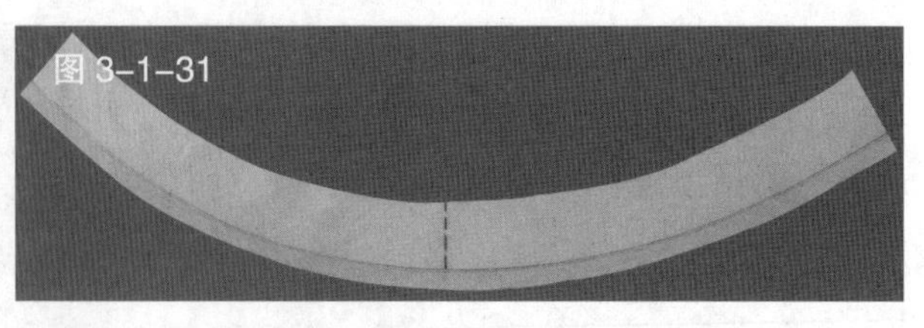

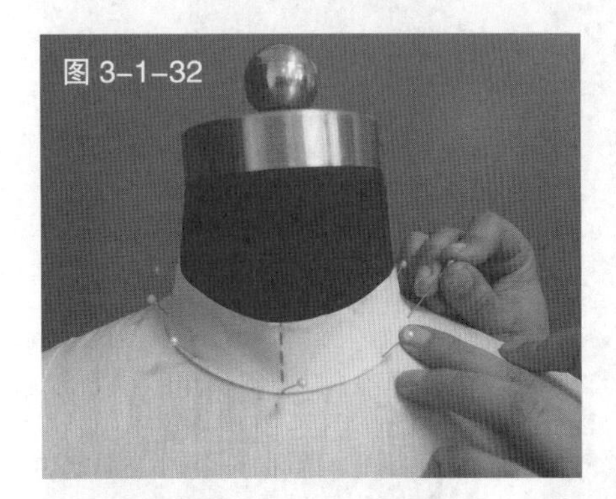

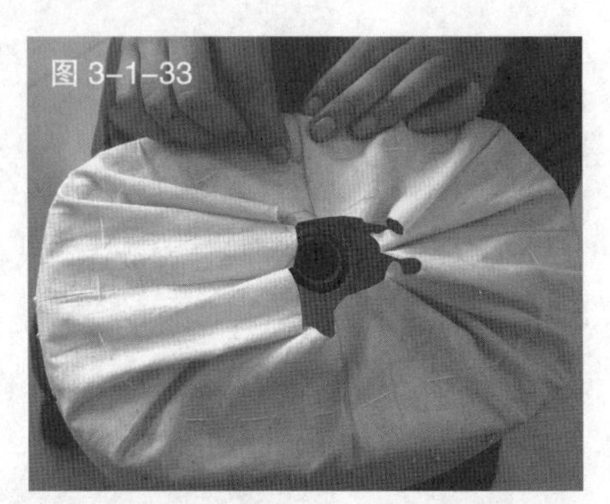

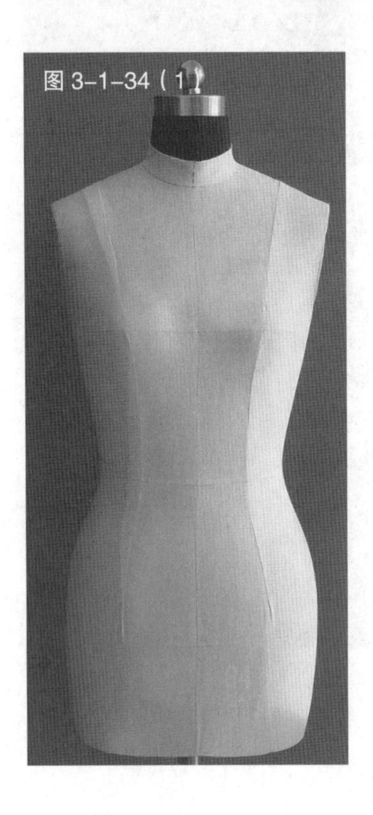

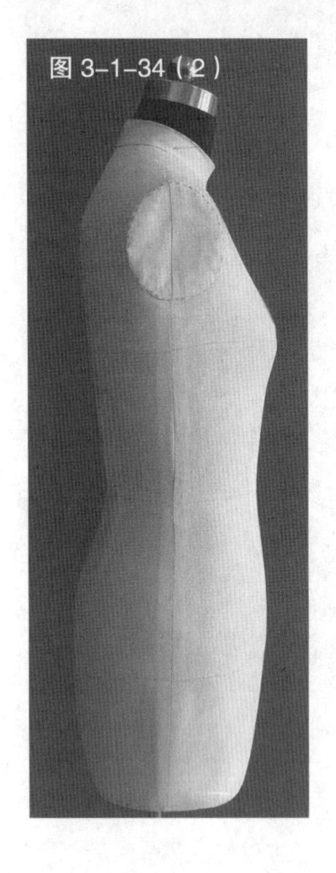

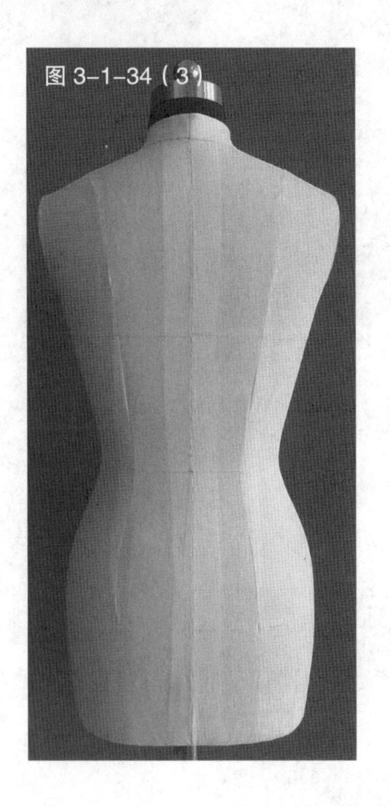

图 3-1-29　预裁领片用布，注意要斜裁。领片的长度为人台的领围 +2cm，宽度为 7cm

图 3-1-30　将领片从 3cm 处对折，多余的 1cm 布边折叠放到两层布料中

图 3-1-31　扣烫领片，烫出适合人台颈部的弧度

图 3-1-32　将扣烫好的领片安装在人台上，并与前后衣片缝合固定

图 3-1-33　将衣身下摆多余的布料在人台底部缝合固定

图 3-1-34　缝制完成的紧身衣的正面、侧面、背面图

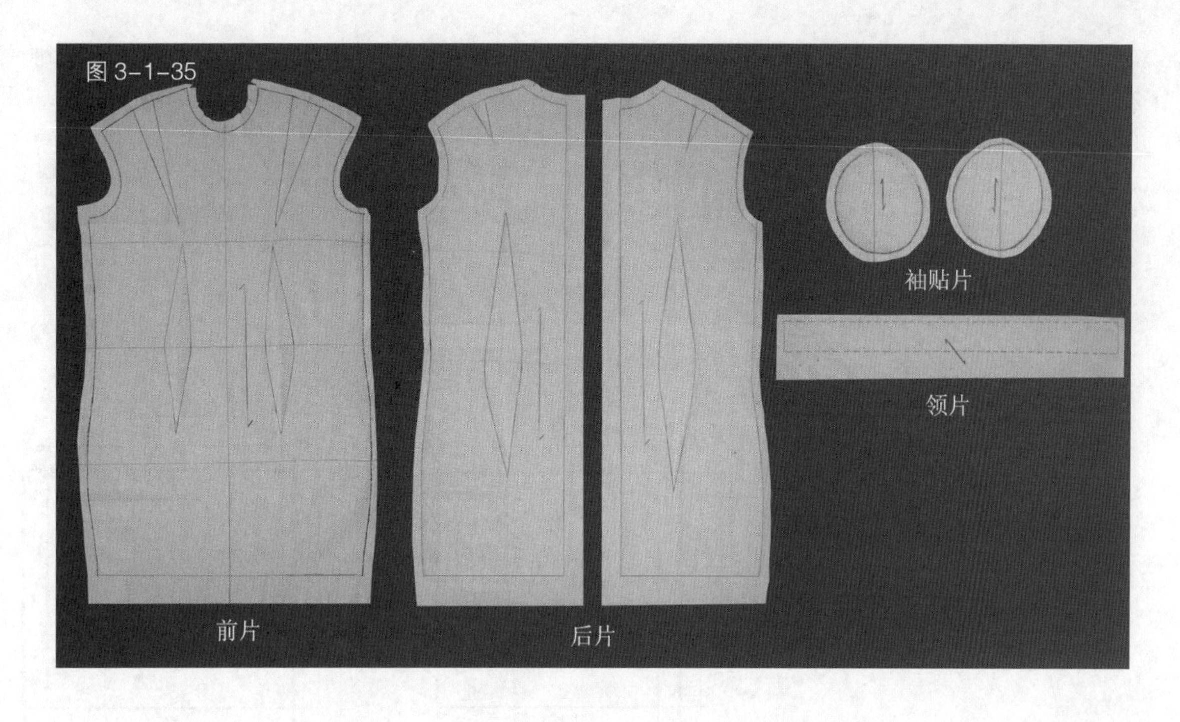

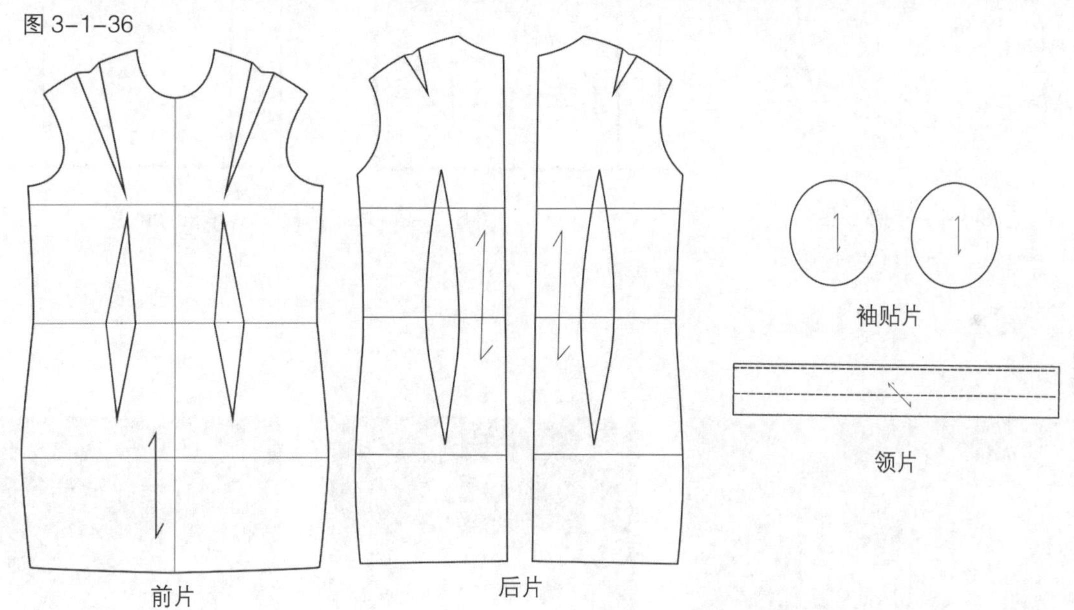

图 3-1-35 取下各衣片，修片后得到的布片
图 3-1-36 根据完成衣片描绘的各衣片平面图

第二节 衣身基本型的立体裁剪

衣身基本型是指覆盖人体躯干，由省道和结构线构成，且位于腰节线以上部分的纸样造型，是服装样板制作的基础。胸、背部的自然形态是基本型结构设计的依据，且要确保日常活动需要的最小限度的必要松量。熟悉基本型立体裁剪的方法和操作过程，能够对人体结构有更深刻的了解，也为成衣的立体裁剪打下基础。

（1）款式解析及坯布准备

基本型的前片在腰部做收省处理，后片收肩省和腰省，整体造型较合体，见图 3-2-1。图 3-2-2 为衣身基本型的坯布预裁图。

（2）操作步骤

见图 3-2-3 ～图 3-2-19。

图 3-2-3　预裁前片用布，并在用布上标记出前中心线和胸围线。将用布前中心线对准人台前中心线，并用大头针固定

图 3-2-4　将布料从肩部向袖窿和侧缝处轻轻抚平，在腰部出现大量浮余量，用大头针在胸围线处固定布料

图 3-2-5　在领围处打剪口，使领围处的布料与人台贴合

图 3-2-1　款式图

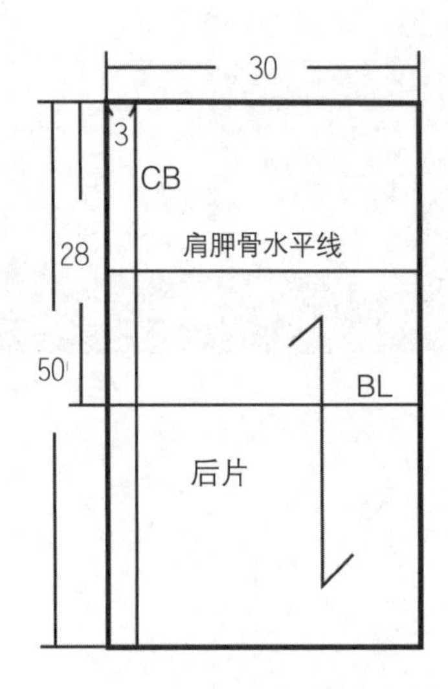

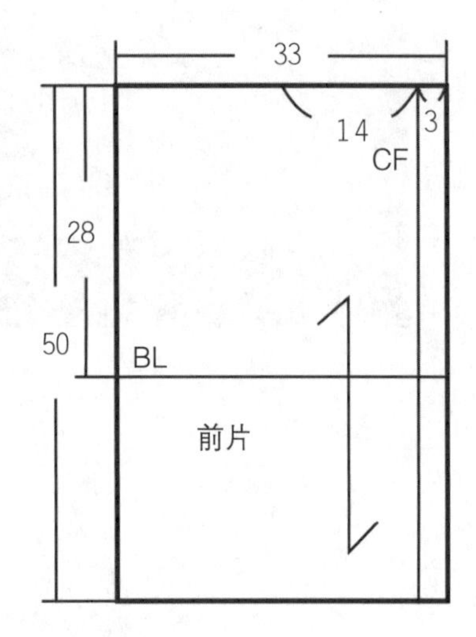

图 3-2-2　坯布预裁图 （单位：cm）

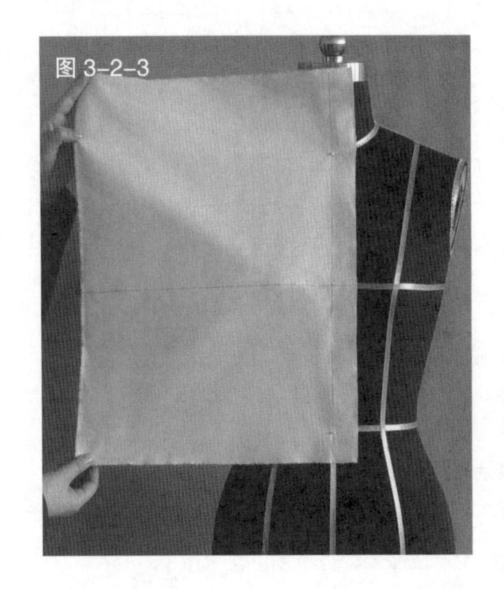

图 3-2-3

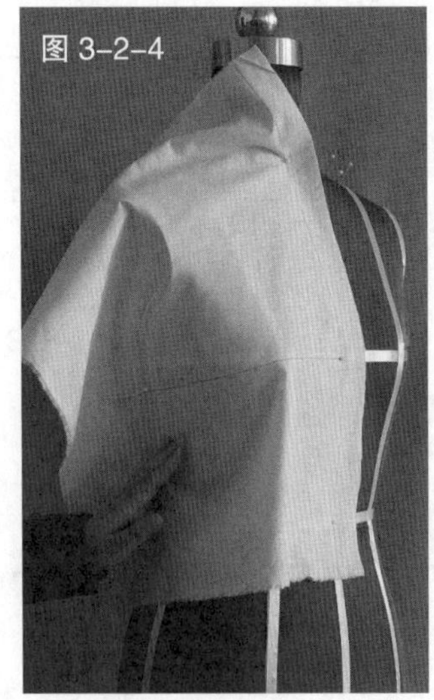

图 3-2-4

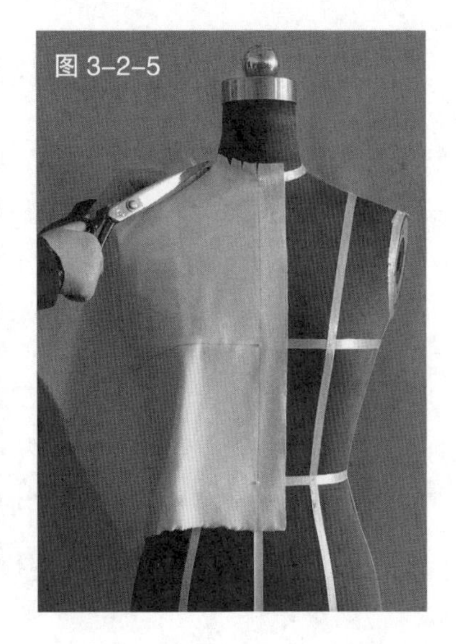

图 3-2-5

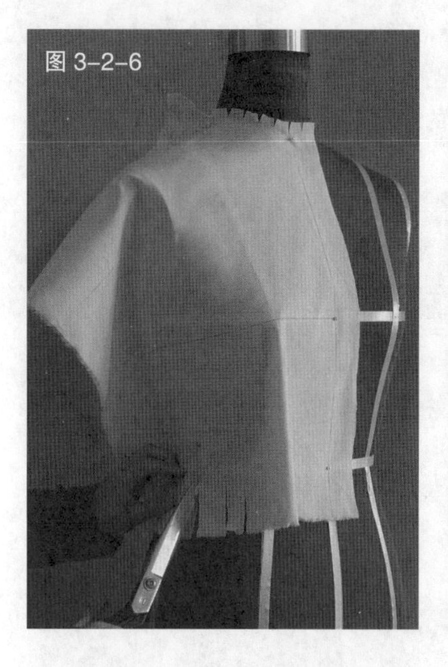
图 3-2-6

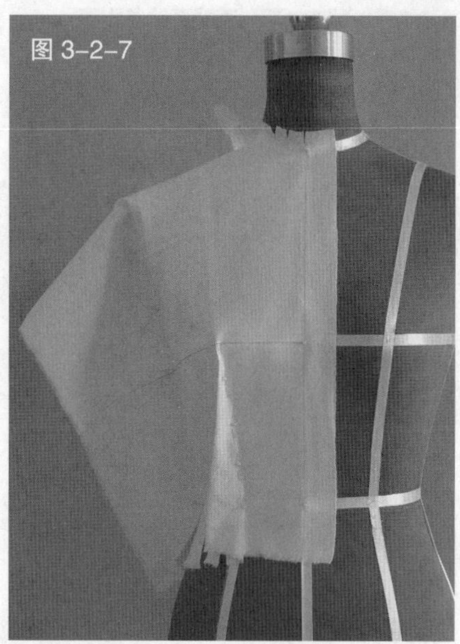
图 3-2-7

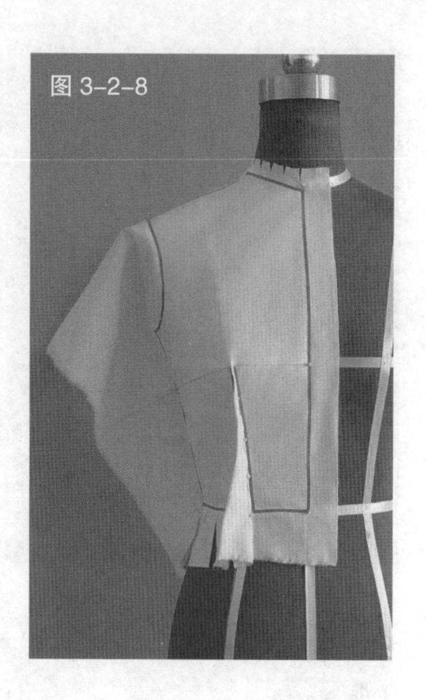
图 3-2-8

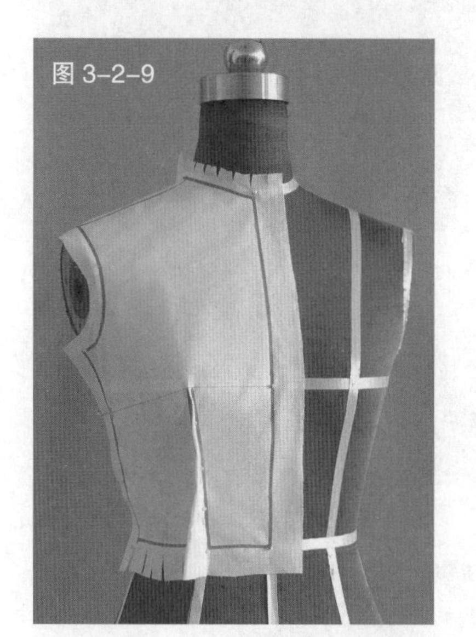
图 3-2-9

图 3-2-6　在腰围线处打剪口，使布料与人台腰部贴合

图 3-2-7　抓合腰省并用大头针固定

图 3-2-8　用色带标记出前片的造型线

图 3-2-9　根据造型线对前片进行适当修剪，预留缝份，完成前衣片的裁剪

图 3-2-10　预裁后片用布，并在用布上标记出后中心线、胸围线和肩胛骨水平线。将用布后中心线对准人台后中心线，并用大头针固定

图 3-2-11　抚平用布，在肩胛骨水平线处固定布料

图 3-2-12　在领围处做放射状的剪口，使之与人台颈部贴合

图 3-2-13　抚平肩胛骨水平线以上的余量至肩部 1/2 处，形成肩省

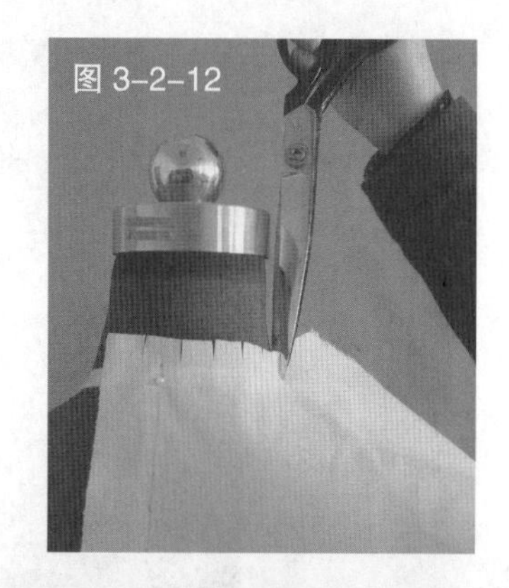
图 3-2-12

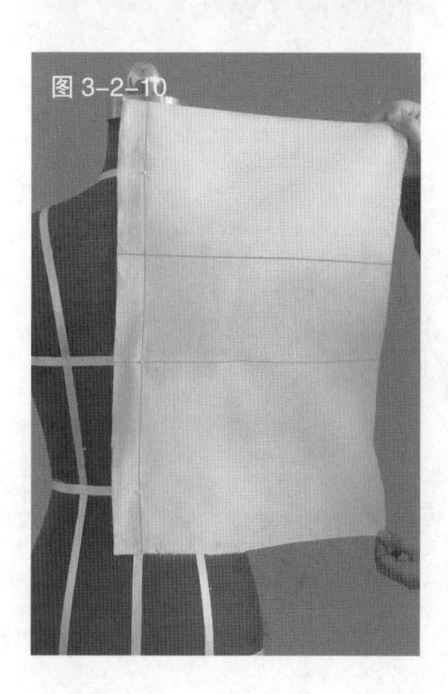
图 3-2-10

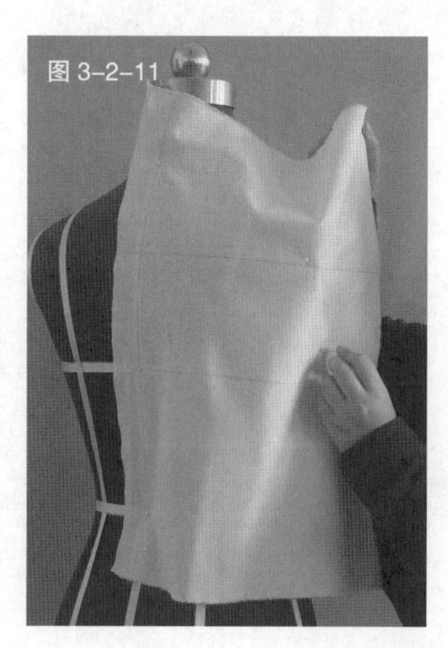
图 3-2-11

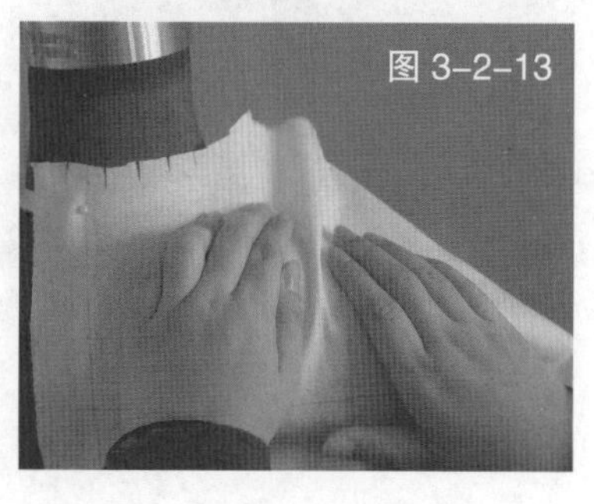
图 3-2-13

图 3-2-14

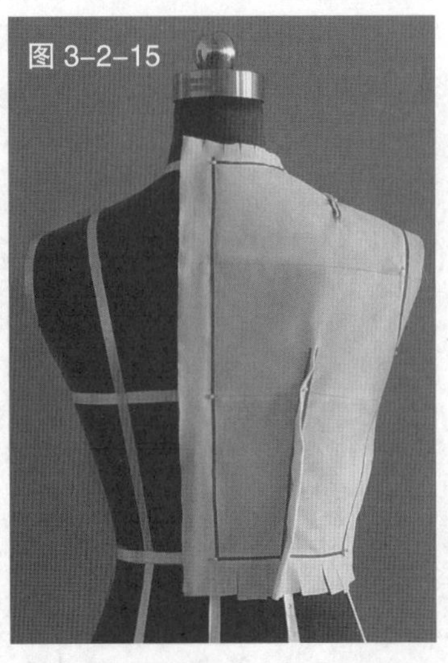
图 3-2-15

图 3-2-14　将衣片侧缝处与人台贴合，注意要保证丝缕顺畅。将后片腰部的浮余量归到后公主线处，做一道腰省

图 3-2-15　用色带标记出后片造型线

图 3-2-16　将前、后衣片在肩缝和侧缝处拼合、固定，修剪掉多余布料，初步完成造型

图 3-2-17　平面展开衣片，画线、整理并修剪缝份

图 3-2-18　试衣补正，完成衣身基本型

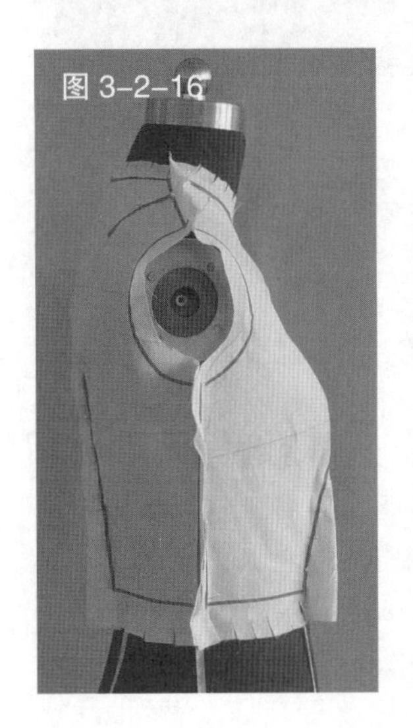
图 3-2-16

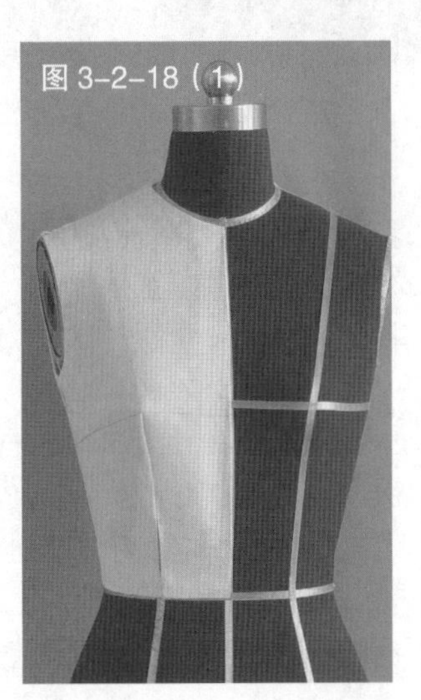
图 3-2-18（1）

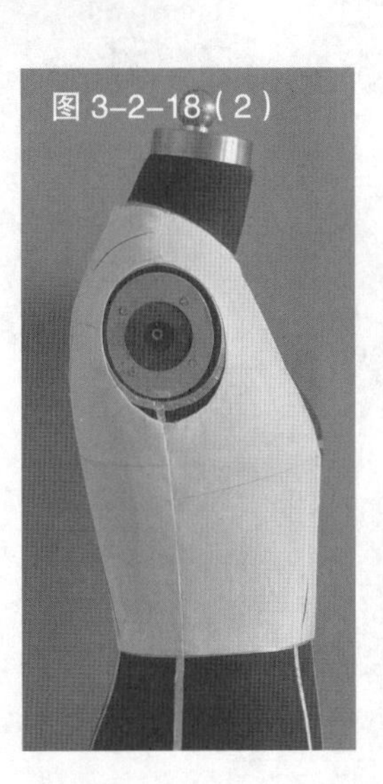
图 3-2-18（2）

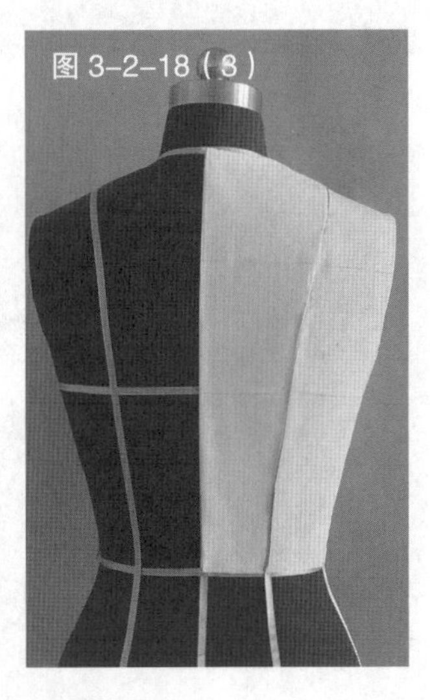
图 3-2-18（3）

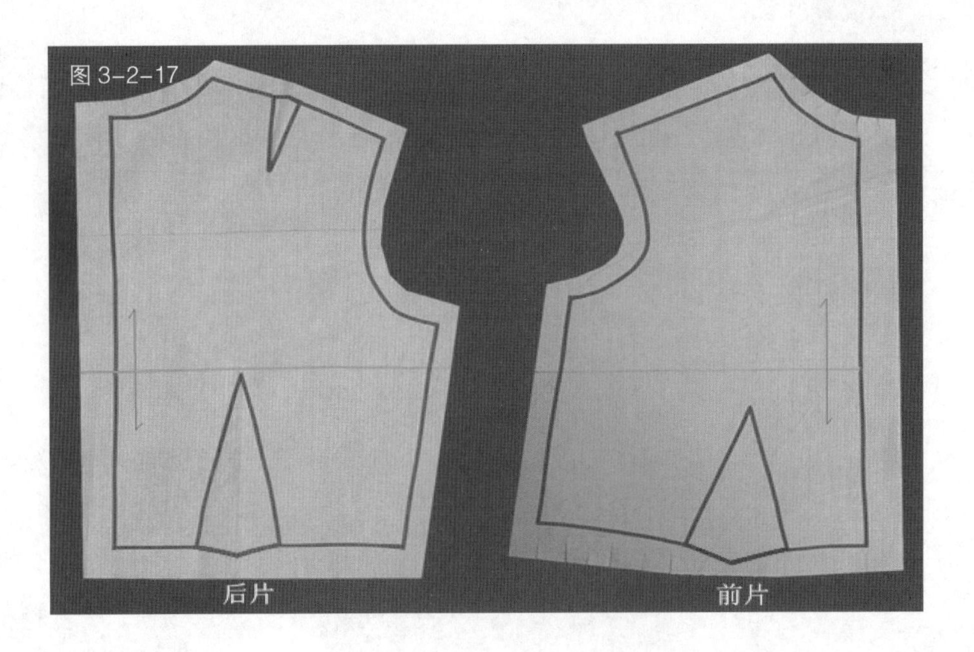

图 3-2-17

图 3-2-19

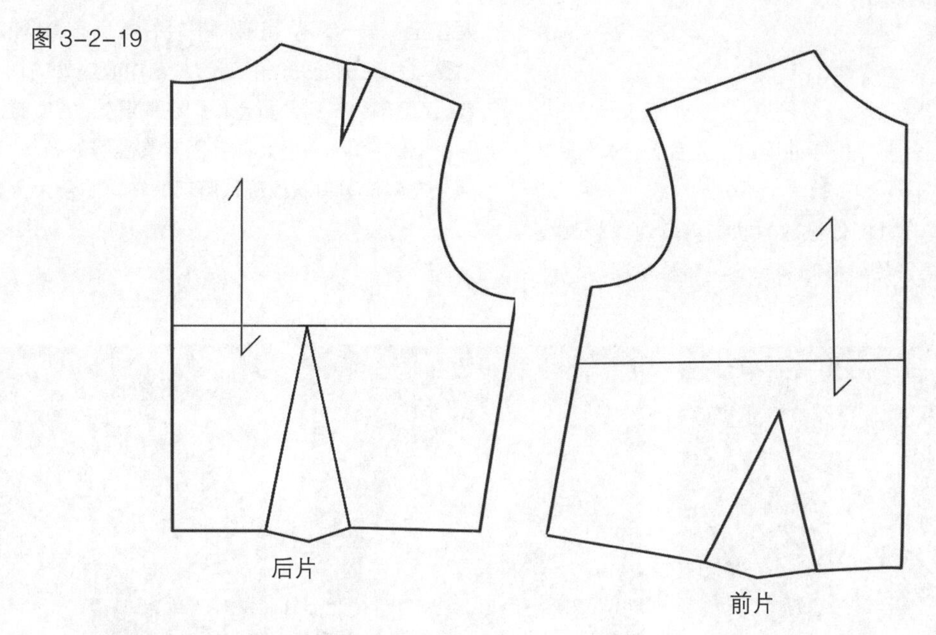

图 3-2-19 根据完成造型衣片描绘的平面图

第三节 省道的转移

省道是平面面料为了贴合三维人体而得到的服装结构线，是体现女性曲线美的关键。根据省道的设计表现和轮廓形状等，它可移到需要的地方，也可作分散处理。前衣身的省道可以围绕 BP 点进行 360° 转移，即"凸点射线原理"，如图 3-3-1 所示。本节主要讲解基本型的腰省分别转移成侧缝省、胸围线省、袖窿省、肩省、领口省、门襟省，且转移之后不影响衣身的合体性及穿着效果。

省道转移的布料准备见图 3-3-2。

1. 侧缝省

（1）款式分析

侧缝省是由侧缝指向 BP 点的省（见图 3-3-3）。

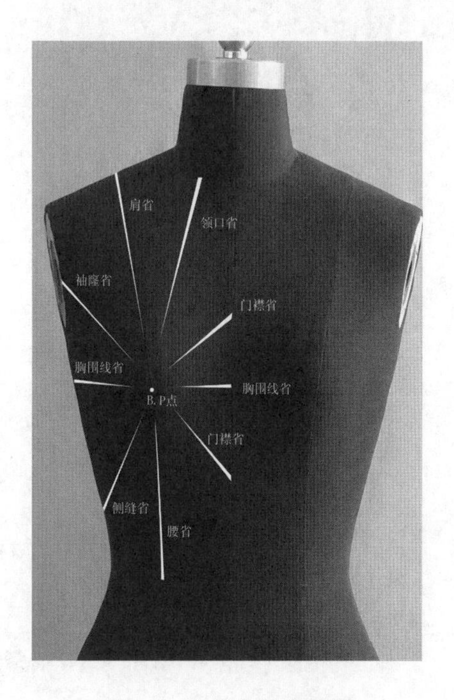

图 3-3-1 凸点射线原理

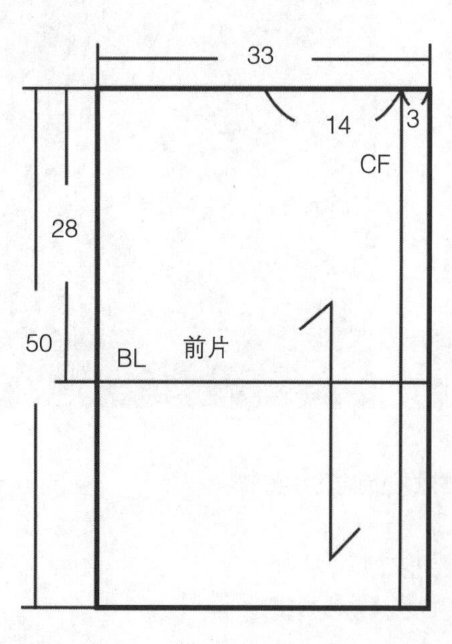

图 3-3-2 坯布预裁图 （单位：cm）

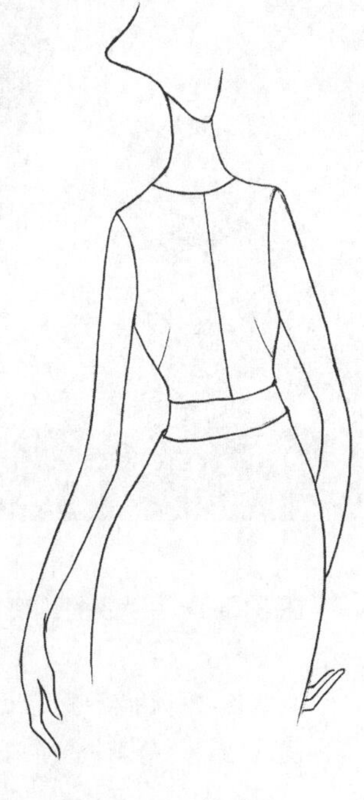

图 3-3-3 款式图

（2）操作步骤

见图 3-3-4 ~图 3-3-12。

图 3-3-4　预裁前片用布并固定于人台上，对准前中心线

图 3-3-5　先在领围处做放射状的剪口确保胸围线以上的布料平伏，再开始转移布料余量。转移布料可以分两步走：第一步，从肩部向下轻轻推抚布料，使肩部的布料余量堆积在侧缝处；第二步，从前中心线处向侧缝处推抚布料，使腰部的布料余量也堆积在侧缝处，省尖要指向 BP 点

图 3-3-6　用大头针固定胸围线处布料，并修剪腰围线处布料成剪口状以确保腰部的布料贴合人台

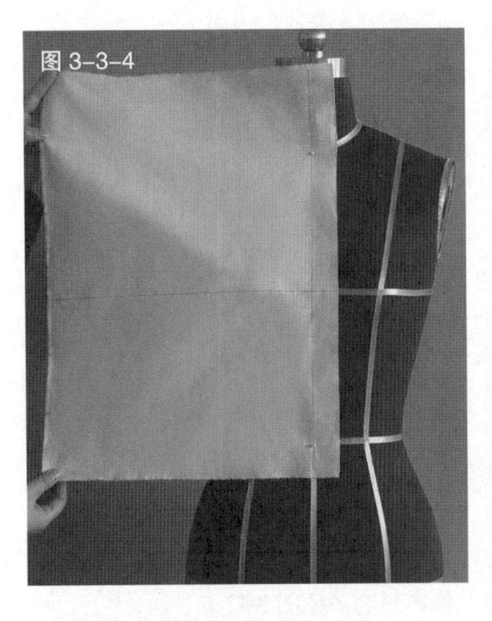
图 3-3-4

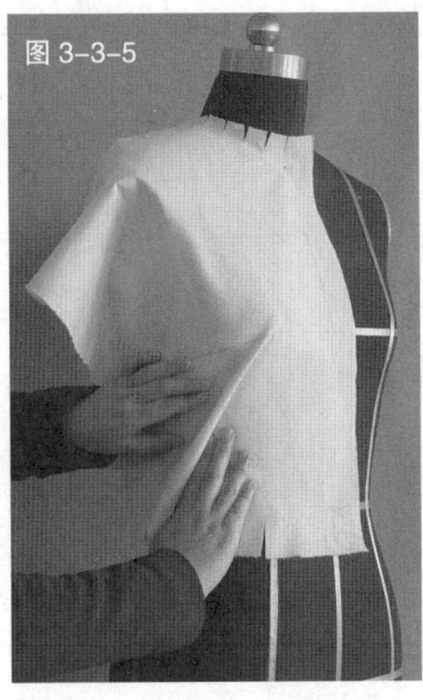
图 3-3-5

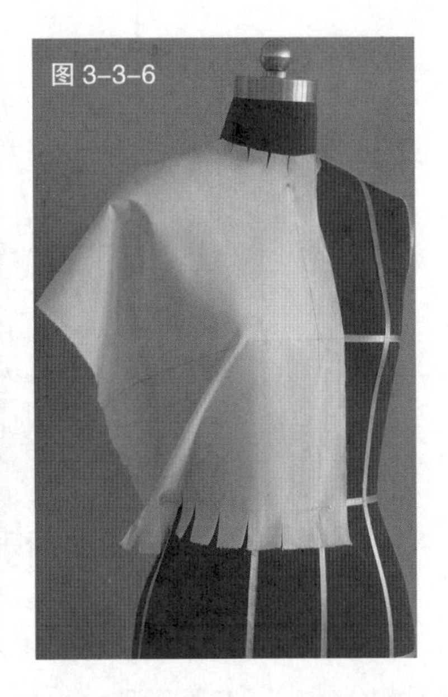
图 3-3-6

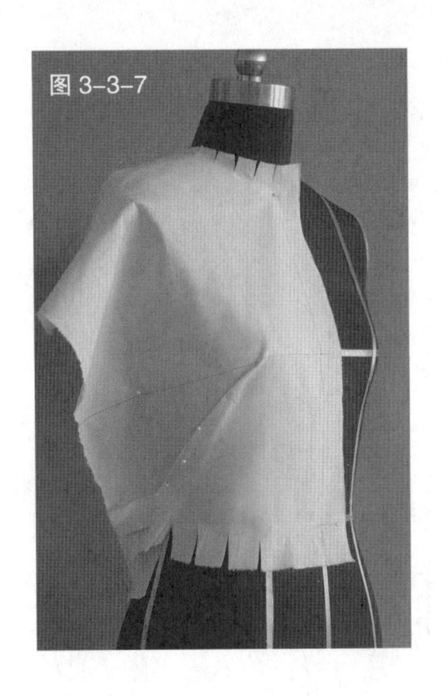
图 3-3-7

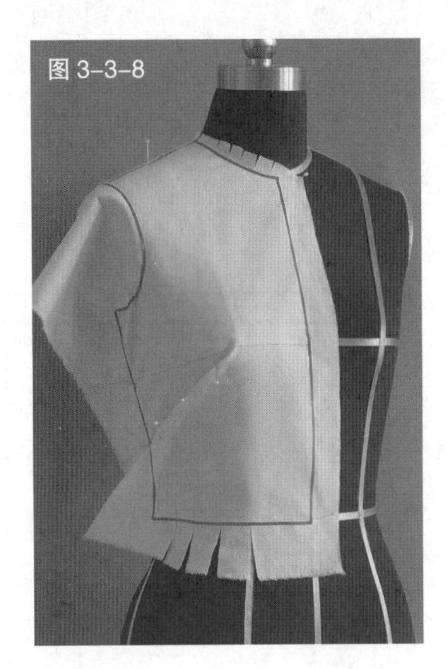
图 3-3-8

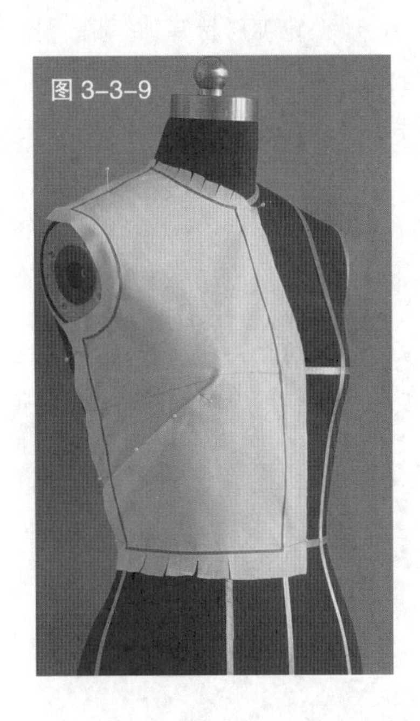
图 3-3-9

图 3-3-7　用大头针固定侧缝省道，边固定边调整省道造型

图 3-3-8　用色带标记出衣片的造型线

图 3-3-9　修剪掉多余布料，完成衣片初步造型

图 3-3-10　平面展开衣片，画线、整理并修剪缝份

图 3-3-11　试样，完成造型衣片

图 3-3-12　根据完成造型衣片描绘的平面图

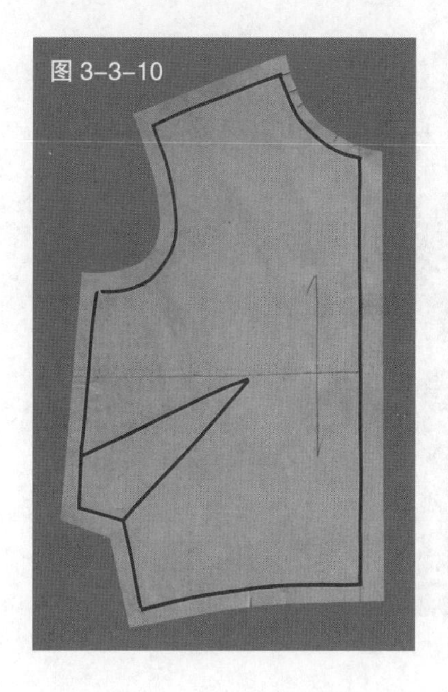

图 3-3-10

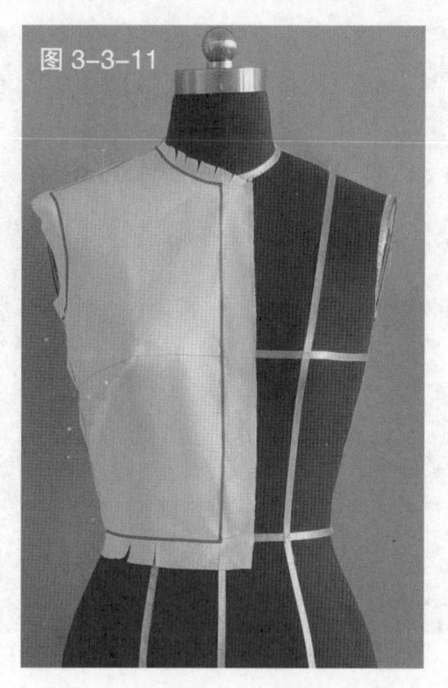

图 3-3-11

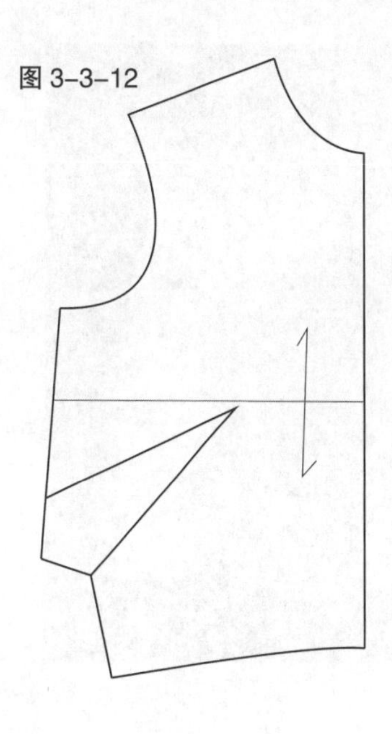

图 3-3-12

2.胸围线省

（1）款式分析

胸围线省是在腋下收胸省处理，并确保省道与胸围线重合，方向指向 BP 点（见图 3-3-13）。

（2）操作步骤

见图 3-3-14 ~图 3-3-22。

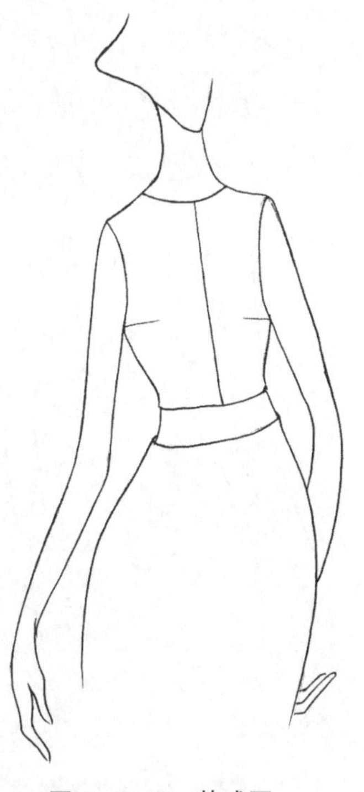

图 3-3-13 款式图

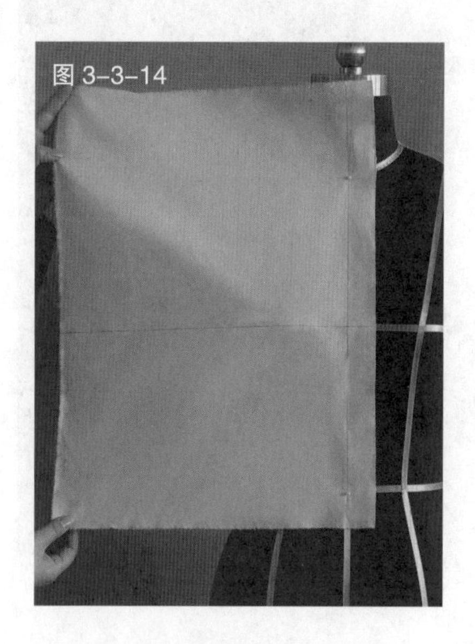

图 3-3-14

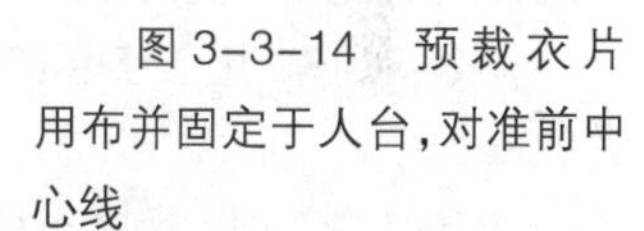

图 3-3-14 预裁衣片用布并固定于人台，对准前中心线

图 3-3-15 先在领围和腰围线处做放射状的剪口，确保布料贴合人台，再分别从肩部和腰部向中间推抚布料，将布料堆积在腋下，推出指向 BP 点的省，注意省道的中心线要与胸围线重合

图 3-3-16 固定胸围线处布料，收胸围线省

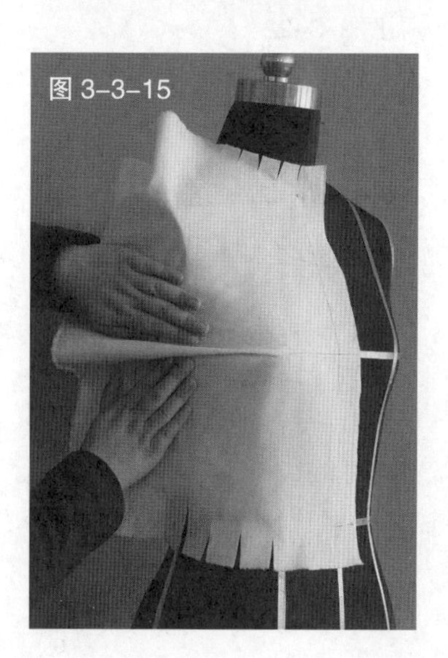

图 3-3-15

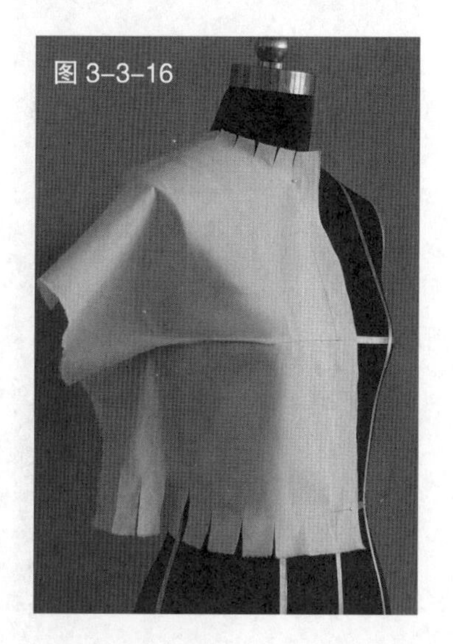

图 3-3-16

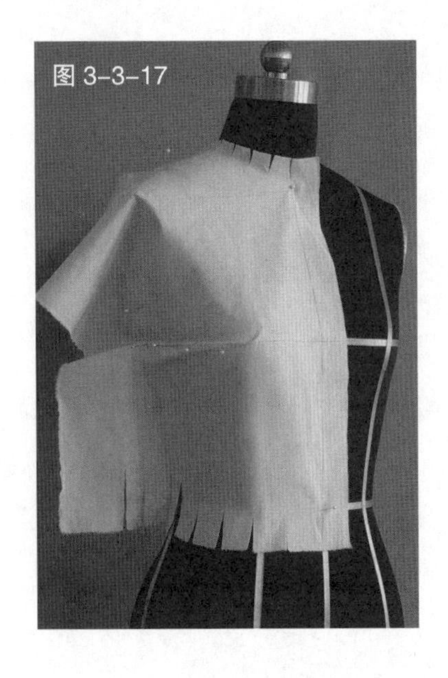

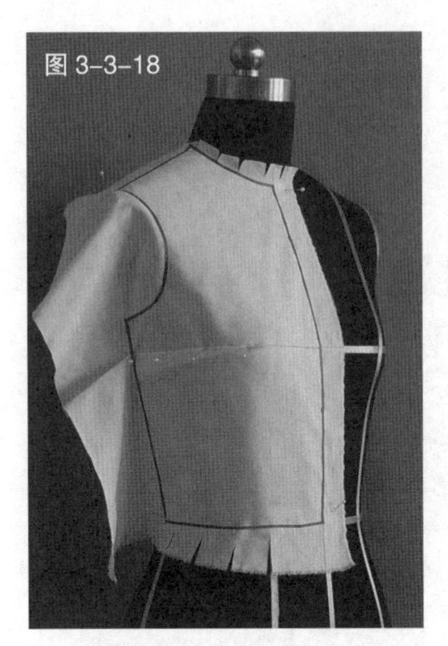

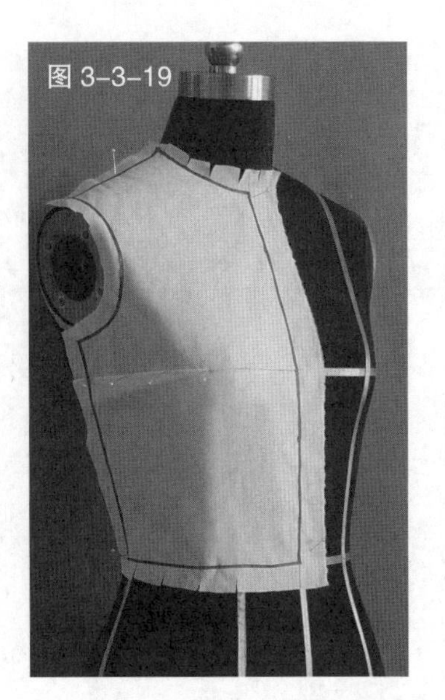

图 3-3-17 用大头针固定腋下胸省，边固定边调整造型

图 3-3-18 用色带标记出衣片的造型线

图 3-3-19 修剪掉多余布料，完成初步造型

图 3-3-20 平面展开衣片，画线、整理并修剪缝份

图 3-3-21 试样，完成造型衣片

图 3-3-22 根据完成造型衣片描绘的平面图

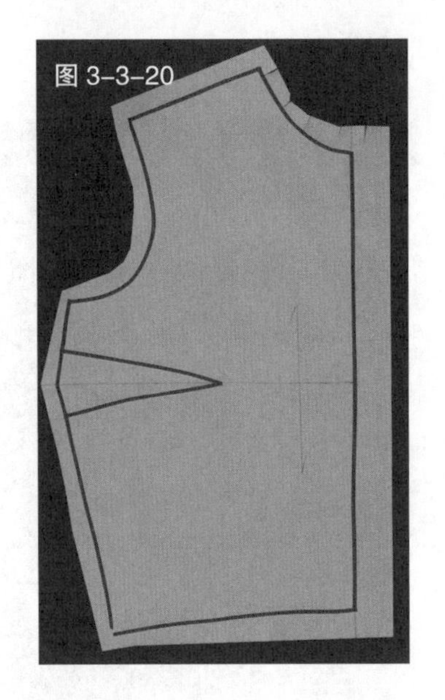

3. 袖窿省

（1）款式分析

袖窿省是由袖窿指向 BP点的省（见图 3-3-23）。

（2）操作步骤

见图 3-3-24 ~ 图 3-3-32。

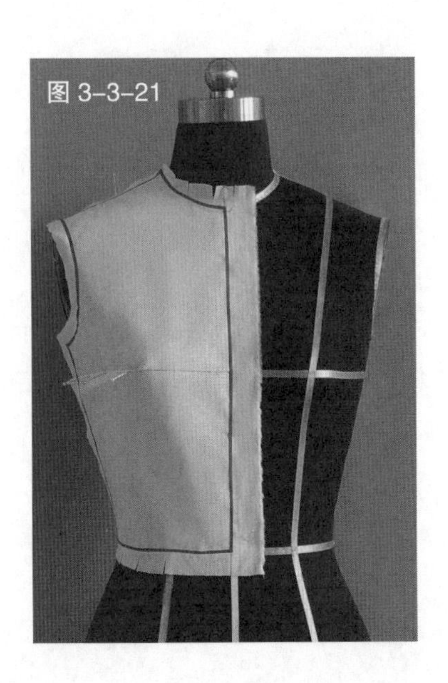

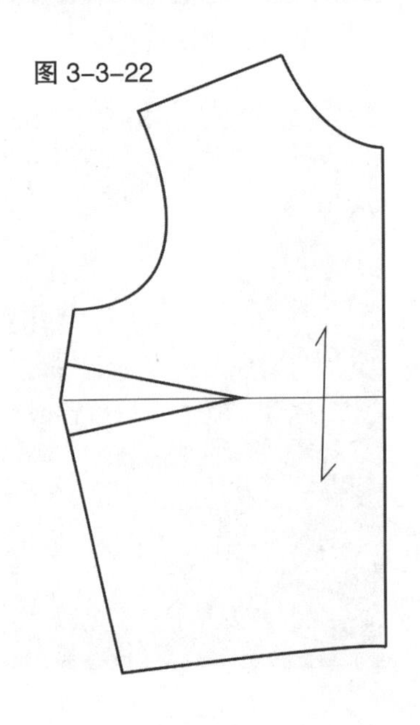

图 3-3-23 款式图

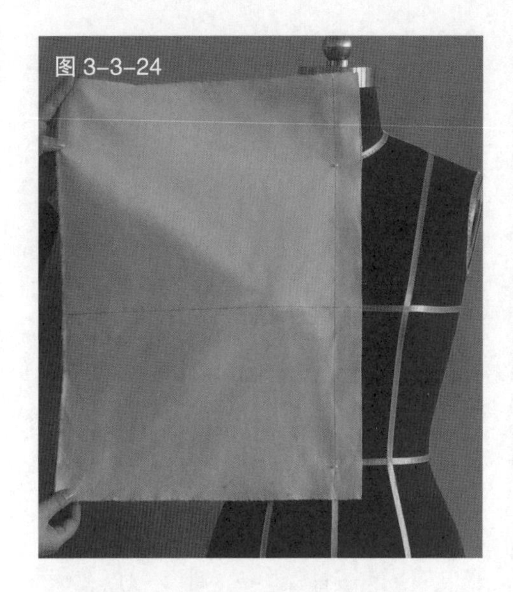
图 3-3-24

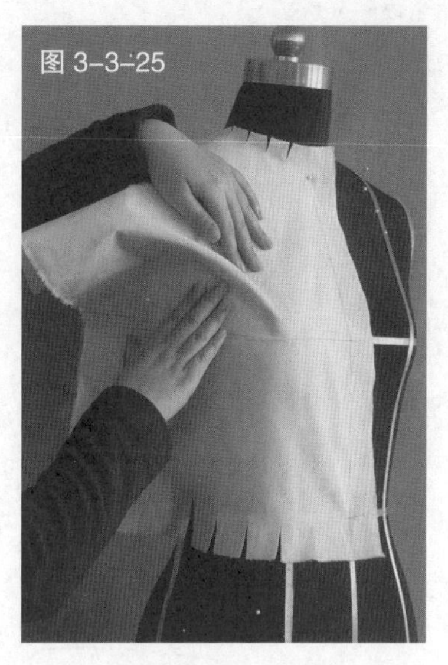
图 3-3-25

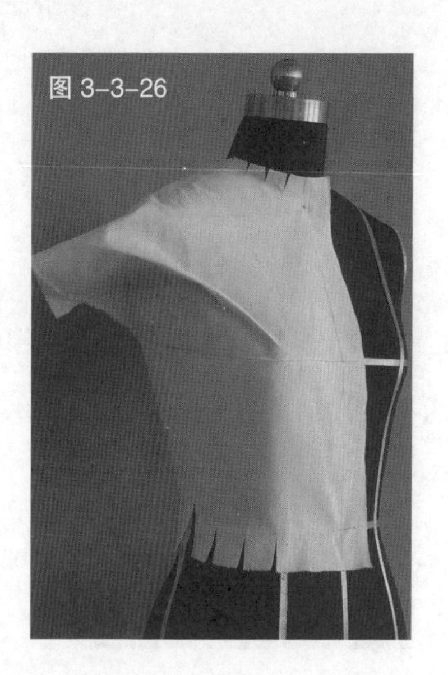
图 3-3-26

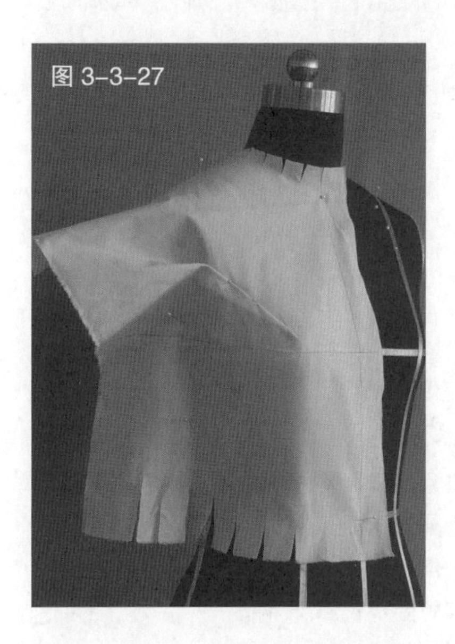
图 3-3-27

图 3-3-24　预裁衣片用布并固定于人台上，对准前中心线

图 3-3-25　先在领围处和腰围线处做放射状的剪口，再分别从肩部和腰部向袖窿处推抚布料，在袖窿处推出指向 BP 点的省道

图 3-3-26　在侧缝处和肩部固定衣片，收袖窿省

图 3-3-27　用大头针固定袖窿省道

图 3-3-28　用色带标记出衣片的造型线

图 3-3-29　修剪掉多余布料，完成初步造型

图 3-3-30　平面展开衣片，画线、整理并修剪缝份

图 3-3-31　试样，完成造型衣片

图 3-3-32　根据完成造型衣片描绘的平面图

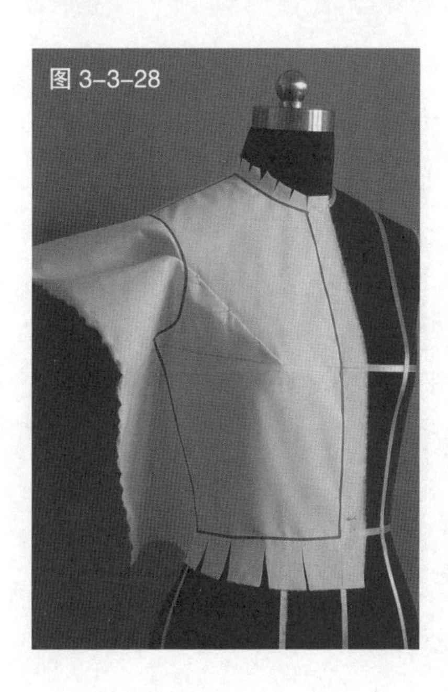
图 3-3-28

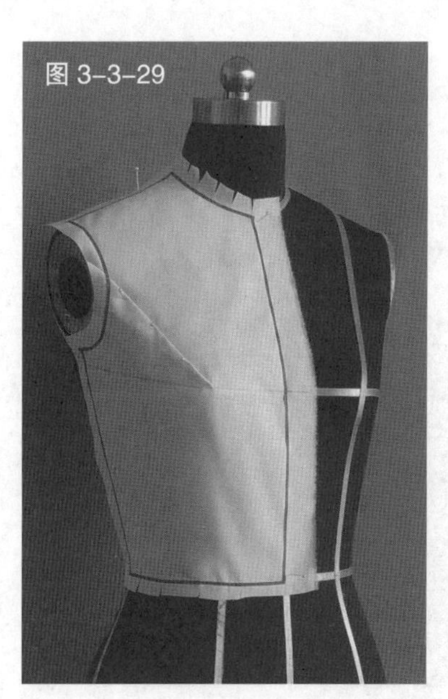
图 3-3-29

图 3-3-30

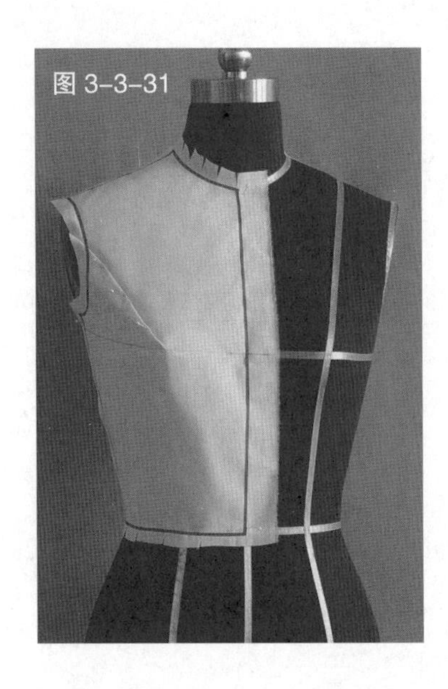
图 3-3-31

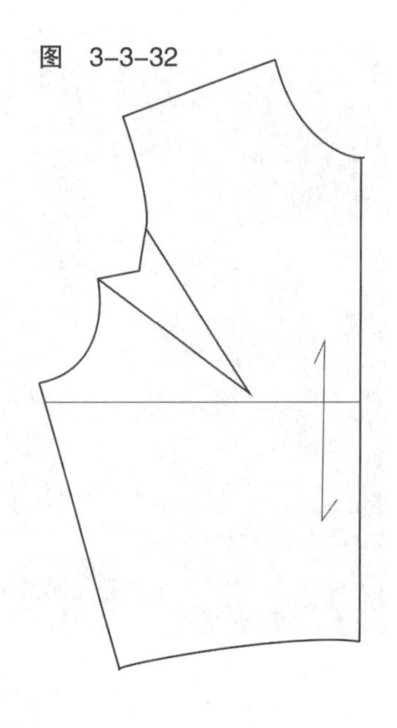
图 3-3-32

图 3-3-33 款式图

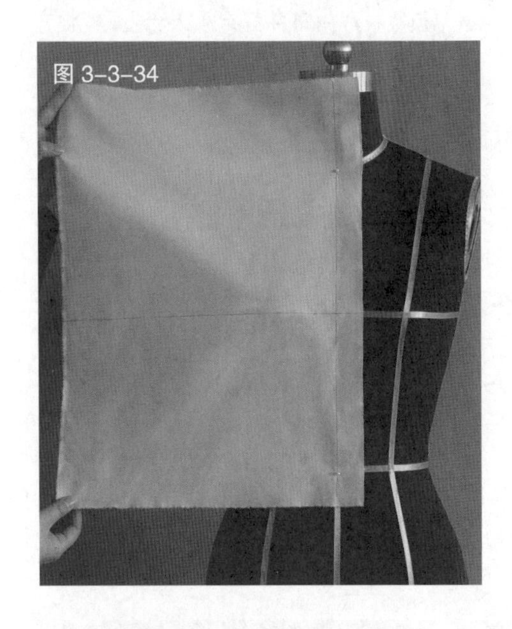
图 3-3-34

4.肩省

(1)款式分析

肩省是由肩部指向 BP 点的省(见图 3-3-33)。

(2)操作步骤

见图 3-3-34 ~图 3-3-42。

图 3-3-34 预裁衣片用布并固定于人台,对准前中心线

图 3-3-35 在领围处和腰围线处做放射状的剪口,将衣片余量推向肩部,在肩部推出指向 BP 点的省道

图 3-3-36 在侧缝处固定衣片,收肩省

图 3-3-37 用大头针固定肩省

图 3-3-35

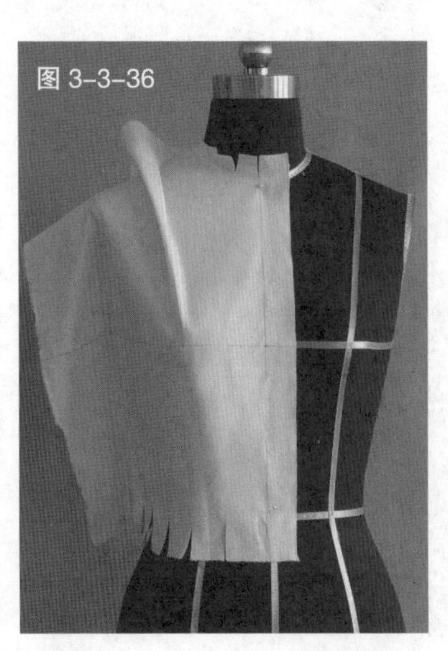
图 3-3-36

图 3-3-37

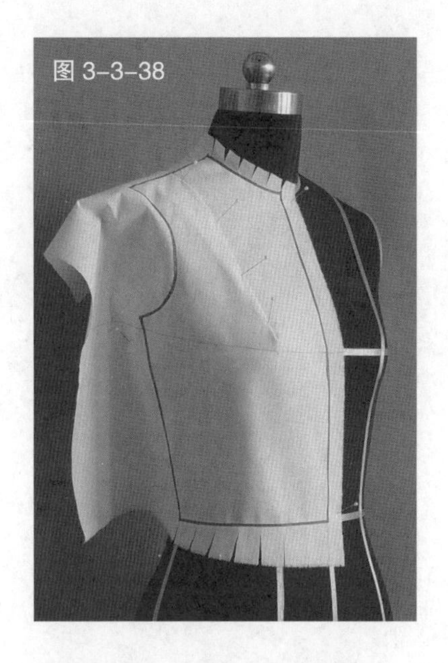
图 3-3-38

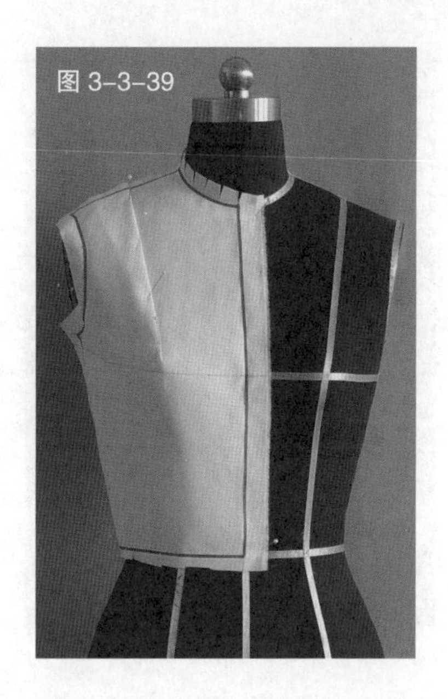
图 3-3-39

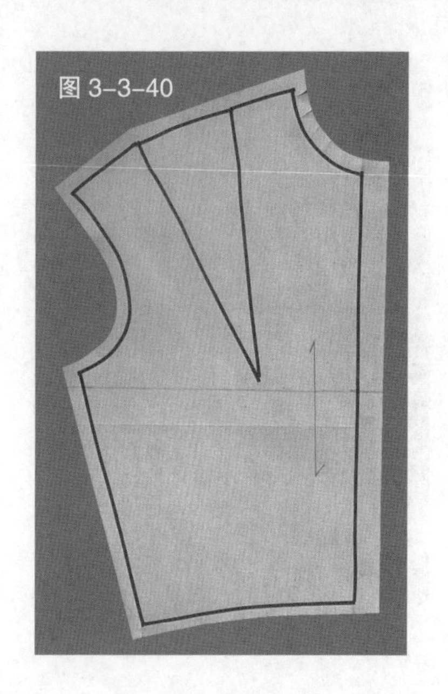
图 3-3-40

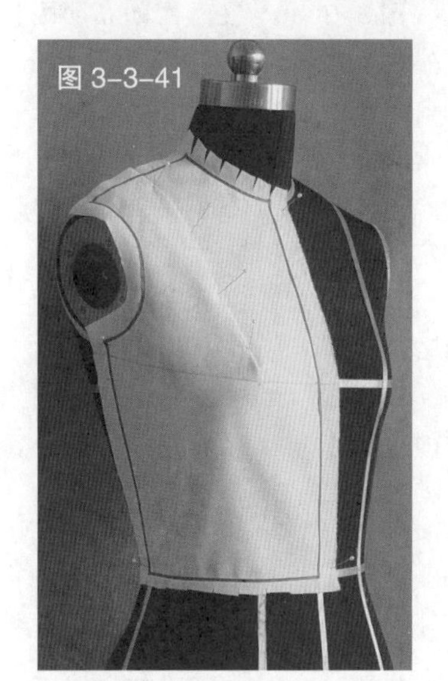
图 3-3-41

图 3-3-38 用色带标记出衣片的造型线
图 3-3-39 修剪掉多余布料。完成初步造型
图 3-3-40 平面展开衣片,画线、整理并修剪缝份
图 3-3-41 试样,完成造型衣片
图 3-3-42 根据完成造型衣片描绘的平面图

5.领口省

(1)款式分析

领口省是由领口指向 BP点的省(见图 3-3-43)。

(2)操作步骤

见图 3-3-44 ~图 3-3-52。

图 3-3-42

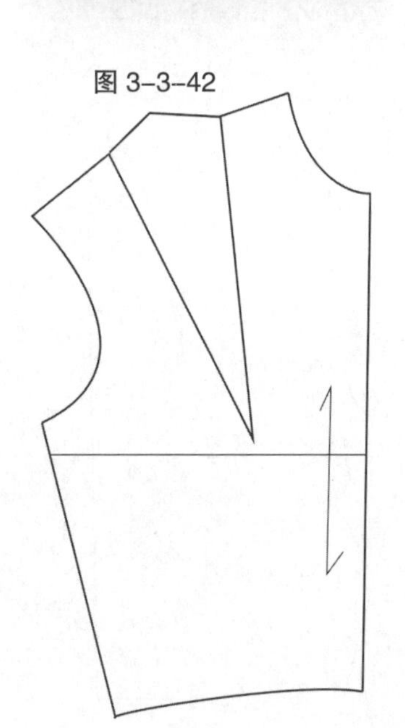

图 3-3-43 款式图

图 3-3-44 预裁衣片用布并固定于人台,对准前中心线

图 3-3-44

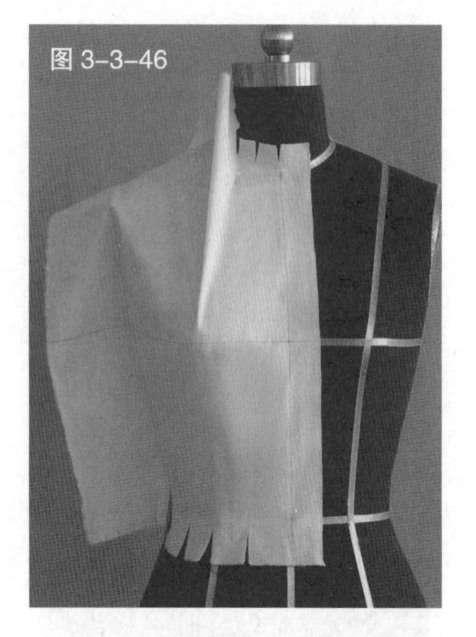

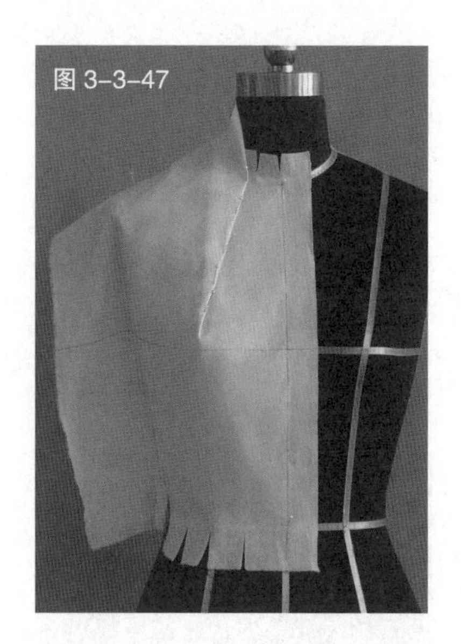

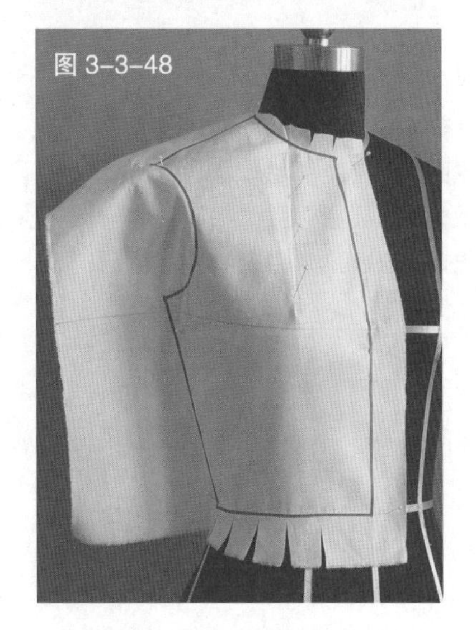

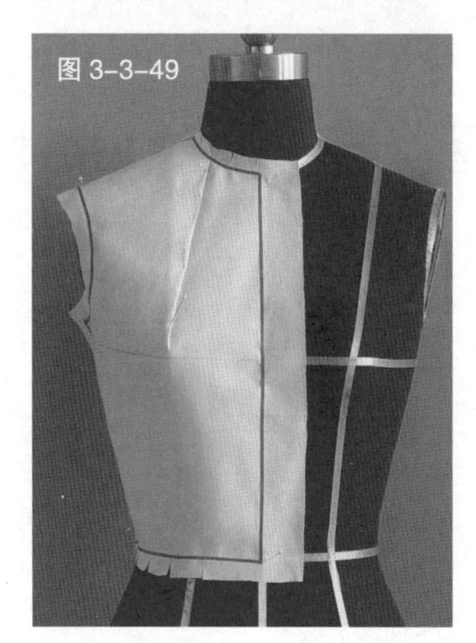

图 3-3-45　在领围处和腰围线处做放射状的剪口，并分别从腰部和前胸处向上推抚布料，在领口处推出指向 BP 点的省道

图 3-3-46　在侧缝处和肩部固定衣片，收领口省

图 3-3-47　用大头针固定领口省道

图 3-3-48　用色带标记出衣片的造型线

图 3-3-49　修剪掉多余布料，完成初步造型

图 3-3-50　平面展开衣片，画线、整理并修剪缝份

图 3-3-51　试样，完成造型衣片

图 3-3-52　根据完成造型衣片描绘的平面图

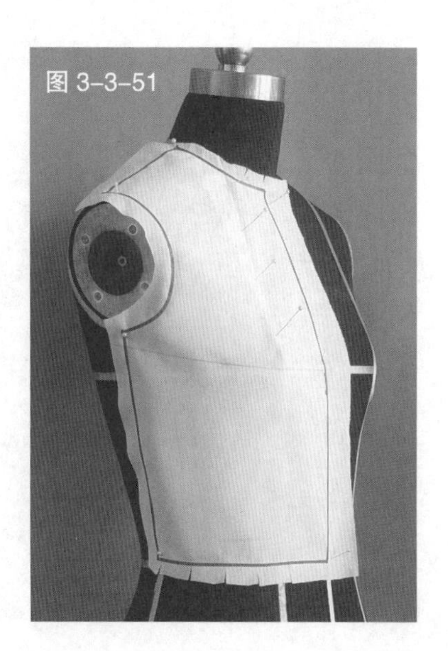

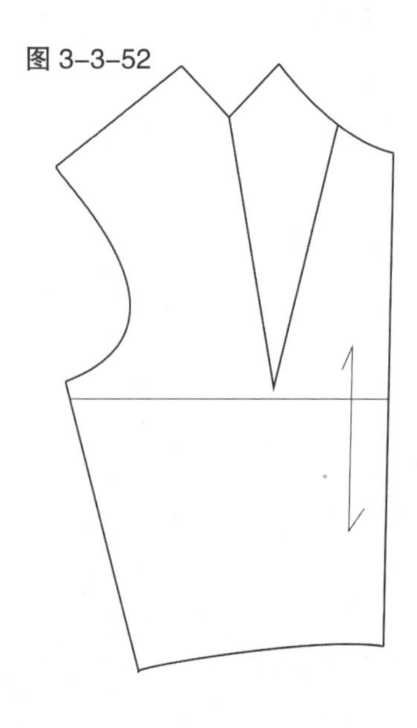

6.门襟省

（1）款式分析

门襟省是由门襟指向BP点的省（见图3-3-53）。

（2）操作步骤

见图3-3-54～图3-3-61。

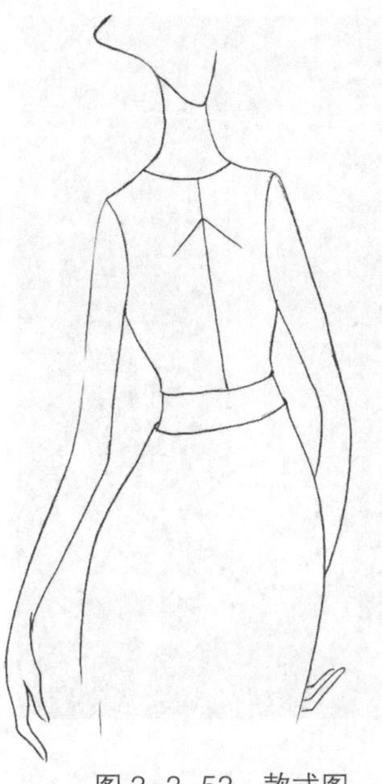

图3-3-53 款式图

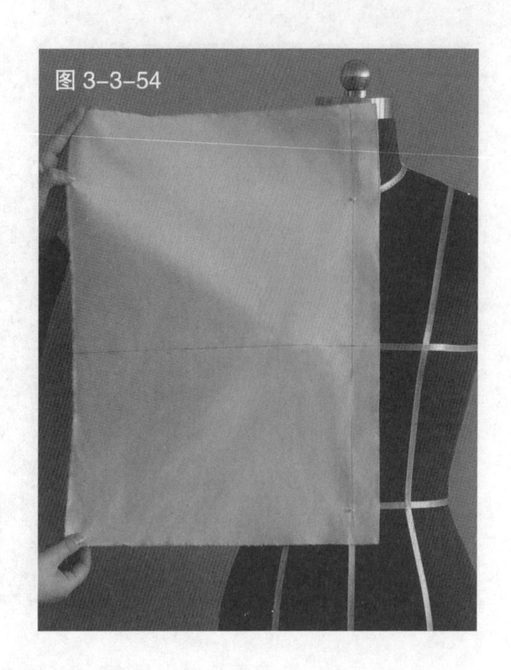

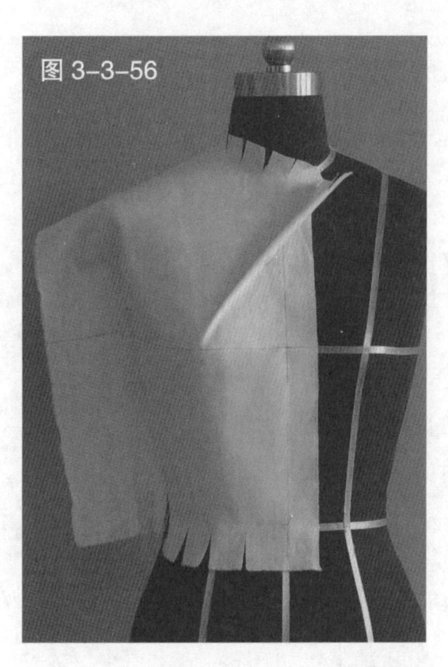

图3-3-54 预裁衣片用布并固定于人台，对准前中心线

图3-3-55 在领围处和腰围线处做放射状的剪口，将衣片浮余量推向门襟，在门襟处推出指向BP点的省道。

图3-3-56 在肩部和侧缝处固定衣片，收门襟省

图3-3-57 用大头针固定门襟省

图3-3-58 用色带标记出衣片的造型线。修剪掉多余布料，完成初步造型

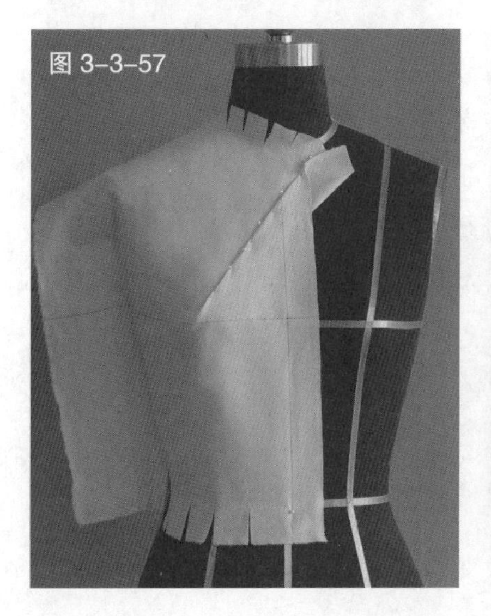

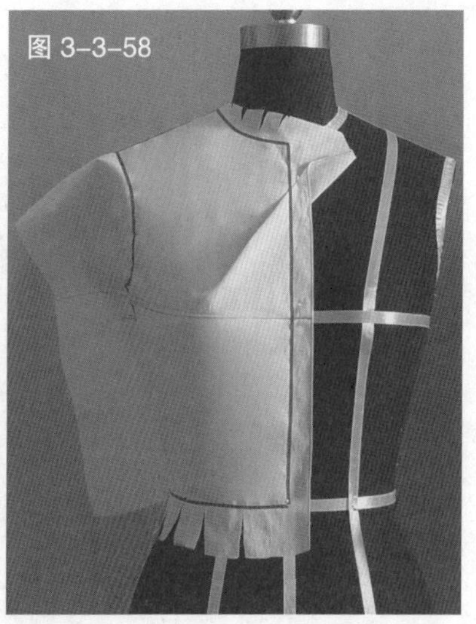

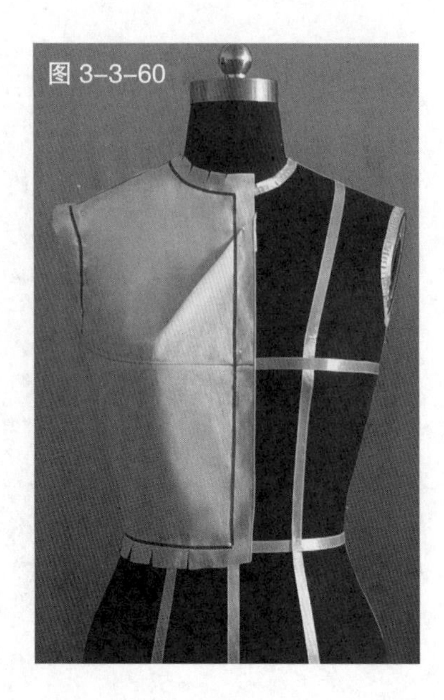

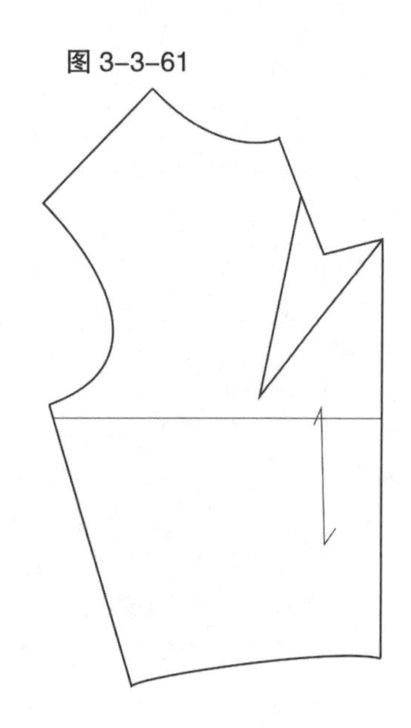

图 3-3-59 平面展开衣片，画线、整理并修剪缝份
图 3-3-60 试样，完成造型衣片
图 3-3-61 依据完成造型衣片描绘的平面图

第四节 衣身的变化形式

衣身变化是服装款式变化的重点。除省道造型变化外，作为处理衣身浮余量的其他结构形式如分割线、褶裥，也是表现人体曲线的重要手段，可使服装达到贴合人体的要求。如果将省道、分割线、褶裥等不同造型方法融合在一起，便可形成各种复杂的结构，塑造出各种美观、贴体的服装款式。下面将分别介绍省道、分割线和褶裥在衣身造型中的裁剪方法。

一、分割线造型的衣身设计

1.三角形分割的衣身造型

(1)款式解析

V领短上衣，胸前采用条状三角形分割，与V字领形相呼应，使服装更加生动、时尚。三角形分割衣身款式见图 3-4-1。

(2)坯布准备

见图 3-4-2。

(3)操作步骤

见图 3-4-3 ~图 3-4-24。

图 3-4-1 款式图

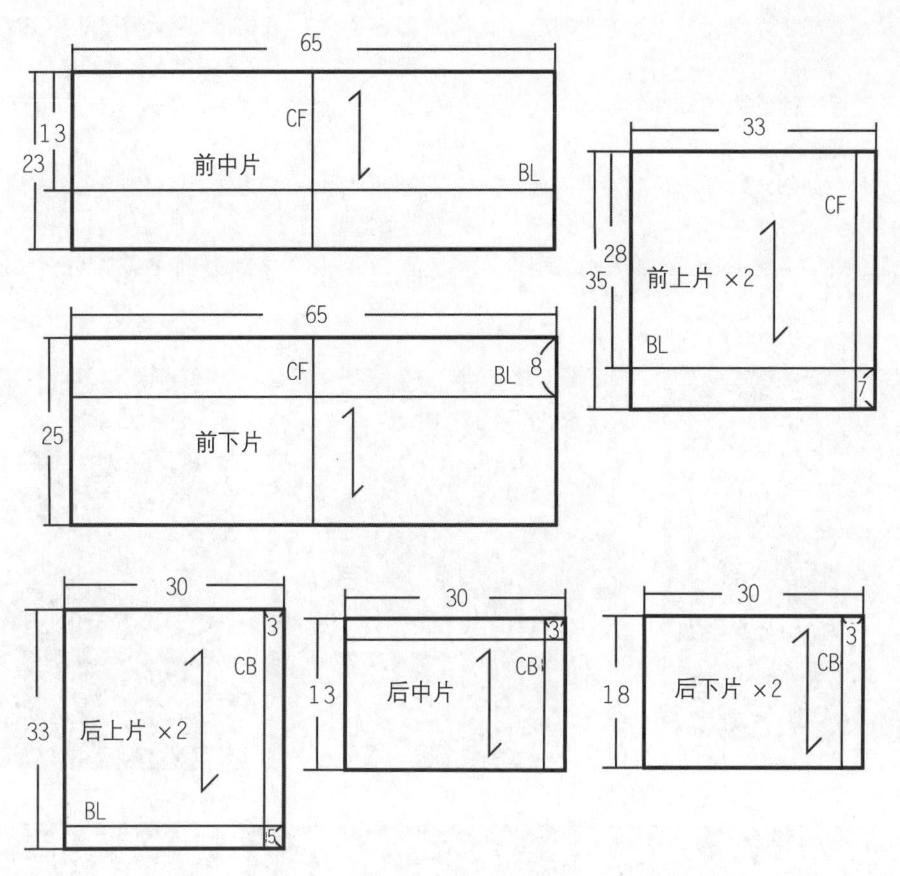

图 3-4-2 坯布预裁图 （单位：cm）

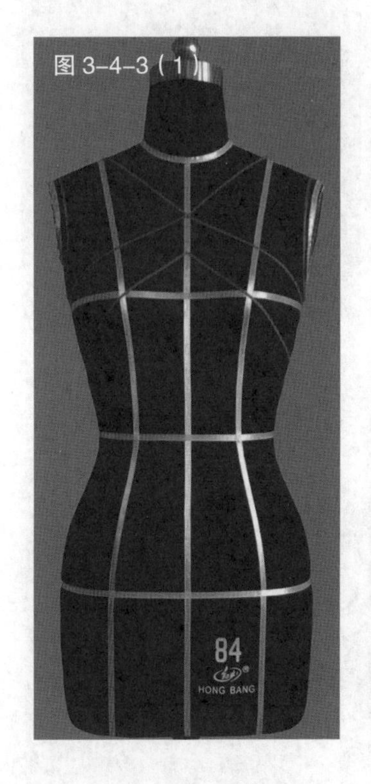

图 3-4-3（1）

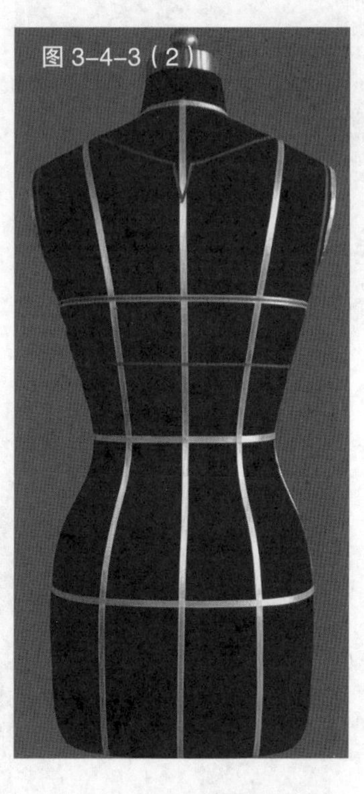

图 3-4-3（2）

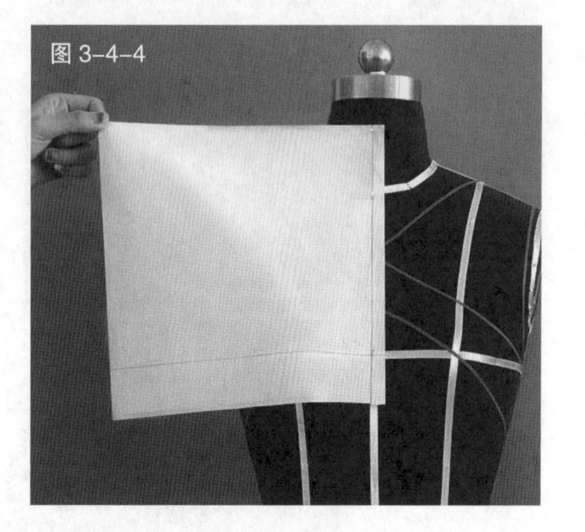

图 3-4-4

图 3-4-3 根据服装款式在人台上粘贴标识线

图 3-4-4 预裁前片肩部部分布样并固定于人台，对准前中心线和胸围线

图 3-4-5　根据服装款式，用色带标记出该衣片的造型线

图 3-4-6　根据造型线进行修剪，剪掉多余布料

图 3-4-7　用相同方法完成另一侧衣片

图 3-4-8　预裁前片胸部部分的用布，将其对准人台的前中心线、胸围线并固定于人台上

图 3-4-9　根据服装款式用色带标记出该片的造型线

图 3-4-10　根据造型线修剪掉多余布料

图 3-4-11　预裁前片腰部部分的布样，将其对准人台的前中心线、胸围线并固定于人台上。用色带标记出该衣片的造型线

图 3-4-12　根据造型线修剪掉多余布料，初步完成前衣身整体造型

图 3-4-13　从侧面检查各分割线是否吻合

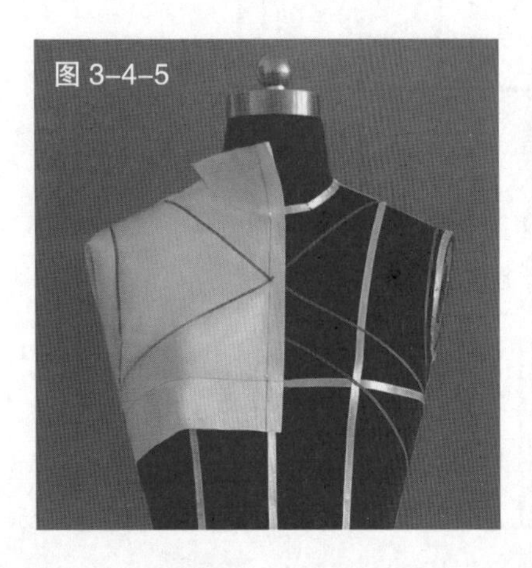
图 3-4-5

图 3-4-6

图 3-4-7

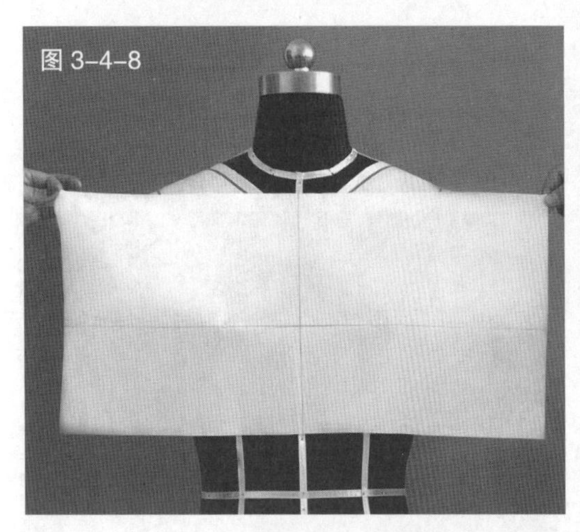
图 3-4-8

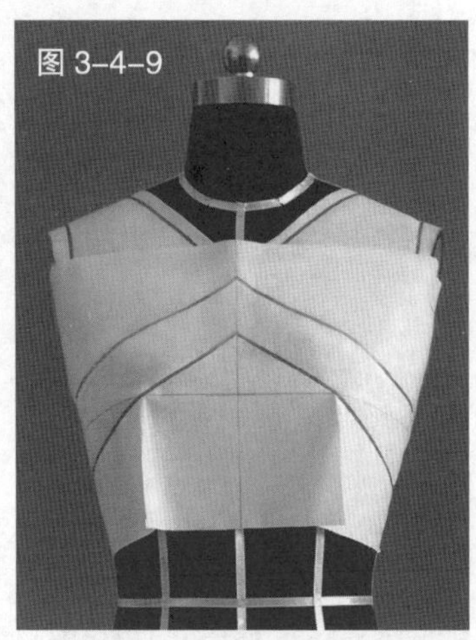
图 3-4-9

图 3-4-10

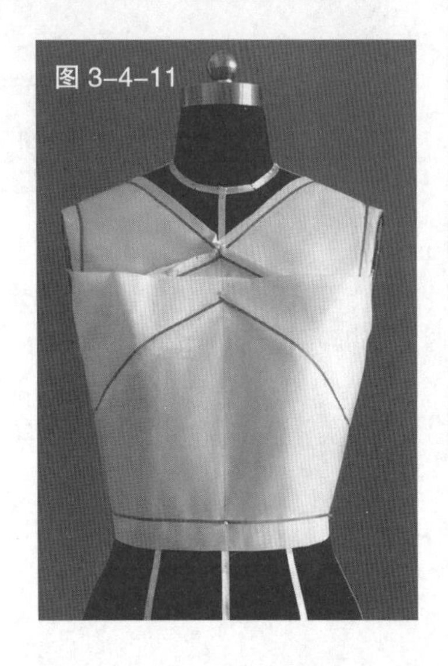
图 3-4-11

图 3-4-12

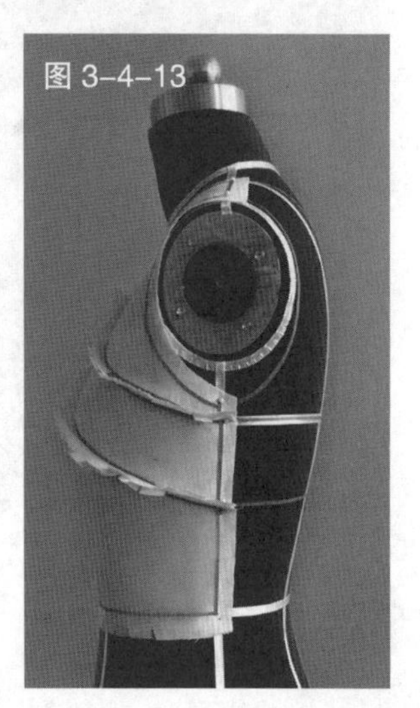
图 3-4-13

图 3-4-14 预裁后片肩部部分的布样并固定于人台,对准标识线

图 3-4-15 根据服装款式,用色带标记出该片的造型线

图 3-4-16 根据造型线对该片进行修剪

图 3-4-17 用相同的方法完成另一侧衣片的裁剪

图 3-4-18 用相同的方法完成其他部位衣片的裁剪

图 3-4-19 初步完成后衣身的整体造型

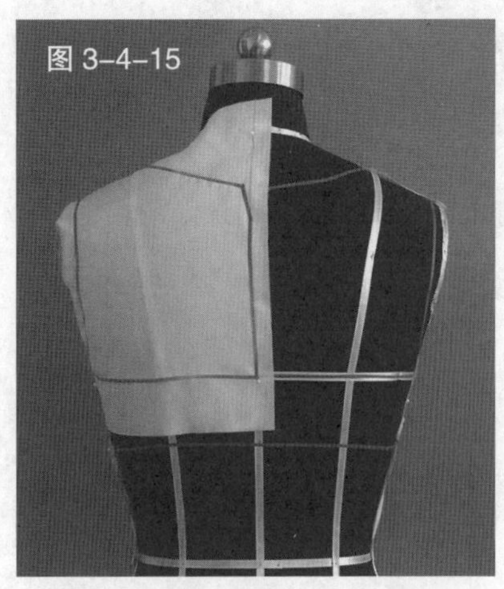

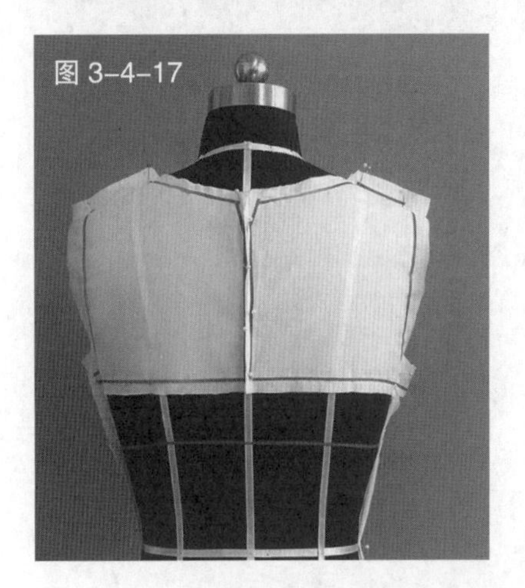

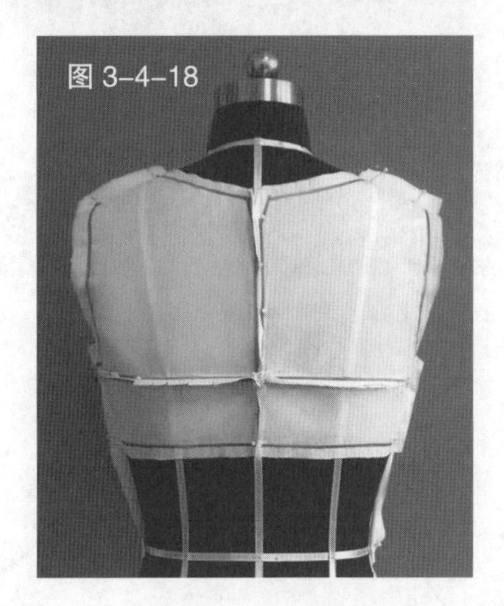

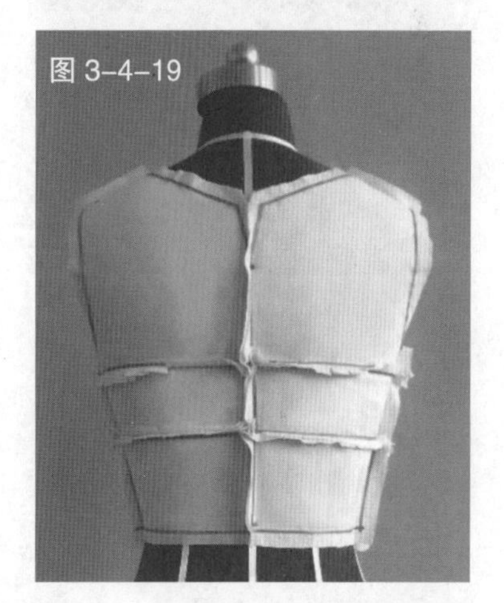

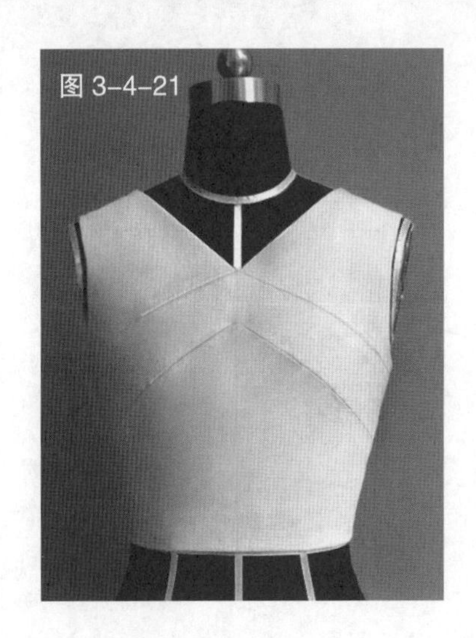

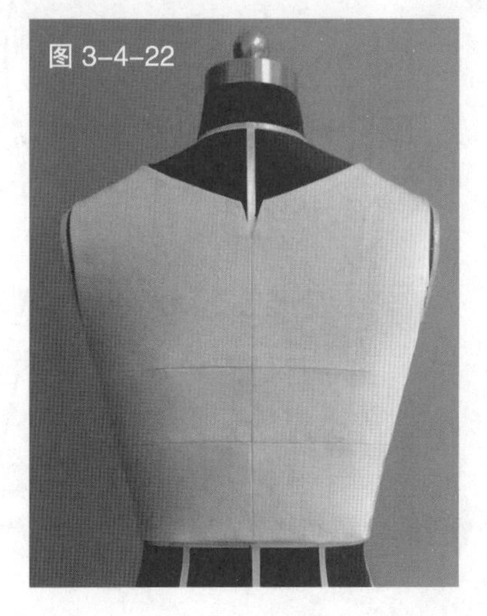

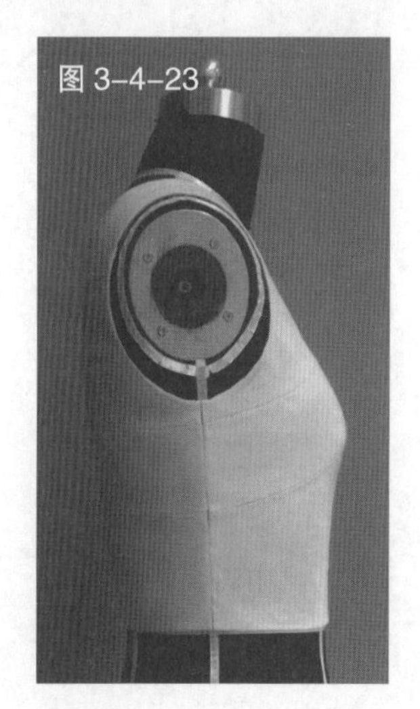

图 3-4-21 试样,完成衣身正面造型

图 3-4-22 完成衣身后面造型

图 3-4-23 完成衣身侧面造型

图 3-4-20 平面展开各衣片,画线、整理并修剪缝份

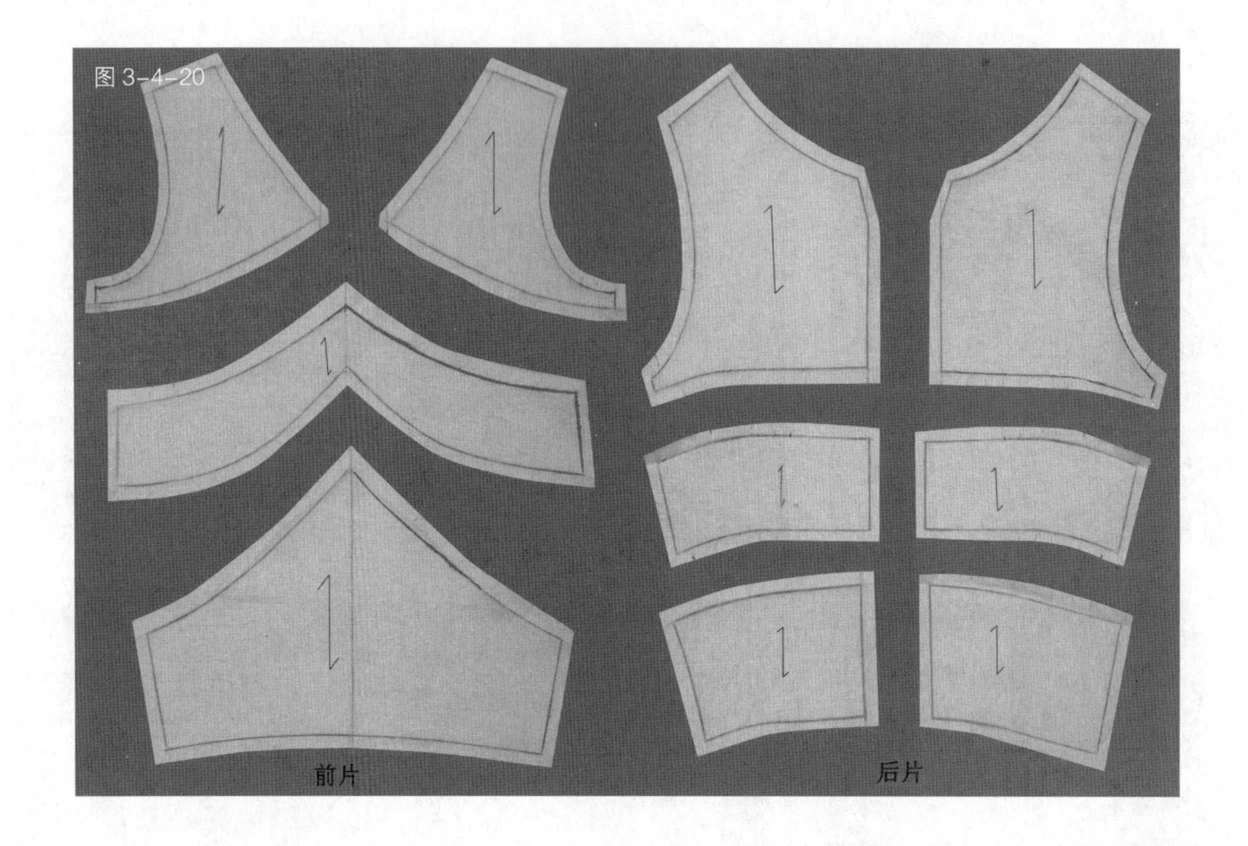

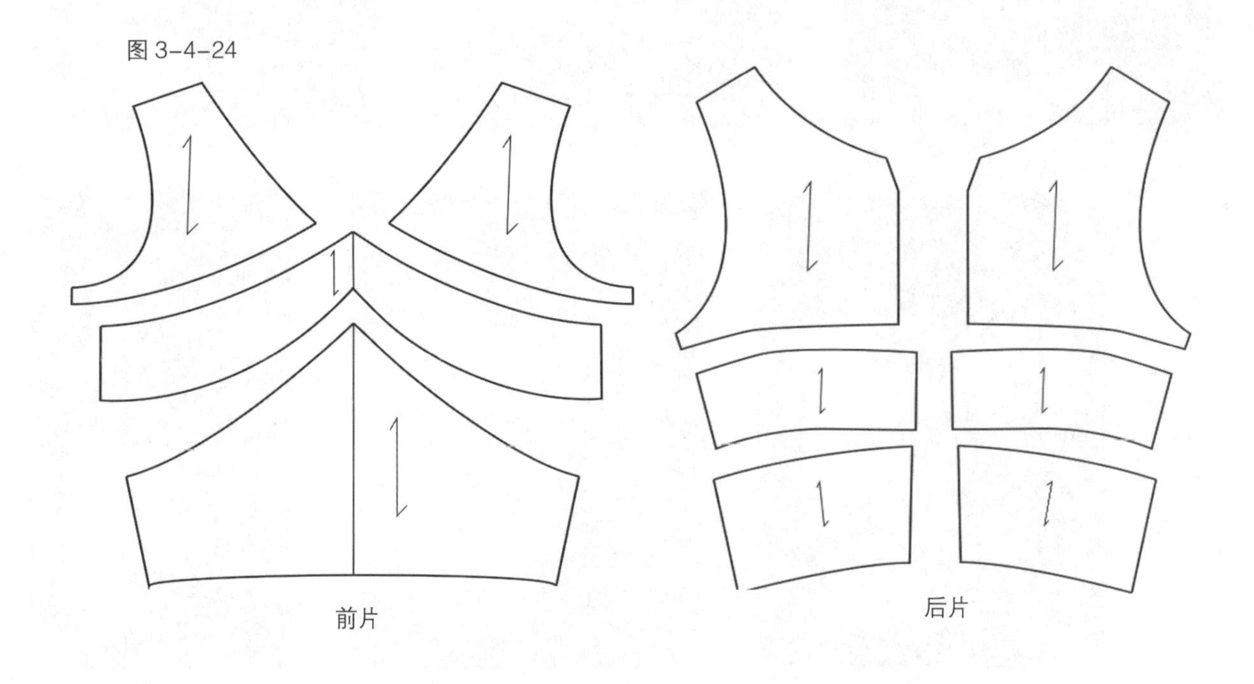

图 3-4-24 依据完成衣片描绘的各衣片平面图

2. 胸部弧形分割的衣身造型

（1）款式解析

短上衣，利用分割线替代服装的省道，胸前的弧形分割展示了女性的体态美，侧身的折叠造型丰富了服装的细节（见图 3-4-25）。

图 3-4-25 款式图

（2）坯布准备

见图 3-4-26。

（3）操作步骤

见图 3-4-27 ~ 图 3-4-44。

图 3-4-27 依据服装款式在人台上贴出标识线

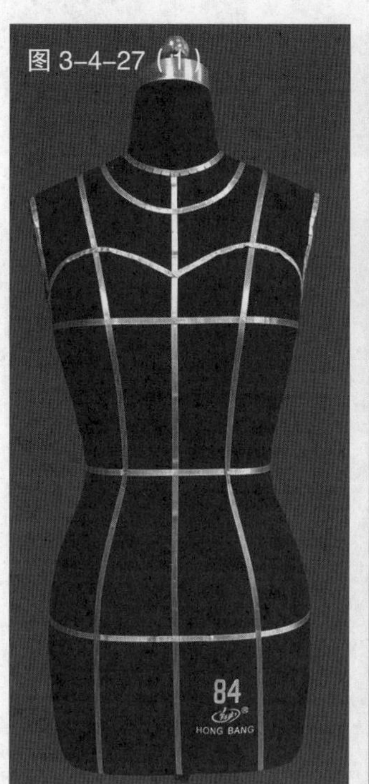

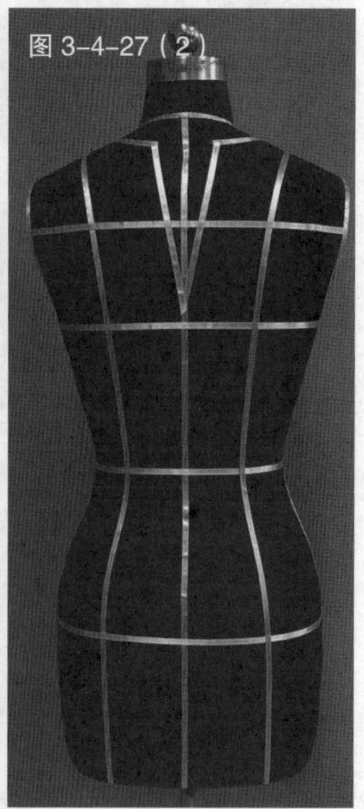

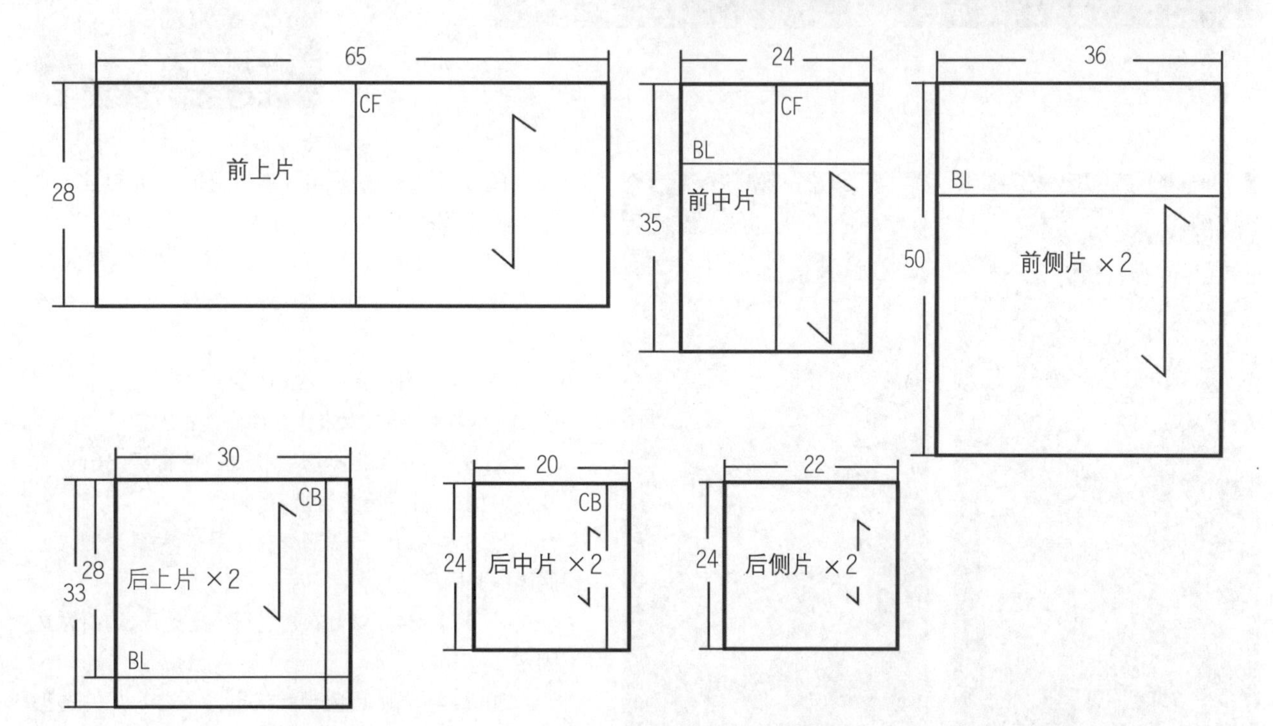

图 3-4-26 坯布预裁图（单位：cm）

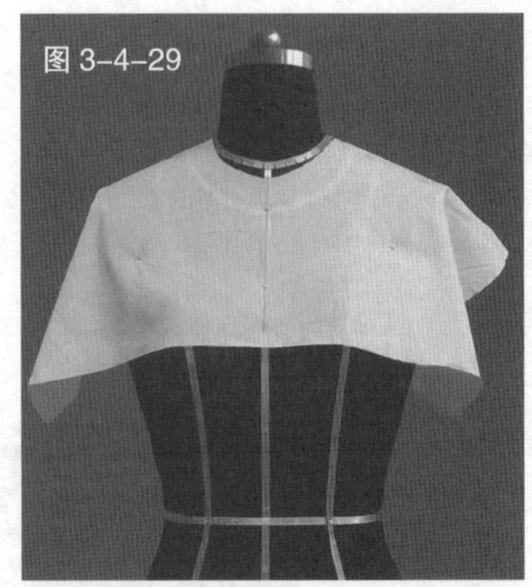

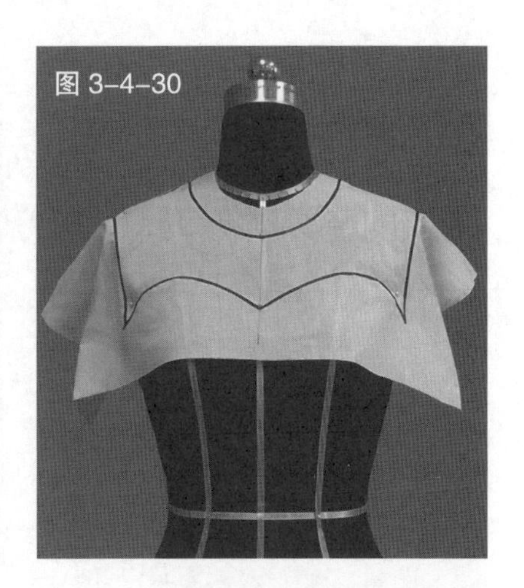

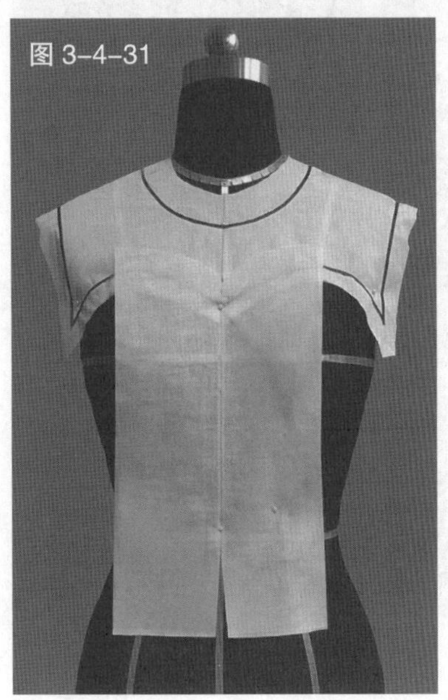

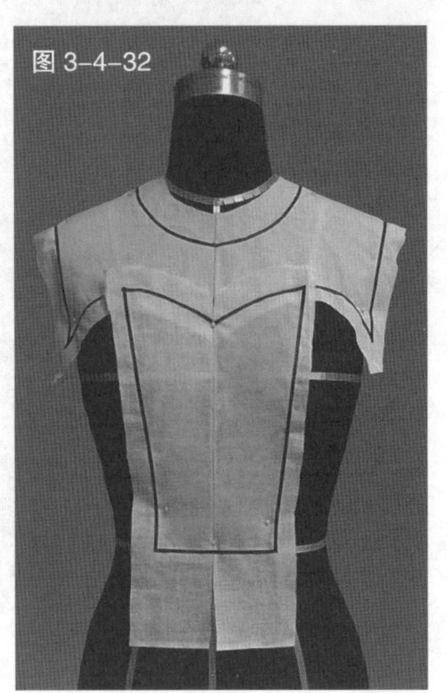

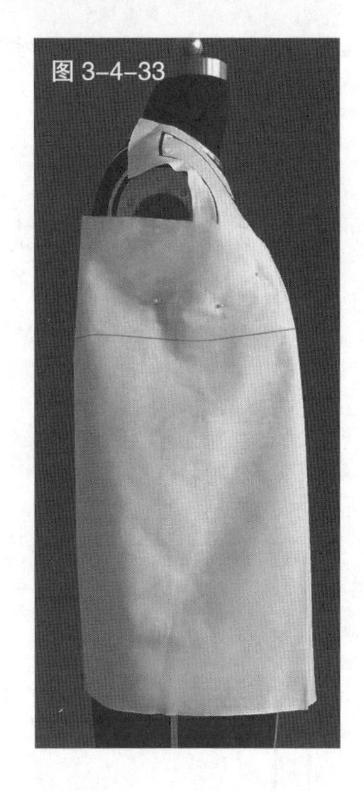

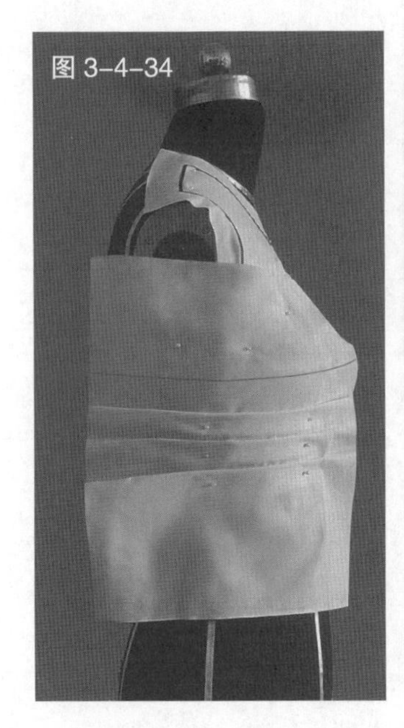

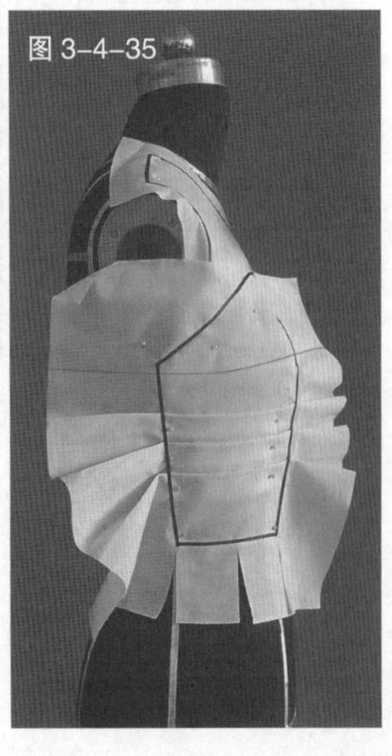

图 3-4-28　预裁前片肩部用布，把它对准人台前中心线后固定于人台上

图 3-4-29　适当修剪领窝，使用布贴合于人台

图 3-4-30　根据服装款式用色带标记出该衣片的造型线

图 3-4-31　修剪该衣片多余布料，预裁前片中心部分的衣片，将其对准人台中心线并固定

图 3-4-32　根据服装款式用色带标记出该衣片的造型线，并进行适当修剪

图 3-4-33　预裁侧身衣片用布，将其对准人台胸围线并固定

图 3-4-34　对侧衣片进行折叠处理，边折叠边固定

图 3-4-35　用色带标记出该折叠衣片的造型线

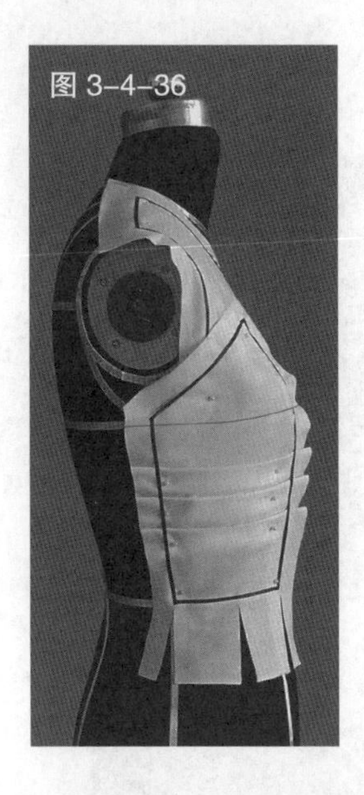
图 3-4-36

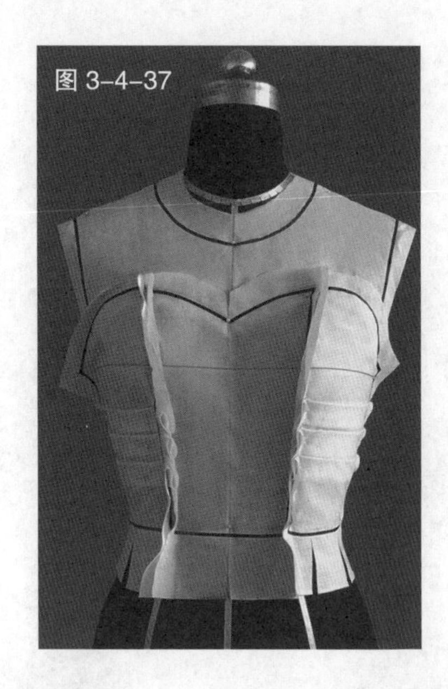
图 3-4-37

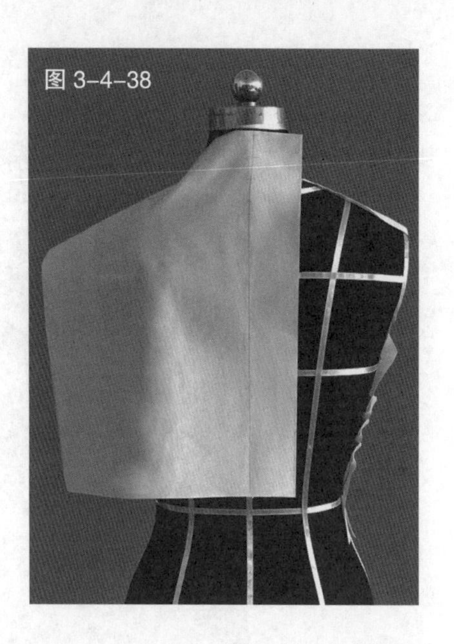
图 3-4-38

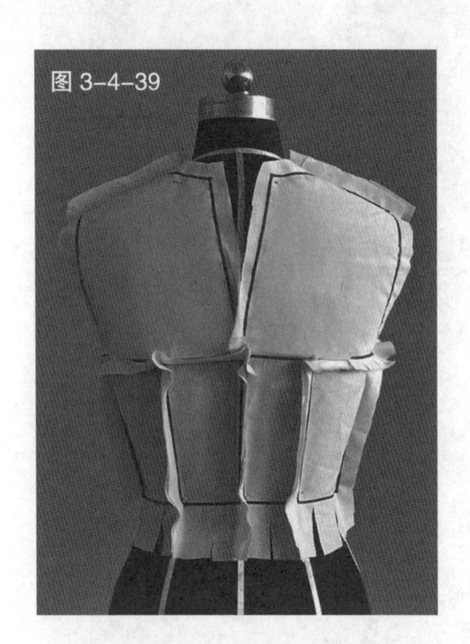
图 3-4-39

图 3-4-36 修剪该衣片多余的布料

图 3-4-37 用相同方法对另一前侧片进行裁剪。完成前衣身的初步整体造型

图 3-4-38 预裁后衣片的用布，将其对准人台后中心线并固定

图 3-4-39 用与前衣片相同的裁剪方法裁剪各后衣片。完成后衣身的初步整体造型

图 3-4-41 试样，完成衣身正面造型

图 3-4-42 完成衣身背面造型

图 3-4-43 完成衣身侧面造型

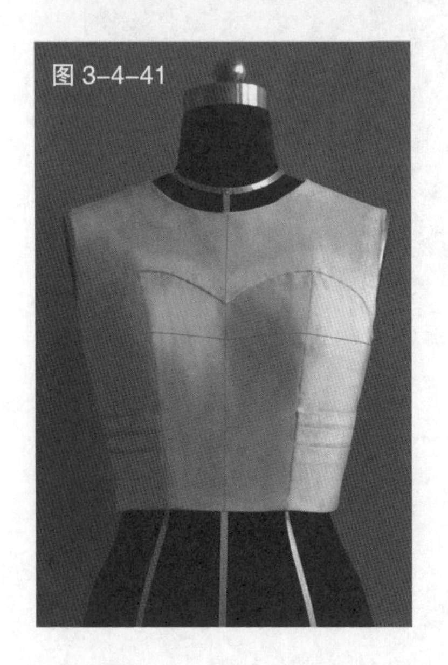
图 3-4-41

图 3-4-42

图 3-4-43

图 3-4-40 平面展开衣片，画线、整理并修剪缝份

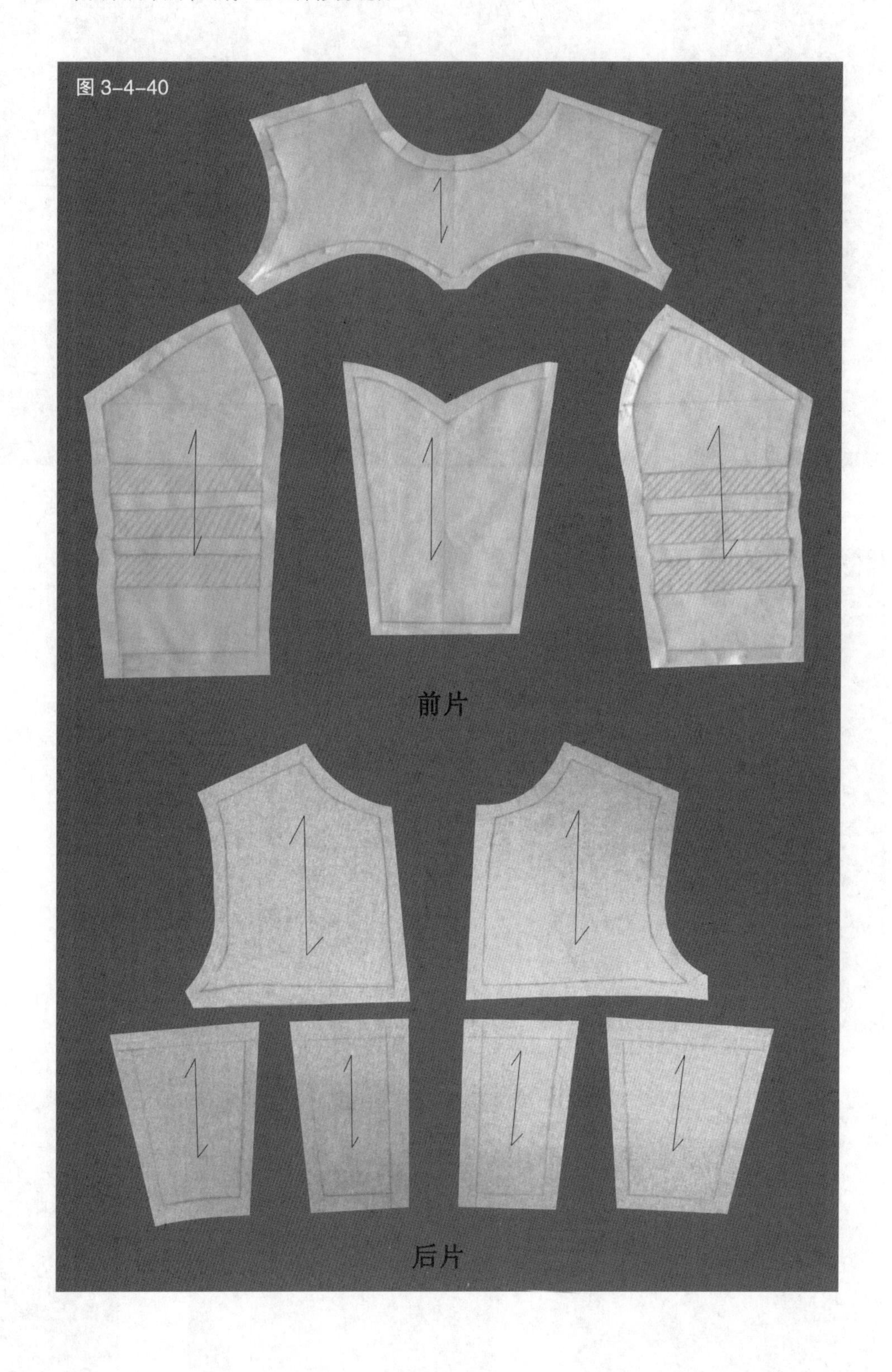

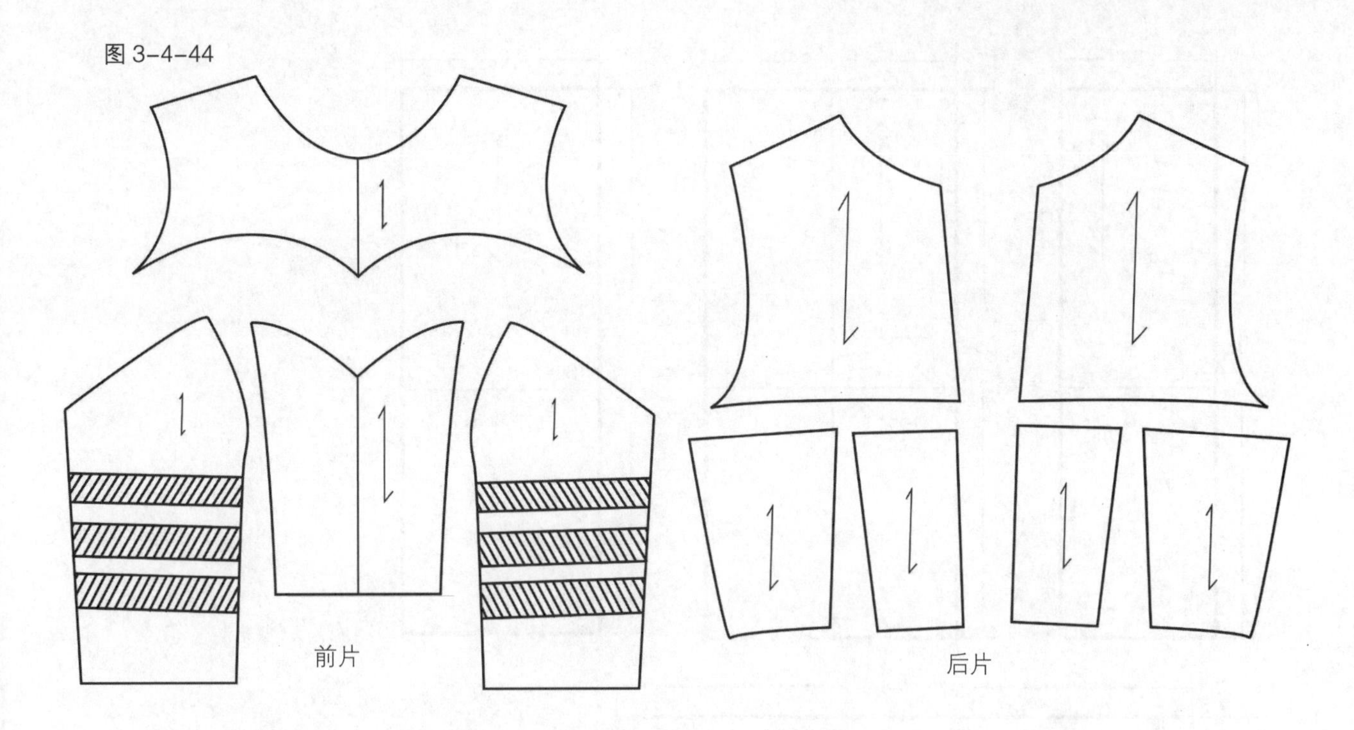

图 3-4-44 依据完成造型衣片描绘的平面图

3. 纵向弧形分割的衣身造型

（1）款式解析

短上衣，纵向的弧形分割贯穿整体衣身，具有强烈的延伸感，使人体形态更为修长、挺拔（见图 3-4-45）。

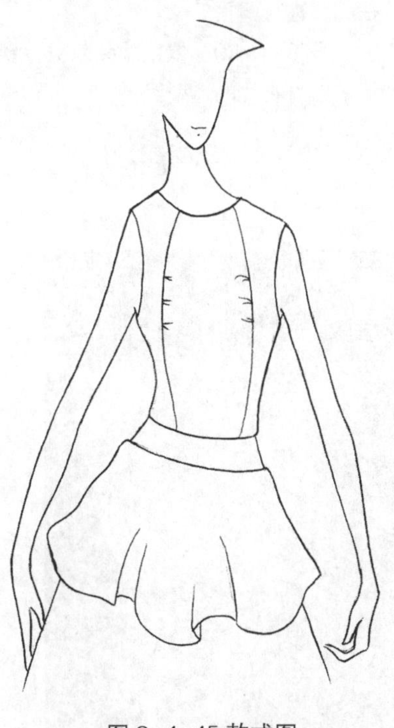

图 3-4-45 款式图

（2）坯布准备

见图 3-4-46。

（3）操作步骤

见图 3-4-47～图 3-4-61。

图 3-4-47 依据服装款式在人台上标记出标识线

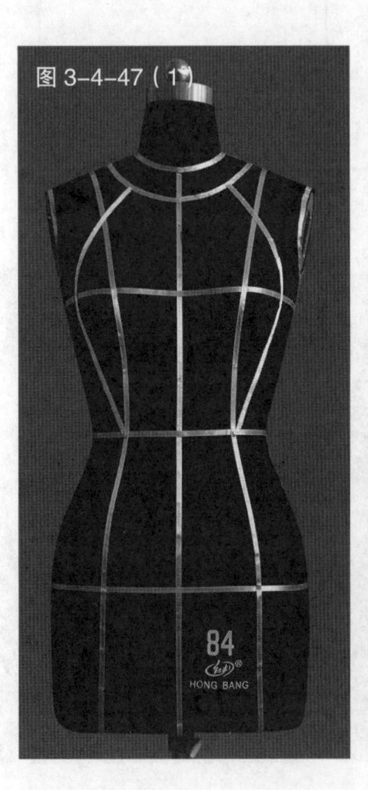

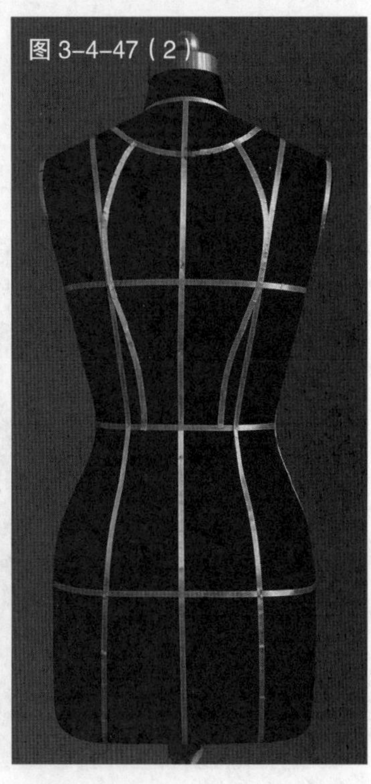

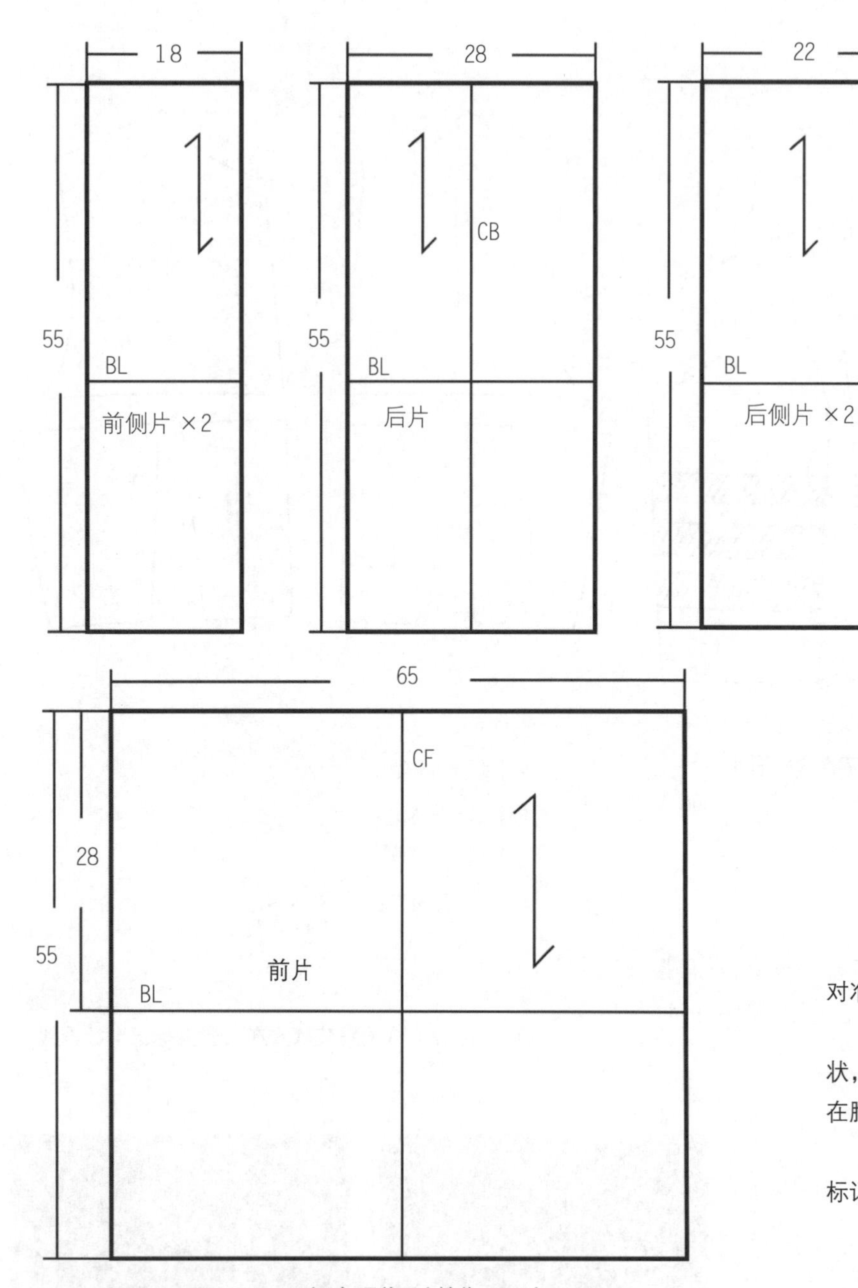

图 3-4-46 坯布预裁图(单位：cm)

图 3-4-48　预裁前衣片用布，将其对准人台前中心线、胸围线并固定

图 3-4-49　修剪衣片下摆呈剪口状，使衣片贴合于人台，且依据服装造型，在胸部进行归褶

图 3-4-50　依据服装款式，用色带标记出前衣片的造型线

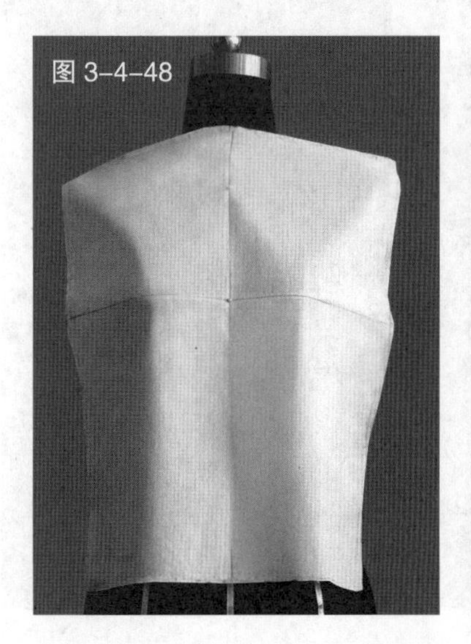

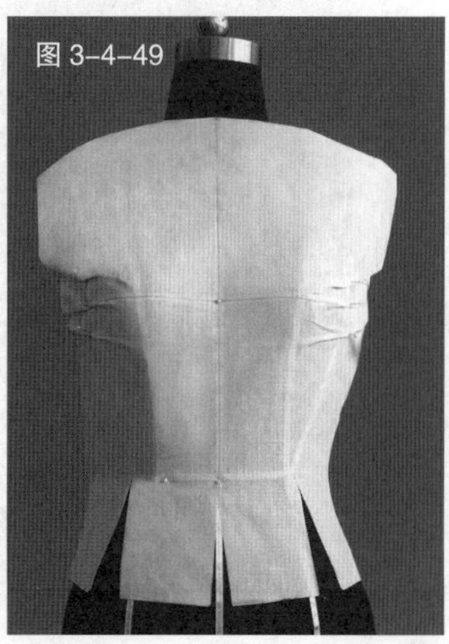

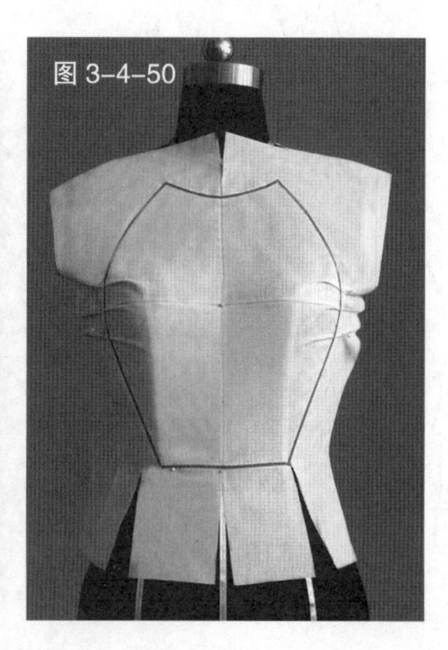

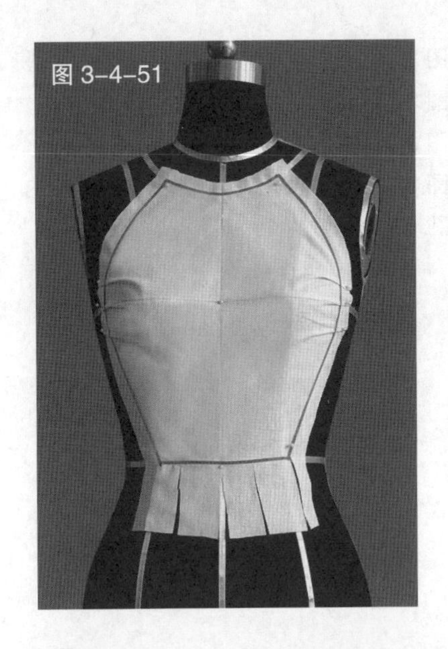
图 3-4-51

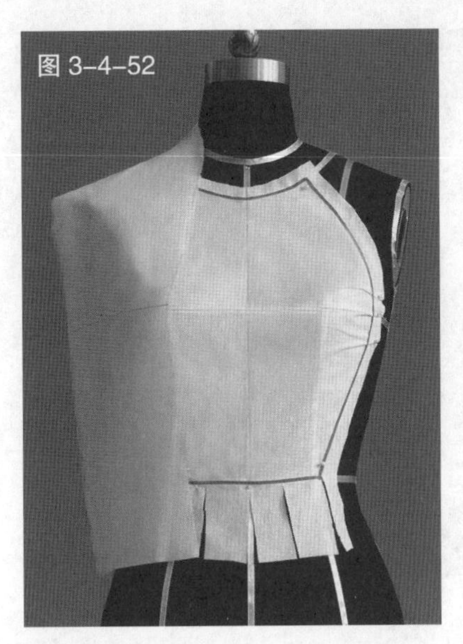
图 3-4-52

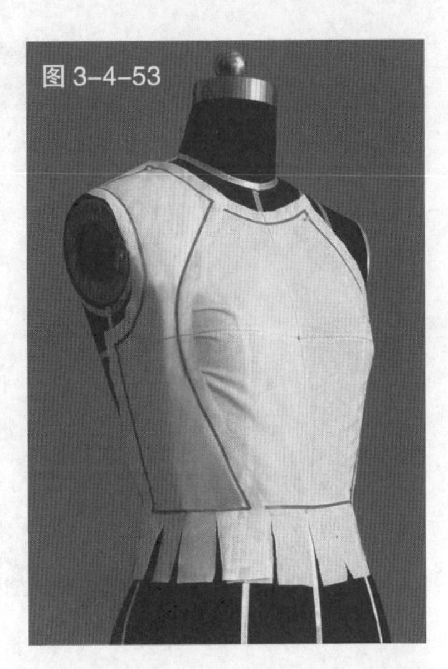
图 3-4-53

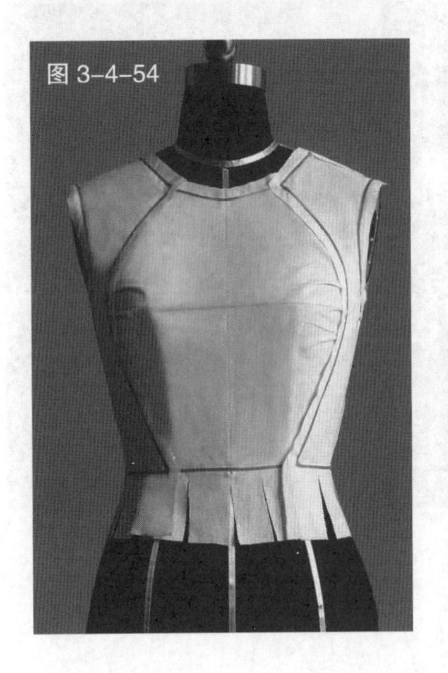
图 3-4-54

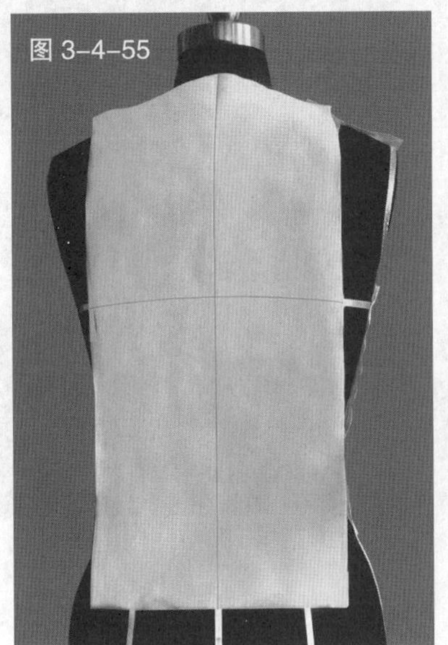
图 3-4-55

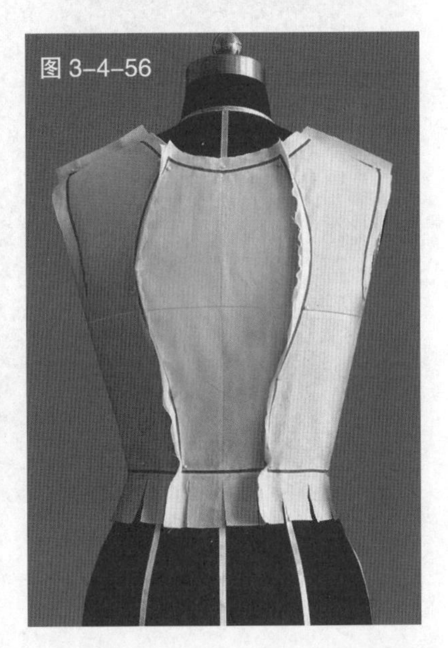
图 3-4-56

图 3-4-51　修剪前片多余的布料

图 3-4-52　预裁侧衣片的用布，将其对准人台胸围线并固定于人台上

图 3-4-53　用色带标记出侧衣片的造型线，依据造型线修剪掉多余布料

图 3-4-54　用相同的方法完成另一侧衣片的裁剪

图 3-4-55　预裁后片的用布，将其对准人台后中心线和胸围线并固定于人台上

图 3-4-56　用与前衣片相同的裁剪方法对后片和后侧片进行裁剪。完成后衣身的初步整体造型

图 3-4-57　平面展开衣片，画线、整理并修剪缝份

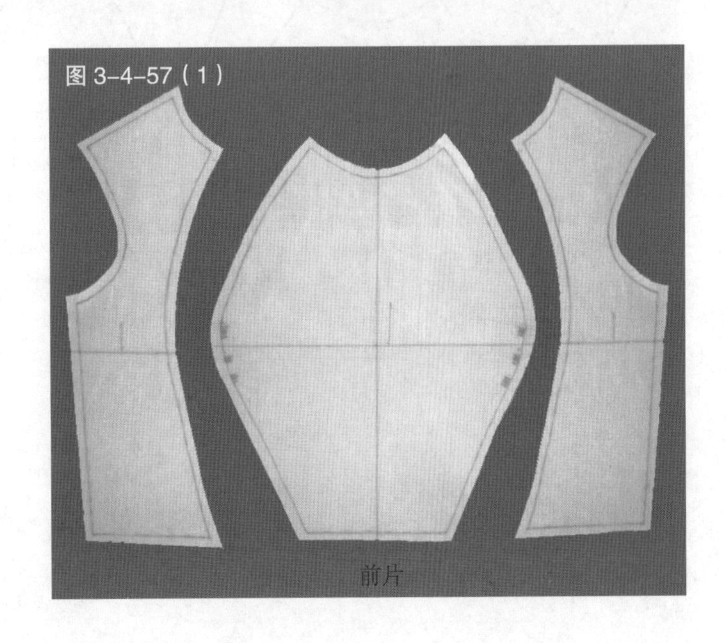

图 3-4-57（1）

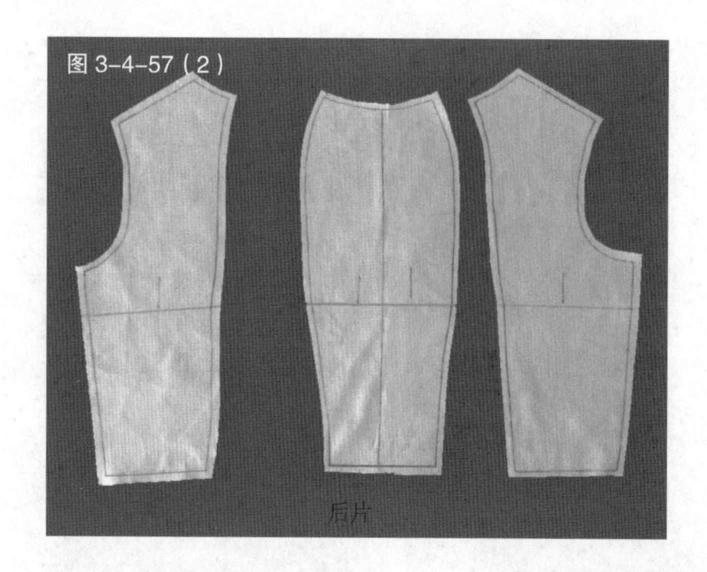

图 3-4-58　试样，完成衣身的整体造型
图 3-4-59　完成后的衣身背面造型
图 3-4-60　完成后的衣身侧面造型
图 3-4-61　根据完成造型衣片描绘的平面图

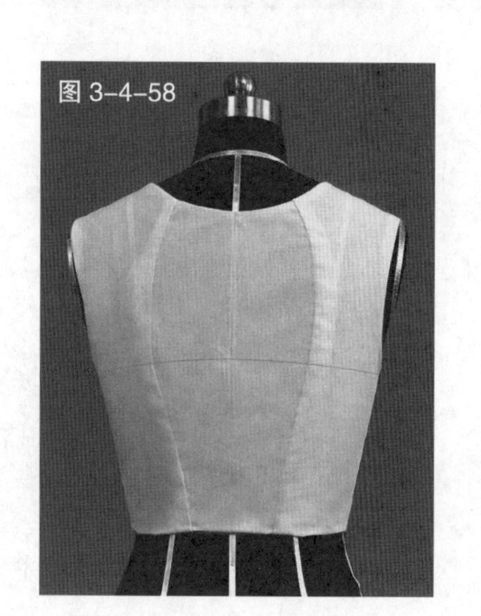

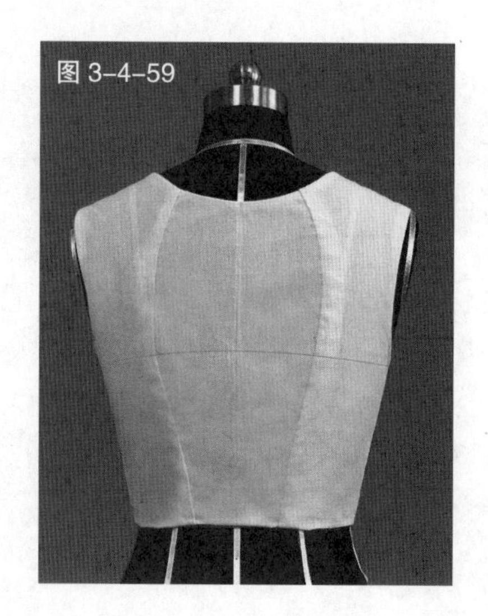

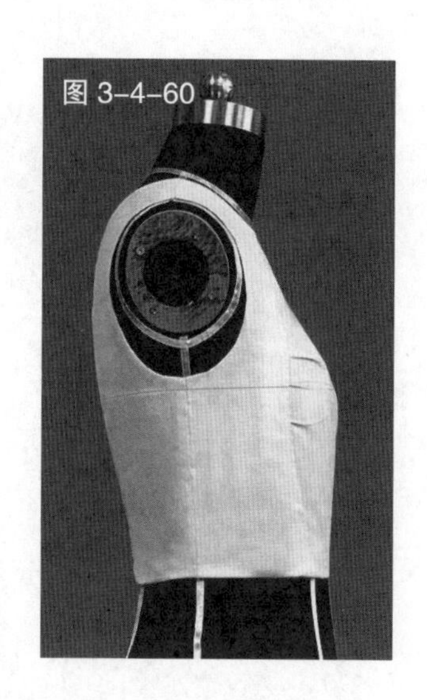

图 3-4-61

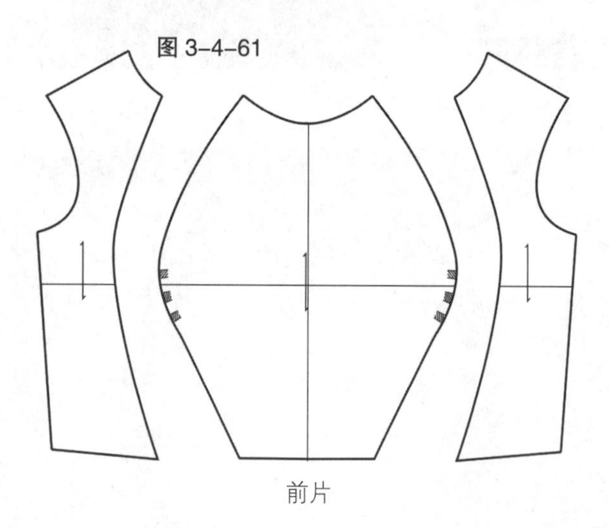

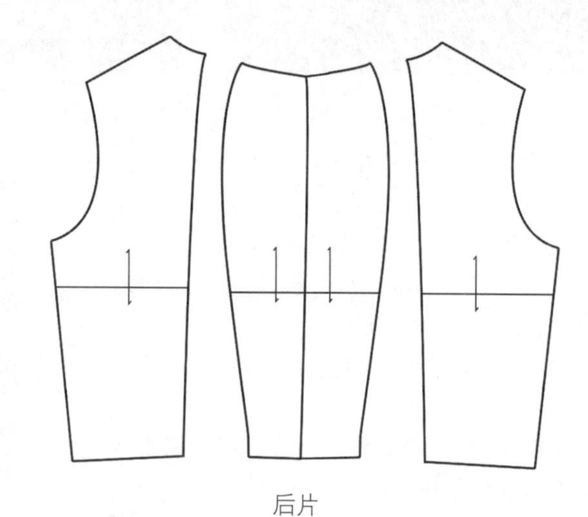

二、褶裥造型的衣身设计

1.腰侧部抽褶的衣身造型

（1）款式解析

短上衣，在基本款的基础上采用腰省切割，并对腰身侧缝处的衣片进行抽褶。在不改变原贴体造型的同时，分割和抽褶有效结合，丰富了服装的细节和美感（见图 3-4-62）。

（2）坯布准备

见图 3-4-63。

（3）操作步骤

见图 3-4-64 ~ 图 3-4-78。

图 3-4-64 依据服装款式在人台上粘贴标识线

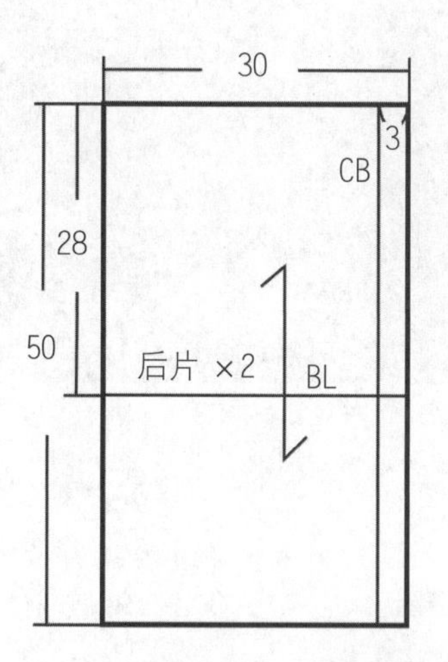

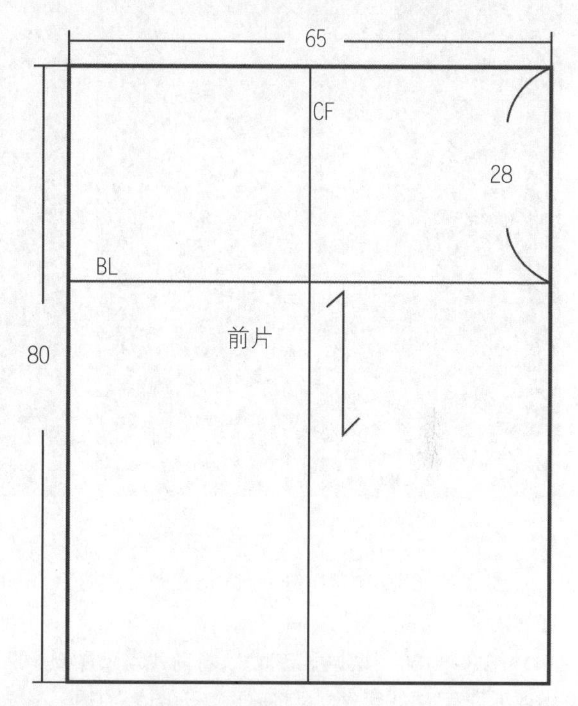

图 3-4-63 坯布预裁图（单位：cm）

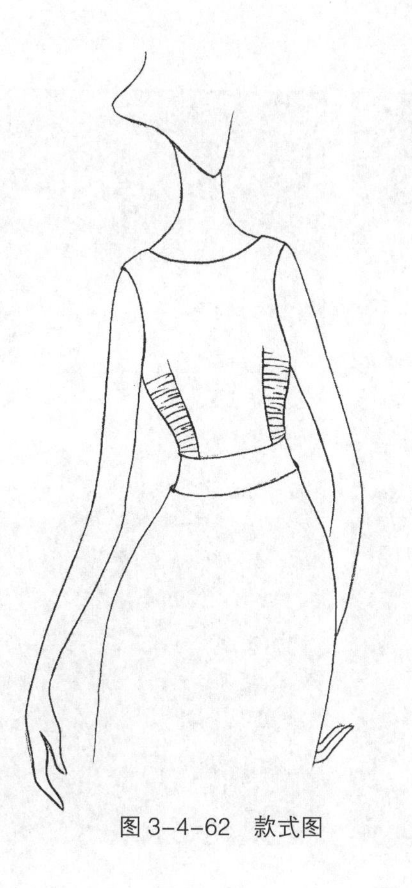

图 3-4-62 款式图

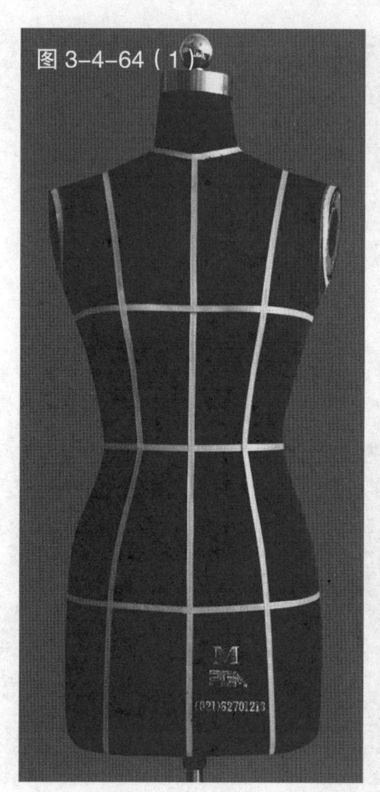

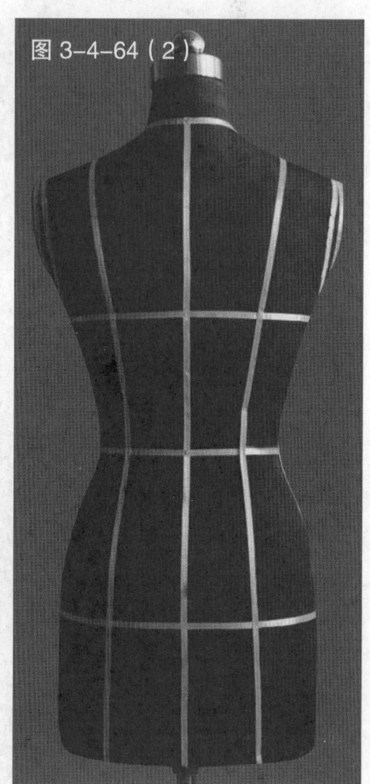

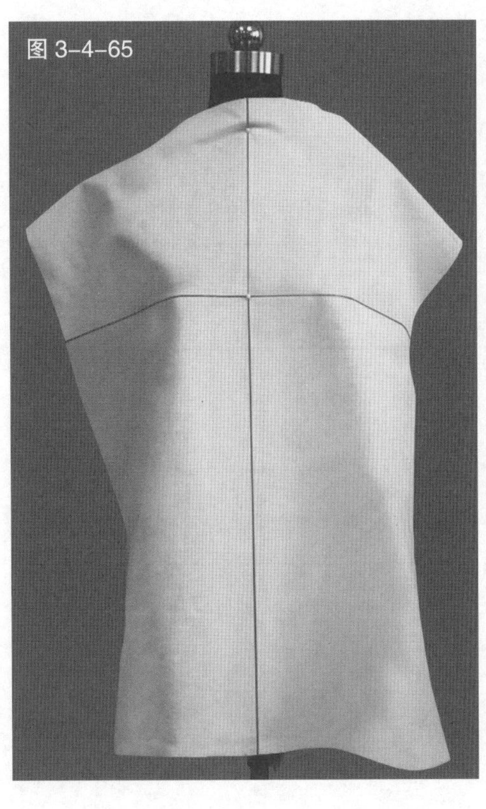

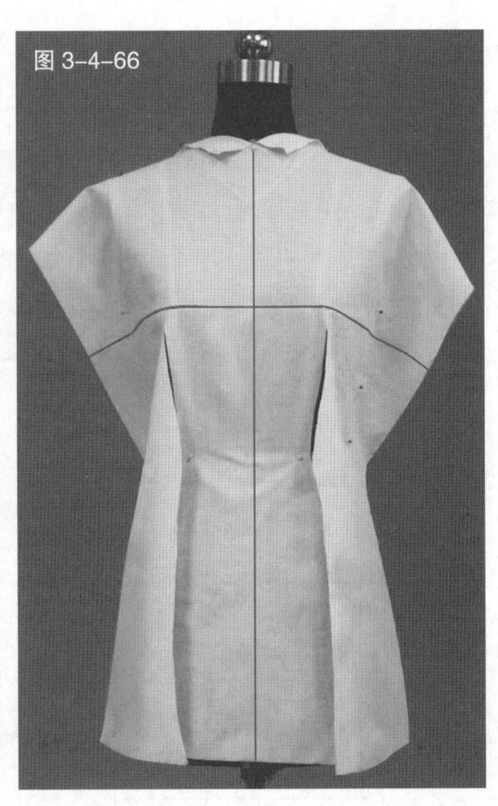

图 3-4-65　预裁前片用布，把它对准中心线和胸围线后固定于人台上

图 3-4-66　根据服装款式，将前片浮余量归于胸围线以下位置，并在腰省位置将前片剪开，准备抽褶

图 3-4-67　用色带标记出前片的造型线

图 3-4-68　修剪掉前片多余的布料

图 3-4-69　对前片侧边进行抽褶处理

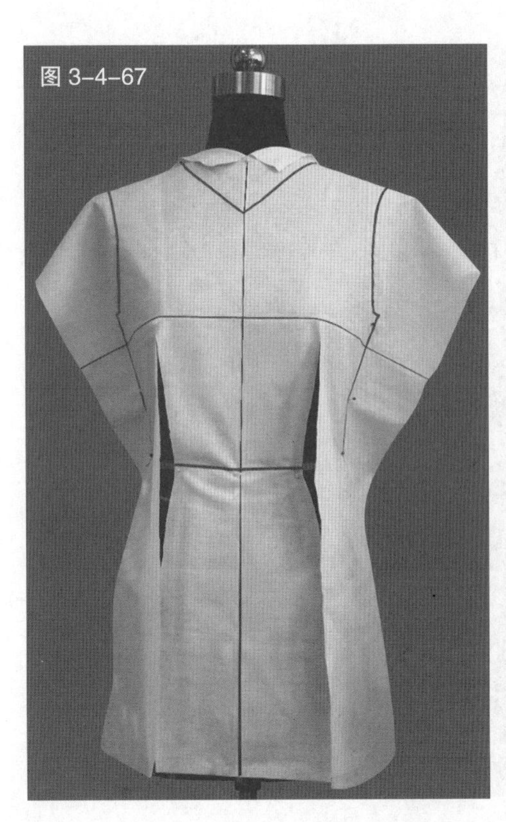

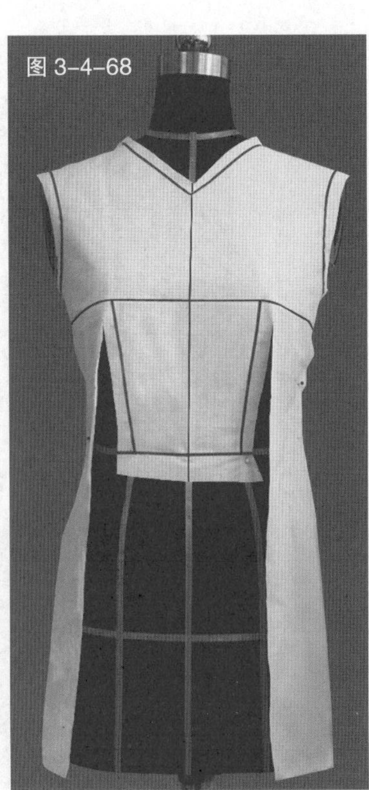

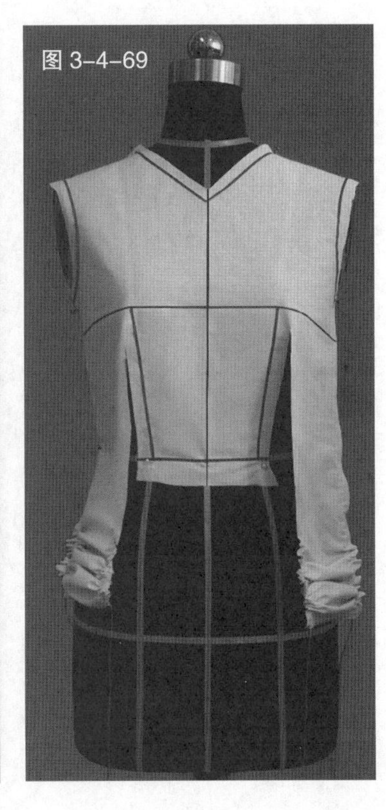

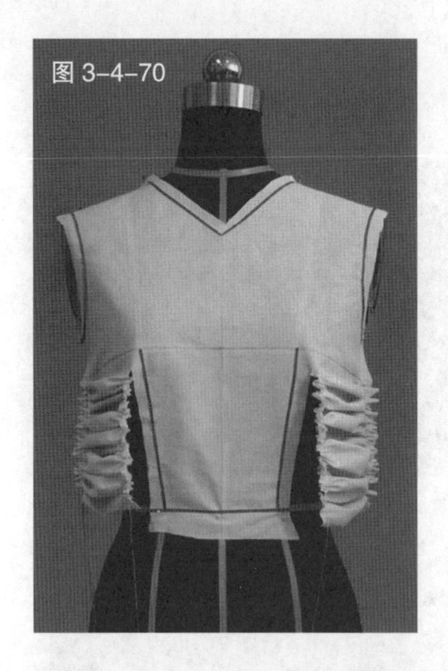

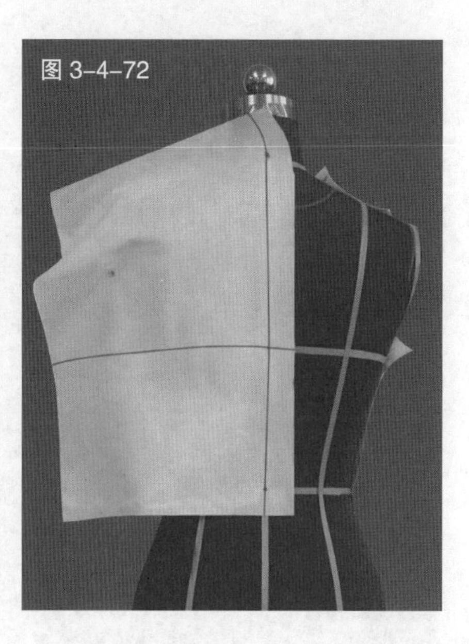

图 3-4-73

图 3-4-70 侧片抽褶后的长度应与中间衣片的长度相等

图 3-4-71 固定抽褶造型，完成前片的初步造型

图 3-4-72 预裁后片布样，把它对准后中心线和胸围线后固定于人台上

图 3-4-73 做两道腰省，完成后片的初步造型

图 3-4-75 试样，完成衣身正面造型

图 3-4-76 完成后的衣身背面造型

图 3-4-77 完成后的衣身侧面造型

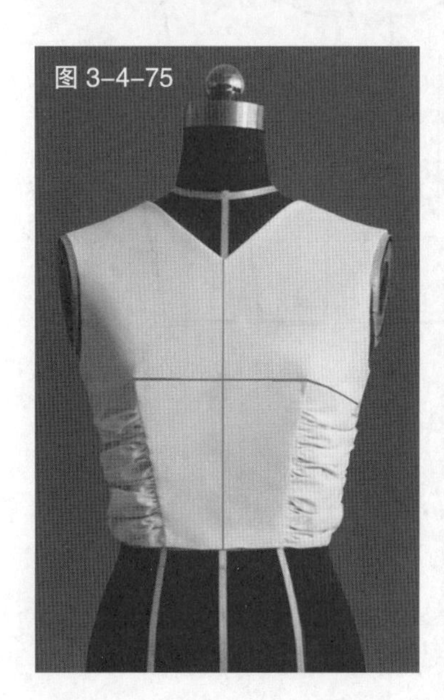

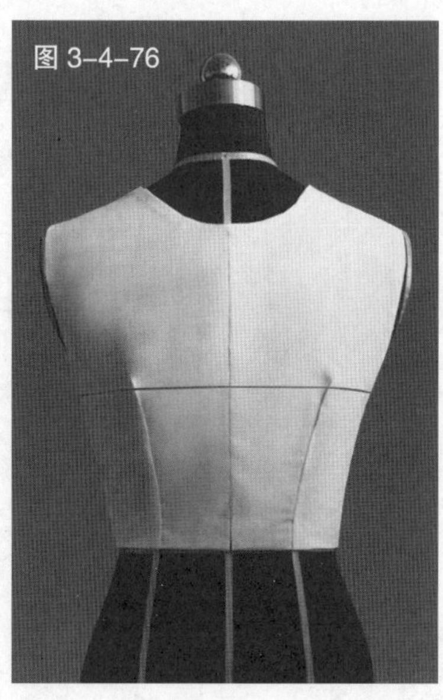

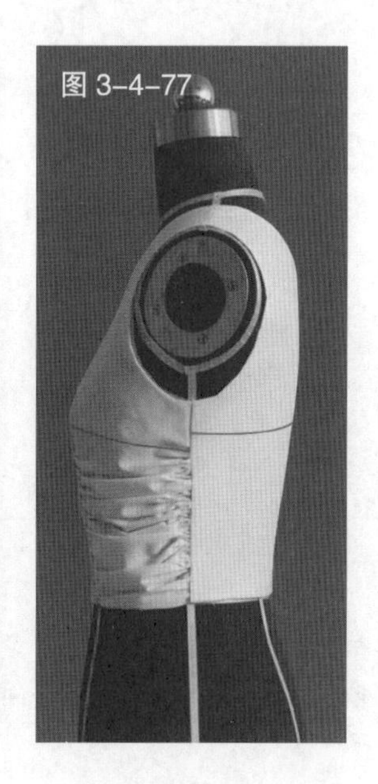

图 3-4-74 平面展开衣片，画线、整理并修剪缝份

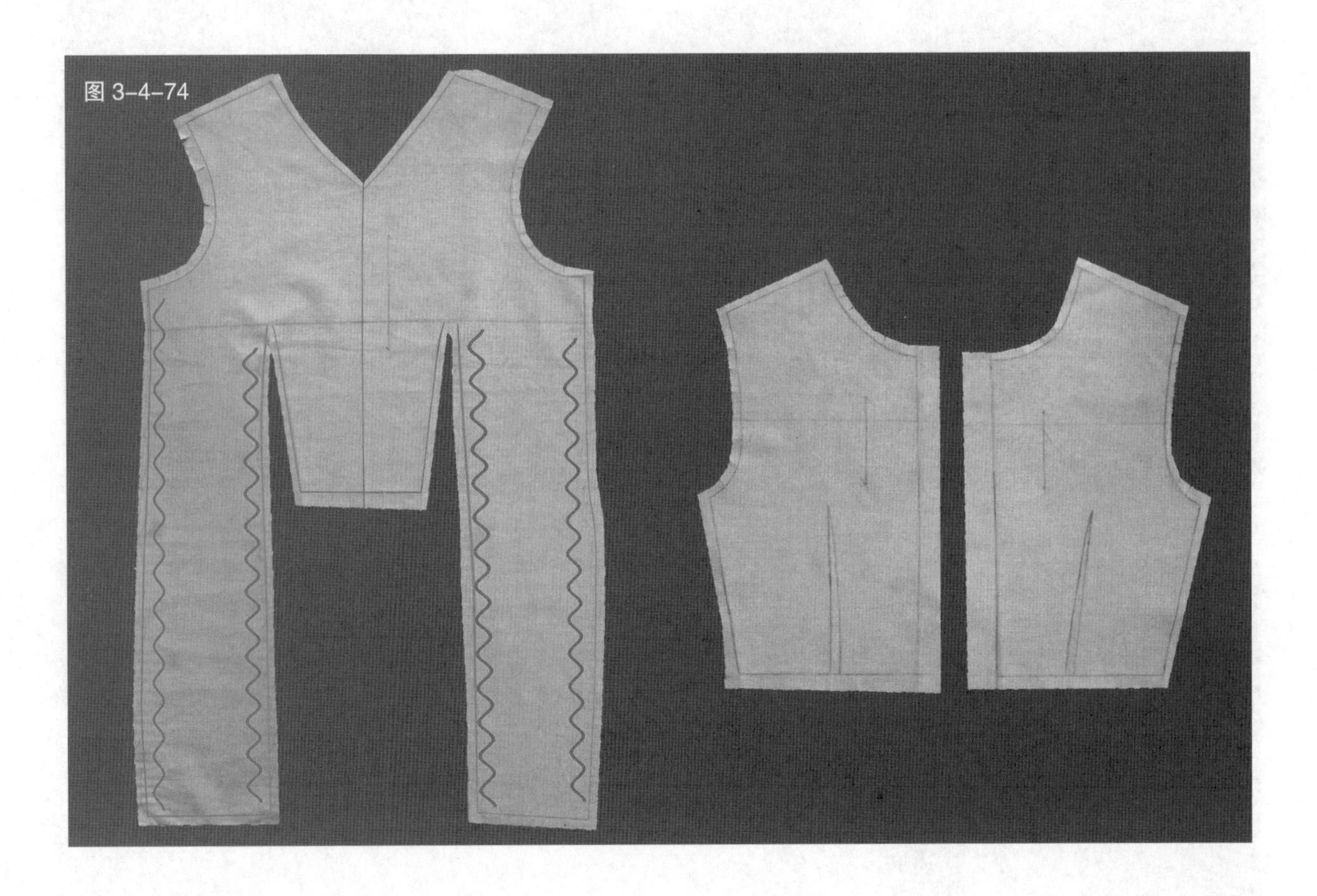

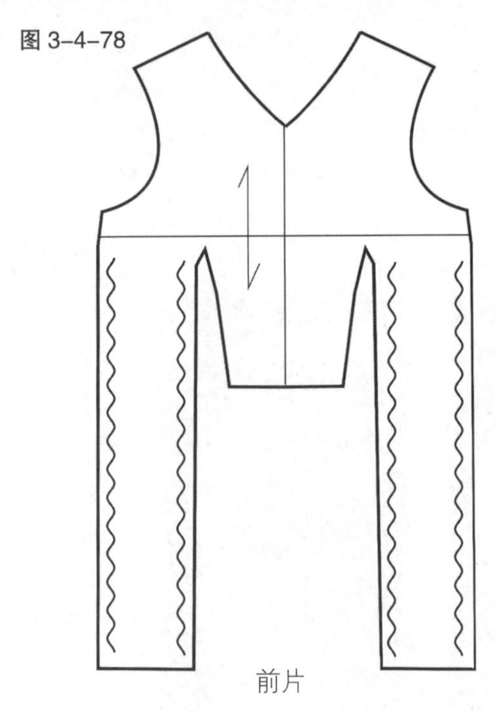

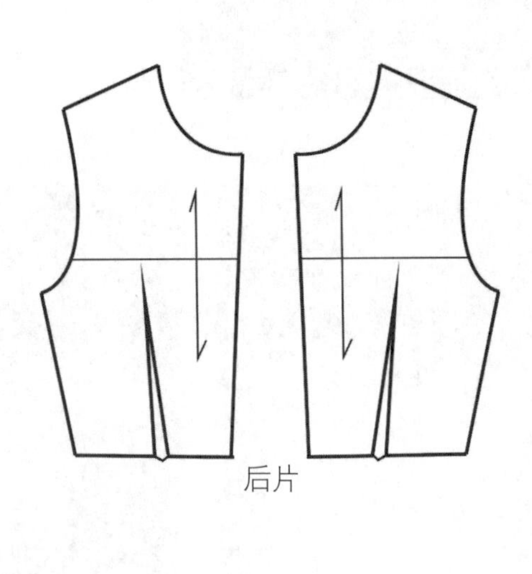

图 3-4-78 依据完成造型衣片描绘的平面图

2.胸部放射状褶裥的衣身造型

（1）款式解析

短上衣，采用切割和折褶的方法，巧妙地将衣身浮余量转化为胸部放射状褶裥造型，并利用曲线造型进行切割、缝合，提升了服装整体造型的设计美感（见图 3-4-79）。

（2）坯布准备

见图 3-4-80。

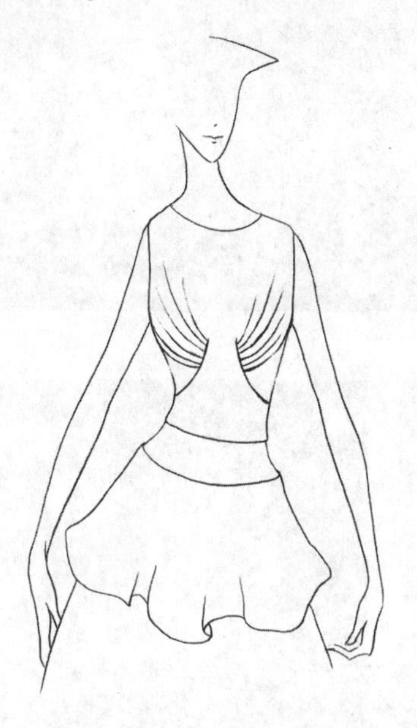

图 3-4-79　款式图

（3）操作步骤

见图 3-4-81 ～图 3-4-99。

图 3-4-81　依据服装款式在人台上粘贴标识线

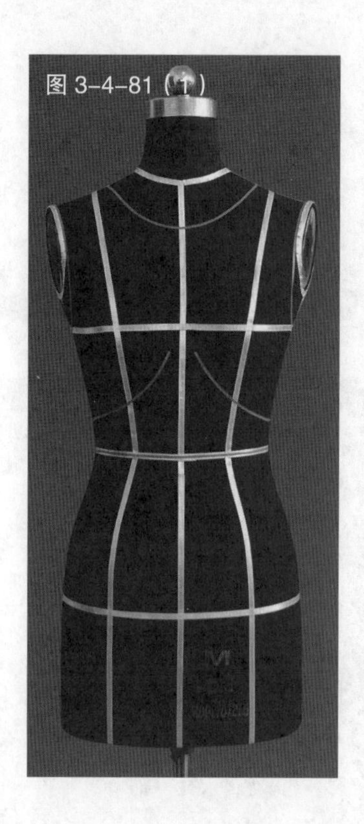

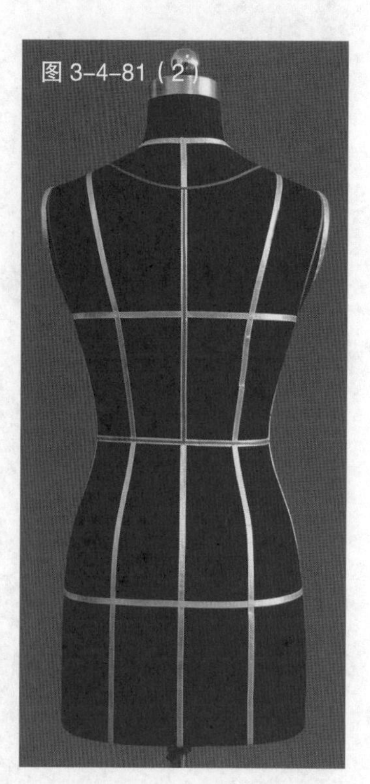

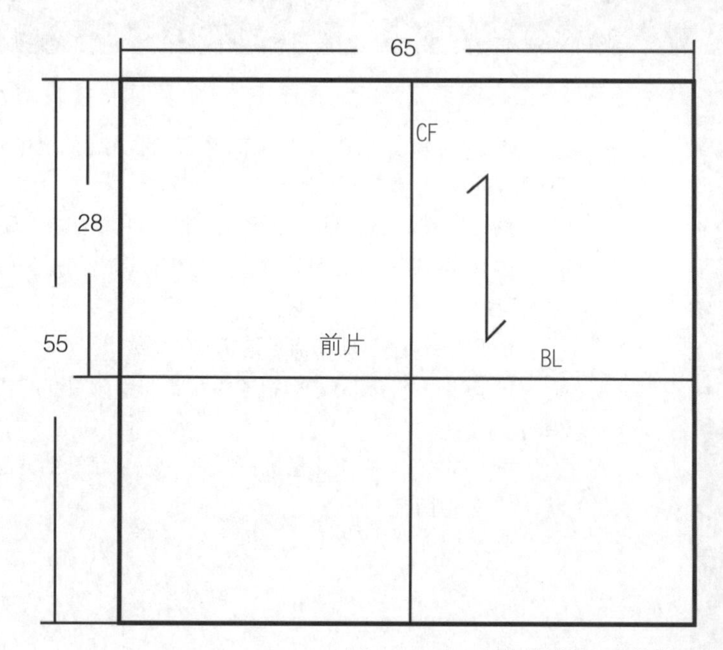

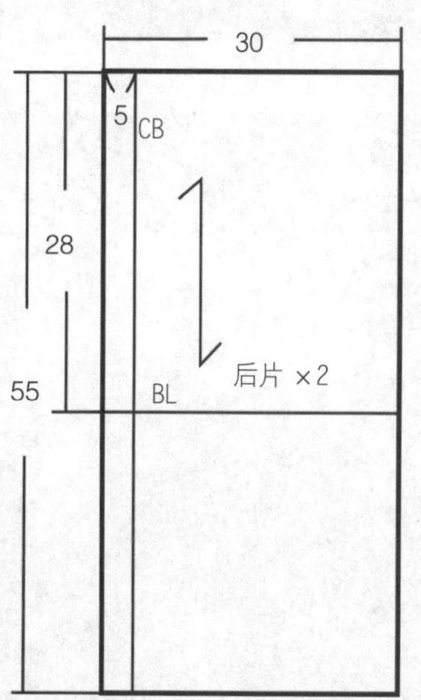

图 3-4-80　坯布预裁图（单位：cm）

图 3-4-82

图 3-4-83

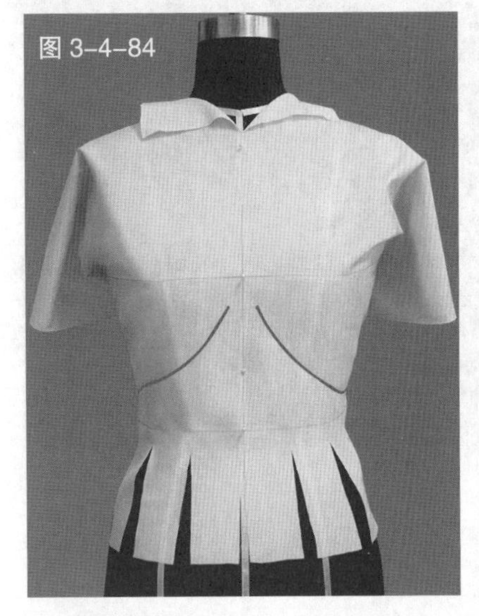
图 3-4-84

图 3-4-85

图 3-4-86

图 3-4-87

图 3-4-82 预裁前片用布，将它对准人台的前中心线、胸围线、腰围线并固定于人台上

图 3-4-83 对前片领口和下摆做剪口，保持衣片贴合人台

图 3-4-84 根据服装款式用色带标记出前片胸腰部的切割造型线

图 3-4-85 剪开胸腰部的切割造型线

图 3-4-86 将前片布料的浮余量归于胸腰部的切割造型处

图 3-4-87 将浮余量进行折叠处理，保证褶的方向呈放射状，边折叠边固定

图 3-4-88　用相同的方法完成另一侧衣片的褶裥造型，操作时注意两边褶裥造型要对称

图 3-4-89　用色带标记出折叠衣片上的造型线

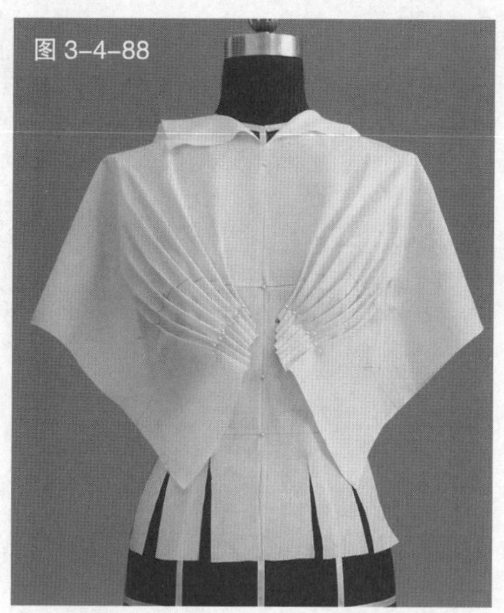
图 3-4-88

图 3-4-89

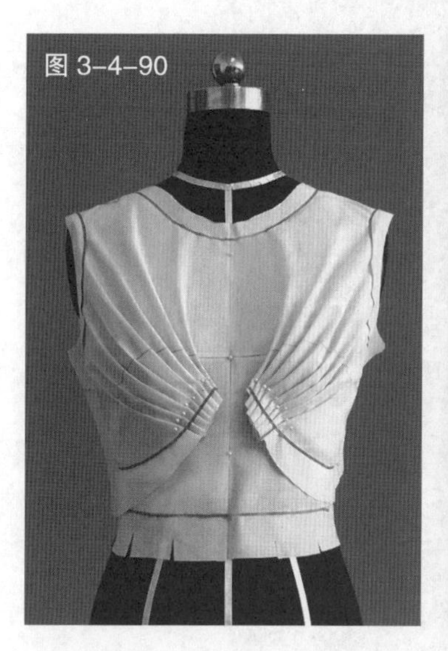
图 3-4-90

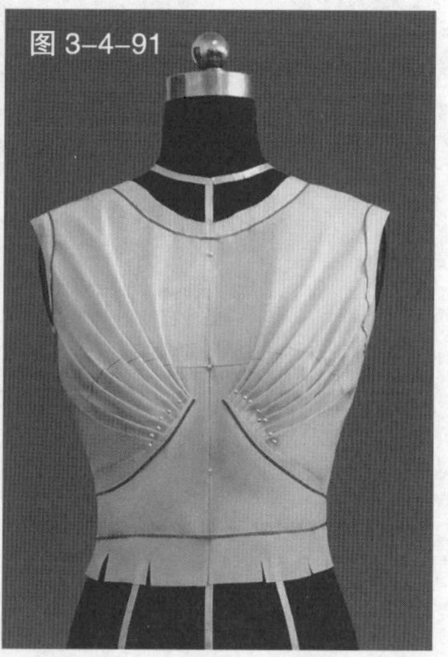
图 3-4-91

图 3-4-90　根据造型线对衣片进行适当修剪

图 3-4-91　将底层衣片上翻，内折毛边，压住折叠衣片的毛边，即完成前衣片的初步整体造型

图 3-4-92　预裁后衣片，把它对准人台的后中心线、胸围线、腰围线后并固定于人台上

图 3-4-93　将后片浮余量归到腰省附近，进行折叠暗裥处理

图 3-4-94　用相同的方法完成另一侧的后衣片的裁剪

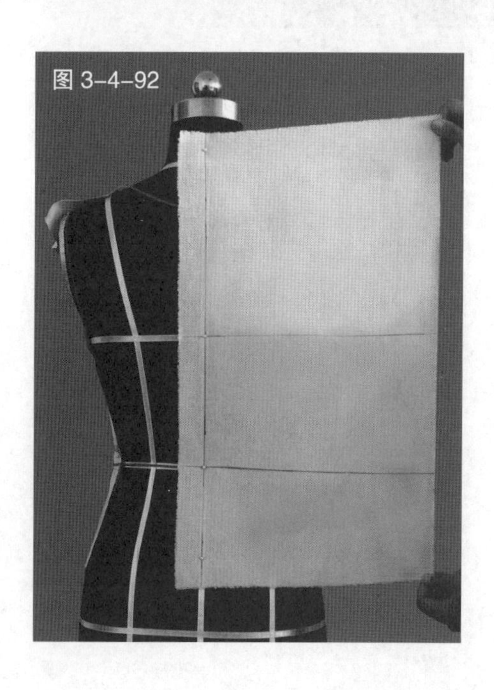
图 3-4-92

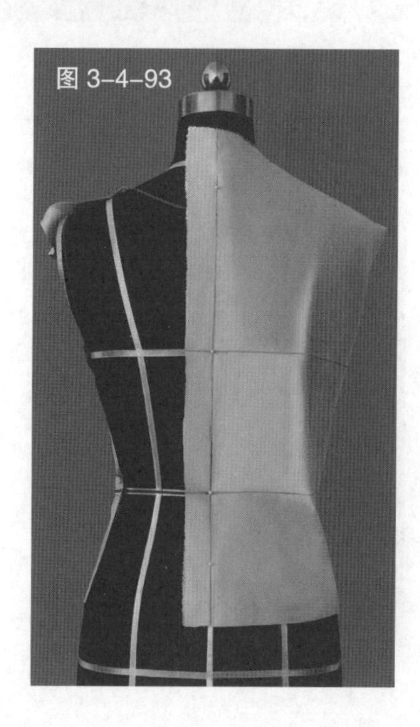
图 3-4-93

图 3-4-94

图 3-4-95

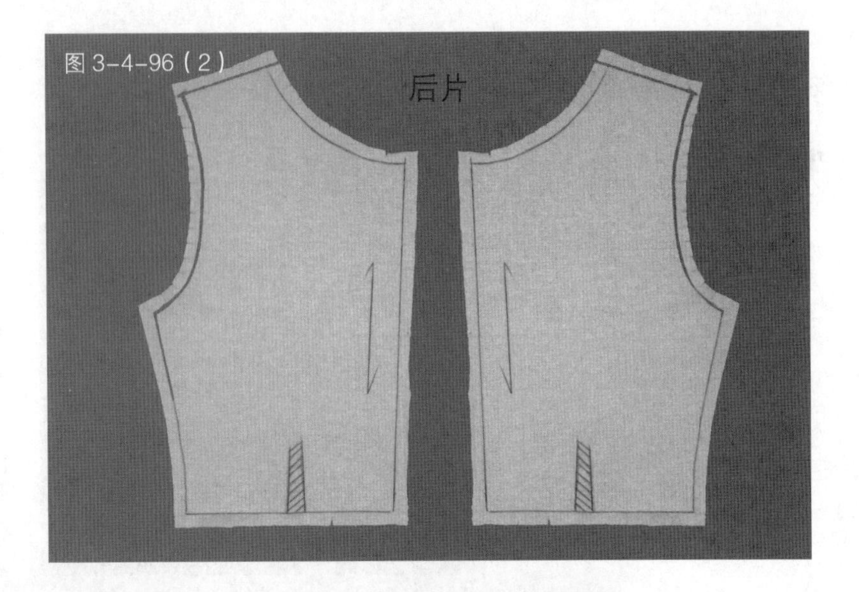

图 3-4-96（2）

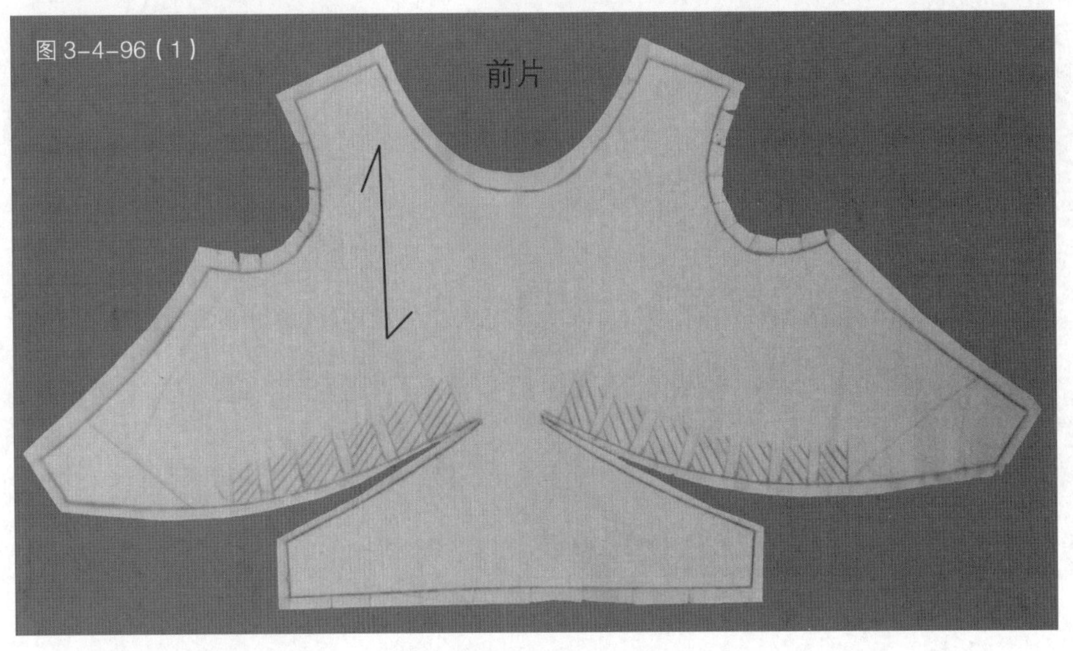

图 3-4-96（1）

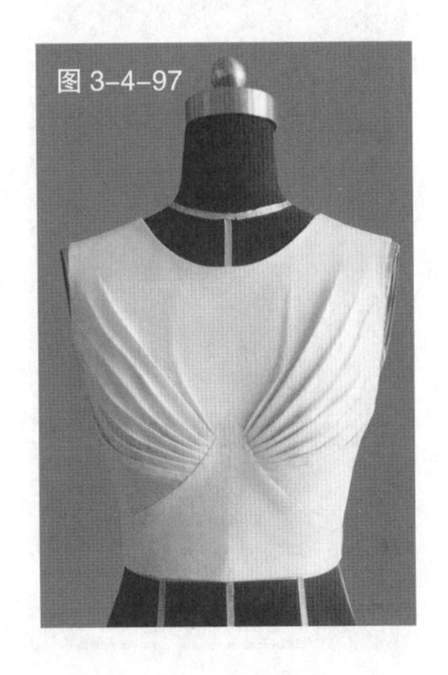
图 3-4-97

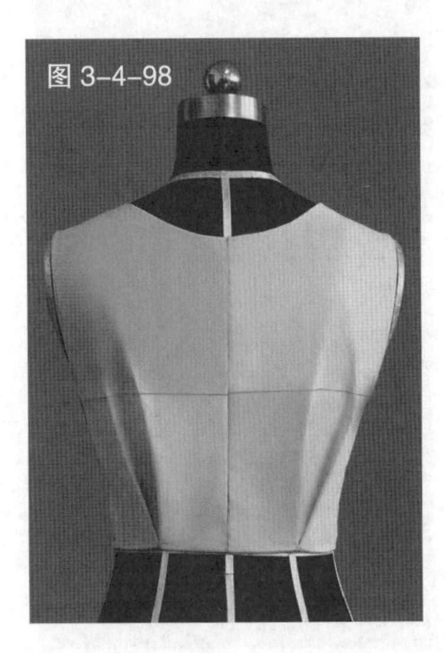
图 3-4-98

图 3-4-95 修剪后片多余的布料，完成后衣片的初步造型

图 3-4-96 平面展开衣片，画线、整理并修剪缝份

图 3-4-97 试样，完成衣身整体造型

图 3-4-98 完成后的衣身背面造型

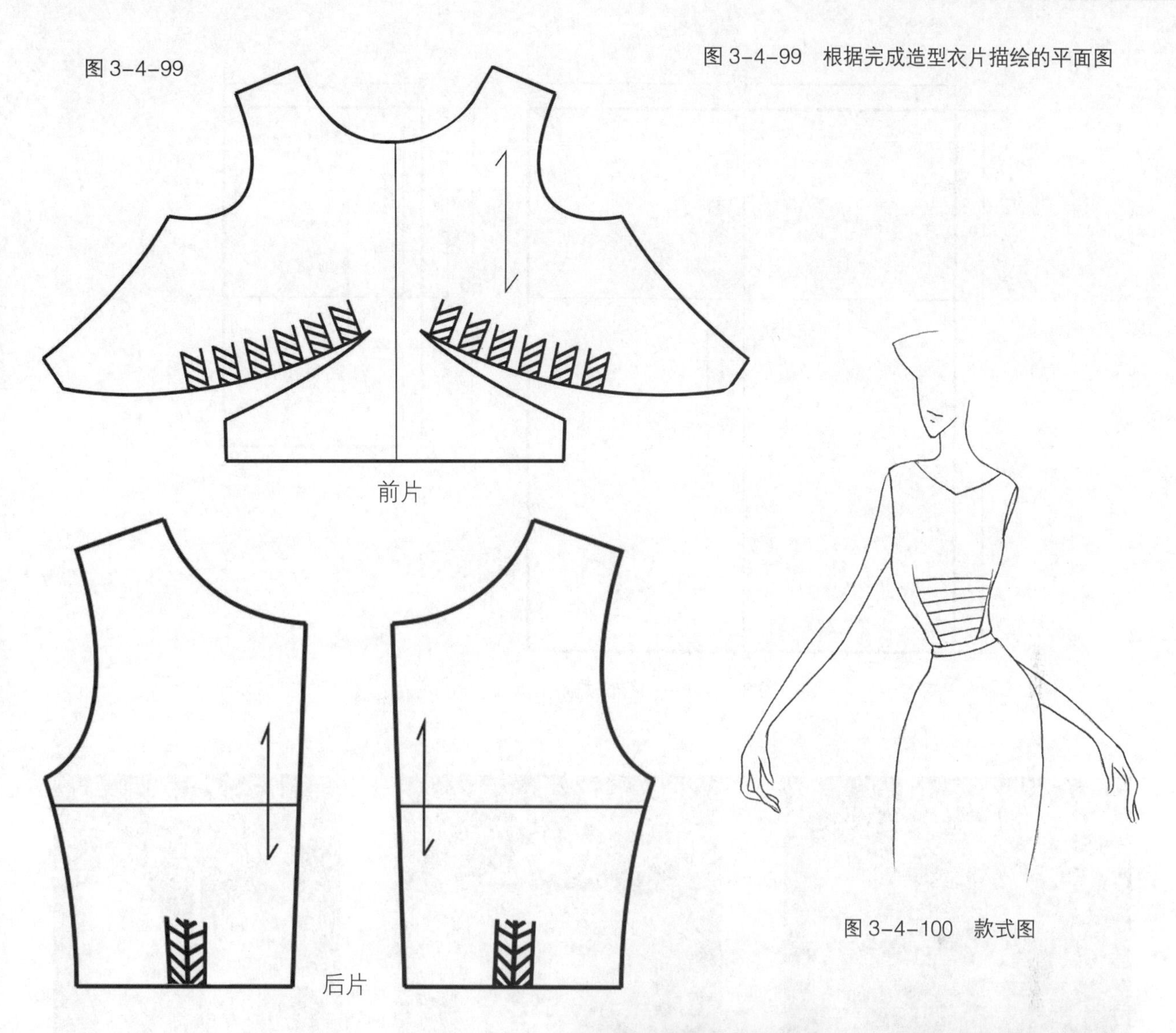

图 3-4-99 根据完成造型衣片描绘的平面图

图 3-4-100 款式图

3.腰部折叠的衣身造型

(1)款式解析

短上衣,采用腰部纵向切割的造型,将前片浮余量归于胸围线以下位置,并对中间衣片进行折叠处理,提升服装的视觉效果(见图 3-4-100)。

(2)坯布准备

见图 3-4-101。

(3)操作步骤

见图 3-4-102 ~图 3-4-116。

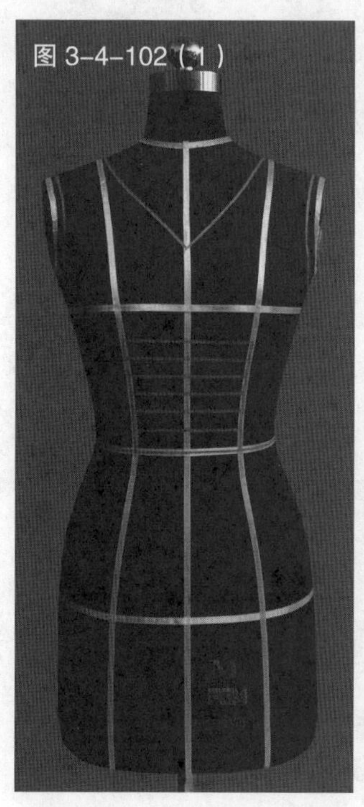

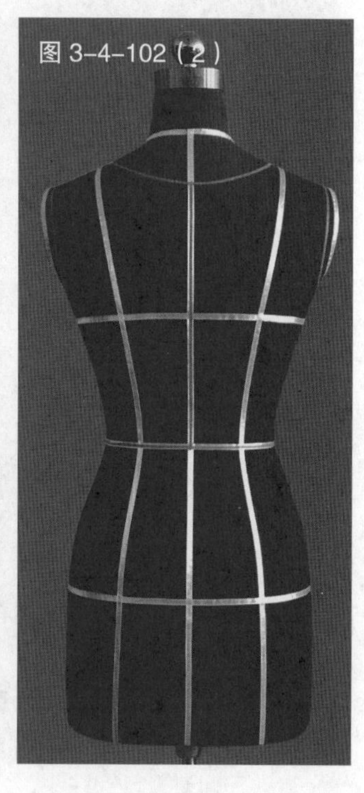

图 3-4-102 根据服装款式在人台上粘贴标识线

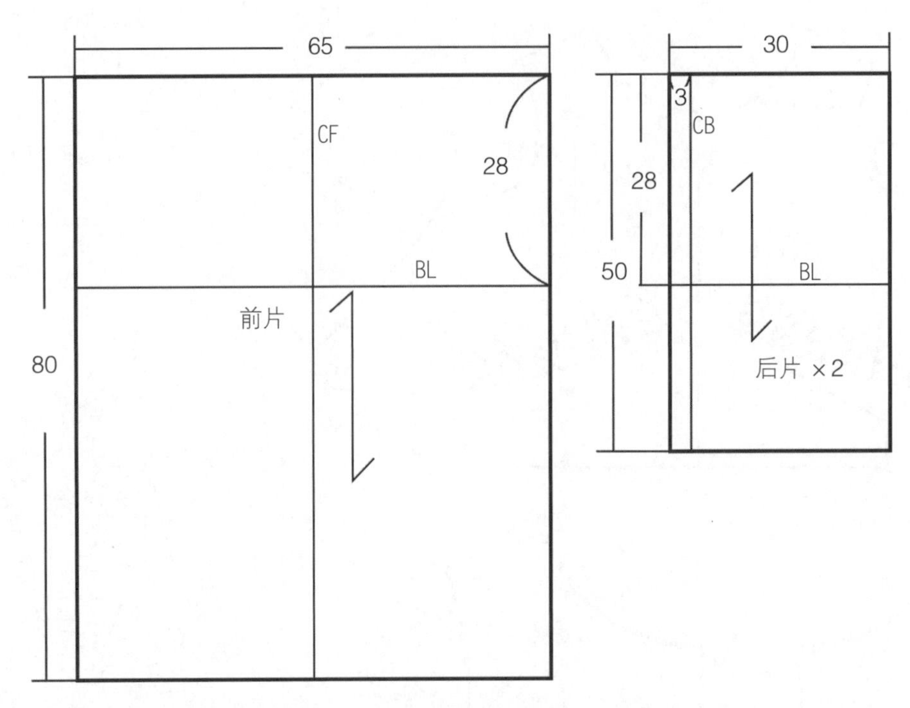

图 3-4-101 坯布预裁图(单位:cm)

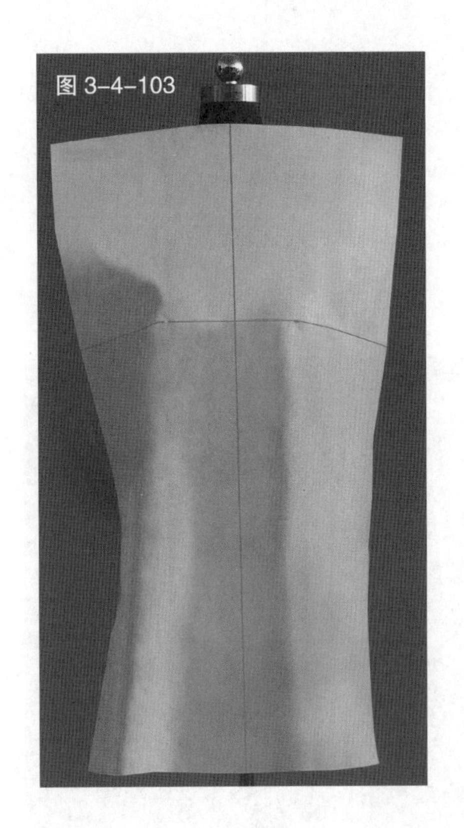

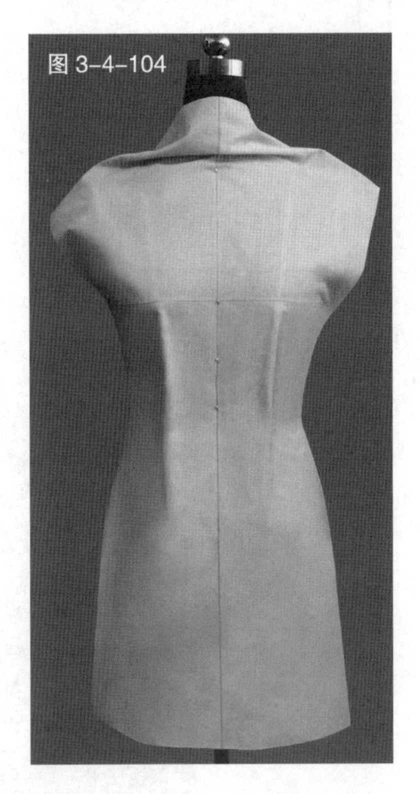

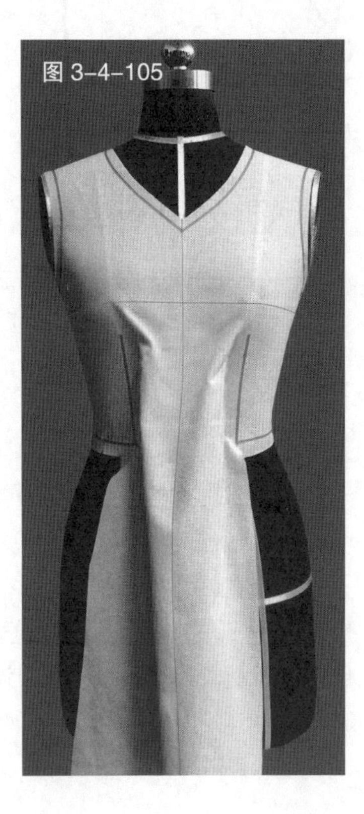

图 3-4-103 预裁前片用布,把它与人台的前中心线和胸围线对齐并固定于人台上

图 3-4-104 将前片浮余量归于胸围线以下位置

图 3-4-105 根据服装款式用色带标记出前片造型线,并进行适当裁剪,保留腰部中间位置的面料有足够长度,准备折叠处理

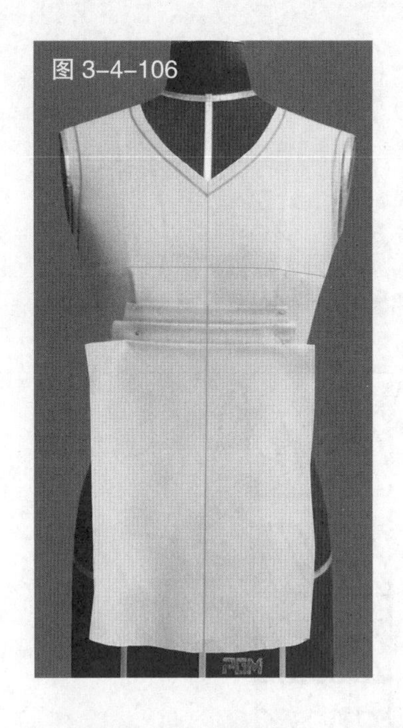
图 3-4-106

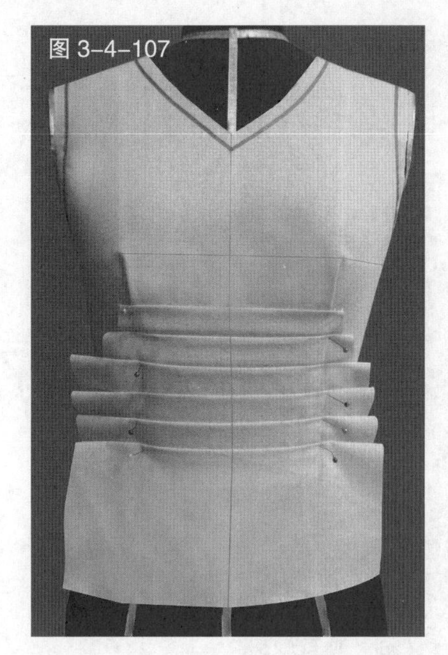
图 3-4-107

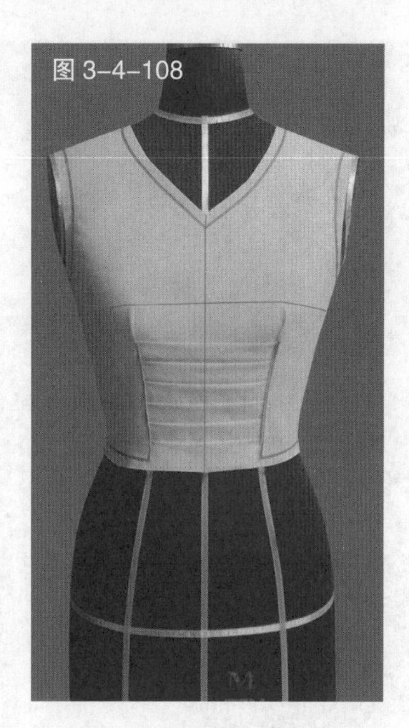
图 3-4-108

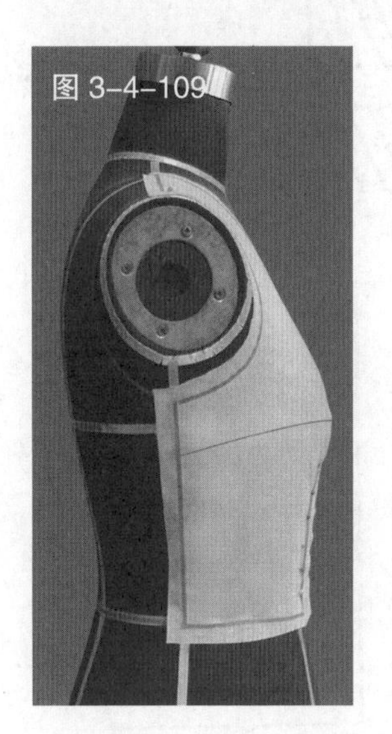
图 3-4-109

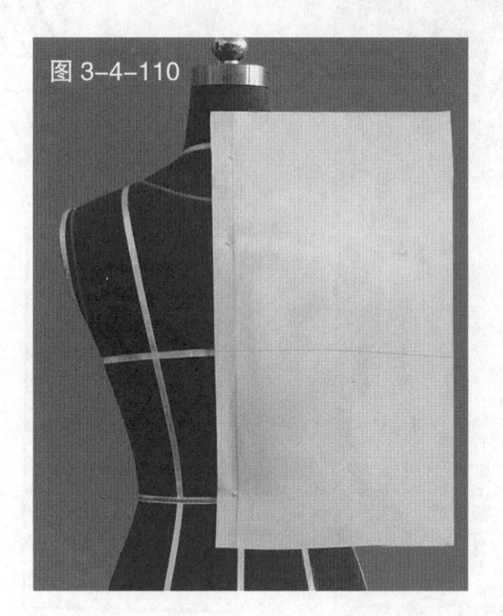
图 3-4-110

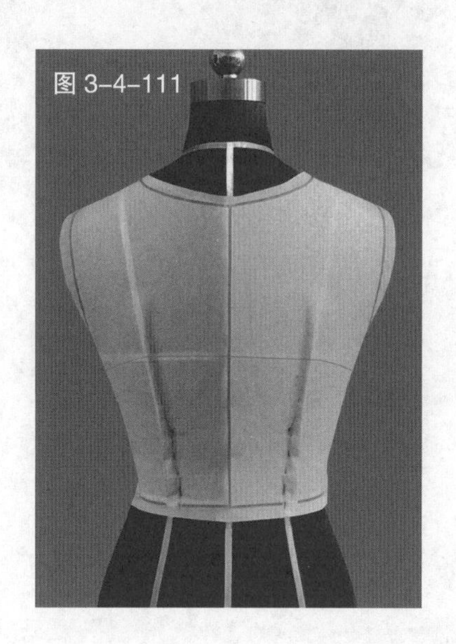
图 3-4-111

图 3-4-106　剪开腰部的分割线，并对腰部中间面料进行折叠处理

图 3-4-107　折叠时保持褶方向水平、褶量均等、褶间距均匀

图 3-4-108　将两侧布片上翻，压住折叠布片的毛边，调整好造型，即完成前片的裁剪

图 3-4-109　从侧面检查衣片造型

图 3-4-110　预裁后衣片用布，把它对准人台的后中心线和胸围线并固定于人台上

图 3-4-111　完成两道腰省，初步完成后衣身的整体造型

图 3-4-112　平面展开衣片，画线、整理并修剪缝份

图 3-4-113　试样，完成衣身的整体造型

图 3-4-114　完成后的衣身背面造型

图 3-4-115　完成后的衣身侧面造型

图 3-4-116　根据完成造型衣片描绘的平面图

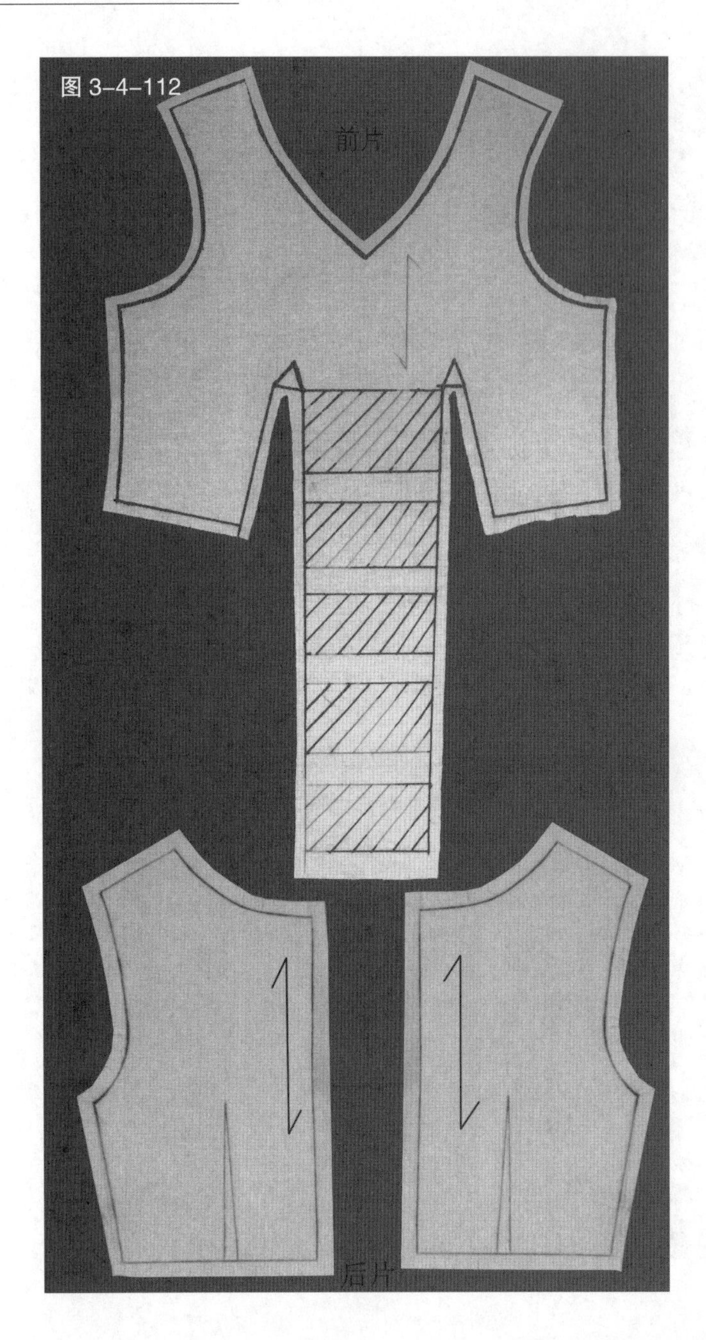

图 3-4-112

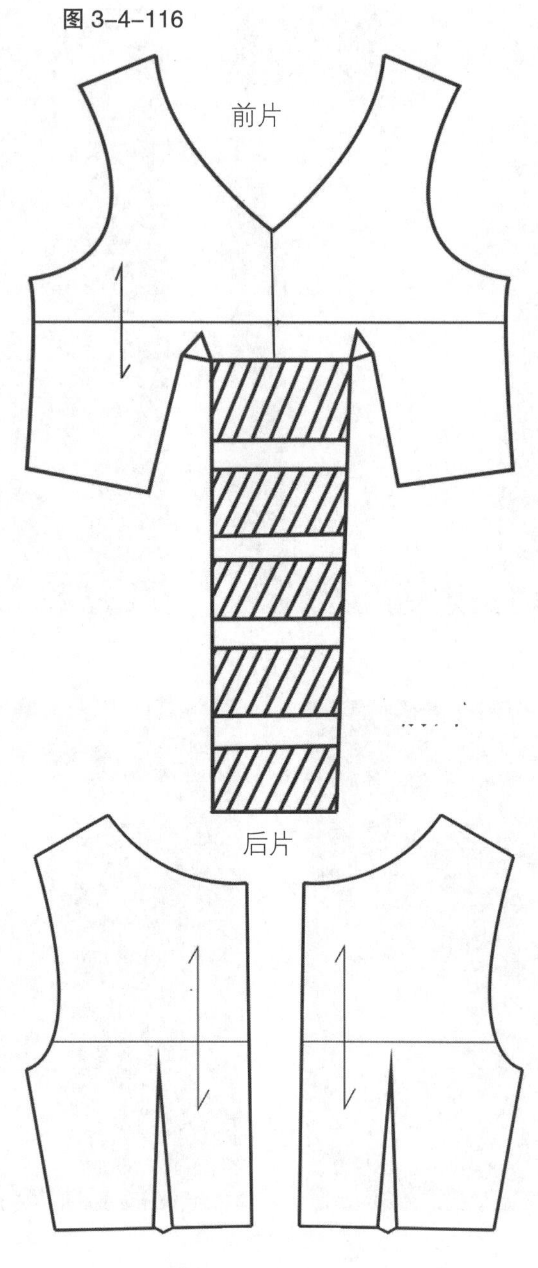

图 3-4-116

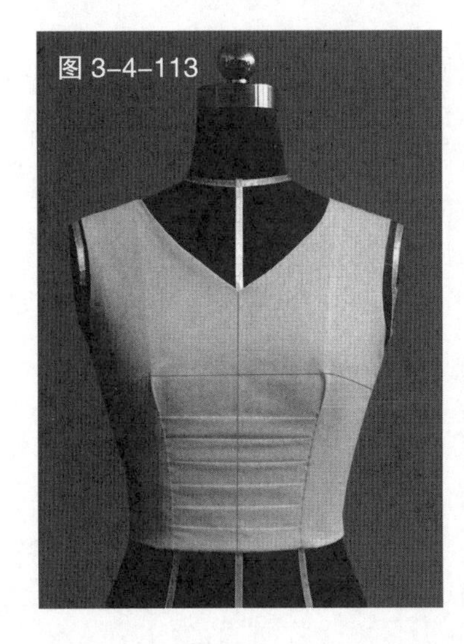
图 3-4-113

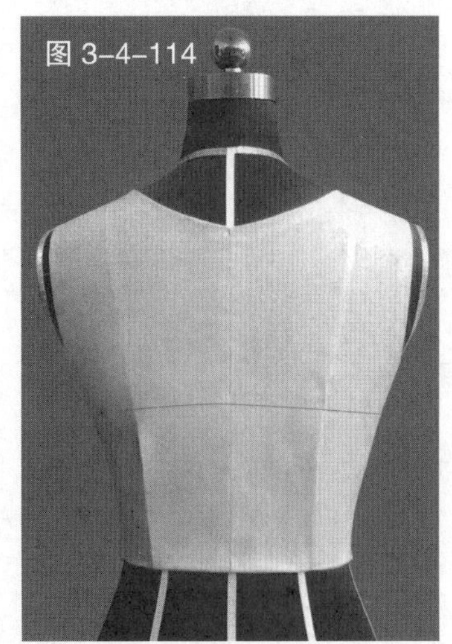
图 3-4-114

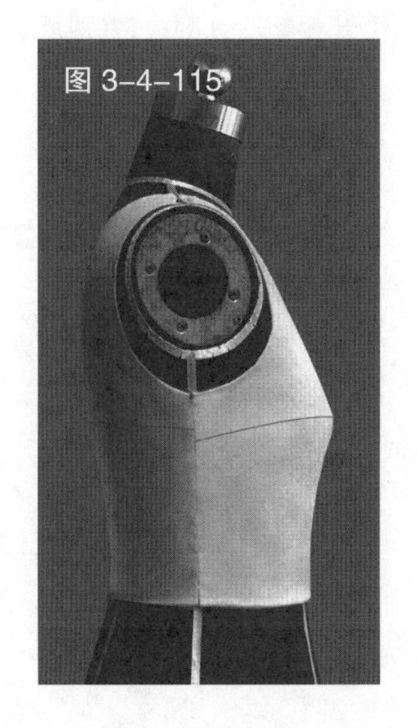
图 3-4-115

三、其他变化衣身

1.水滴领形的衣身造型

（1）款式解析

短上衣，将公主线分割造型与折叠技法进行结合，水滴状领型设计让服装更优雅、性感（见图 3-4-117）。

（2）坯布准备

见图 3-4-118。

（3）操作步骤

见图 3-4-119 ~ 图 3-4-137。

图 3-4-117　款式图

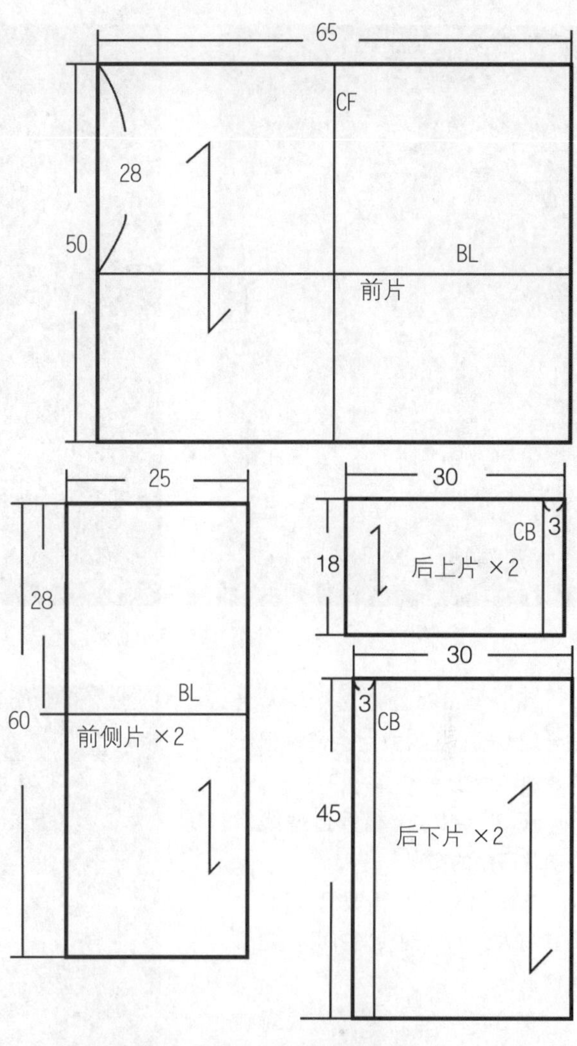

图 3-4-118　坯布预裁图（单位：cm）

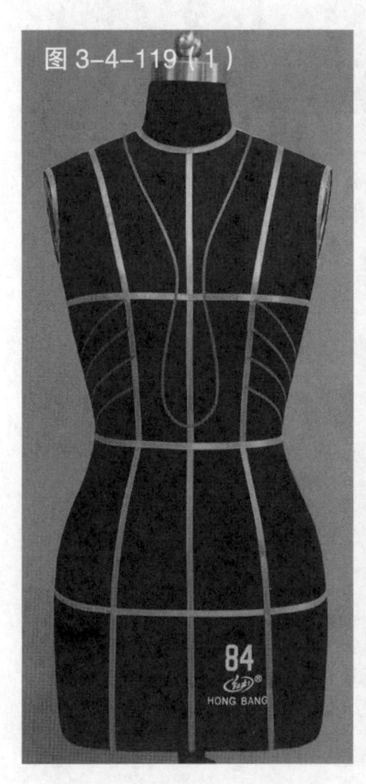

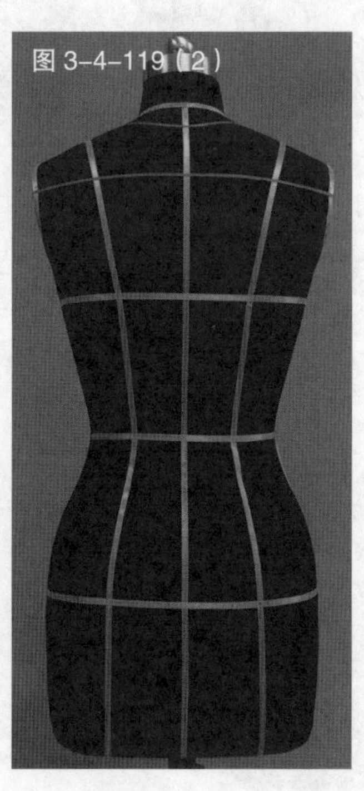

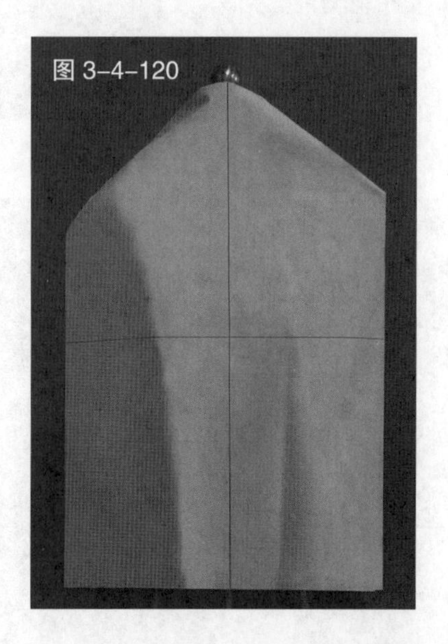

图 3-4-119　根据服装款式在人台上粘贴标识线

图 3-4-120　预裁前片用布，把它对准人台的前中心线和胸围线后固定于人台上

图 3-4-121

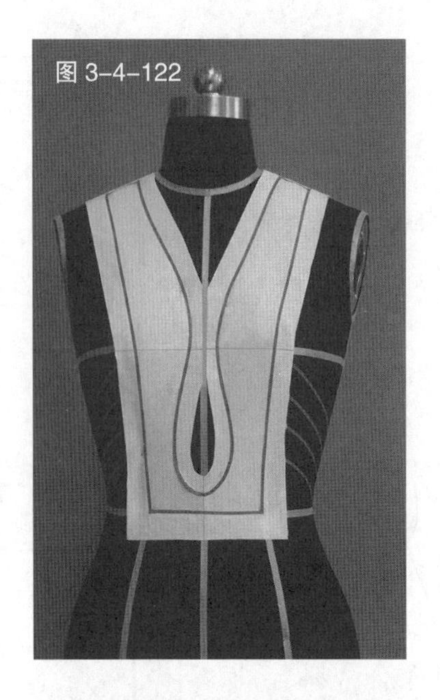
图 3-4-122

图 3-4-123

图 3-4-121 将衣片与人台贴合，根据服装款式用色带标记出衣片的造型线

图 3-4-122 根据造型线修剪前片多余的布料

图 3-4-123 预裁侧片用布，将其与人台的胸围线对齐并固定于人台上

图 3-4-124 根据款式对前侧片进行折叠处理

图 3-4-125 在前侧片上用色带标记出造型线

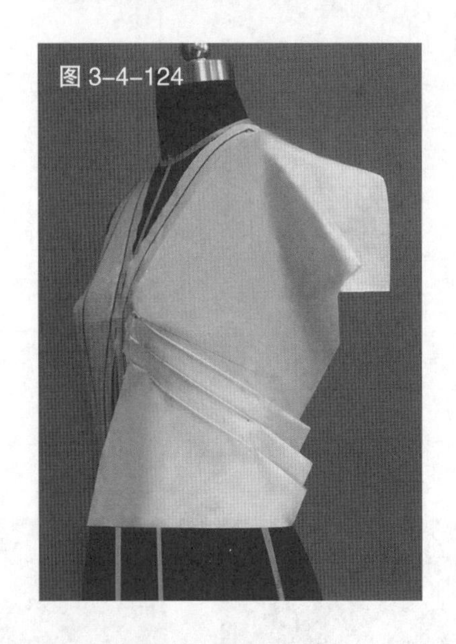
图 3-4-124

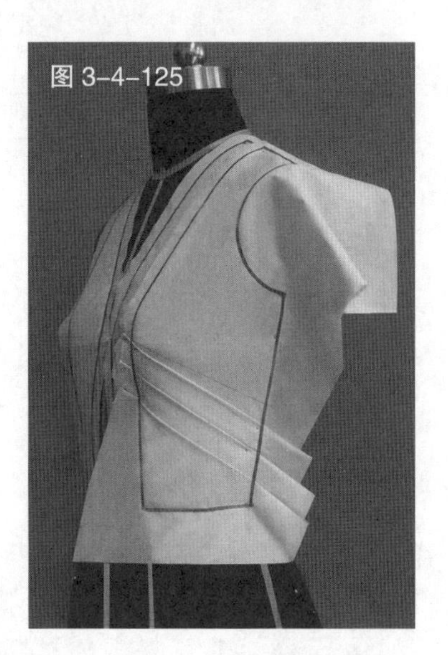
图 3-4-125

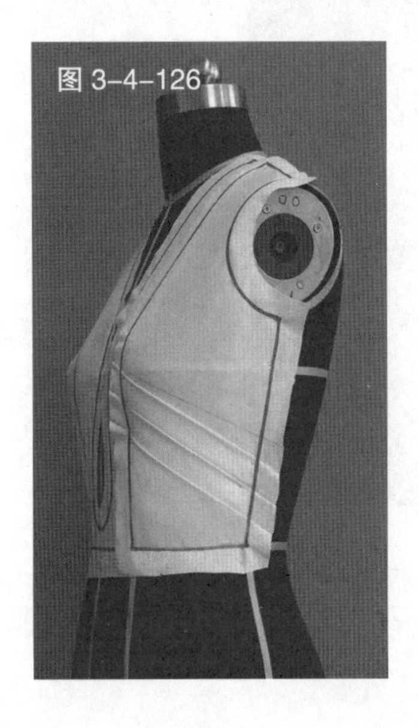
图 3-4-126

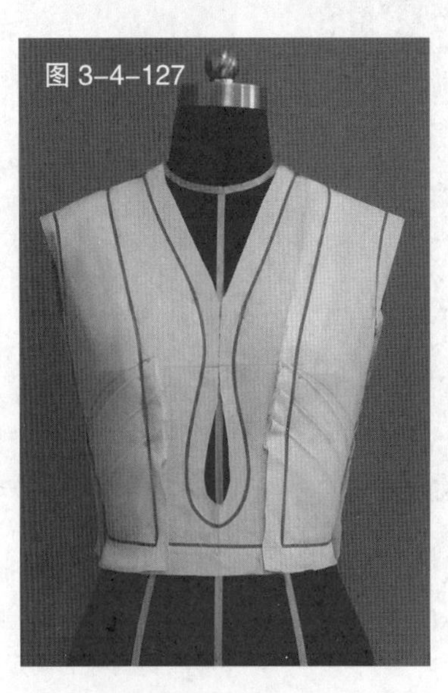
图 3-4-127

图 3-4-126 根据造型线对前侧片进行适当修剪

图 3-4-127 用相同的方法完成另一侧衣片的裁剪

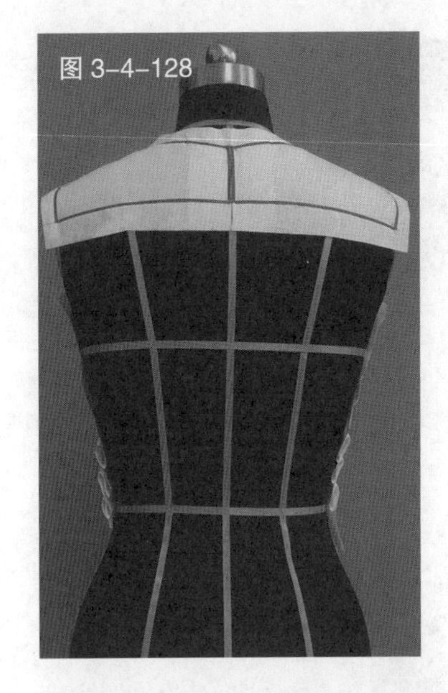
图 3-4-128

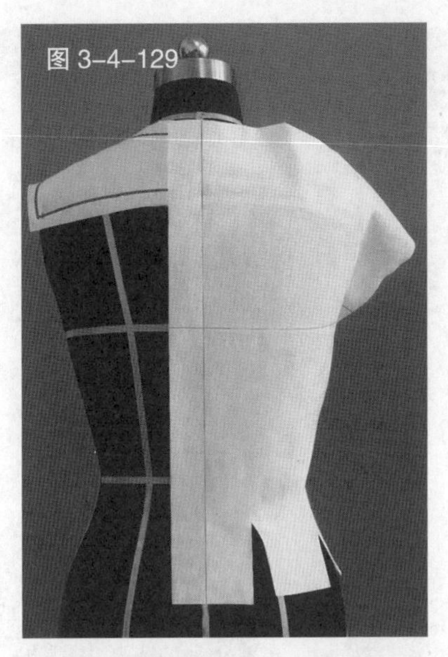
图 3-4-129

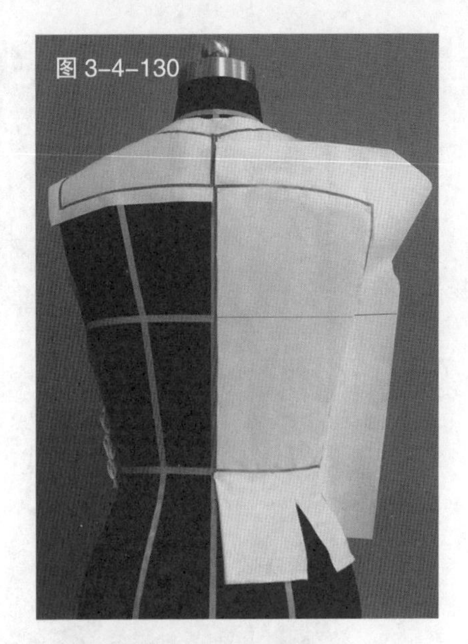
图 3-4-130

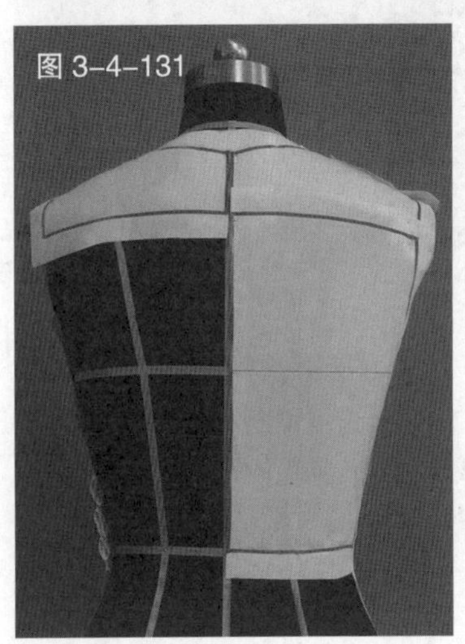
图 3-4-131

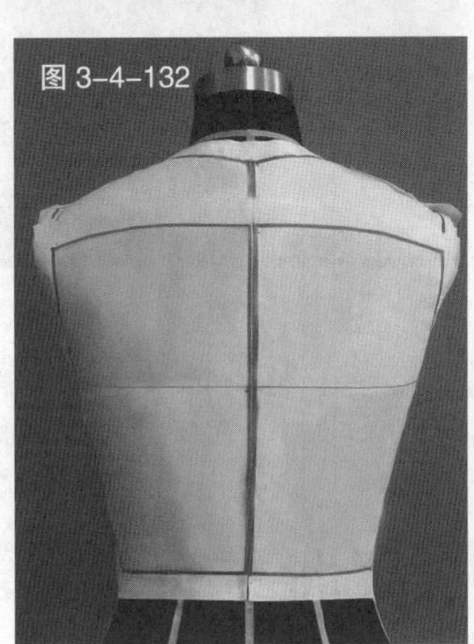
图 3-4-132

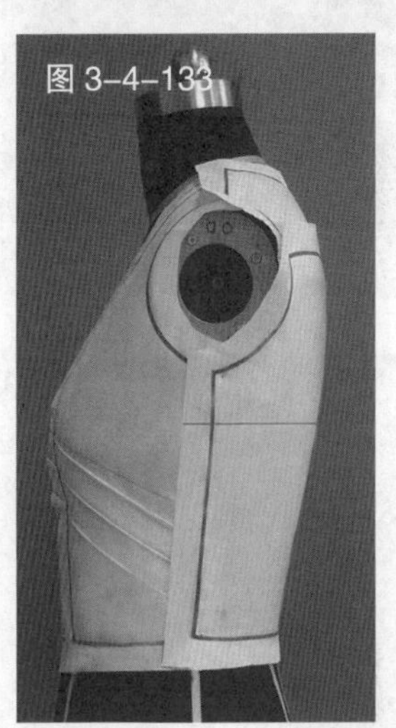
图 3-4-133

图 3-4-128 用相同的方法裁剪后衣片肩部部分的样片

图 3-4-129 预裁后衣片用布，把它对准人台的后中心线和胸围线后固定于人台上。修剪下摆成剪口状，使衣片贴合人台

图 3-4-130 根据服装款式用色带在衣片上标记出造型线

图 3-4-131 修剪该衣片多余的布料

图 3-4-132 用相同的方法完成另一侧衣片的裁剪

图 3-4-133 从人台侧面检查侧缝是否吻合，初步完成衣身造型

图 3-4-134 平面展开衣片，画线、整理并修剪缝份

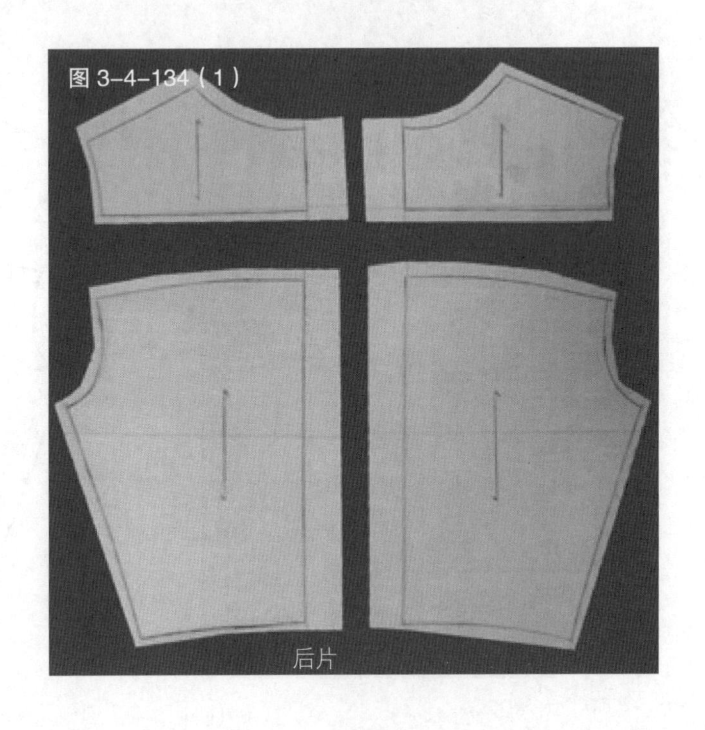
图 3-4-134（1）

后片

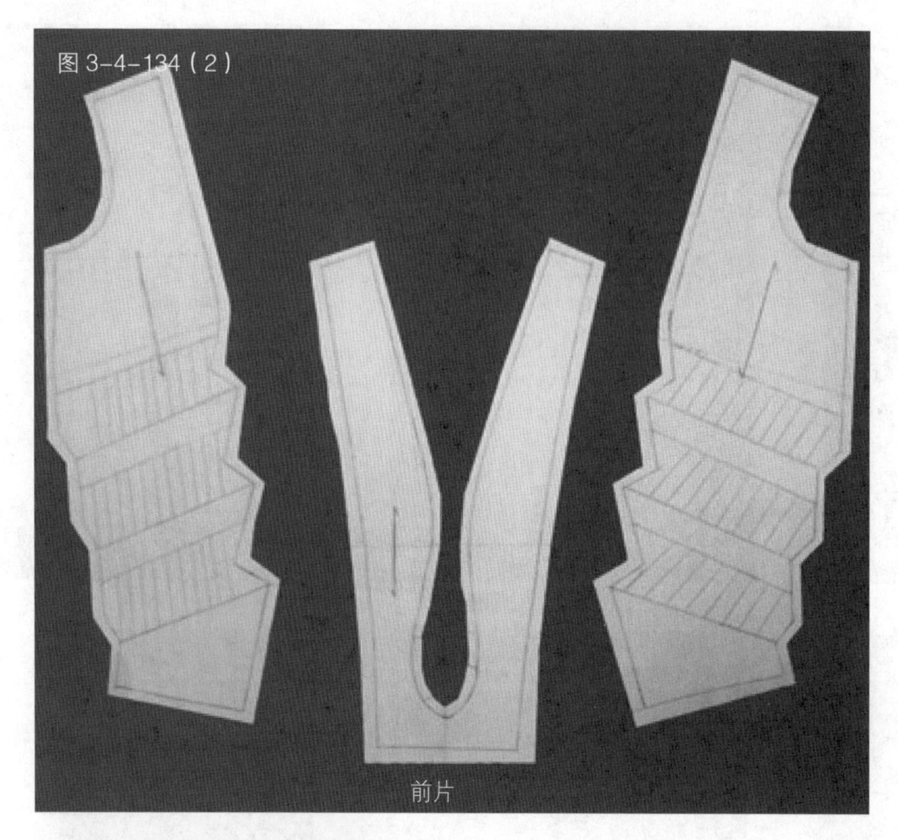

图 3-4-134（2）

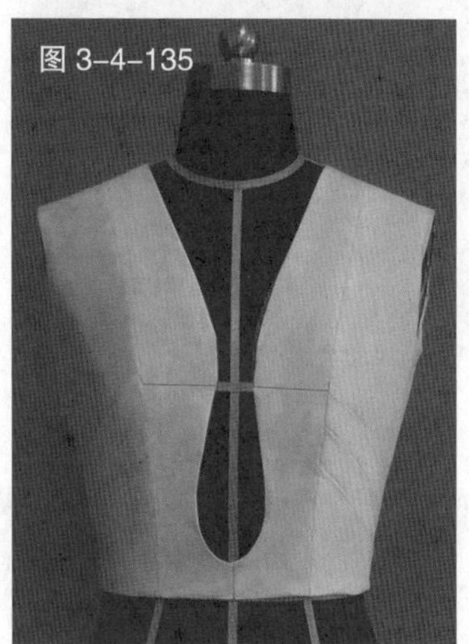

图 3-4-135

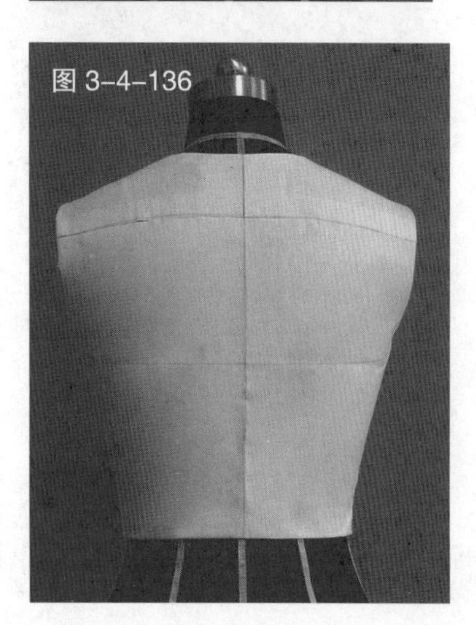

图 3-4-136

图 3-4-135　进行试样，完成衣身的整体造型

图 3-4-136　完成后的衣身背面造型

图 3-4-137　根据完成造型衣片描绘的平面图

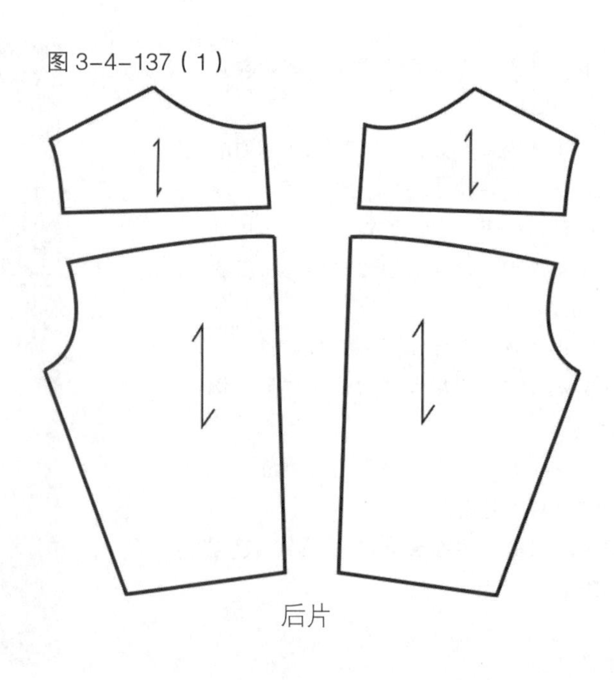

图 3-4-137（1）

图 3-4-137（2）

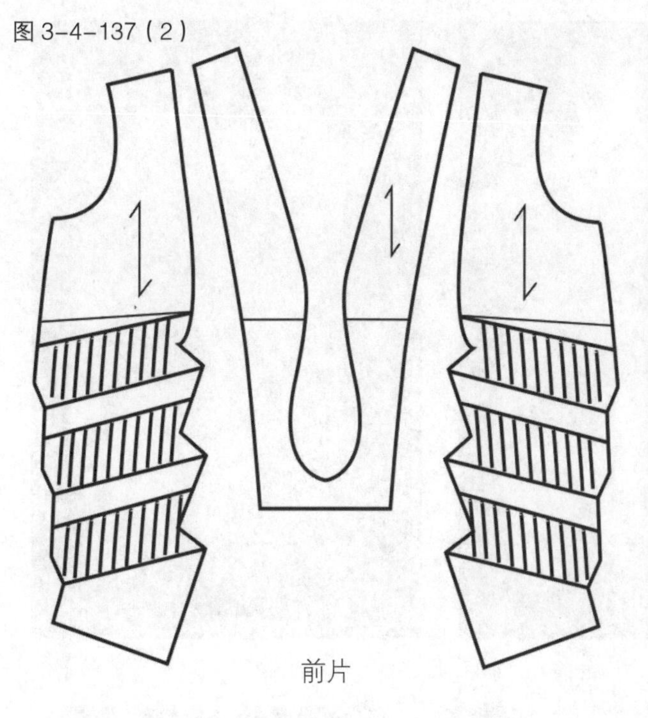

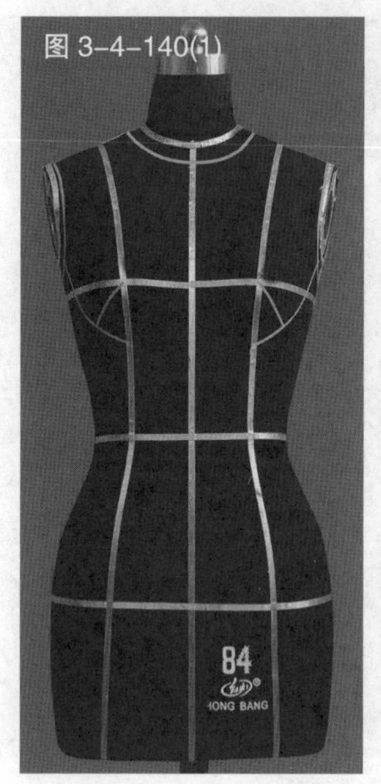

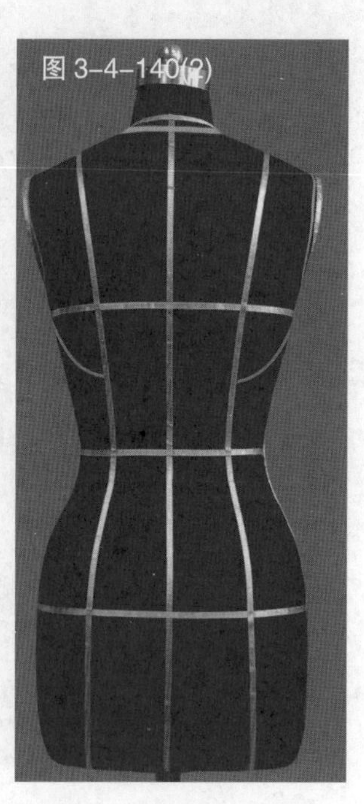

图 3-4-140　依据服装款式在人台上粘贴标识线

2.侧片拼接的衣身造型

（1）款式解析

短上衣，采用增加侧片的方法丰富服装的结构，改变传统的侧缝拼接的前后片模式，并在分割线的基础上设置省道，增加服装的立体效果（见图 3-4-138）。

（2）坯布准备

见图 3-4-139。

（3）操作步骤

见图 3-4-140 ~ 图 3-4-157。

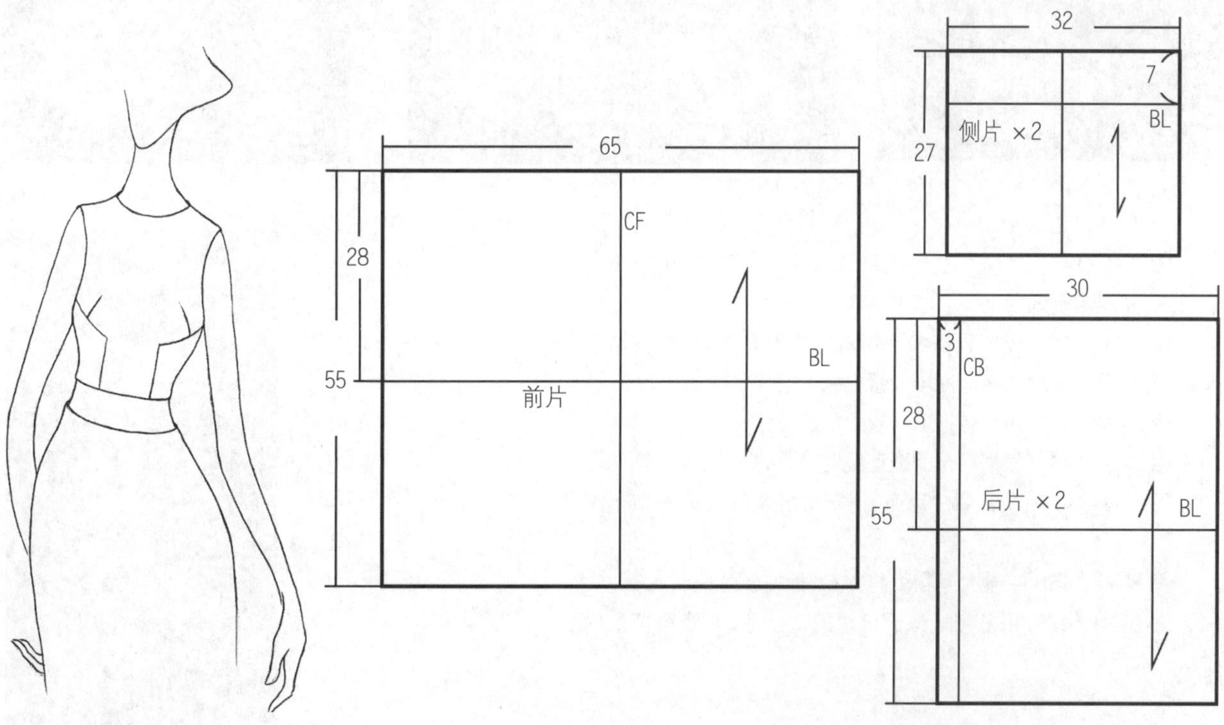

图 3-4-138　款式图

图 3-4-139　坯布预裁图（单位：cm）

图 3-4-141

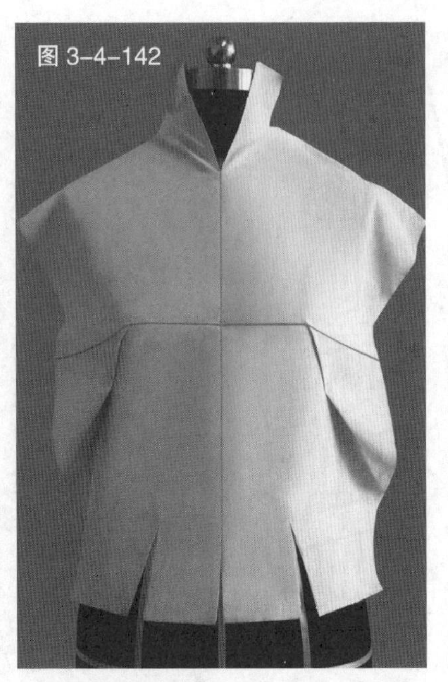
图 3-4-142

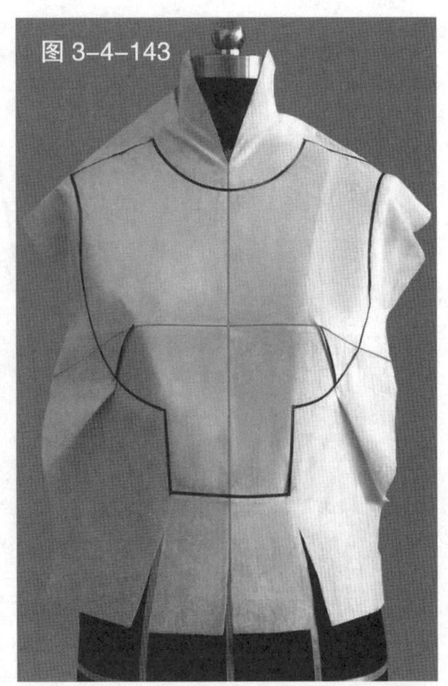
图 3-4-143

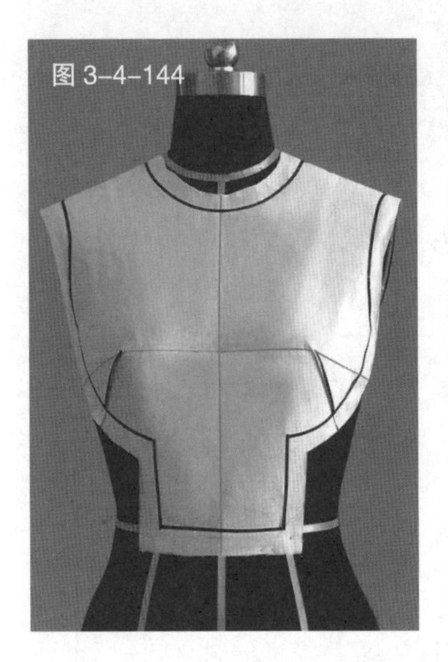
图 3-4-144

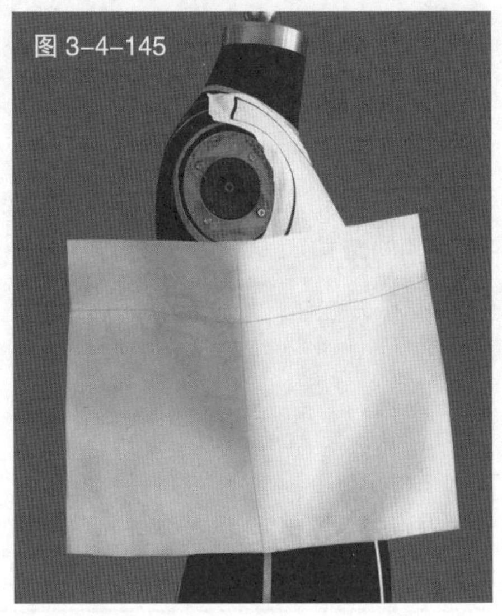
图 3-4-145

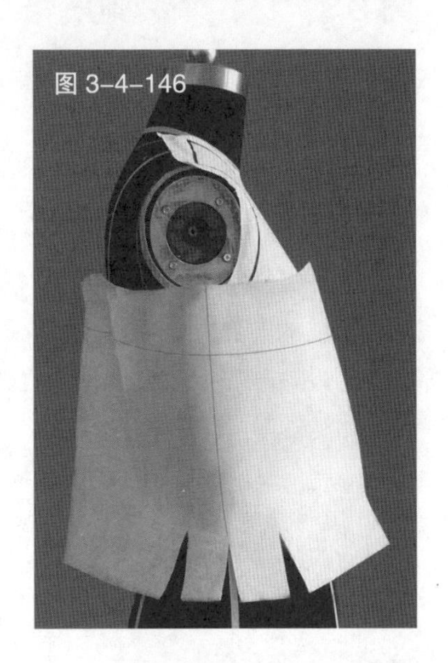
图 3-4-146

图 3-4-141　预裁前片用布，把它对准人台的前中心线和胸围线，并固定于人台上

图 3-4-142　先将领口和下摆修剪成剪口状，使布料贴合人台，再根据服装款式将前片浮余量在胸围线处作收省处理

图 3-4-143　用色带标记出衣片的造型线

图 3-4-144　根据标记的造型线对前片进行适当修剪

图 3-4-145　预裁侧片用布，把它对准胸围线后固定于人台上

图 3-4-146　在侧片下摆处打剪口，保持侧片贴合人台

图 3-4-147　用色带标记出该片的造型线，并修剪多余的布料

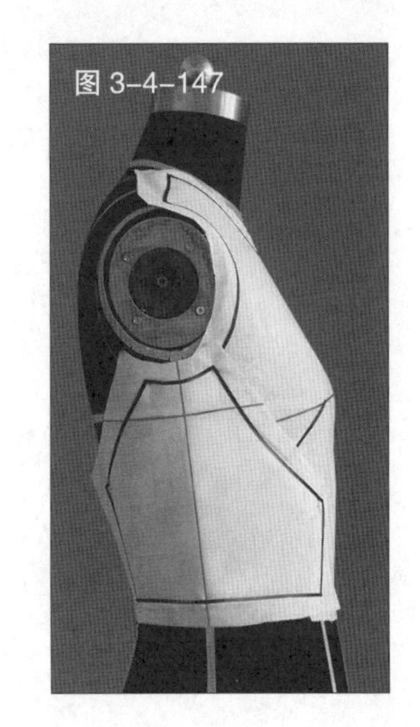
图 3-4-147

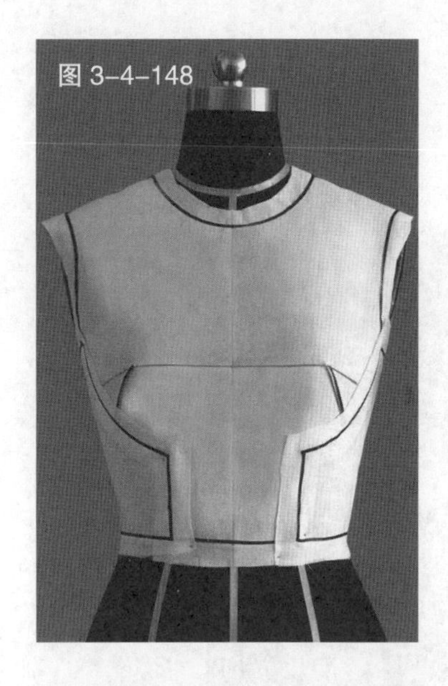
图 3-4-148

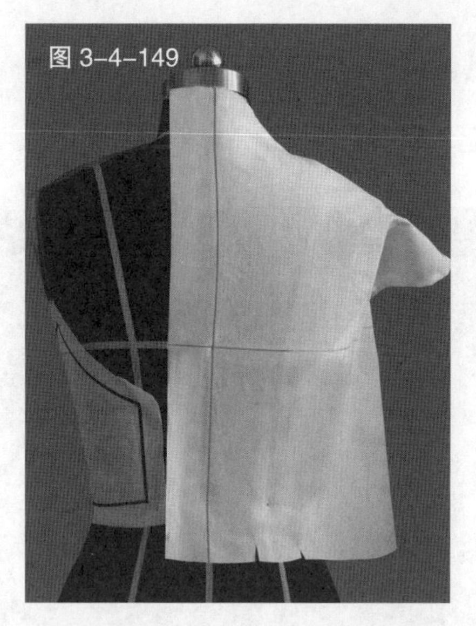
图 3-4-149

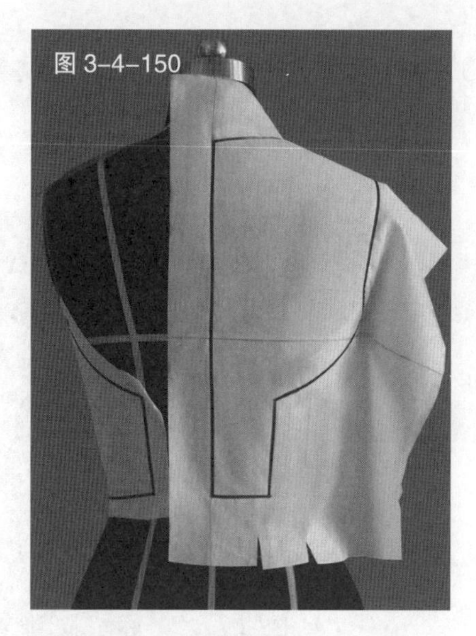
图 3-4-150

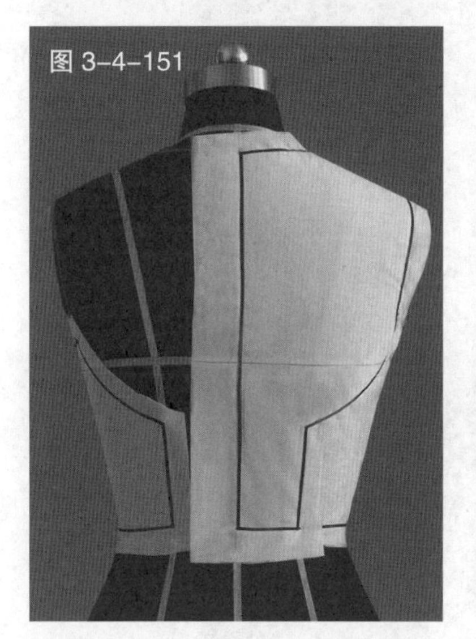
图 3-4-151

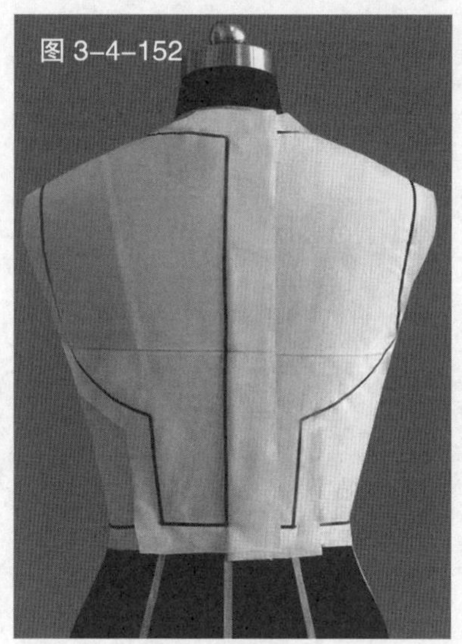
图 3-4-152

图 3-4-148 初步完成前片和侧片的造型

图 3-4-149 预裁后片布料，把它对准人台的后中心线和胸围线后固定于人台上

图 3-4-150 根据服装款式用色带标记出后片的造型线

图 3-4-151 修剪后片多余的布料

图 3-4-152 用相同的方法完成另一侧衣片的裁剪

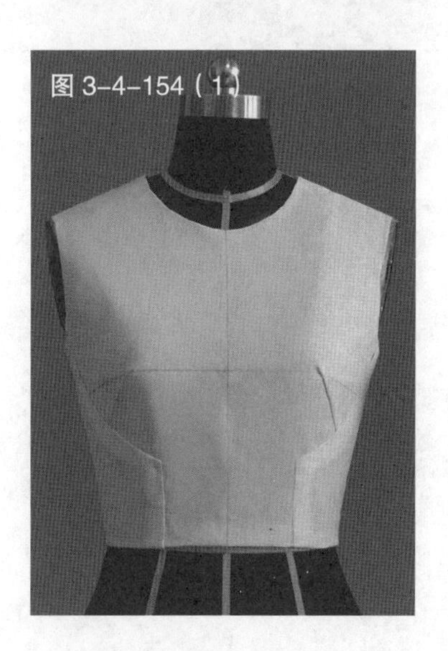
图 3-4-154（1）

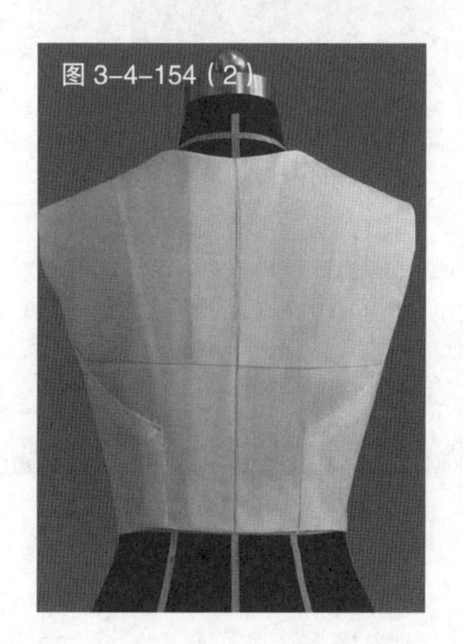
图 3-4-154（2）

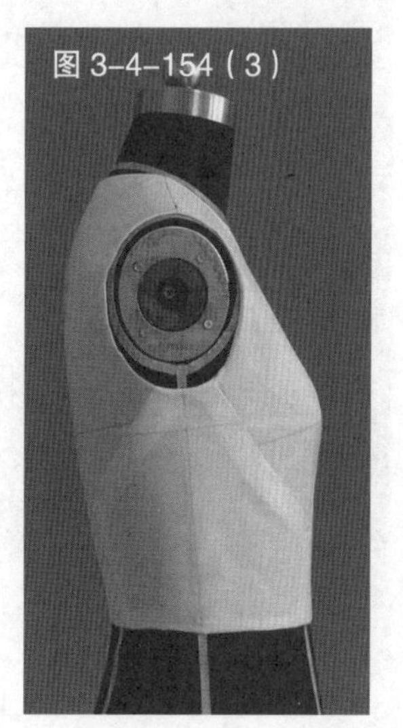
图 3-4-154（3）

图 3-4-154 缝合各衣片，观察、调整衣身平衡，完成衣身的整体造型

图 3-4-153 平面展开衣片，画线、整理并修剪缝份

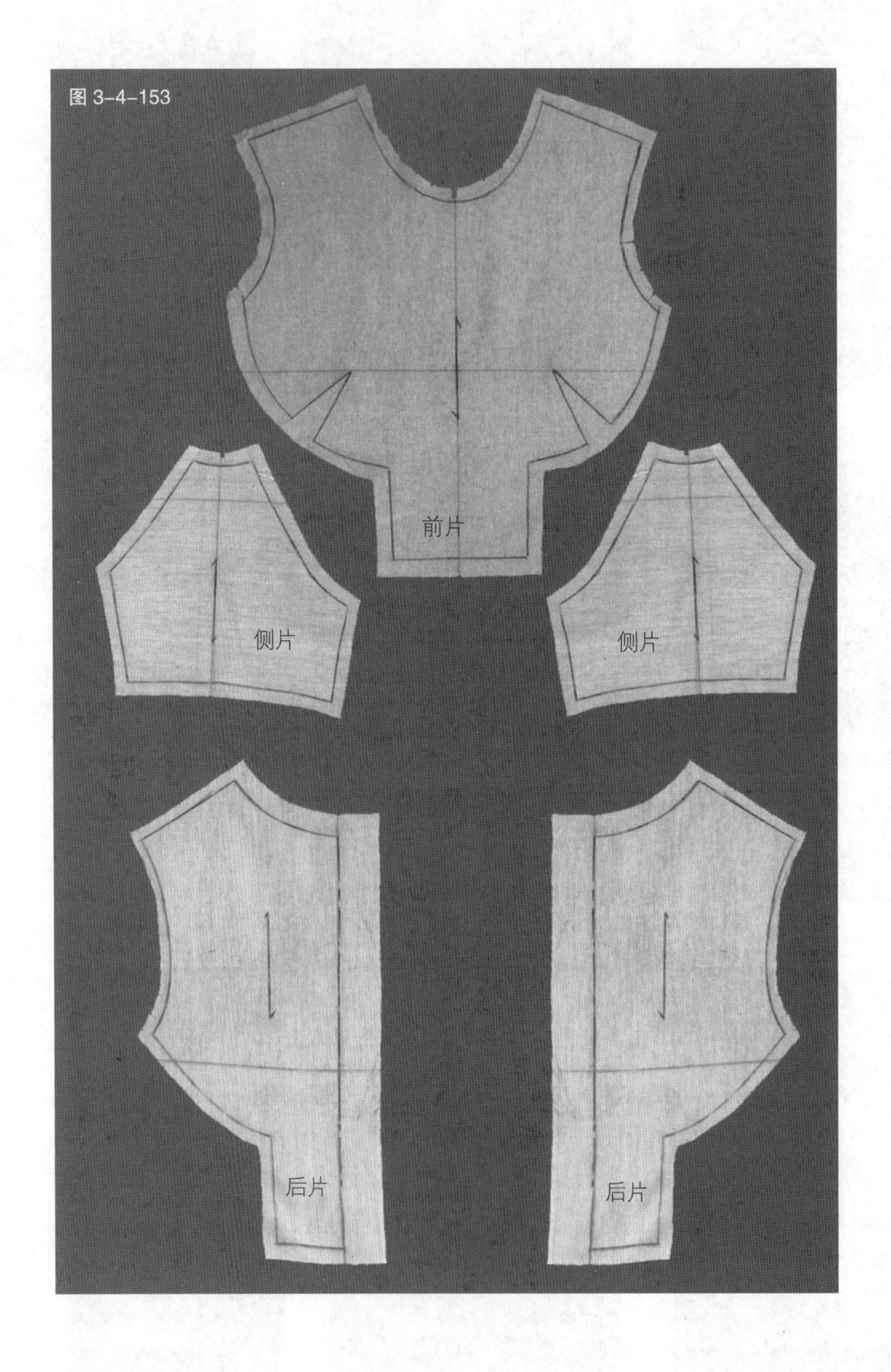

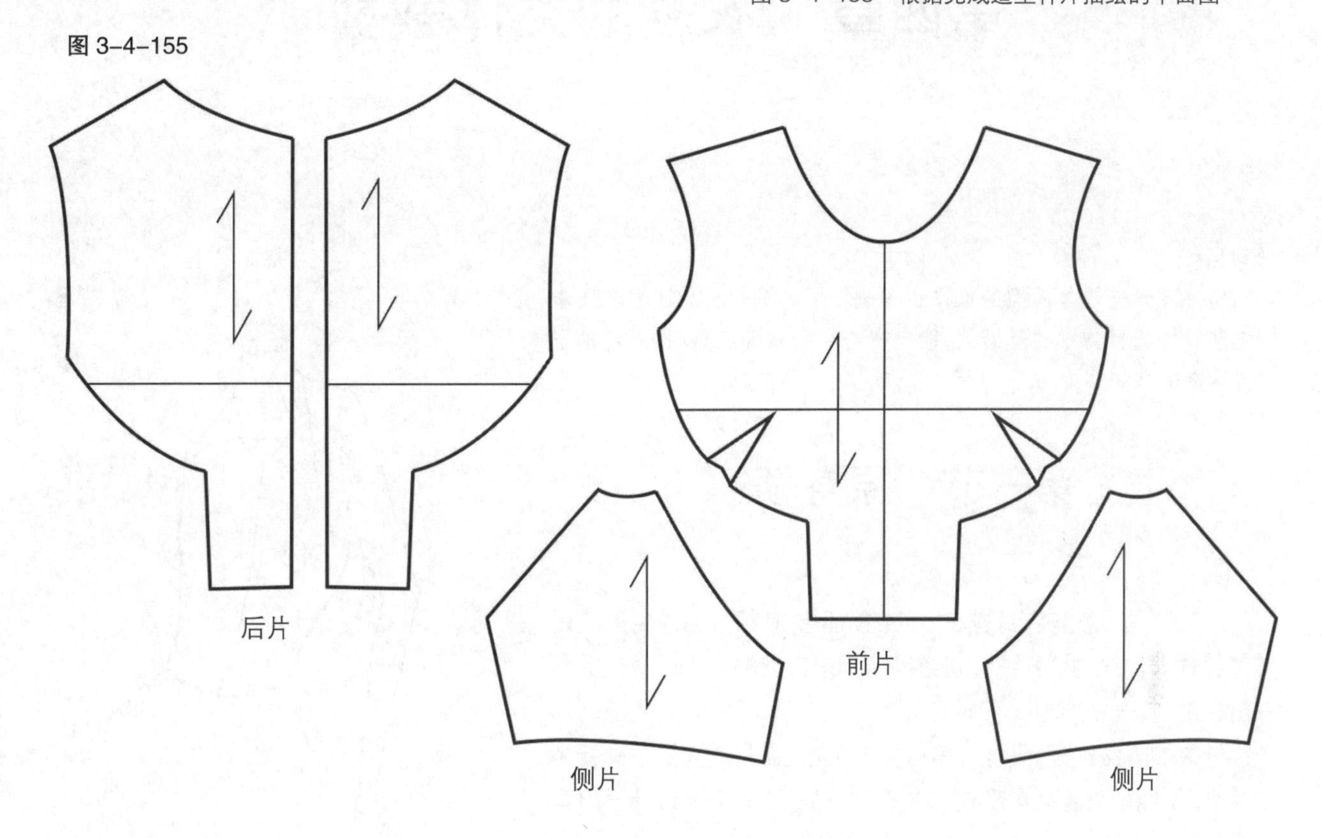

图 3-4-155 根据完成造型样片描绘的平面图

同步练习

1. 认真研究本章节中的省道、分割线和褶裥等综合造型结构衣身的立体裁剪方法，并选择几款实例进行练习。

2. 结合本章所学知识，分析练习图 1 ～图 4 中服装款式的设计要点，并进行立体裁剪实践操作练习。

3. 自行设计几款省道、分割线和褶裥造型的衣身，分析其立体裁剪操作要点。

第四章　衣领的立体裁剪

学习目标

本章对一些基本领型的操作步骤进行了详细解析。让学生在掌握这些领型操作方法的基础上，能自行进行拓展训练，以提高对领子基本构造的认知。

第一节　原身领

（1）款式解析

原身领是一款与衣身连在一起的领型。其领片曲面的改变是通过在颈部位置的分割线和省道等结构来实现的。当原身领的领宽比较窄时，立领面与衣身面的转折角度较小，可将领口省道转移到肩缝来实现结构设计；当领宽较宽时，立领面与衣身面的转折角度较大，单纯由肩缝来实现结构是不可以的，这时需要设计领口省道来帮助实现领形的成型。原身领款式图见图 4-1-1。

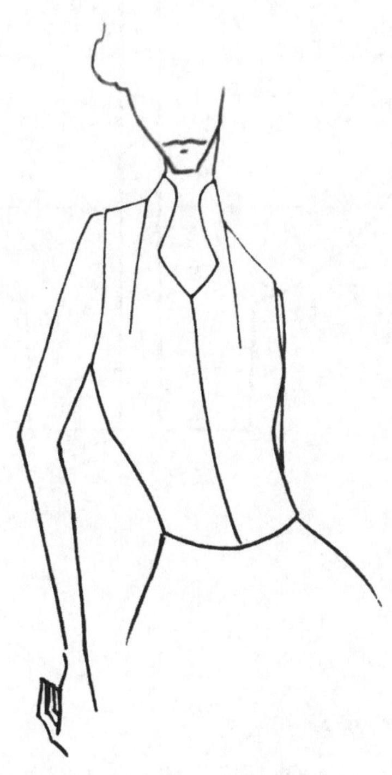

图 4-1-1　款式图

（2）坯布准备

见图 4-1-2。

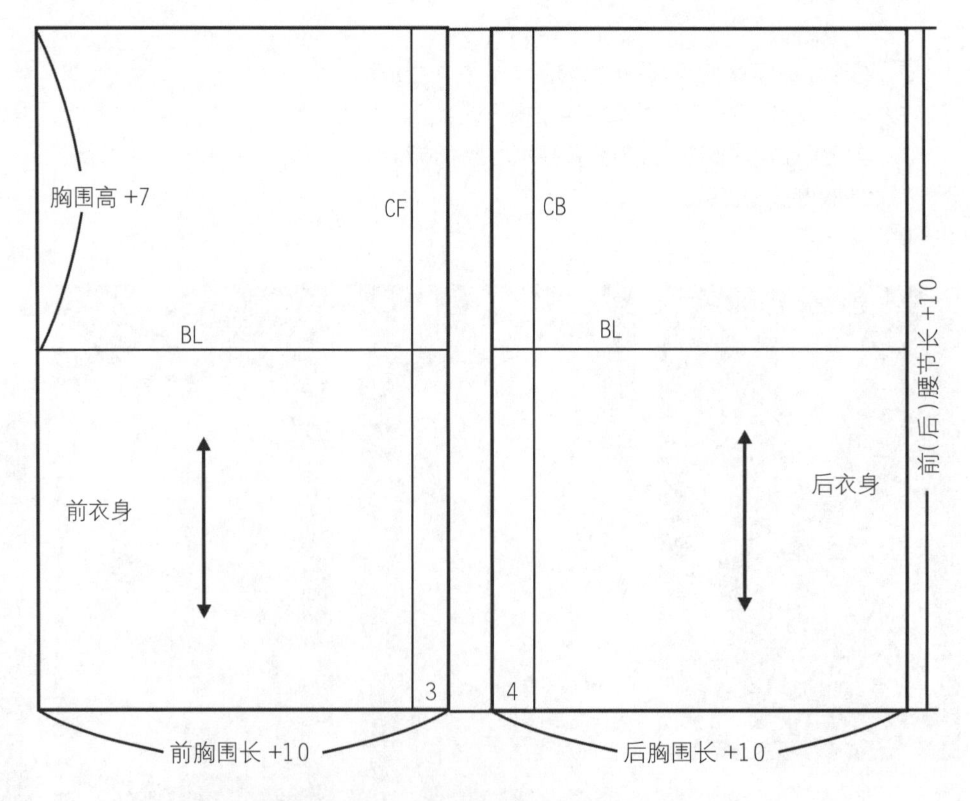

图 4-1-2　坯布预裁图（单位：cm）

图 4-1-3

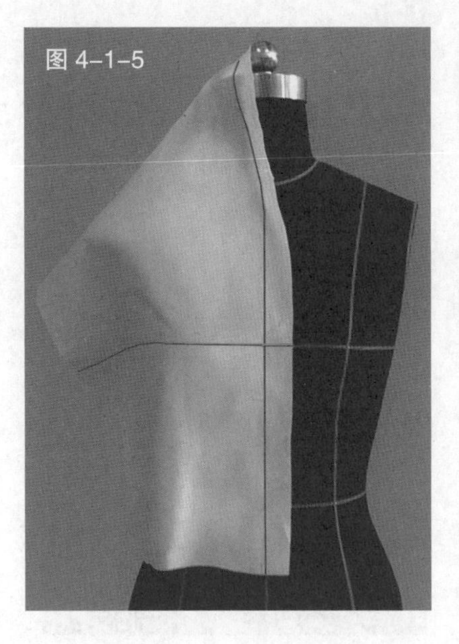
图 4-1-5

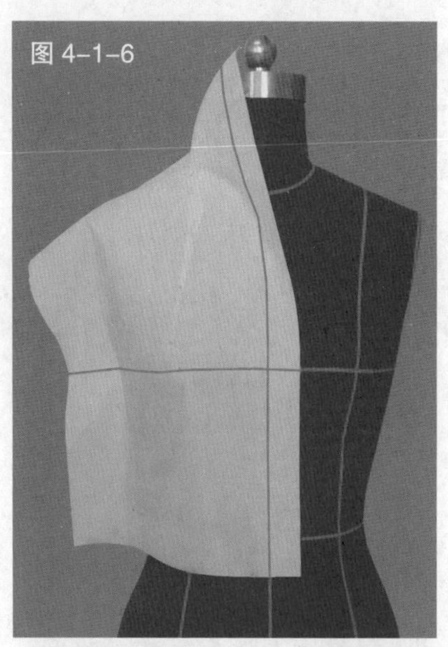
图 4-1-6

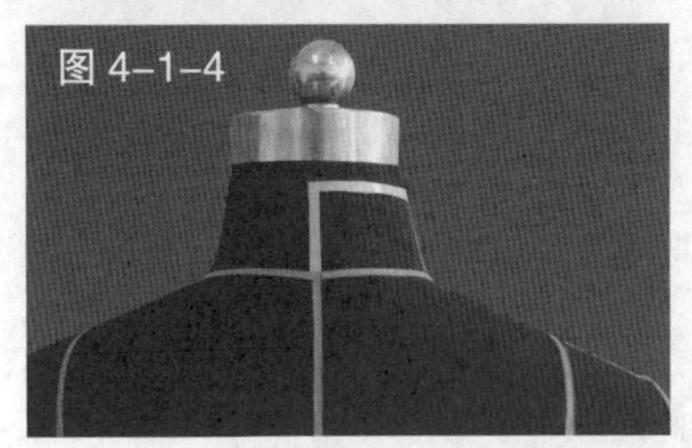
图 4-1-4

（3）操作步骤

见图 4-1-3 ~ 图 4-1-17。

图 4-1-3　用色带在人台上标记好后领造型线

图 4-1-4　标记领后中线

图 4-1-5　预裁前片用布，将其对准胸围线和前中线并固定于人台上

图 4-1-6　做前片领围处的省

图 4-1-7　观察省道位置并调整

图 4-1-8　用色带标记前领口造型线

图 4-1-9　对前衣片做点影或贴标记线，剪掉多余布料，完成前片裁剪

图 4-1-10　从人台上取下前领片，画线、整理、修剪缝份

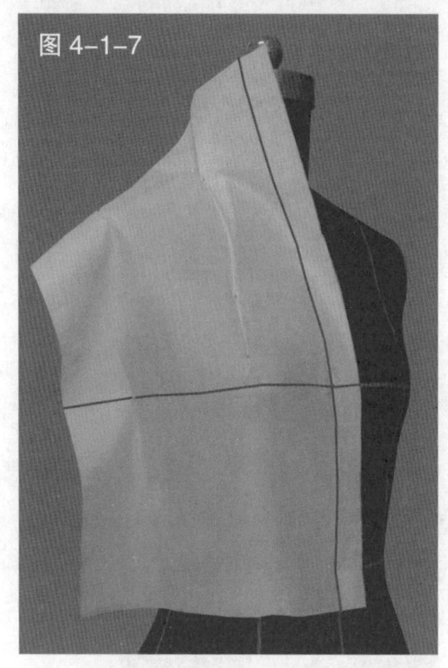
图 4-1-7

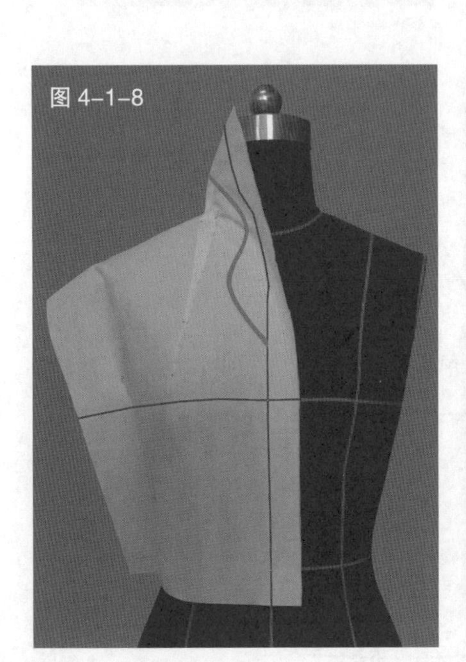
图 4-1-8

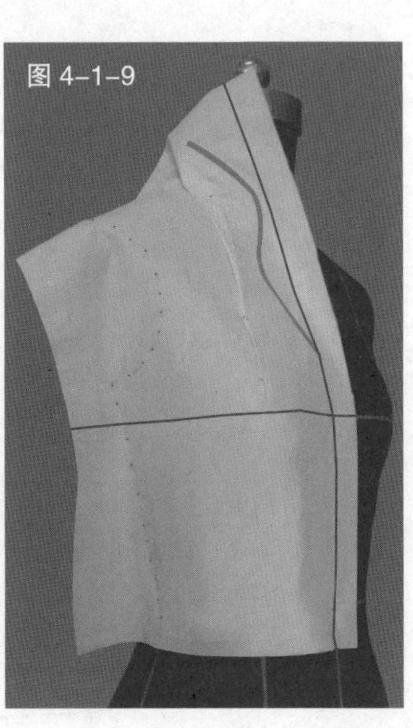
图 4-1-9

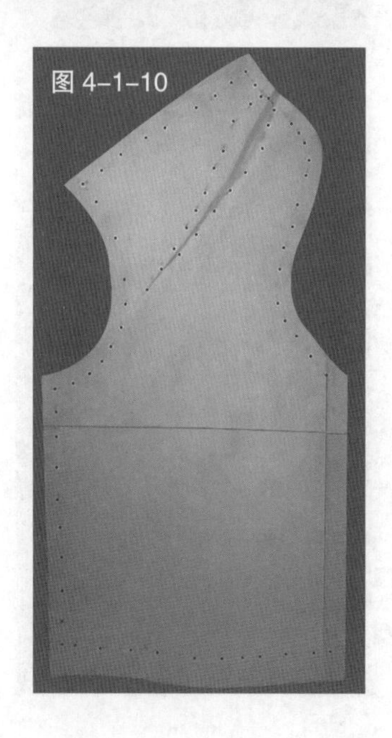
图 4-1-10

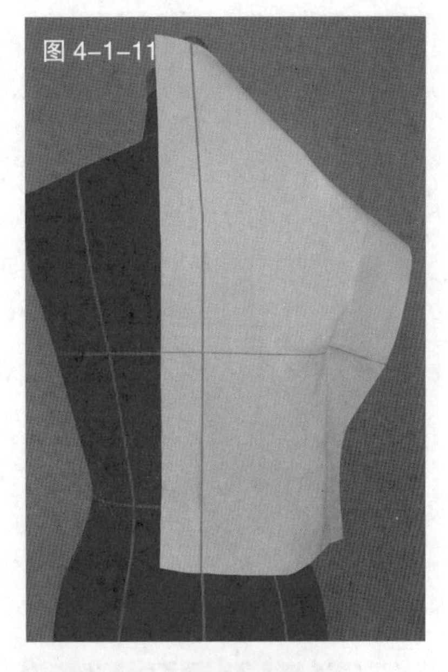
图 4-1-11

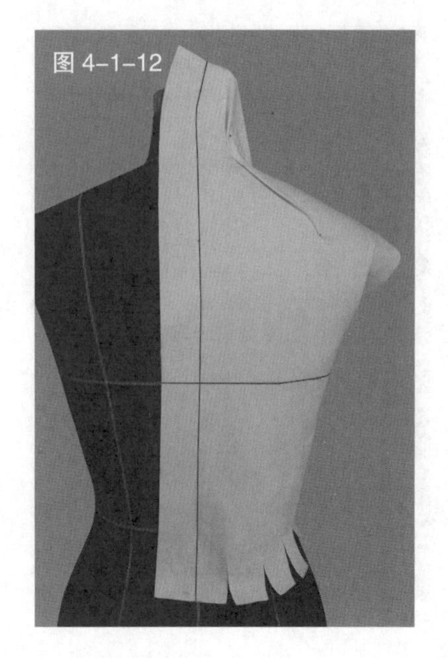
图 4-1-12

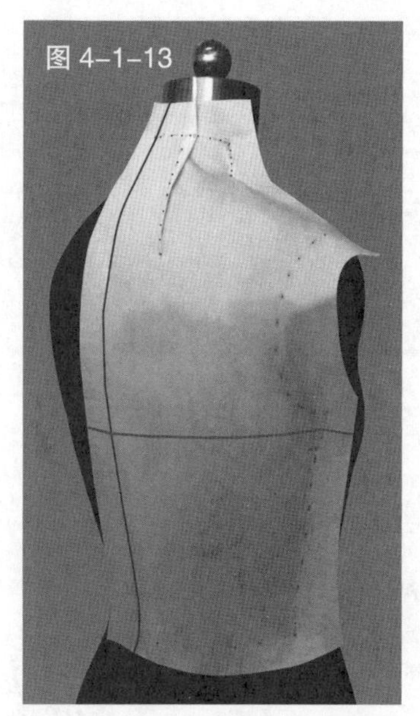
图 4-1-13

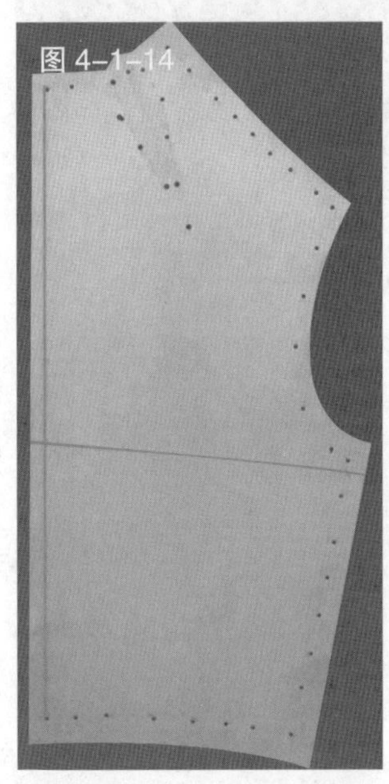
图 4-1-14

图 4-1-11　预裁后片用布，将其对准胸围线和后中线后固定于人台上

图 4-1-12　为使衣身伏贴，可在腰节处打剪口，并在后领部位做省

图 4-1-13　在后片用布上做点影并修剪掉多余布料，完成后片的裁剪

图 4-1-14　从人台上取下后领片，画线、整理、修剪缝份

图 4-1-15　试样，完成原身领的正面造型

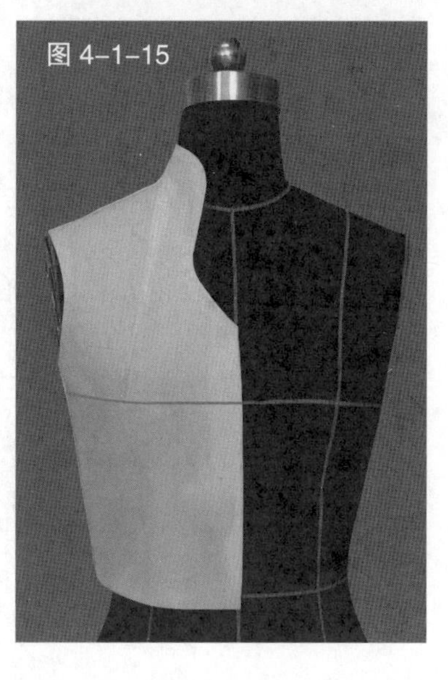
图 4-1-15

图 4-1-17

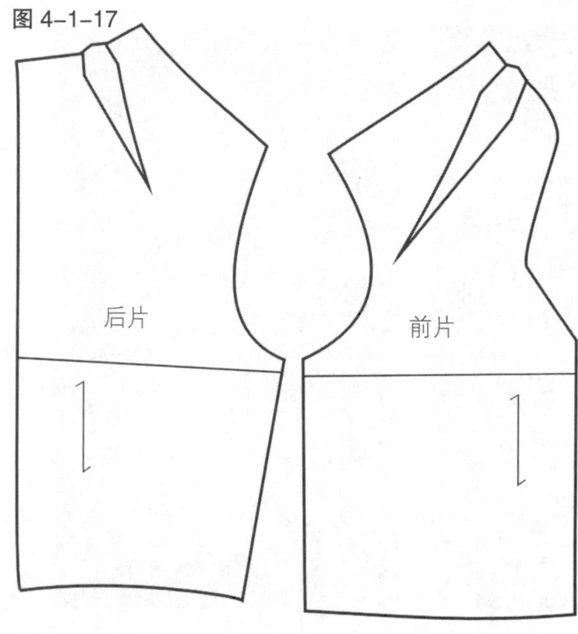

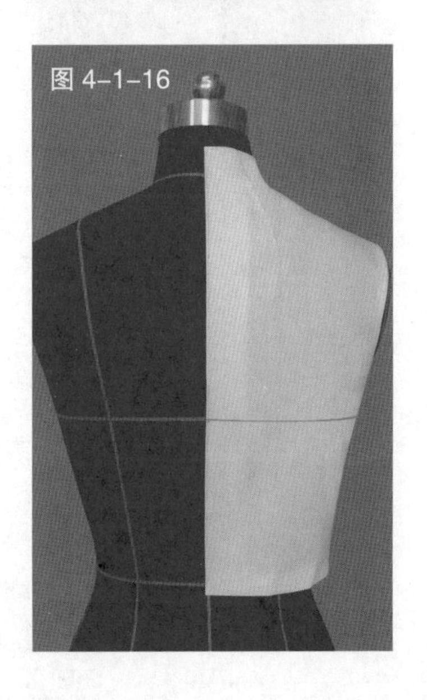
图 4-1-16

图 4-1-16　完成的原身领背面造型

图 4-1-17　根据完成造型领片描绘的平面图

第二节 单立领

（1）款式解析

单立领是是一种与人体颈部形态相吻合的常见领型，从造型上可分为直立领、向内倾斜型立领、向外倾斜立领。单立领款式见图 4-2-1。

（2）坯布准备

见图 4-2-2。

（3）操作步骤

见图 4-2-3 ~ 图 4-2-15。

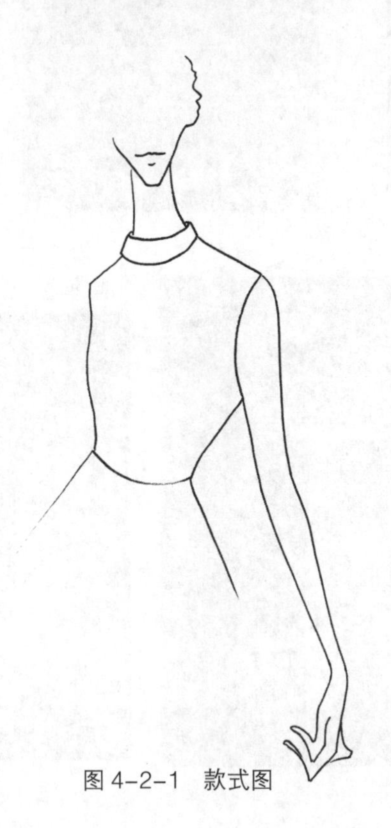

图 4-2-1 款式图

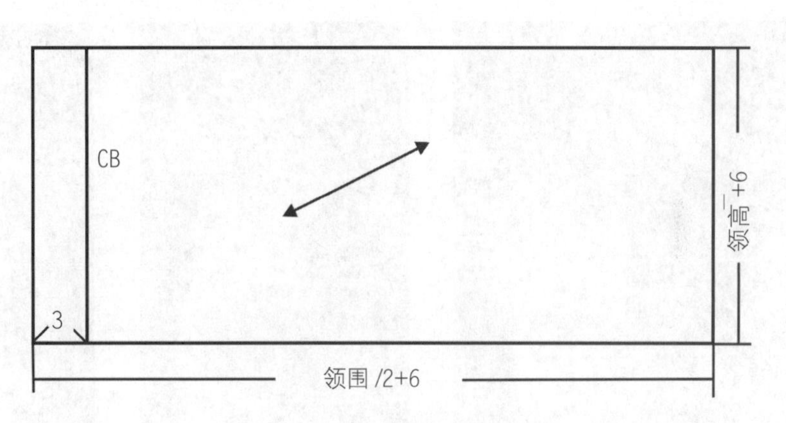

图 4-2-2 坯布预裁图 （单位：cm）

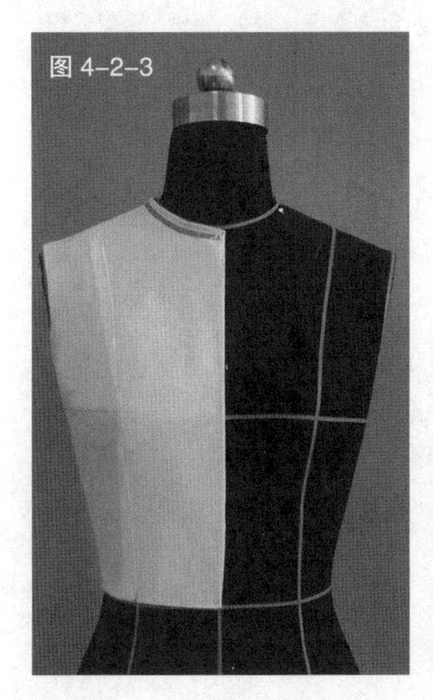

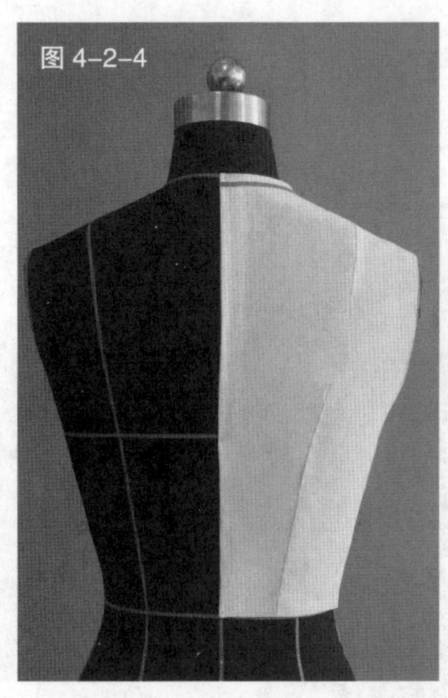

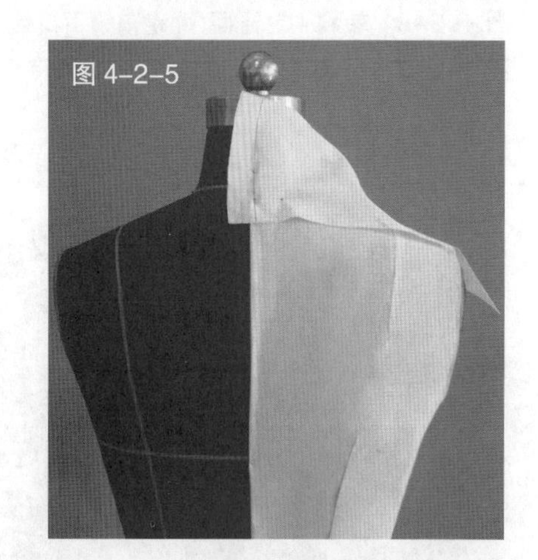

图 4-2-3 在前衣身上标记出前领窝线

图 4-2-4 在后衣身上标记出后领窝线

图 4-2-5 将预裁好的领布的后中线对准人台的后中线，并固定于人台上

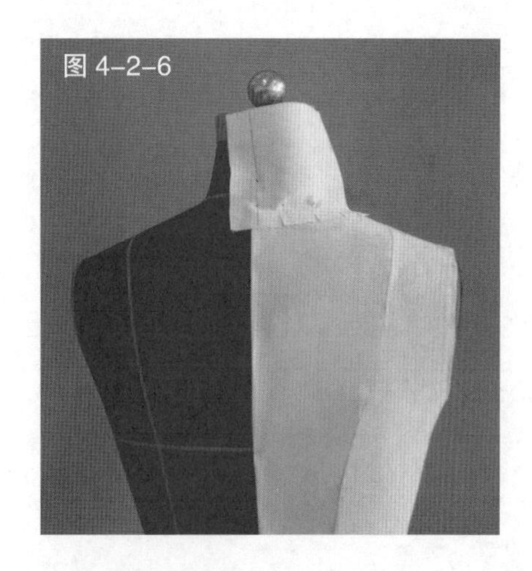
图 4-2-6

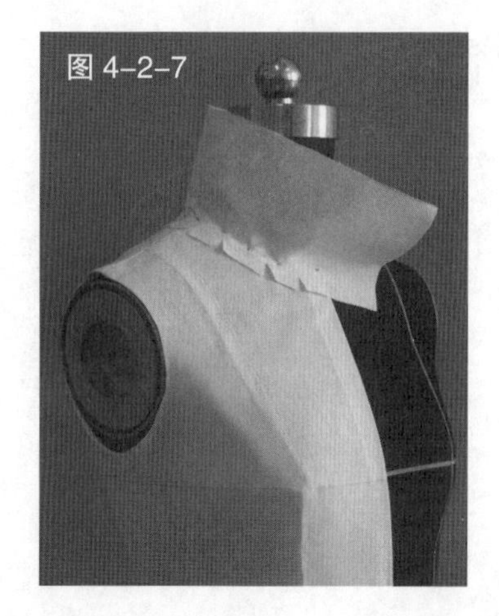
图 4-2-7

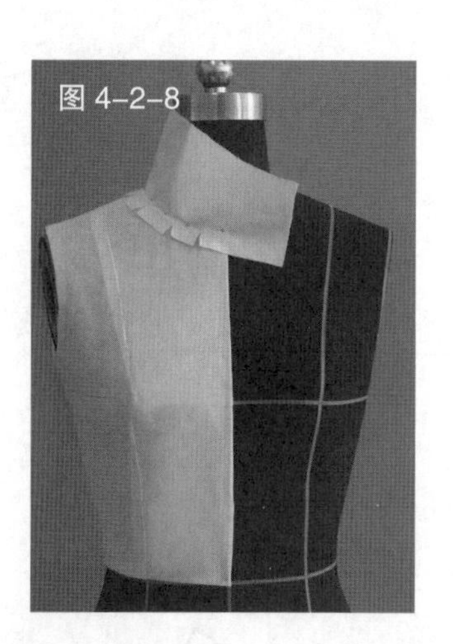
图 4-2-8

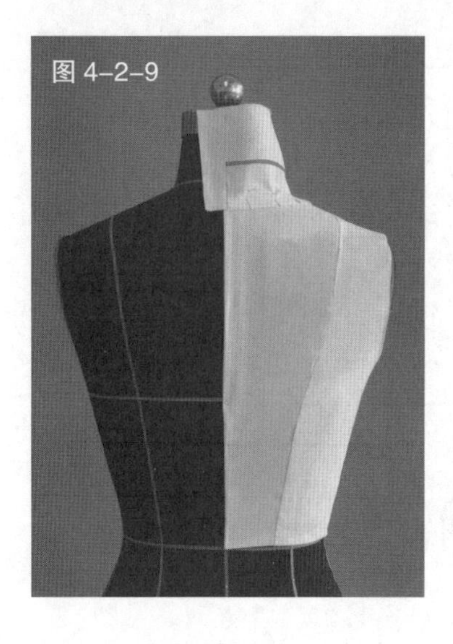
图 4-2-9

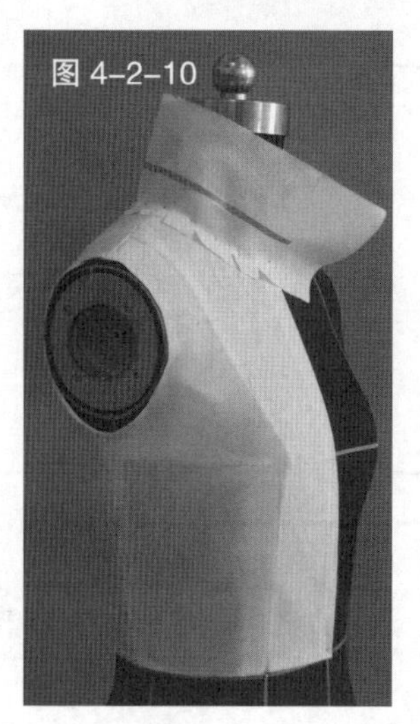
图 4-2-10

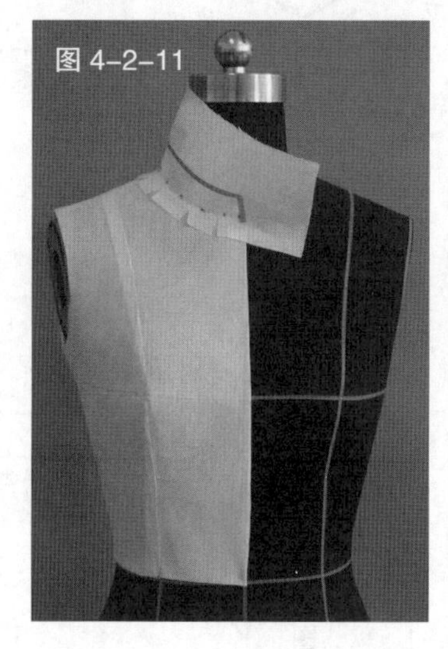
图 4-2-11

图 4-2-12
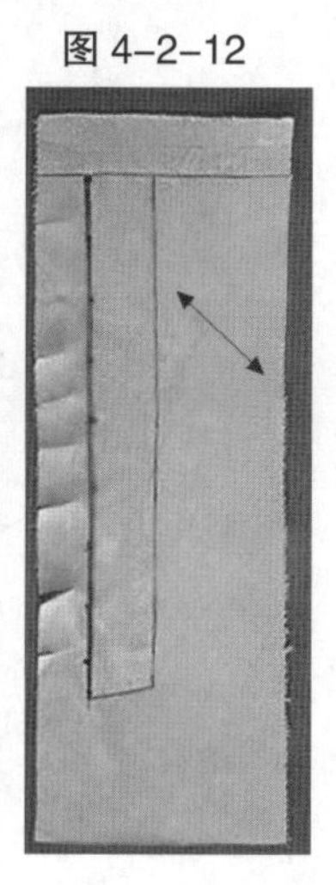

图 4-2-6 将领布沿颈侧部推抚至前身，使其贴合颈部，然后沿领窝线边打剪口

图 4-2-7 边打剪口边用大头针固定，确定领下口线

图 4-2-8 转到人台正面，确定前领下口线

图 4-2-9 整理好领布使其伏贴，用色带标记出领外轮廓线

图 4-2-10 从人台侧面观察领形线是否顺直

图 4-2-11 用色带标记出领角造型，用点影确定领下口线，剪掉多余布料，初步完成立领造型

图 4-2-12 将领布从人台上取下，画线、整理、修剪缝份，完成立领领片的裁剪

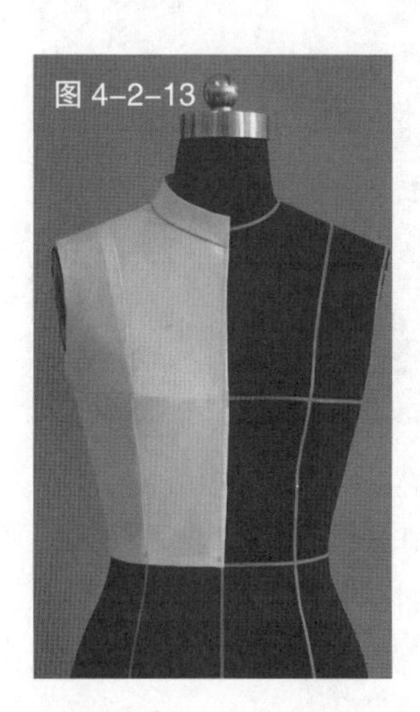
图 4-2-13

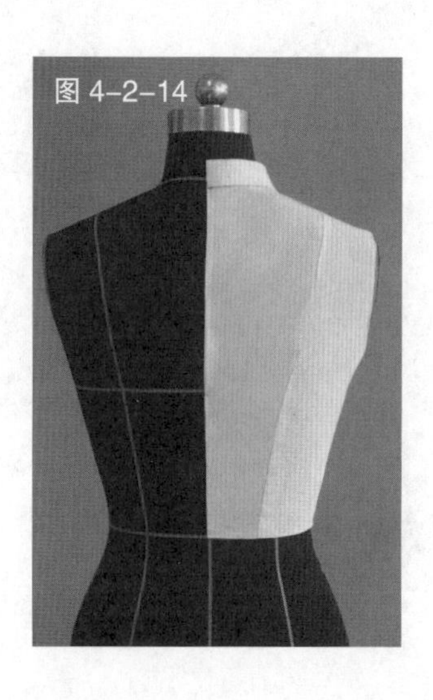
图 4-2-14

图 4-2-15

图 4-2-13 试样，完成立领的正面造型

图 4-2-14 完成立领的背面造型

图 4-2-15 根据完成造型领片描绘的平面图

第三节 连翻领

（1）款式解析

连翻领也是一种常见领形，其翻折线呈曲线状，领角为尖形、圆形、方形等自由曲线形。连翻领款式见图 4-3-1。

（2）坯布准备

见图 4-3-2。

（3）操作步骤

见图 4-3-3 ~ 图 4-3-19。

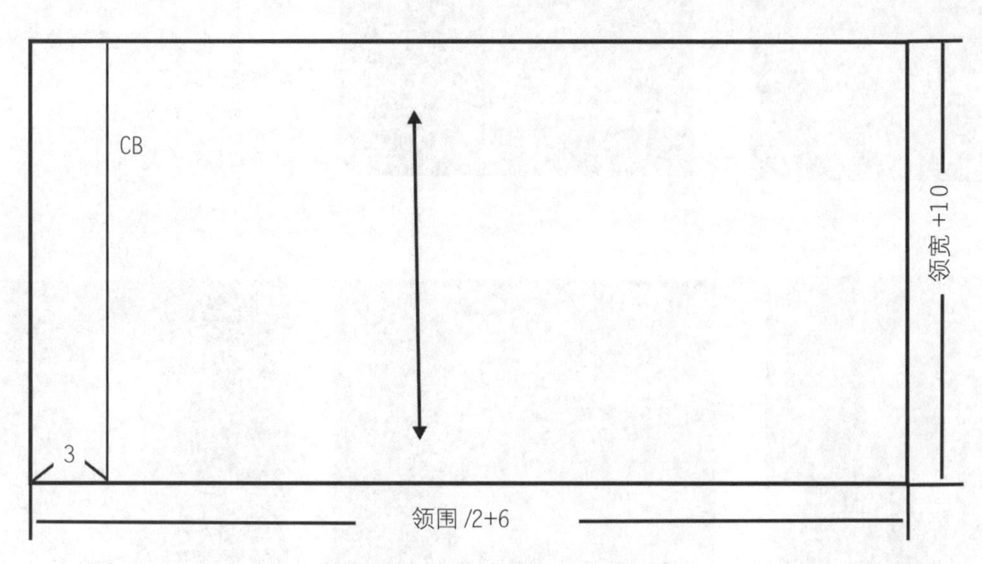

图 4-3-2 坯布预裁图（单位：cm）

图 4-3-1 款式图

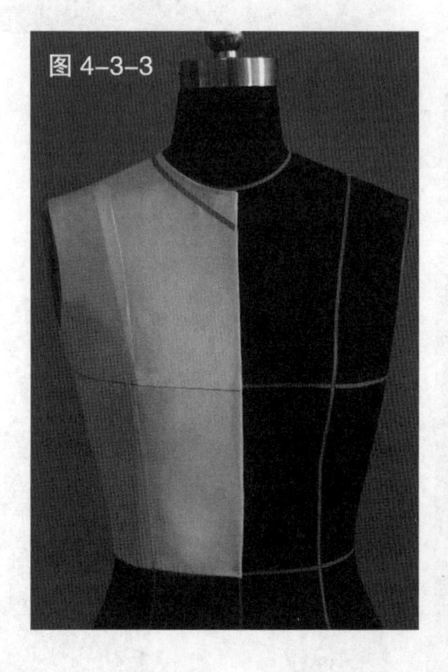

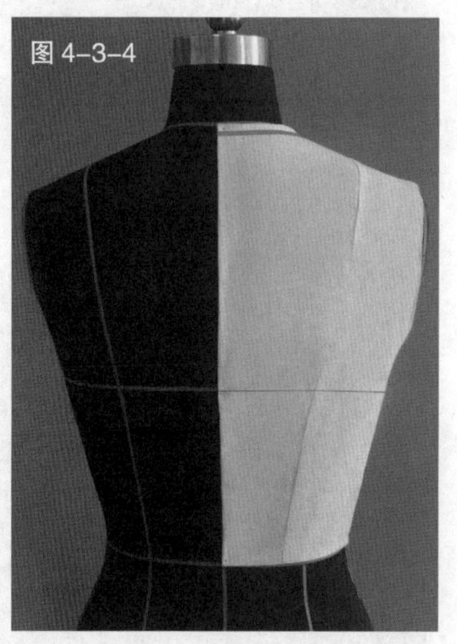

图 4-3-3 在前衣身上确定前领窝线

图 4-3-4 在后衣身上确定后领窝线

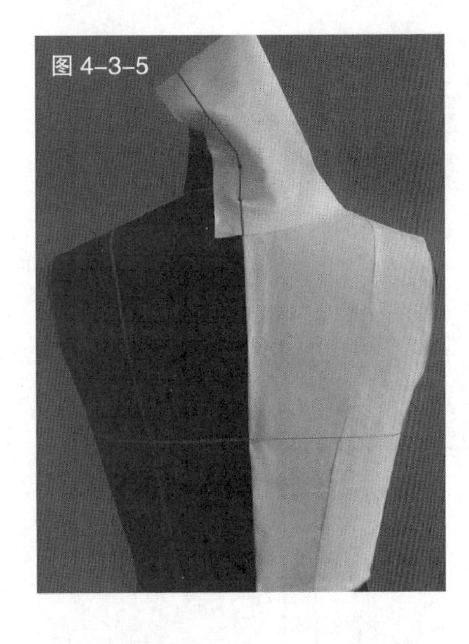

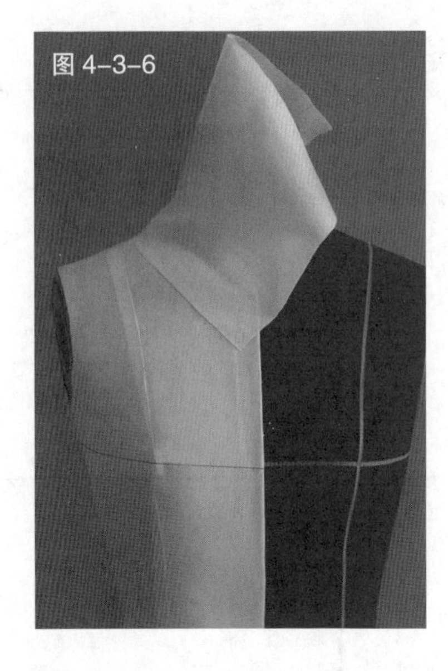

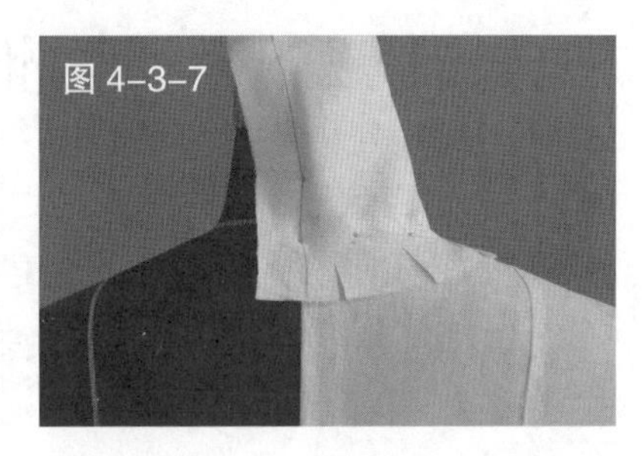

图 4-3-5 将预裁好的领片布料对准人台后中线并固定于人台上

图 4-3-6 将领片布料沿颈侧部推抚至前领口

图 4-3-7 在领片上沿领窝线打剪口以确保领布平伏

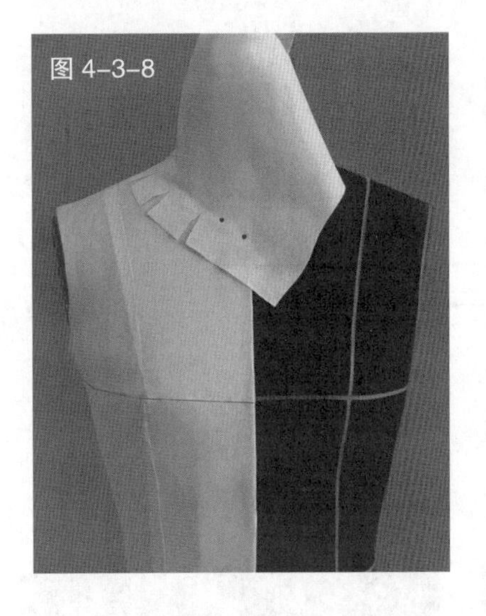

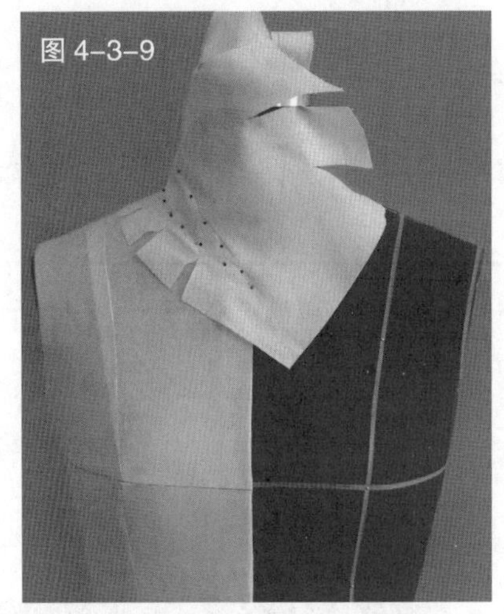

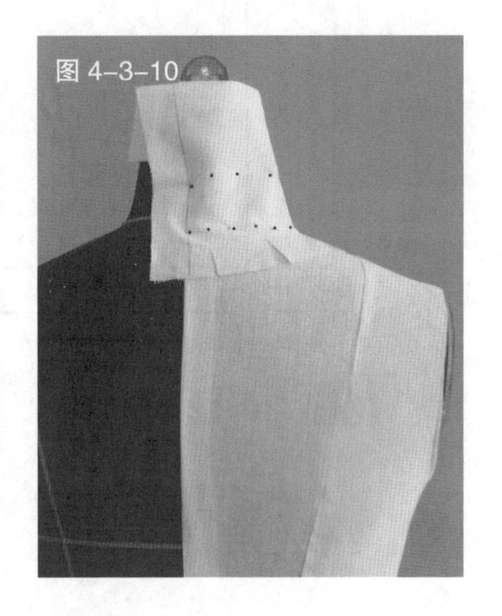

图 4-3-8 从正面检查领布是否伏贴，并用大头针固定

图 4-3-9 点影或粘贴标记线，确定领形

图 4-3-10 完成领后片的点影

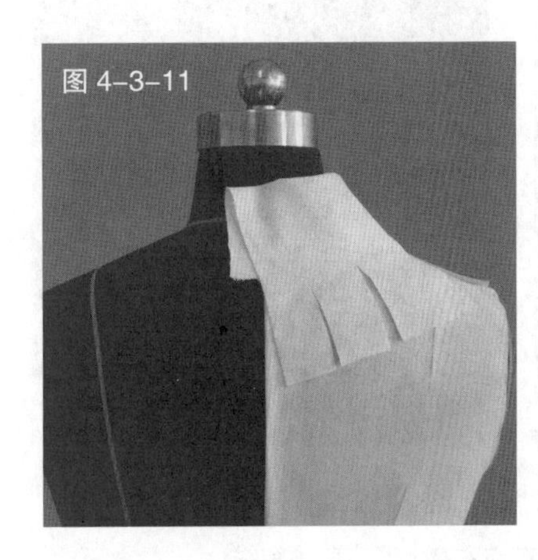

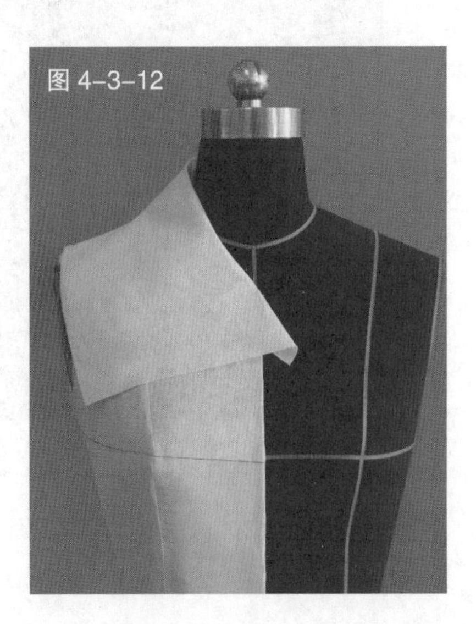

图 4-3-11 在人台背面将领片翻折下来，打剪口以确保领布平伏

图 4-3-12 调整正面领形，控制领片与颈部的空间

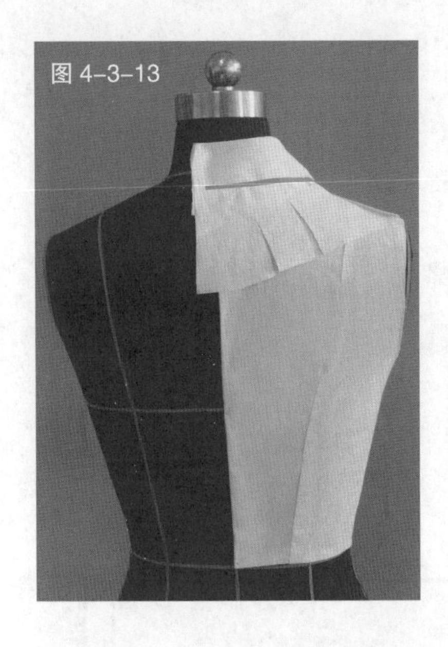

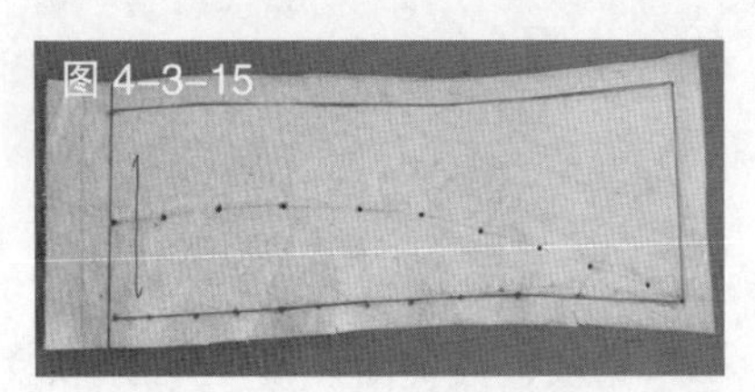

图 4-3-15　将领片从人台上取下，画线、整理、修剪缝份，完成领片的裁剪

图 4-3-13　翻折领片，确定翻领的形状，标记出翻领造型线

图 4-3-14　仔细确定翻领的领角轮廓线，这将影响翻领的最终造型。完成领子的初步造型

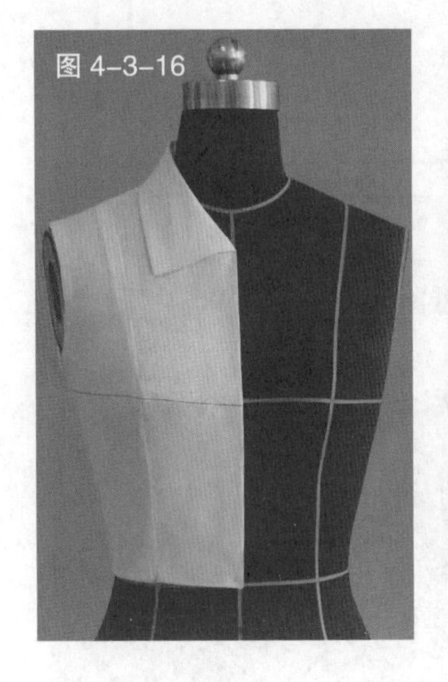

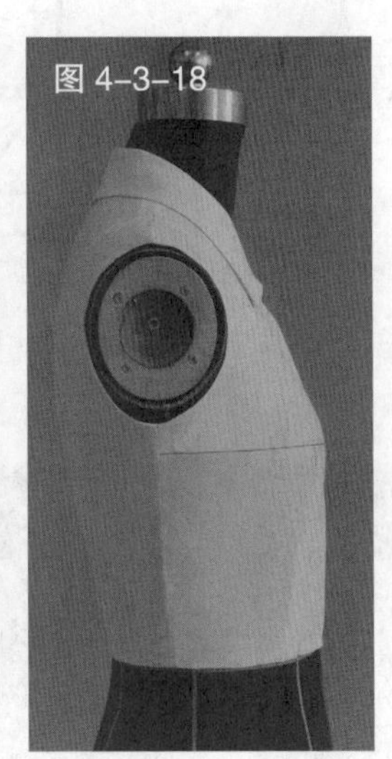

图 4-3-19

图 4-3-16　将领片重新装于人台，试样，完成连翻领的造型

图 4-3-17　完成连翻领的背面造型

图 4-3-18　完成连翻领的侧面造型

图 4-3-19　根据完成造型领片描绘的平面图

第四节　枪驳领

（1）款式解析

枪驳领又称西装领，由翻领和驳领组成。翻领的前段和驳领缝制在一起，而驳领又与前衣身缝制在一起。驳折线为直线，属敞开式领型，驳头有宽窄、长短之分，领缺口处也可以自行变化设计，形成多种风格。枪驳领款见图 4-4-1 。

（2）坯布准备

见图 4-4-2。

（3）操作步骤

见图 4-4-3 ~图 4-4-20。

图 4-4-1　款式图

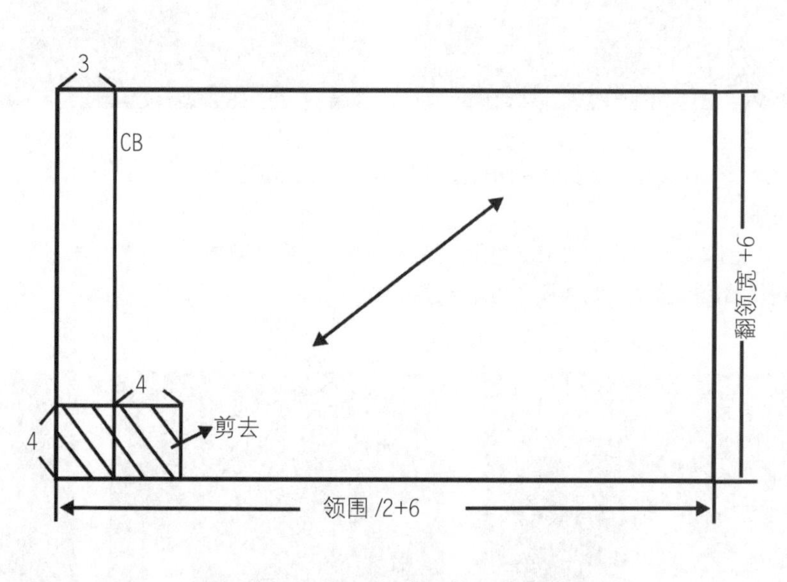

图 4-4-2　坯布预裁图　（单位：cm）

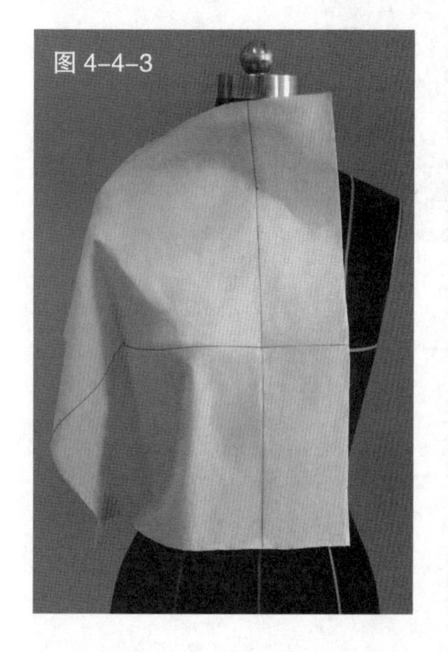

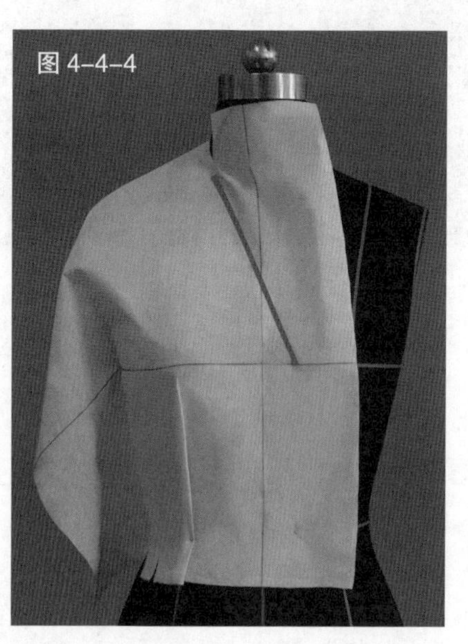

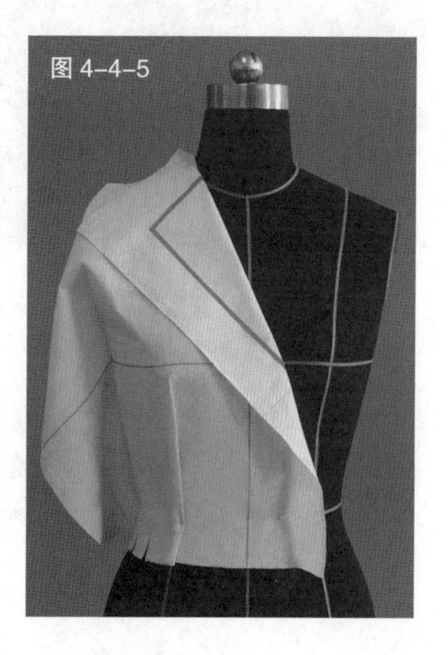

图 4-4-3　由于驳领是与前衣身缝制在一起，所以先裁剪前衣身。预裁前衣身用布，把它与人台的中心线和胸围线对齐并固定于人台上

图 4-4-4　用色带标记出领底线，同时在衣身上做一腰省

图 4-4-5　将衣片沿该领底线进行翻折，用色带标记出驳领造型外轮廓线

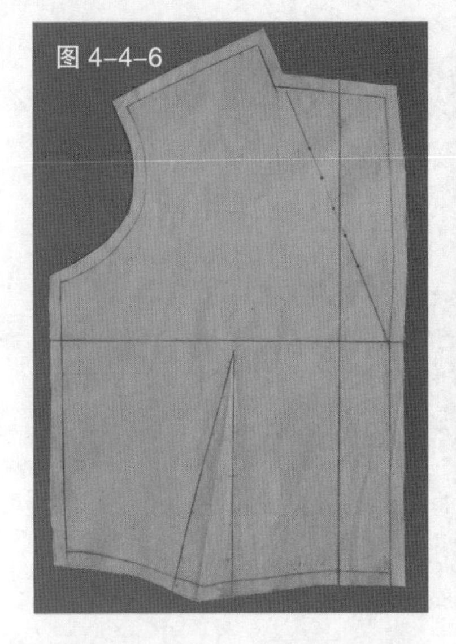
图 4-4-6

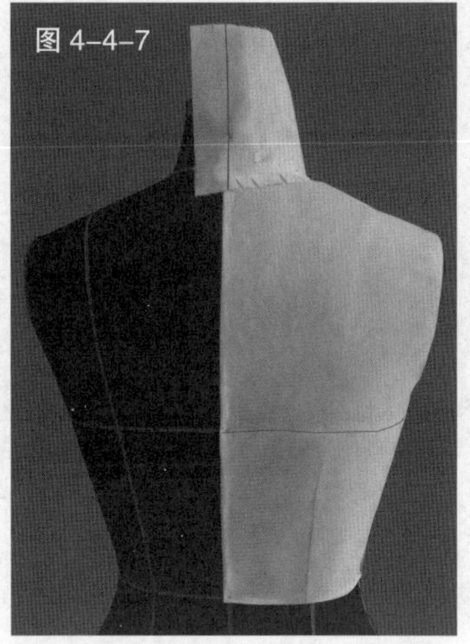
图 4-4-7

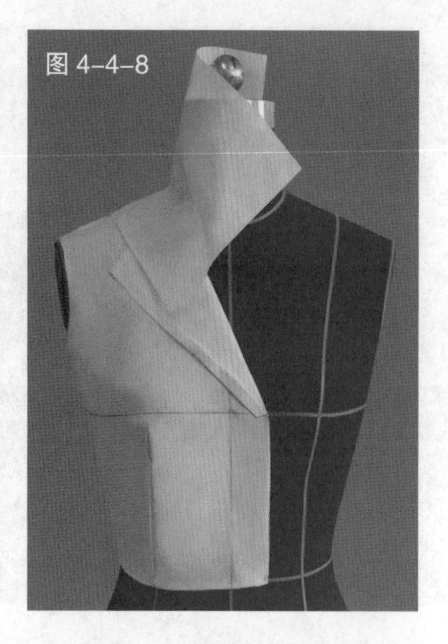
图 4-4-8

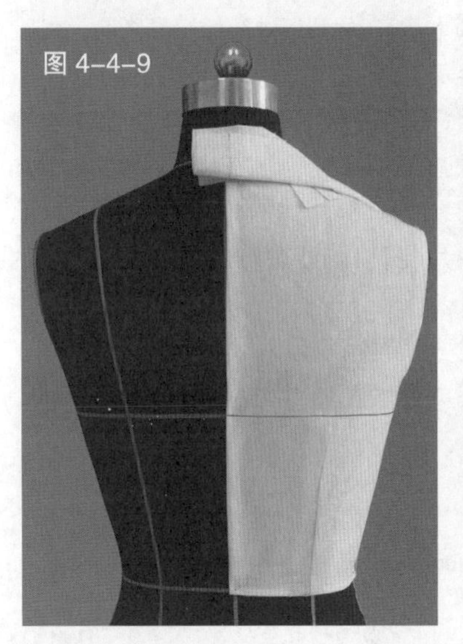
图 4-4-9

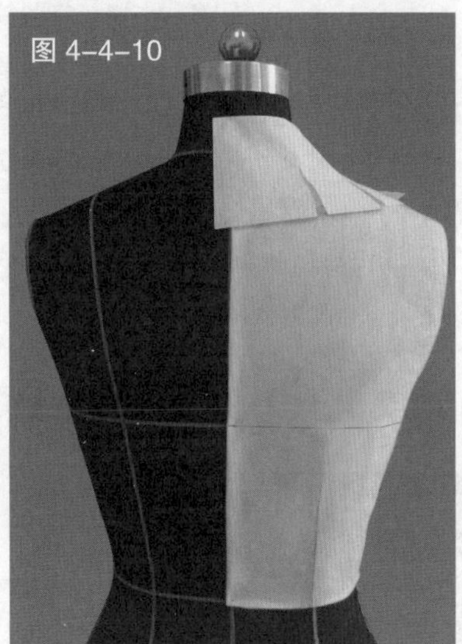
图 4-4-10

图 4-4-11

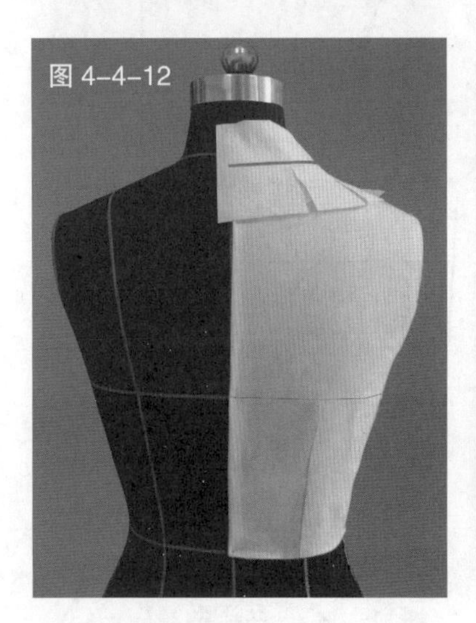
图 4-4-12

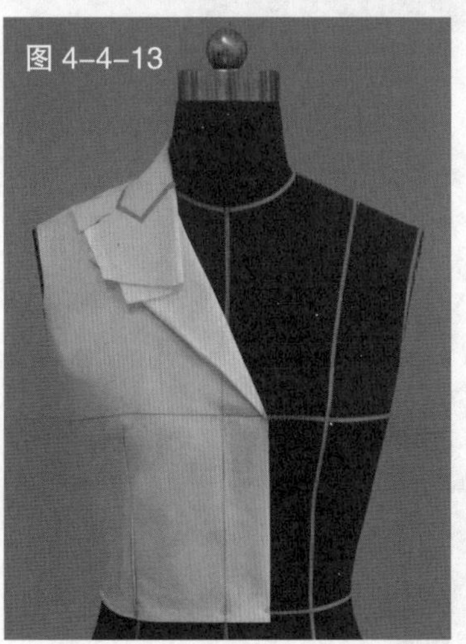
图 4-4-13

图 4-4-6　取下衣片，进行描线、整理、修剪缝份，得到驳领衣片

图 4-4-7　将预裁好的翻领用布对准人台后中线并固定

图 4-4-8　沿颈侧部转至前领，调整领片并固定

图 4-4-9　将领片翻折下来，调整翻领后部造型

图 4-4-10　打剪口以确保领形的伏贴

图 4-4-11　转至前衣身，调整翻领折线，使其与驳折线吻合

图 4-4-12　从后颈部开始标记翻领轮廓线

图 4-4-13　转至前衣身，标记翻领正面的造型线

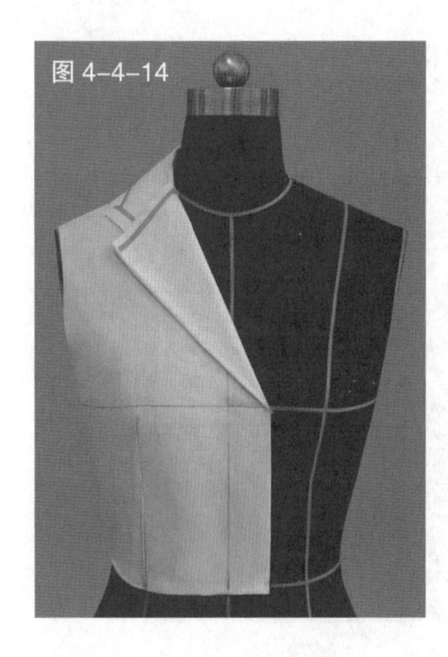

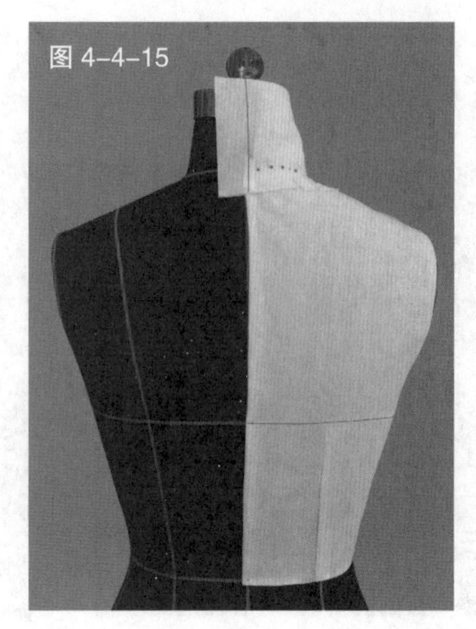

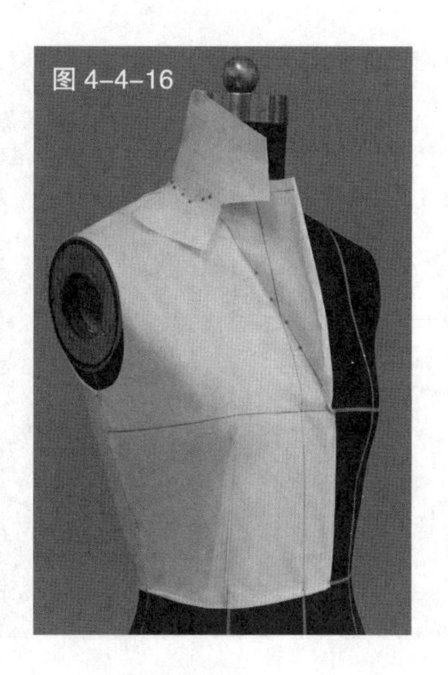

图 4-4-14　将驳领上翻，压住翻领进行标记并修剪

图 4-4-15　对已经标记好的翻领做领底线的点影

图 4-4-16　同样对标记好的驳领下口做点影

图 4-4-17　取下衣片，画线、整理、修剪缝份，得到驳领和翻领的领片

图 4-4-18　将各衣片装于人台上进行试样，完成枪驳领的整体造型

图 4-4-19　完成枪驳领的背面造型

图 4-4-20　根据完成造型领片描绘的平面图

图 4-4-17

驳领片

翻领片

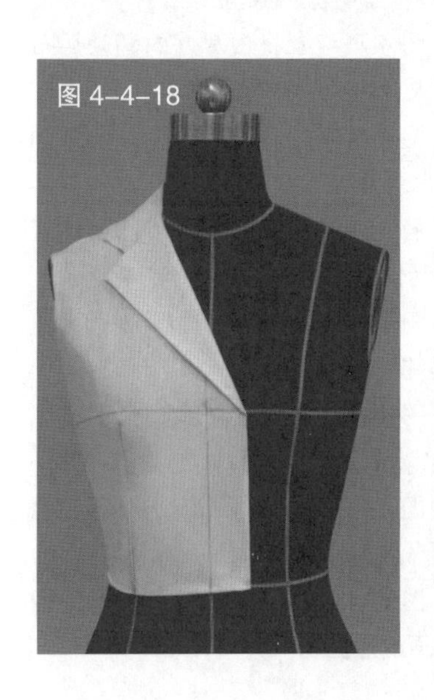

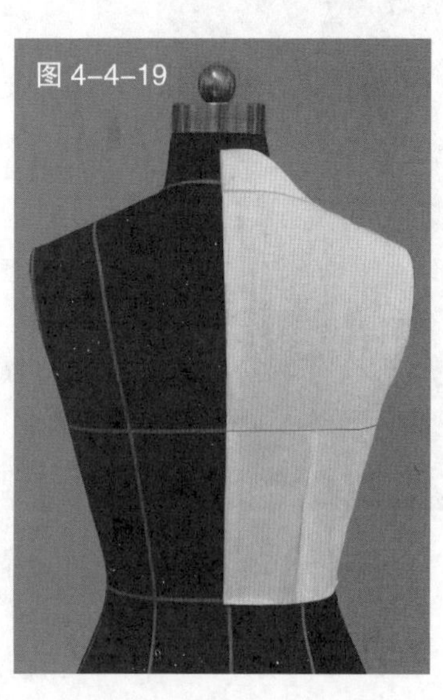

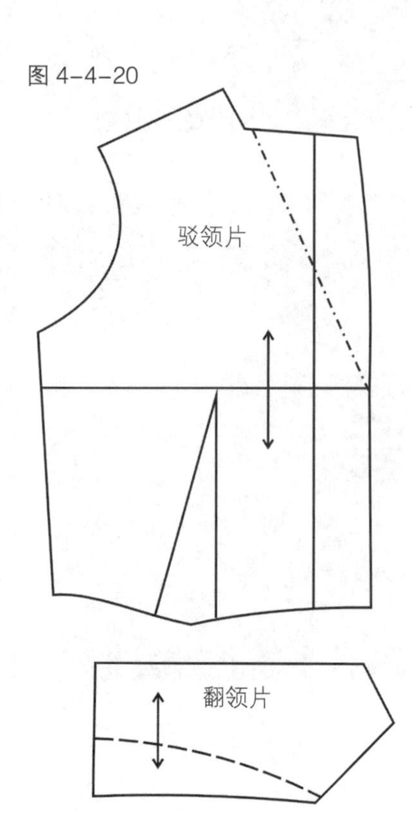

第五节 波浪领

(1)款式解析

波浪领的领形呈V字形,是一种变化领形。此领基本无领底,翻领部分为波浪形状,领形柔美而活泼,富有动感,适合青年女性的服装。波浪领款式见图4-5-1。

(2)坯布准备

见图4-5-2。

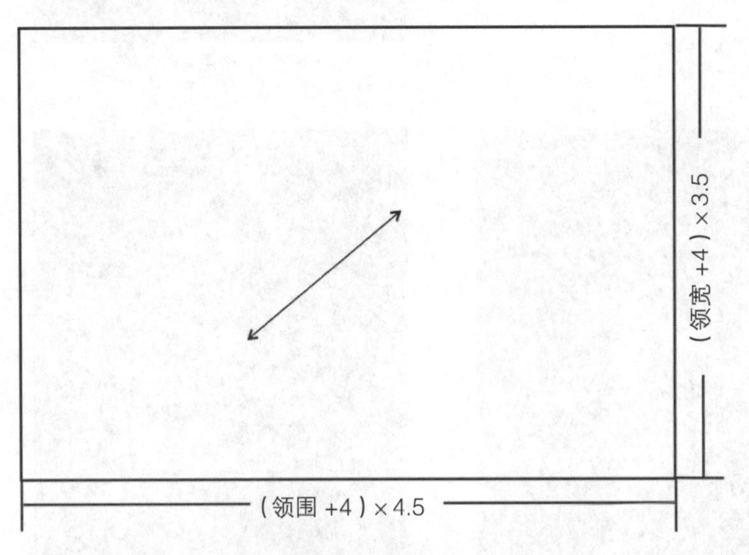

图4-5-2 坯布预裁图 (单位:cm)

(3)操作步骤

见图4-5-3~图4-5-16。

图4-5-1 款式图

图4-5-3 在裁剪好的前衣身上标记前领窝线

图4-5-4 在裁剪好的后衣身上标记后领窝线

图4-5-5 将预裁好的领布对准人台的后中心线并固定

图4-5-6 调整用布,预留出所需布量

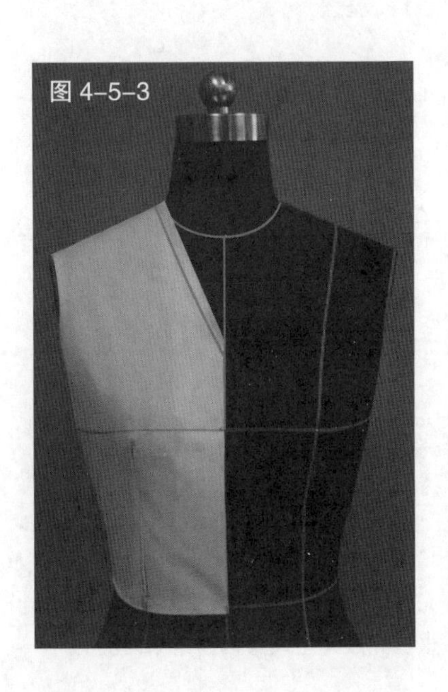

图4-5-3

图4-5-4

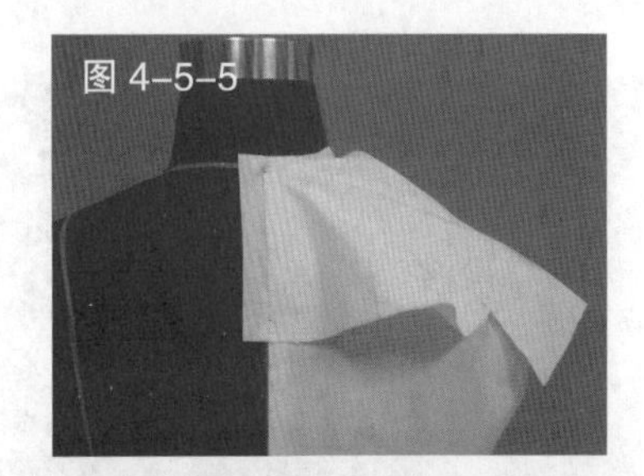

图4-5-5

图4-5-6

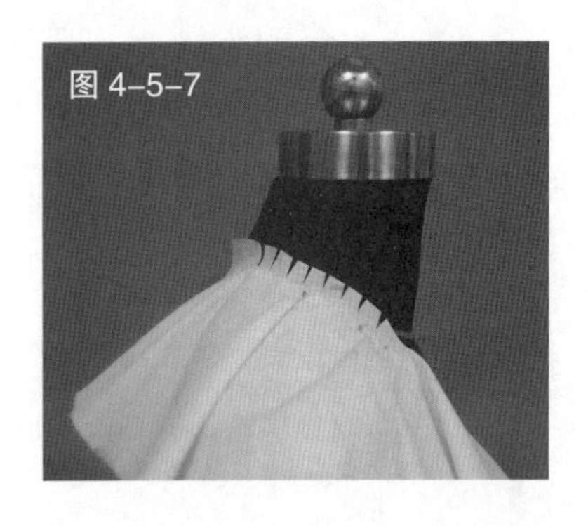

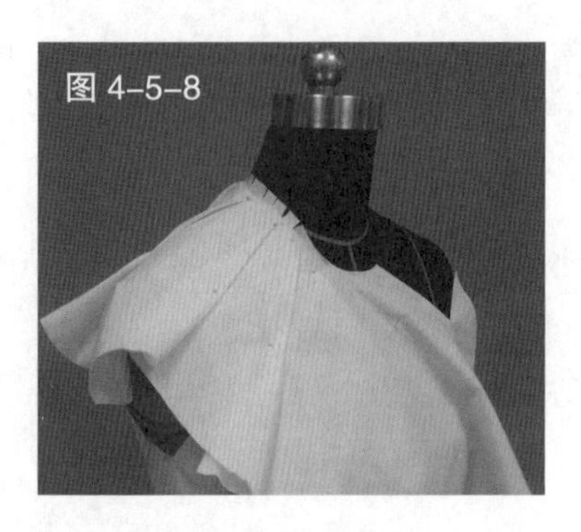

图 4-5-9

图 4-5-7　固定领底线，做剪口以确保布片平伏，然后再塑造波浪的造型

图 4-5-8　转到前衣身，继续调整波浪的造型

图 4-5-9　完成波浪的初步造型，并点影

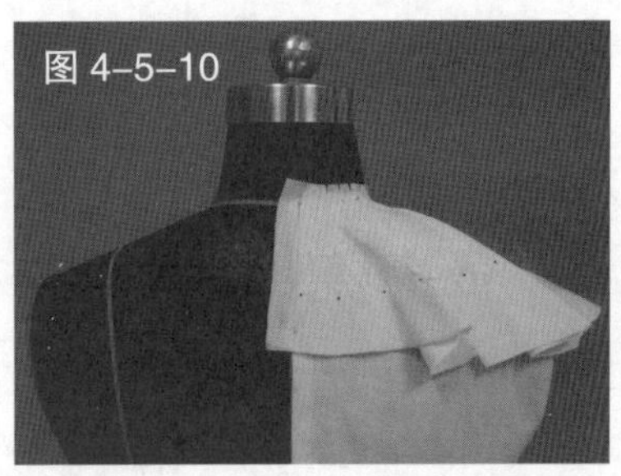

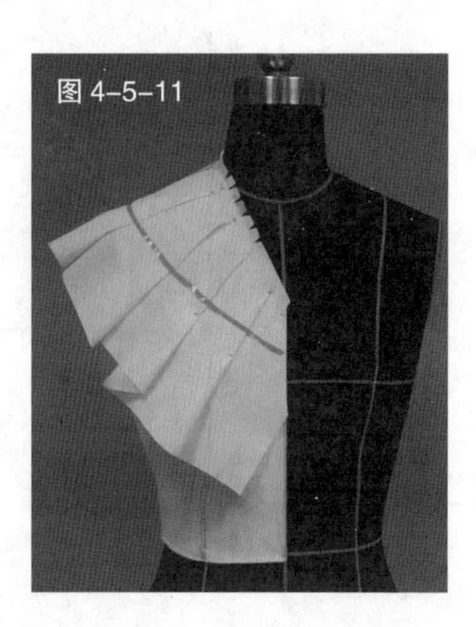

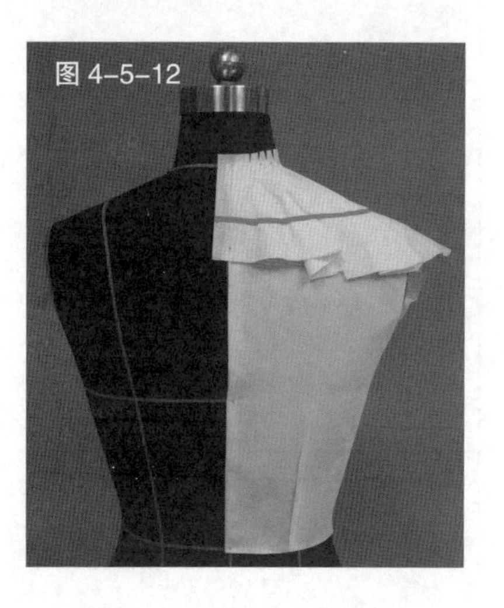

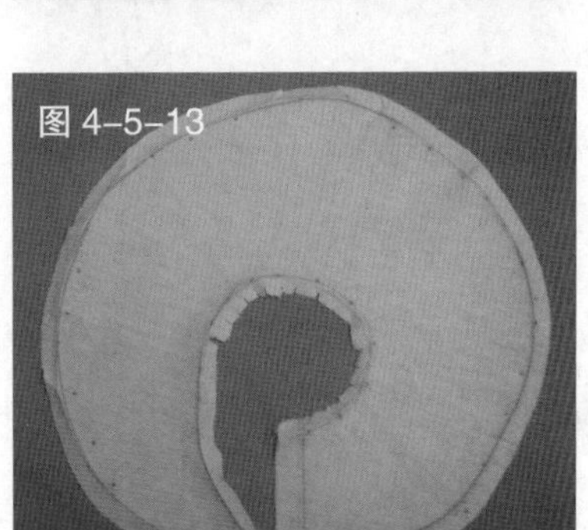

图 4-5-10　完成后领片的点影

图 4-5-11　用色带标记出波浪领的正面领形轮廓，并修剪多余布料

图 4-5-12　用色带标记出波浪领的背面领形轮廓，并修剪多余布料

图 4-5-13　将领片从人台上取下，画线、整理、修片

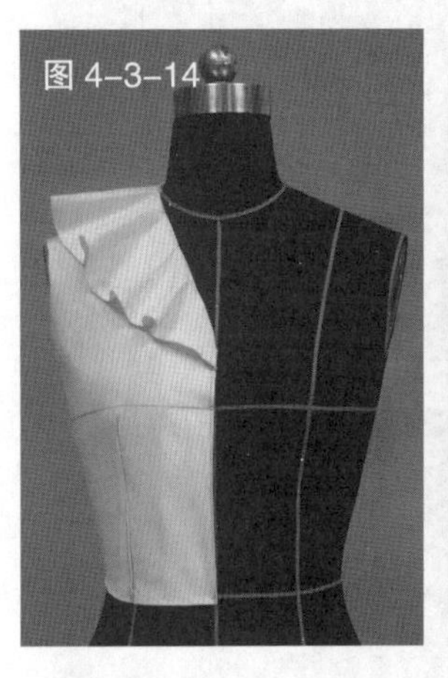

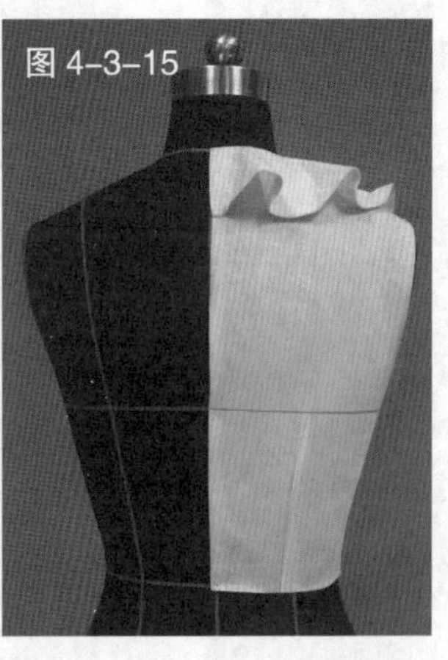

图 4-3-16

图 4-5-14　将领片重新装于人台上进行试样，完成波浪领的裁剪

图 4-5-15　完成的波浪领的背面造型

图 4-5-16　根据完成造型领片描绘的平面图

第六节 叠浪领

（1）款式解析

叠浪领需在肩部对翻领部分进行折叠处理，形成层层波浪的造型，给人流动、轻盈之感。叠浪领款式图（见图 4-6-1）。

图 4-6-1 款式图

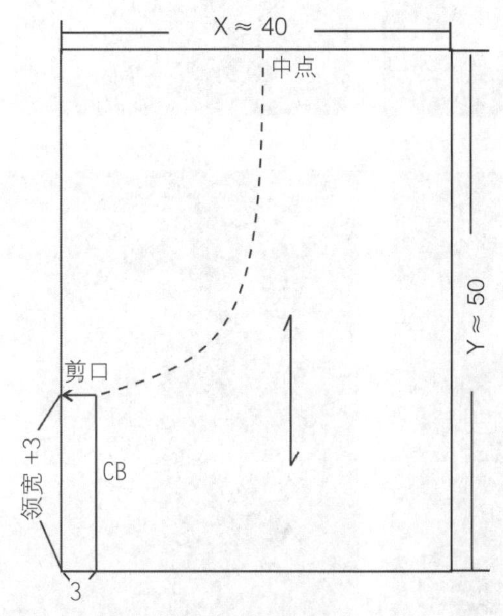

X: 3cm 放缝 + 横开领宽 /2+ 翻领宽 +20cm 余量

Y: 3cm 放缝 + 翻领宽 + 侧颈点至前领口底点距离 +20cm 余量

注：沿着虚线修剪坯布

图 4-6-2 坯布预裁图 （单位：cm）

（2）坯布准备

见图 4-6-2。

（3）操作步骤

见图 4-6-3 ~ 图 4-6-19。

图 4-6-3 在裁剪好的前衣身上标记前领窝线

图 4-6-4 在裁剪好的后衣身上标记后领窝线

图 4-6-5 将预裁好的领布对准人台的后中心线并固定

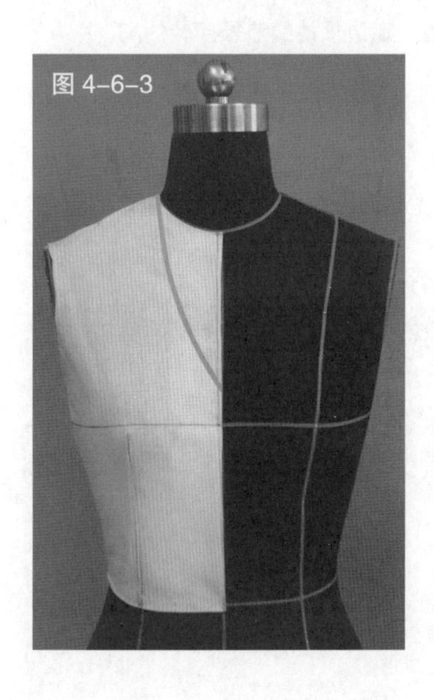

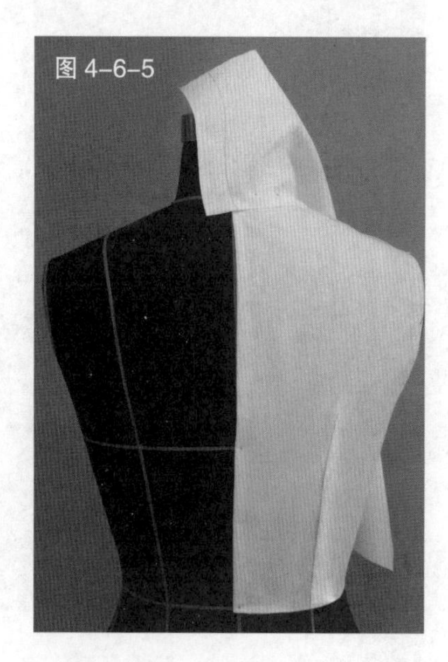

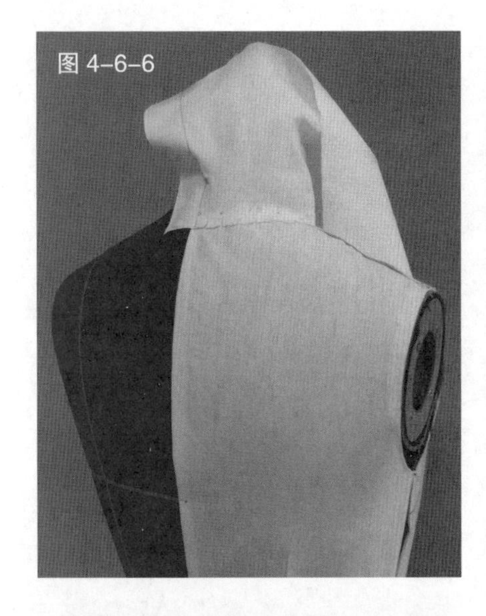
图 4-6-6

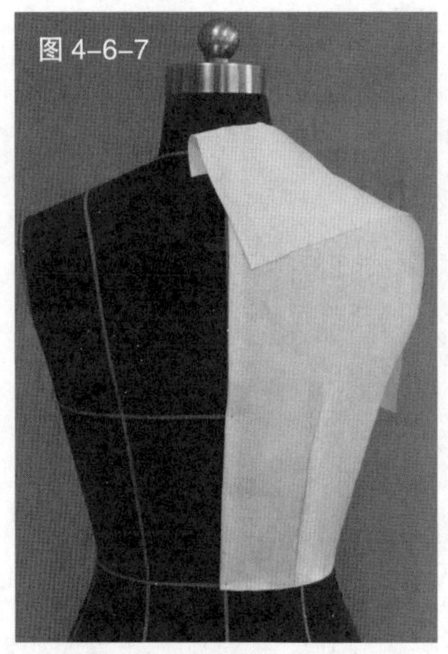
图 4-6-7

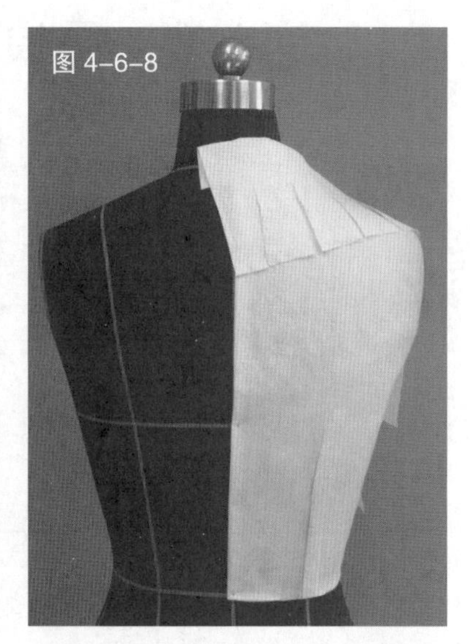
图 4-6-8

图 4-6-9

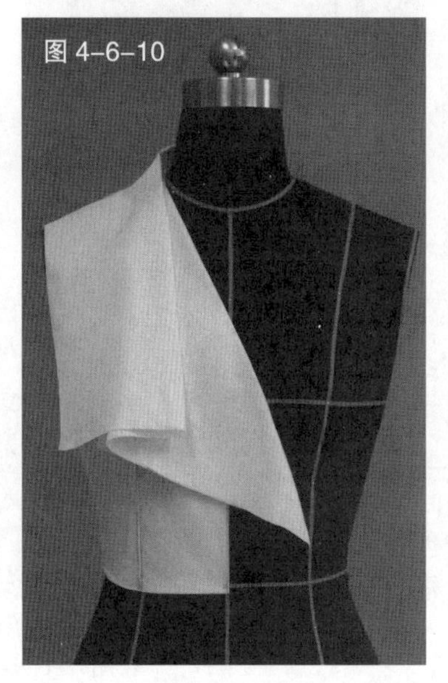
图 4-6-10

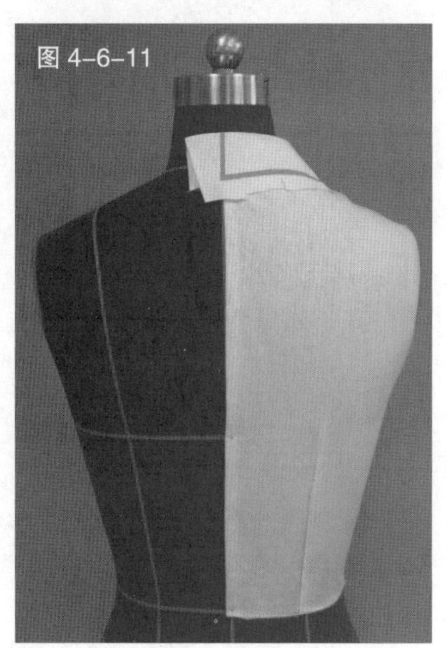
图 4-6-11

图 4-6-12

图 4-6-6　固定领下口线，边固定边预估叠浪领翻转的高度

图 4-6-7　将领片翻折下来

图 4-6-8　打剪口以确保领片平伏

图 4-6-9　转到前衣身，调整正面的领面造型

图 4-6-10　在颈侧处调整叠浪领的叠量，往领窝线翻转的量越多，叠浪的叠量就越少

图 4-6-11　从颈后背部开始标记出需要的领形

图 4-6-12　转至人台正面，标记出正面领形，并对领布进行粗裁

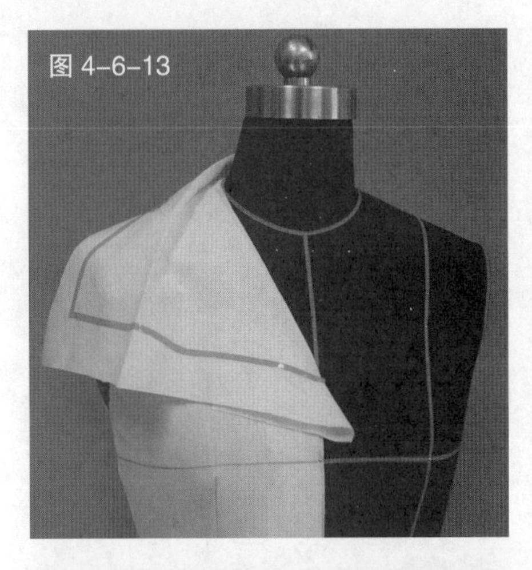

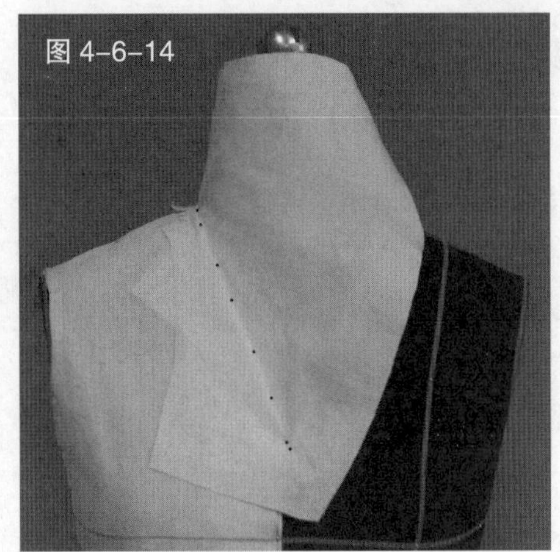

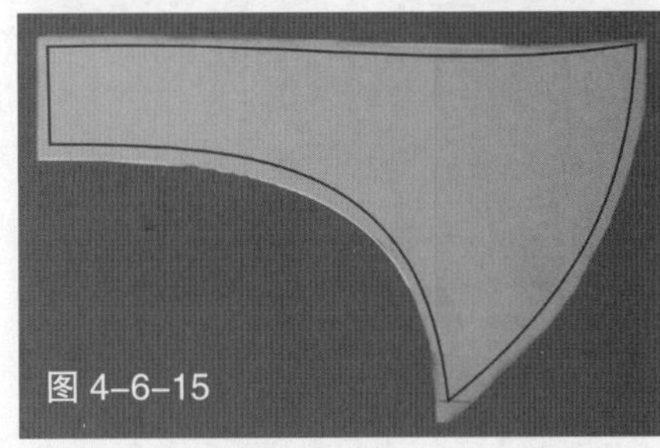

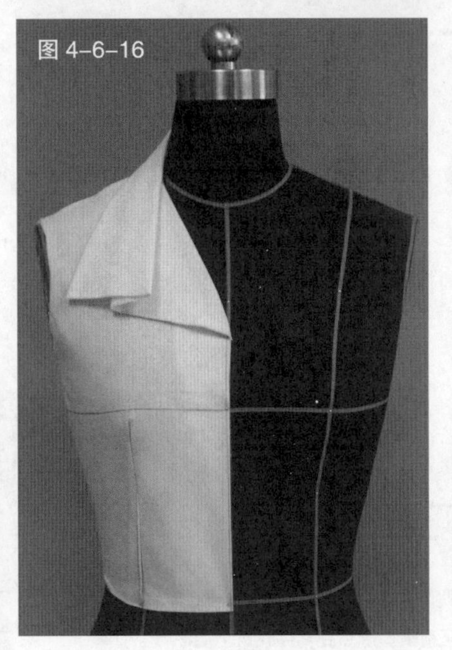

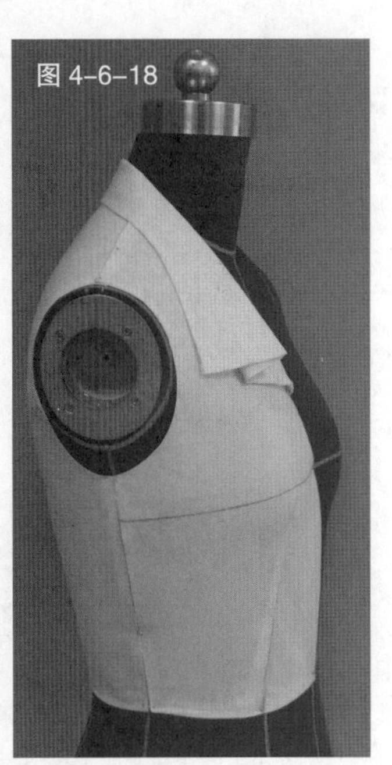

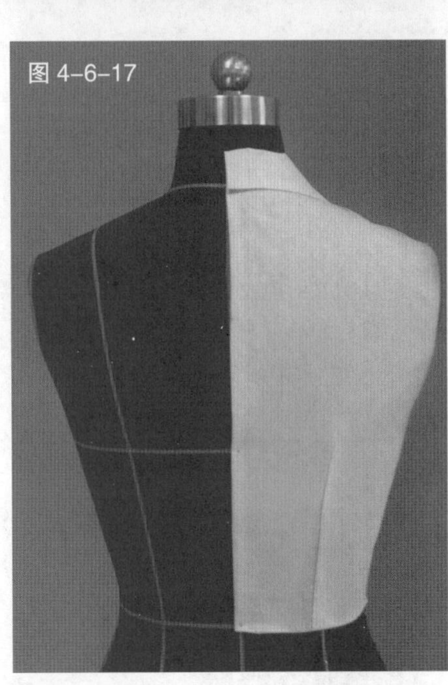

图 4-6-19

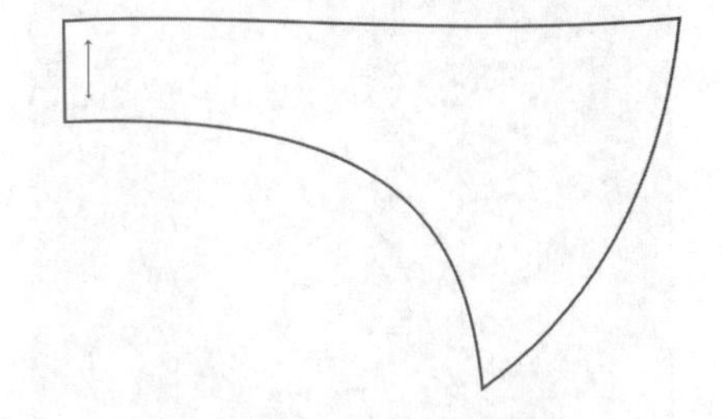

图 4-6-13　把领布拉平，观察其标记线的形状

图 4-6-14　对标记好的领布做点影

图 4-3-15　从人台上取下领片，画线、整理、修剪，得到领裁片

图 4-6-16　将修好的领片重新装于人台上进行试样，完成叠浪领的裁剪

图 4-6-17　完成的叠浪领的背面造型

图 4-6-18　完成的叠浪领的侧面造型

图 4-6-19　根据完成造型领片描绘的平面图

第七节 褶裥坦翻领

(1)款式解析

褶裥坦翻领是在坦翻领基础上的一种变化领形。褶裥坦翻领的领面全部披在人体肩部的,与坦翻领相比,褶裥坦翻领在领的前段有褶裥装饰,形成既简洁又独特的变化领形款式,显现出活泼、青春的气质。褶裥坦翻领款式见图 4-7-1。

图 4-7-1 款式图

(2)坯布准备

见图 4-7-2。

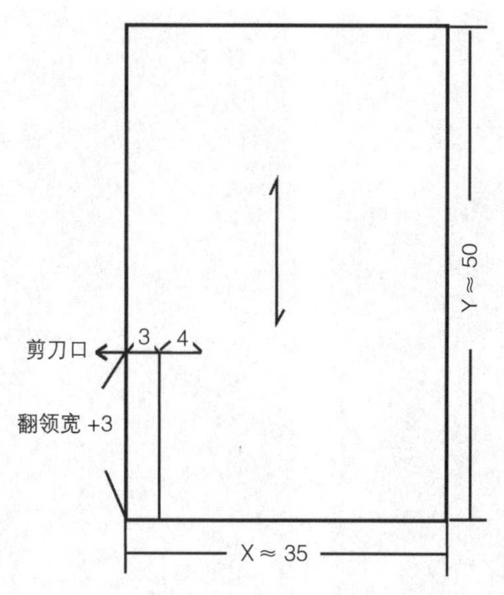

X :3cm 放缝 + 横开领宽 /2+ 翻领宽 +10cm 余量

Y :3cm 放缝 + 翻领宽 + 侧颈点至前领口底点距离 +10cm 余量

图 4-7-2 坯布预裁图 (单位:cm)

(3)操作步骤

见图 4-7-3 ~ 图 4-7-21。

图 4-7-3 在裁剪好的前衣身上标记前领窝线

图 4-7-4 在裁剪好的后衣身上标记后领窝线

图 4-7-5 将预裁好的领布对齐人台的后中心线并固定,然后做剪口使布片平伏

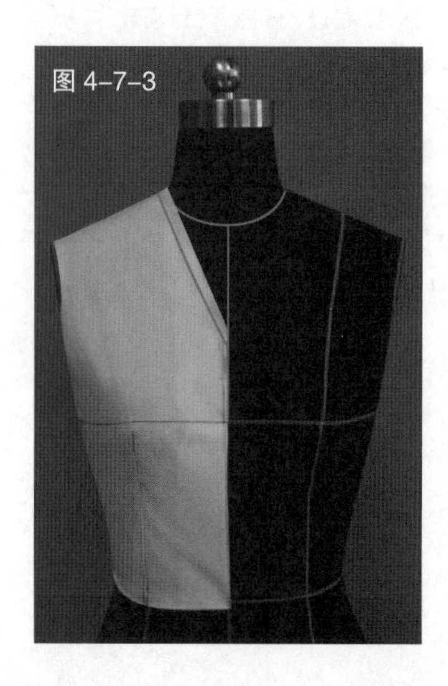

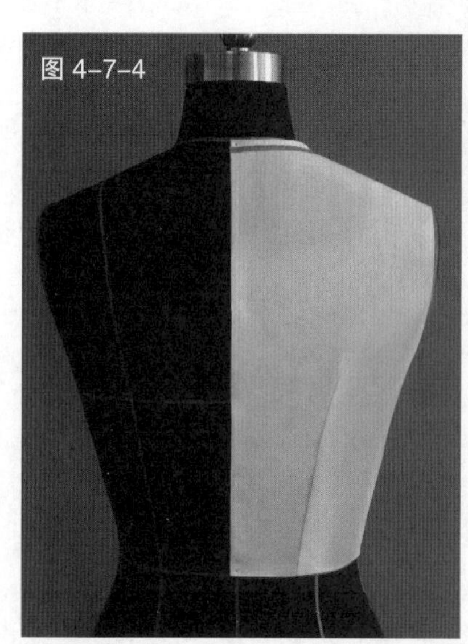

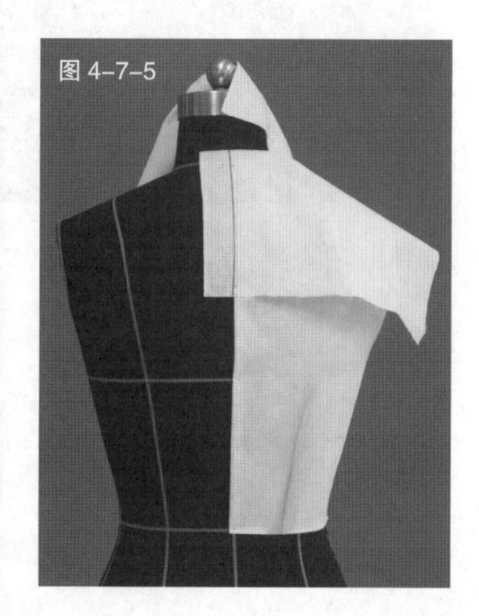

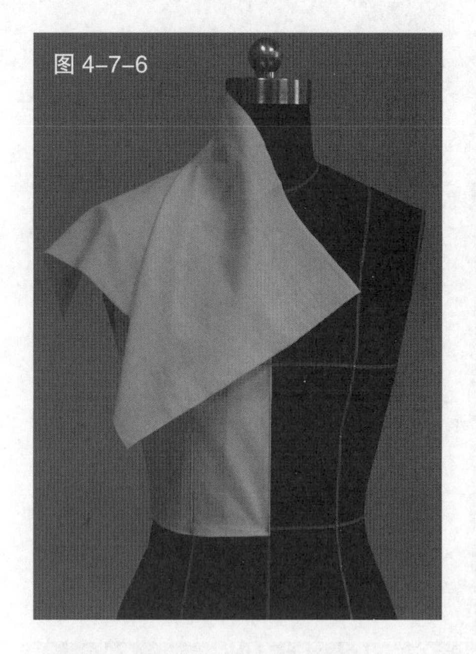
图 4-7-6

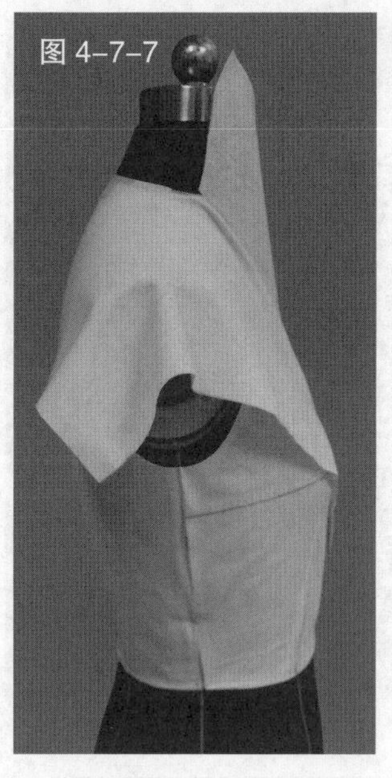
图 4-7-7

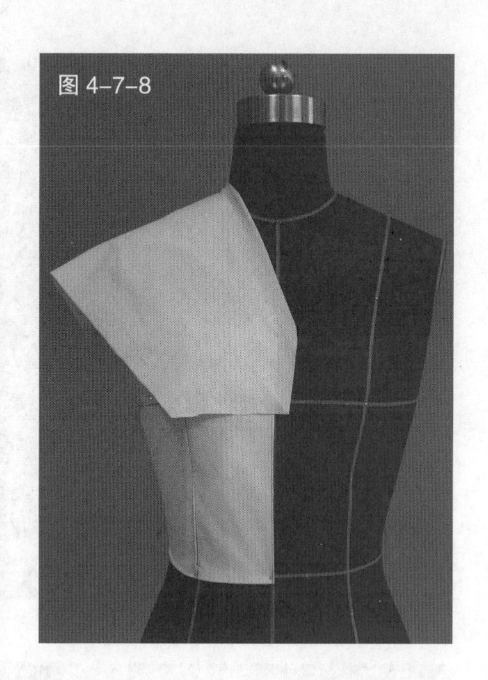
图 4-7-8

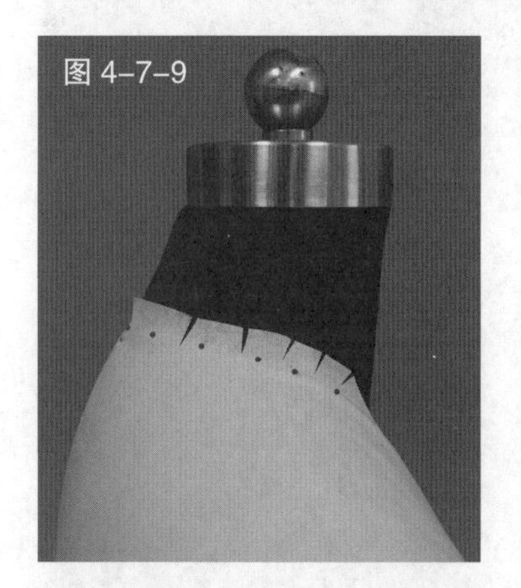
图 4-7-9

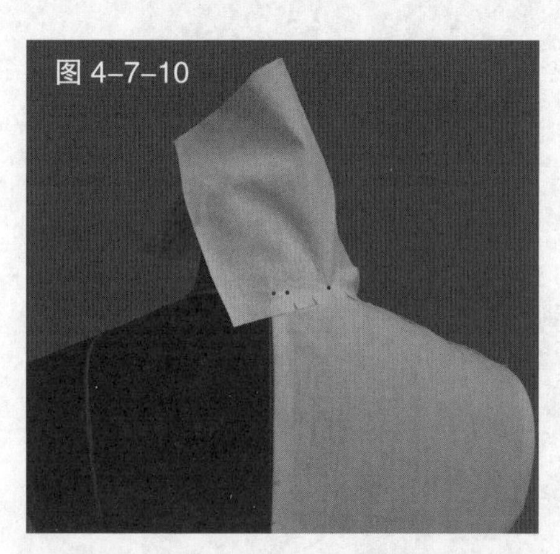
图 4-7-10

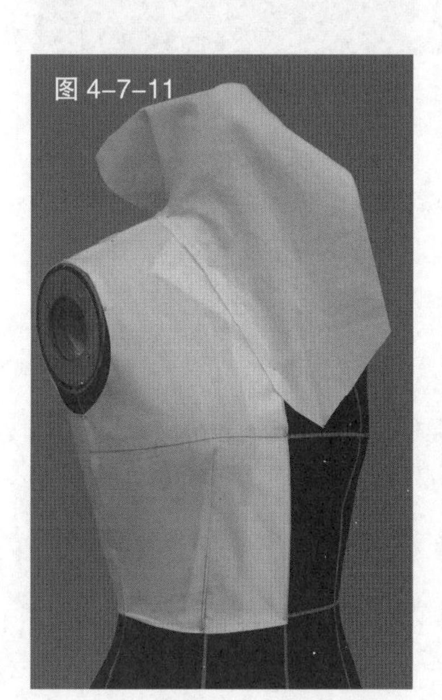
图 4-7-11

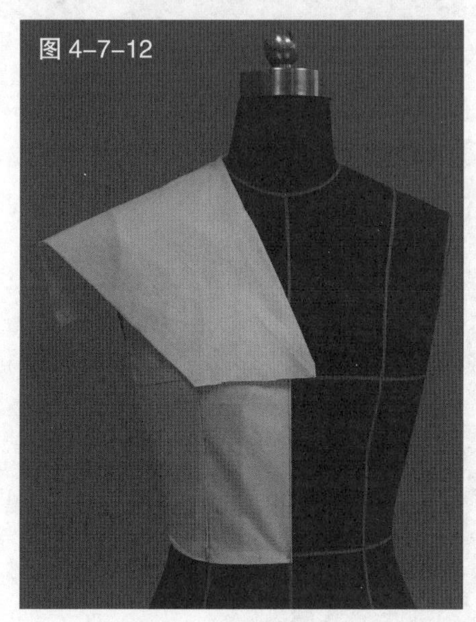
图 4-7-12

图 4-7-6 沿颈侧面推抚领布至前衣身，理顺前领布

图 4-7-7 从剪口开始粗裁领下口线

图 4-7-8 粗裁好领布造型，注意不要剪过领窝线

图 4-7-9 在领下口做点影

图 4-7-10 从颈后部开始固定领下口线，并打剪口使领布平伏

图 4-7-11 依次理顺领片，顺延至前领下口线

图 4-7-12 转到衣身正面，调整领布

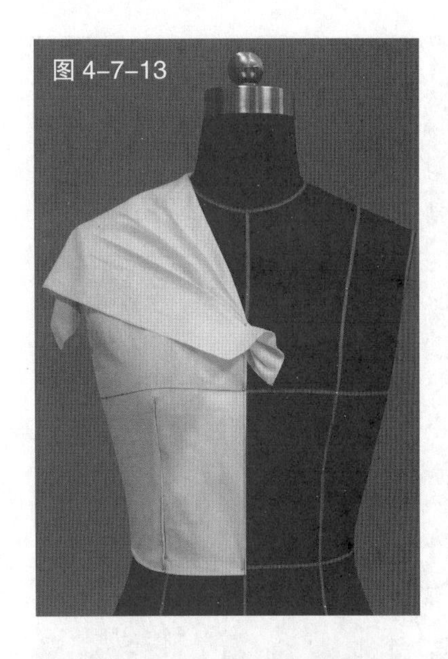

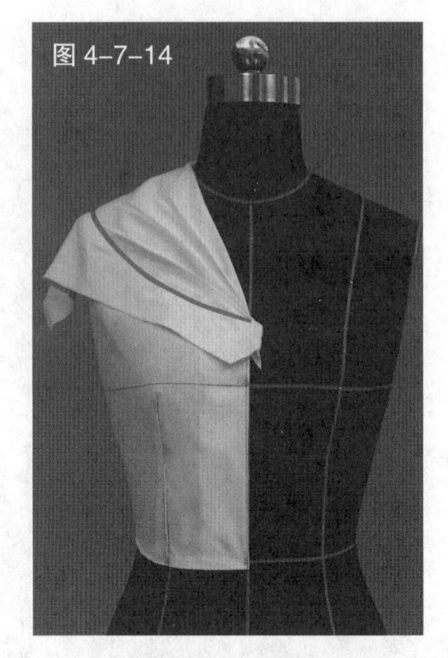

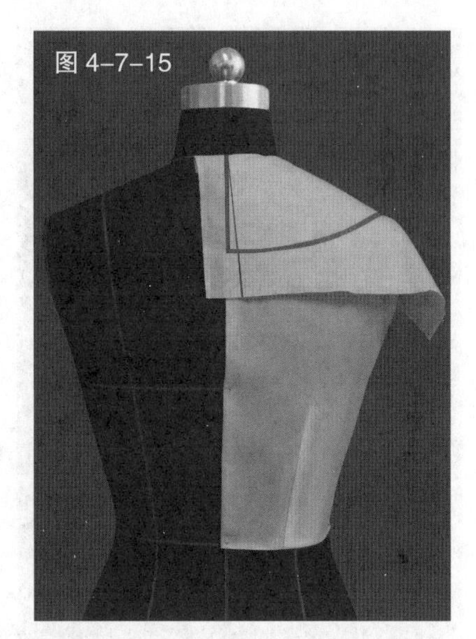

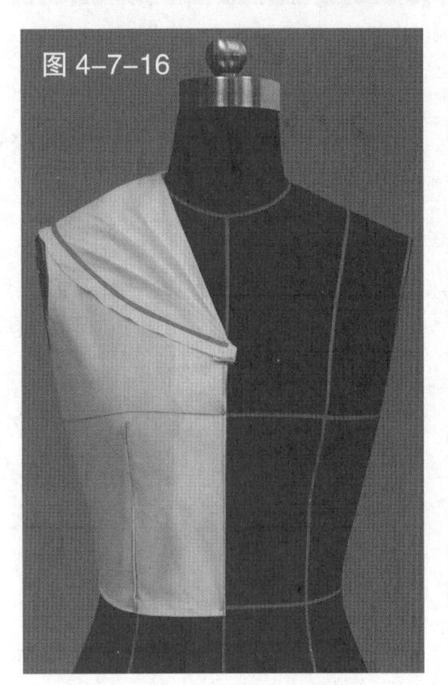

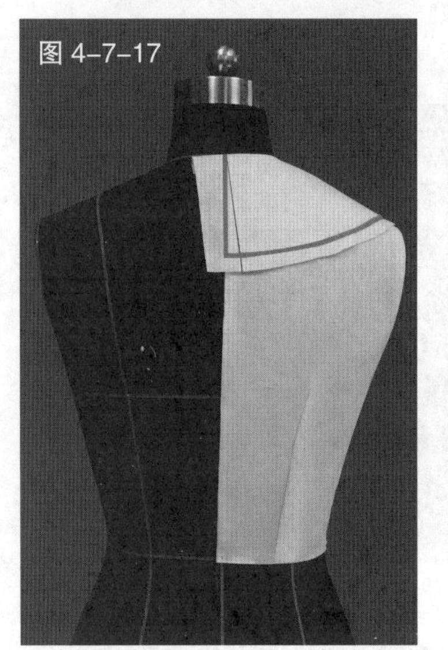

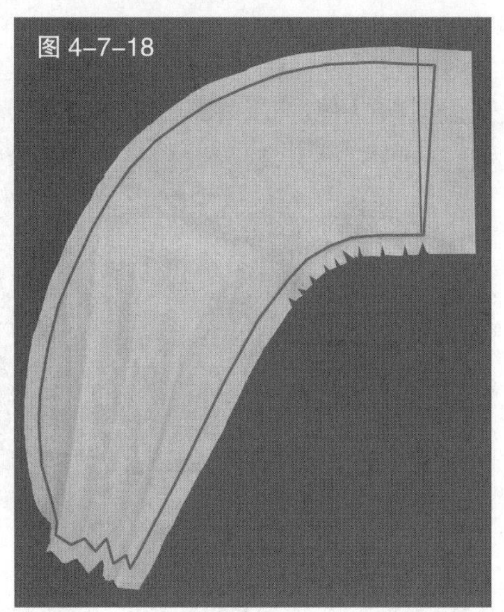

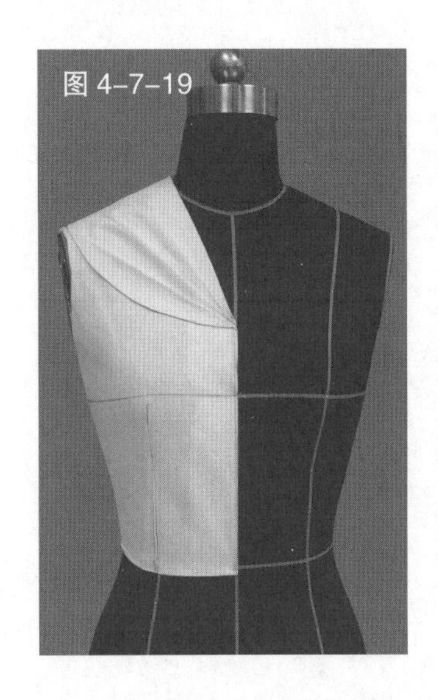

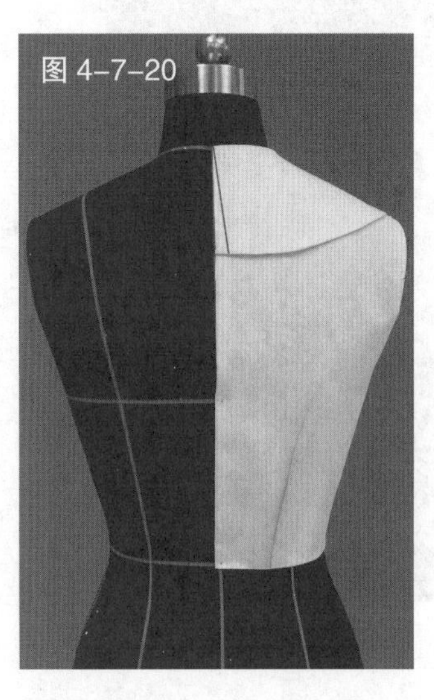

图 4-7-13　在门襟处完成褶裥造型

图 4-7-14　用色带标记出领面的轮廓造型

图 4-7-15　用色带标记出后领造型

图 4-7-16　粗裁前领片

图 4-7-17　粗裁后领片

图 4-7-18　从人台上取下领片，进行画线、整理、修剪缝份

图 4-7-19　把领片重新装于人台上进行试样，完成褶裥坦翻领的正面造型

图 4-7-20　完成褶裥坦翻领的背面造型

图 4-7-21

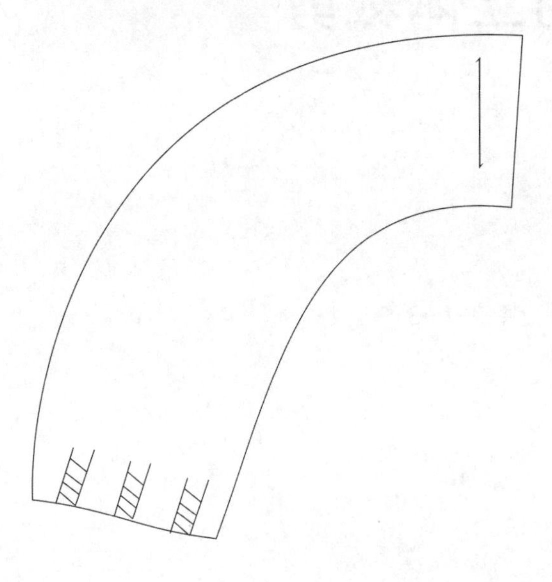

图 4-7-21　根据完成造型领片描绘的平面图

同步练习

1. 认真研究本章节中的基本领型的结构和操作要点，并选择几款实例进行实践练习。

2. 结合所学知识，分析练习图 1 ～图 5 的款式特点和立体裁剪操作要点，并自主操作练习，同时领会立体裁剪与平面裁剪在领子结构设计上的不同。

4. 自行设计几款领型，分析其设计和立体裁剪操作要点。

练习图 1

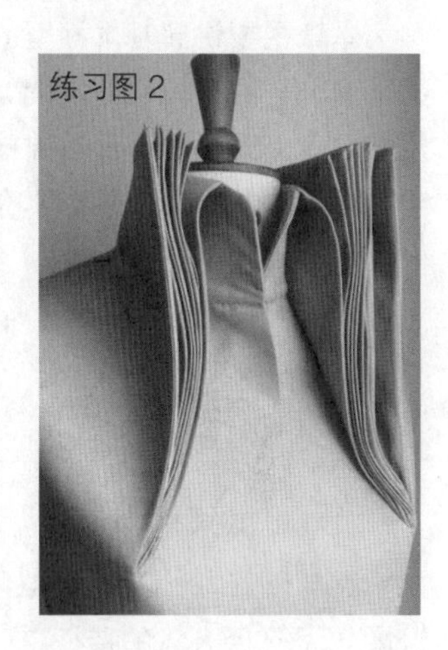

练习图 2

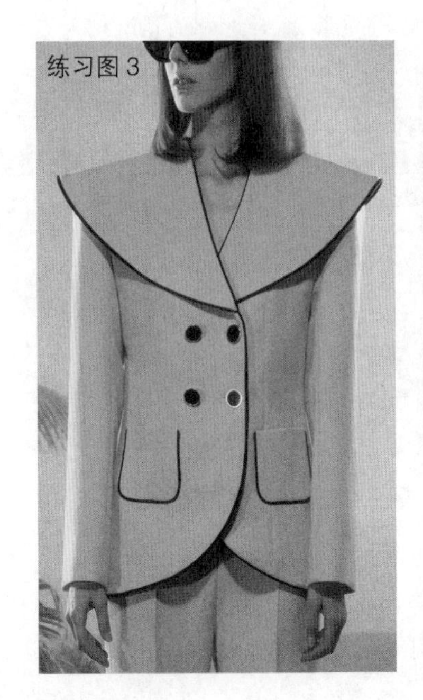

练习图 3

练习图 4

练习图 5

第五章 衣袖的立体裁剪

学习目标

本章主要讲解基本袖型的操作步骤，包括一片袖、喇叭袖、灯笼袖以及插肩袖等。通过对这些袖型的操作，使学习者更充分地认识基础袖型的结构原理以及在立体裁剪与平面裁剪中的区别，能更好地帮助我们巩固平面裁剪的知识。

第一节 一片袖

（1）款式解析

一片袖是最基本的袖型，袖身到袖口有一定的放松量。为符合人体的特征，在手肘部凸起的位置设置袖肘省，使袖型与手臂结构更加吻合。一片袖款式见图5-1-1。

（2）坯布准备

见图5-1-2。

图5-1-1 款式图

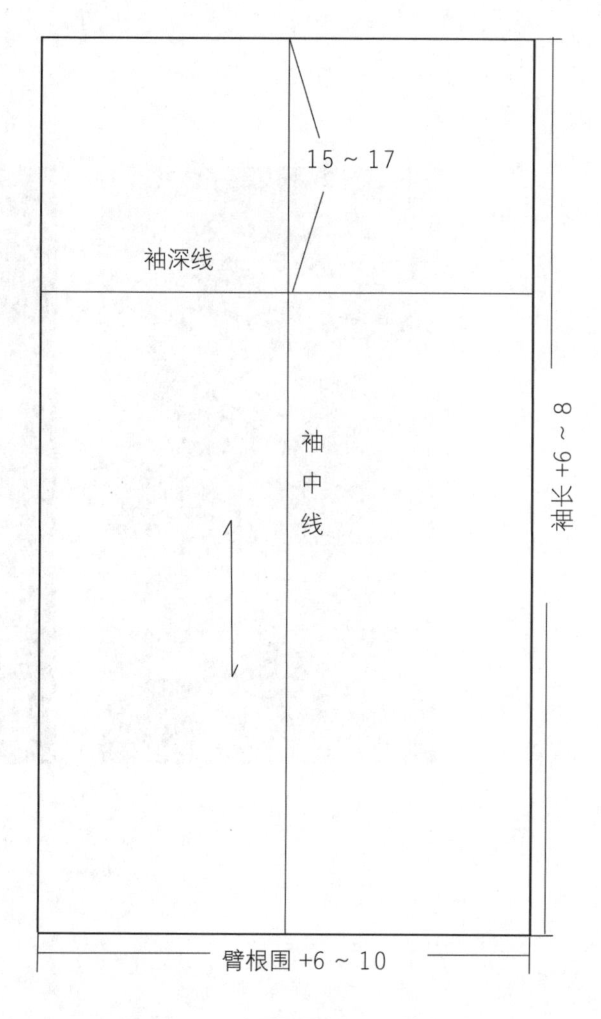

图5-1-2 坯布预裁图 （单位：cm）

见图5-1-3 ~ 5-1-14。

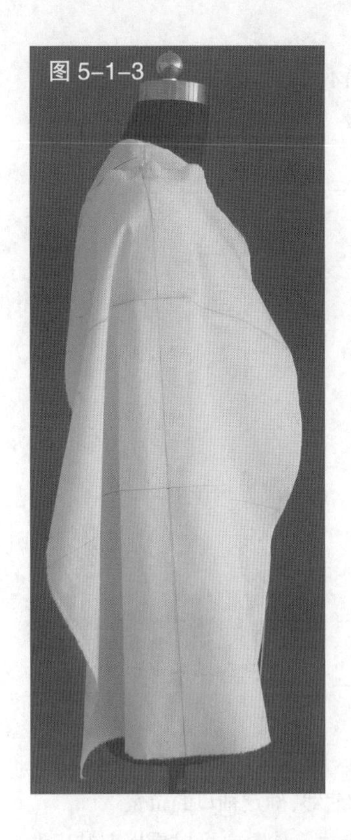

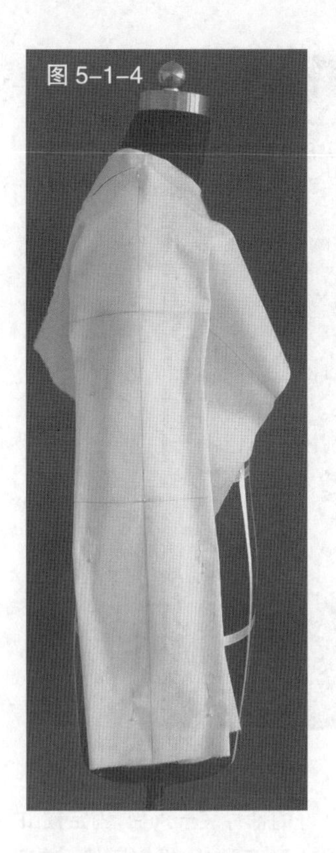

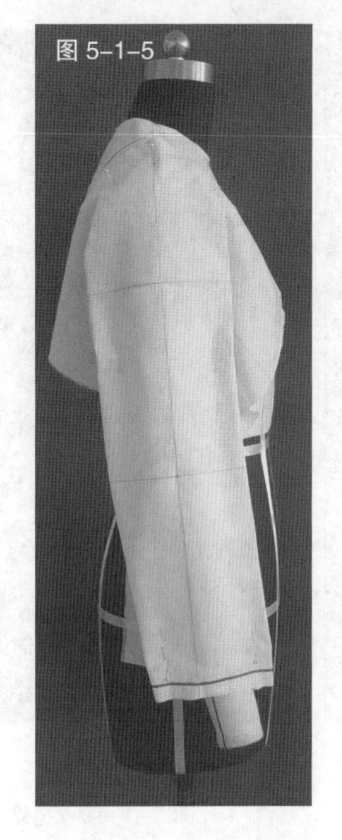

图 5–1–3　将预裁好的布片对准人台袖中线并固定

图 5–1–4　根据手臂形状收拢袖布，注意要有放松量，一般袖前侧松量比袖后侧松量小

图 5–1–5　整理好袖型后，用色带标记确定袖长

图 5–1–6　在手肘位置做省，以使衣袖伏贴

图 5–1–7　做好省后调整袖型，做点影

图 5–1–8　取下手臂，用色带标记袖内缝

图 5–1–9　依据手臂的袖窿线，对袖片的袖窿进行粗裁

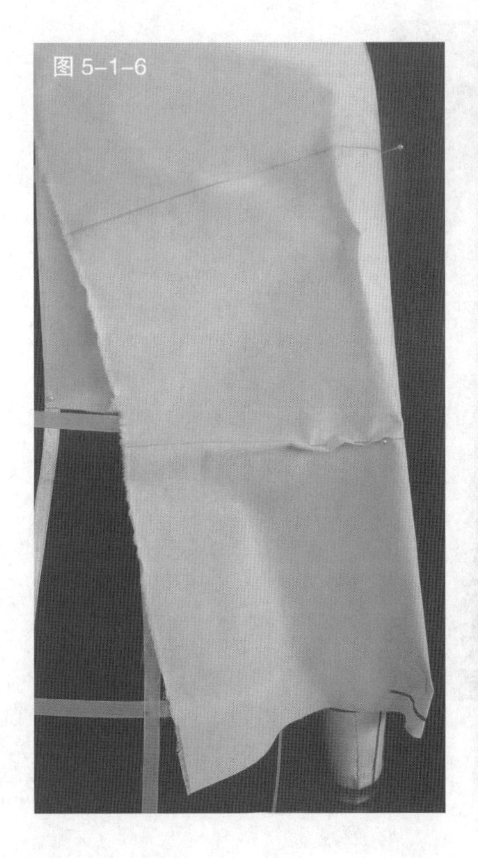

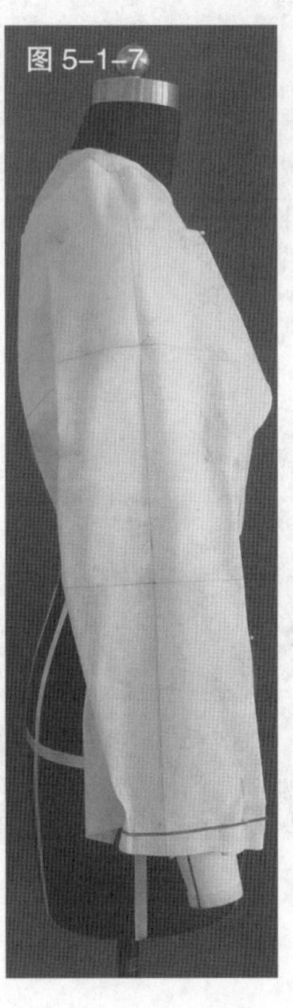

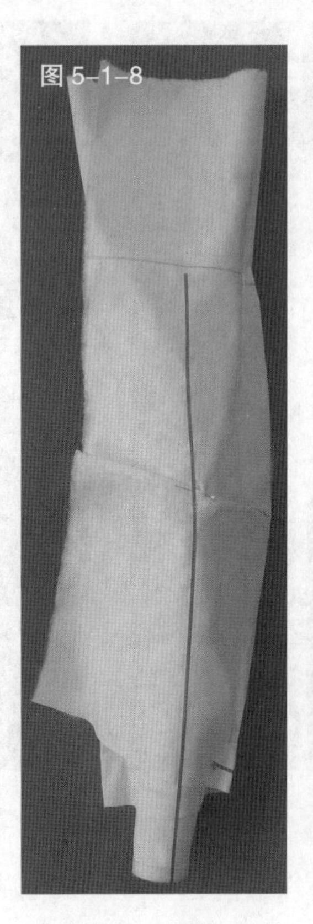

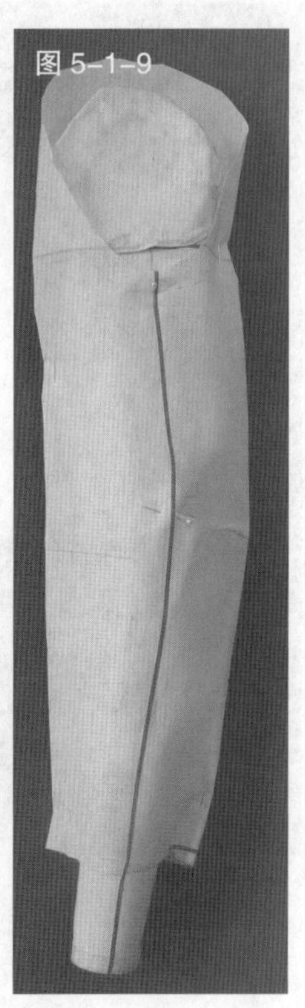

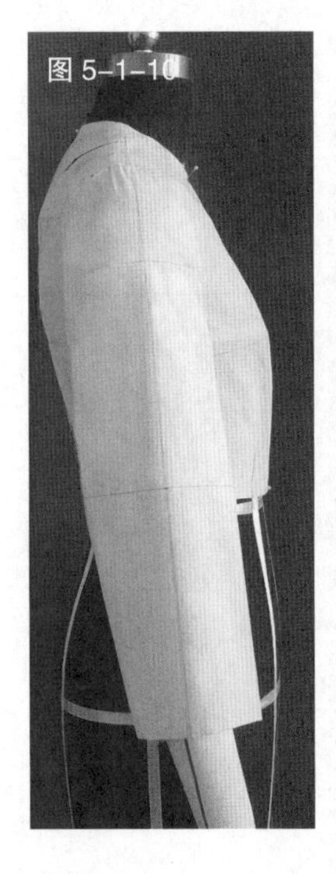
图 5-1-10

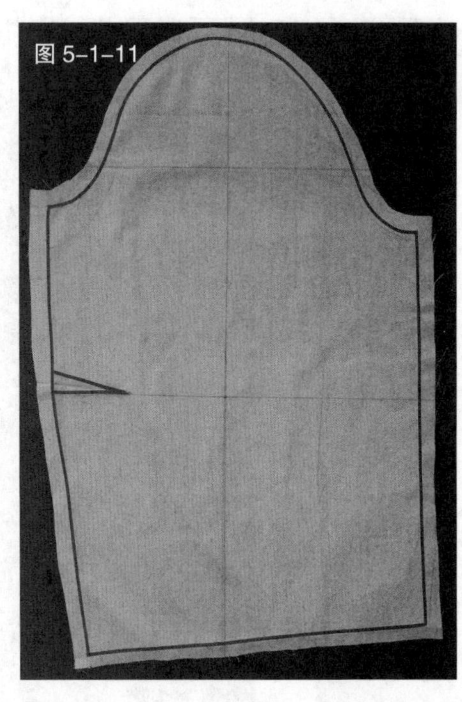
图 5-1-11

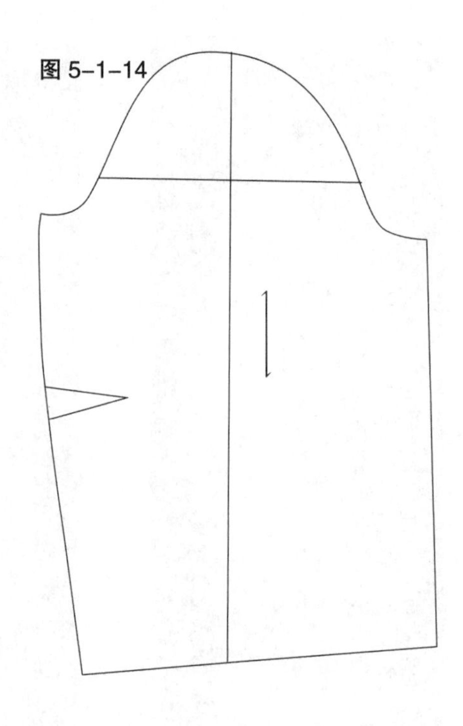
图 5-1-14

图 5-1-10　将修剪好的袖片装于人台，固定袖山、袖底线，确定袖口的位置

图 5-1-11　从人台上取下袖片，进行画线、整理、修片。从图中可以看出前袖山凹势大于后袖山

图 5-1-12　把袖片装于人台上进行试样，完成一片袖的正面造型

图 5-1-13　完成的一片袖的背面造型

图 5-1-14　根据完成造型袖片描绘的平面图

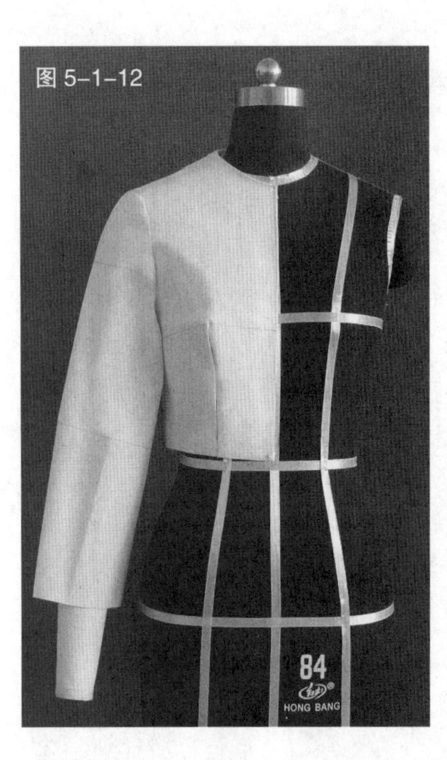
图 5-1-12

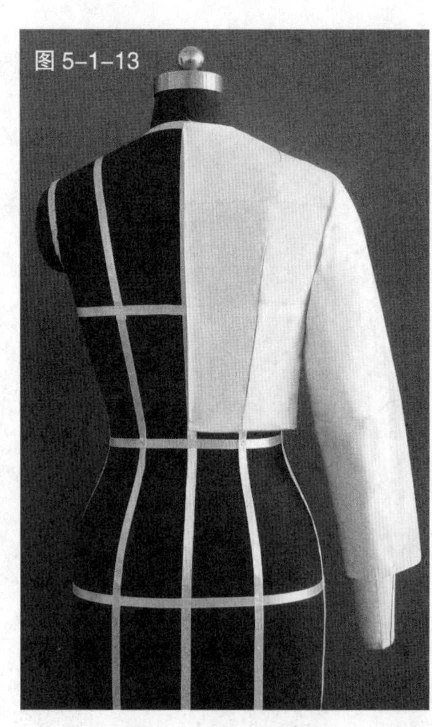
图 5-1-13

第二节 喇叭袖

（1）款式解析

喇叭袖是一款廓型优雅飘荡的袖型，在女性的连衣裙和夏季的着装中比较常见，可以较好地遮掩手臂粗壮的缺点。喇叭袖在袖身和袖口处形成自然的波浪效果，由上至下形状类似于喇叭花的外形。喇叭袖款式图见图 5-2-1。

（2）坯布准备

见图 5-2-2。

（3）操作步骤

见图 5-2-3 ~ 图 5-2-15。

图 5-2-1 款式图

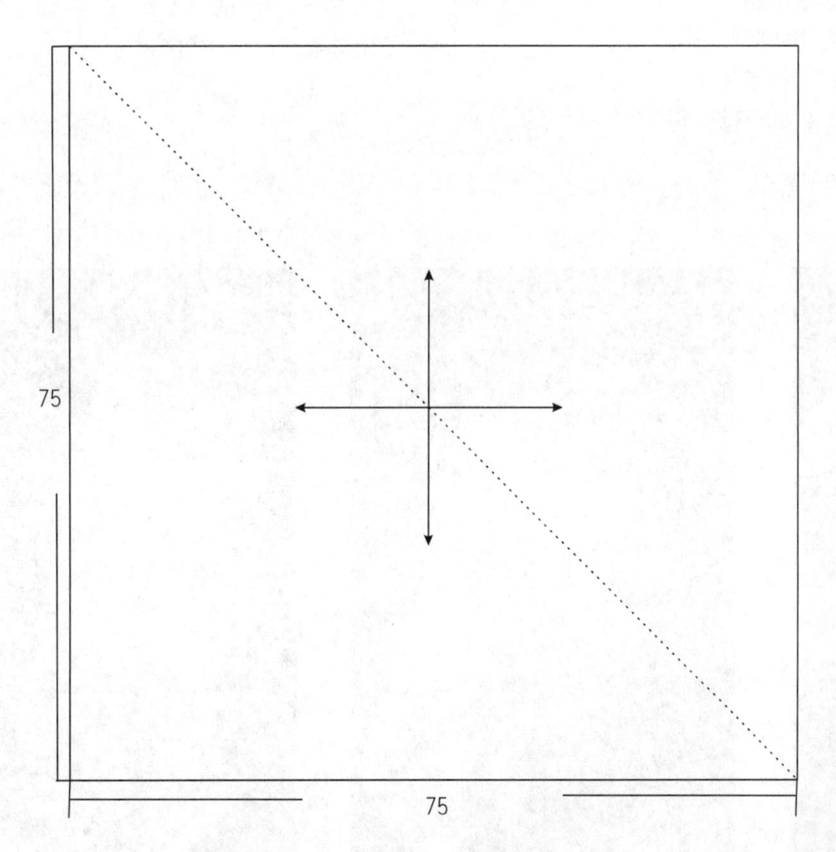

图 5-2-2 坯布预裁图 （单位：cm）

图 5-2-3 将预裁好的袖布对准人台袖中线并固定

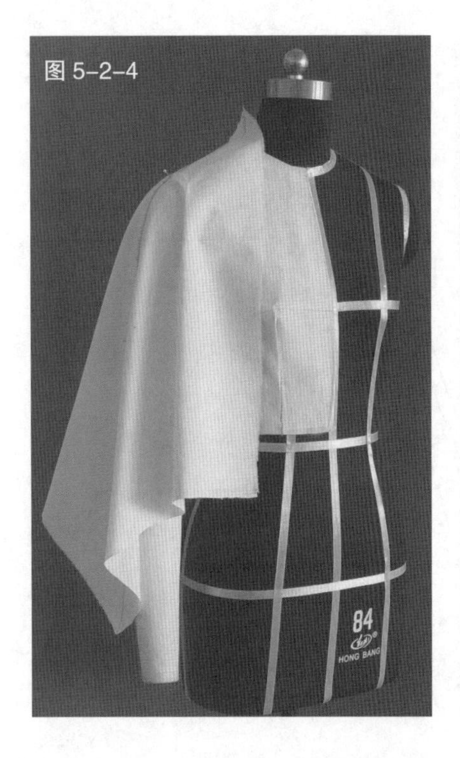

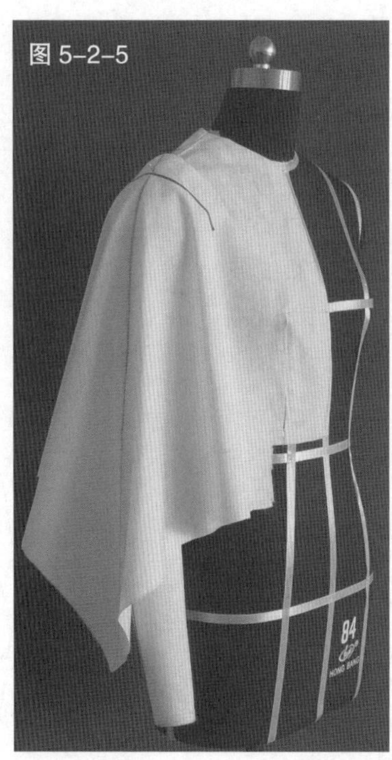

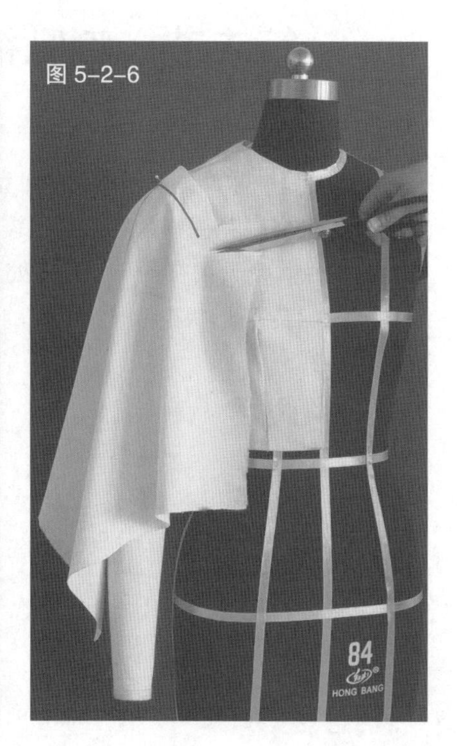

图 5-2-4 在肩部抓取袖子的波浪造型

图 5-2-5 对整理好的波浪用色带初步标记确定

图 5-2-6 对袖片进行修剪,注意留出余量

图 5-2-7 对袖片进行整理,折转袖山下部,将袖山底部打剪口,分别向内折转

图 5-2-8 整理袖子的背部波浪造型

图 5-2-9 用色带标记出袖口轮廓线

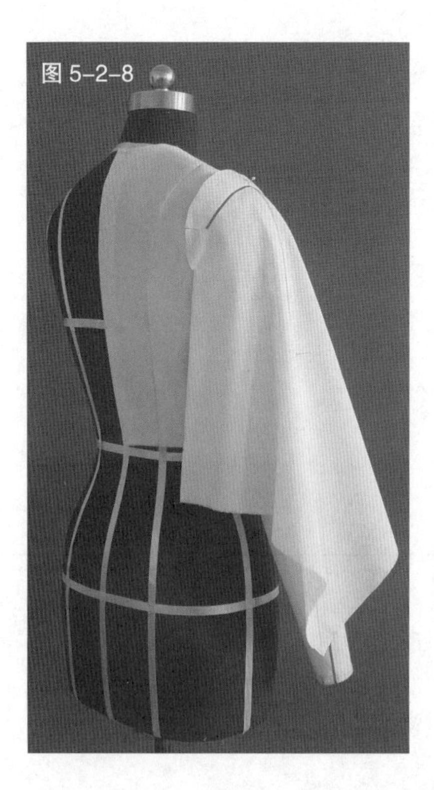

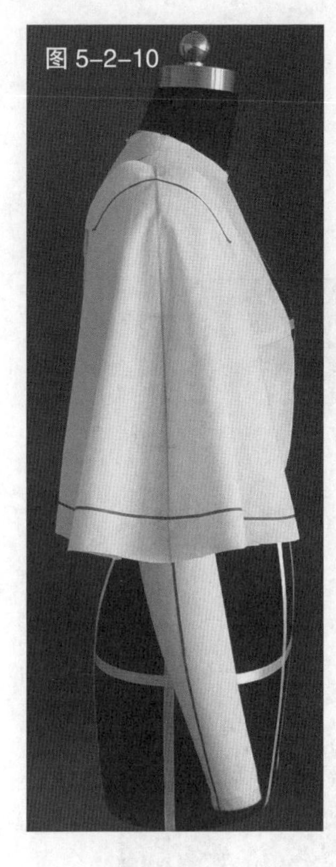
图 5-2-10

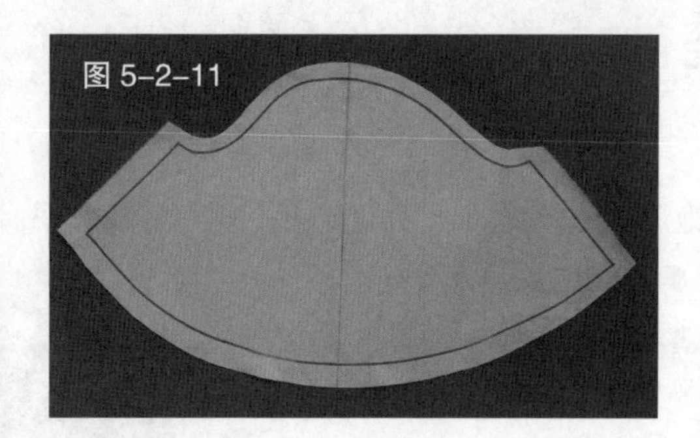
图 5-2-11

图 5-2-15
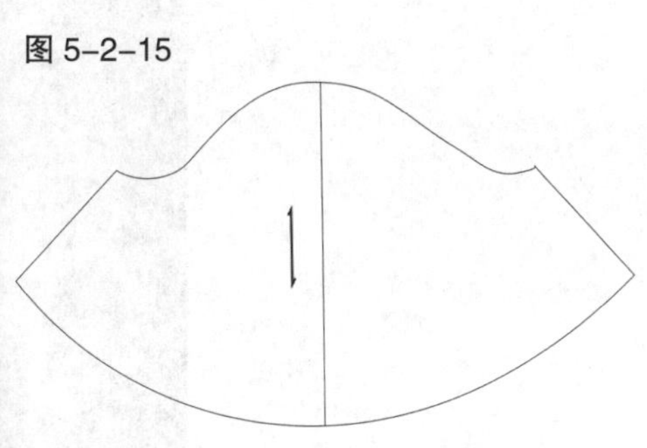

图 5-2-10 依据轮廓线进行修剪

图 5-2-11 将袖片从人台上取下，进行画线、整理、修片。喇叭袖片虽然简单，但需注意当袖身与袖口变化时，袖山高也在变化

图 5-2-12 试样，完成喇叭袖正面造型

图 5-2-13 完成的喇叭袖侧面造型

图 5-2-14 完成的喇叭袖背面造型

图 5-2-15 根据完成造型喇叭袖描绘的平面图

图 5-2-12

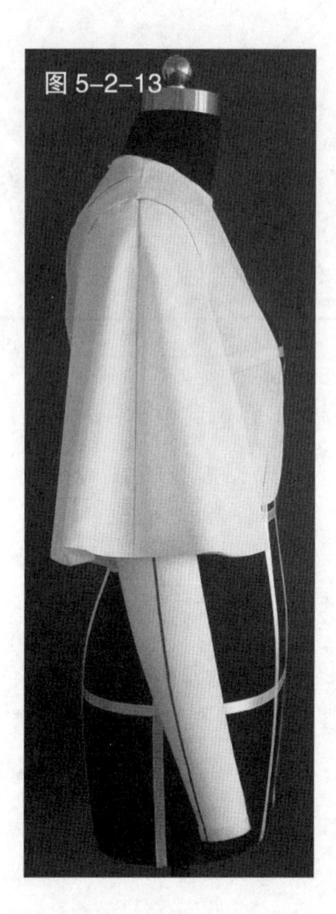
图 5-2-13

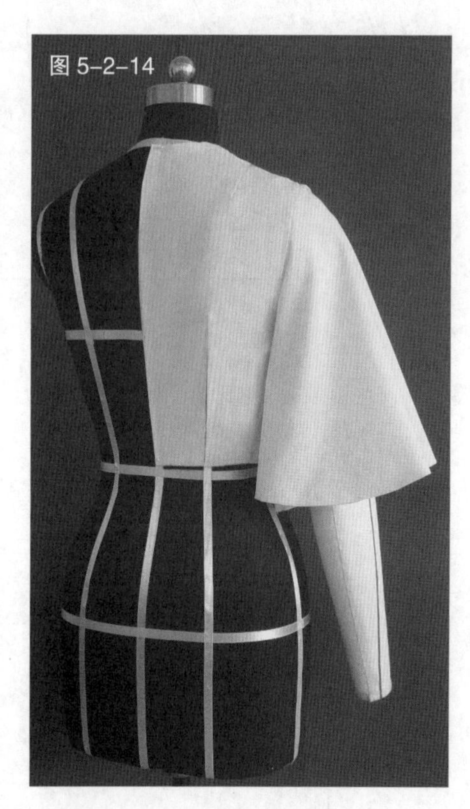
图 5-2-14

第三节 灯笼袖

（1）款式解析

灯笼袖的袖身浑圆凸起，造型饱满，在袖窿和袖口处有褶裥造型，有较强的装饰性。其变化主要是在一片袖的基础上进行了展开、抽缩处理，形成类似于灯笼的造型。灯笼袖本身具有欧式风格，能凸显女性华美、高贵的气质。灯笼袖款式见图 5-3-1。

（2）坯布准备

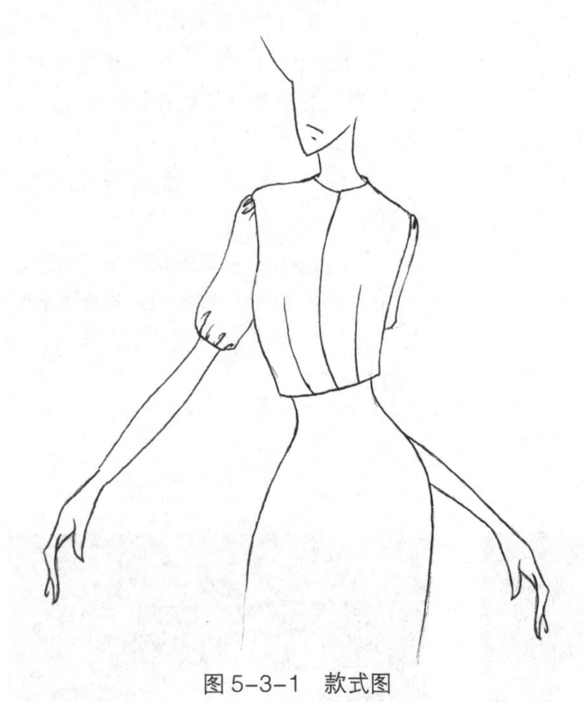

图 5-3-1 款式图

见图 5-3-2。

（3）操作步骤

见图 5-3-3 ~ 图 5-3-21。

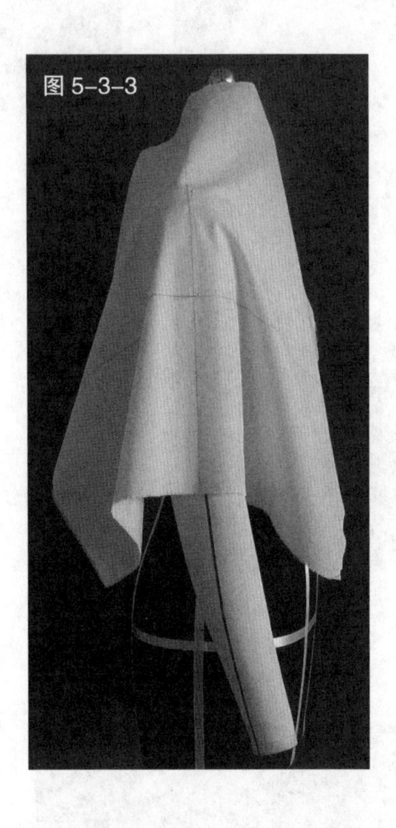

图 5-3-3 将预裁好的袖布对准人台袖中线与肩线并固定

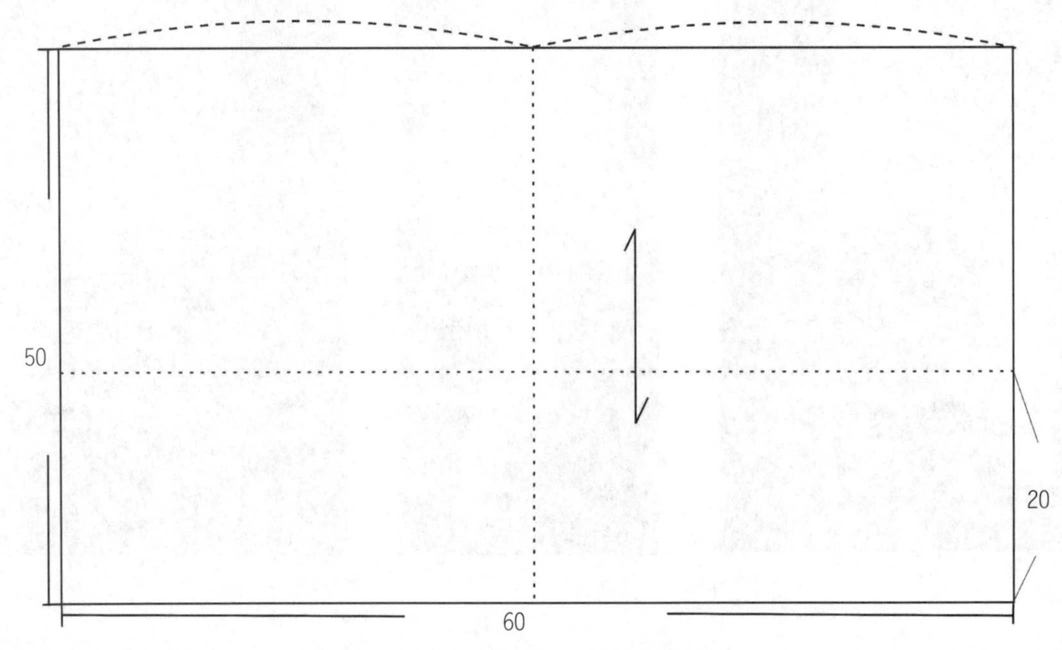

图 5-3-2 坯布预裁图 （单位：cm）

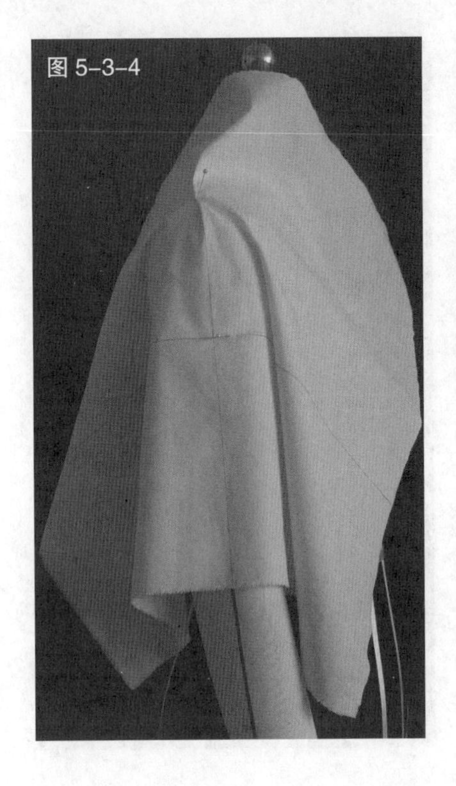

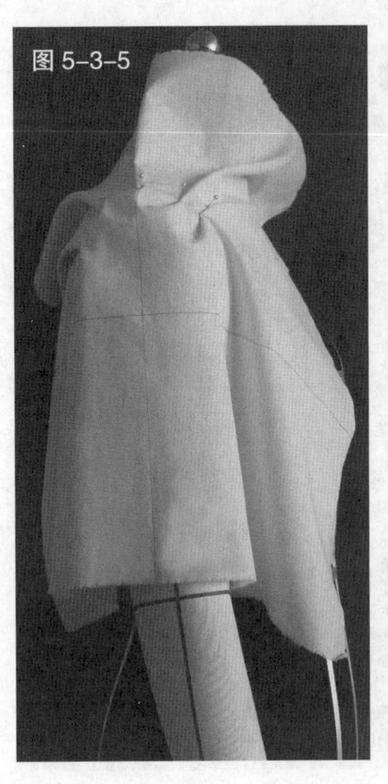

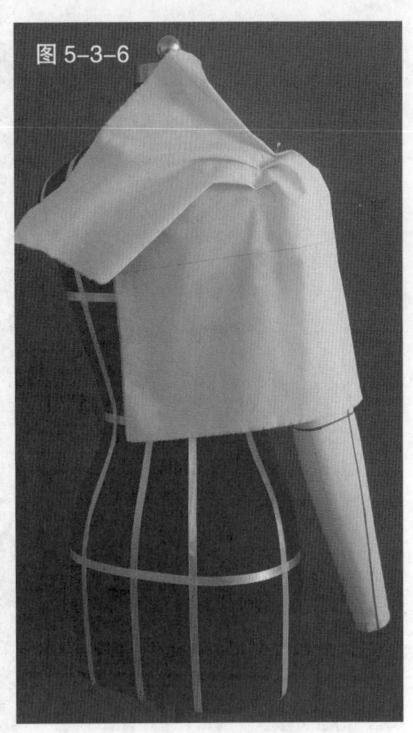

图 5-3-4 由袖中线起开始抓取褶裥

图 5-3-5 往两边抓取褶裥，注意褶量要均等

图 5-3-6 抓取褶裥的数量以袖顶部饱满为准

图 5-3-7 整理袖身斜度，因为斜度直接影响人体手臂活动范围

图 5-3-8 在褶裥部位粘贴标记线

图 5-3-9 调整袖顶端造型的弧度

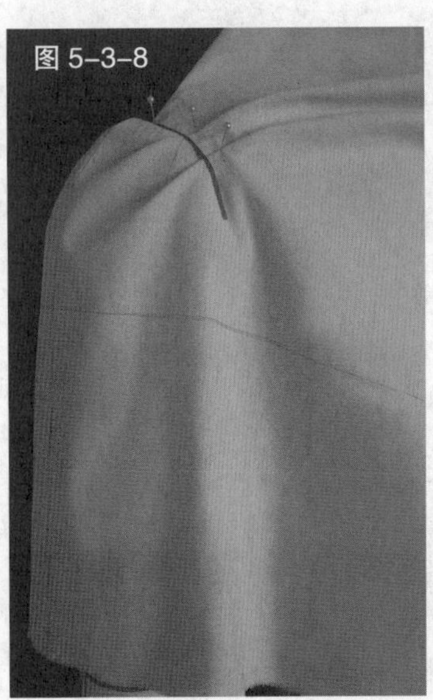

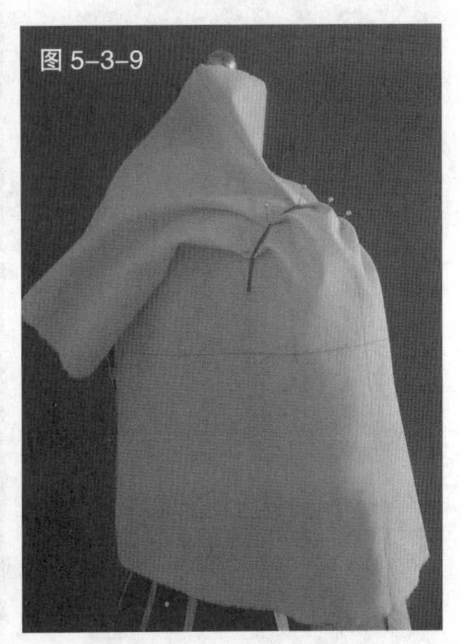

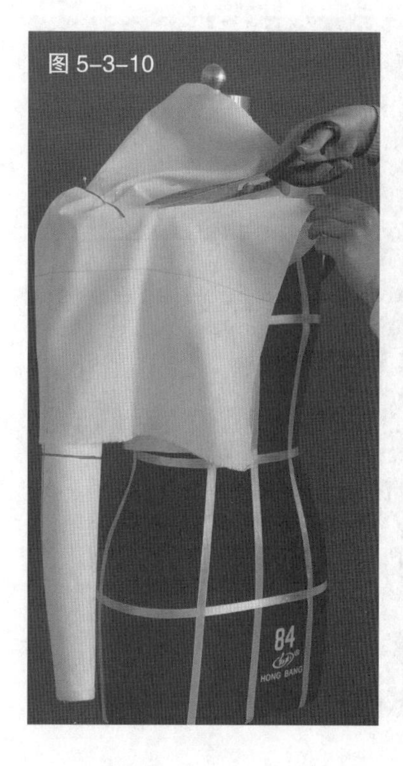

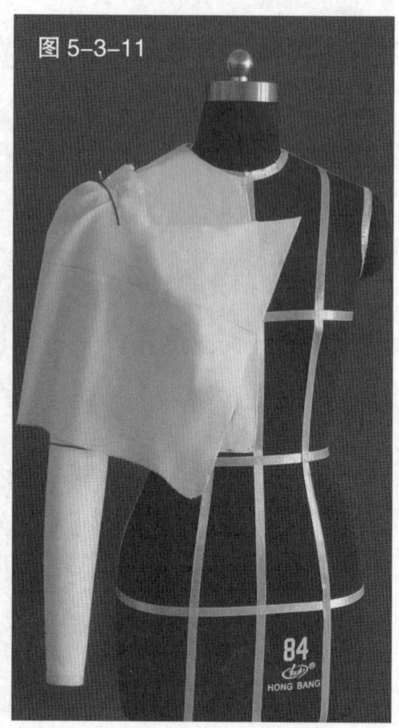

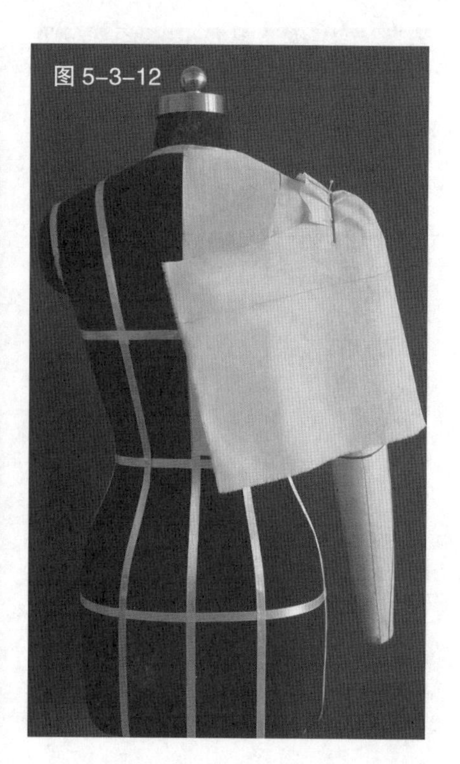

图 5-3-10 对袖片进行修剪,注意留出余量

图 5-3-11 修去肩部的多余布料

图 5-3-12 检查袖型的背面

图 5-3-13 修剪后的袖片向腋下折转,并用大头针固定袖窿底线

图 5-3-14 整理袖型

图 5-3-15 抓取袖口处的褶裥并用大头针固定,确保褶量均等

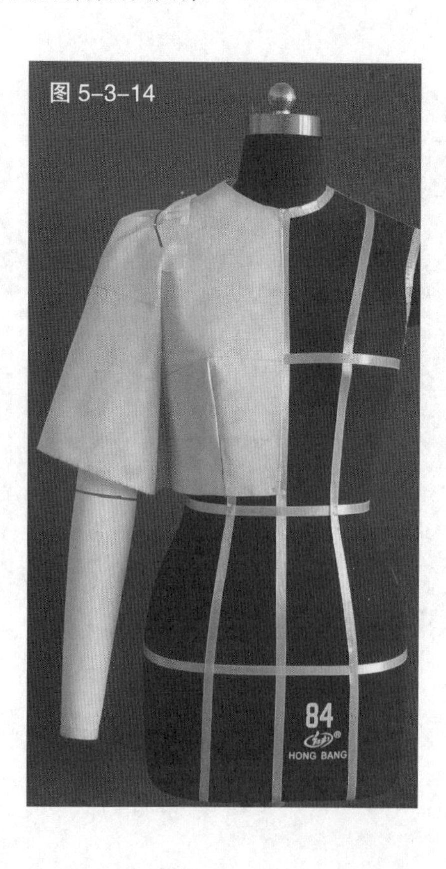

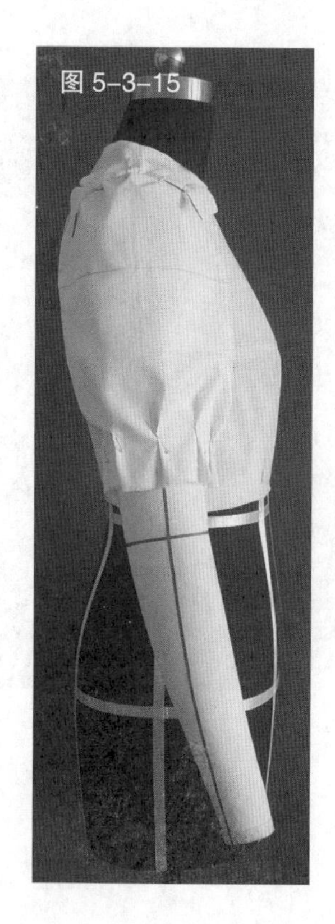

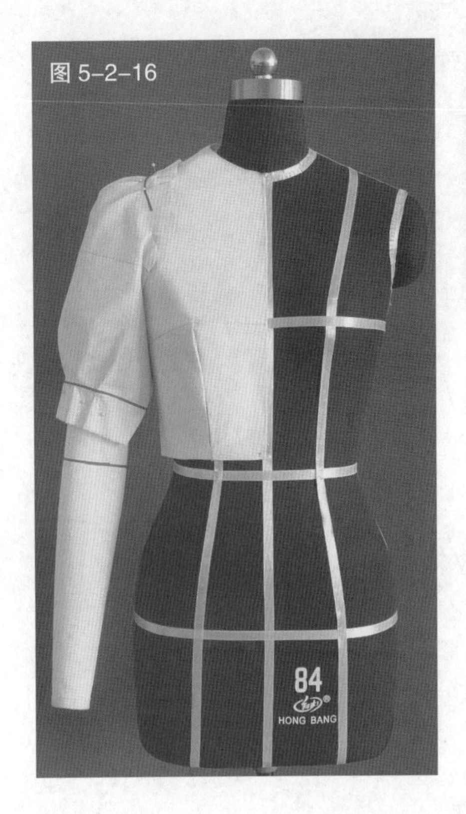

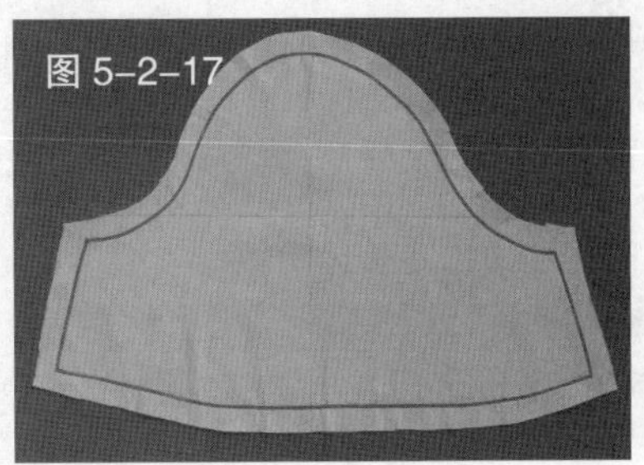

图 5-3-16 抓取完毕，标记袖口轮廓线

图 5-3-17 从人台上取下袖片，进行画线、整理、修剪缝份。灯笼袖袖片在袖山高度和袖肥上都比一片袖有明显变化

图 5-3-18 试样，完成灯笼袖的正面造型

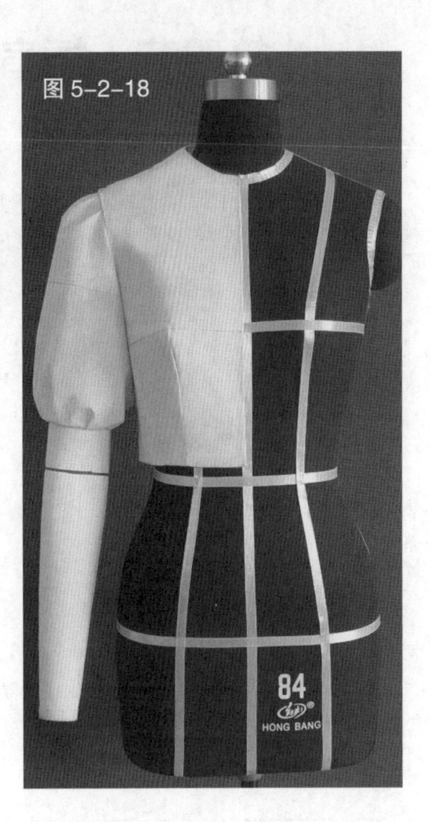

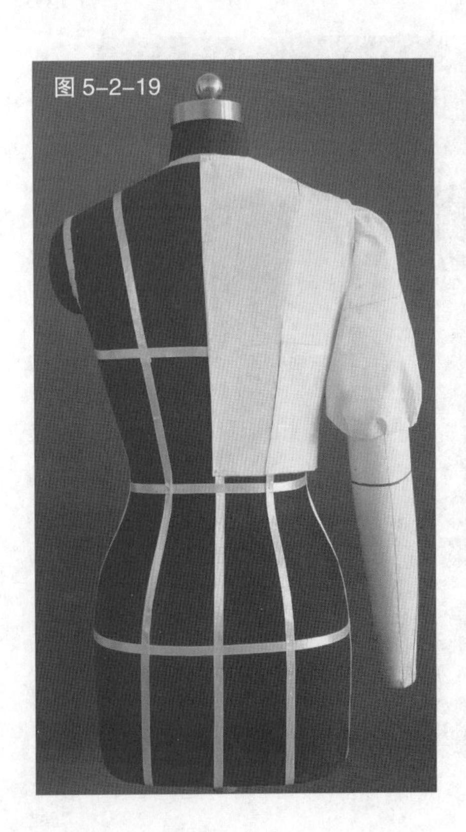

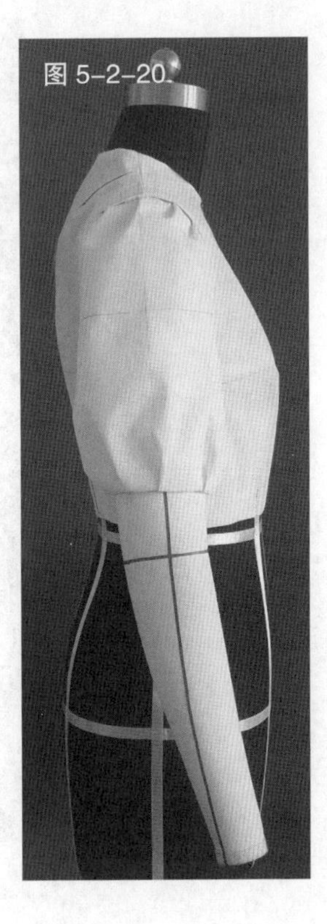

图 5-3-19 完成的灯笼袖的背面造型

图 5-3-20 完成的灯笼袖的侧面造型

图 5-3-21 根据完成造型的灯笼袖描绘的平面图

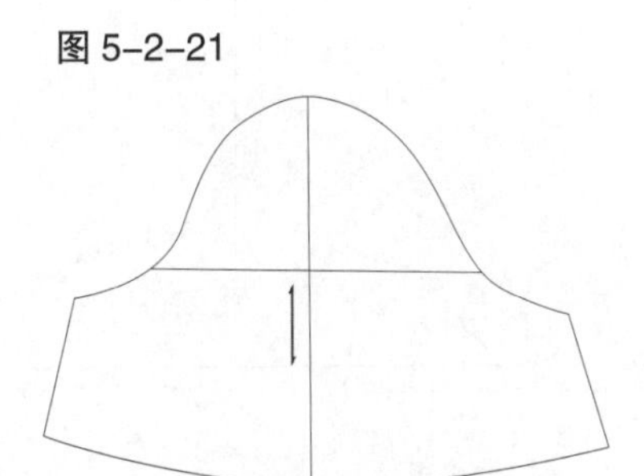

第四节 插肩袖

（1）款式解析

插肩袖已经不再固定于常规的袖窿线处，而是在领口和腋下连接成一条圆顺的袖窿弧线。它被广泛运用在运动装和休闲户外装中。插肩袖款式见图5-4-1。

（2）坯布准备

见图5-4-2。

（3）操作步骤

见图5-4-3 ~ 图5-4-17。

图5-4-1 款式图

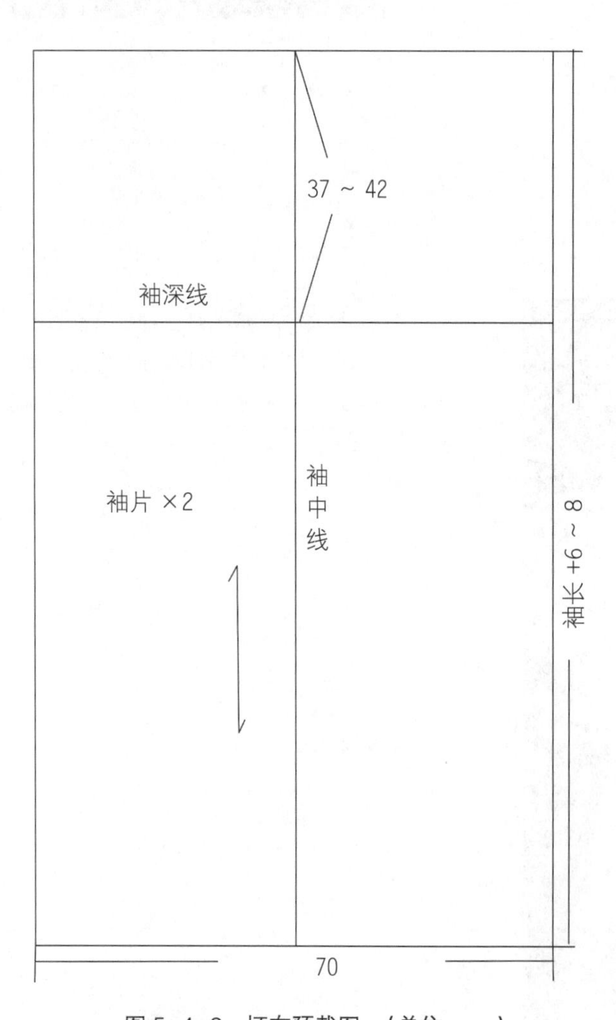

图5-4-2 坯布预裁图 （单位：cm）

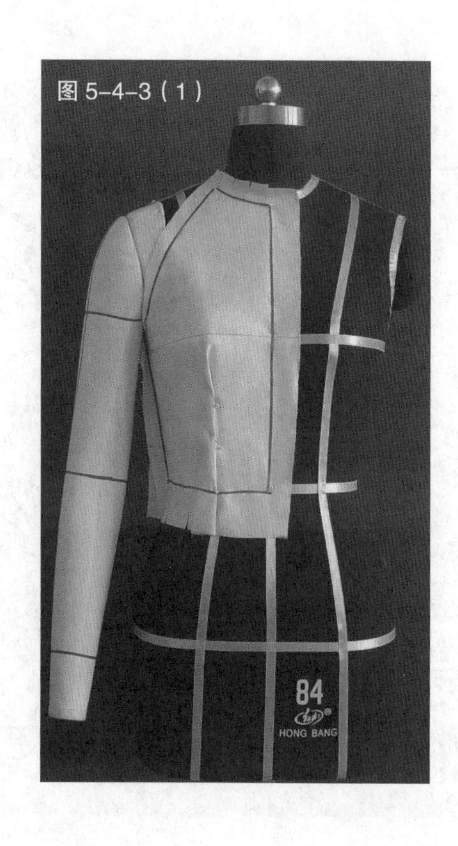

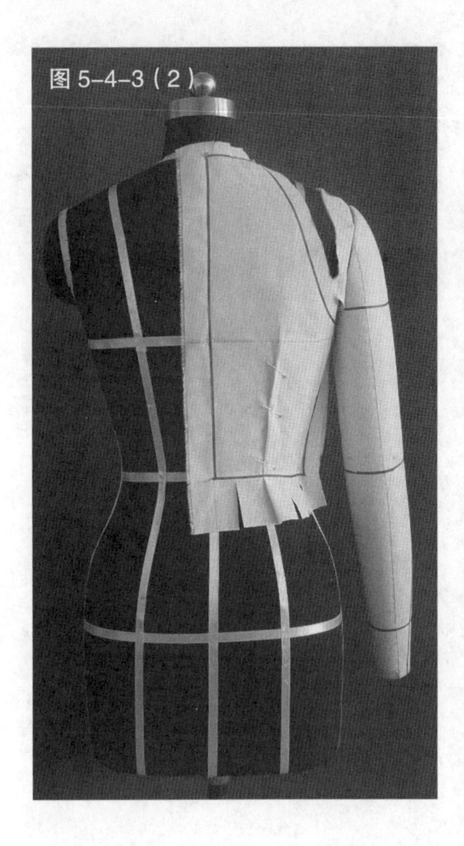

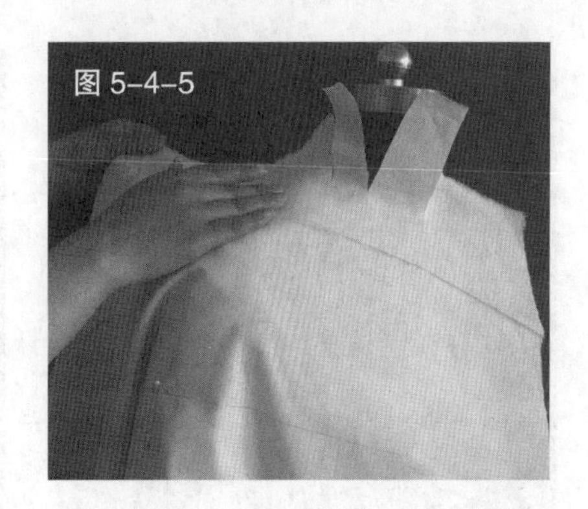

图 5-4-3 在裁剪好的前后衣身上用色带标记出插肩袖袖窿造型线，便于裁剪

图 5-4-4 将预裁好的袖布对准人台肩线和手臂袖中线，并固定于人台手臂上

图 5-4-5 在肩部理顺袖布，在贴近领圈处打剪口，以抚平袖布

图 5-4-6 用色带标记插肩袖轮廓并确定袖长

图 5-4-7 修剪袖片，使袖片顶端领口弧线与领圈线吻合

图 5-4-8 依据标记线修剪前袖片

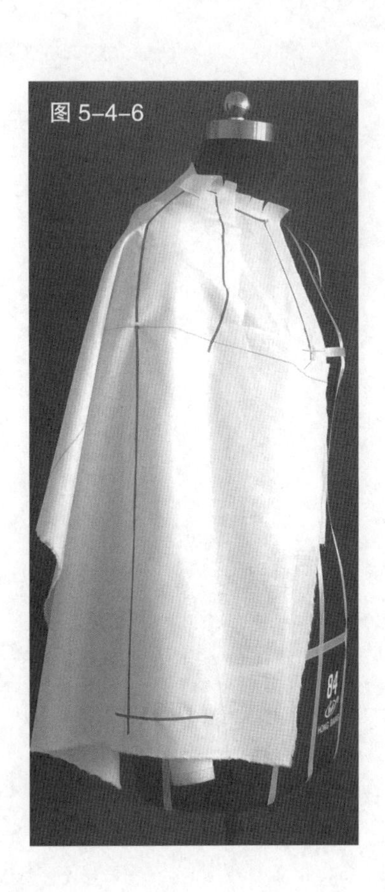

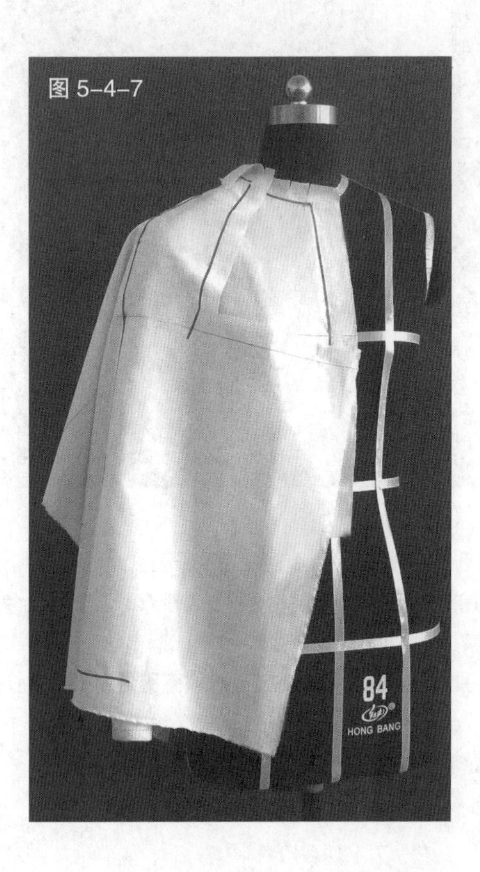

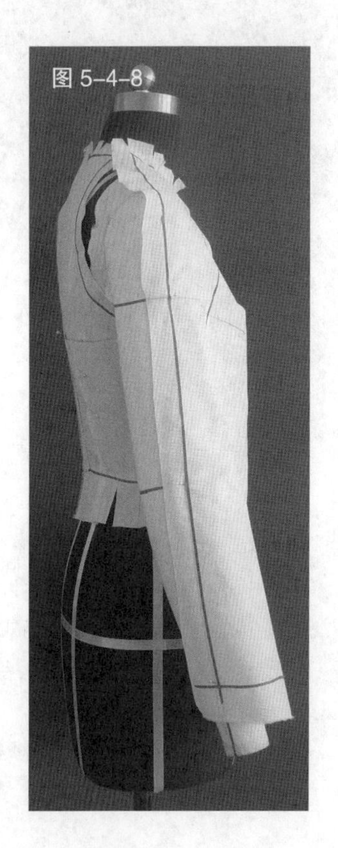

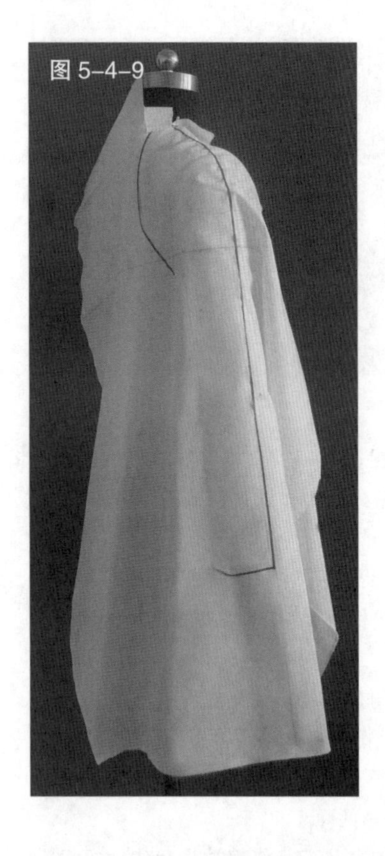

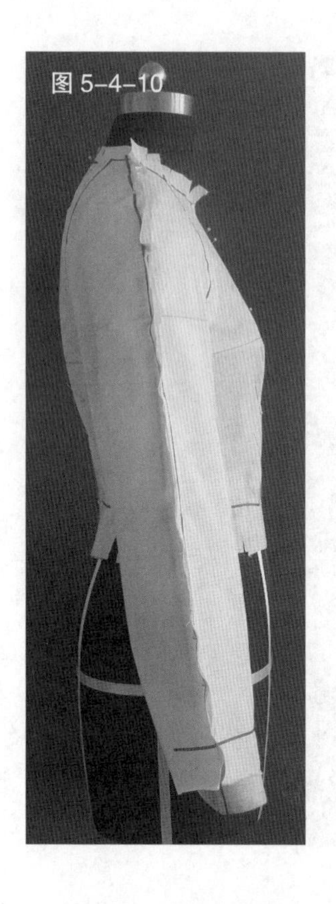

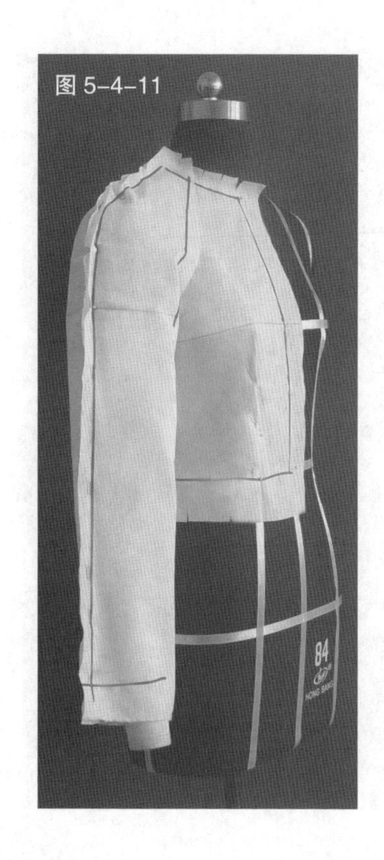

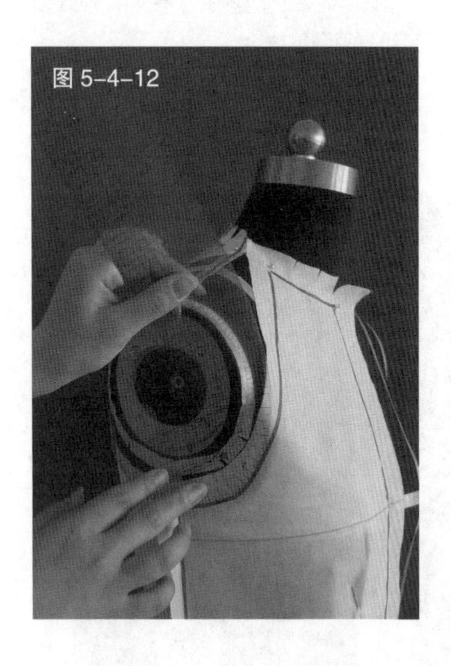

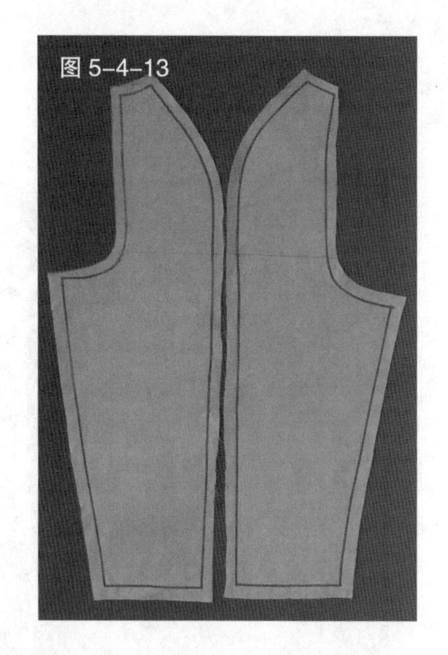

图 5-4-9　参照前袖片的操作步骤裁剪出后袖片，并做好标记线

图 5-4-10　修剪后袖片，并与前袖片别合，初步完成造型。观察、调整后袖片

图 5-4-11　转到人台正面观察、调整前袖片

图 5-4-12　取下袖片与人台手臂，用六字尺测量衣身的袖窿弧线是否与袖片一致，调整袖片的袖窿弧线

图 5-4-13　画线、整理、修剪缝份，得到插肩袖袖片

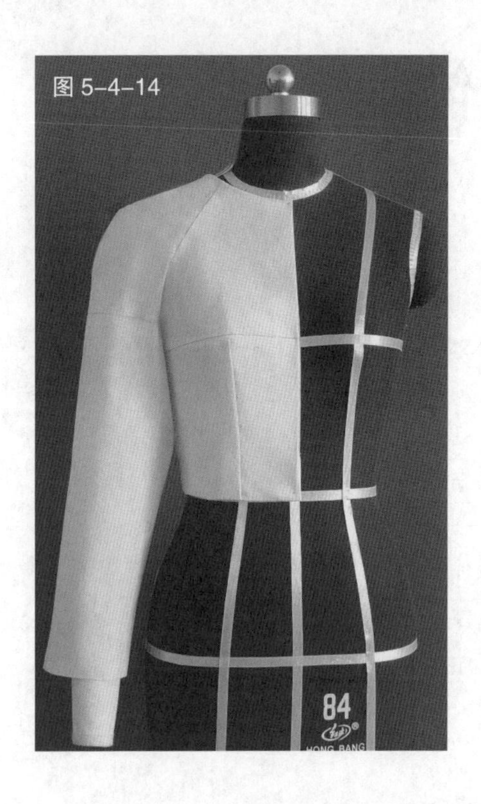

图 5-4-14

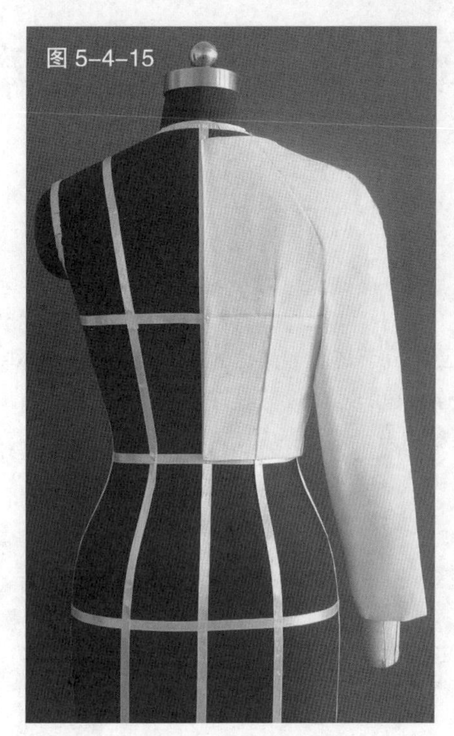
图 5-4-15

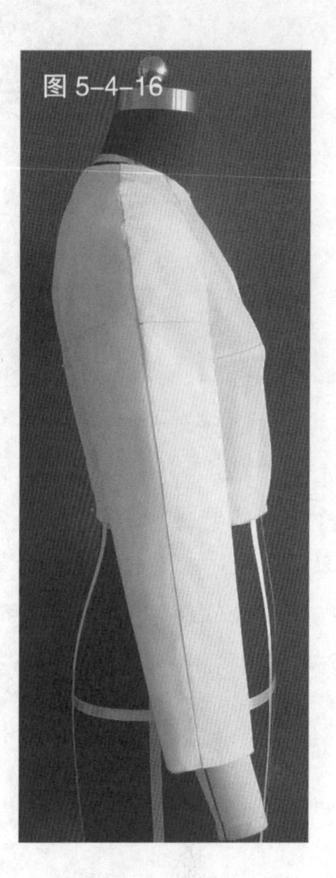
图 5-4-16

图 5-4-14 试样,完成插肩袖的正面造型
图 5-4-15 完成的插肩袖的背面造型
图 5-4-16 完成的插肩袖的侧面造型
图 5-4-17 根据完成造型的插肩袖片描绘的平面图

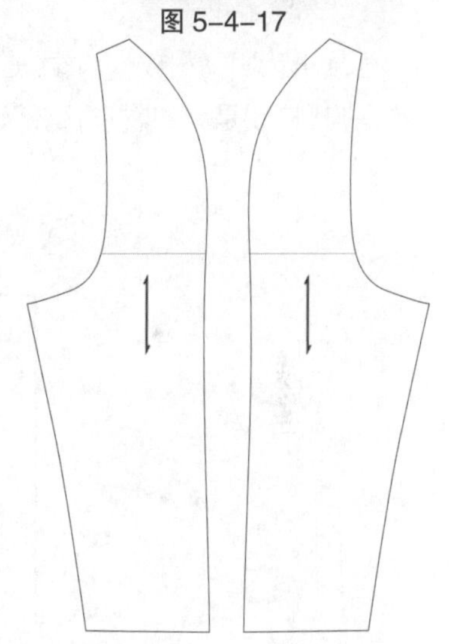
图 5-4-17

同步练习

1. 认真研究本章节中的基本袖型的结构和操作要点,并选择几款实例进行实践练习。

2. 结合所学知识,分析练习图 1 ~ 图 3 的款式特点和立体裁剪操作要点,并自主操作练习。

4. 自行设计几款袖型,分析其设计和立体裁剪操作要点。

练习图 1

练习图 2

练习图 3

第六章 裙装的立体裁剪

学习目标

本章分两大模块：第一节至第五节讲解半身裙的立体裁剪；第六节至第十节讲解连身裙的立体裁剪。在半身裙立体裁剪中，不仅展示基础裙款的操作方法，还会展示一些变化裙款，这些变化裙款在造型上各具特色。在熟练操作基础裙款后，进行变化裙款的练习可以达到对特殊裙装结构的了解和掌握。

第一节 直身裙

（1）款式解析

直身裙又叫筒裙或一步裙，是半身裙装中最基本的款式，其特点是腰部收省，臀部较为合体，裙摆与臀部的围度基本相同，是一款比较修身的裙型，其他的半身裙都是在此裙型的基础上演变而来的。直身裙款式见图 6-1-1。

（2）坯布准备

见图 6-1-20。

（3）操作步骤

见图 6-1-3 ~ 图 6-1-16。

图 6-1-3 预裁前裙片用布，把它对准人台前中心线和臀围线并固定于人台上。在臀围线处将布片抚平，并放出 1 ~ 0.5cm 的放松量

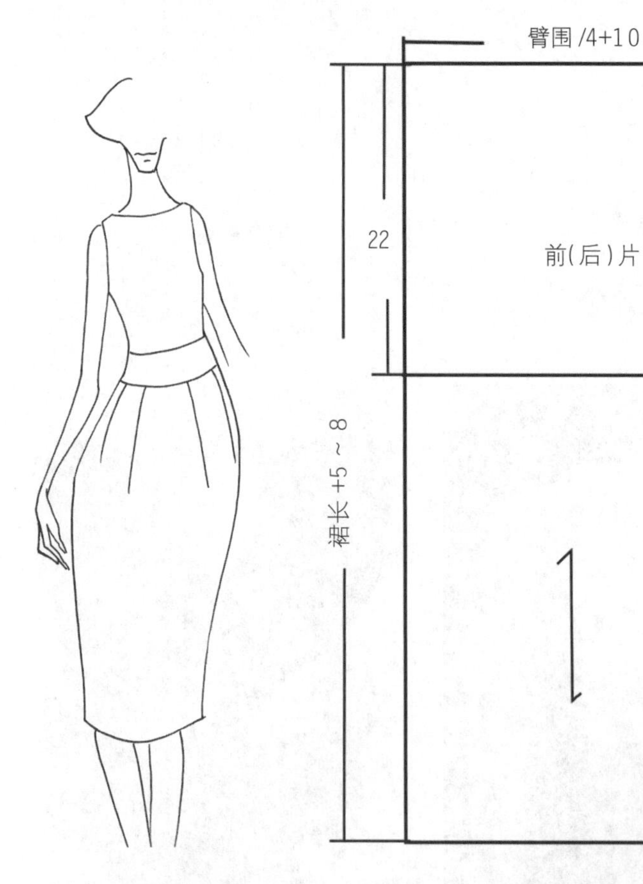

图 6-1-1 款式图

图 6-1-2 坯布预裁图 （单位：cm）

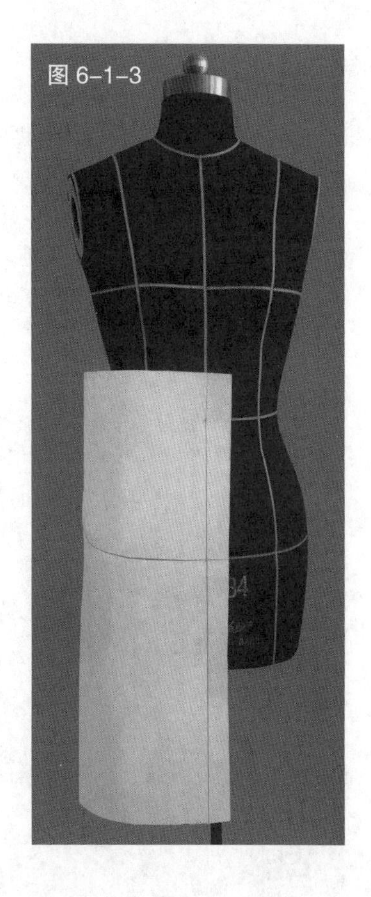

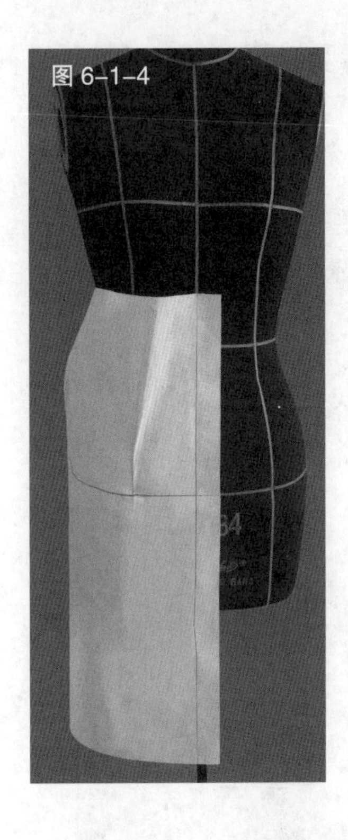
图 6-1-4

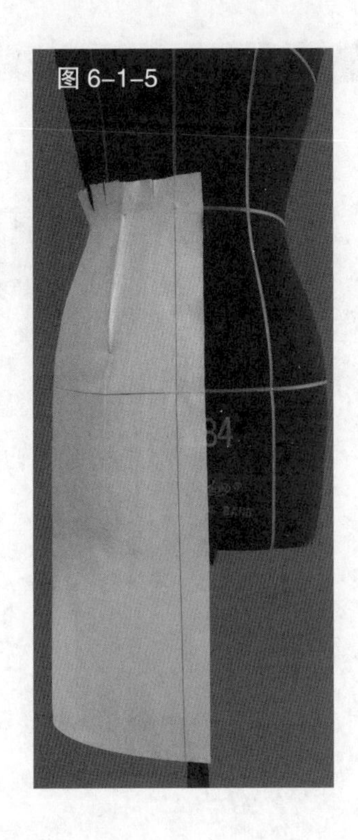
图 6-1-5

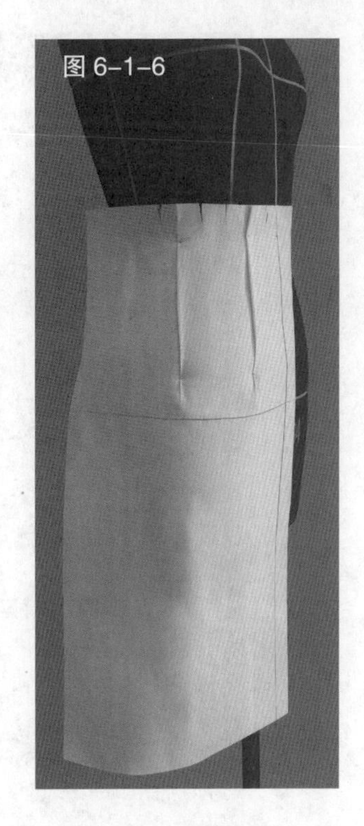
图 6-1-6

图 6-1-4 在侧缝处轻拉布片使其往后少许倾斜，这样在侧缝处移出一部分腰部的余量

图 6-1-5 确定两个腰省的位置（一般在前裙片腰围的三等分处），然后进行第一个腰省的操作

图 6-1-6 再做第二个腰省，两个省量要均等，注意省尖不要超过臀围线

图 6-1-7 将预裁好的后裙片用布对准人台后中心线和臀围线并固定于人台上

图 6-1-8 同样在后裙片的臀围处也要放出 1 ~ 0.5cm 的放松量，然后做出第一个腰省

图 6-1-9 在第一个腰省基础上抓取第二个腰省，注意省量均等

图 6-1-10 做好省后，在侧缝处将前后片进行别合固定，观察前后片是否吻合

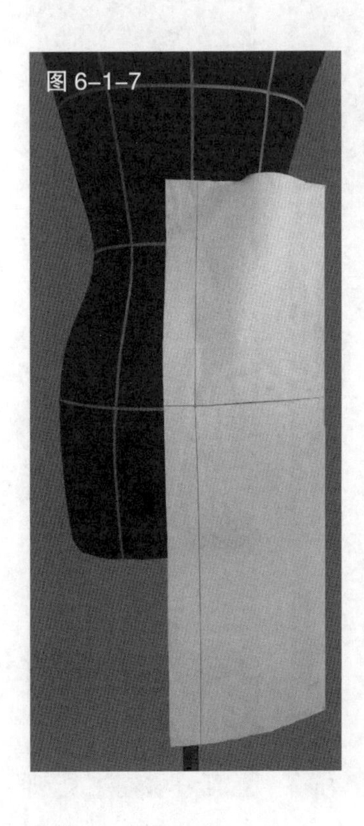
图 6-1-7

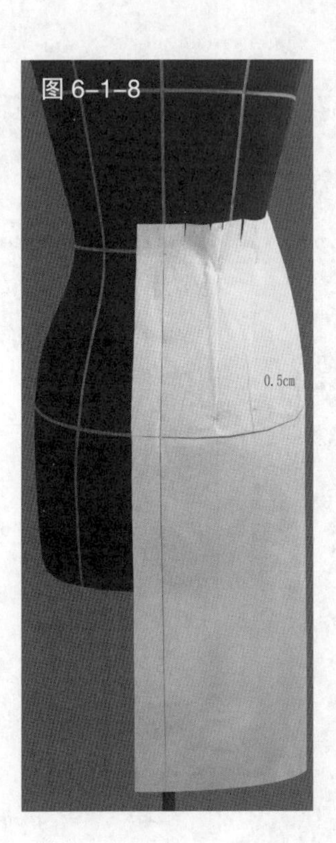

图 6-1-8

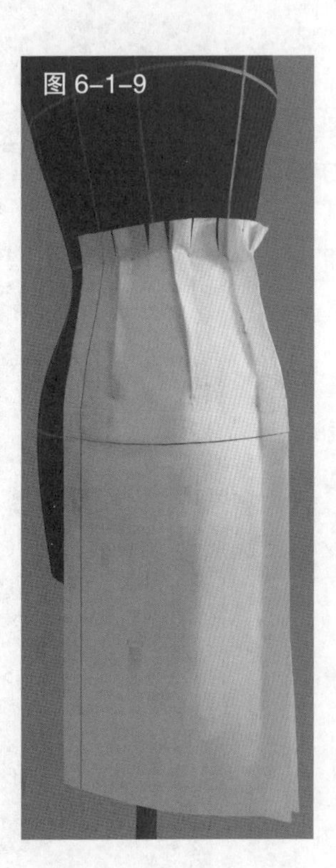
图 6-1-9

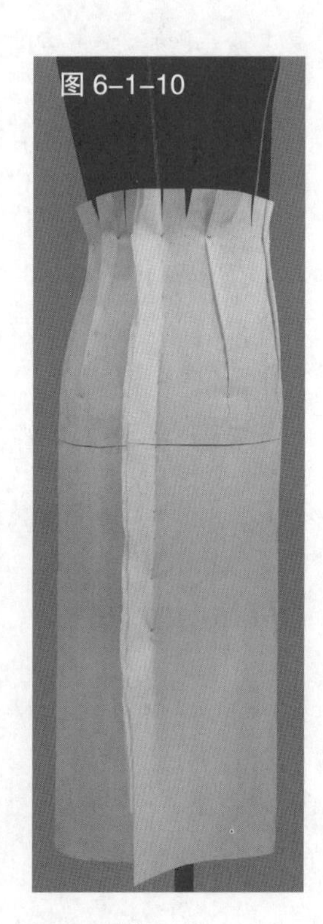
图 6-1-10

图 6-1-11

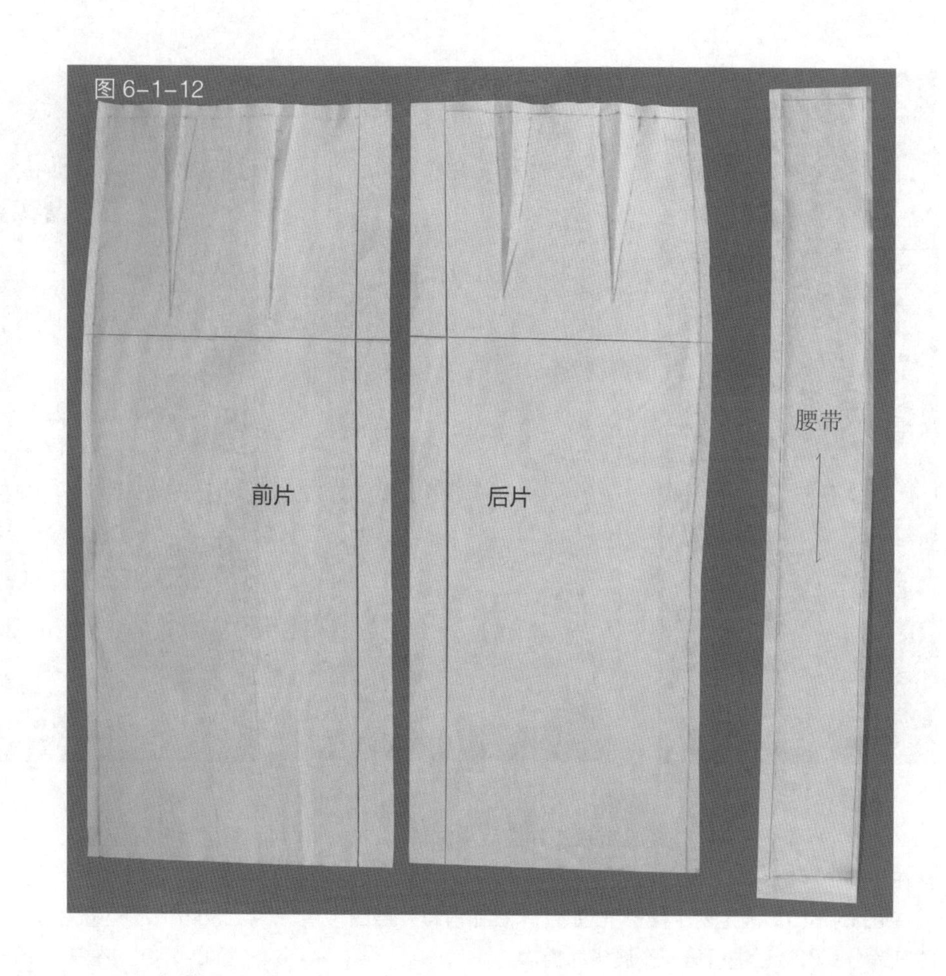

图 6-1-12

图 6-1-11　在做好的裙身上安装腰带，腰带宽度一般为 3 ~ 4cm

图 6-1-12　将所有裙片取下，进行画线、整理、修剪缝份，完成直身裙片的裁剪

图 6-1-13　把裙片重新安装于人台上，试样，完成直身裙的正面造型

图 6-1-14　完成直身裙背面造型

图 6-1-15　完成直身裙侧面造型

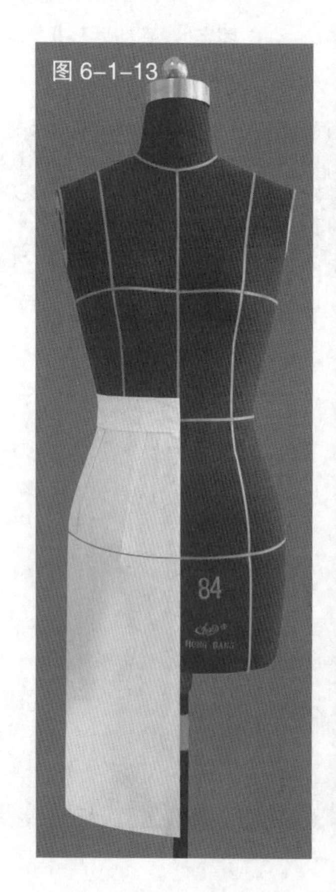

图 6-1-13

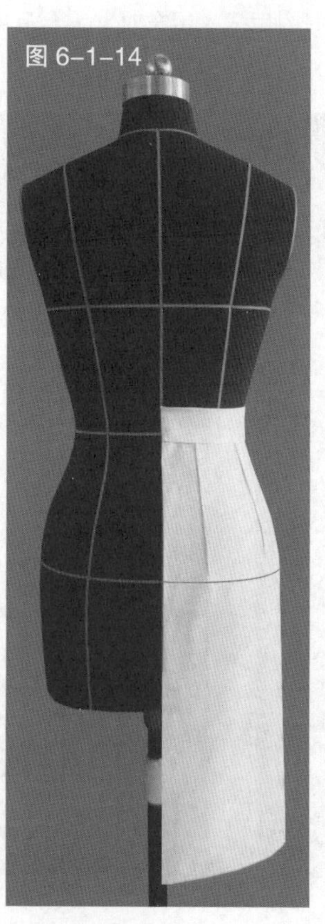
图 6-1-14

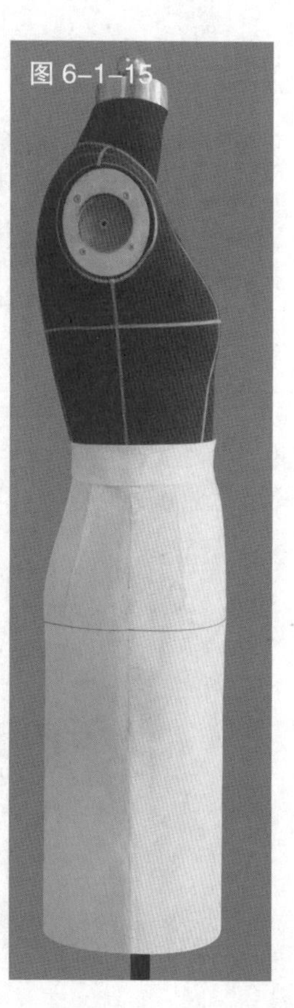
图 6-1-15

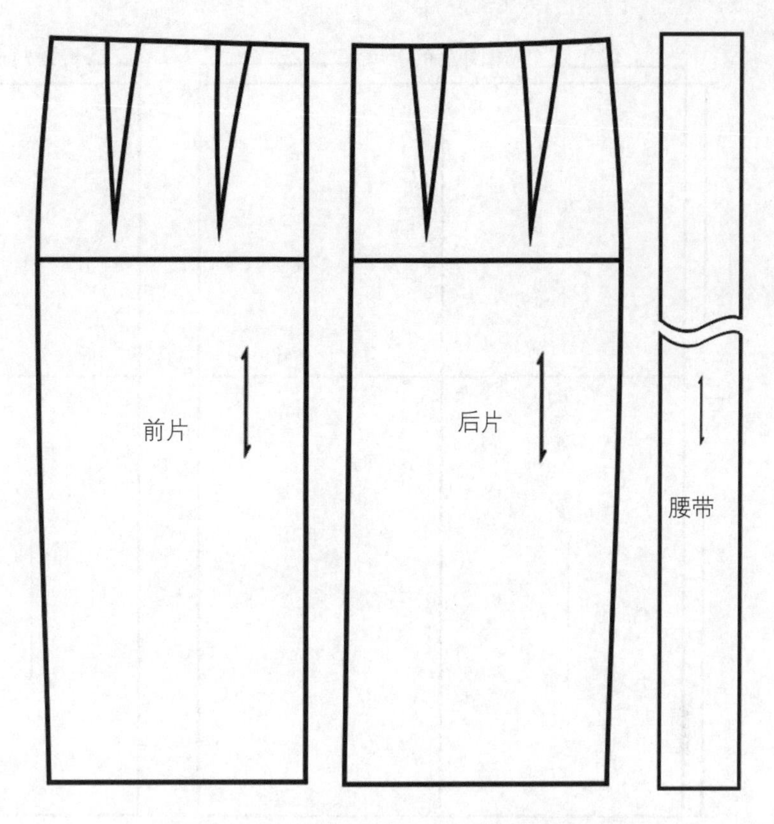

图 6-1-16 根据完成造型的裙片描绘的平面图

第二节 高腰裙

（1）款式解析

高腰裙顾名思义就是裙腰线高于人台腰节线。其最大的优势是能拉长下半身的比例，显得腿部较修长，并且在视觉上能起到一定的收腰作用，显出苗条腰身。它是年轻女性喜欢的一种裙型。高腰裙款式见图 6-2-1 。

（2）坯布准备

见图 6-2-2。

（3）操作步骤

见图 6-2-3 ~图 6-2-23。

图 6-2-1 款式图

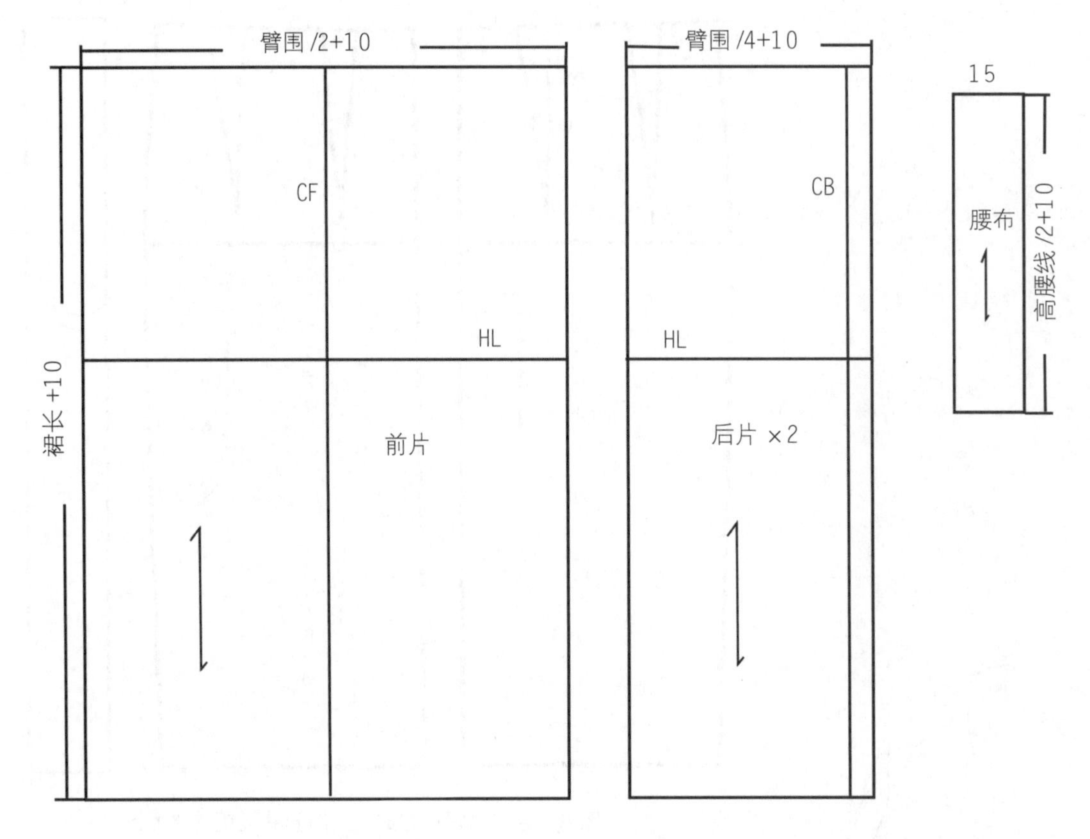

图 6-2-2 坯布预裁图（单位：cm）

图 6-2-3 在人台上用色带贴出高腰裙的造型线

图 6-2-4 预裁前裙片用布，将其固定于人台上，注意要对准前中心线和臀围线

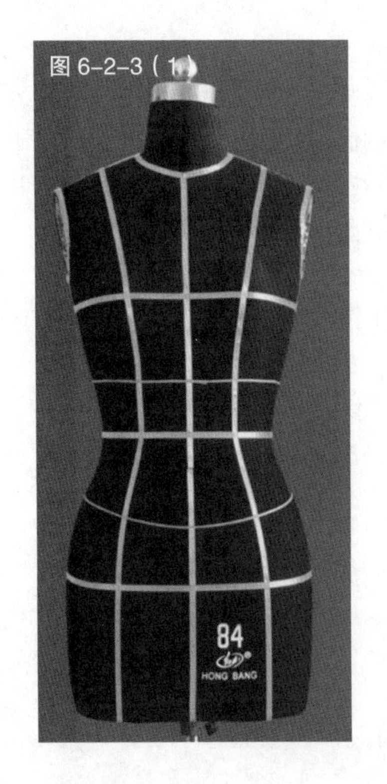

图 6-2-3（1）

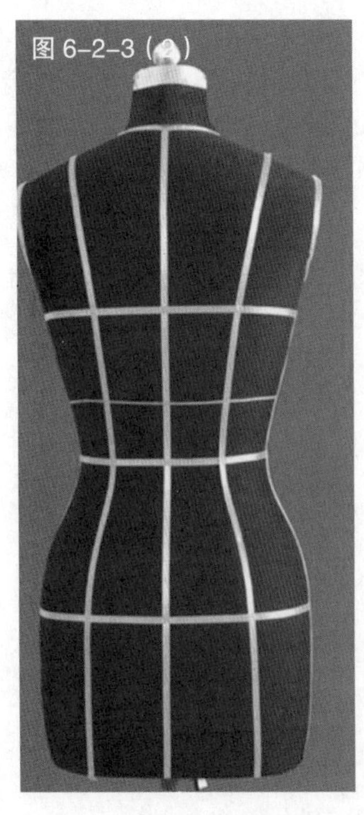

图 6-2-3（2）

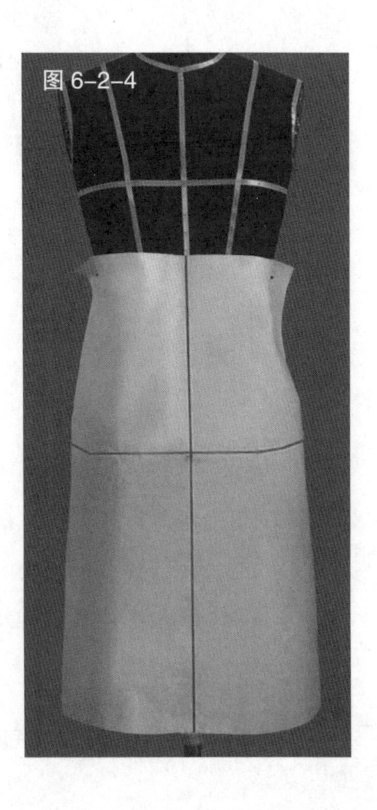

图 6-2-4

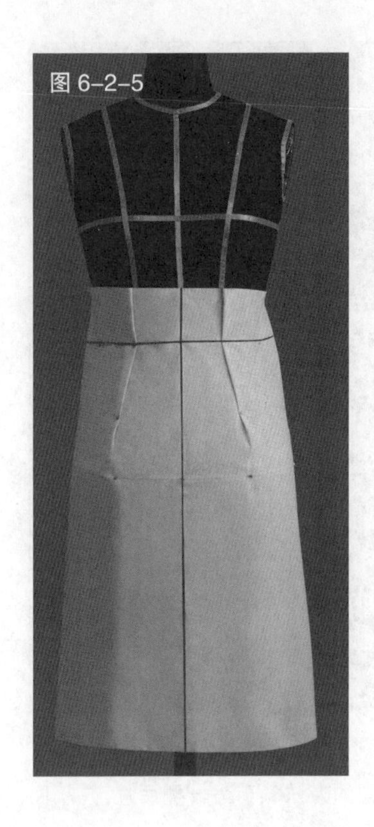

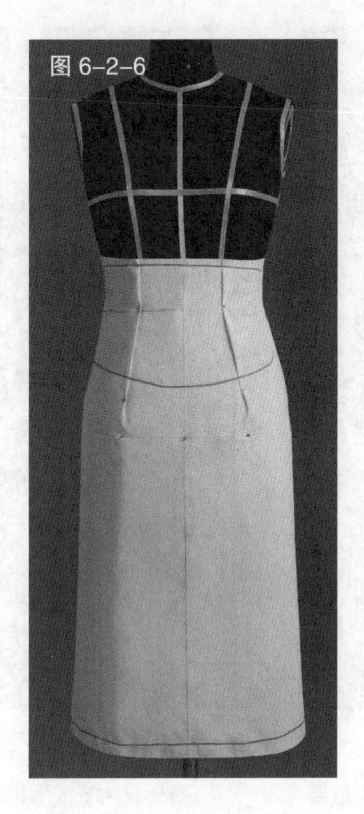

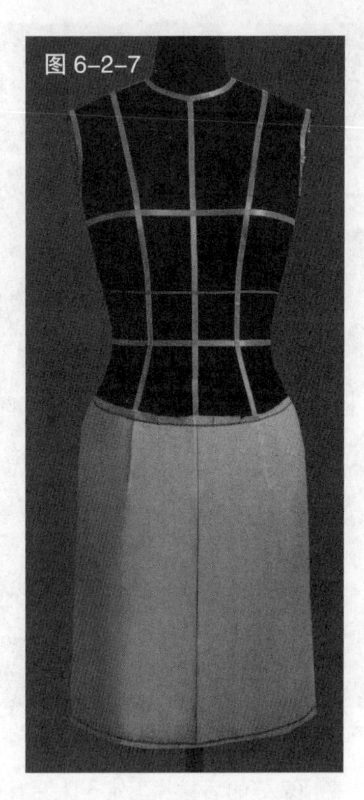

图 6-2-5 在腰围线处做出两个腰省，省尖不要超过臀围线

图 6-2-6 在做好省的布片上用色带标记出分割造型线

图 6-2-7 依据造型线进行裙片修剪

图 6-2-8 将准备好的小块面料固定于腰部侧面，注意其丝缕方向与裙身的一致

图 6-2-9 用色带标记出腰部的造型线并修剪

图 6-2-10 用相同的方法裁剪腰部其他各片

图 6-2-11 完成腰部的初步裁剪

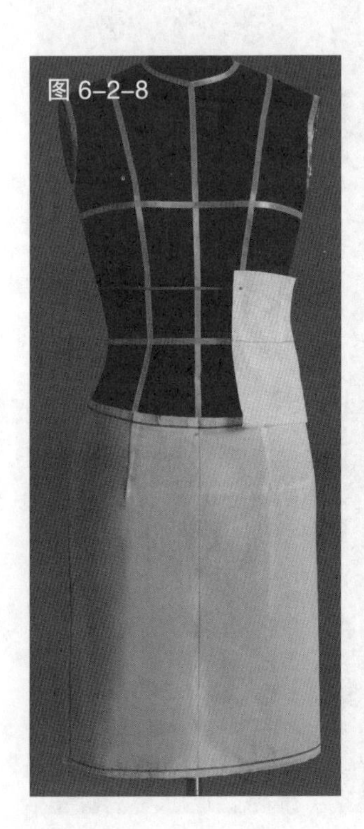

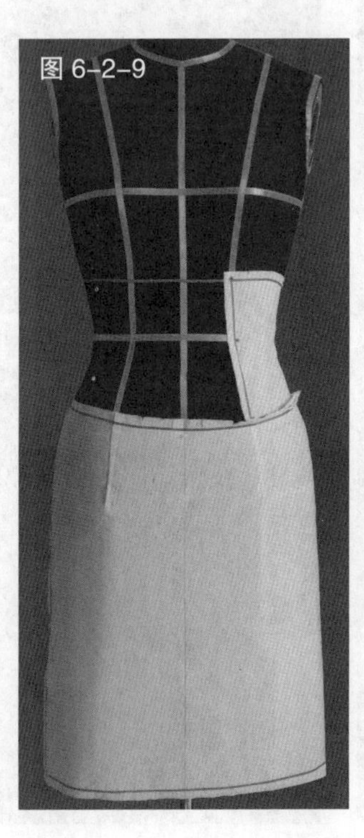

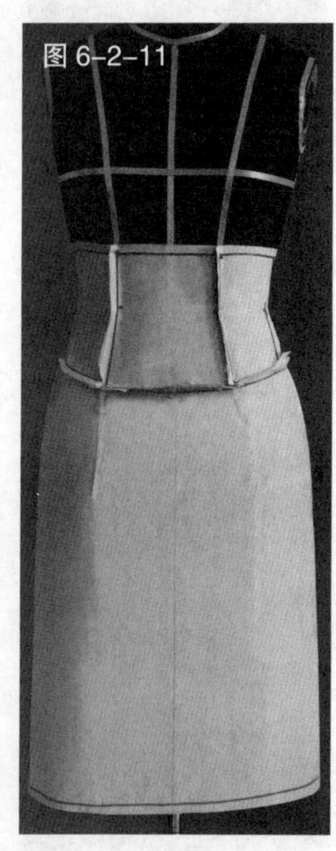

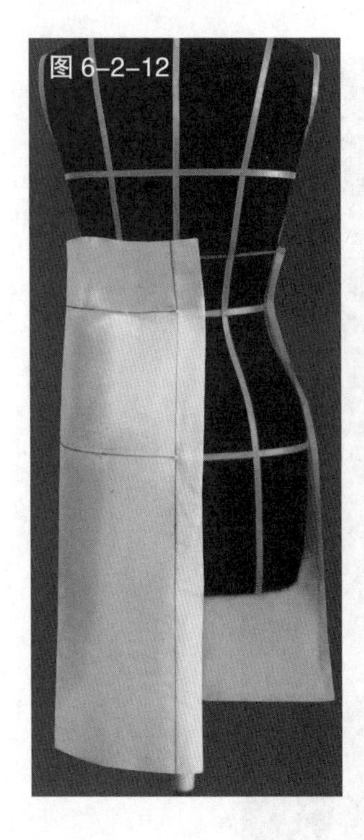

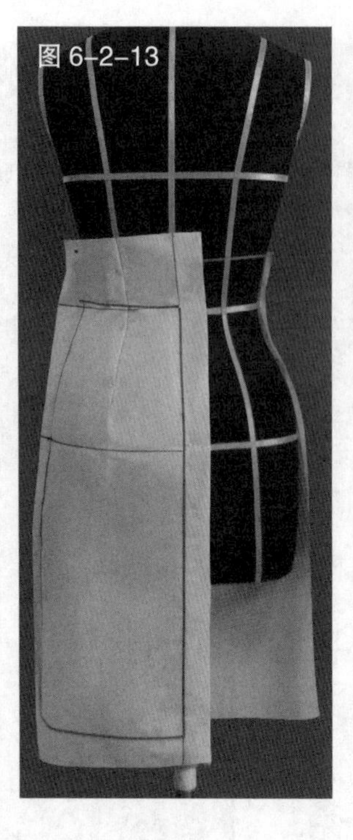

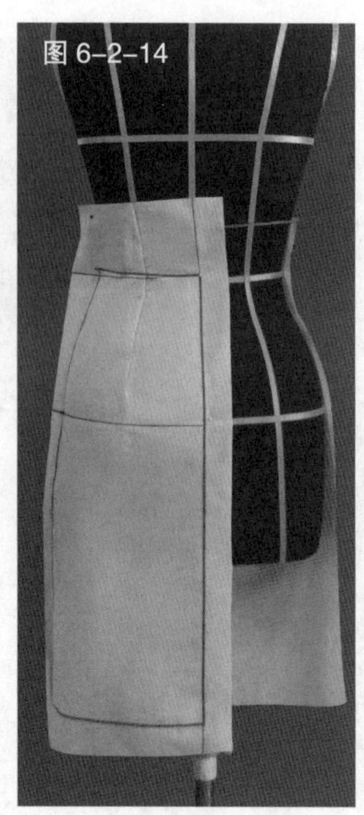

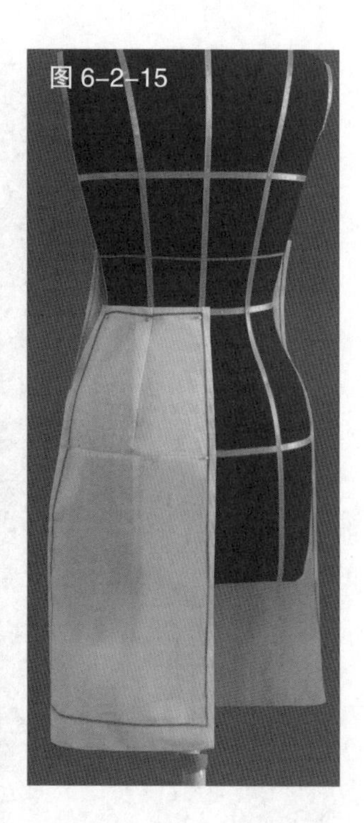

图 6-2-12　将预裁好的后裙片固定于人台，注意要对准人台后中心线和臀围线

图 6-2-13　在腰围线部位做出腰省，省尖不要超过臀围线

图 6-2-14　在做好省的裙片上粘贴造型线

图 6-2-15　依据造型线修剪掉多余布料

图 6-2-16　用相同的方法裁剪另一侧后片，并从侧面观察是否与前片吻合

图 6-2-17　预裁腰头用布并把它固定于后腰处，注意要对准人台后中心线和臀围线

图 6-2-18　用色带标记出造型轮廓并进行修剪

图 6-2-19　初步完成裙片的裁剪

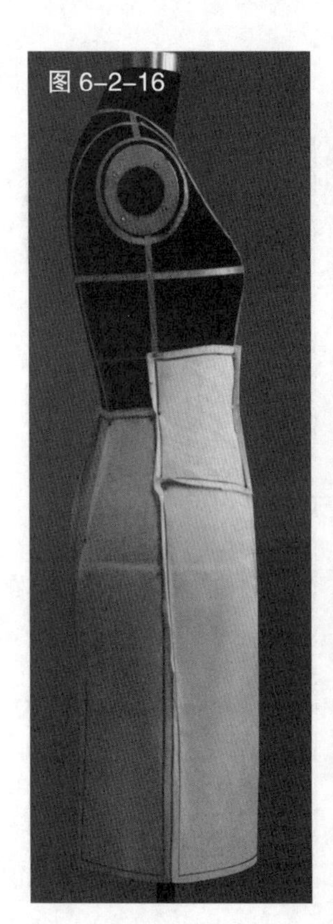

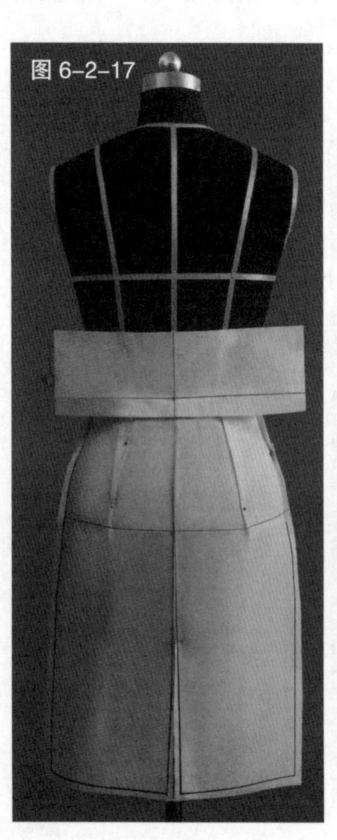

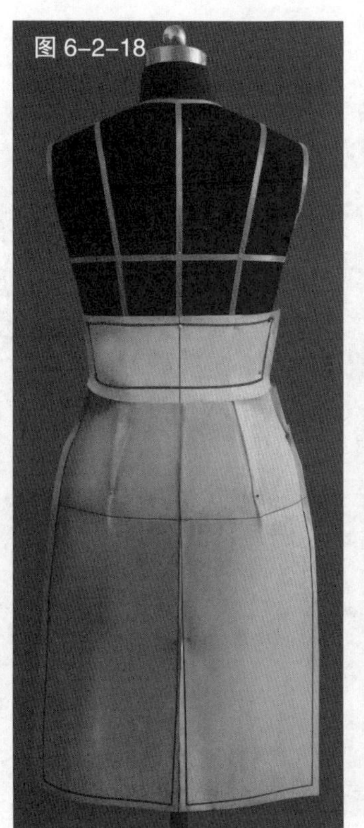

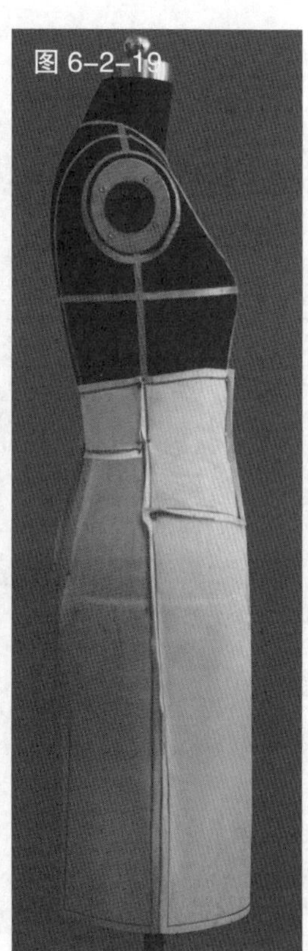

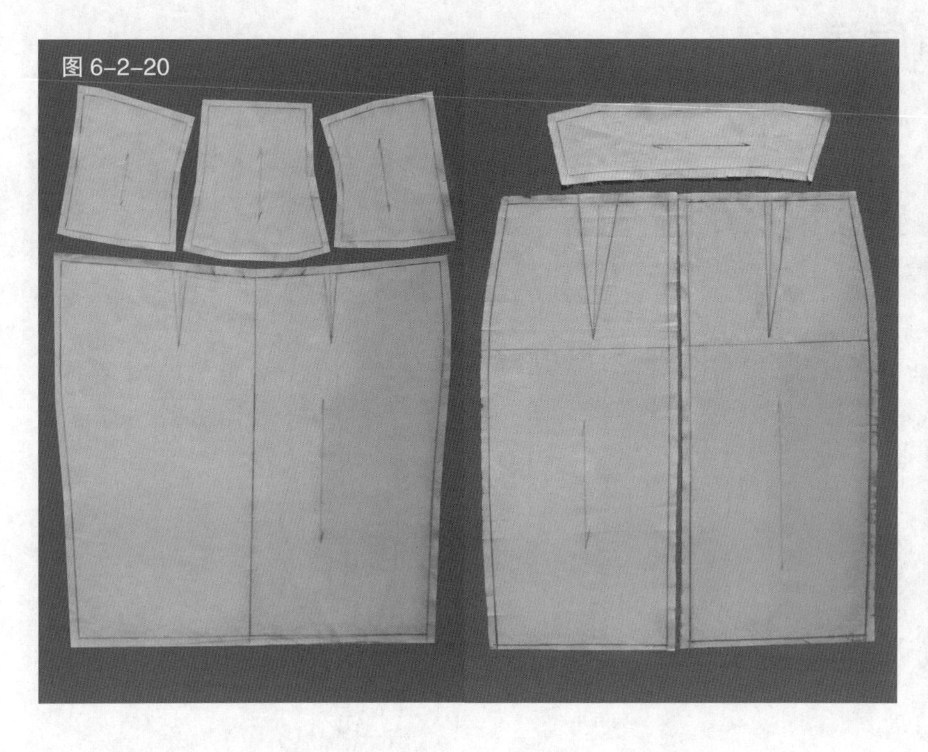

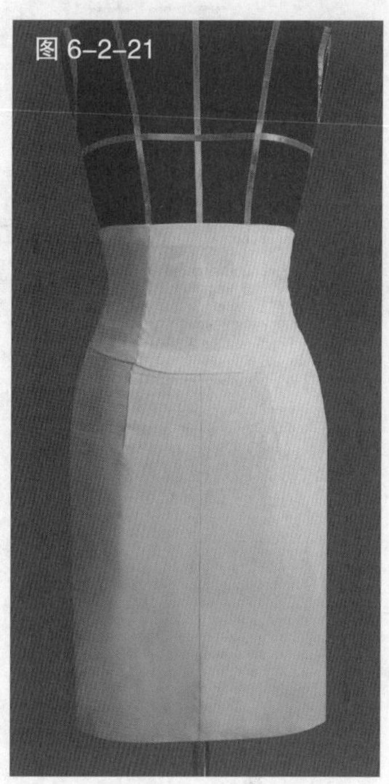

图 6-2-20 将裙片取下并画线、整理、修剪缝份，完成裙片

图 6-2-21 将各裙片重新安装于人台上，试样，完成高腰裙的造型

图 6-2-22 完成后的高腰裙的背面造型

图 6-2-23 根据完成的裙片描绘的平面图

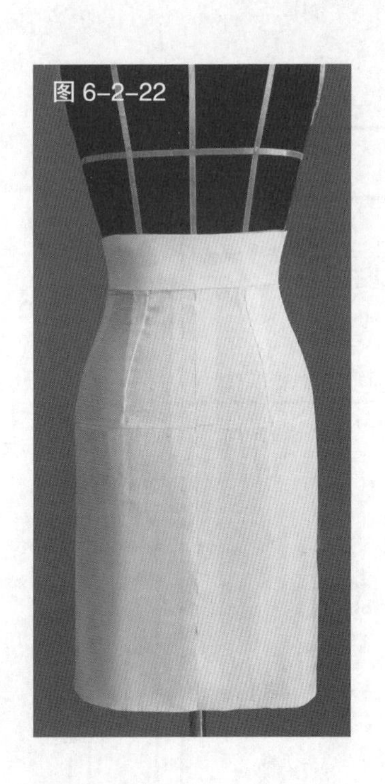

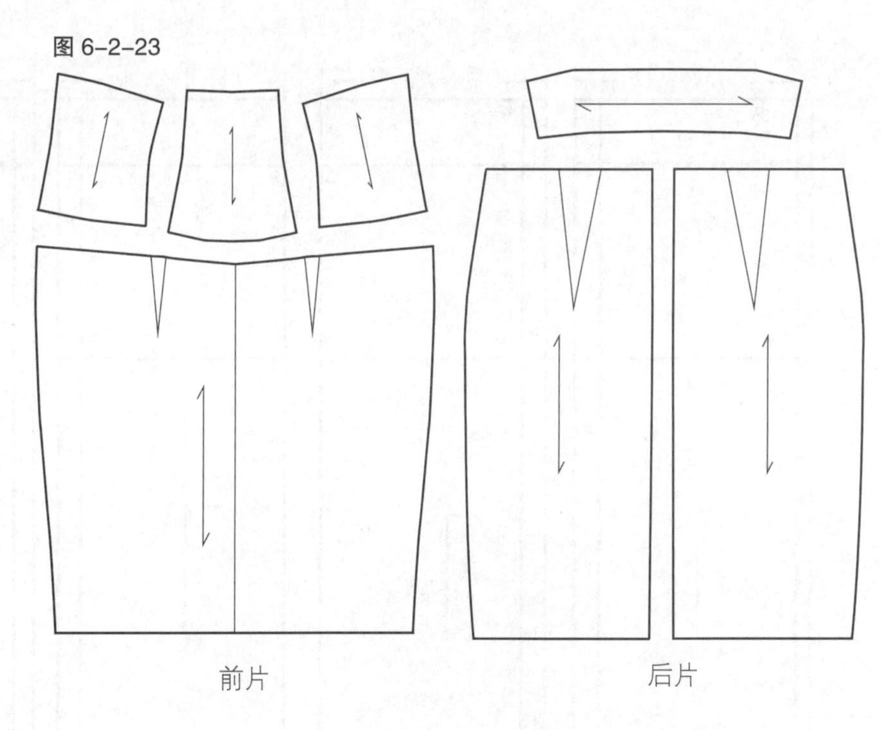

第三节 鱼尾裙

（1）款式解析

鱼尾裙是一款变化裙款，其外形轮廓类似鱼尾而得名，其造型集分割和鱼尾造型于一体，体现出女性柔美妩媚的一面。这也是其一直成为经典裙型的原因。鱼尾裙款式见图 6-3-1。

（2）坯布准备

见图 6-3-2。

（3）操作步骤

见图 6-3-3 ~ 图 6-3-18。

图 6-3-1 款式图

臀围 /4+10
臀围 /4+10
臀围 /4+10
臀围 /4+10
WL
WL
WL
WL
右侧缝线
左侧缝线
CB
CF
HL
HL
HL
HL
裙长 +10
前、后片 ×2
前、后片 ×2
后片 ×2
前片 ×2
腰带宽 +8
腰布
腰围线 /2+10

图 6-3-2 坯布预裁图（单位：cm）

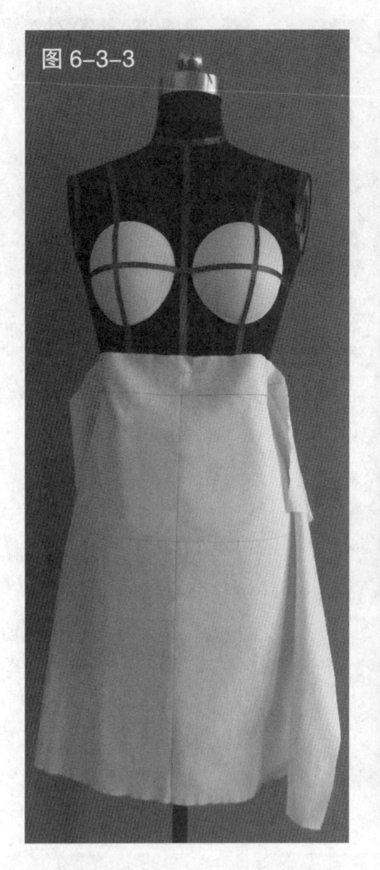
图 6-3-3

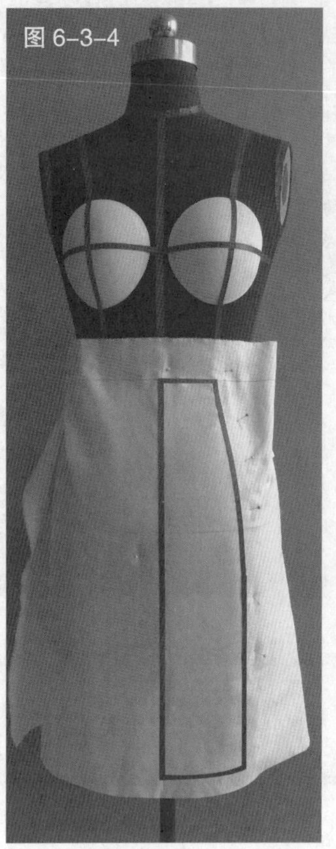
图 6-3-4

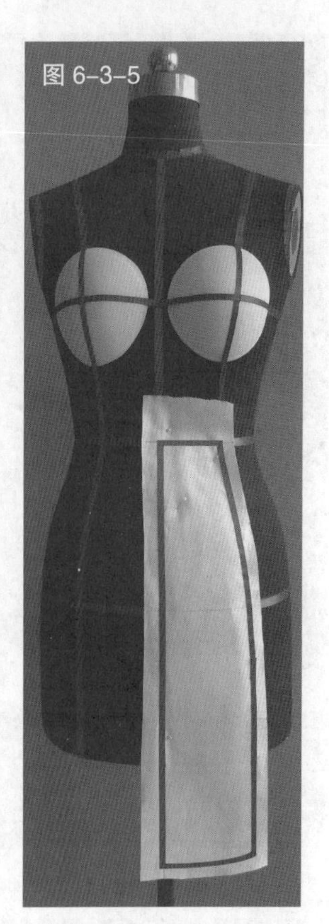
图 6-3-5

图 6-3-3　预裁前裙片用布，把它对准前中心线和腰围线并固定于人台上

图 6-3-4　用色带标记出所需裙片的造型线

图 6-3-5　依据造型线修剪裙片，预留毛边

图 6-3-6　预裁另一侧裙片用布，方法同前

图 6-3-7　用相同的方法完成该片的裁剪

图 6-3-8　用相同的方法完成前裙片的整体裁剪

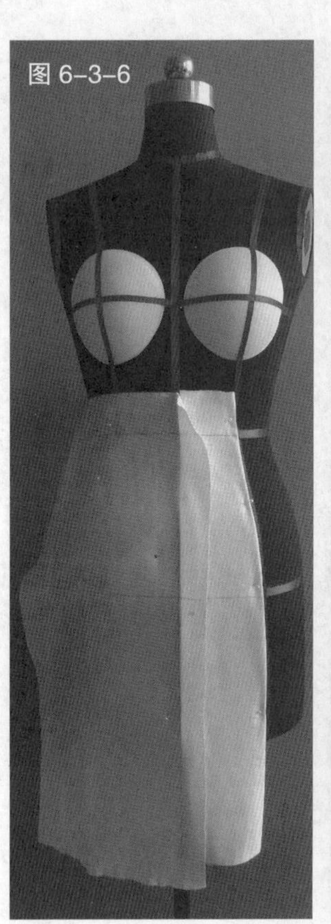
图 6-3-6

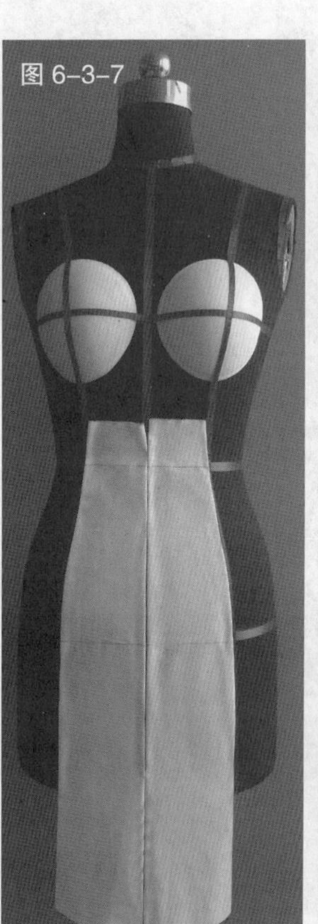
图 6-3-7

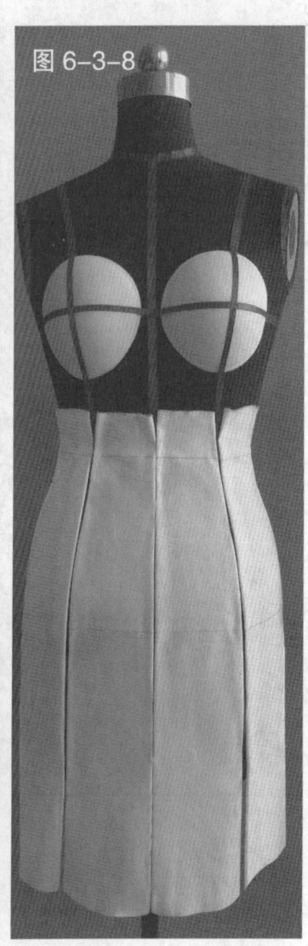
图 6-3-8

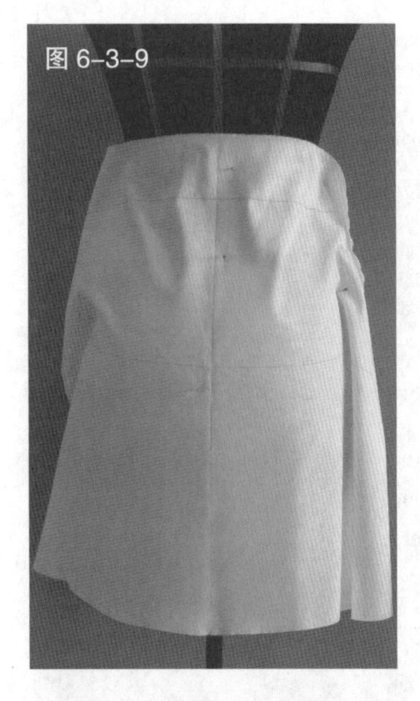
图 6-3-9

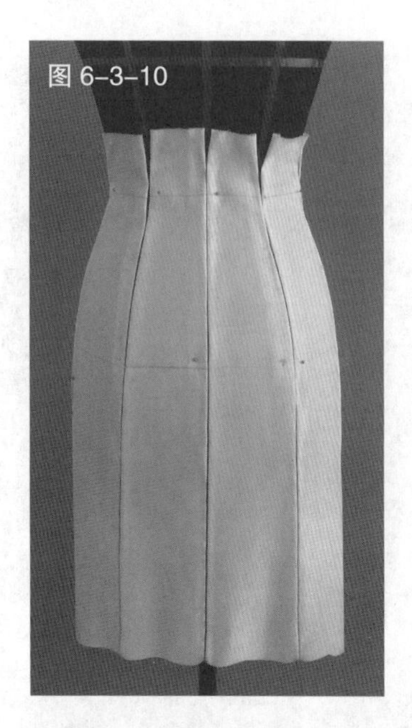
图 6-3-10

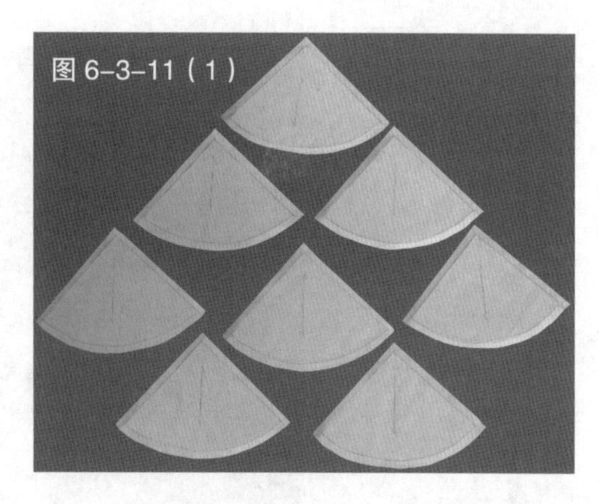
图 6-3-11（1）

图 6-3-9　预裁后裙片用布，把它对准人台后中心线与臀围线并固定于人台上

图 6-3-10　依据前片的裁剪方法完成背面各裙片的裁剪，注意各裙片的大小要均等

图 6-3-11　裁剪鱼尾裙摆插片：将布料裁成 1/4 圆形，数量以裙片间的间隔数为准。另烫好腰片以备用

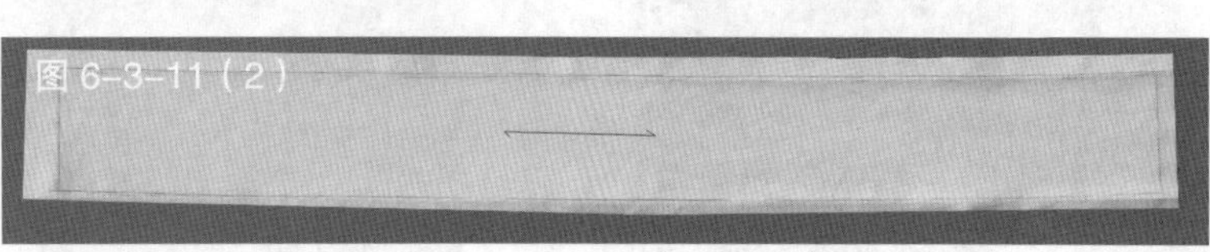
图 6-3-11（2）

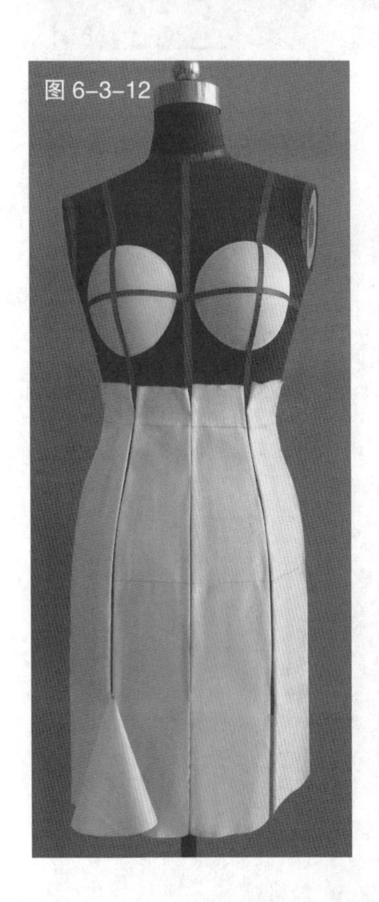
图 6-3-12

图 6-3-13

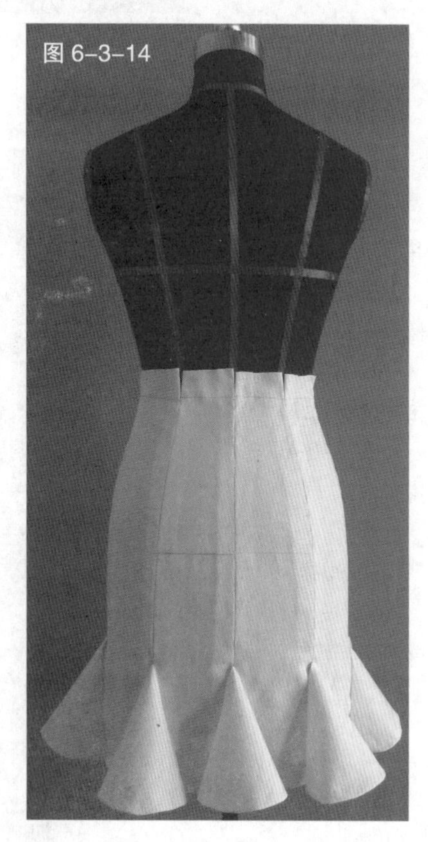
图 6-3-14

图 6-3-12　将插片卷起并插入裙片间的缝隙

图 6-3-13　依次安装所有插片，并进行造型调整

图 6-3-14　将后裙片也依次安装上插片，并进行调整

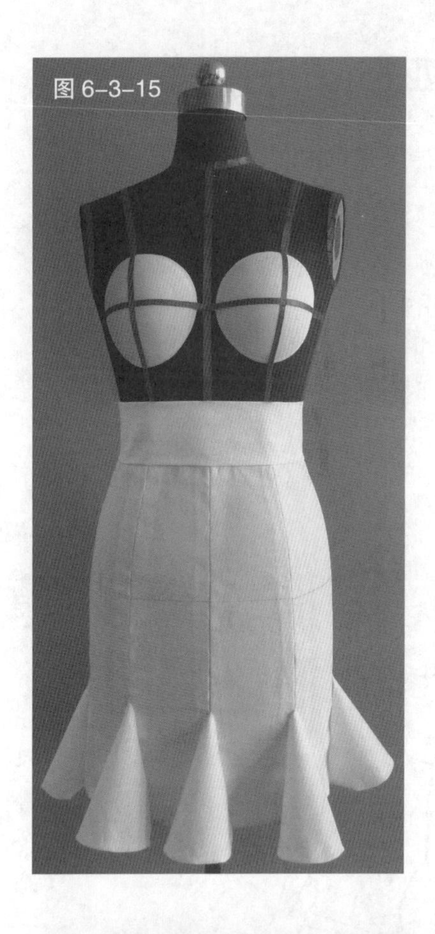
图 6-3-15

图 6-3-17（1）

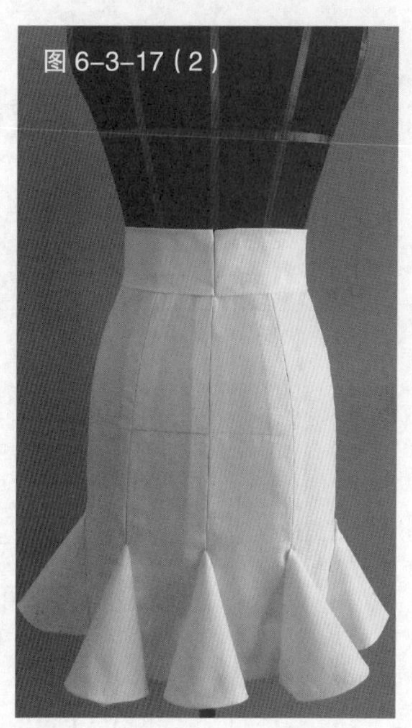
图 6-3-17（2）

图 6-3-15 将准备好的腰头用布安装于裙身，即初步完成鱼尾裙的裁剪

图 6-3-16 将裙片从人台上取下，进行画线、整理、修剪缝份，完成裙片的裁剪

图 6-3-17 试样，完成后的鱼尾裙正面与背面造型

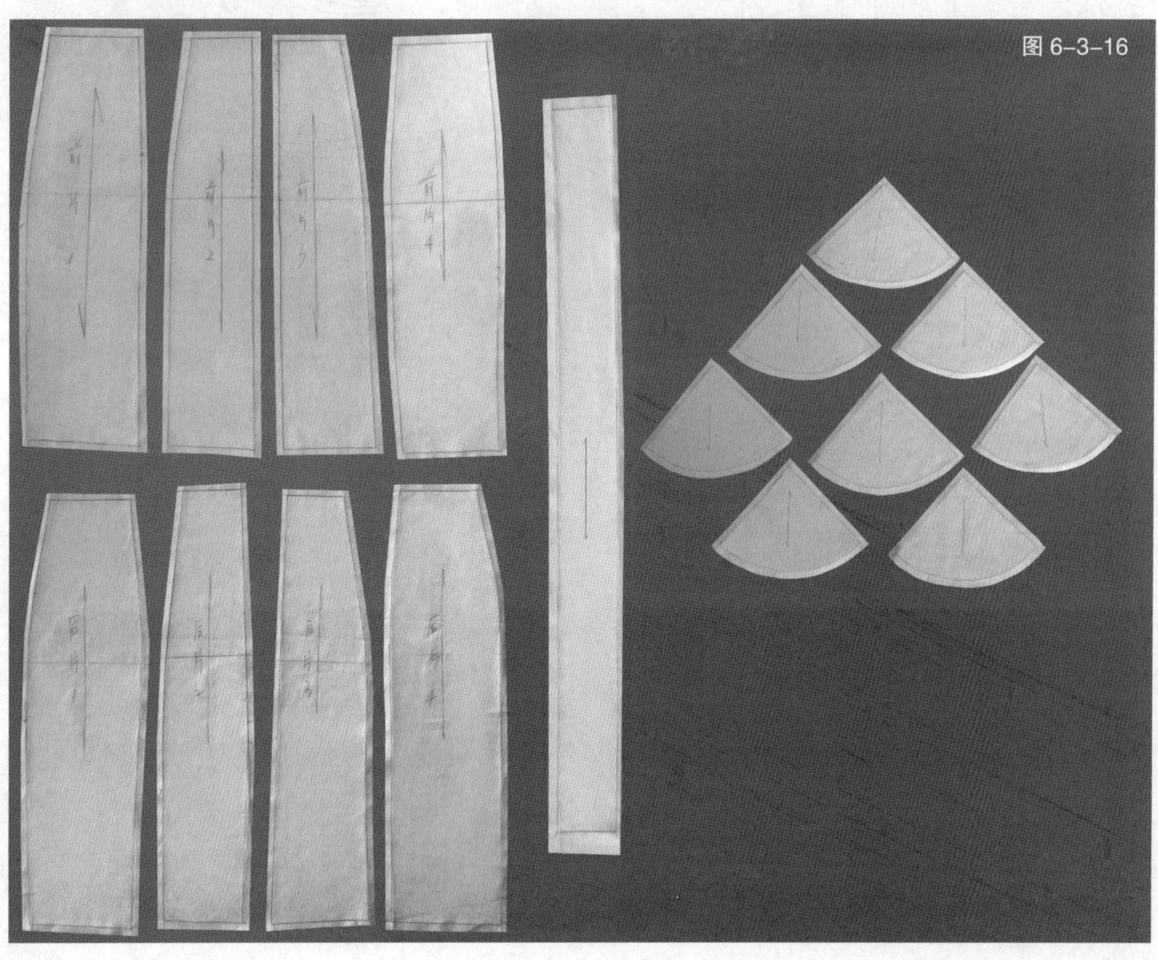
图 6-3-16

图 6-3-18

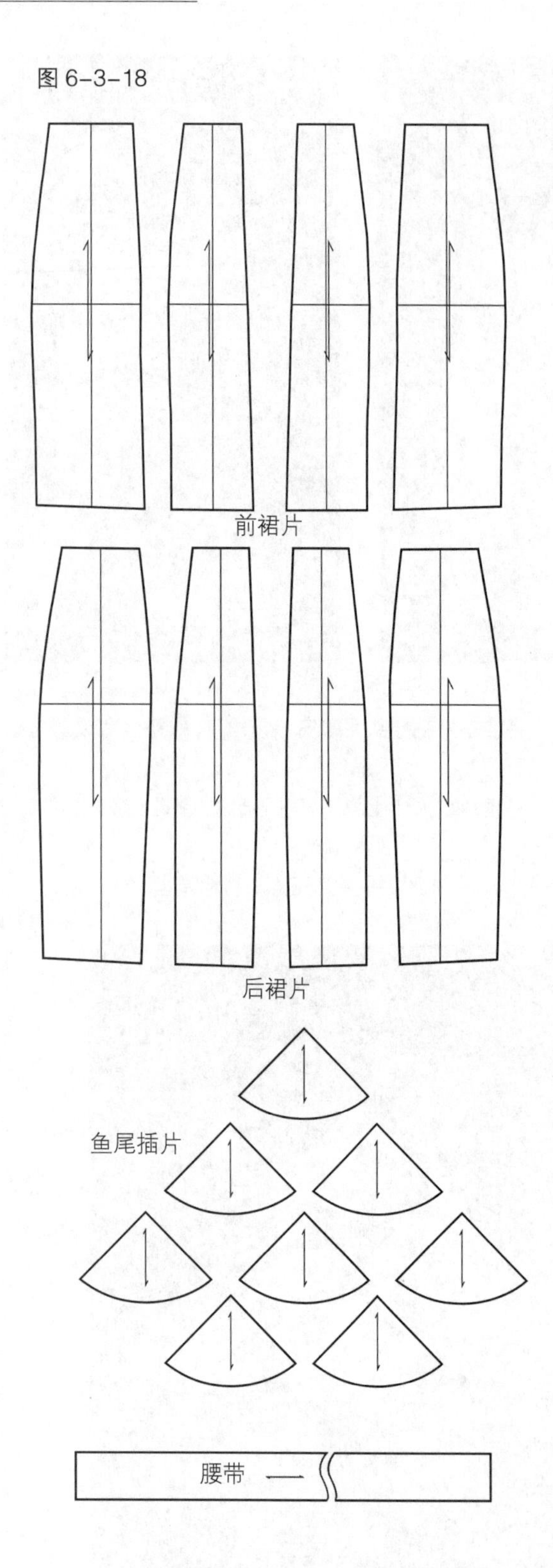

图 6-3-18 根据完成造型的衣片描绘的裙片平面图

第四节 折叠裙

（1）款式解析

折叠裙是一款变化裙款，其特点是在裙身处有部分面料折叠的装饰效果。折叠的褶纹一般宽度均匀，相互间距均等，体现出明显的构成艺术。图 6-4-1 中该款裙在腰部和裙摆处都有一定量的折叠，形成相互呼应的效果，同时使裙身的立体效果更为明显。

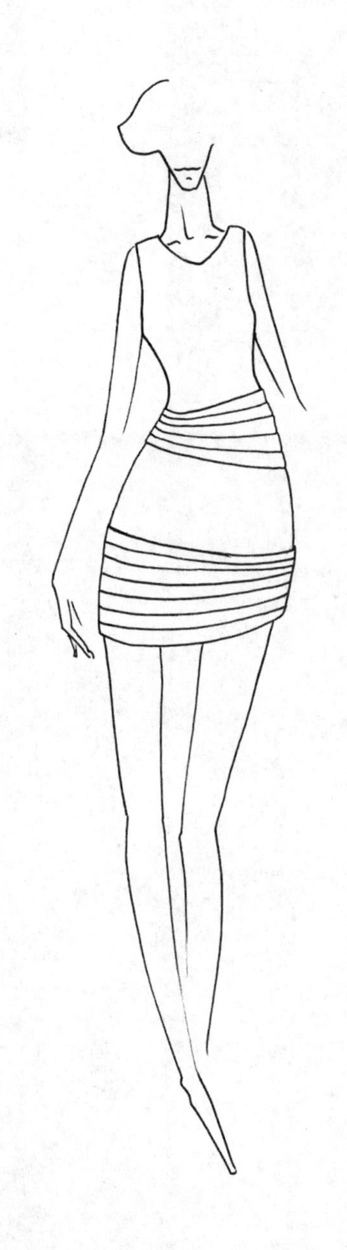

图 6-4-1 款式图

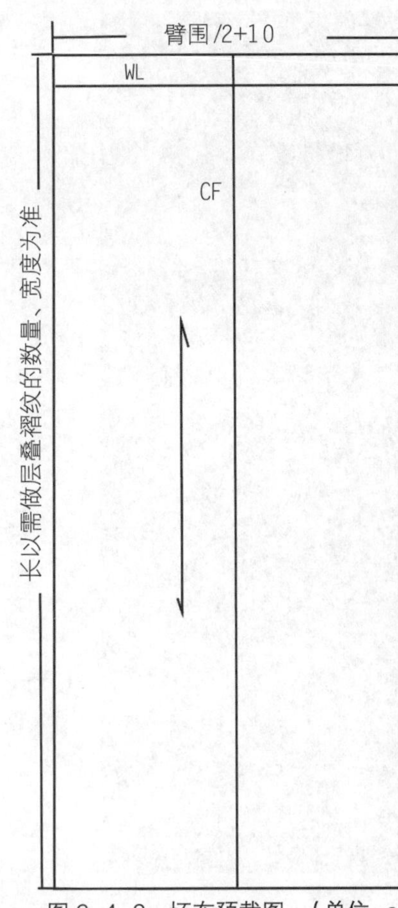

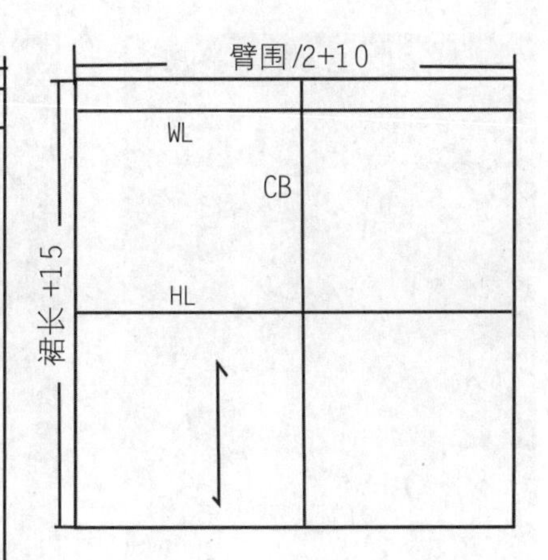

图 6-4-2　坯布预裁图　（单位：cm）

（2）坯布准备

见图 6-4-2。

（3）操作步骤

见图 6-4-3 ~ 图 6-4-18。

图 6-4-3　根据裙装款式在人台上粘贴造型线

图 6-4-4　将准备好的裙片用布固定于人台上，且对准前中心线和腰围线。因裙身有折叠造型，需预留足够布料

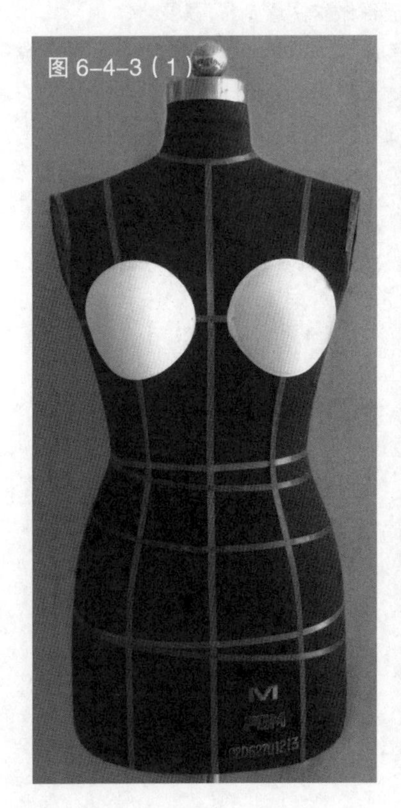
图 6-4-3（1）

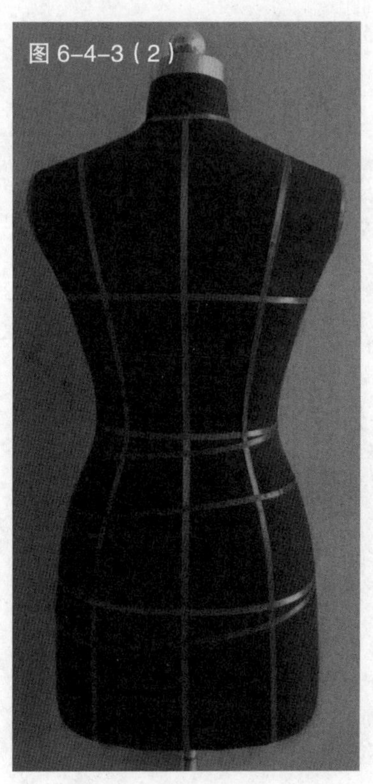
图 6-4-3（2）

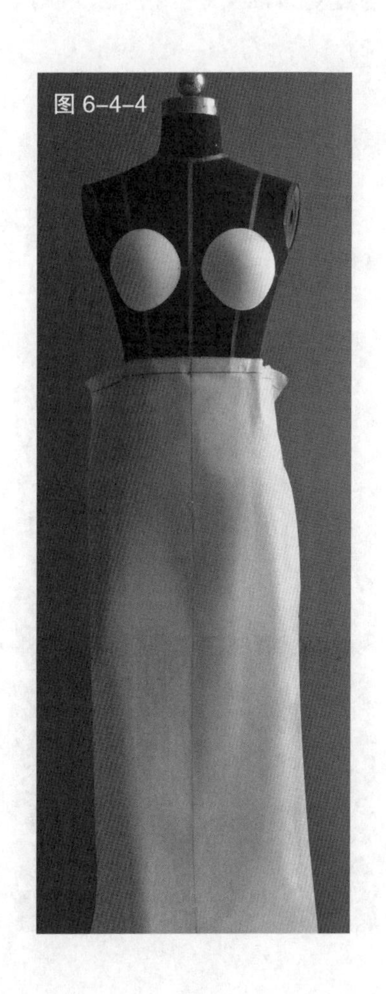
图 6-4-4

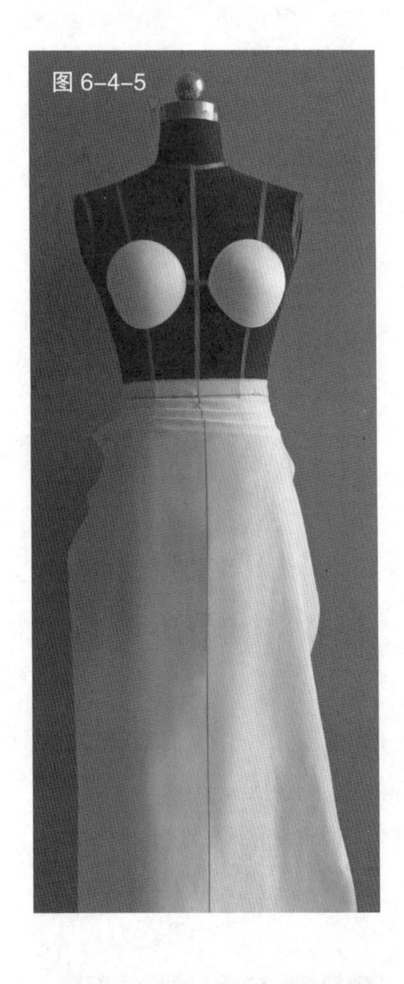
图 6-4-5

图 6-4-6

图 6-4-7

图 6-4-5　根据造型线从腰部开始将布料进行折叠，并确保丝缕平直

图 6-4-6　继续折叠，注意折叠的方向及间距

图 6-4-7　继续折叠至裙摆处，折叠中要始终保持丝缕的顺直

图 6-4-8　预裁裙后片用布，把它对准后中心线、臀围线和腰围线，并固定于人台上，

图 6-4-9　在腰部做出两道腰省，以便合体

图 6-4-10　完成后片裁剪后转到人台侧面，观察整体效果

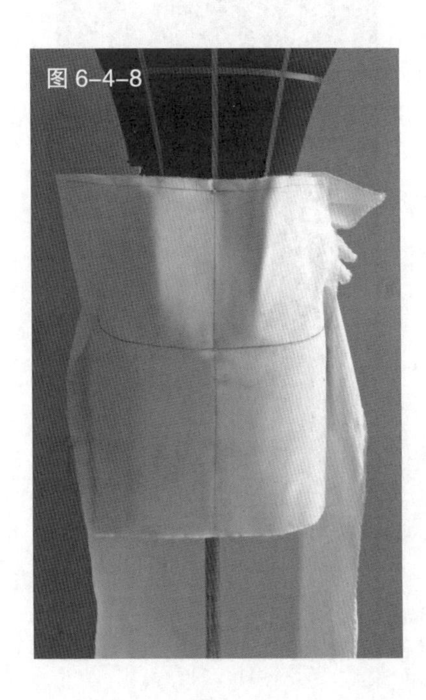
图 6-4-8

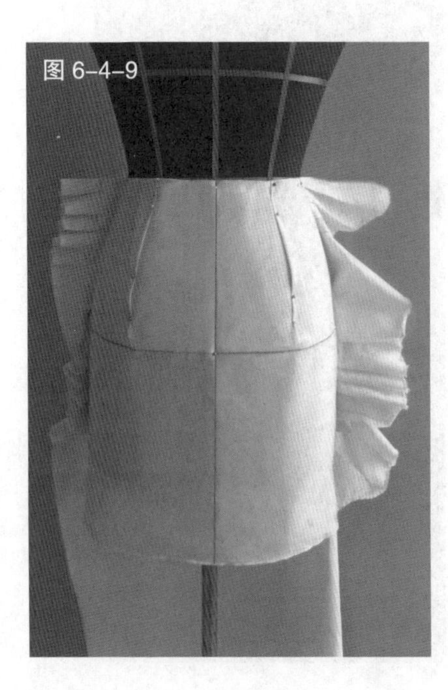
图 6-4-9

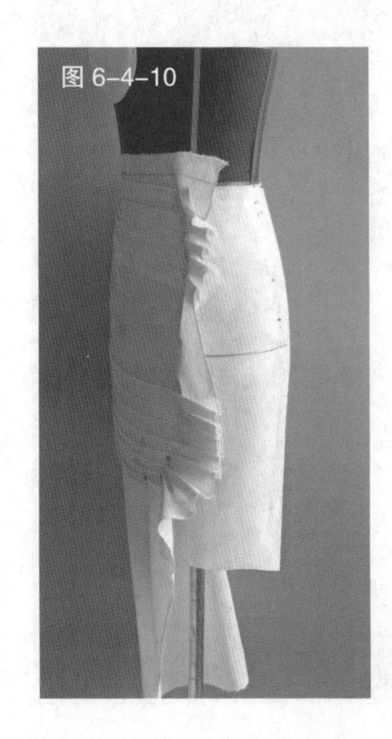
图 6-4-10

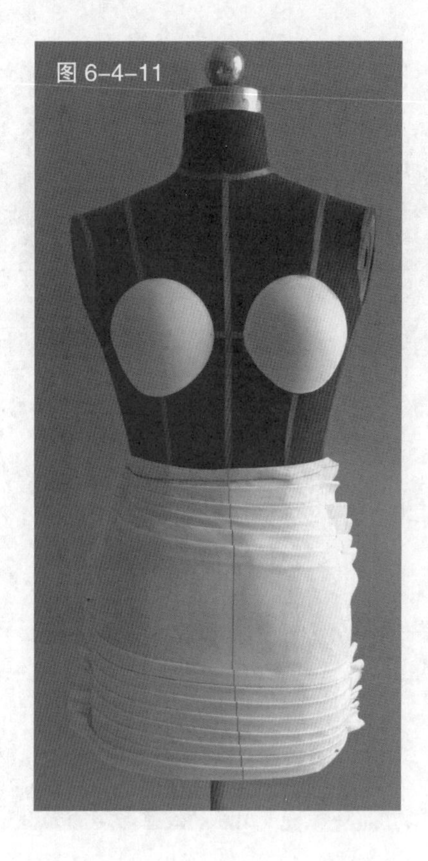
图 6-4-11

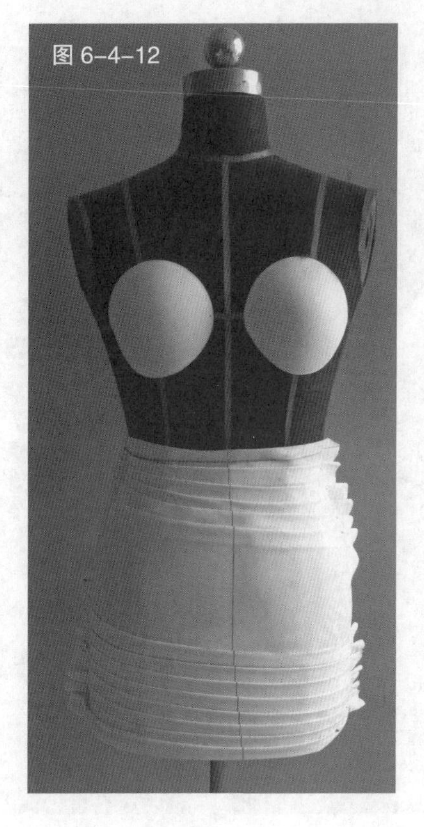
图 6-4-12

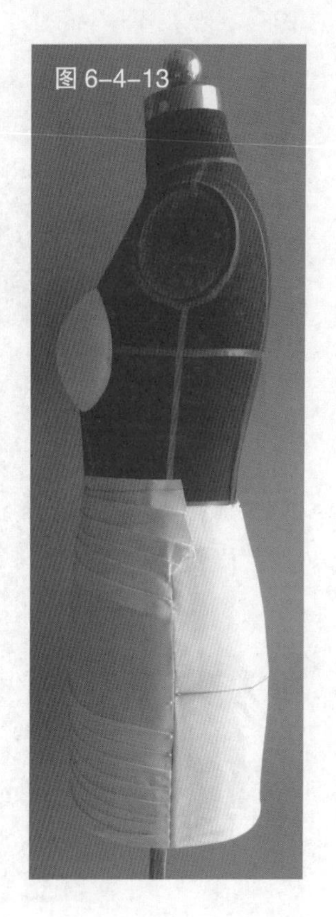
图 6-4-13

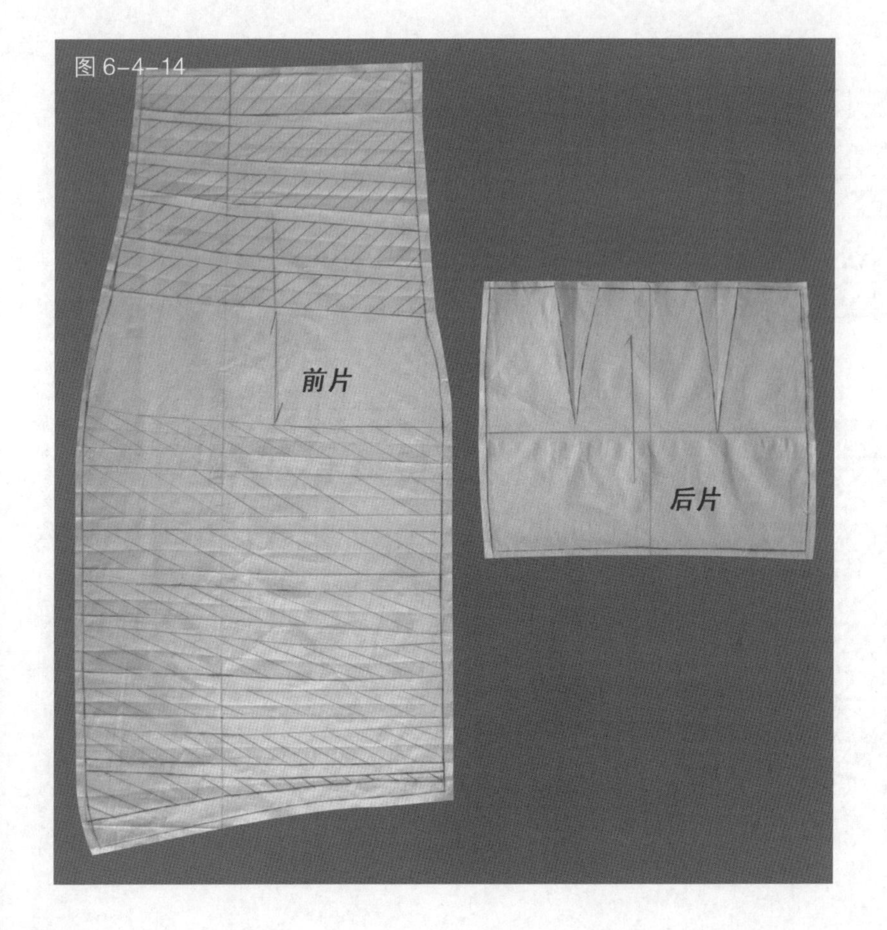

图 6-4-14

图 6-4-11 修剪多余布料

图 6-4-12 正面观察折叠造型，作适当调整

图 6-4-13 缝合裙片，初步完成裙身造型

图 6-4-14 将裙片从人台上取下，进行画线、整理、修剪缝份，完成裙片的裁剪

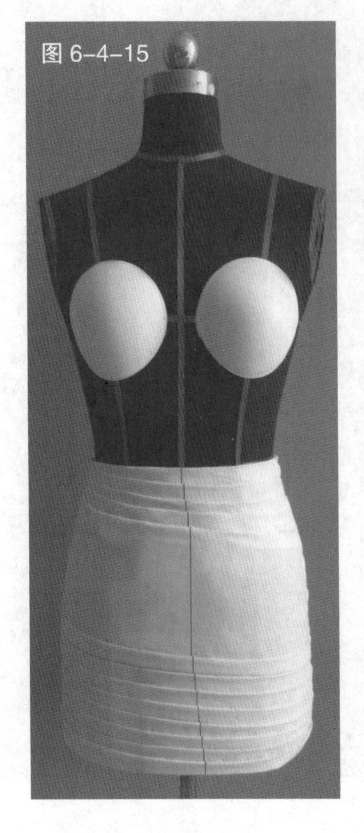

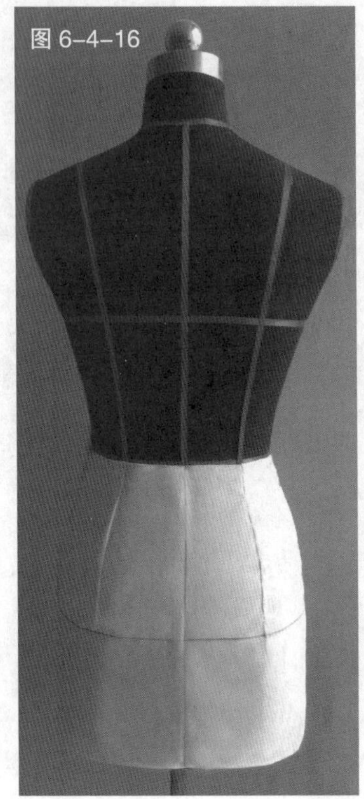

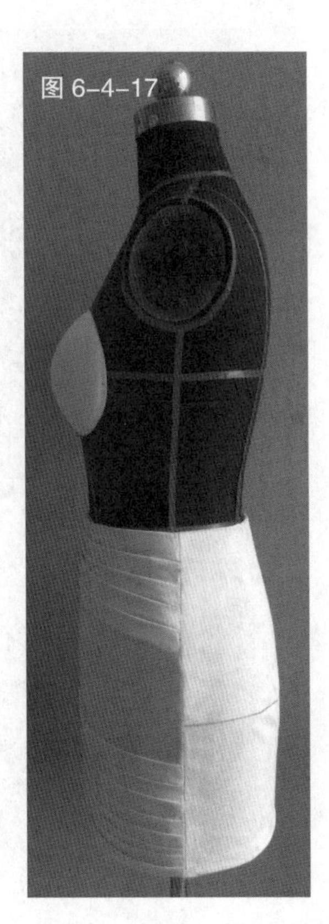

图 6-4-18

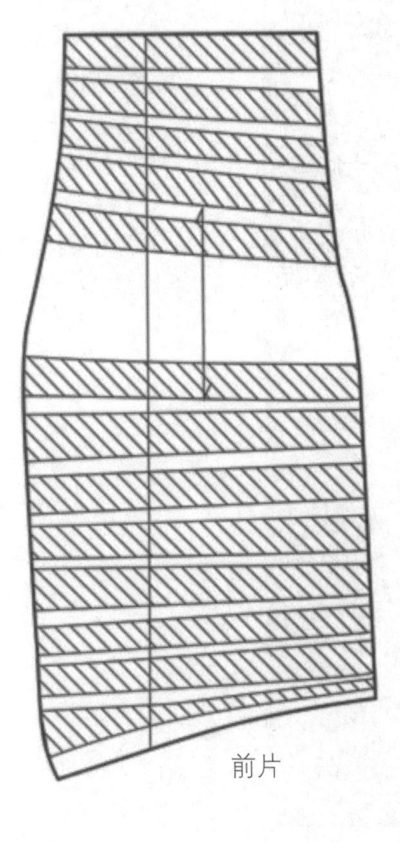

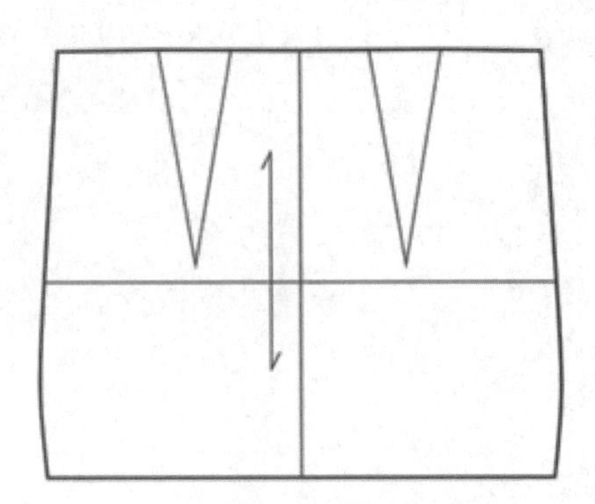

图 6-4-15 完成后的裙身正面造型

图 6-4-16 完成后的裙身背面造型

图 6-4-17 完成后的裙身侧面造型

图 6-4-18 根据完成的裙片描绘的平面图

第五节 立体廓型裙

（1）款式解析

此款裙为一款变化裙，其设计亮点是在裙身的两侧增加立体造型，是一款仿建筑型的造型（见图 6-5-1）。

（2）坯布准备

见图 6-5-2。

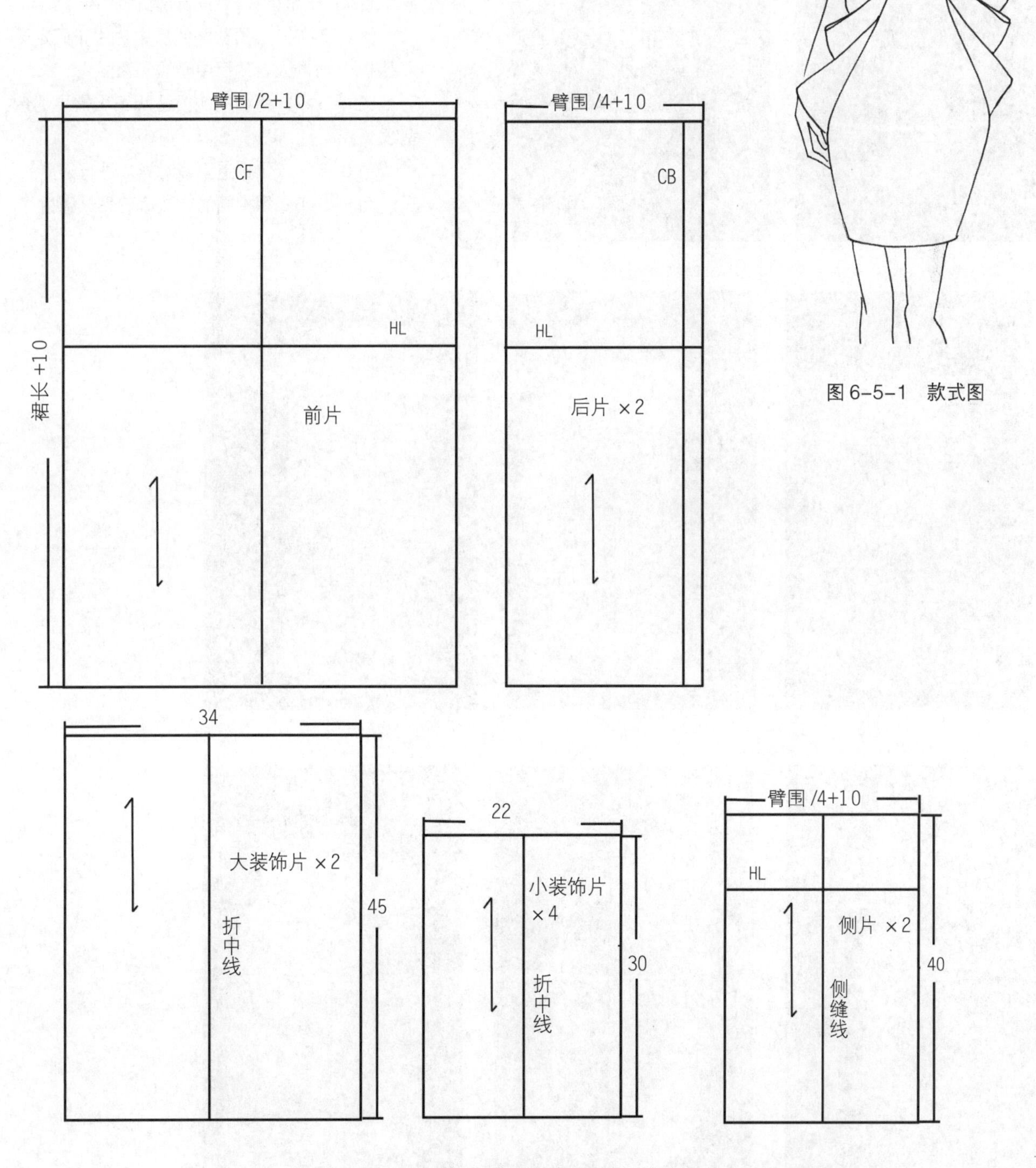

图 6-5-1 款式图

图 6-5-2 立体廓形裙的坯布预裁图 （单位：cm）

（3）操作步骤

见图6-5-3～图6-5-17。

图6-5-3 根据裙装款式用色带标记出造型线

图6-5-4 把预裁好的前裙片用布固定于人台上，并对准人台的前中心线和臀围线

图6-5-5 将裙片与人台贴合，用色带在裙片上标记出造型线，并进行修剪

图6-5-6 把预裁好的后裙片用布固定于人台上，并对准人台的后中心线和臀围线

图6-5-7 用相同的方法标记出需要的造型线

图6-5-8 依据造型线对裙片进行修剪

图6-5-9 用相同的方法裁剪另一侧裙片

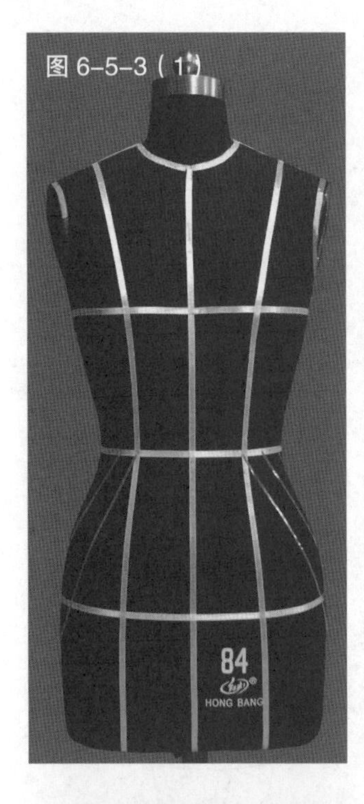

图6-5-3（1）

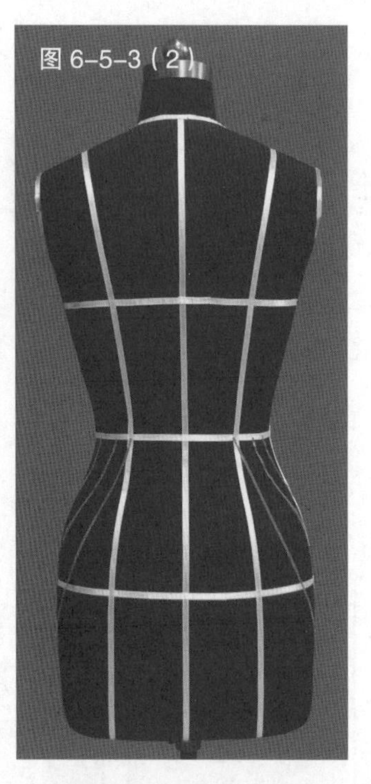
图6-5-3（2）

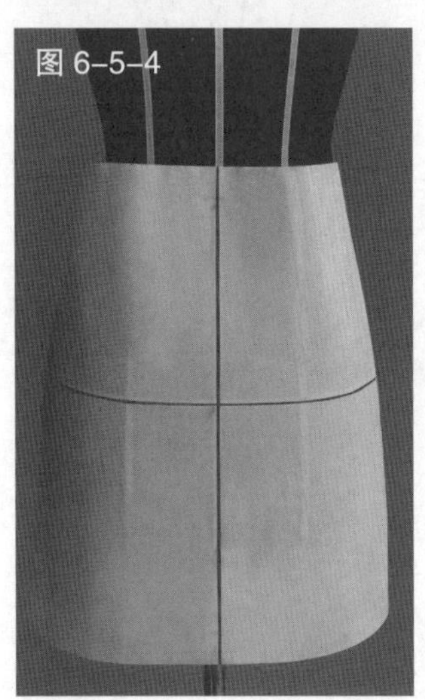
图6-5-4

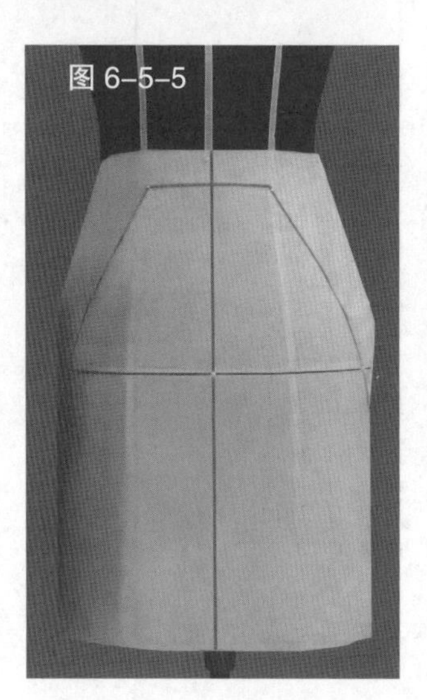
图6-5-5

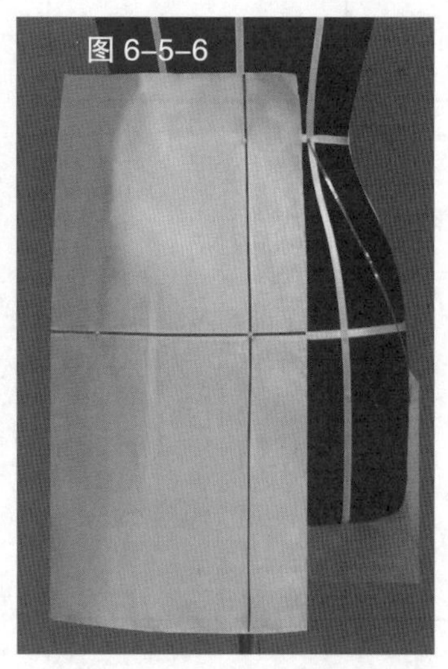
图6-5-6

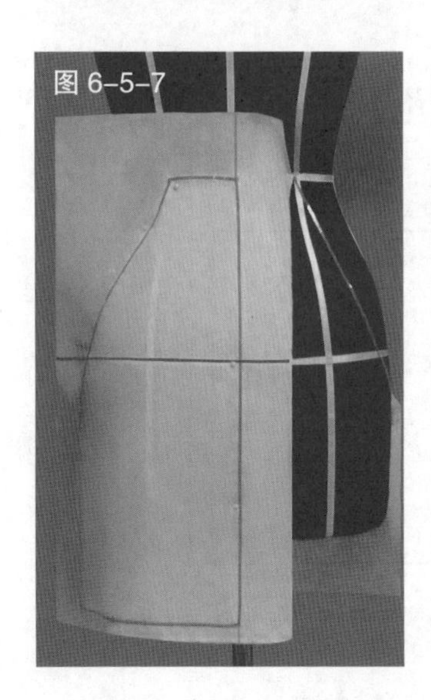
图6-5-7

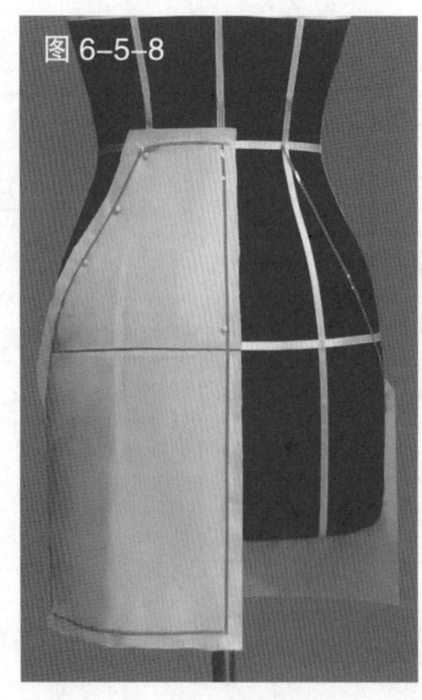
图6-5-8

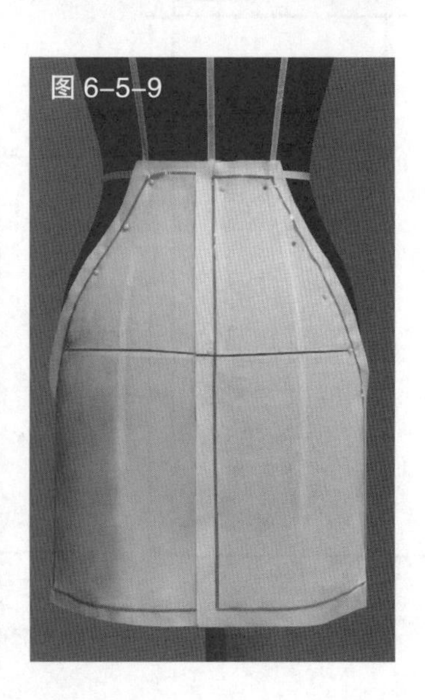
图6-5-9

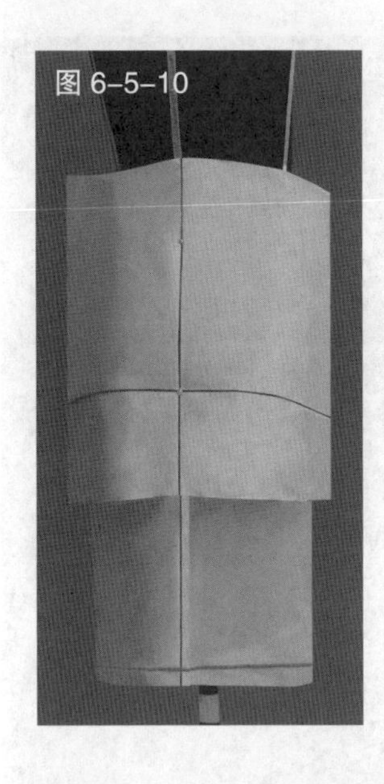

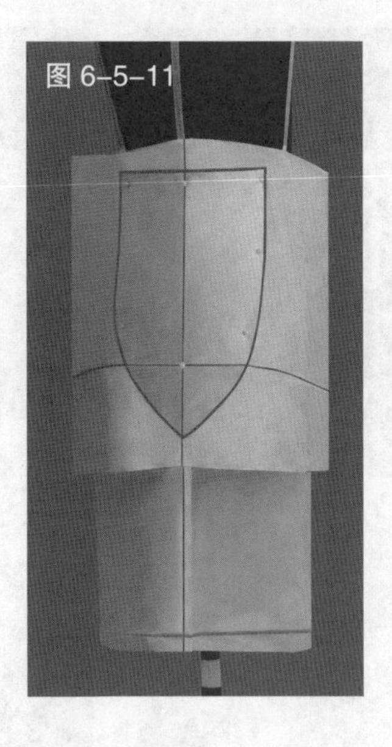

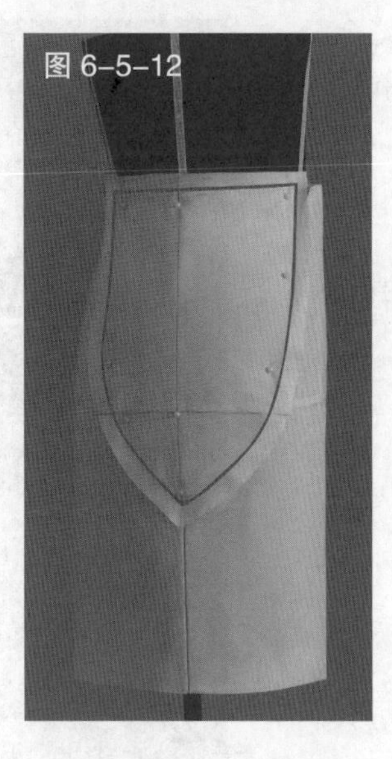

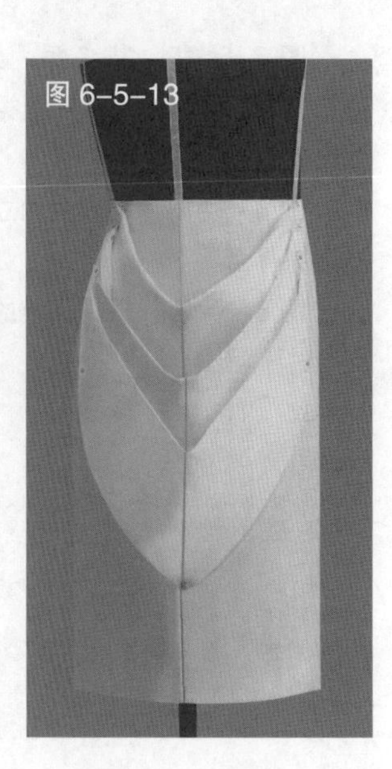

图 6-5-10　预裁侧面的裙片用布，把它对准人台的侧缝线和臀围线并固定在裙身上

图 6-5-11　将裙片贴合人台，在裙片上粘贴造型线

图 6-5-12　根据造型线对裙片进行修剪

图 6-5-13　预裁立体廓形裙片用布，根据裙片大小顺序依次固定于裙身上，调整相互间距，初步完成造型

图 6-5-14　从人台上取下裙片，进行画线、整理、修剪缝份，得到完成的裙片

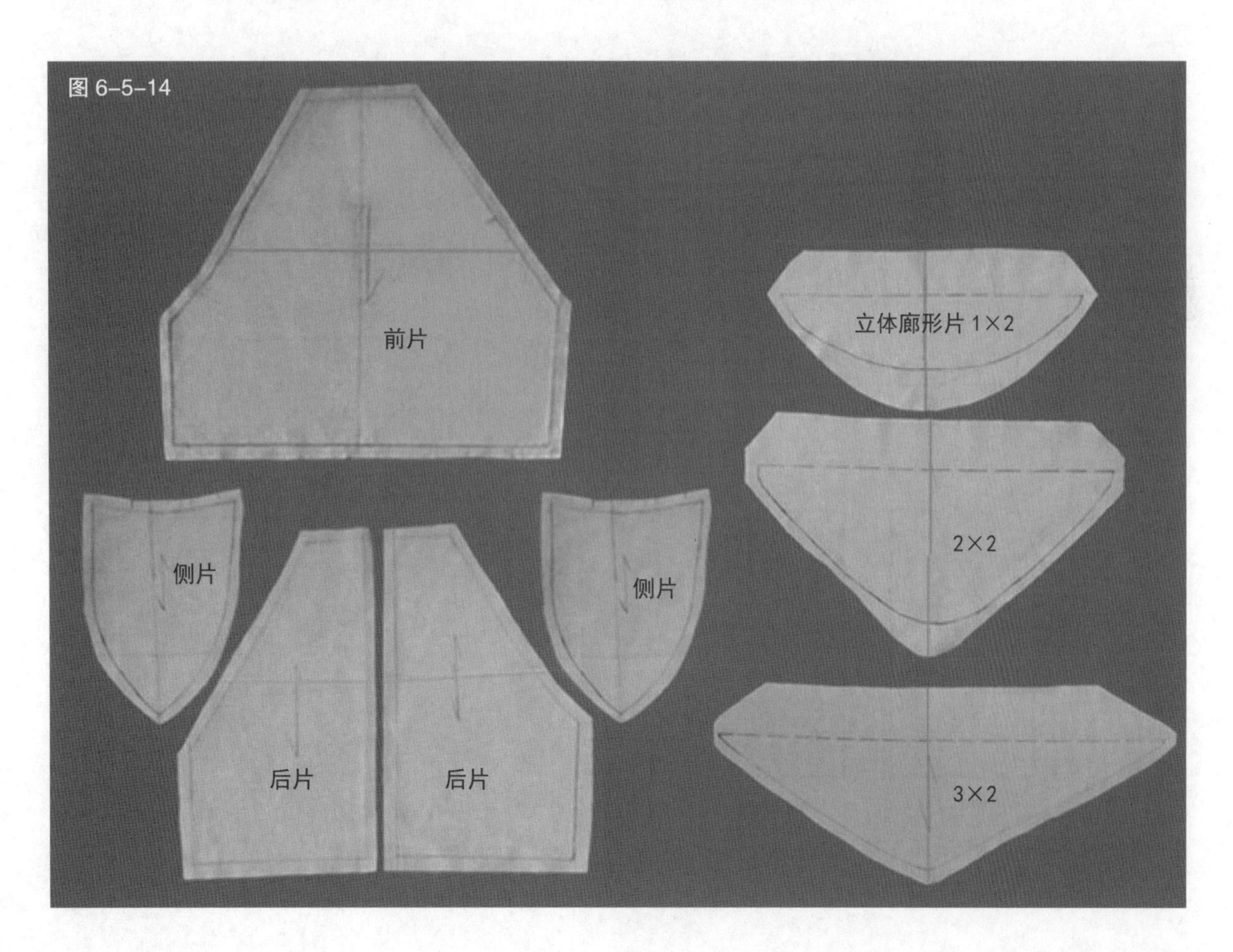

图 6-5-15 将各裙片缝合，进行试样，即完成立体廓型裙的整体造型

图 6-5-16 完成后的立体廓型裙的背面

图 6-5-17 根据完成的裙片描绘的平面图

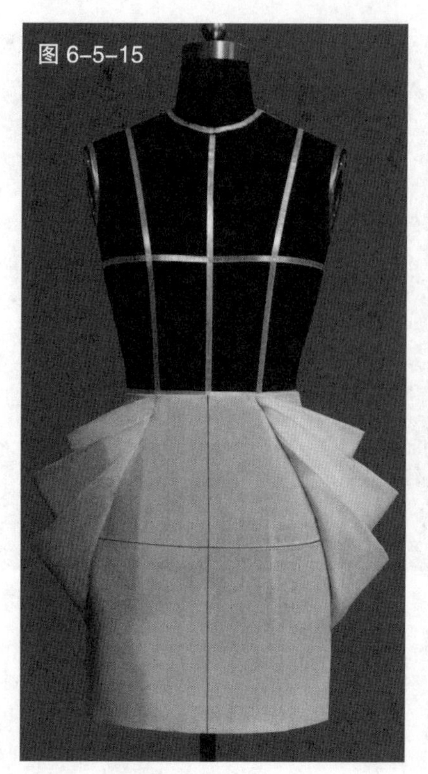

图 6-5-15

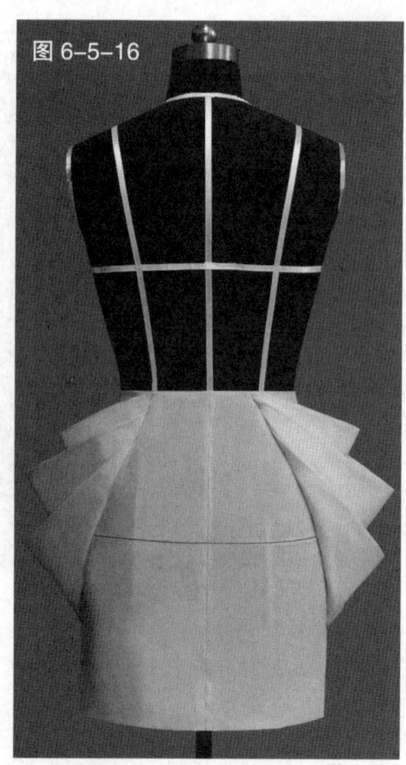

图 6-5-16

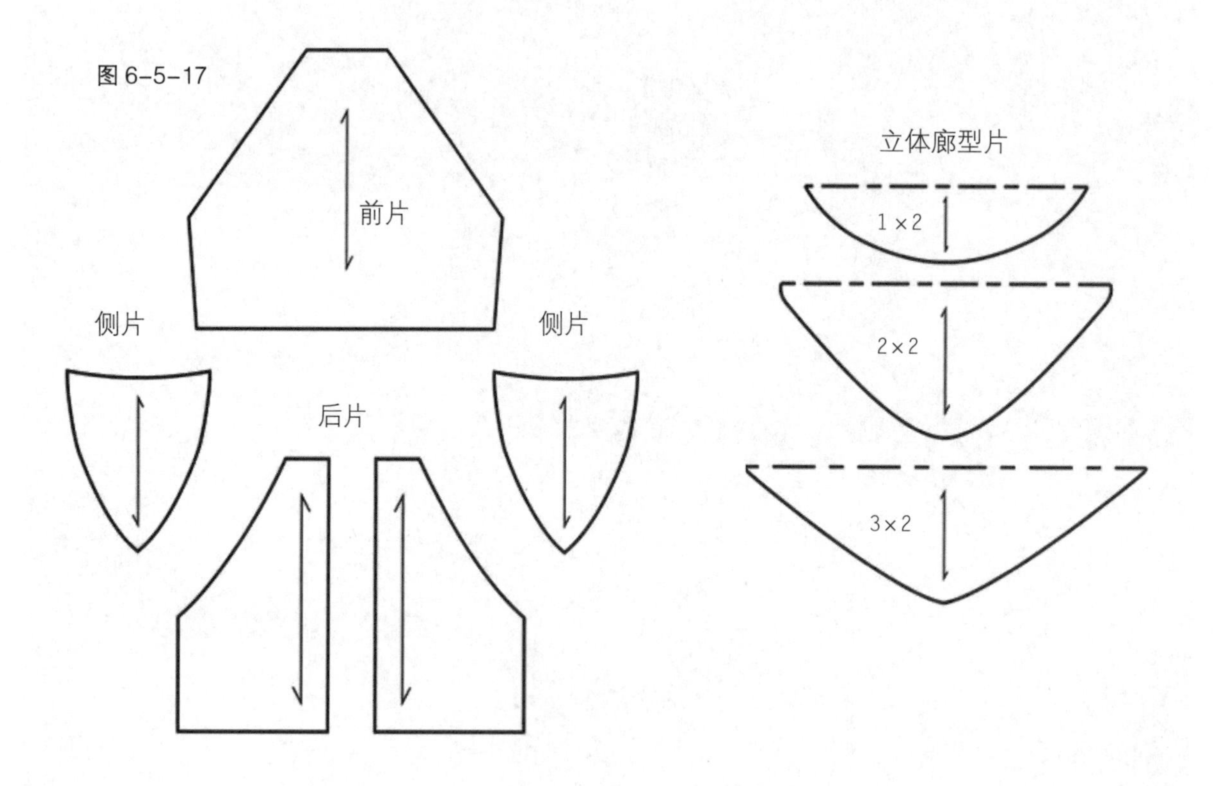

图 6-5-17

第六节　八片基础连身裙

（1）款式解析

八片连身裙是一款基础连身裙，主要以公主线为基准进行裙片的分割，使裙身十分合体，充分显现出女性体型的特点和立体裁剪的优势（见图 6-6-1）。

（2）坯布准备

见图 6-6-2。

（3）操作步骤

见图 6-6-3 ~ 图 6-6-18。

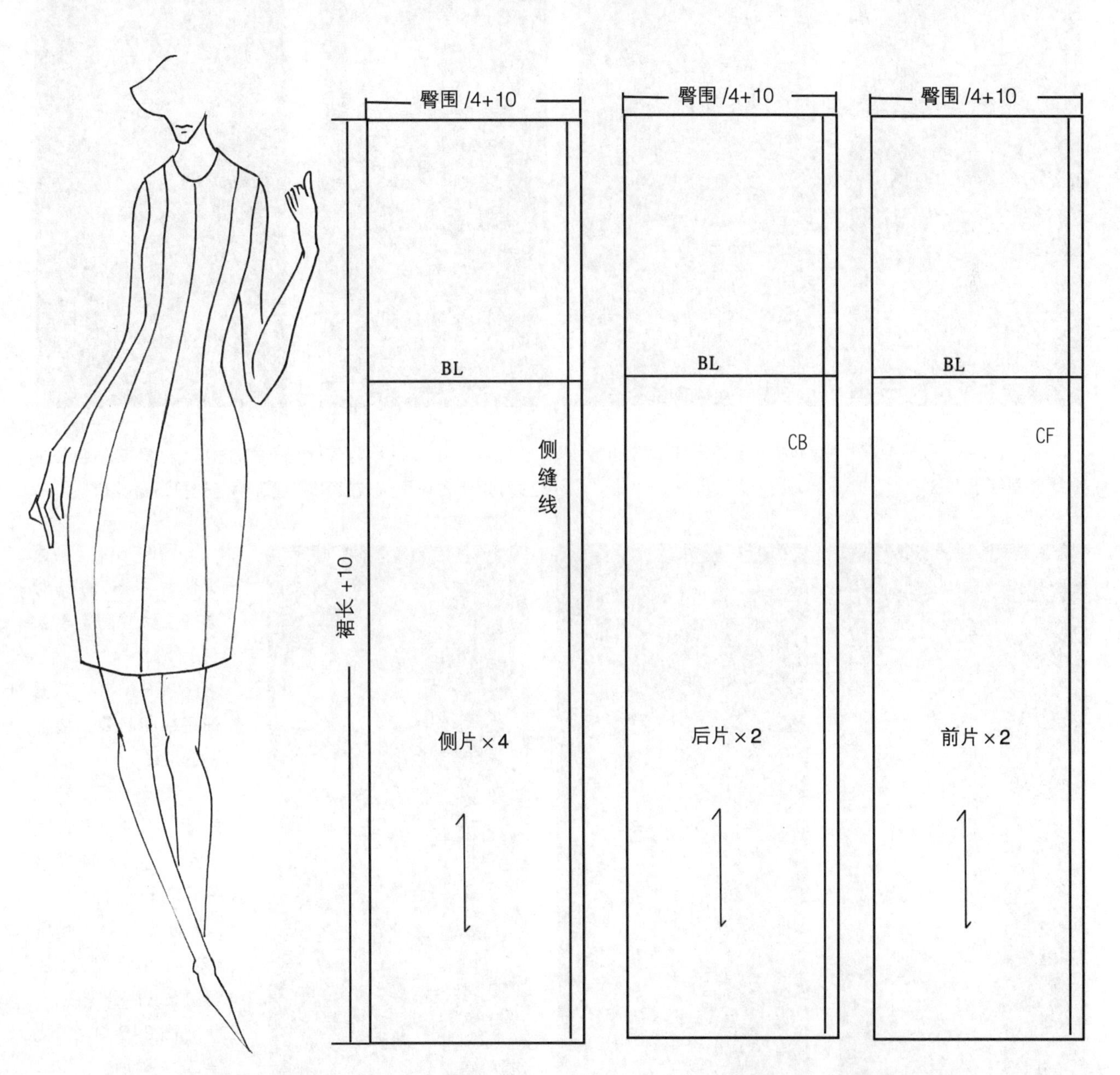

图 6-6-1　款式图

图 6-6-2　坯布预裁图（单位：cm）

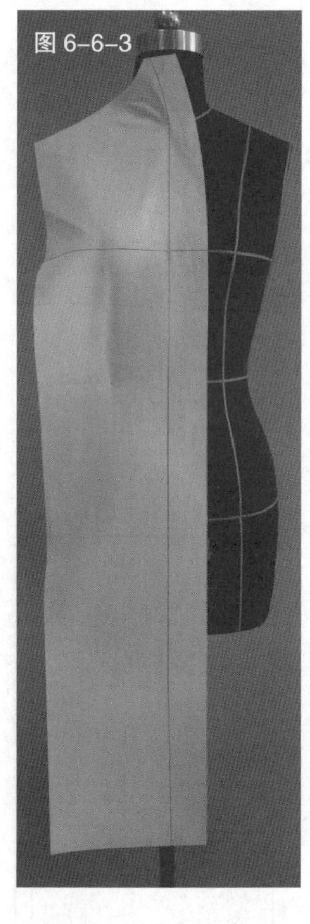

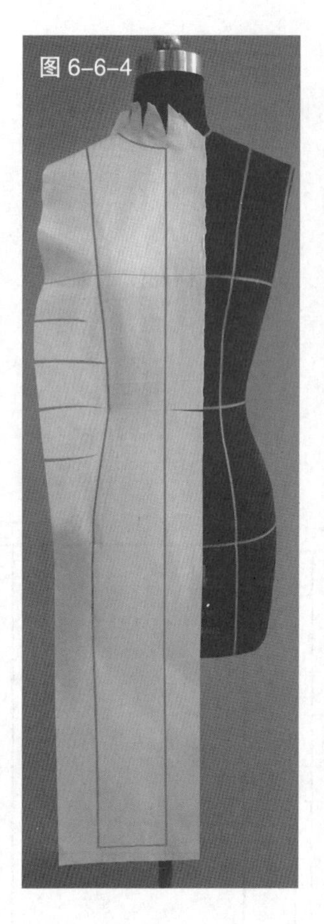

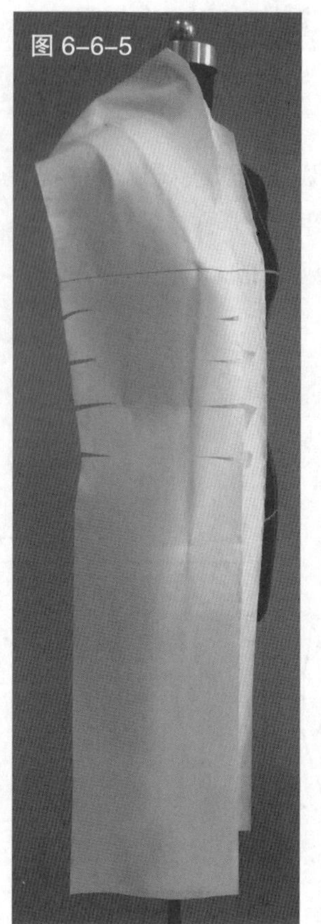

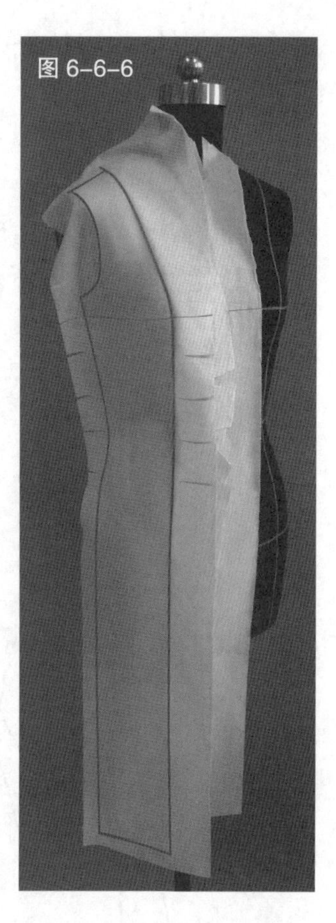

图 6-6-3 预裁裙前片用布，将它对准前中心线和胸围线并固定于人台

图 6-6-4 用色带标记出裙片裙形，注意要贴合公主线。为使布料平伏，在领围、腰部侧缝处打适量剪口

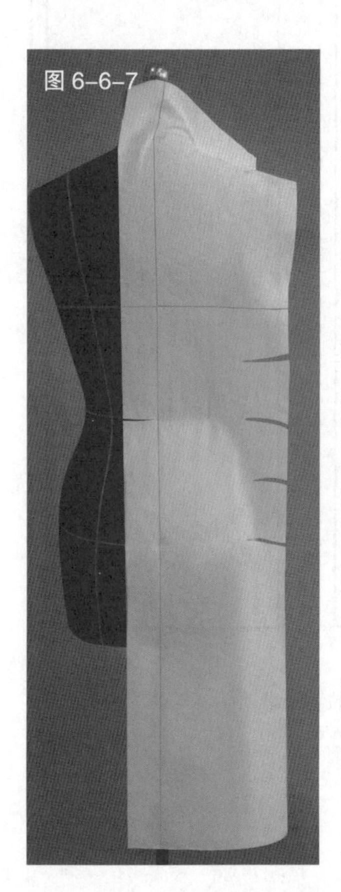

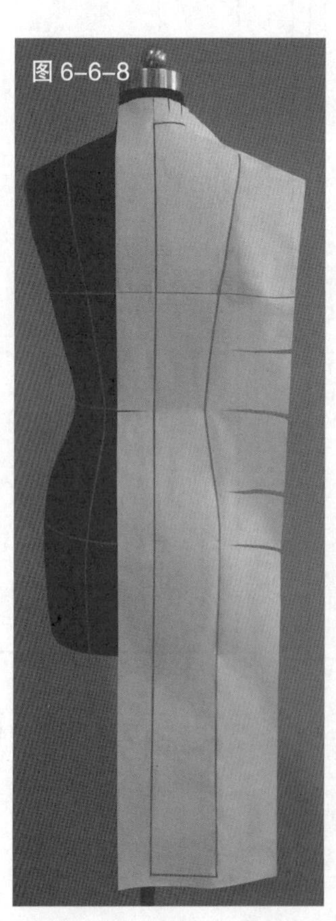

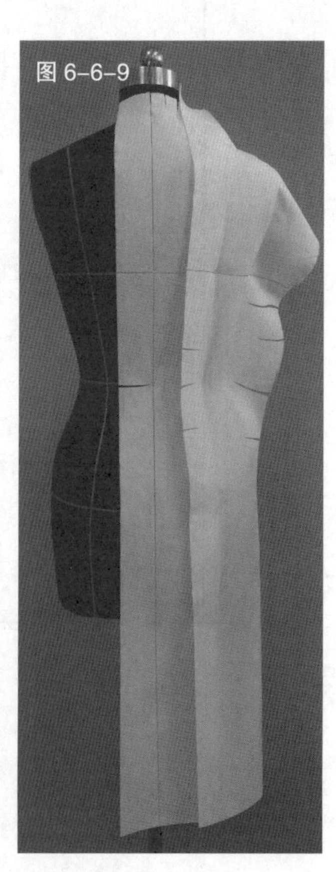

图 6-6-5 预裁裙侧片用布，将其对准胸围线并固定于人台上

图 6-6-6 依据袖窿线和前公主线粘贴造型线

图 6-6-7 预裁裙后片用布，将它对准后中心线和胸围线并固定于人台上

图 6-6-8 用色带标记出造型线，注意要贴合后公主线

图 6-6-9 预裁第二块裙后片用布，将它对准人台的胸围线并固定于人台上

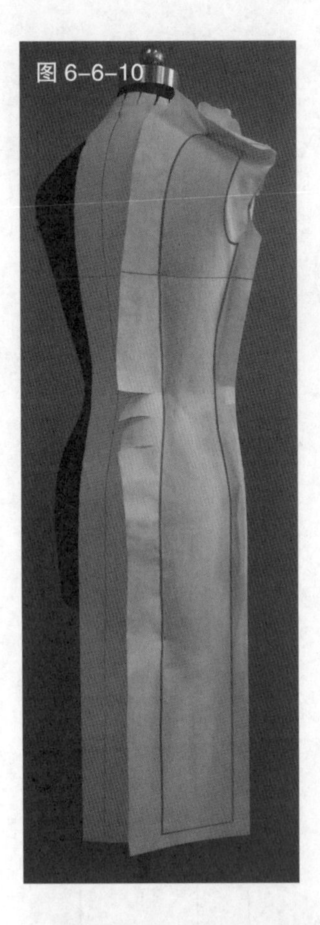

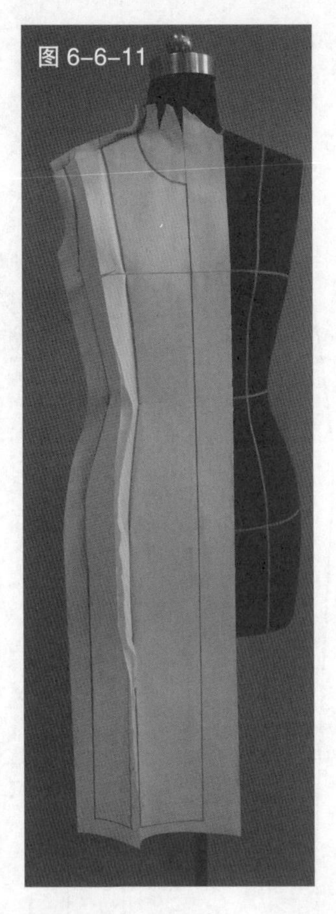

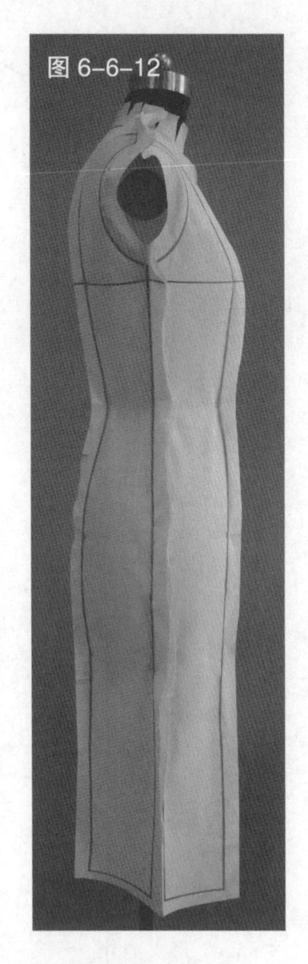

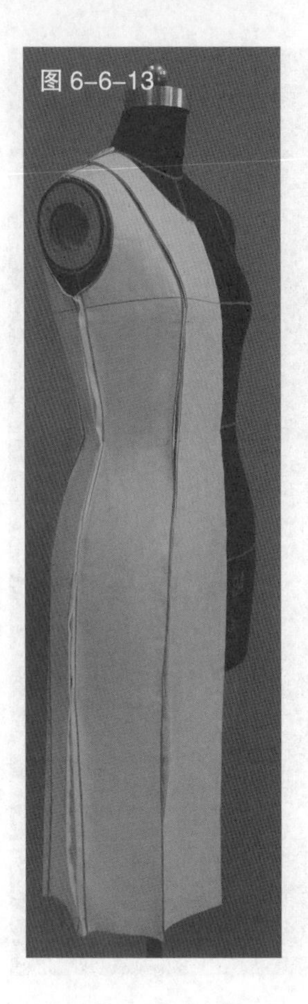

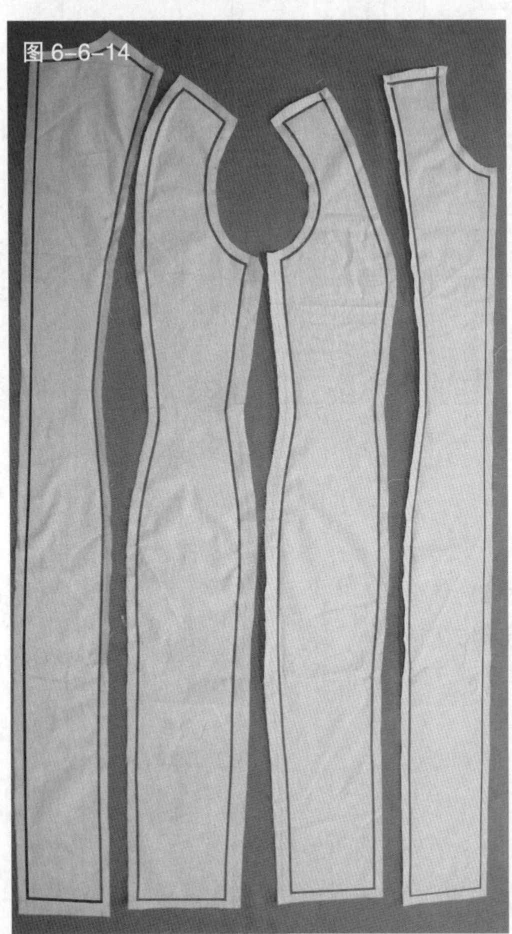

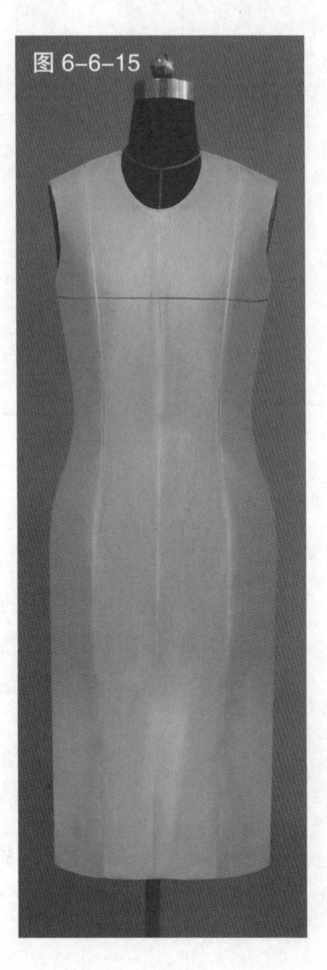

图 6-6-10 在后裙侧片上粘贴造型线，注意后袖窿线弧度

图 6-6-11 转至人台正面，观察裙形以便及时调整

图 6-6-12 观察裙身的侧面效果，保证前后裙片在侧缝对齐

图 6-6-13 进行裙片的修剪，初步完成裙身造型

图 6-6-14 从人台上取下裙片，进行画线、整理、修剪缝份，完成裙片

图 6-6-15 缝合各裙片，进行试样，完成裙装的造型

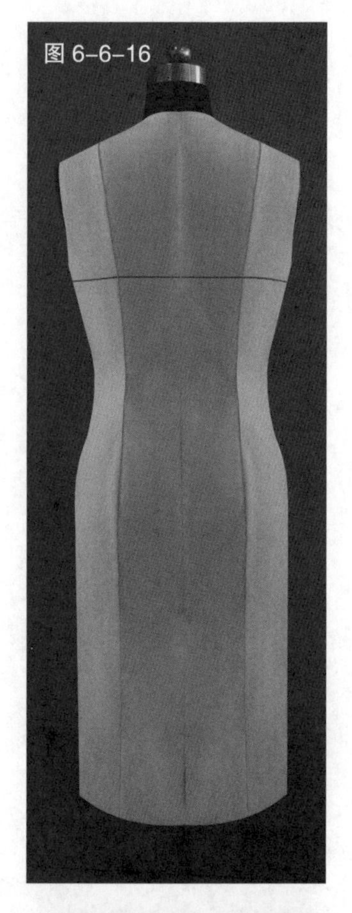

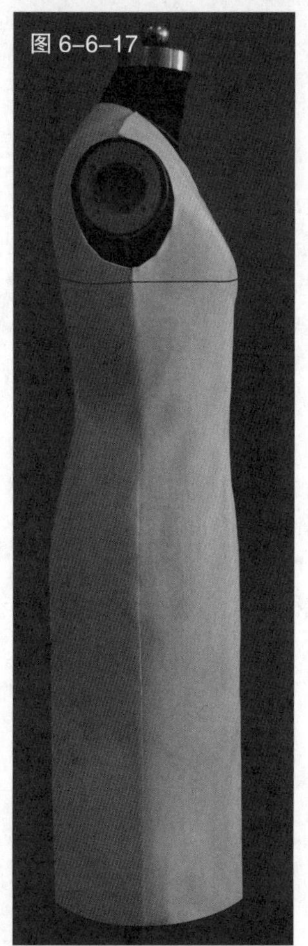

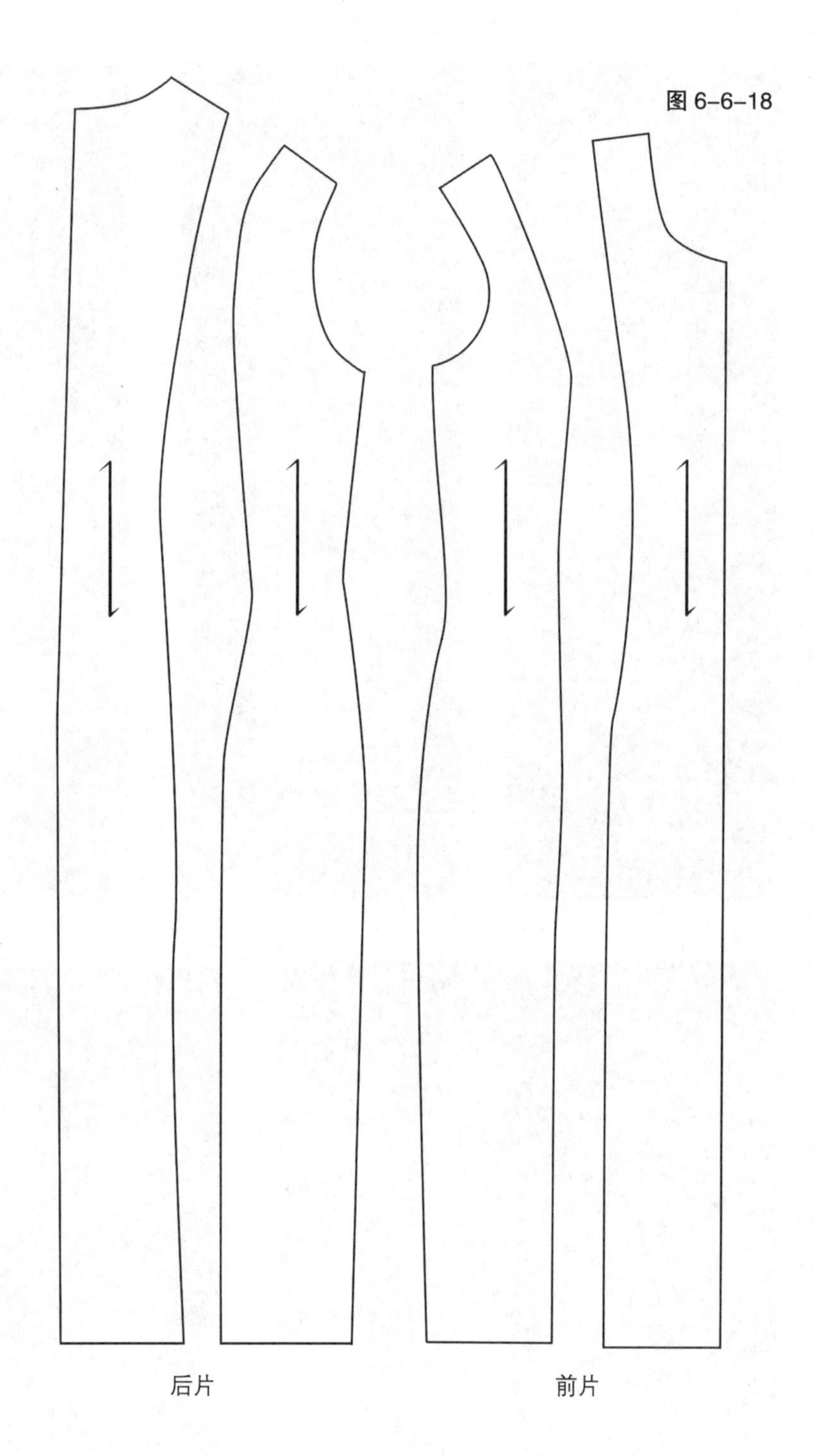

图 6-6-16 完成的八片裙的背面造型
图 6-6-17 完成的八片裙的侧面造型
图 6-6-18 根据完成裙身衣片描绘的平面图

第七节　胸部有褶裥的宽腰连身裙

（1）款式解析

胸部有褶裥的宽腰连身裙属于合体裙，胸部的褶裥设计增强了胸部造型的立体感，宽腰设计又可体现收腰效果。（见图 6-7-1）。

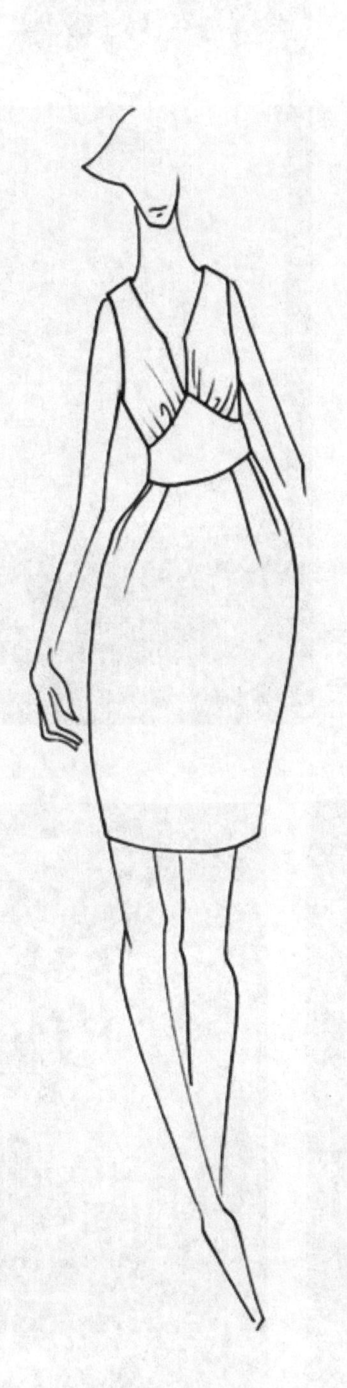

图 6-7-1　款式图

（2）坯布准备

见图 6-7-2。

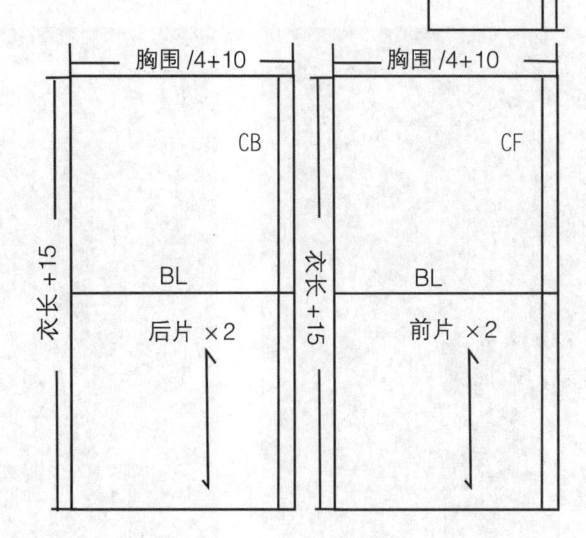

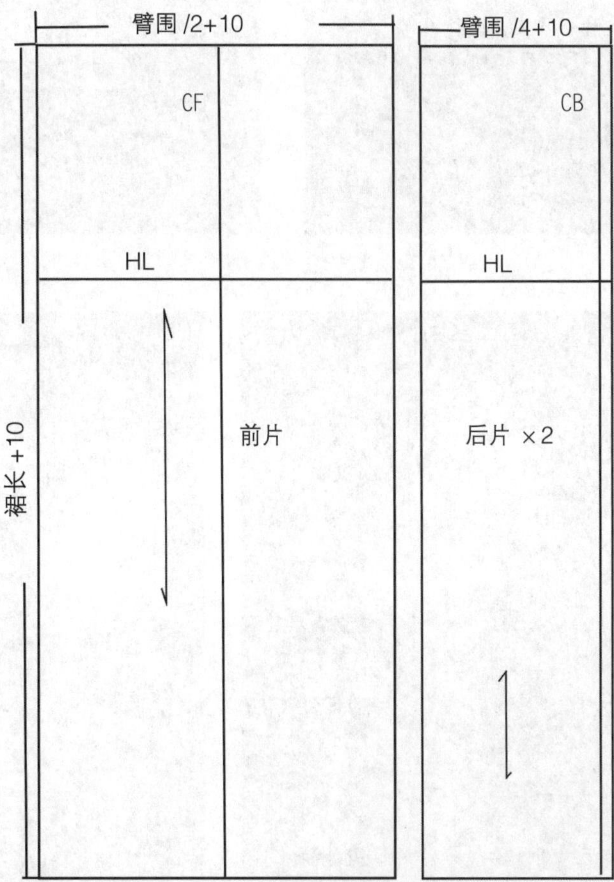

图 6-7-2　坯布预裁图　（单位：cm）

（3）操作步骤

见图6-7-3～图6-7-26。

图6-7-3 根据裙装款式用色带标记出款式造型线

图6-7-4 将准备好的前衣片用布固定于人台上，并对前中心线和胸围线

图6-7-5 根据衣身款式，在胸部下方进行褶裥造型，注意褶裥的间距及方向的把控

图6-7-6 粘贴设计所需的造型线，进行粗裁

图6-7-7 根据造型线进行修剪，留出缝份，剪掉多余布料

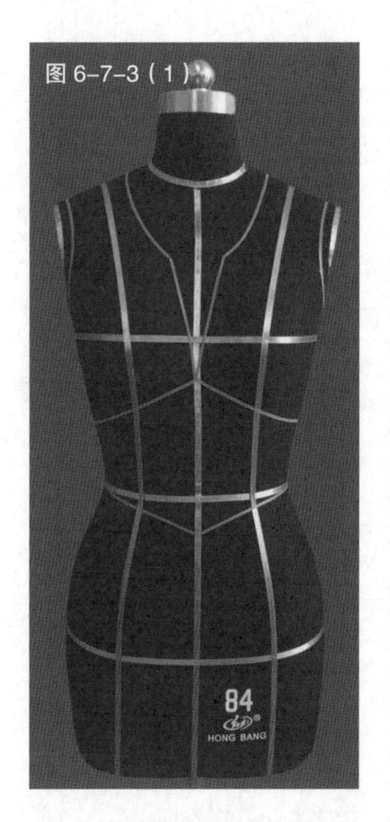

图6-7-3（1）

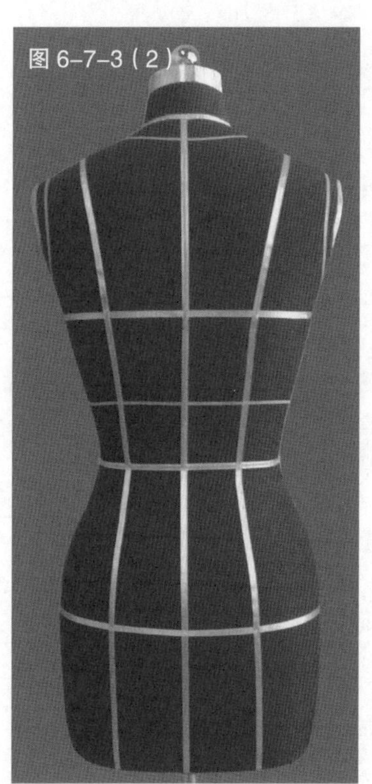
图6-7-3（2）

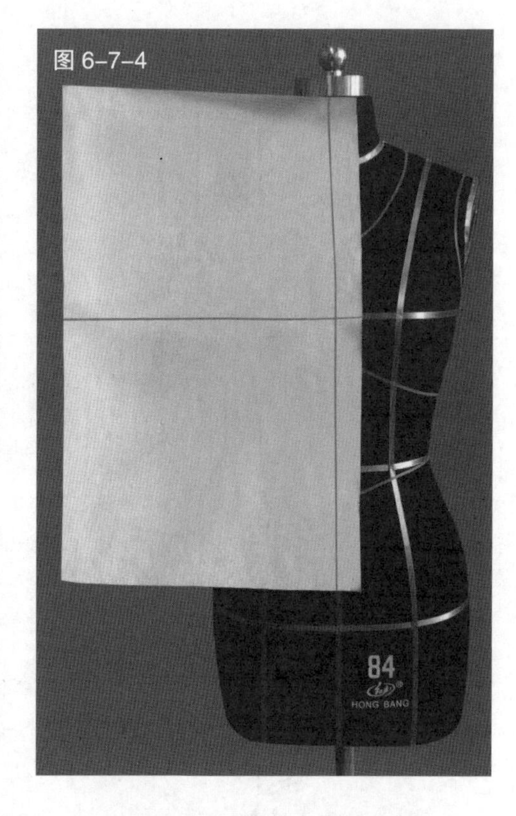

图6-7-4

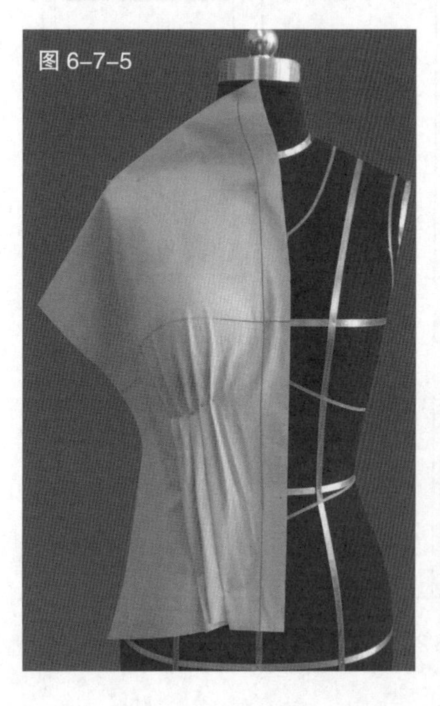
图6-7-5

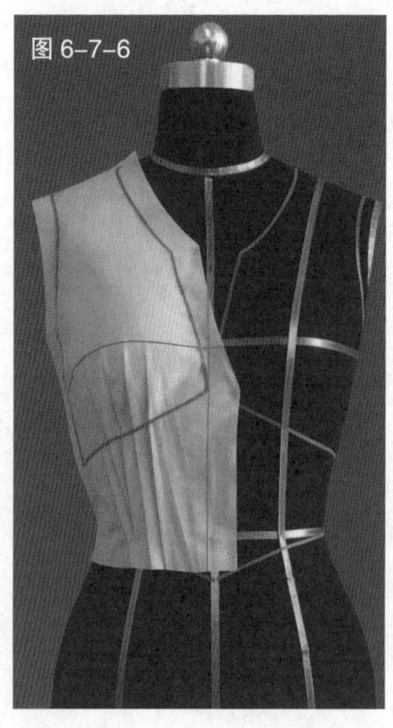
图6-7-6

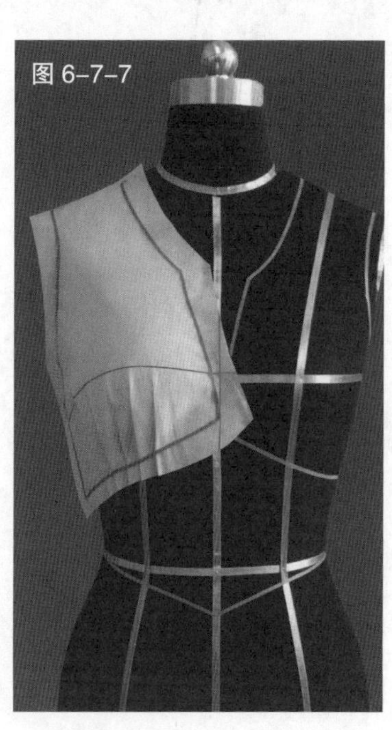
图6-7-7

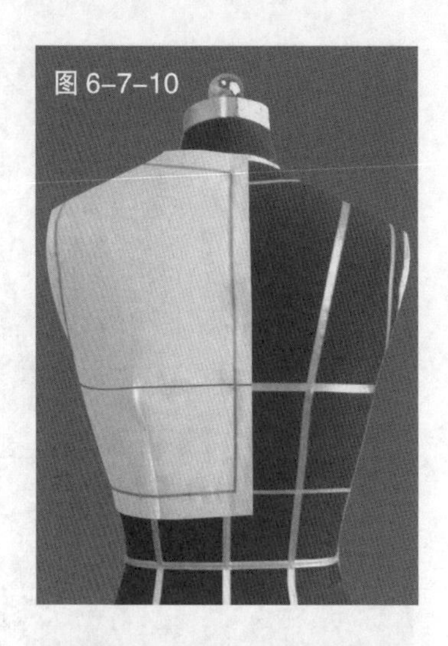

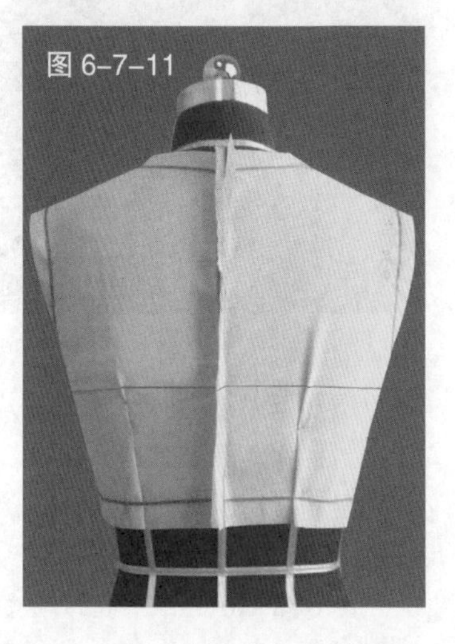

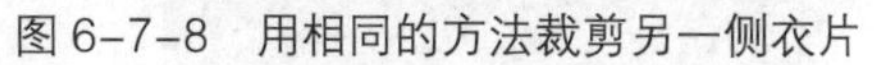

图 6-7-8 用相同的方法裁剪另一侧衣片

图 6-7-9 将预裁好的后衣片用布固定于人台上，且对准人台后中心线和胸围线

图 6-7-10 做后衣片的腰省

图 6-7-11 用相同的方法完成另一侧衣片的裁剪

图 6-7-12 将预裁好的裙身前片用布固定于人台，并对准前中心线和臀围线

图 6-7-13 将面料贴合人台，做出两个前腰省，注意臀部的放松量

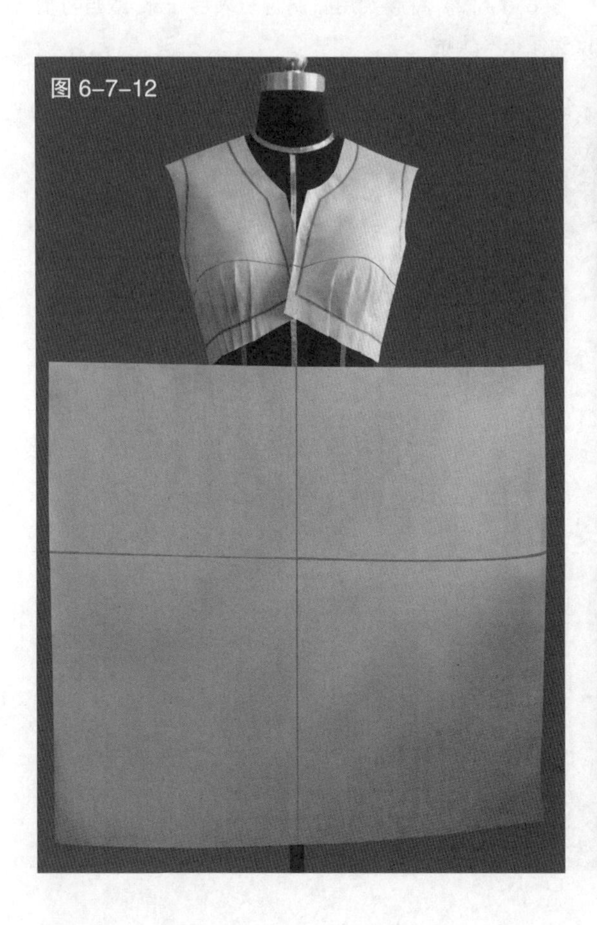

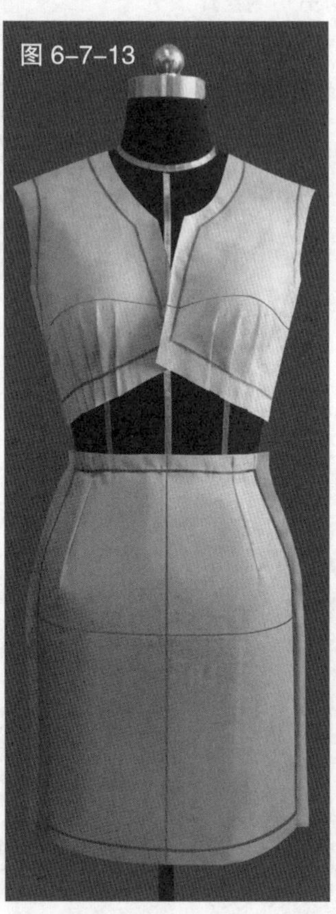

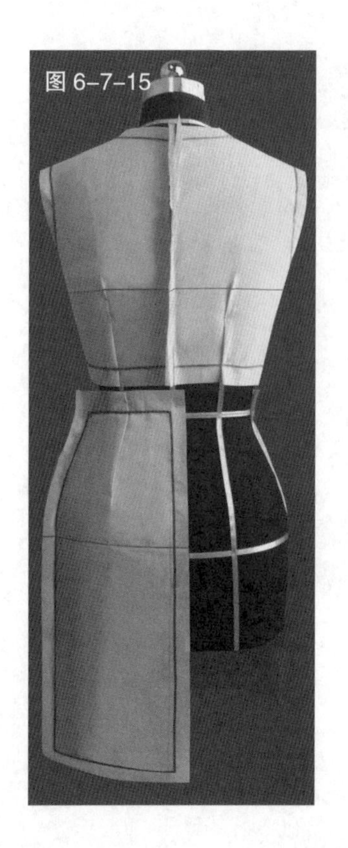

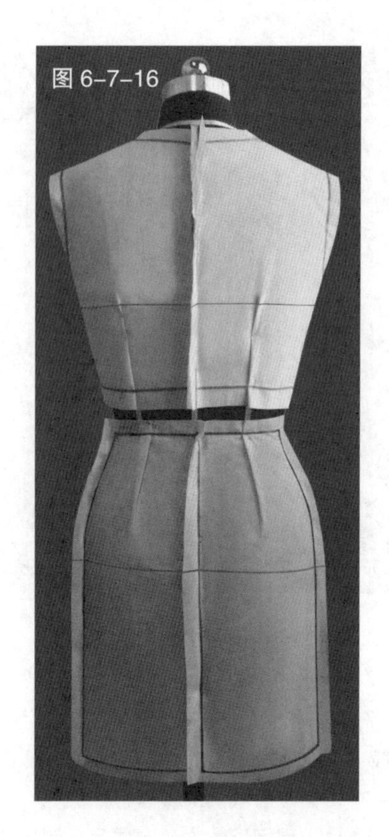

图 6-7-14　将预裁好的后片用布固定于人台上，且对准人台后中心线和臀围线

图 6-7-15　将面料贴合人台，做出后腰省，并粘贴造型线，然后根据造型线修剪布料

图 6-7-16　用相同的方法裁剪另一侧裙片

图 6-7-17　初步完成裙身部分的裁剪

图 6-7-18　将预裁好的腰头用布对准人台前中心线和腰围线，并固定于人台上

图 6-7-19　将腰头用布贴合于人台腰部，适当打剪口以确保布料伏贴

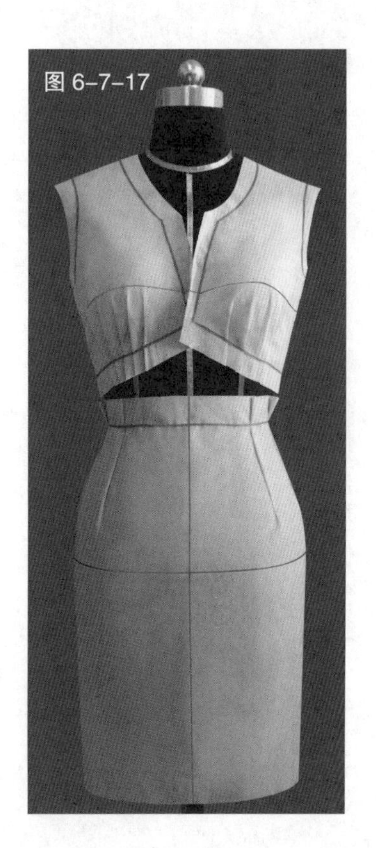

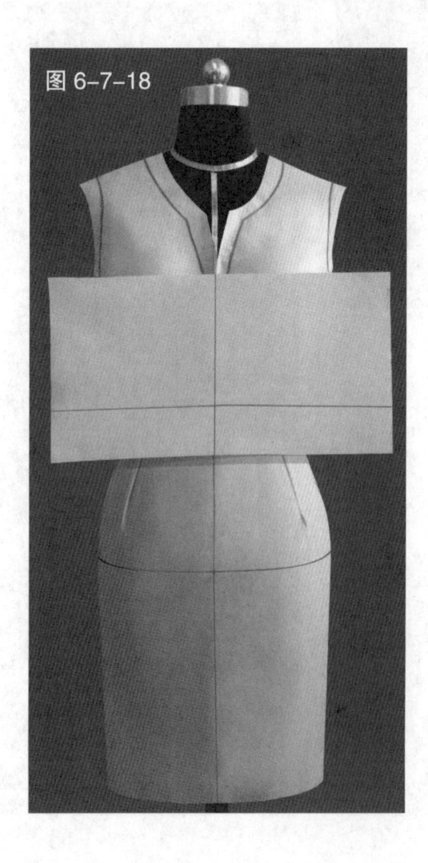

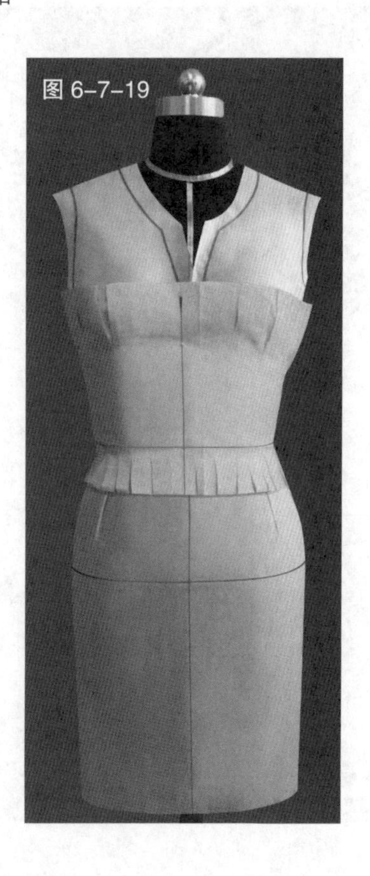

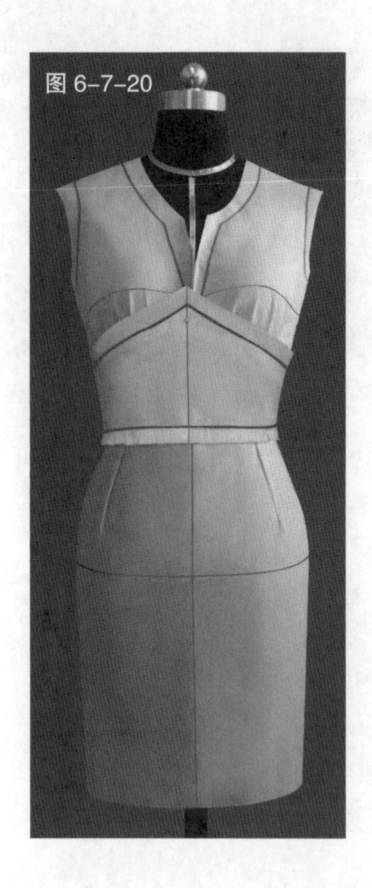
图 6-7-20

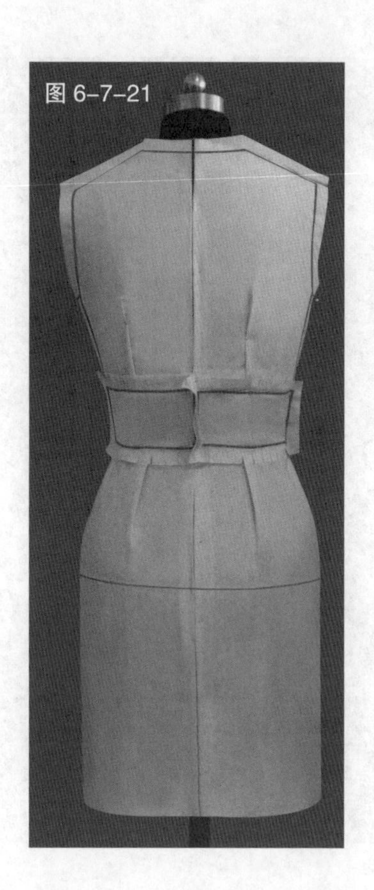
图 6-7-21

图 6-7-20 用色带粘贴造型线，并对腰头用布进行修剪

图 6-7-21 在裙身背部固定预裁好的后片腰头用布，标记造型线并修剪布料，初步完成造型

图 6-7-22 从人台上取下裙片，进行画线、整理、修剪缝份，得到完成的裙片

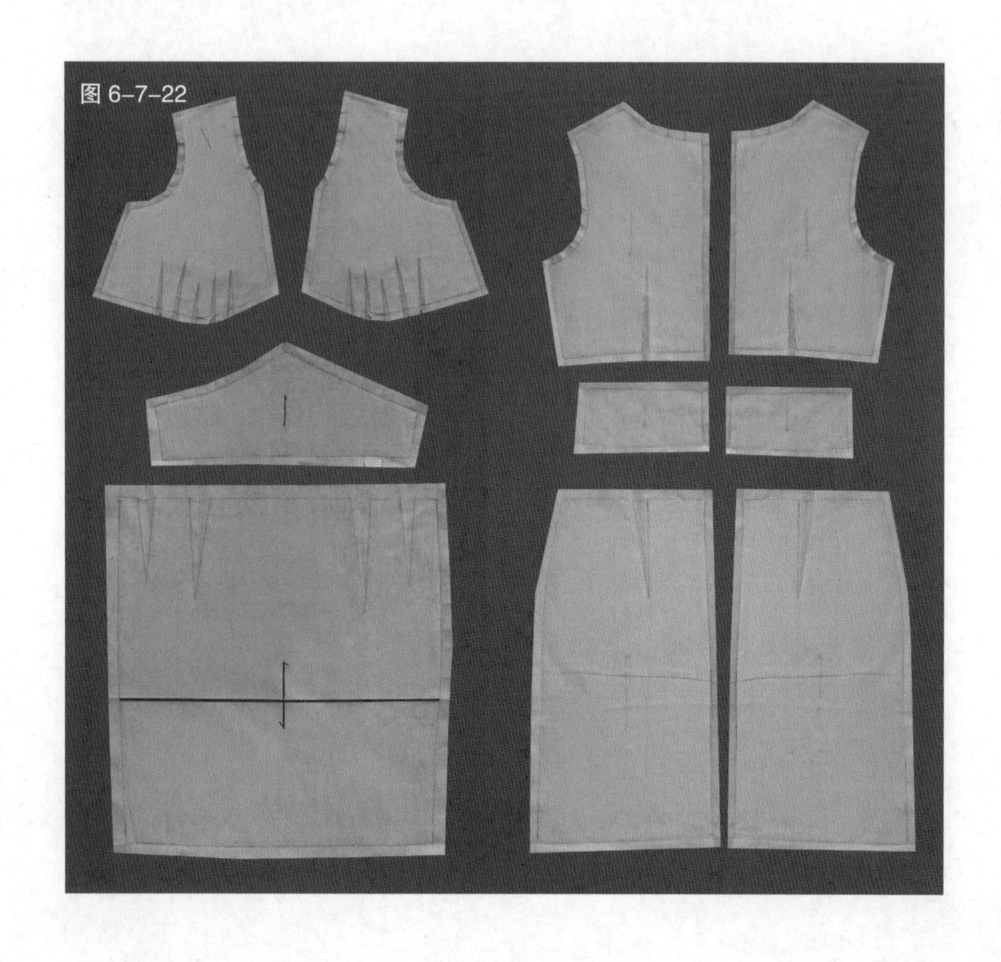
图 6-7-22

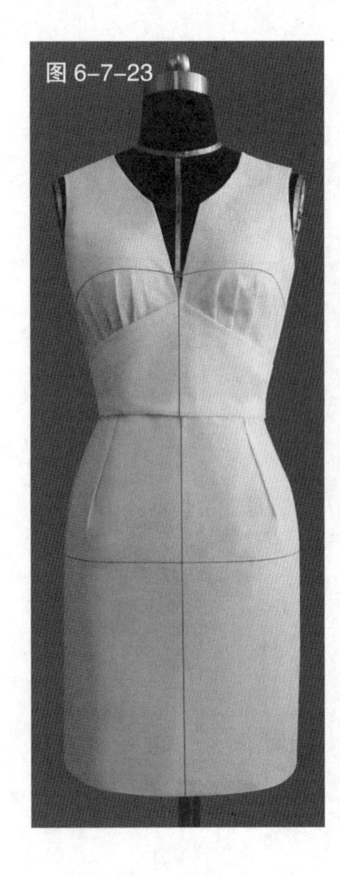

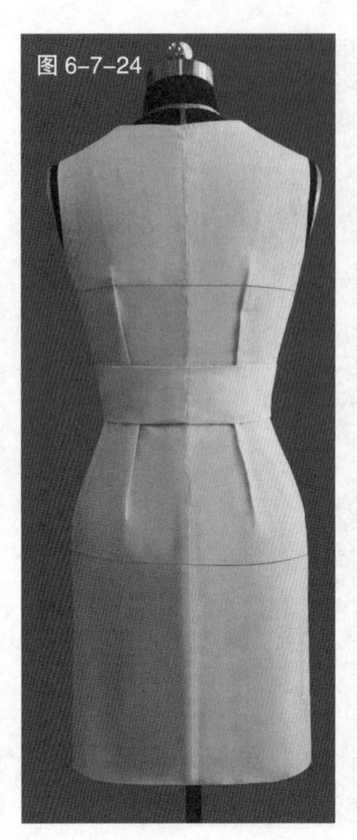

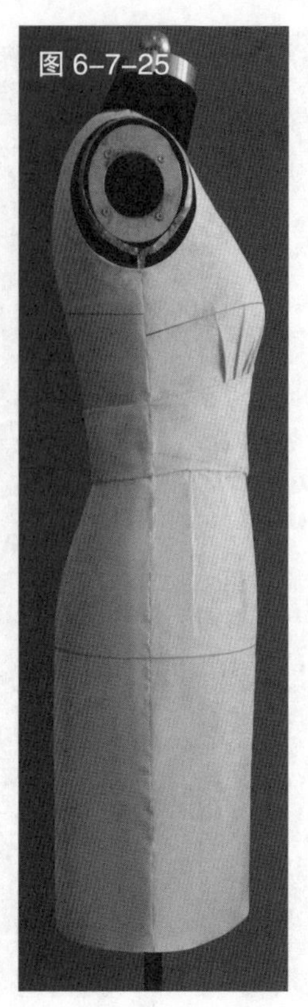

图 6-7-23 将裙片缝合,进行试样,完成的连身裙的正面造型

图 6-7-24 完成后的连身裙的背面造型

图 6-7-25 完成后的连身裙的侧面造型

图 6-7-26 根据完成裙片描绘的平面图

图 6-7-26

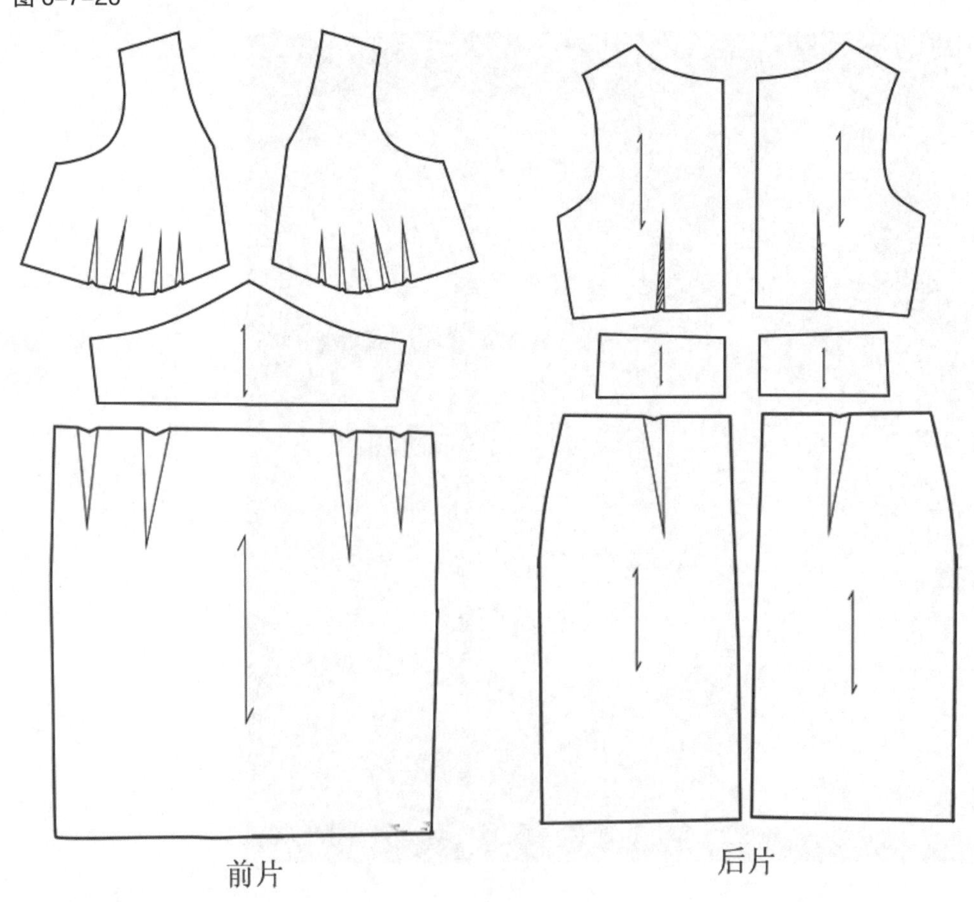

第八节　宽条层叠造型连身裙

（1）款式解析

该款连身裙是在基础连身裙造型上，为设计宽条层叠的装饰效果，将均等宽的布条装饰于裙身上，形成层次分明、排列有序的装饰造型，既丰富了裙身结构线条，又使平面的裙身产生了立体的视觉效果（见图 6-8-1）。

（2）坯布准备

见图 6-8-2。

（3）操作步骤

见图 6-8-3 ~ 图 6-8-16。

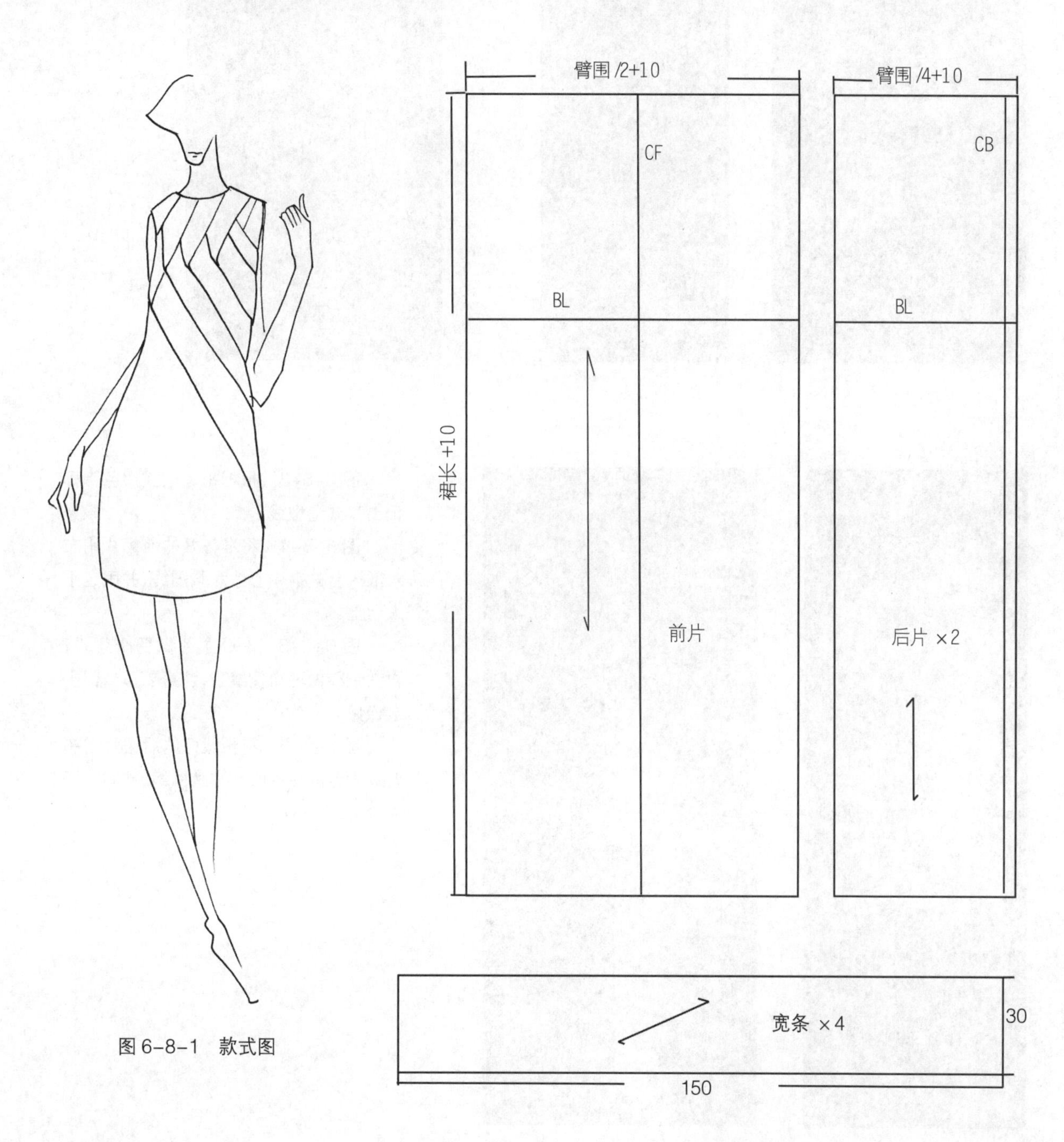

图 6-8-1　款式图

图 6-8-2　坯布预裁图（单位：cm）

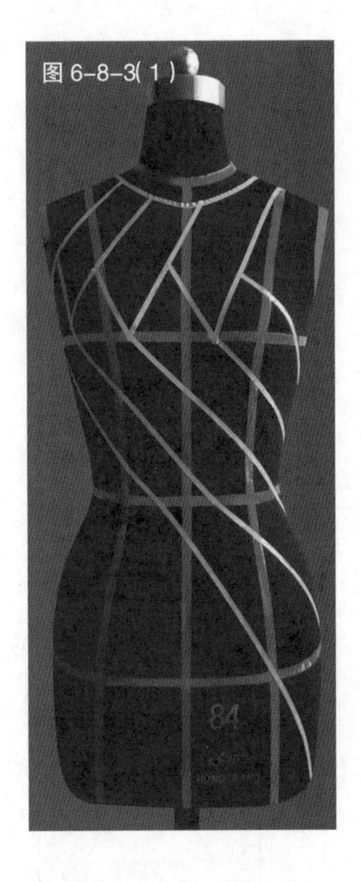
图 6-8-3(1)

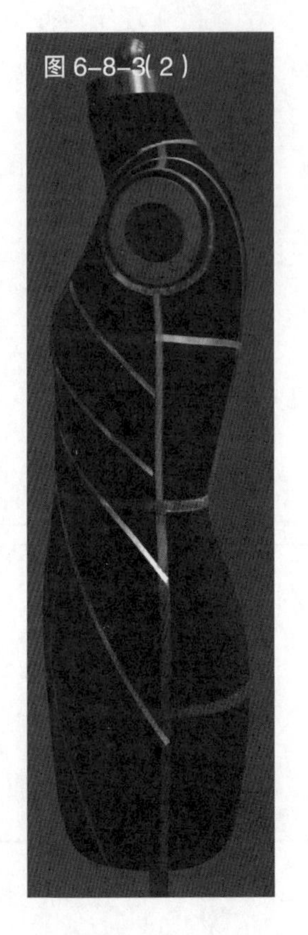
图 6-8-3(2)

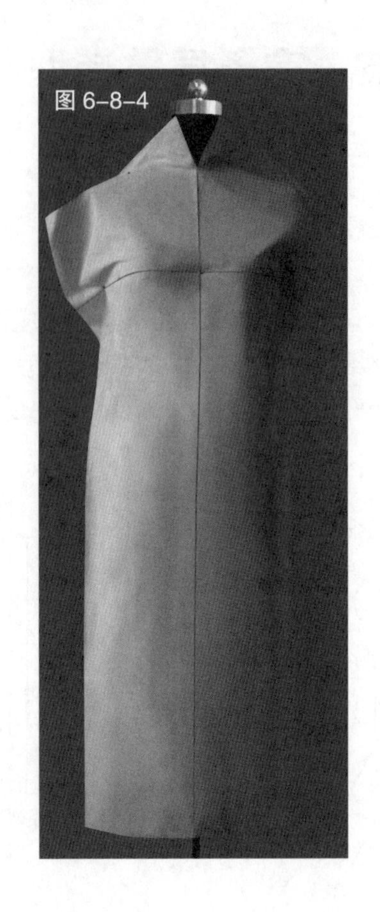
图 6-8-4

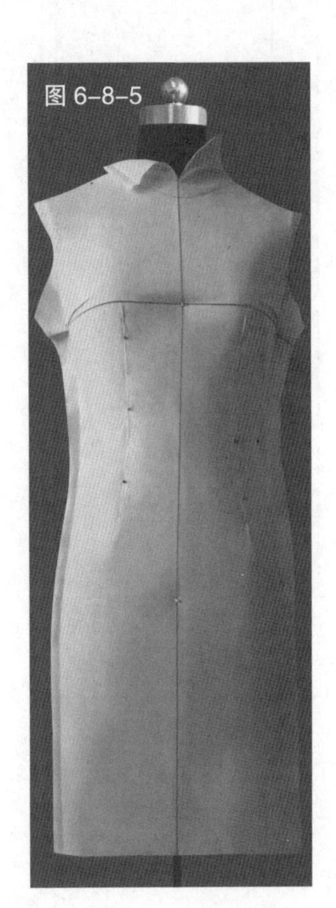
图 6-8-5

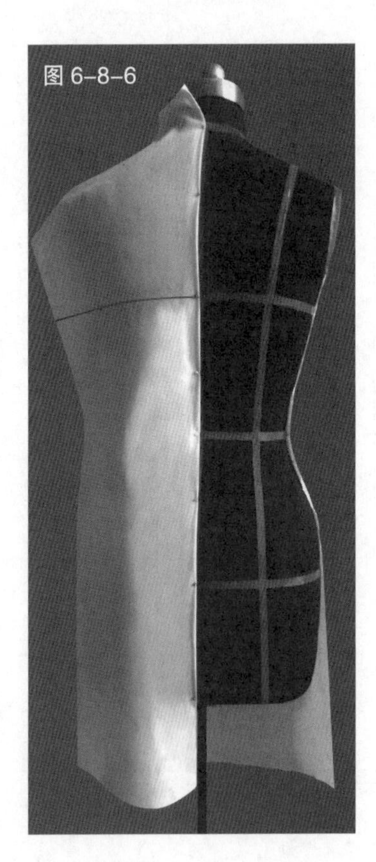
图 6-8-6

图 6-8-3　根据裙装款式用色带标记出款式造型线

图 6-8-4　将准备好的前裙片用布对准人台的前中心线和胸围线，并固定于人台上

图 6-8-5　沿公主线做两个腰省，再沿侧缝做两个侧缝省，注意要适当留出放松量

图 6-8-6　将预裁好的后裙片用布对准人台的后中心线和胸围线，并固定于人台上

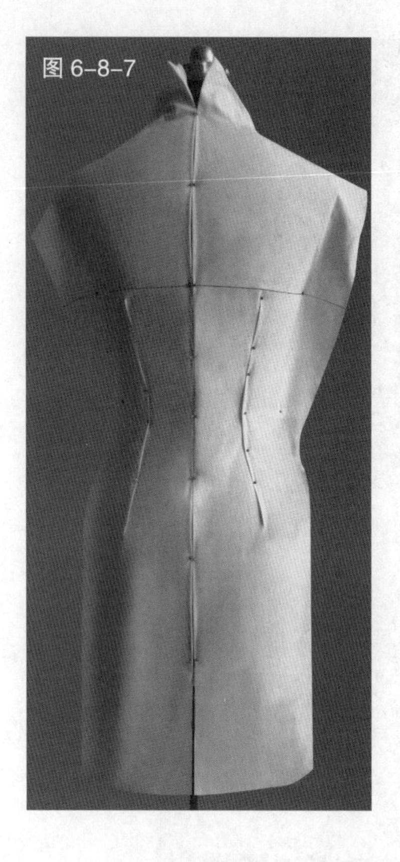

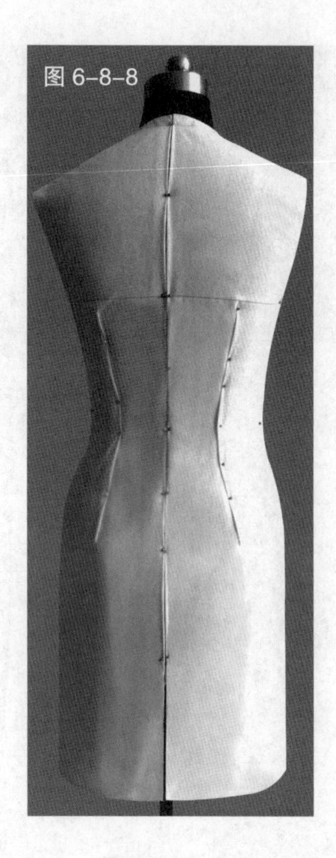

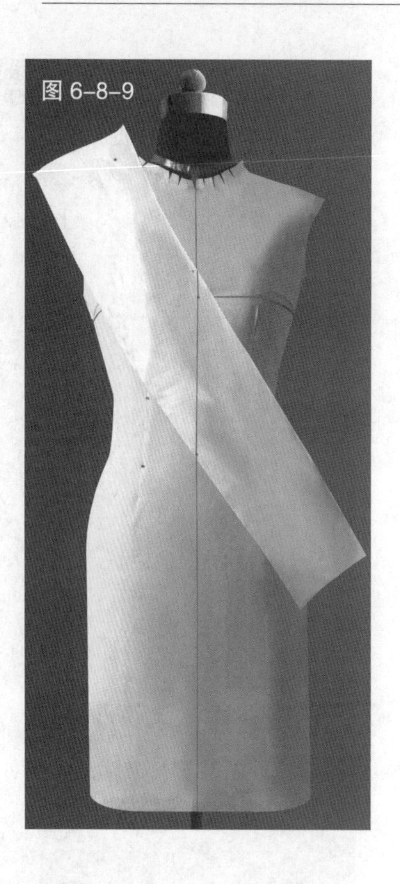

图 6-8-7　在后裙片上做腰省

图 6-8-8　修剪裙身布料，整理、完成裙身造型

图 6-8-9　将斜丝裁剪的装饰宽条用布对折并固定于裙身上，根据设计的造型做出需要的层叠效果

图 6-8-10　将四片布条依次紧贴裙身排列并固定

图 6-8-11　完成后检查整体造型，并调整其贴体度

图 6-8-12　从人台上取下各裙片，进行画线、整理、修剪缝份，得到完成的裙片

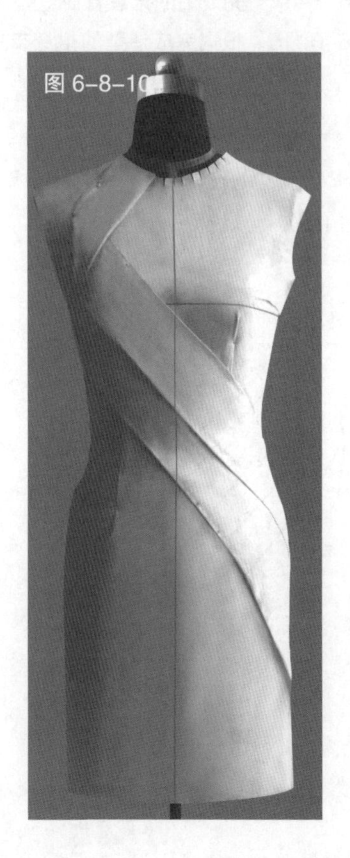

图 6-8-12（2）

图 6-8-13 将修好的裙片缝合，进行试样，完成裙装的整体造型

图 6-8-14 完成后的裙装背面造型

图 6-8-15 根据完成造型的裙身布片描绘的平面图

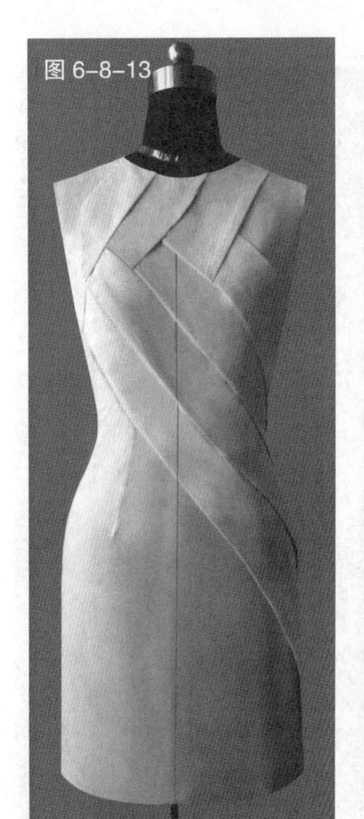
图 6-8-13

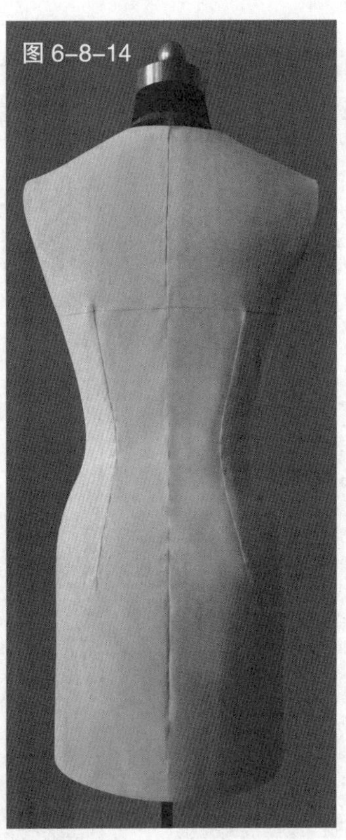
图 6-8-14

图 6-8-15（1）

图 6-8-15（2）

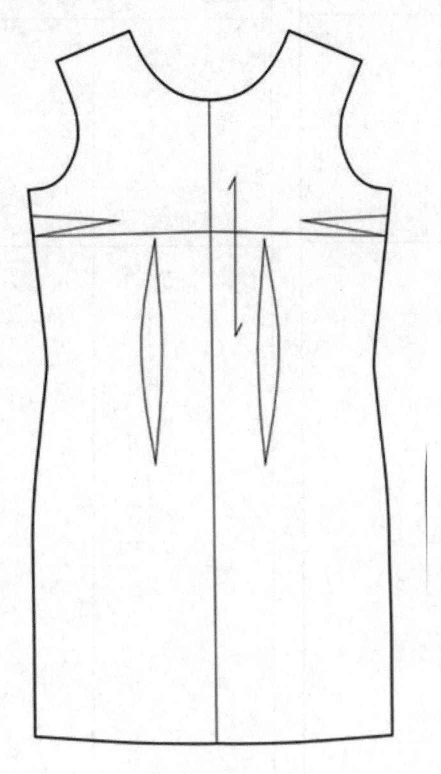

前片

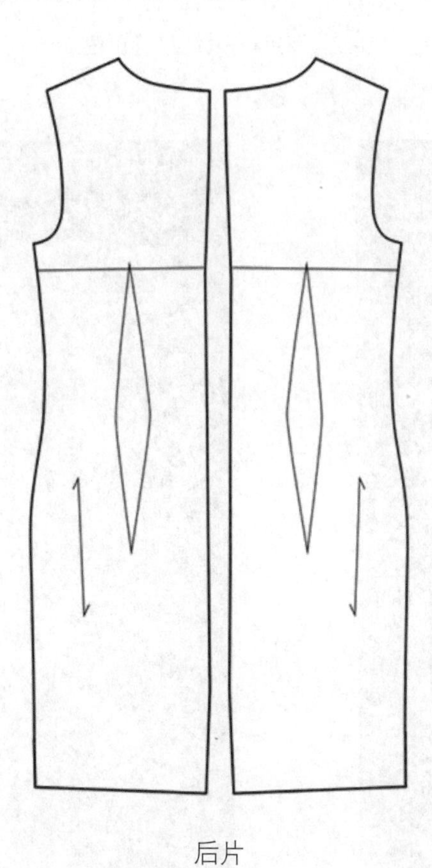

后片

第九节 荷叶边装饰连身裙

（1）款式解析

荷叶边装饰连身裙裙身简洁，裙身上的荷叶边造型成为视觉焦点。在基础裙身的基础上进行荷叶边的装饰，能让简单的裙型变得丰富，且波浪曲线更能体现女性柔情似水的魅力（见图 6-9-1）。

图 6-9-1 款式图

（2）坯布准备

见图 6-9-2。

（3）操作步骤

见图 6-9-3 ~ 6-9-19。

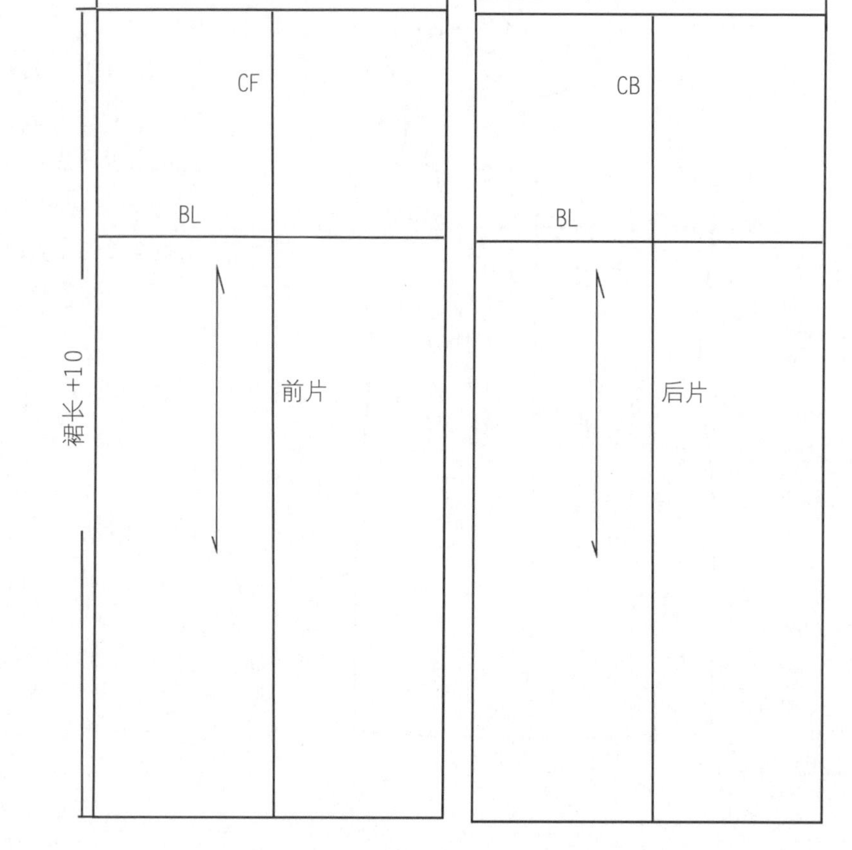

图 6-9-2　坯用布预裁图　（单位：cm）

图 6-9-3　根据裙装款式用色带标记出款式造型线

图 6-9-4　将准备好的裙片用布固定于人台，且对准前中心线和胸围线，并在领口处打一剪口以使布料平伏

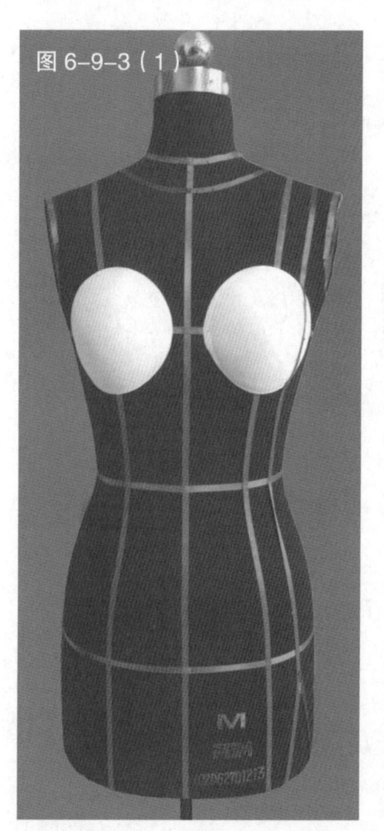
图 6-9-3（1）

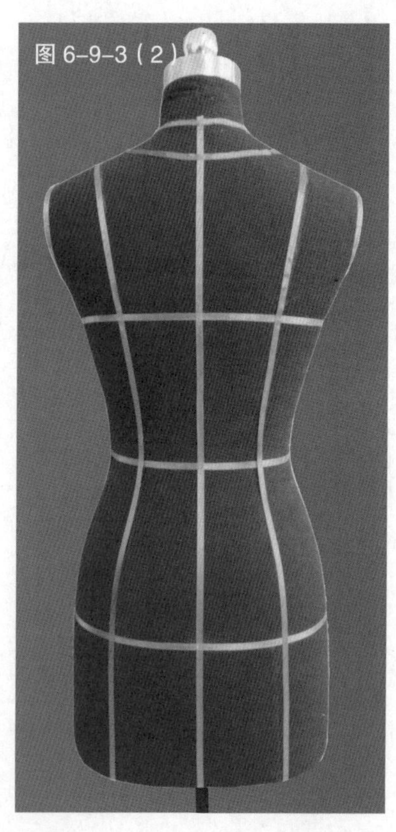
图 6-9-3（2）

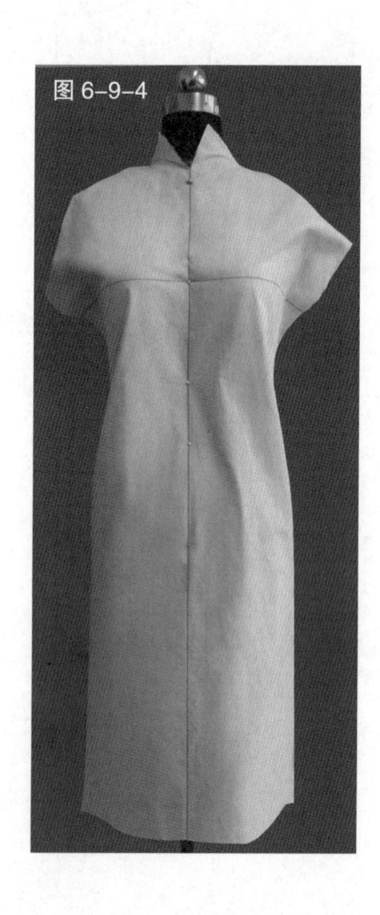
图 6-9-4

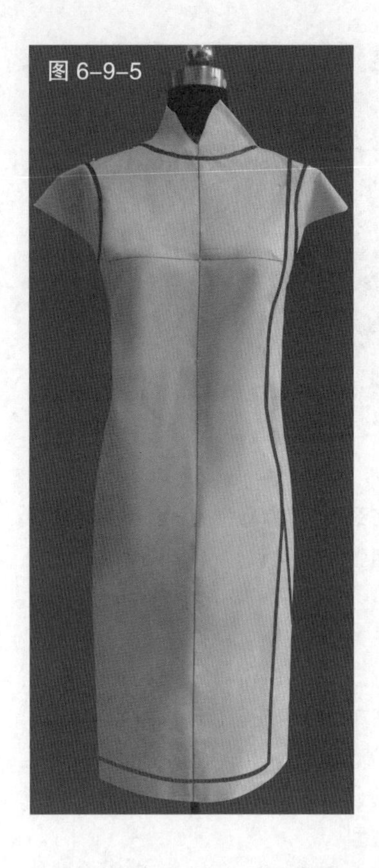
图 6-9-5

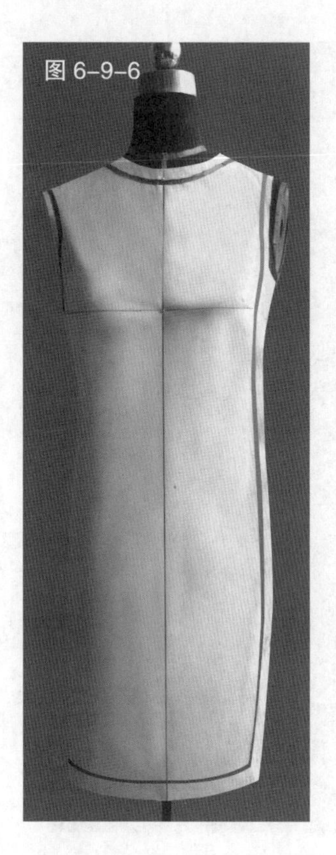
图 6-9-6

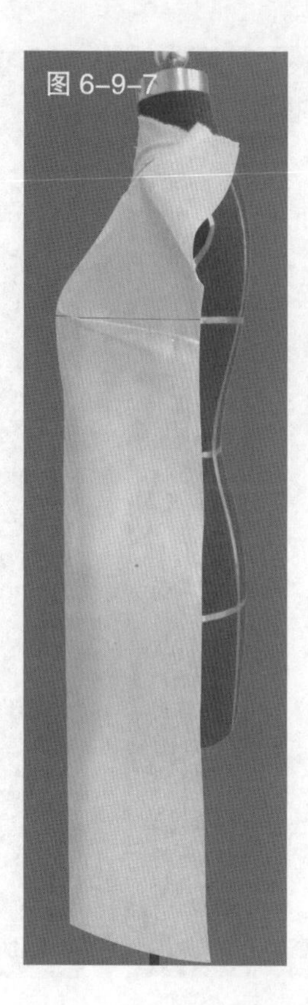
图 6-9-7

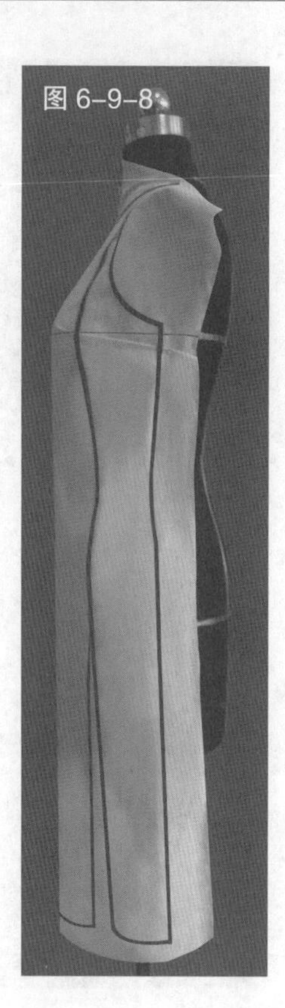
图 6-9-8

图 6-9-5 根据服装款式在裙身上标记造型线，注意开衩部位的造型

图 6-9-6 依据造型线修剪布料

图 6-9-7 预裁侧面裙片用布，把它对准人台胸围线并固定于人台上，然后做一个侧缝省

图 6-9-8 用色带标记出需要的裙片造型

图 6-9-9 依据造型线修剪布料

图 6-9-10 完成裙身衣片的裁剪，检查、调整裙形

图 6-9-11 将预裁好的后裙用布对准人台后中心线和胸围线，并固定于人台上

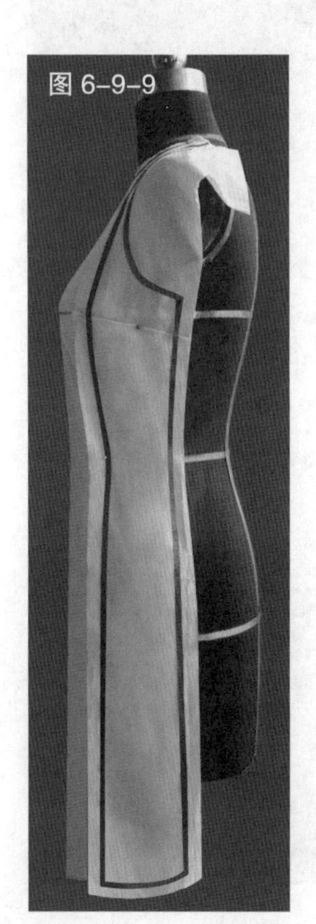
图 6-9-9

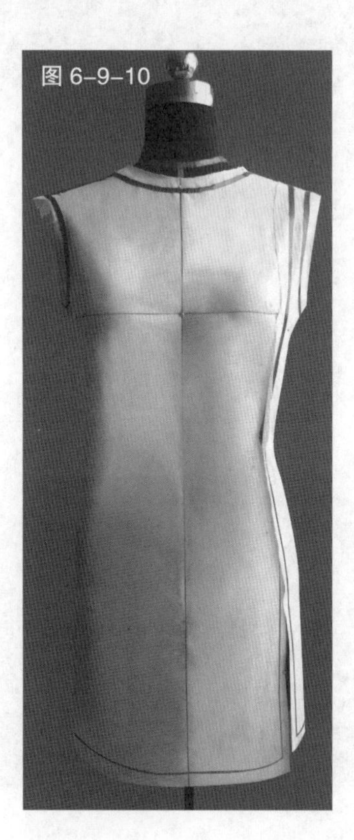
图 6-9-10

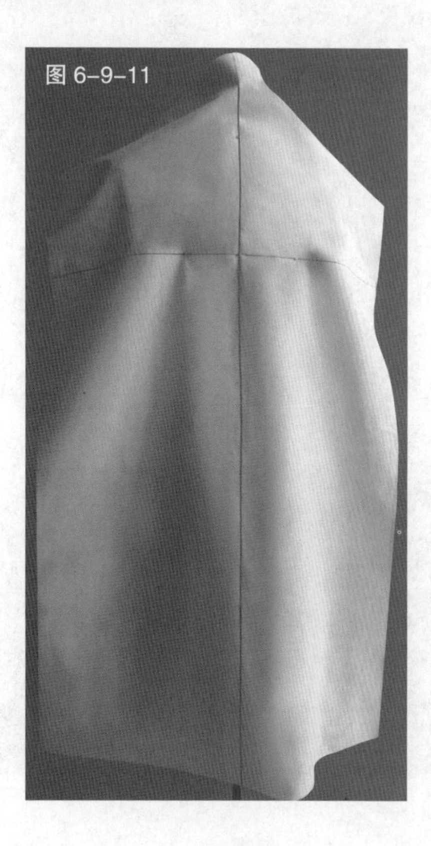
图 6-9-11

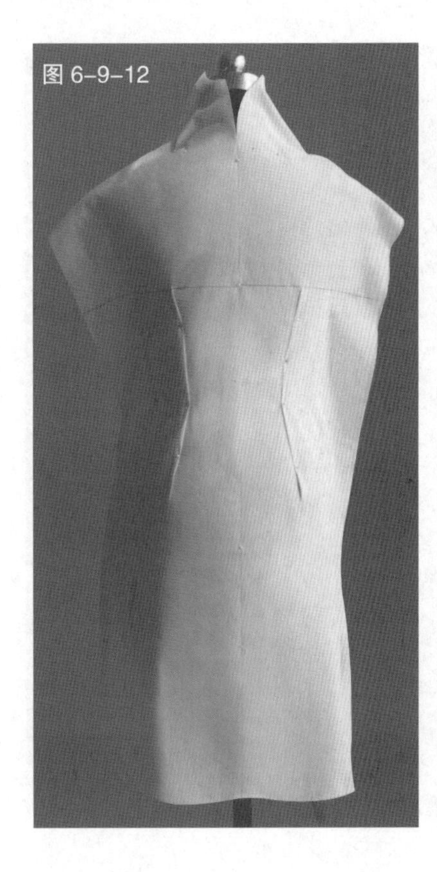
图 6-9-12

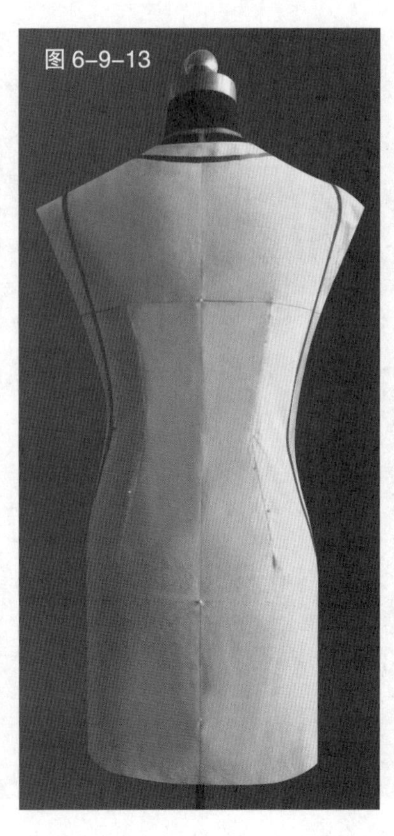
图 6-9-13

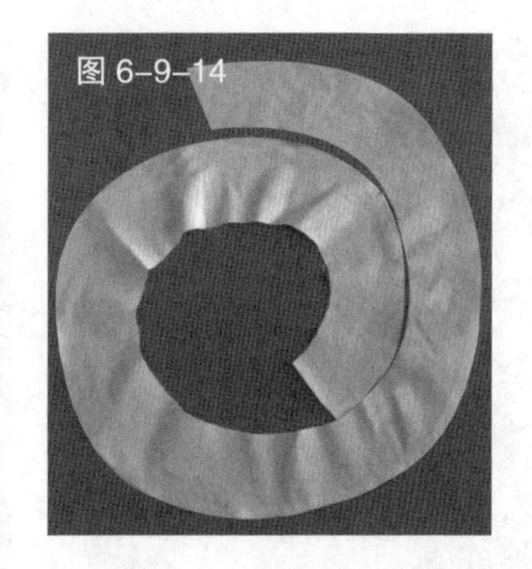
图 6-9-14

图 6-9-12　为确保布料平伏，在颈部打剪口，并在裙身腰部做出两道腰省。

图 6-9-13　用色带截取需要的裙形

图 6-9-14　预裁荷叶边布片，将布片裁剪成螺旋形状备用

图 6-9-15　在前裙片和侧片的分割线处安装该布片，做成荷叶边造型

图 6-9-16　将布片从人台上取下，进行画线、整理、修剪缝份，完成裙片

图 6-9-15

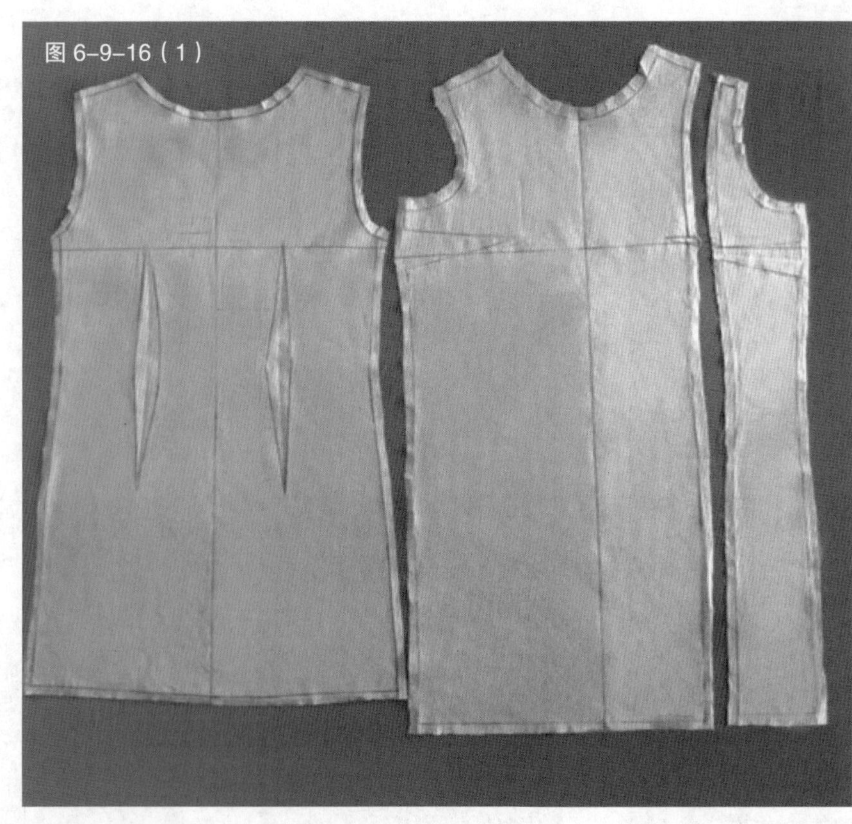
图 6-9-16（1）

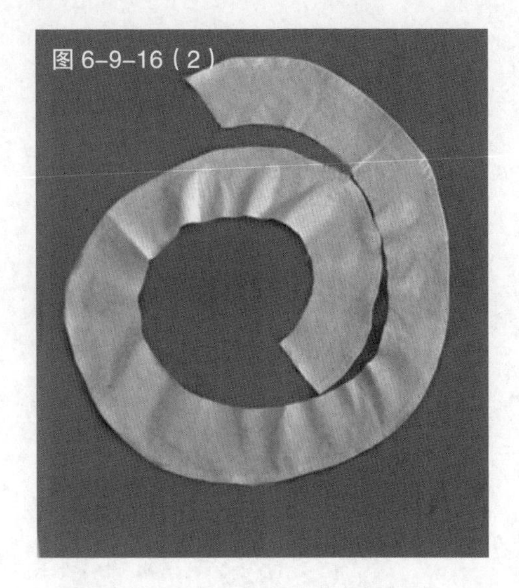

图 6-9-16（2）

图 6-9-17

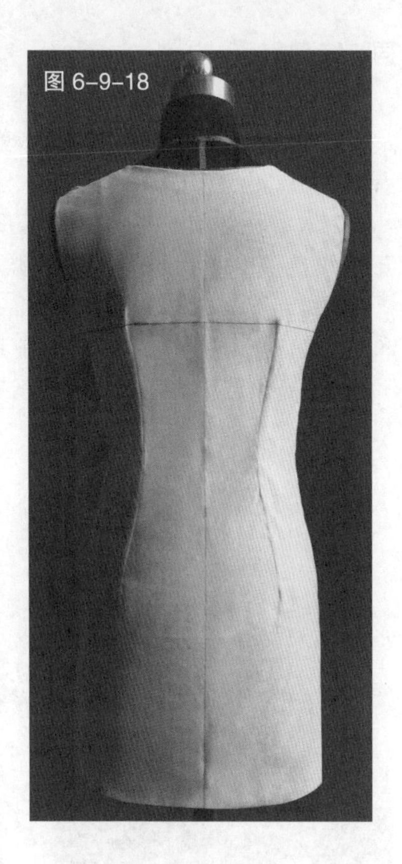

图 6-9-18

图 6-9-17 将各布片缝合，进行试样，完成连身裙的整体造型

图 6-9-18 完成后的连身裙的背面造型

图 6-9-19 根据完成造型的裙身衣片描绘的平面图

图 6-9-19

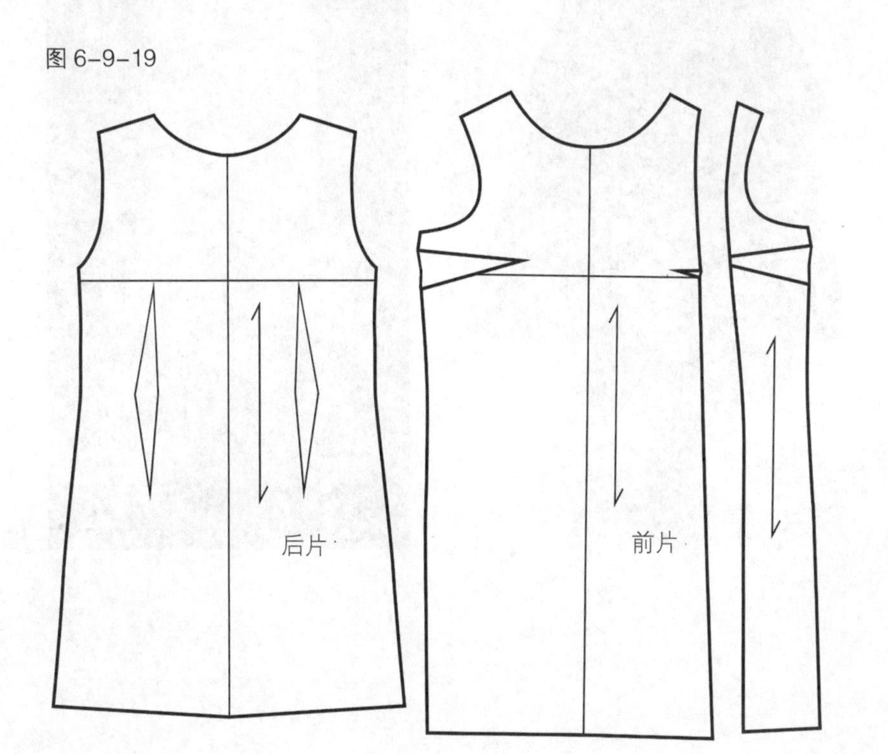

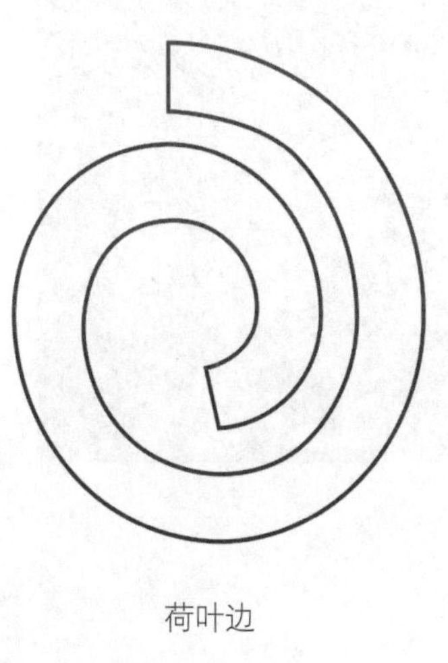

同步练习

1.通过学习，分析裙装的结构特征和工艺特征，以及不同造型和结构的裙装在立体裁剪方法上有何相似点和不同点。

2.认真研究本章节中的裙装实例的立体裁剪操作要点，并选择几款实例进行实践练习。

3.结合所学知识，分析练习图 1 ~图 4 的款式特点和立体裁剪操作要点，并自主操作练习。

4.自行设计几款裙装款式，分析其设计要点和立体裁剪操作要点。

练习图 1

练习图 2

练习图 3

练习图 4

第七章　生活类服装的立体裁剪

学习目标

生活类服装的立体裁剪，是将衣身、衣领、衣袖、腰带、口袋等部件结构进行综合立体结构设计的过程，也是省道、分割线、褶裥等各种立体裁剪造型方法在服装成衣上的综合运用。本章节主要介绍衬衫、马甲、夹克、外套、西服及大衣的立体裁剪方法。学习时首先分析服装造型的各个组成部分和运用手法，将所学造型手法及各部件立裁方法在具体服装款式实例上进行综合运用和总结，进一步有效结合立体裁剪的原理与实践效果，达到人体结构与形式美的完美统一。

第一节　女式背心

背心的造型一般是无领、无袖设计，可以作为正装搭配使用，也可以成为休闲装的组成部分，展现出庄重、活泼、率性的风格。女式背心的结构一般为收省设计，衣身放松量可以减小，体现人体的曲线美感；领口和袖口较大，在立裁制作时应注意袖窿的平伏。下面介绍一款典型的女式背心进行立体裁剪。

V形领背心

（1）款式解析

简单的背心上衣，在基本款的基础上采用腰省的设计，使整件服装更加贴身、率性（见图7-1-1）。

（2）坯布准备

见图7-1-2。

（3）操作步骤

见图7-1-3～图7-1-16。

图7-1-1　款式图

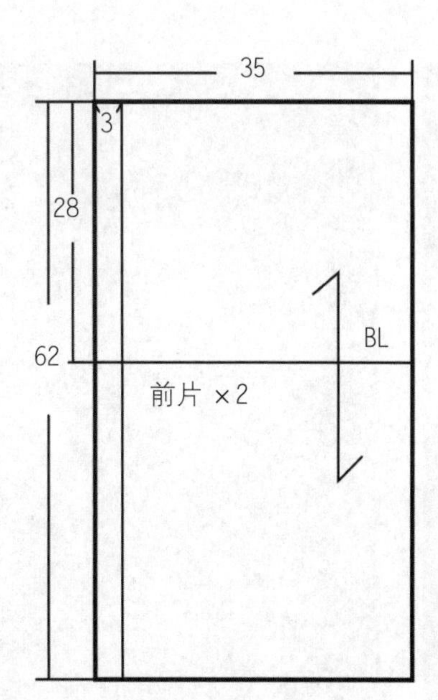

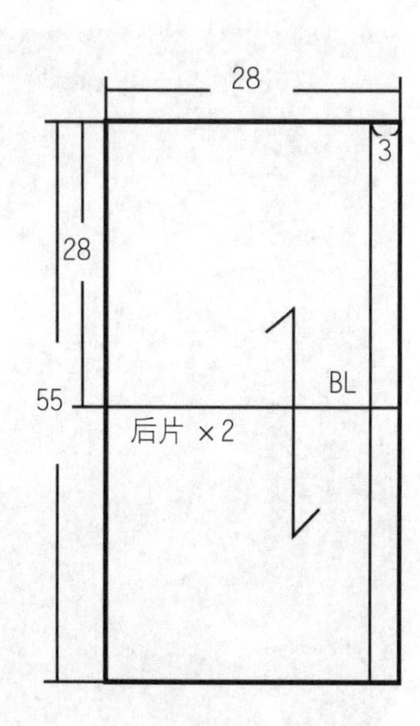

图7-1-2　坯布预裁图（单位：cm）

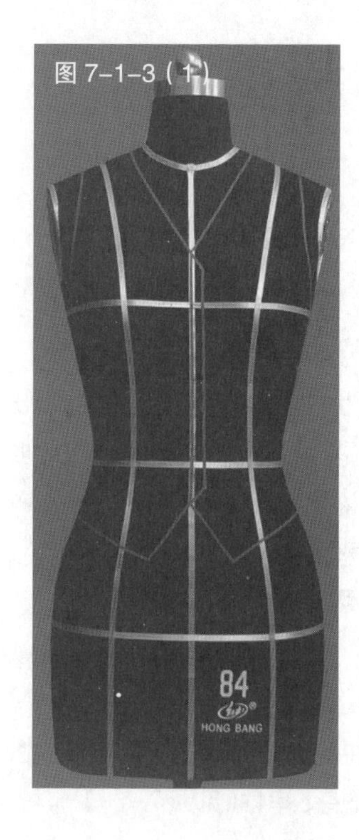

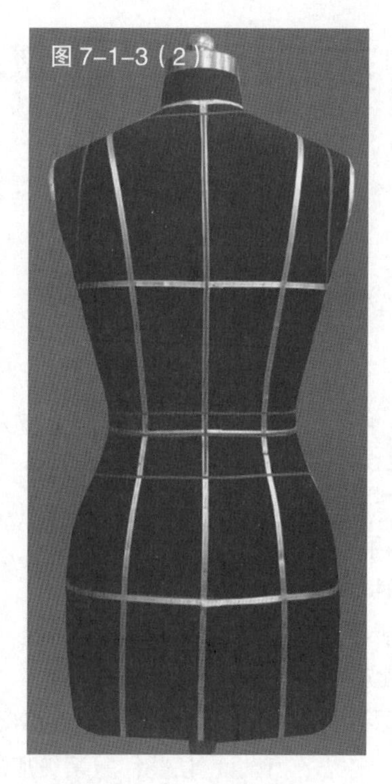

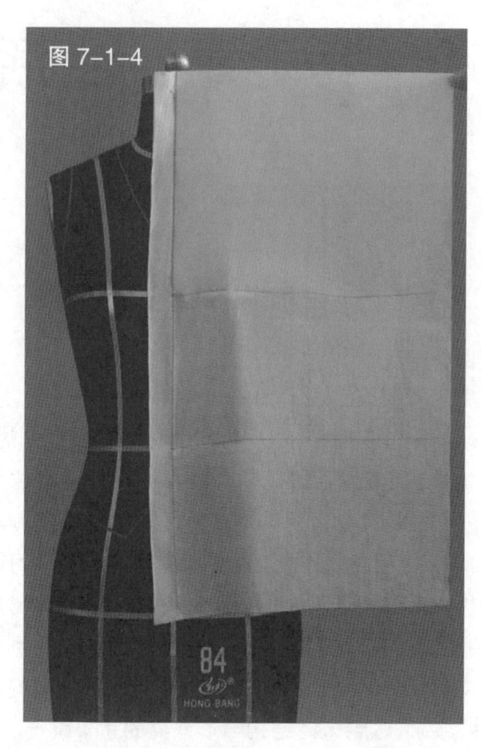

图 7-1-3　依据服装款式在人台上粘贴款式造型线

图 7-1-4　预裁前衣片用布并固定于人台，对准标识线

图 7-1-5　修剪领口用布呈剪口状，抚平领口以及肩部的面料，使面料尽可能与人台贴合；依据服装款式将前衣身的浮余量归成腰省，固定整个前衣片

图 7-1-6　用色带标记出前衣片的造型线

图 7-1-7　依据造型线对前衣片进行适当放缝、修剪

图 7-1-8　用相同的方法完成另一侧前衣片的裁剪

图 7-1-9　预裁后衣片用布并固定于人台，对准标识线

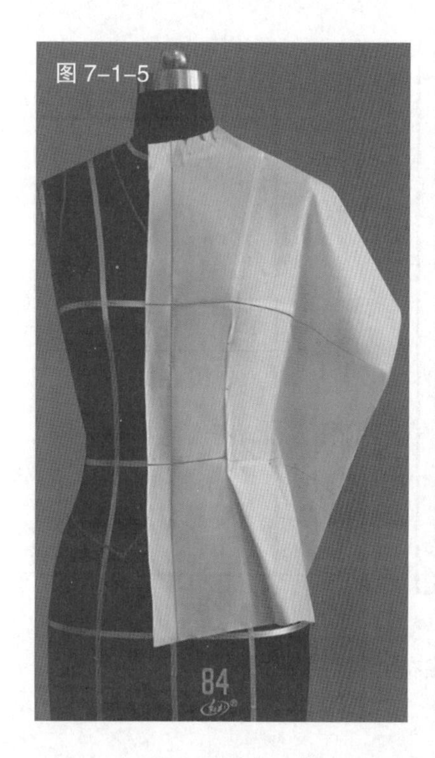

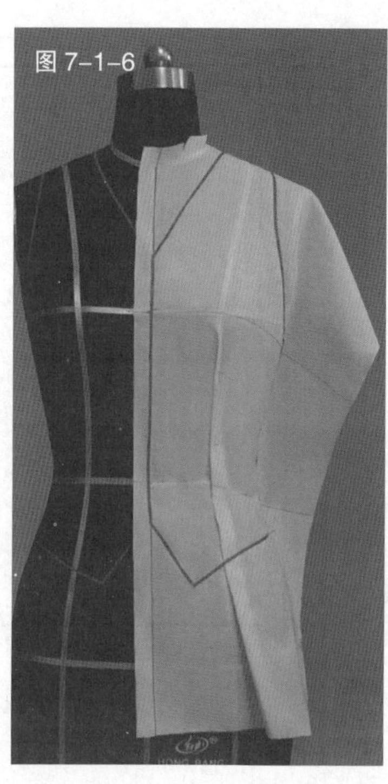

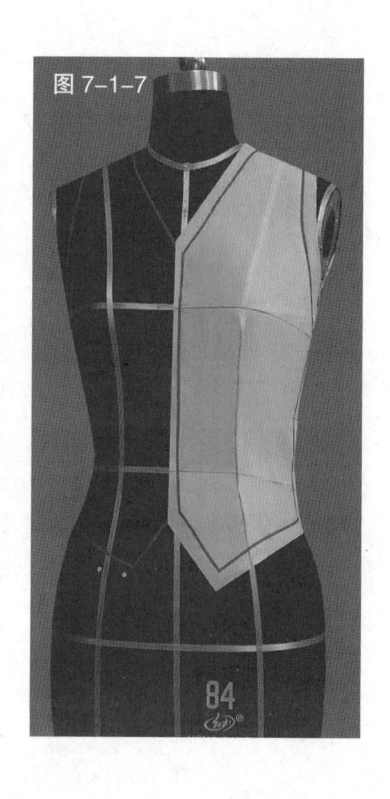

图 7-1-8
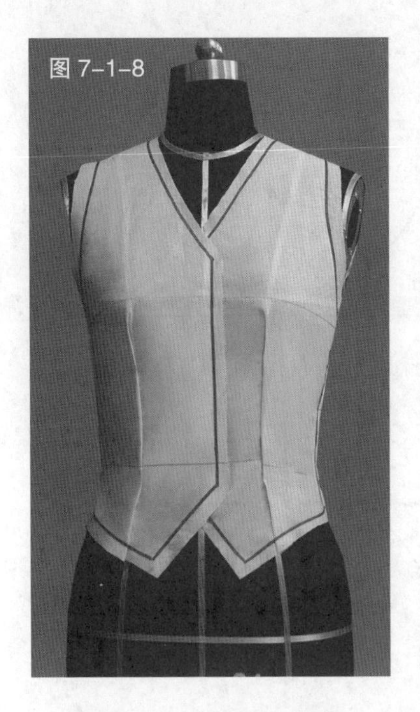

图 7-1-9
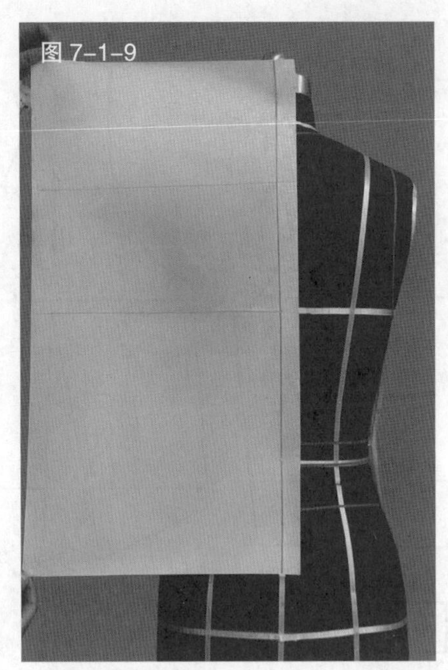

图 7-1-10
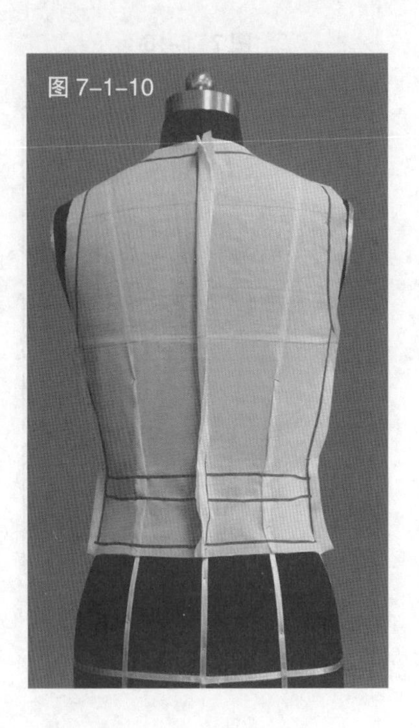

图 7-1-13
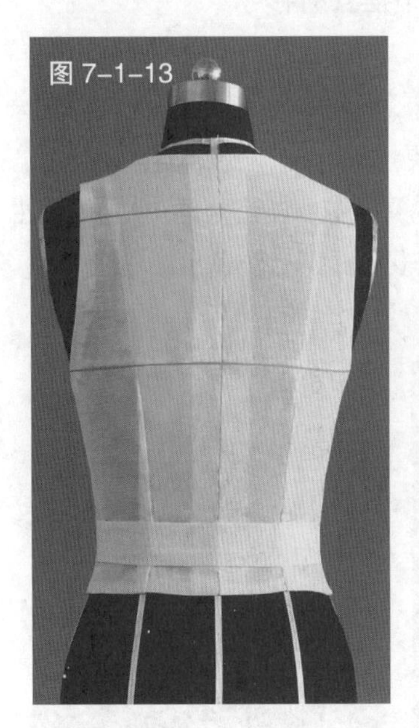

图 7-1-14
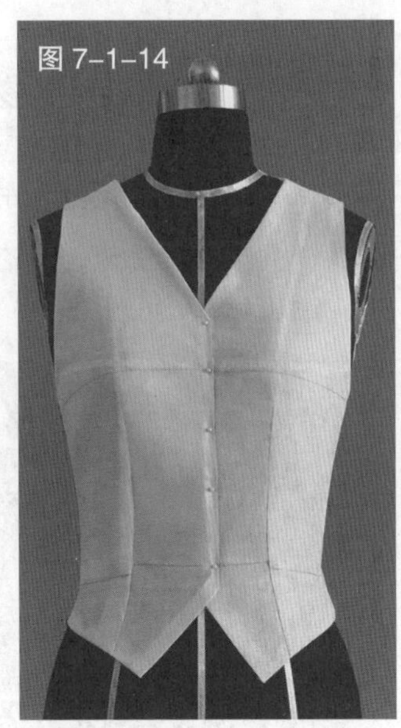

图 7-1-15
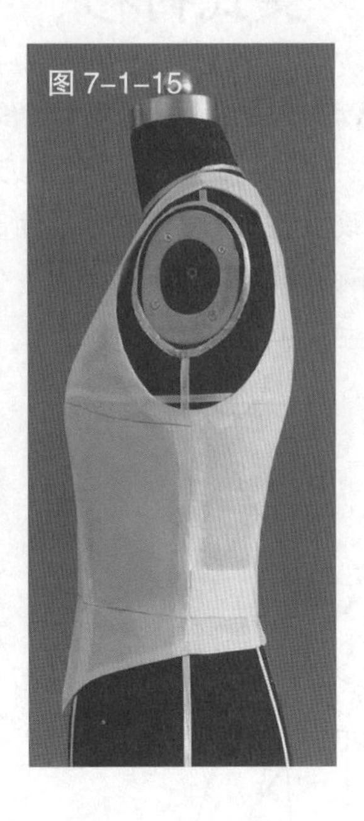

图 7-1-11

图 7-1-12

图 7-1-10　用与前衣片相同的裁剪方法完成后衣片，并用色带标记出腰带的造型线

图 7-1-11　预裁腰带用布

图 7-1-12　将腰带进行毛边折叠、熨烫

图 7-1-13　将熨烫好的腰带固定于所需位置，并将后片缝合，完成背心的背面造型

图 7-1-14　完成后的背心正面造型

图 7-1-15　完成后的背心侧面造型

图 7-1-16　依据完成衣片描绘的各衣片平面图

图 7-1-16

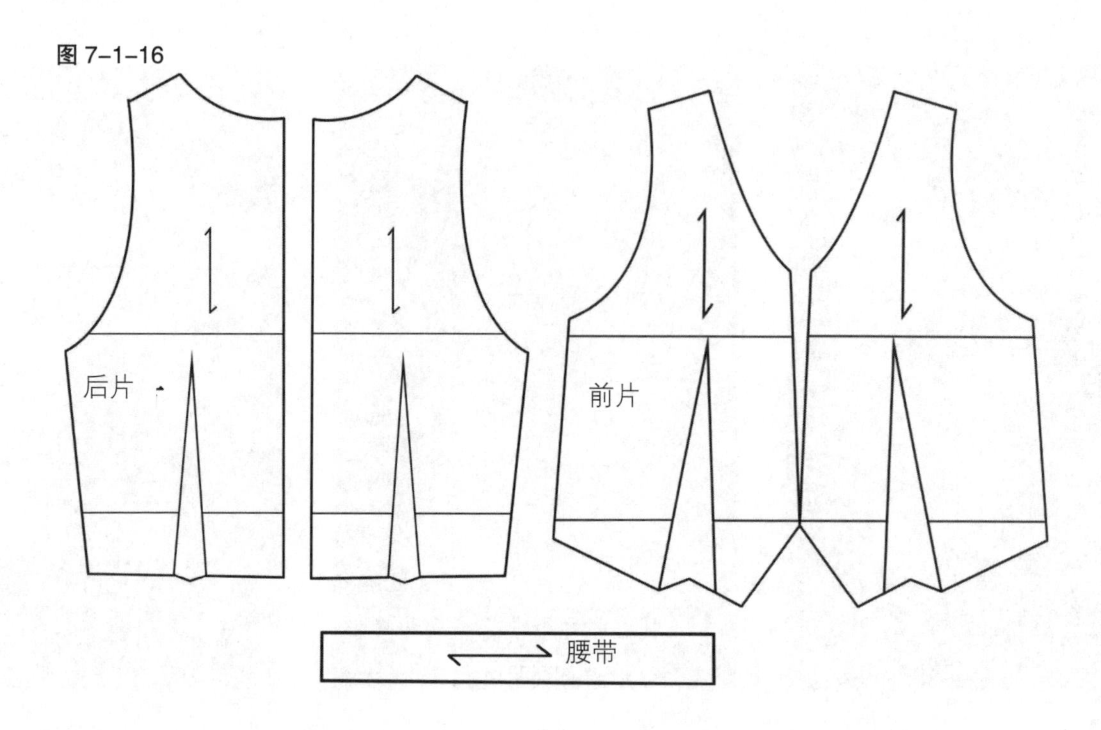

第二节 女式衬衫

现代女式衬衫的款式设计不局限于传统衬衫，多加入现代流行元素和时尚特征，结合各种造型方法，款式设计多种多样，展现女性优雅的气质，成为时尚都市女性的必备品。下面介绍两款运用多种立体裁剪造型方法的修身型女式衬衫。

1. 镂空式褶裥下摆女衬衫

（1）款式解析

镂空式短袖衬衫，采用多道分割线设计，并将省道融合其中，使服装更加贴合人体；胸前独特的镂空设计以及下摆两侧的褶裥造型，让整体款式更加性感，凸显女性优雅姿态（见图 7-2-1）。

图 7-2-1 款式图

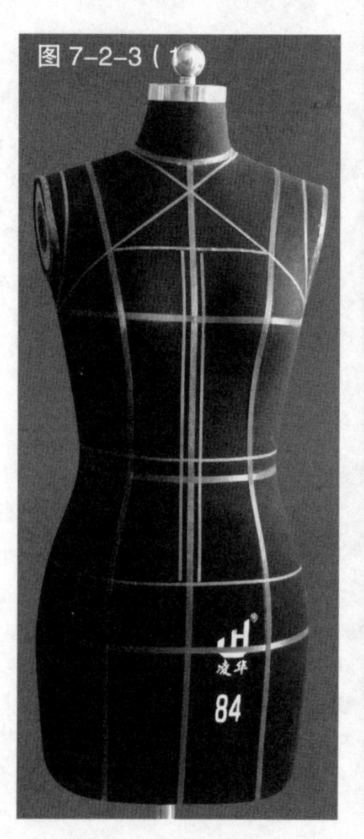

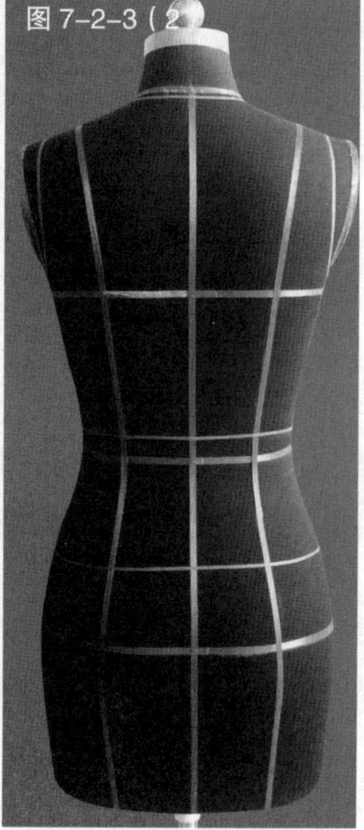

图7-2-3 根据服装款式在人台上粘贴款式造型线

（2）坯布准备

见图 7-2-2。

（3）操作步骤

见图 7-2-3 ~ 图 7-2-30。

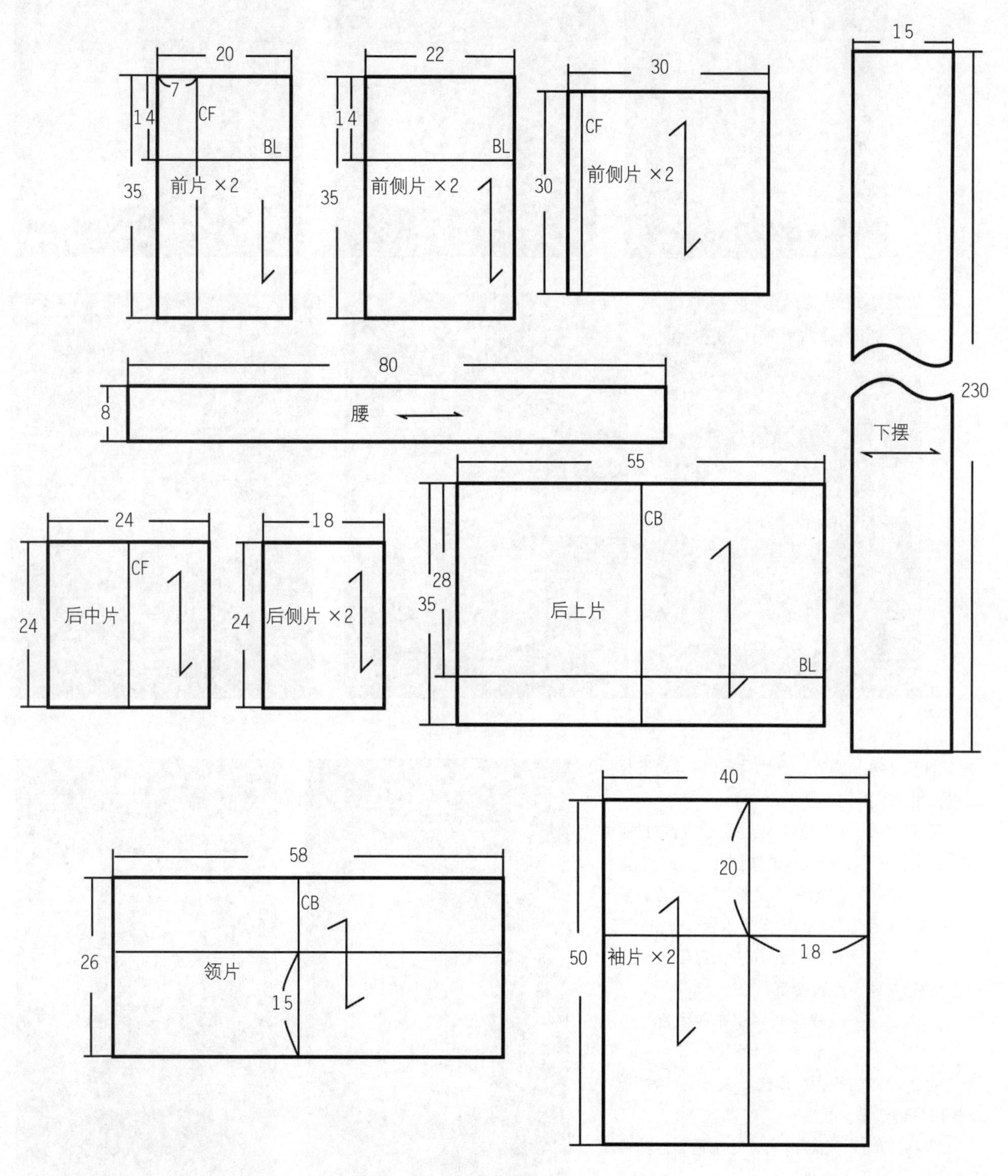

图 7-2-2　坯布预裁图（单位：cm）

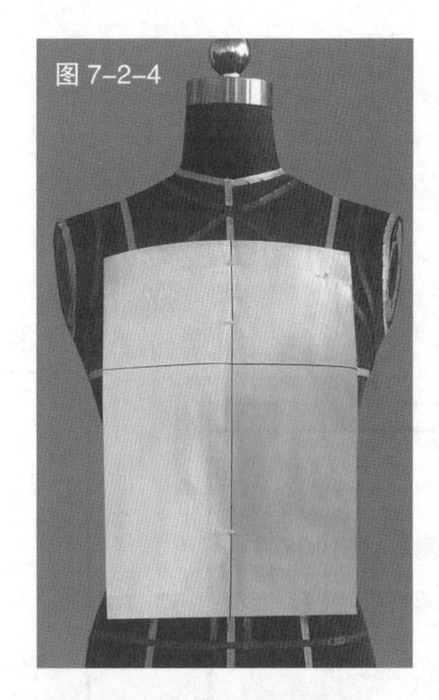
图 7-2-4

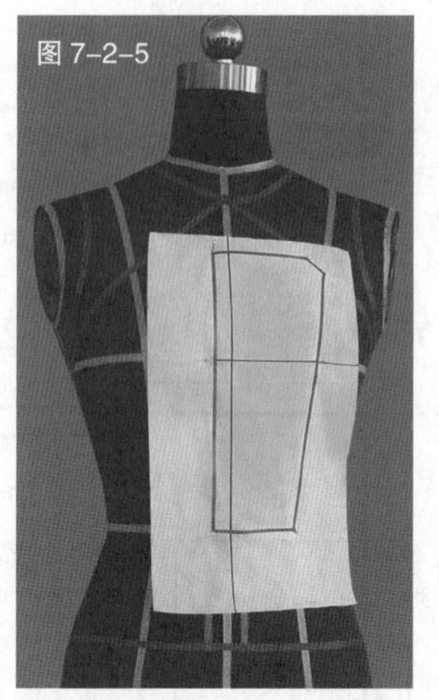
图 7-2-5

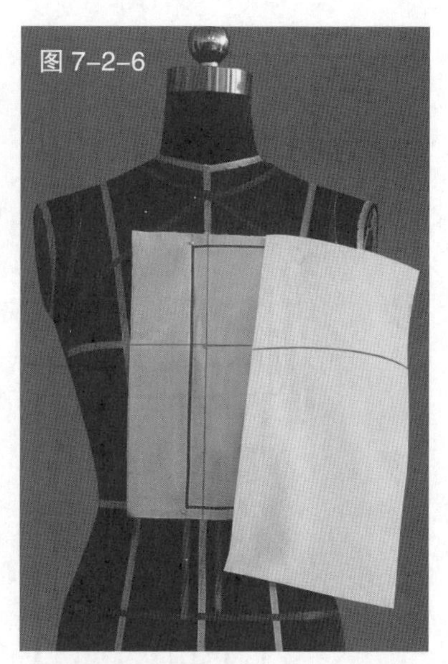
图 7-2-6

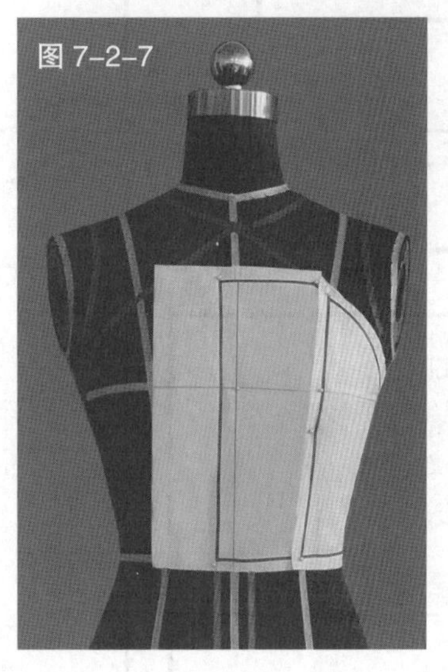
图 7-2-7

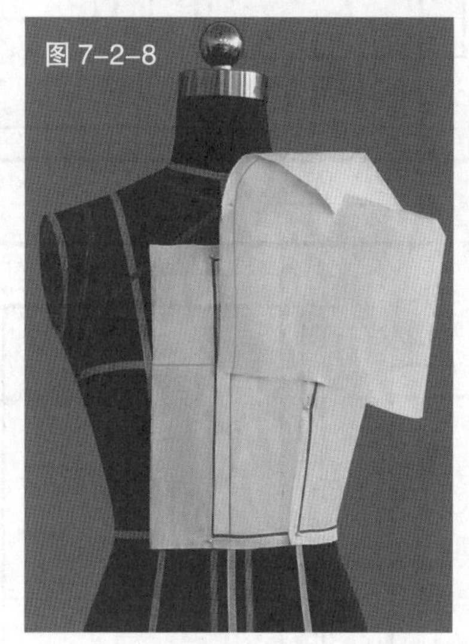
图 7-2-8

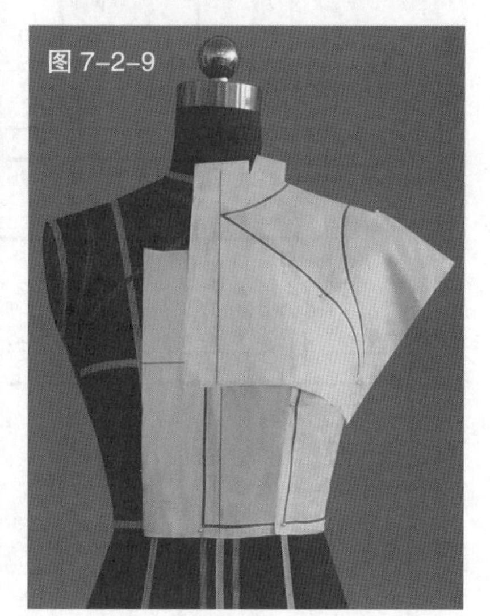
图 7-2-9

图7-2-4　预裁前衣片用布，将其对准标识线并用大头针固定于人台

图 7-2-5　将布料与人台贴合，再根据服装款式用色带标记出衣片的造型线

图 7-2-6　根据前衣片轮廓进行适当修剪，并将前侧片预裁用布固定于人台

图 7-2-7　用相同的方法标记出前侧片的造型线，并进行适当修剪

图 7-2-8　预裁前肩片用布并固定于人台

图 7-2-9　根据前肩部款式，用色带标记出该肩片的造型款式线

图 7-2-10　根据前肩片轮廓适当修剪多余缝份

图 7-2-11　用相同的方法完成前衣片另一侧衣片的裁剪

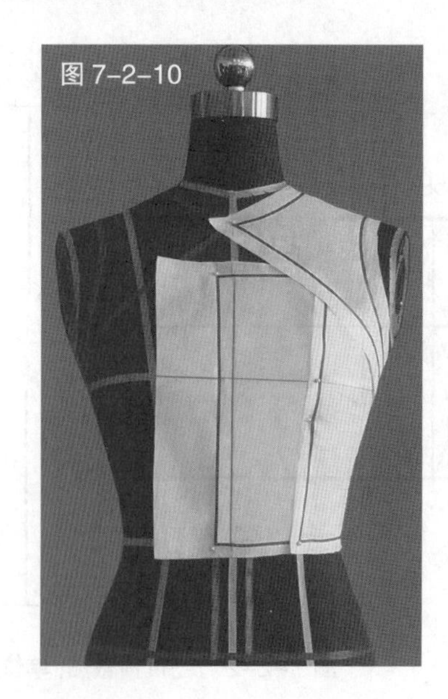
图 7-2-10

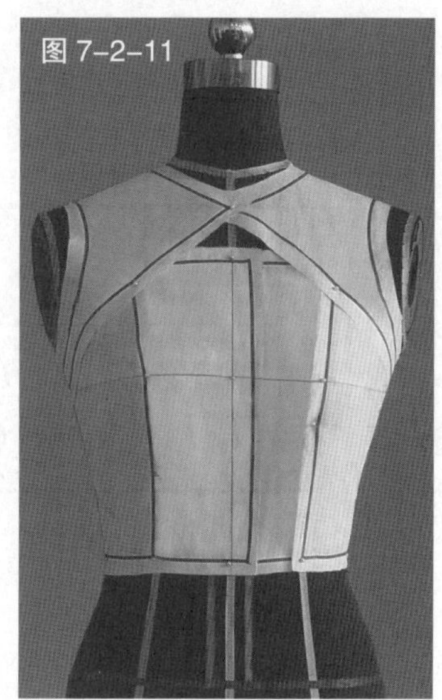
图 7-2-11

图 7-2-12　将预裁好的后中片用布对准后中心线和胸围线，并固定于人台上

图 7-2-13　用与前衣片相同的立裁方法对后中片和后侧片进行裁剪，完成后衣片的裁剪

图 7-2-14　将预裁好的腰带用布固定于人台上

图 7-2-15　用色带标记出腰带的造型线

图 7-2-16　根据款式在腰线下部拼接褶裥下摆，并在下摆用色带标记出造型线，修剪多余布料

图 7-2-17　完成下摆后的服装背面造型

图 7-2-18　预裁背部衣片用布并固定于人台，根据服装款式用色带确定该衣片的造型线

图 7-2-19　将预裁好的平翻领用布固定于人台上

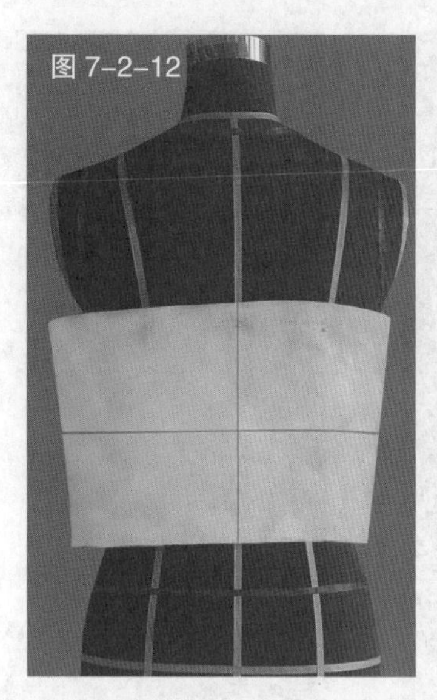

图 7-2-12

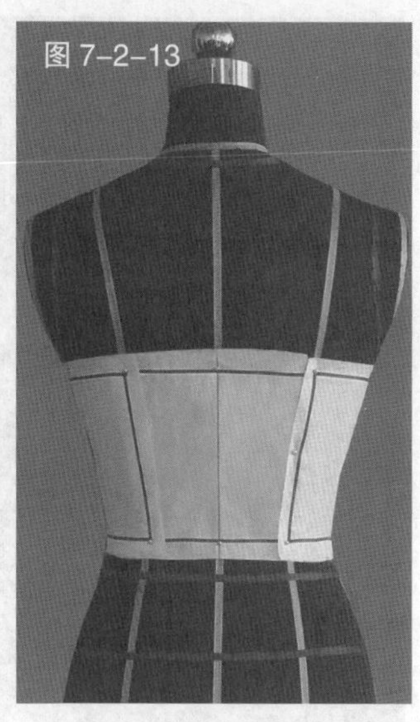

图 7-2-13

图 7-2-14

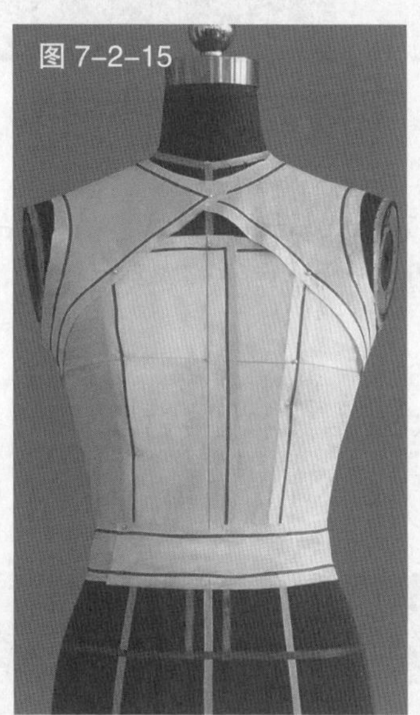

图 7-2-15

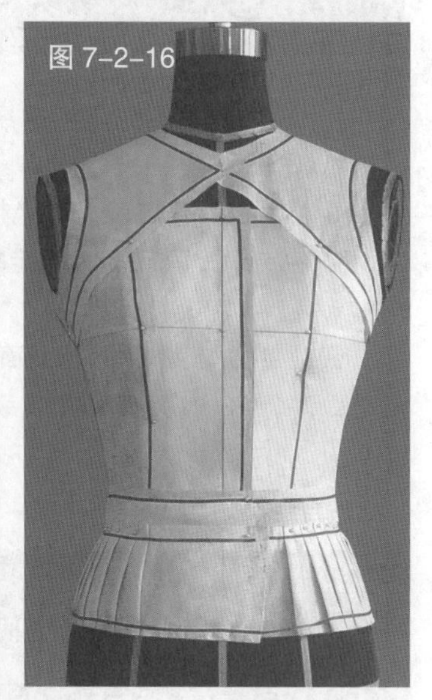

图 7-2-16

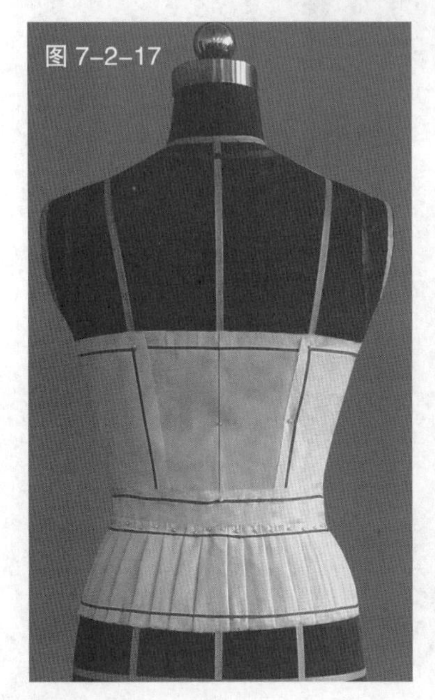

图 7-2-17

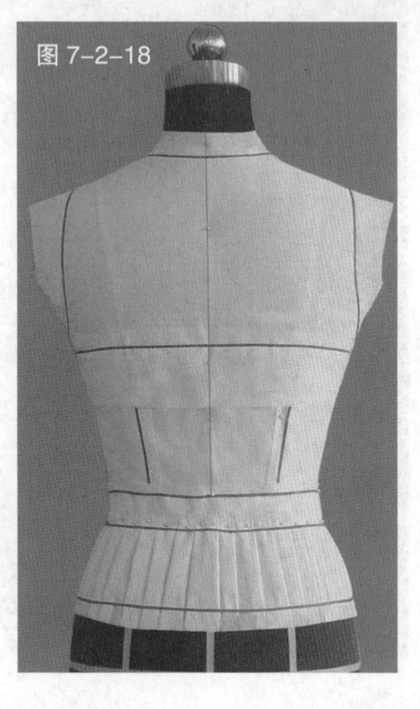

图 7-2-18

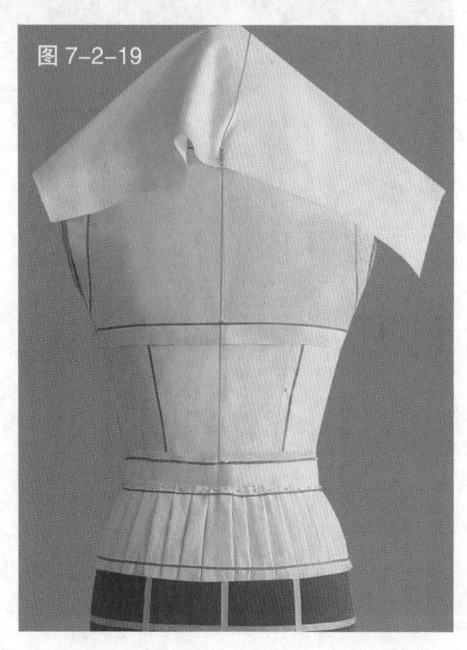

图 7-2-19

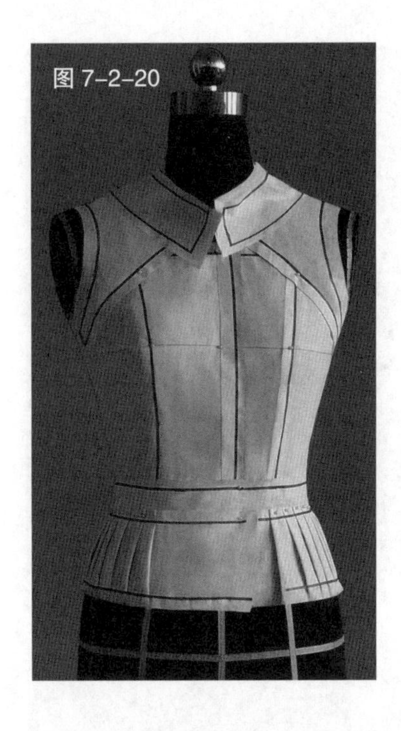

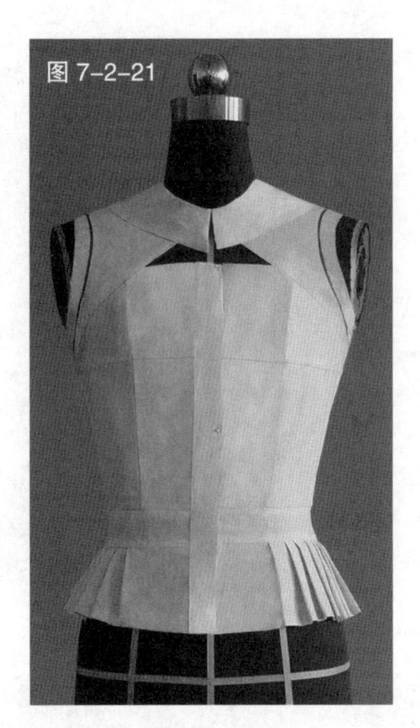

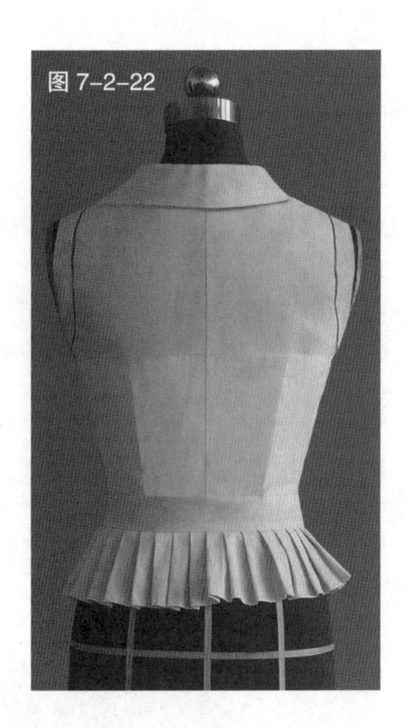

图 7-2-20　修剪领片，用色带标记出领子的造型线

图 7-2-21　固定领线，确定翻领外围形状，并将衣身的各衣片缝合，完成衣身造型

图 7-2-22　完成的衣身背面造型

图 7-2-23　将手臂模型安装在人台上，根据袖子款式在手臂上粘贴造型线

图 7-2-24　预裁袖片用布，把它对准袖中线并固定于人台上

图 7-2-25　取下手臂模型，确定袖片的袖窿造型

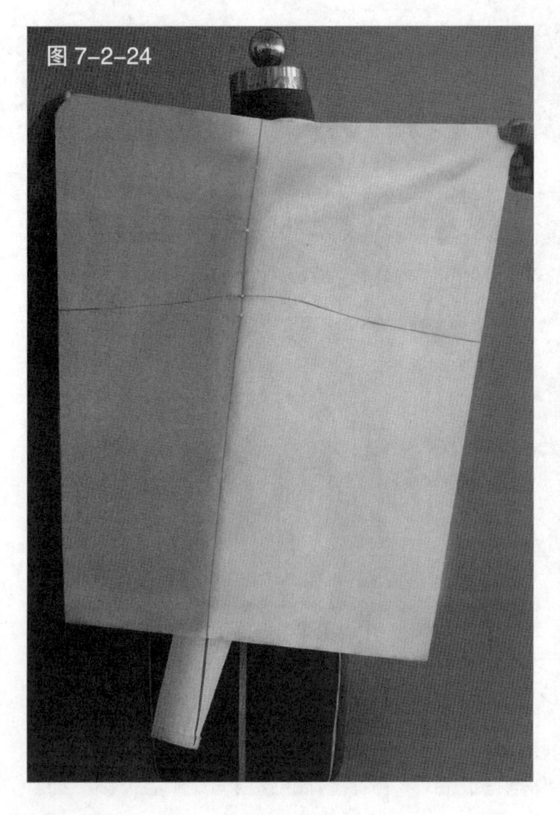

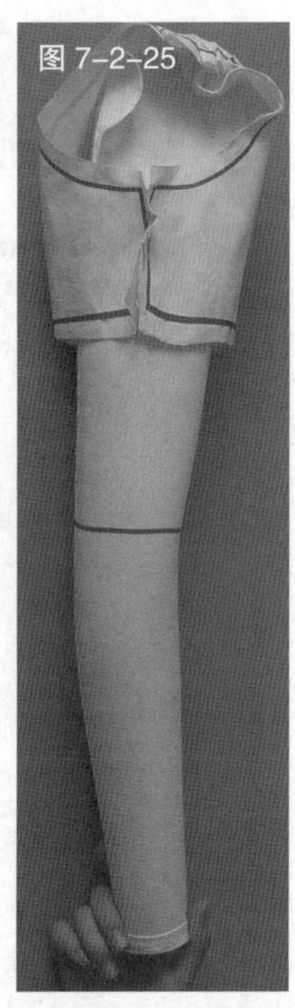

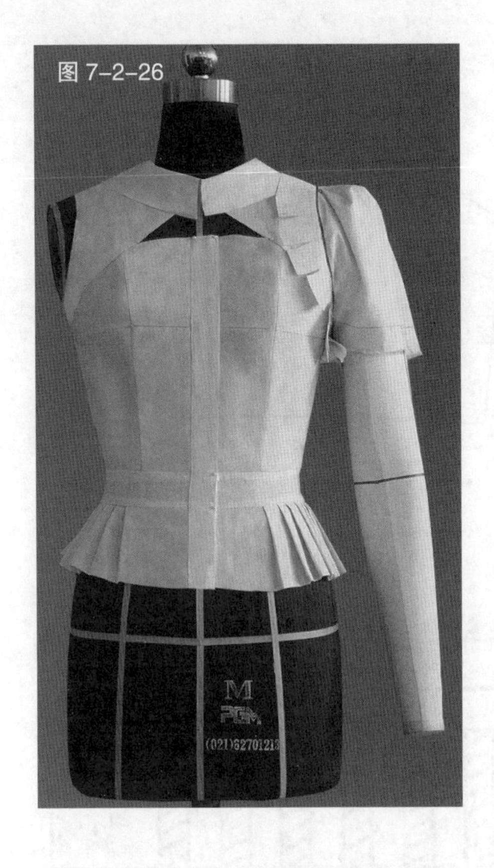

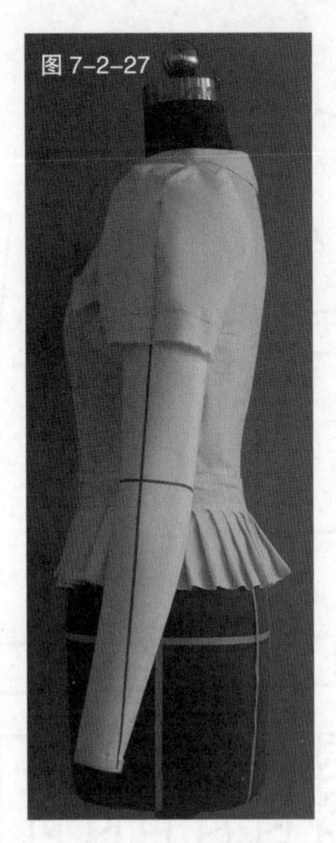

图 7-2-26 固定袖窿部位，裁剪袖口多余面料
图 7-2-27 安装袖子后的侧面图
图 7-2-28 完成后的衬衫正面造型
图 7-2-29 完成后的衬衫背面造型
图 7-2-30 根据完成造型的衣片描绘的平面图

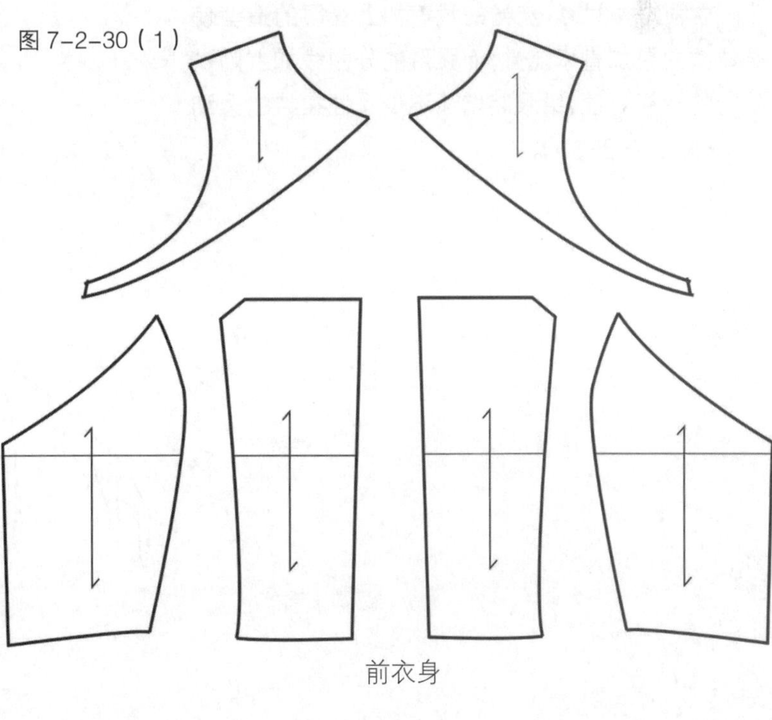

图 7-2-30（2）

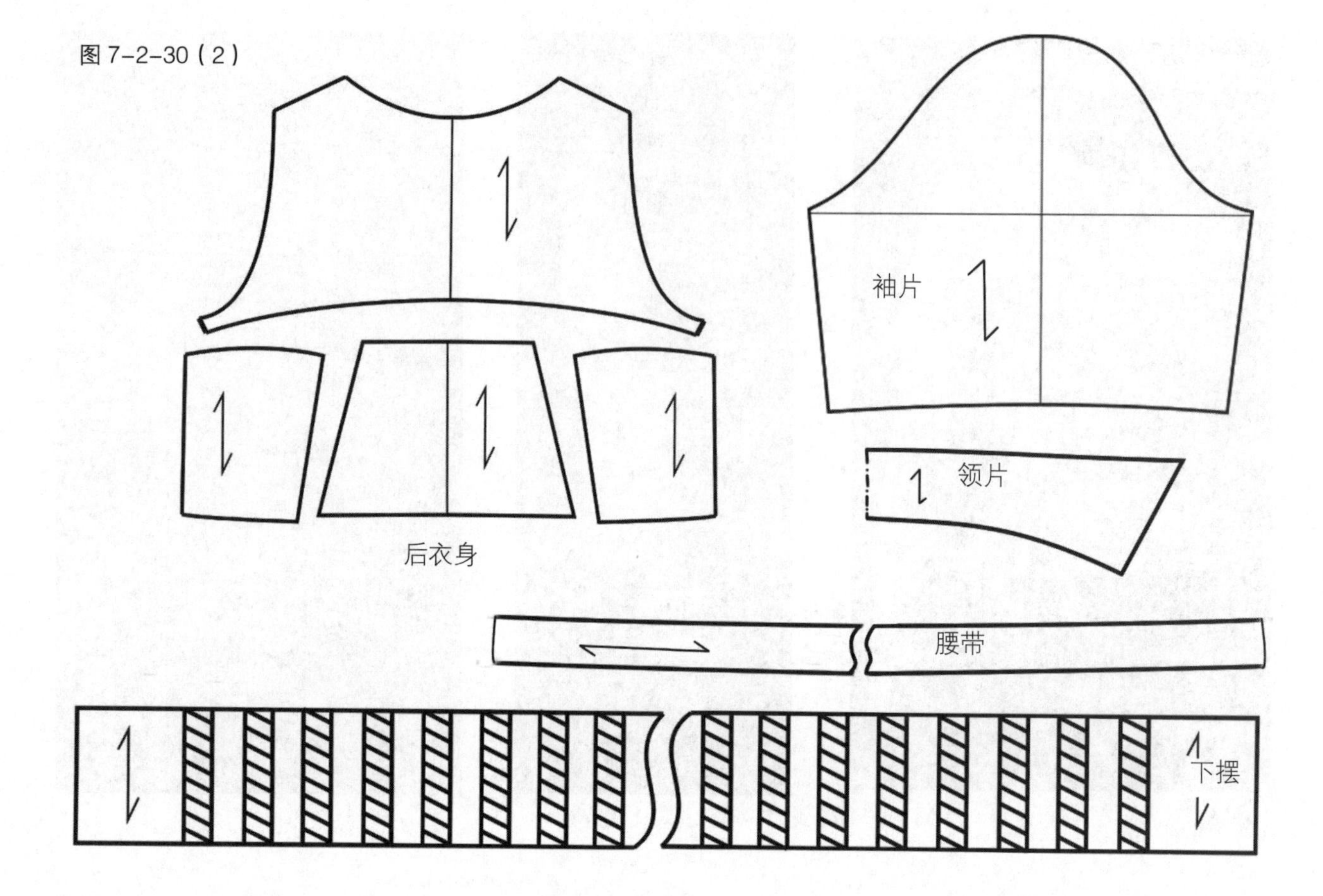

2. 立领及褶裥门襟女衬衫

（1）款式解析

立领短袖衬衫，流畅的裁剪加上立领的造型使整体款式更加直率随性，而弧形的分割线加上门襟独特的褶裥处理，给服装增添不少女性独特的柔和之美（见图 7-2-31）。

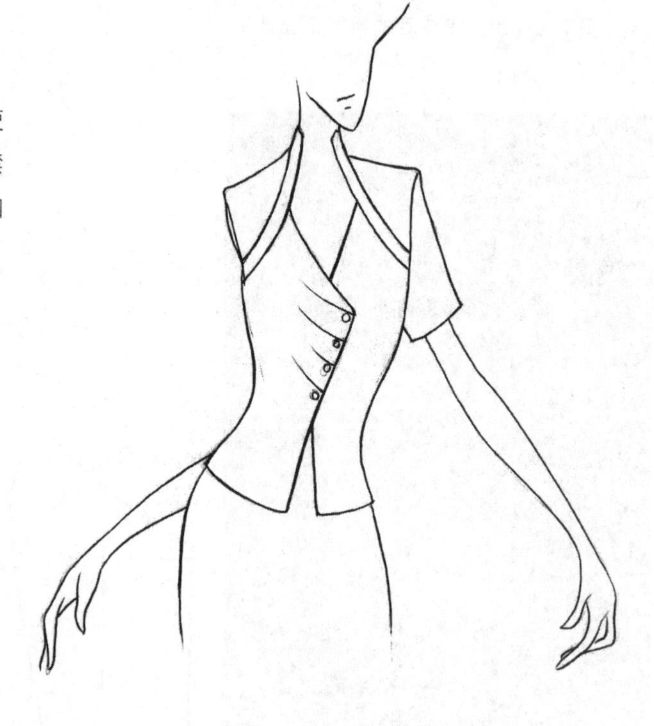

图 7-2-31 款式图

（2）坯布准备

见图 7-2-32。

（3）操作步骤

见图 7-2-33 ~ 图 7-2-54。

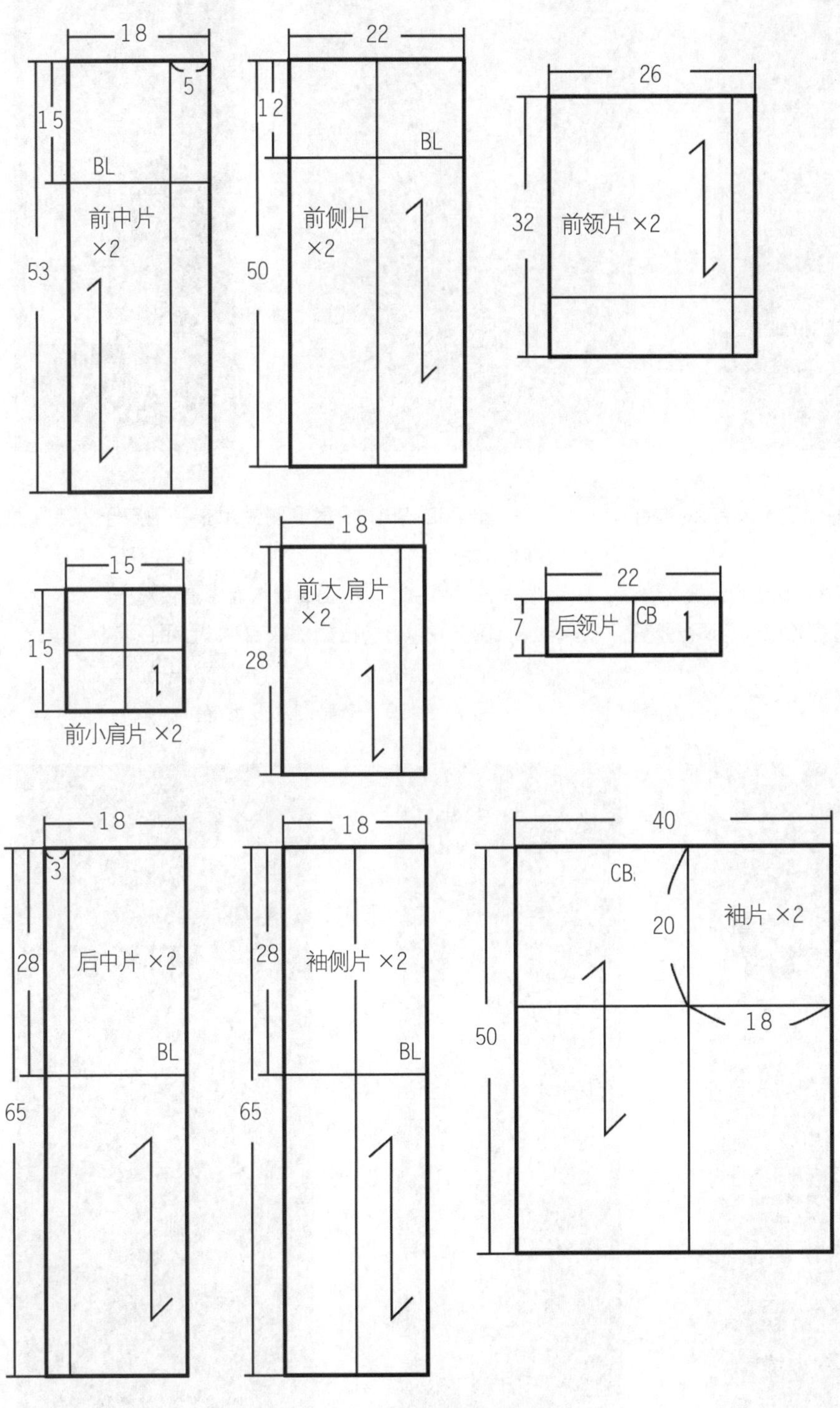

图 7-2-32　坯布预裁图（单位：cm）

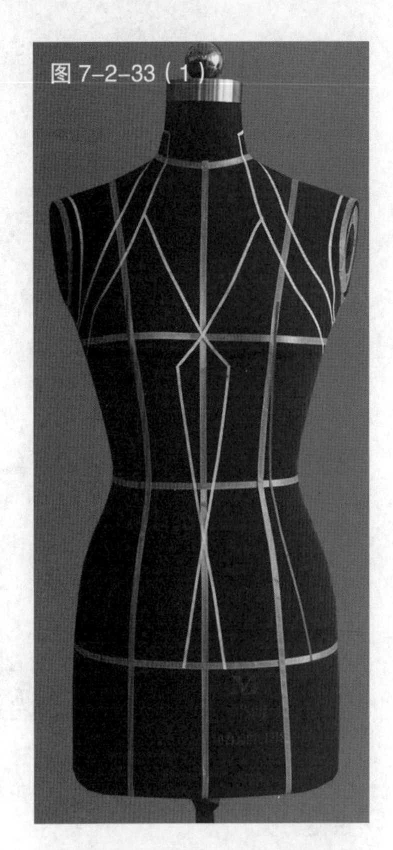

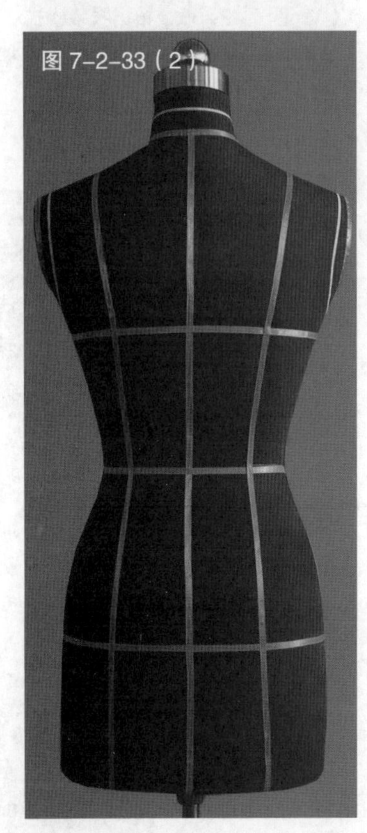

图 7-2-33　根据服装款式在人台上粘贴款式造型线

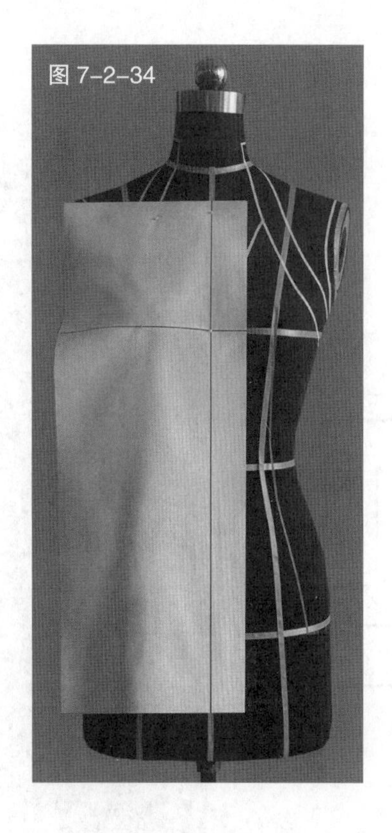

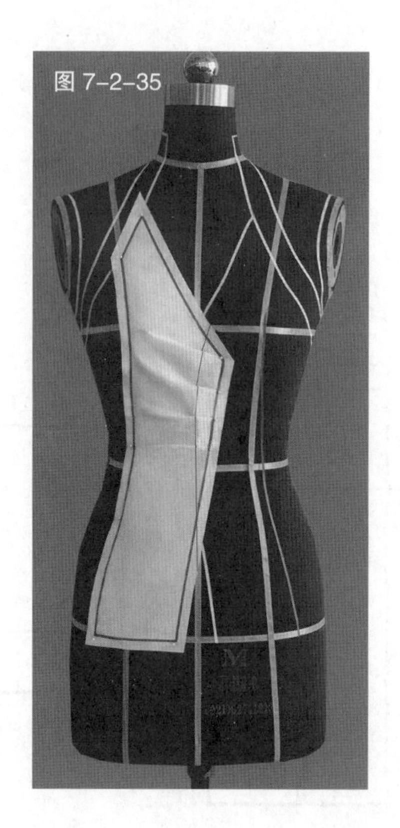

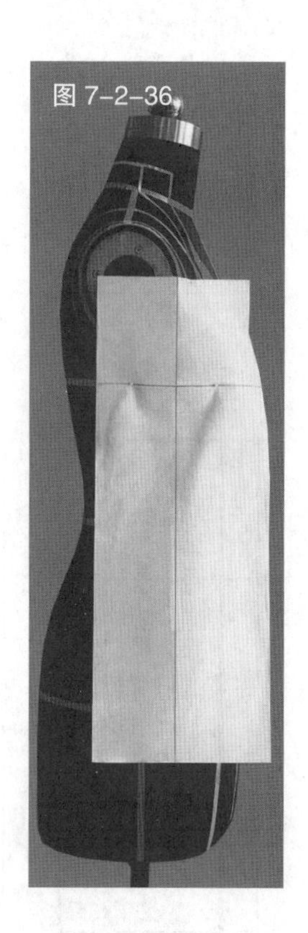

图 7-2-34 预裁前中片用布并固定于人台，对准标识线

图 7-2-35 根据服装款式对前片门襟进行折叠处理，并用色带标记出衣片的造型线，根据造型轮廓进行适当修剪放缝

图 7-2-36 预裁前侧片用布并固定于人台，对准标识线

图 7-2-37 从正面检查丝缕是否对齐

图 7-2-38 根据侧衣身款式，用色带标记出衣身侧片的造型线

图 7-2-39 修剪侧片多余缝份

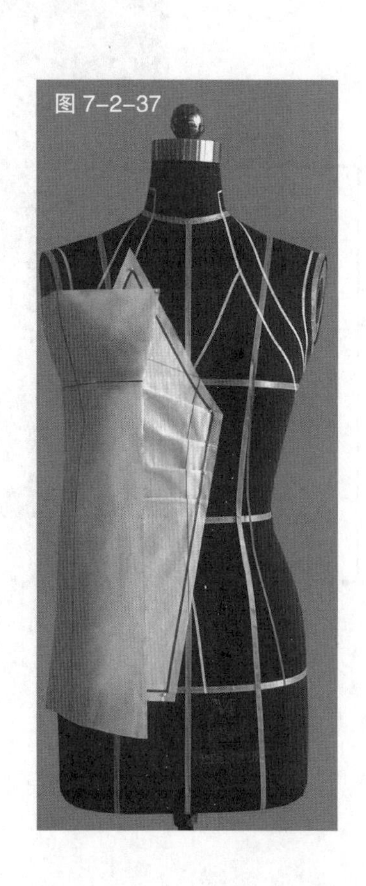

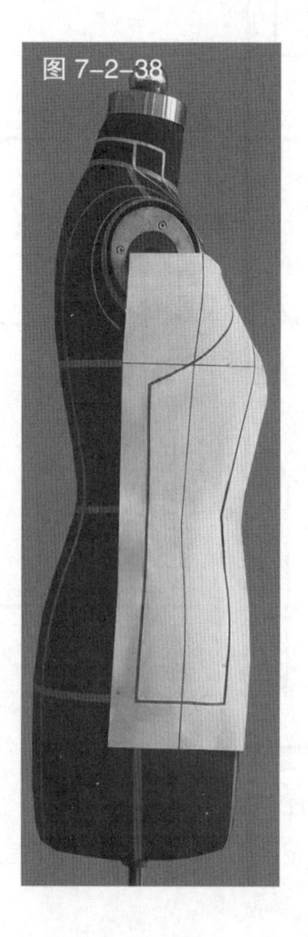

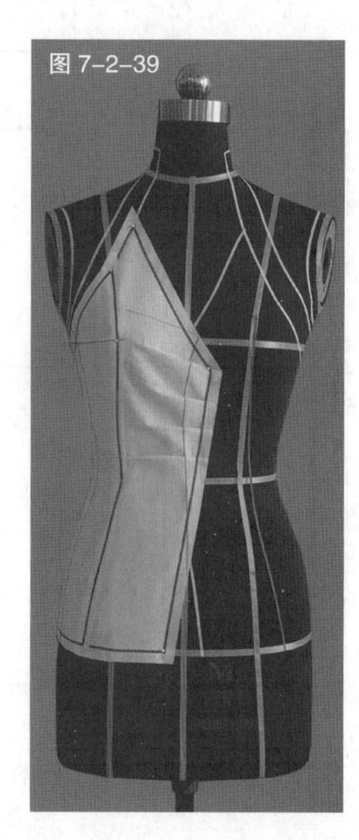

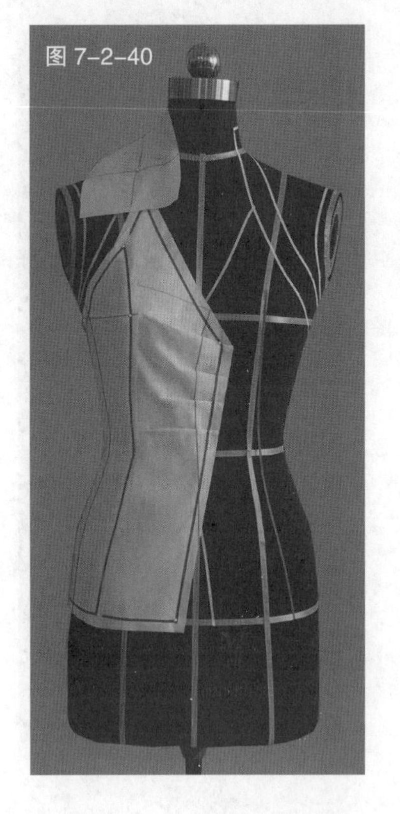

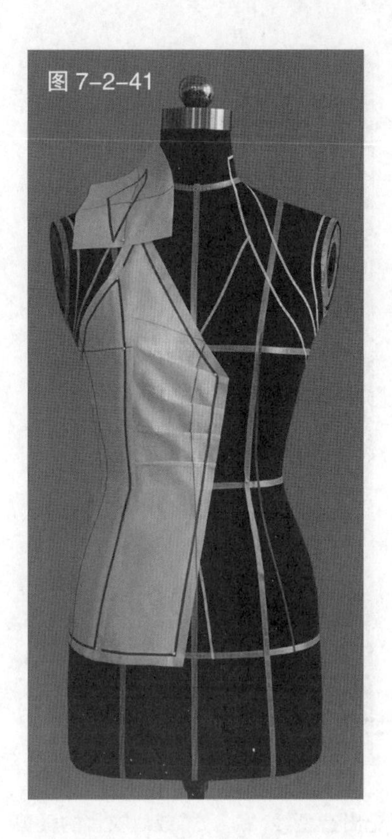

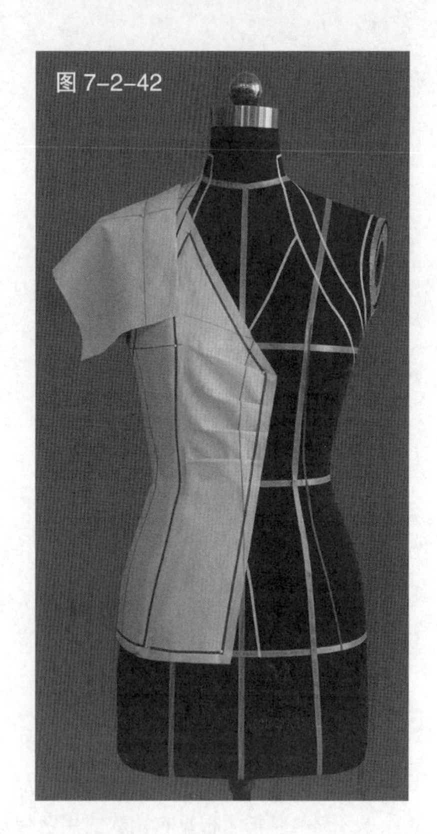

图 7-2-40　预裁前小肩片用布并固定于人台

图 7-2-41　根据前肩部款式，用色带标记出该肩片的造型线

图 7-2-42　修剪前小肩片多余缝份，同时预裁前大肩片用布并将其固定于人台上

图 7-2-43　根据前肩部款式，用色带标记出该肩片的造型线

图 7-2-44　前肩部的侧面造型。

图 7-2-45　预裁前领片用布并固定于人台，对准标识线

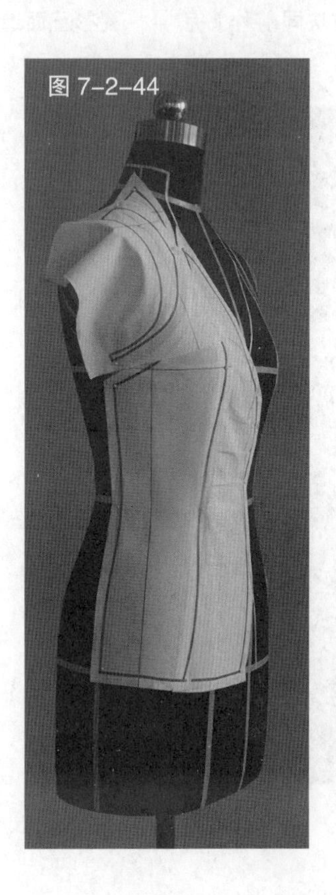

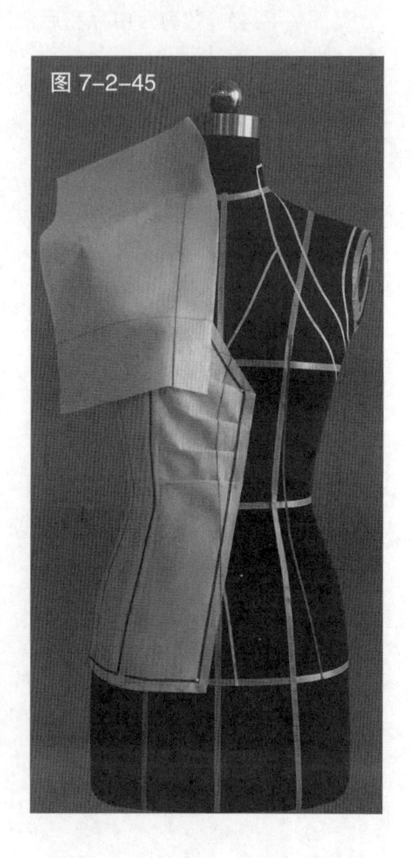

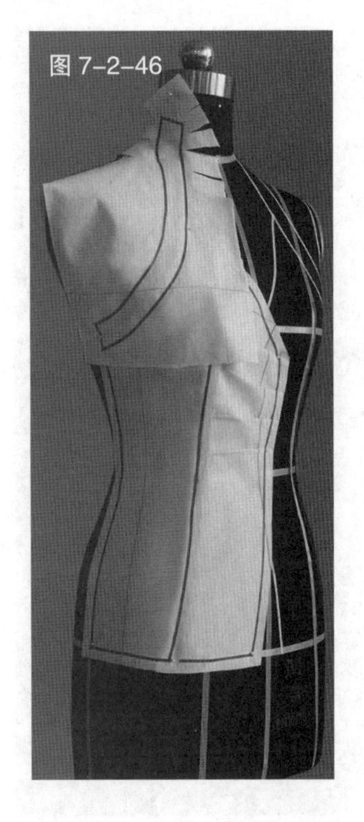

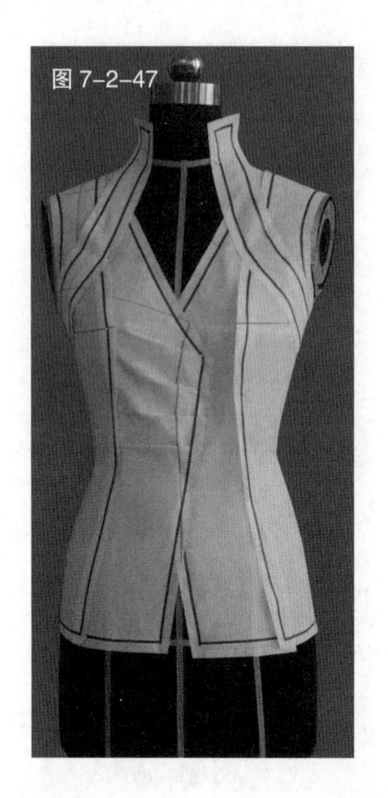

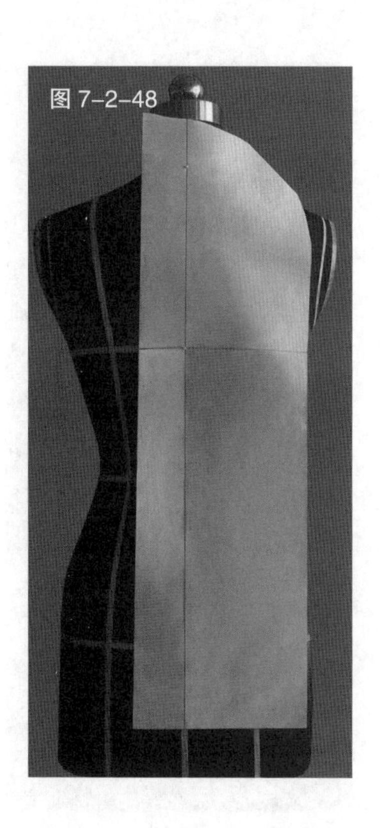

图 7-2-46　根据衣领款式用色带标记出造型线，靠近颈部的衣片做剪口处理，使衣领贴合于人台颈部

图 7-2-47　用相同的方法完成前衣片另一侧衣片的裁剪

图 7-2-48　预裁后中片用布并固定于人台，对准标识线

图 7-2-49　裁剪后中片和后侧片(方法同前片)，完成后衣片的裁剪

图 7-2-50　预裁后领片用布并固定于人台，用色带标识出后领的造型线，修剪该领片多余缝份，完成后领的造型

图 7-2-51　用与衬衫款式 1 相同的方法对该衬衫的袖子进行裁剪；将各衣片、领片和袖片缝合，即完成的衬衫正面造型

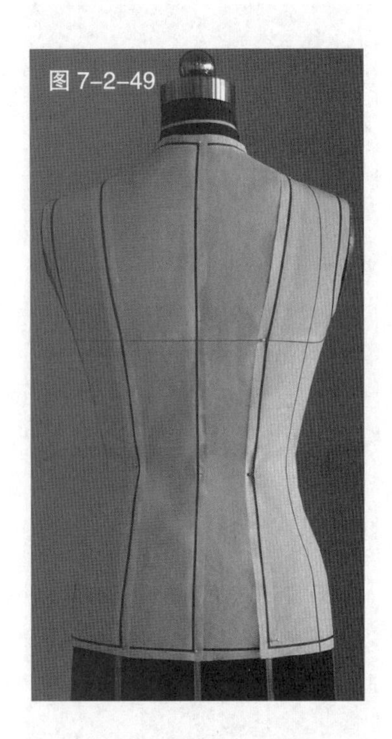

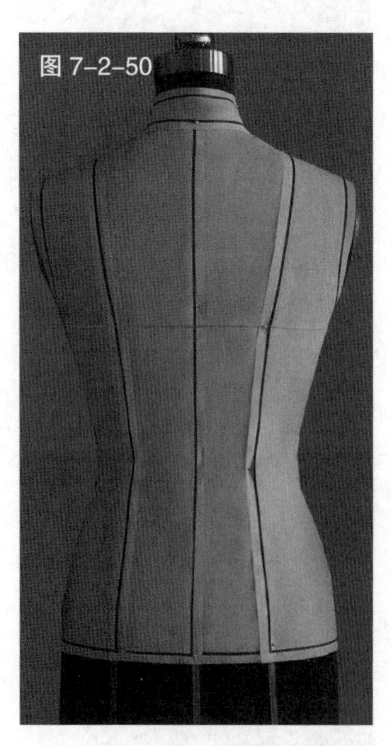

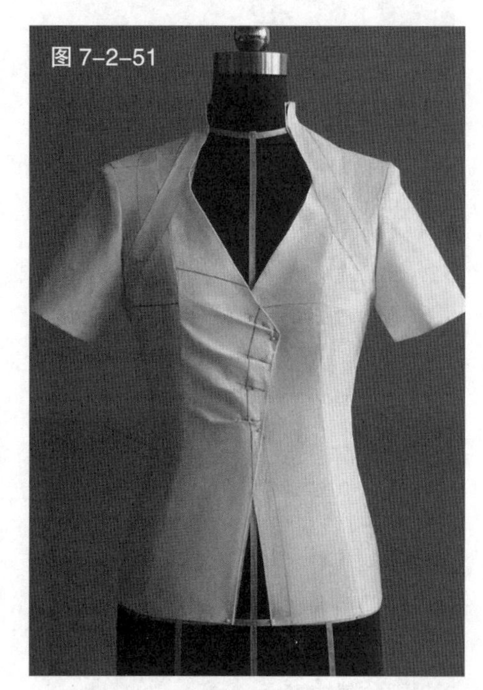

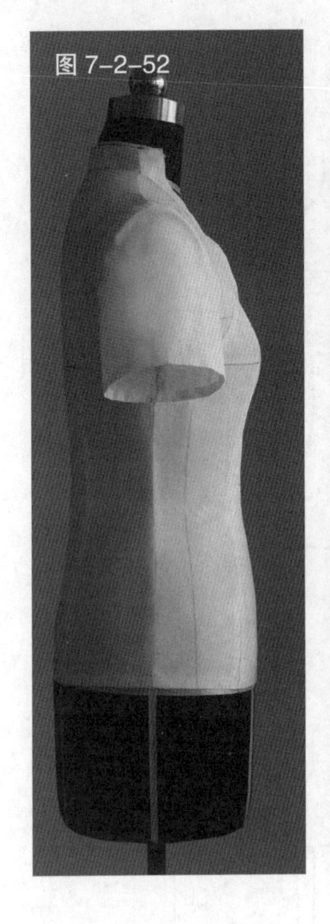

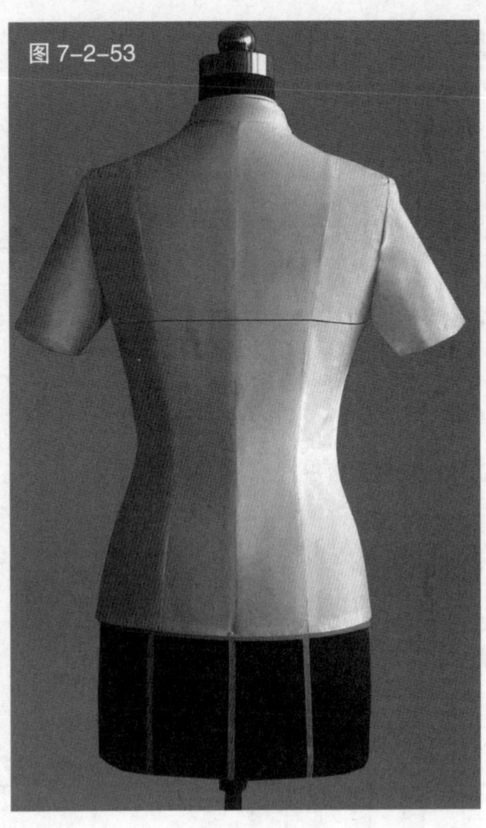

图 7-2-52　完成后的衬衫侧面造型

图 7-2-53　完成后的衬衫背面造型

图 7-2-54　根据完成衣片描绘的各衣片平面图

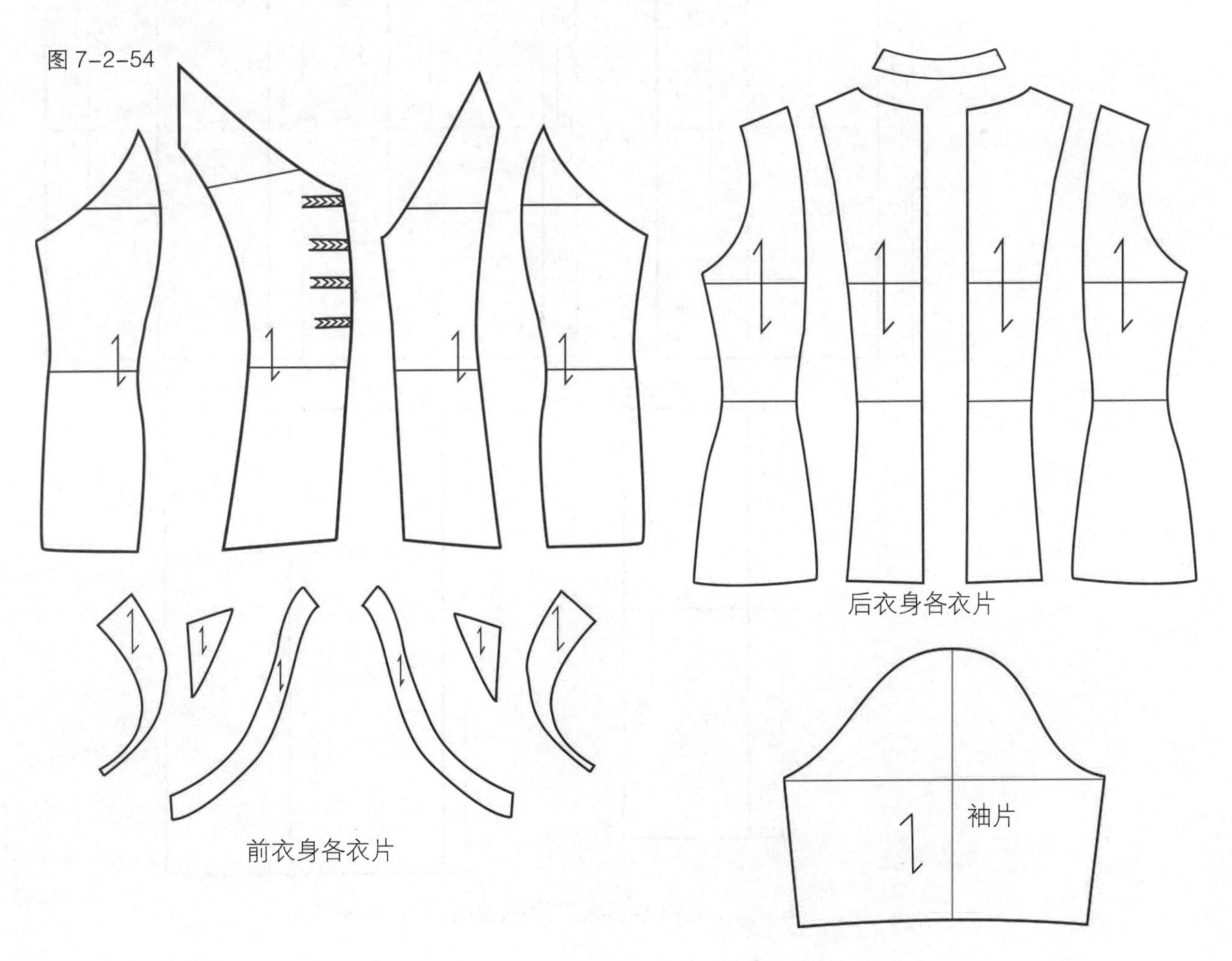

第三节 女式夹克

夹克是一种春秋季服装，多为短款、紧袖口和紧下摆造型。女式夹克的领部结构多变，可设计为无领、立领或翻领；衣身以修身型为主，采用多分割结构；袖子为贴体袖。现代女式夹克造型多样，常常在设计中融入男装硬朗的风格，使其比男式夹克更具特色，体现女性的干练、率性之美。下面介绍一款以分割为主要手法的夹克造型的裁剪。

双排扣夹克

（1）款式解析

夹克运用肩章以及双排扣的元素，体现了军装风格；省道及方领口的设计让军装元素充分融合到女性时装设计中，在提升女装强势美的同时不失优雅（见图7-3-1）。

图 7-3-1 款式图

（2）坯布准备

见图 7-3-2。

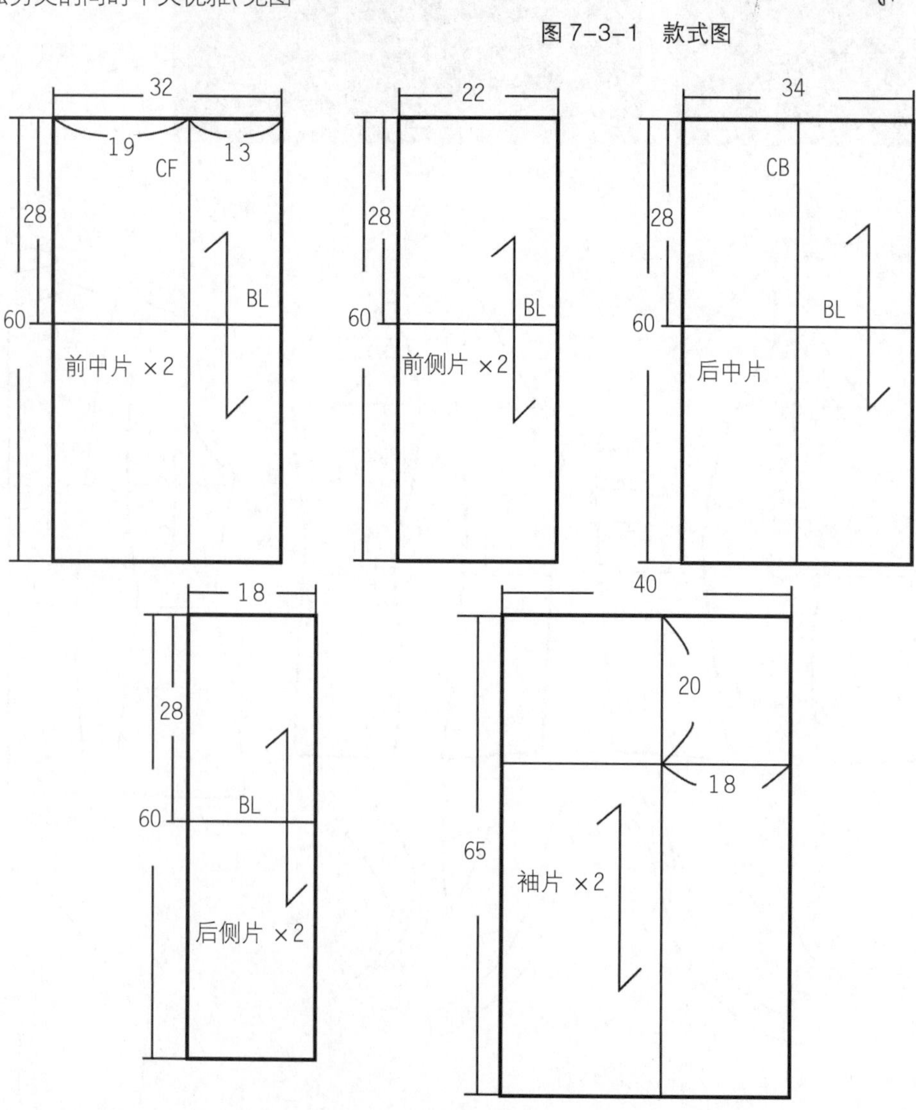

图 7-3-2 坯布预裁图 （单位：cm）

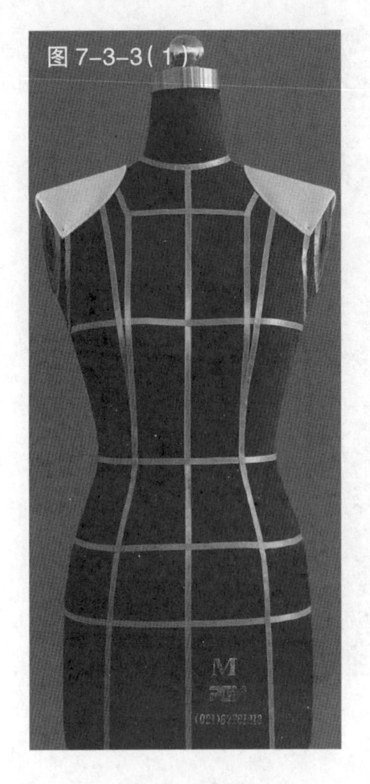
图 7-3-3(1)

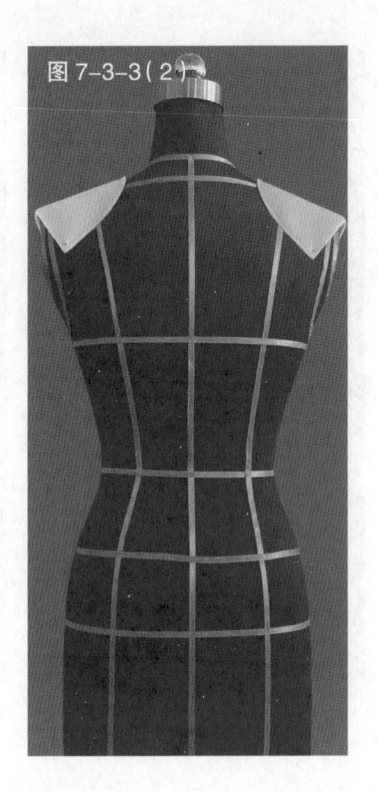
图 7-3-3(2)

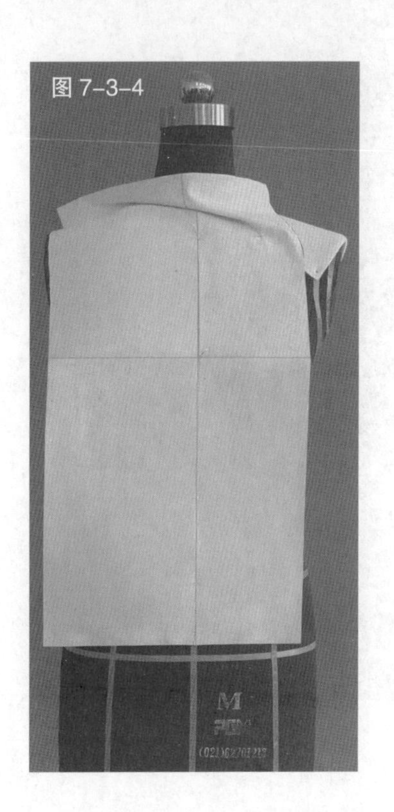
图 7-3-4

(3)操作步骤

见图 7-3-3 ~图 7-3-18。

图 7-3-3　根据服装款式在人台上粘贴款式造型线。为了强化服装肩部的立体造型,在人台上增加肩垫

图 7-3-4　预裁前中片用布并固定于人台,对准标

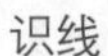

识线

图 7-3-5　根据服装款式,用色带标记出该衣片的造型线

图 7-3-6　根据标示的轮廓线修剪前中片多余的面料

图 7-3-7　预裁前侧片用布并固定于人台

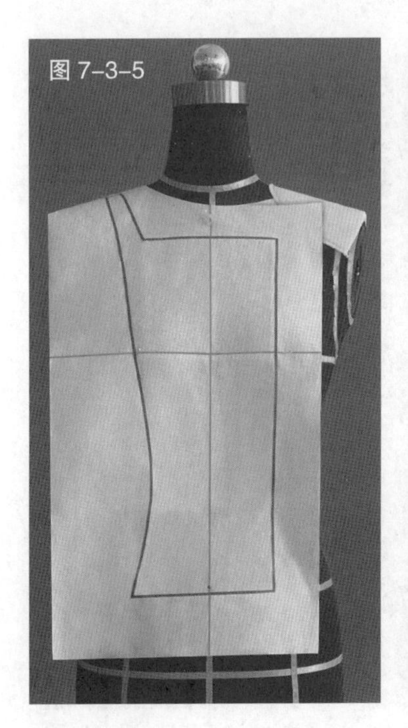
图 7-3-5

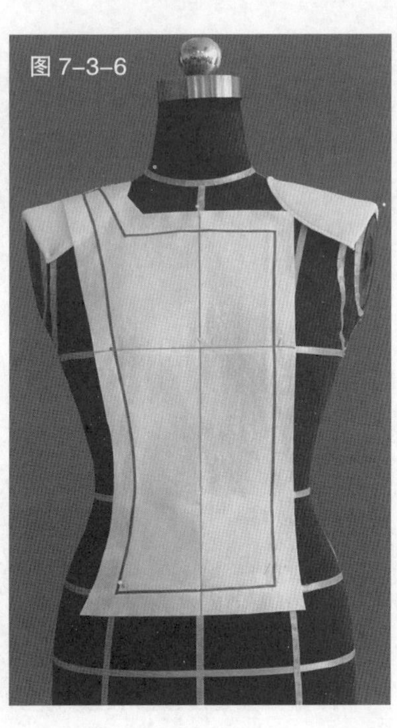
图 7-3-6

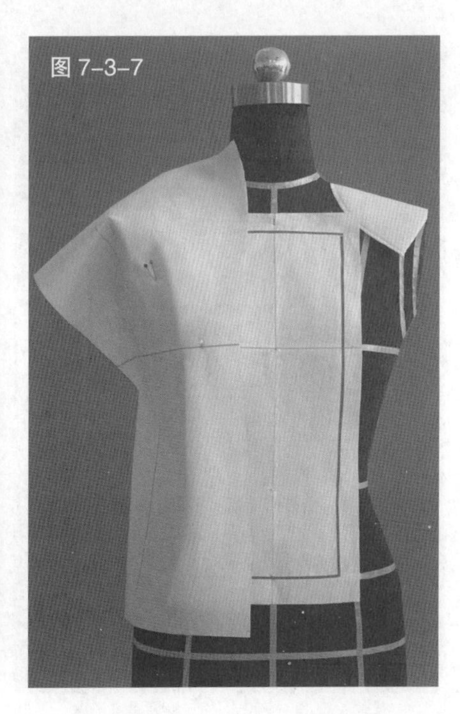
图 7-3-7

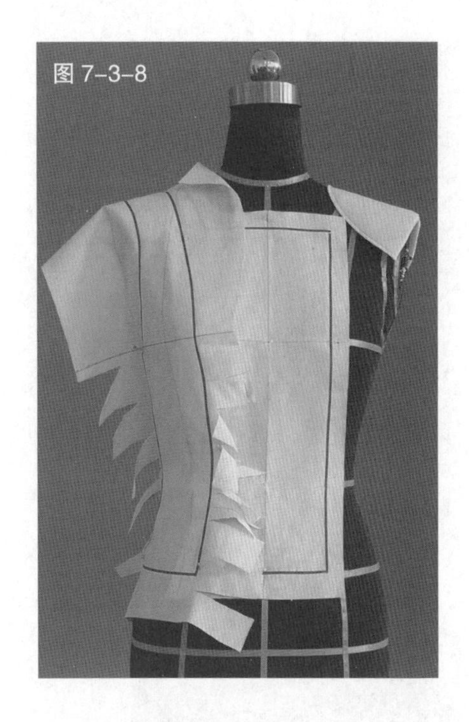

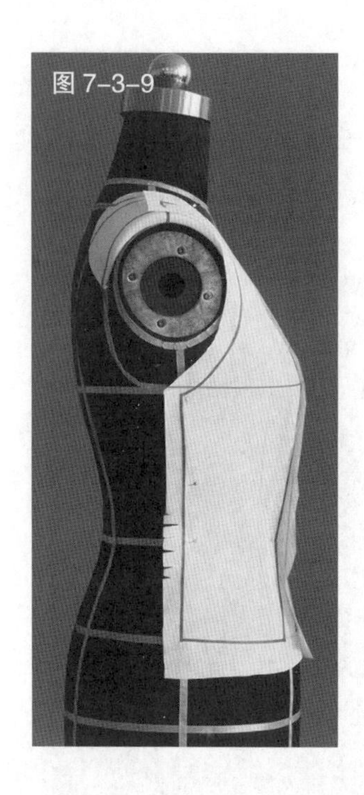

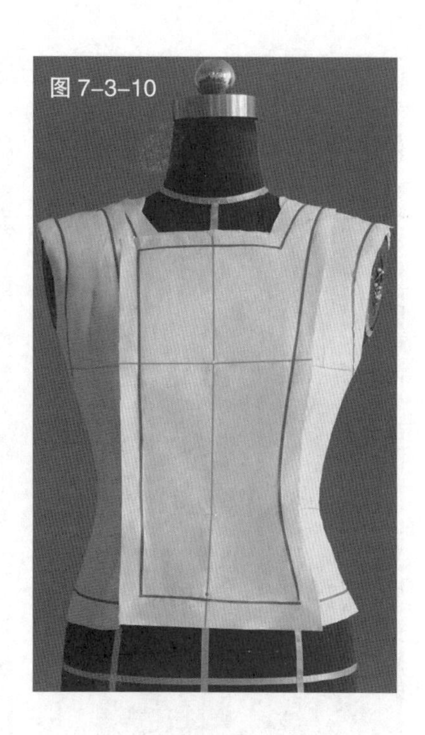

图 7-3-8　将前侧片拼接处修剪成剪口状，使前侧片贴合人台

图 7-3-9　修剪前侧片多余的缝份，完成前侧片的裁剪

图 7-3-10　用相同的方法完成前衣片另一侧衣片的裁剪

图 7-3-11　预裁后中片用布并固定于人台上，对准标识线

图 7-3-12　用与前衣片相同的裁剪方法对后中片和后侧片进行裁剪，完成后衣的裁剪

图 7-3-13　注意前后片在侧缝处要对齐，袖窿造型要圆润

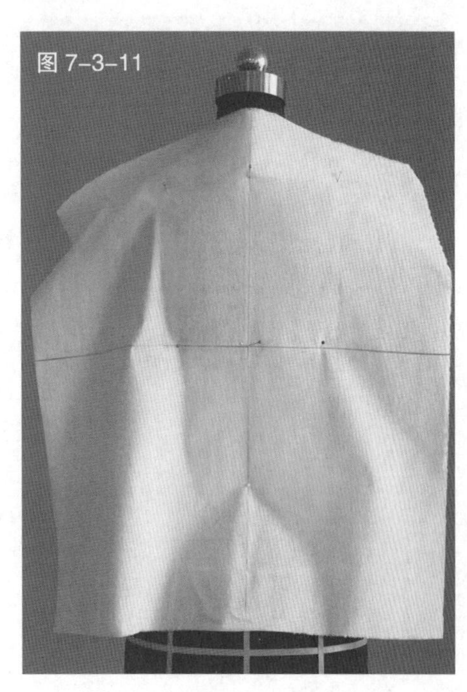

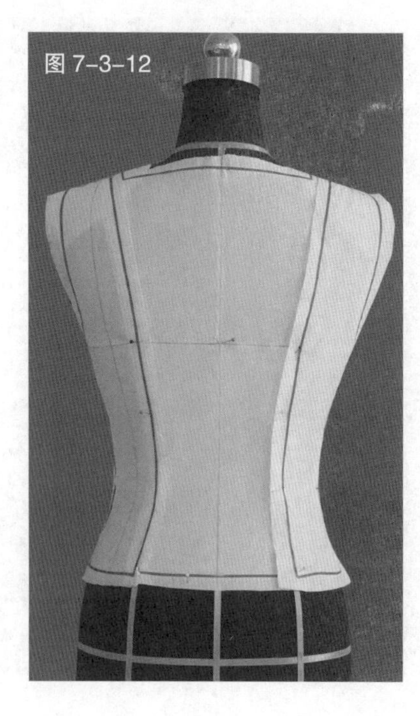

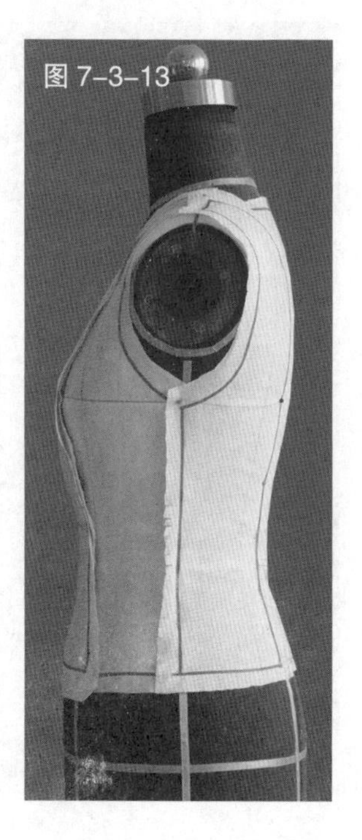

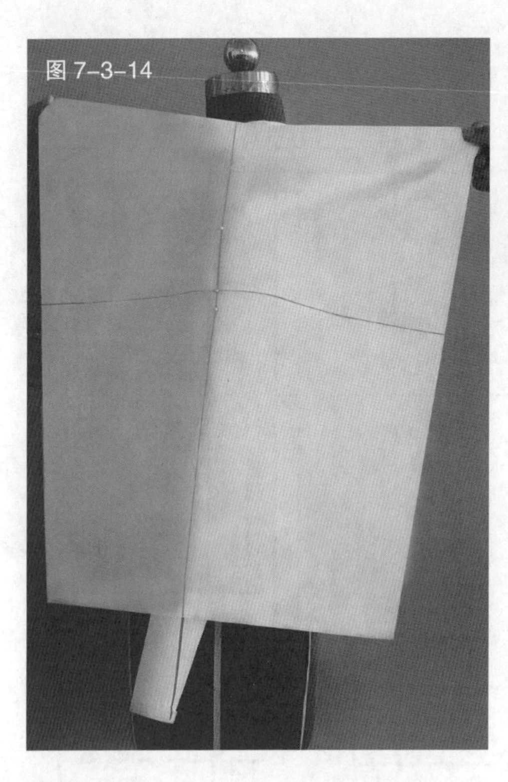

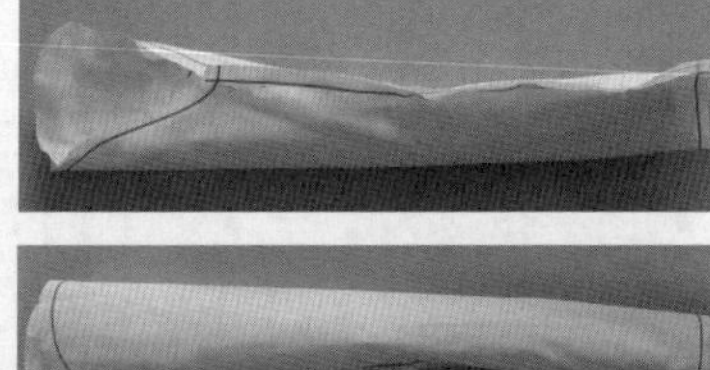

图 7-3-14　安装手臂模型，然后预裁袖片用布，并固定于人台

图 7-3-15　根据前面所学知识，裁剪袖片时可将手臂模型取下确定袖片造型

图 7-3-16　缝合各衣片，完成夹克的整体裁剪

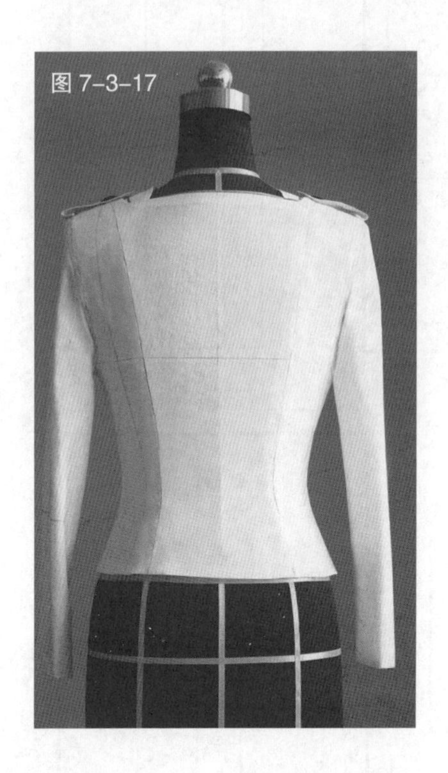

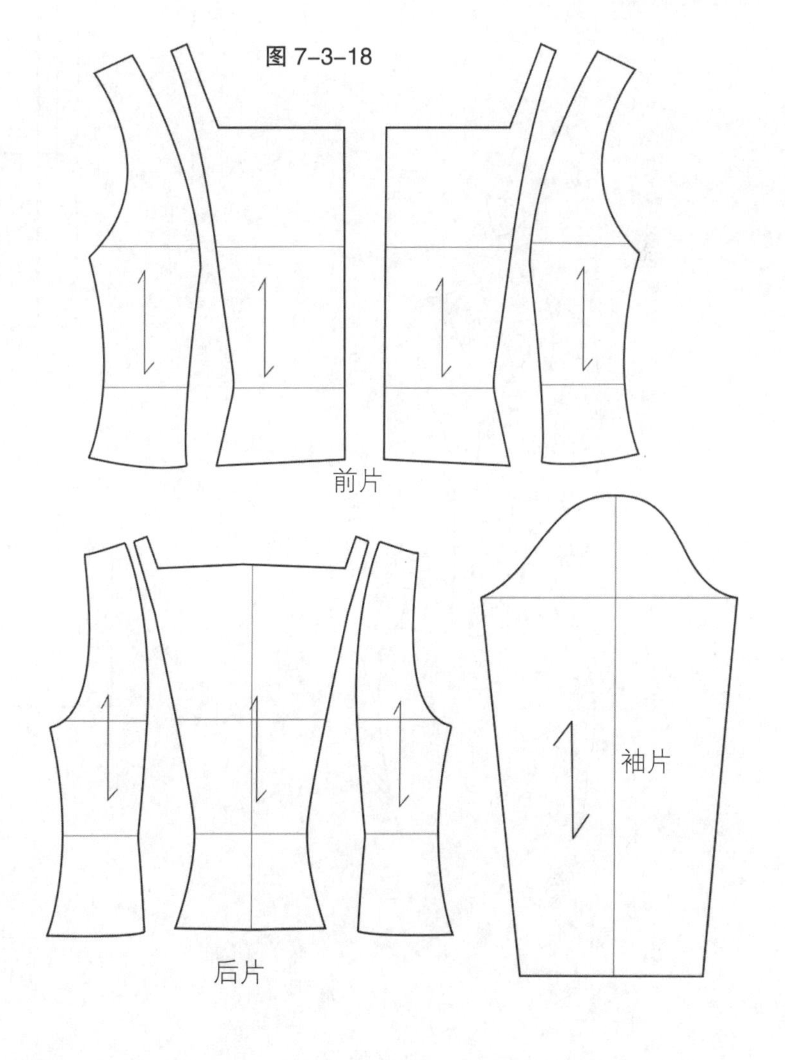

图 7-3-17　完成后的夹克背面造型

图 7-3-18　根据完成衣片描绘的各衣片平面图

第四节 女式外套

女式外套的造型丰富，将不同的设计元素综合运用于女式外套中，可彰显女装多变的风格。在结构设计时常常将省道、分割和褶裥有效结合，其领部和衣身结构变化多样。下面介绍两款运用了多种立体裁剪造型方法裁剪的女式外套。

1.层叠荷叶边下摆外套

（1）款式解析

此外套采用分割线的手法将省道融入其中，开阔的圆领与设计独特的胸贴，以及腰线以下层叠荷叶边造型，将欧洲宫廷礼服元素完美融合到现代女装外套设计中（见图 7-4-1）。

（2）坯布准备

见图 7-4-2。

（3）操作步骤

见图 7-4-3 ~图 7-4-25。

图 7-4-1 款式图

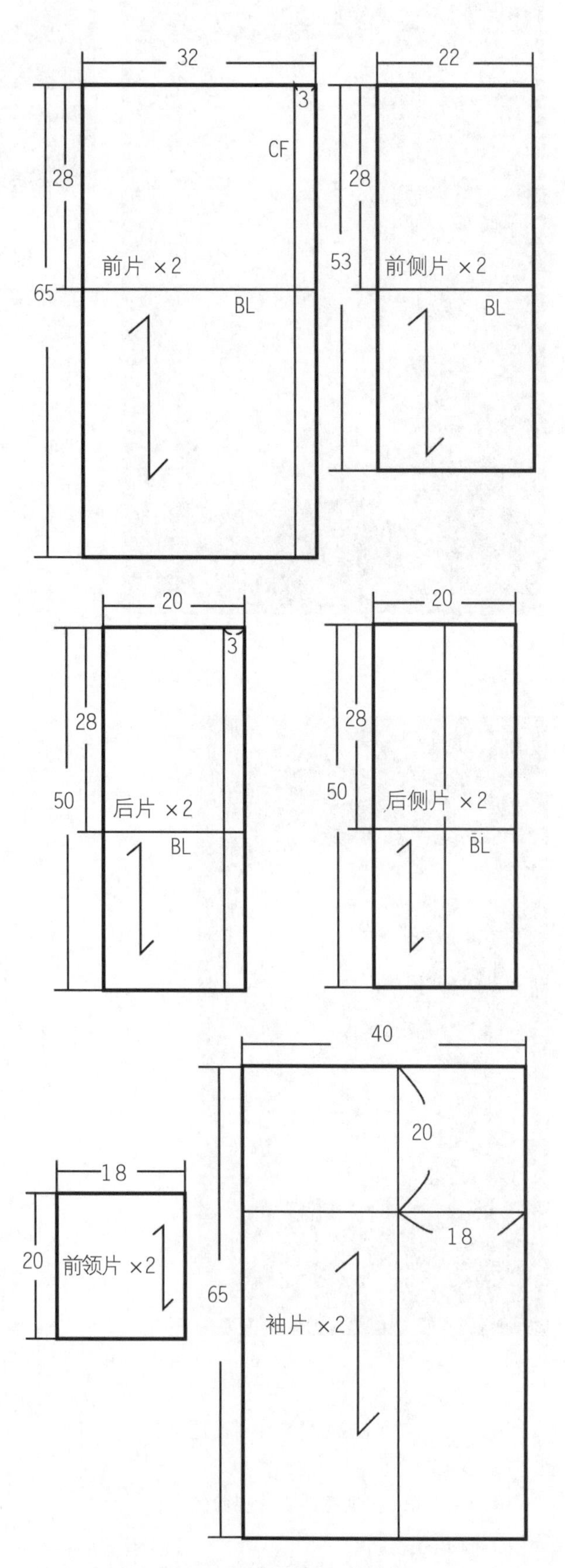

图 7-4-2 坯布预裁图 （单位：cm）

图 7-4-3（1）

图 7-4-3（2）

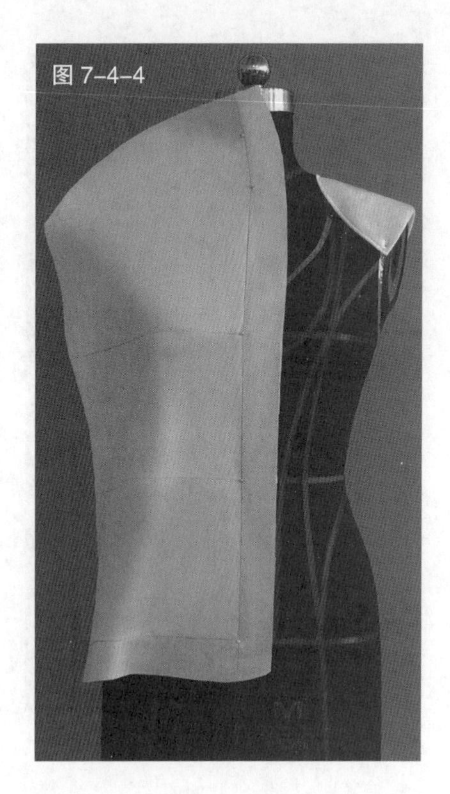
图 7-4-4

图 7-4-3　根据服装款式在人台上粘贴款式造型线并添加垫肩

图 7-4-4　将预裁好的前衣片用布对准前中心线和胸围线，并固定于人台上

图 7-4-5　根据服装款式，用色带标记出衣片的造型线

图 7-4-6　根据前衣片造型线进行适当修剪

图 7-4-7　将预裁好的侧衣片用布对准人台胸围线和侧缝线并固定于人台上

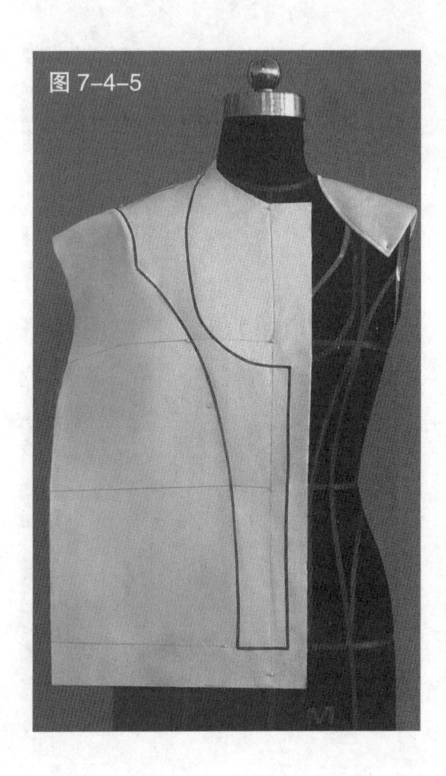
图 7-4-5

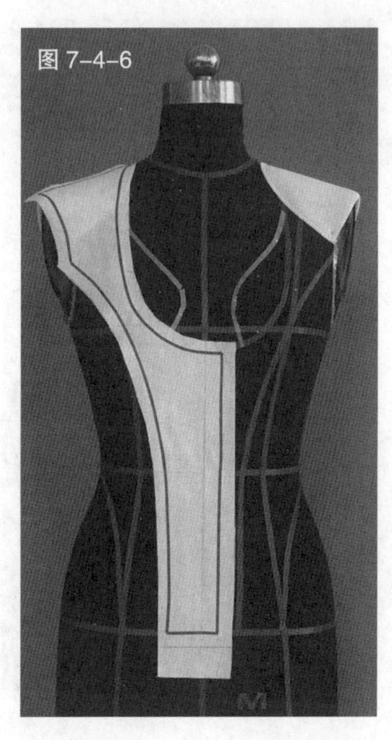
图 7-4-6

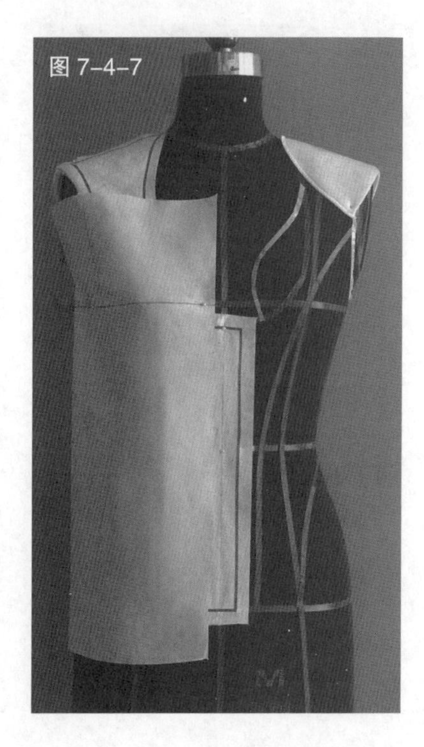
图 7-4-7

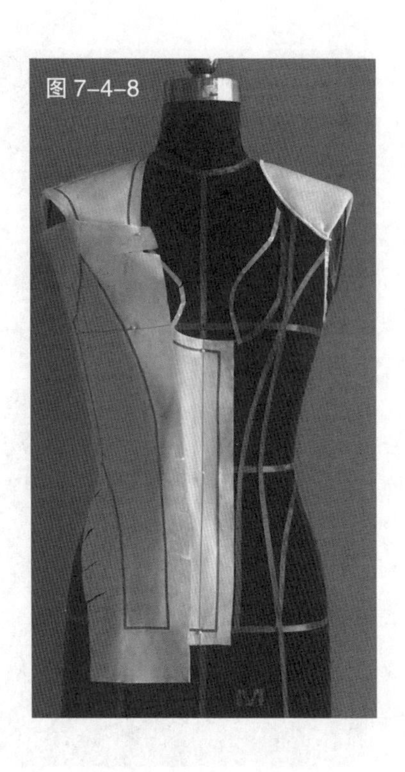

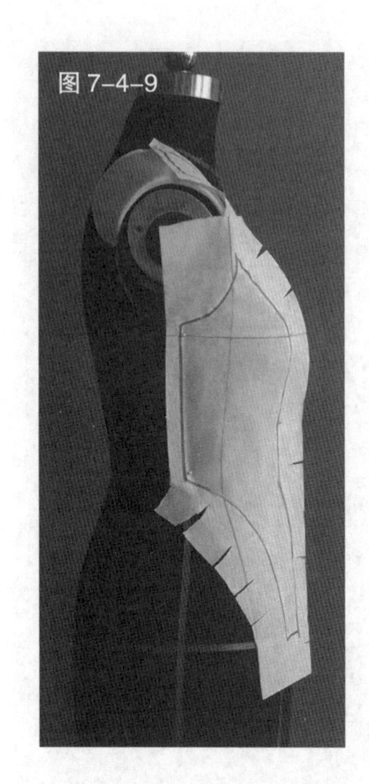

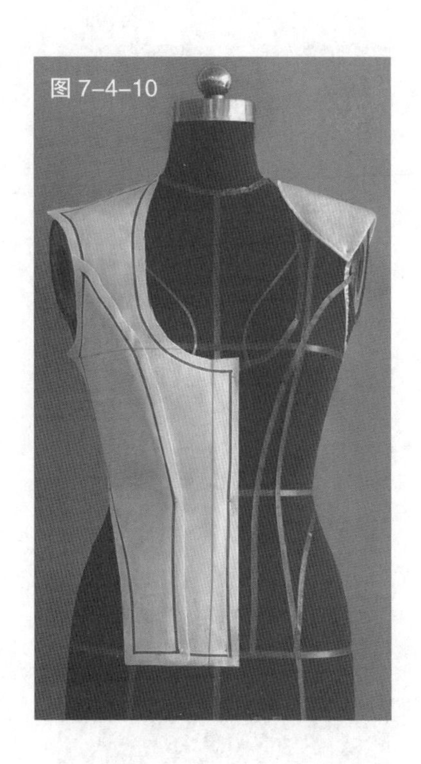

图 7-4-8　根据服装款式，用色带标记出侧衣片的造型线

图 7-4-9　为保证衣片的平整，可适当做剪口

图 7-4-10　根据该衣片造型线进行适当修剪

图 7-4-11　修剪好的衣片侧面图

图 7-4-12　预裁胸部贴片用布，把它对准人台胸围线和前中心线并固定于人台

图 7-4-13　用色带标记出该片的造型线

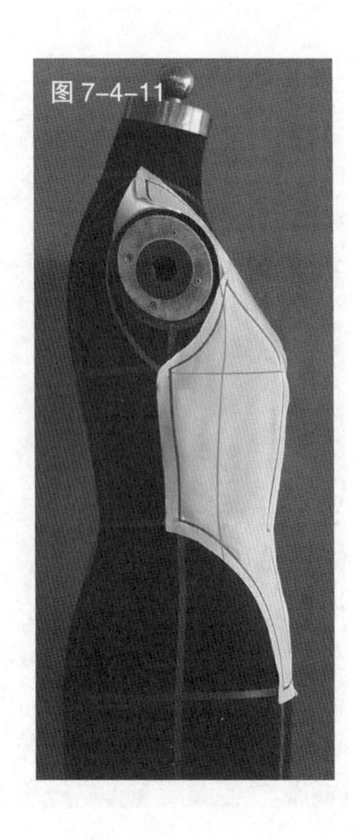

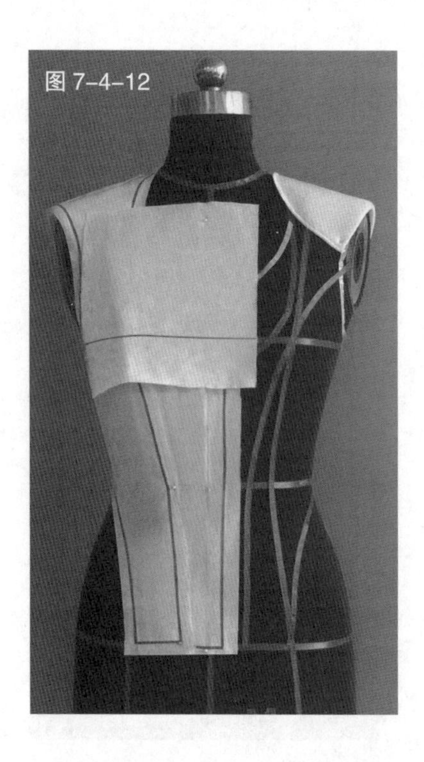

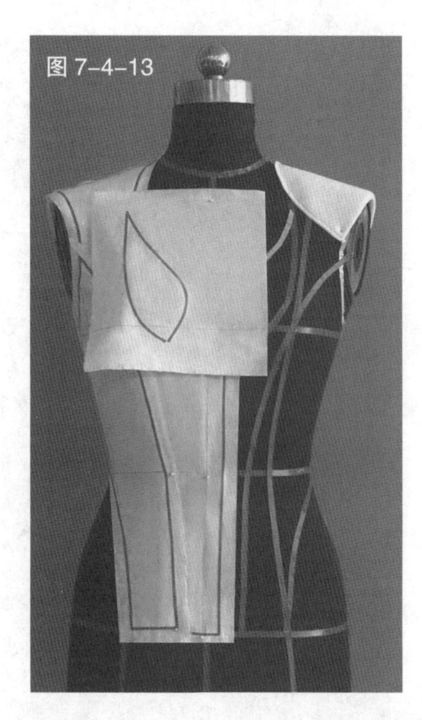

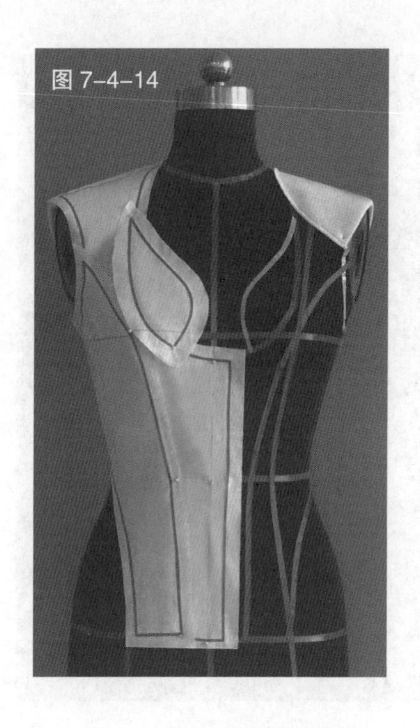
图 7-4-14

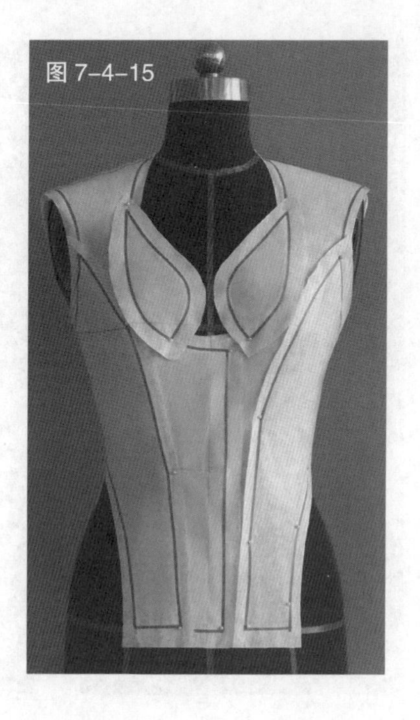
图 7-4-15

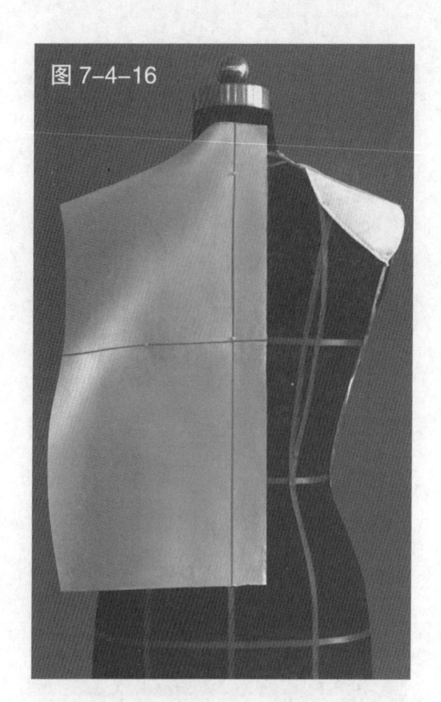
图 7-4-16

图 7-4-14　对该衣片进行修剪、放缝

图 7-4-15　用同样的方法裁剪另一侧的布片

图 7-4-16　将预裁好的后衣片用布对准后中心线、胸围线并固定于人台

图 7-4-17　用相同的方法裁剪其他各衣片，完成后衣片的裁剪

图 7-4-18　根据服装款式预裁服装下摆的层叠荷叶边用布，并依次把它们固定于人台。用色带标记出荷叶边造型线，并根据造型线完成荷叶边片裁剪

图 7-4-19　完成的荷叶边的背面效果

图 7-4-20　完成的荷叶边的侧面效果

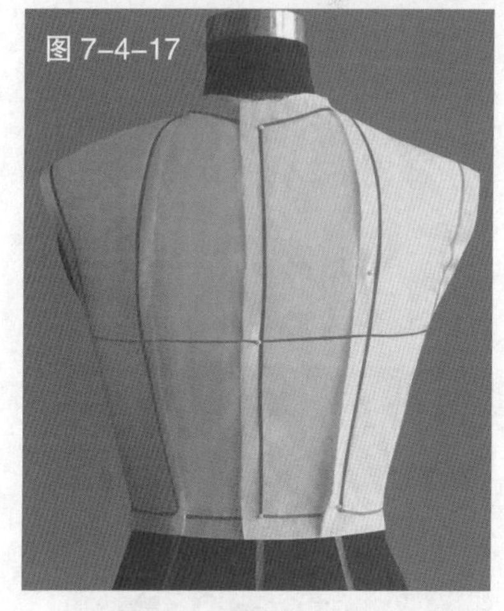
图 7-4-17

图 7-4-18

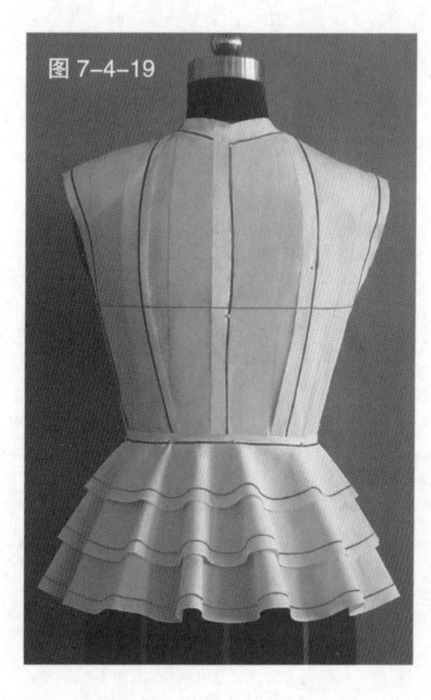
图 7-4-19

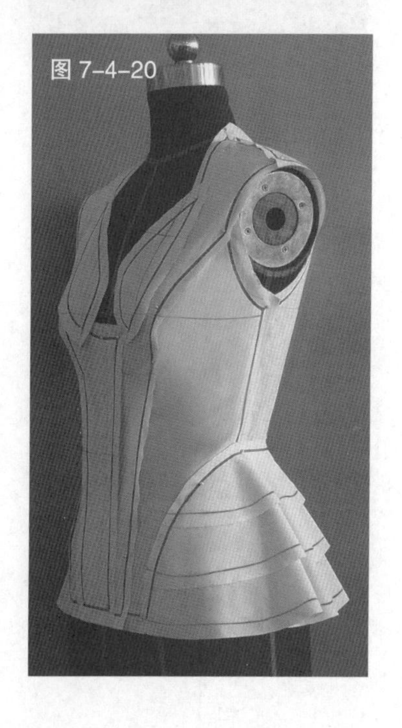
图 7-4-20

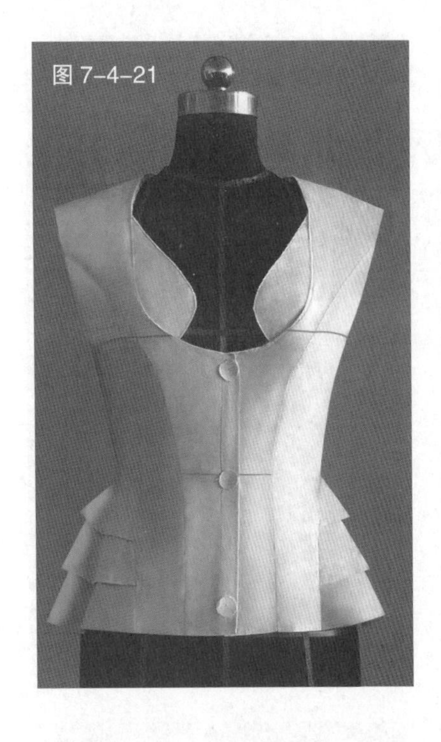

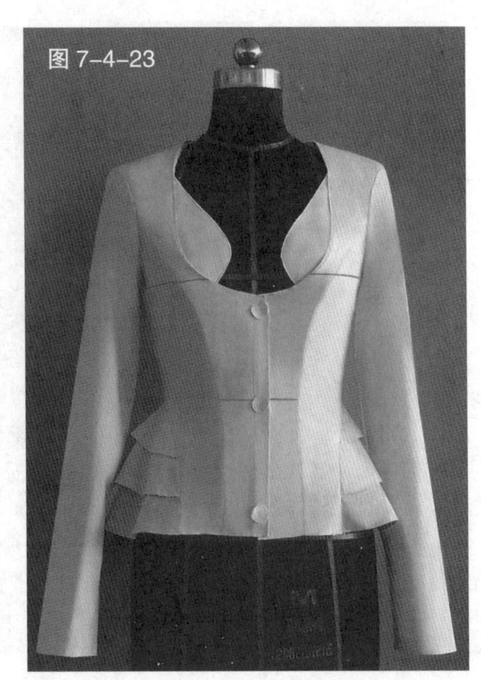

图 7-4-21　缝制衣身，完成衣身的造型

图 7-4-22　衣身的背部造型

图 7-4-23　用相同的方法裁剪袖片并安装，即完成服装的整体造型

图 7-4-24　完成后的服装背面造型

图 7-4-25　根据完成造型的衣片描绘的平面图

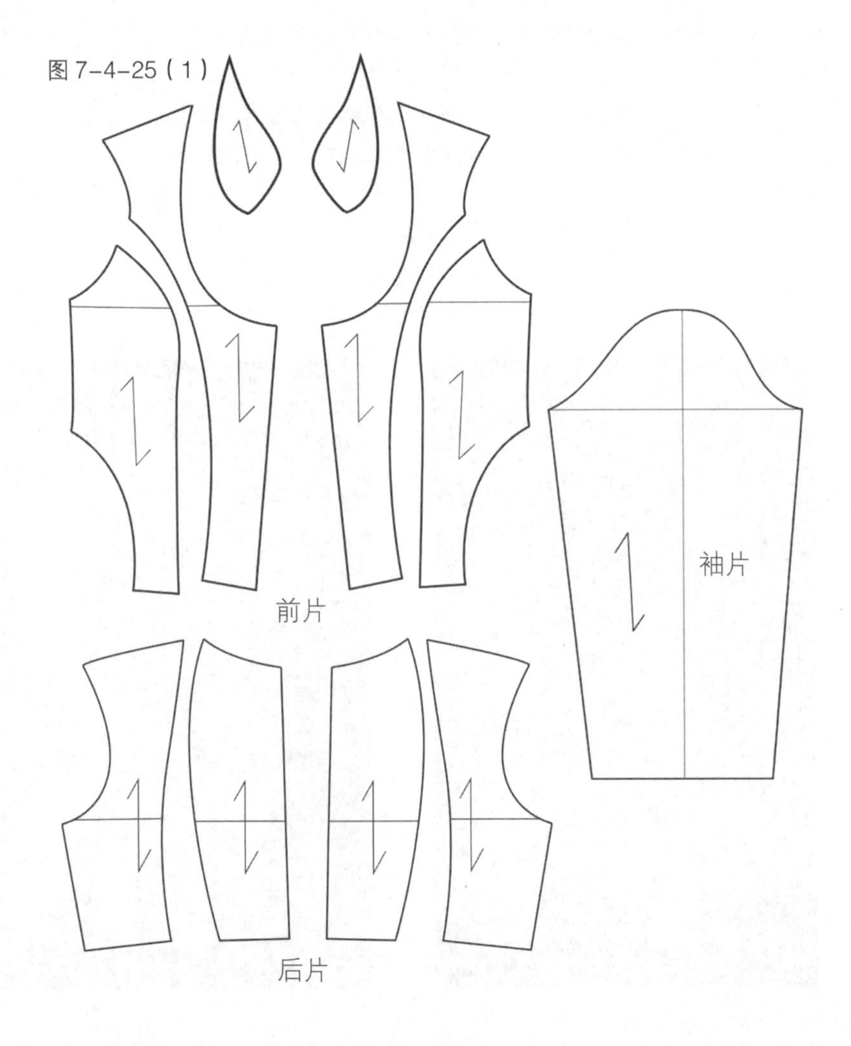

图 7-4-25（2）

第三层下摆

第二层下摆

第一层下摆

2.荷叶领及分割线衣身外套

（1）款式解析

荷叶领是女装设计中不可缺少的元素，尽显淑女风格；弧形分割线取代省道，突出女性曲线，使服装款式更加优雅动人（见图 7-4-26）。

（2）坯布准备

见图 7-4-27。

图 7-4-26　款式图

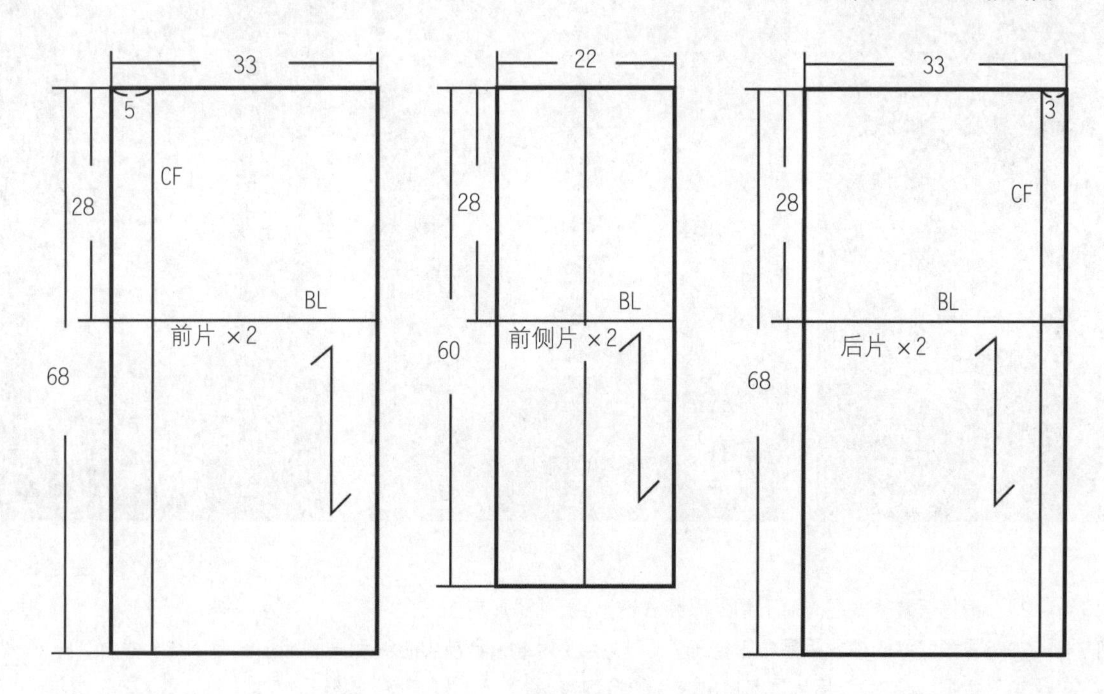

图 7-4-27（1）　坯布预裁图　（单位：cm）

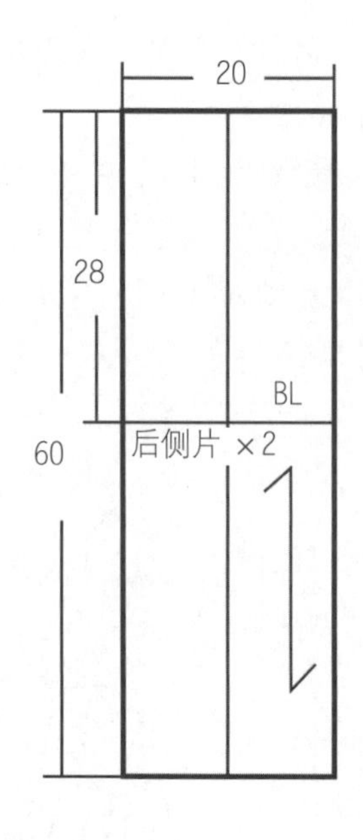

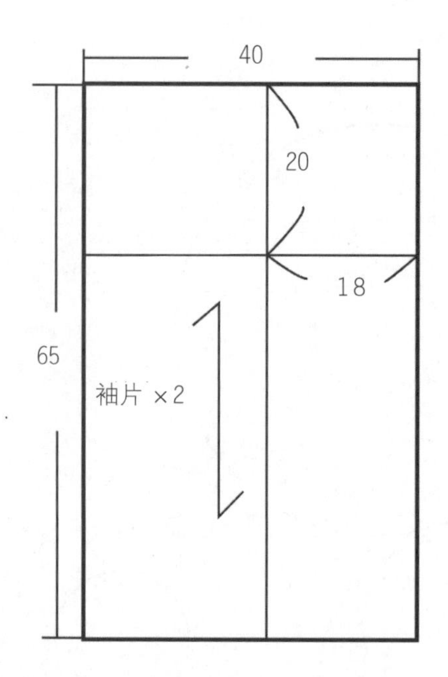

图 7-4-27（2） 坯布预裁图 （单位：cm）

（3）操作步骤

见图 7-4-28 ~ 图 7-4-45。

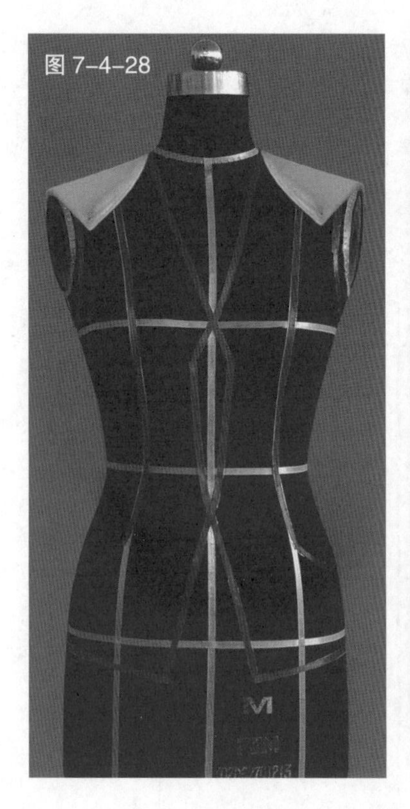

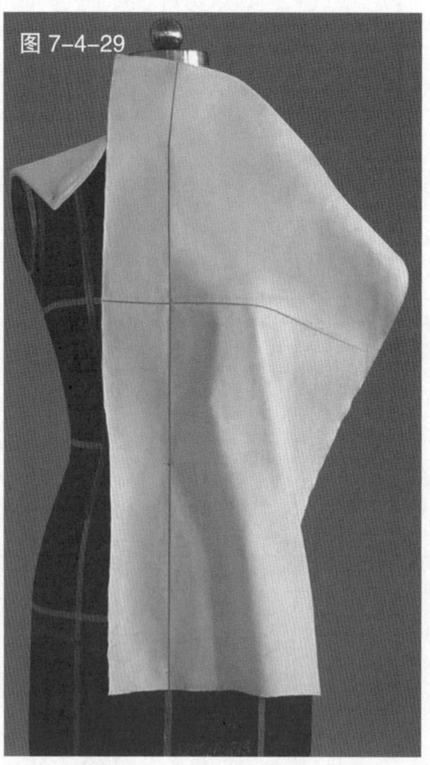

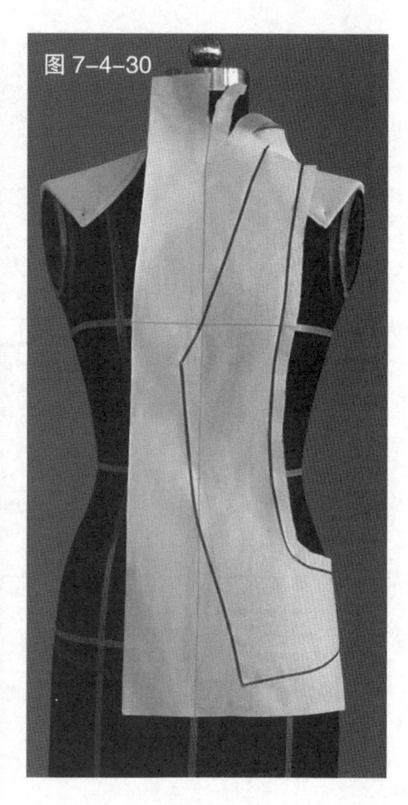

图 7-4-28 根据服装款式在人台上粘贴出款式造型线，并添加肩垫

图 7-4-29 将预裁好的前衣片用布固定于人台上，且要对准人台前中心线和胸围线

图 7-4-30 根据服装款式，用色带标记出衣片的造型线，并进行适当修剪、放缝

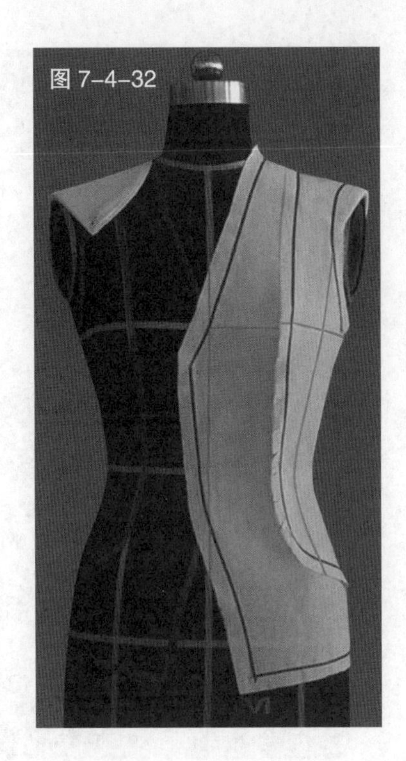

图 7-4-31　预裁侧衣片用布并将其固定于人台上

图 7-4-32　用相同的方法标示衣片轮廓造型并修剪、放缝

图 7-4-33　侧衣片在裁剪时注意侧缝处造型的圆润

图 7-4-34　用相同的方法完成其他各衣片的裁剪

图 7-4-35　预裁后衣片，将其对准标识线并固定于人台上

图 7-4-36　用相同的方法完成后片各衣片的裁剪

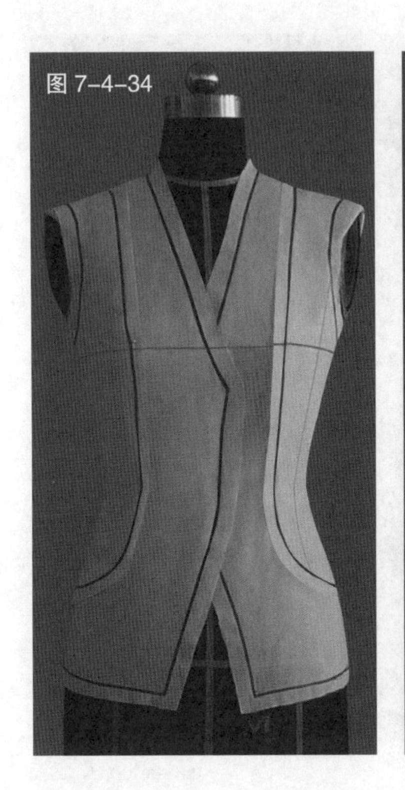

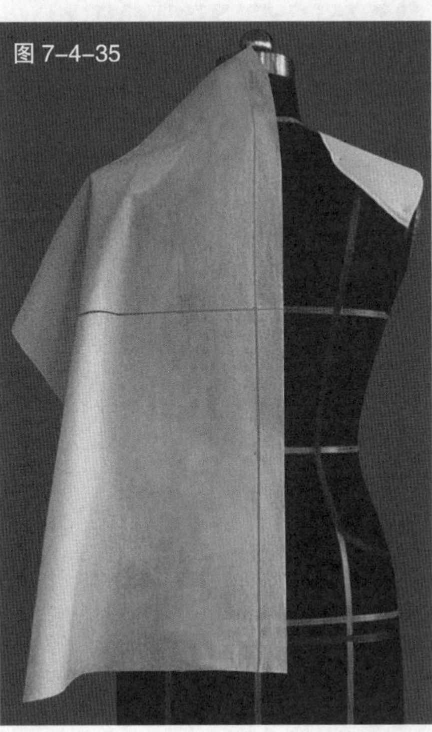

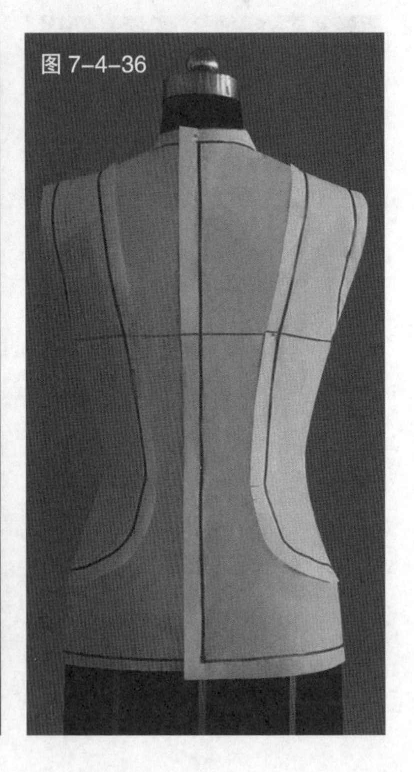

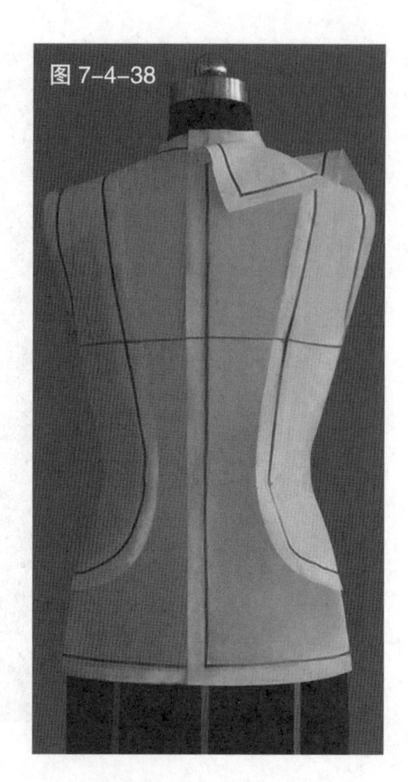

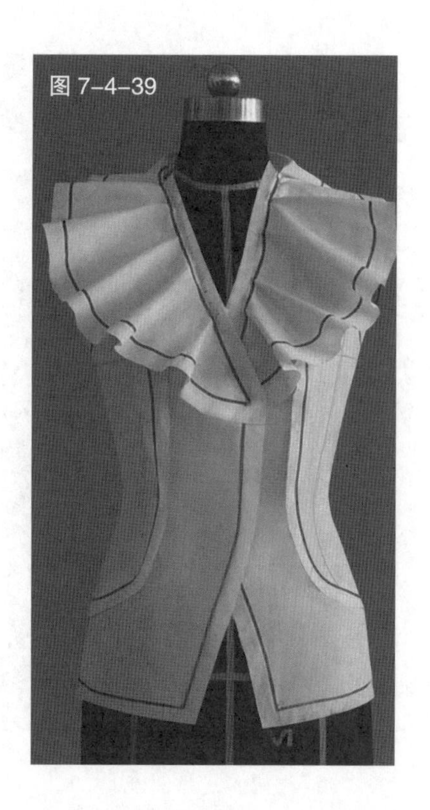

图 7-4-37 预裁荷叶领用布并将其固定，根据领型做出褶裥，再用色带确定领子的造型线

图 7-4-38 将布片绕至颈的后中心处，用色带确定后领片的中心线

图 7-4-39 荷叶领的正面造型

图 7-4-40 荷叶领的背面造型

图 7-4-41 缝合衣片及领片

图 7-4-42 缝合时确保分割线造型圆润、流畅

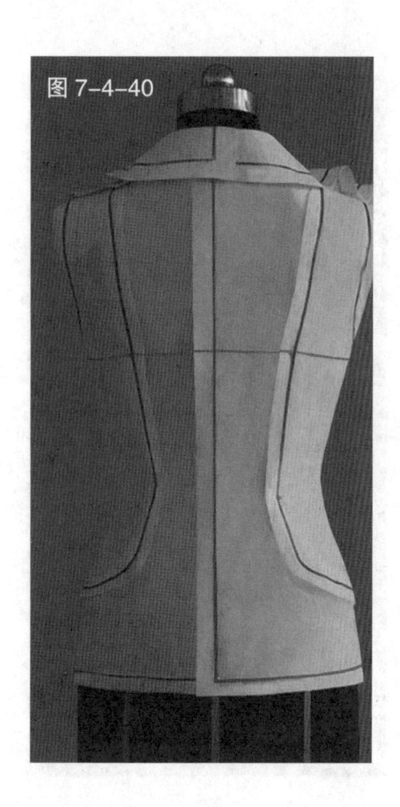

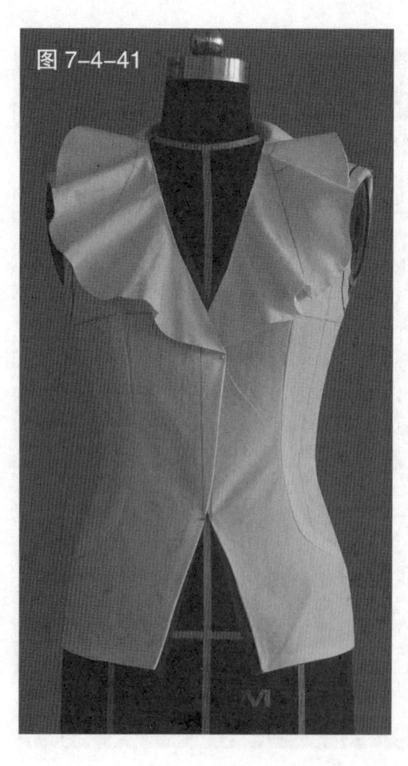

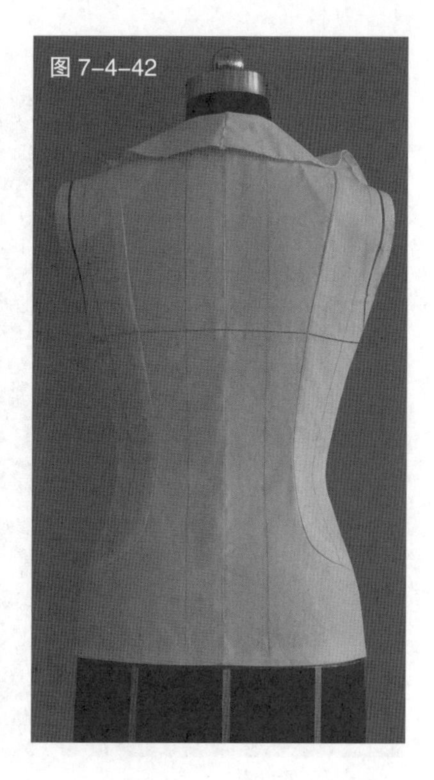

图 7-4-43

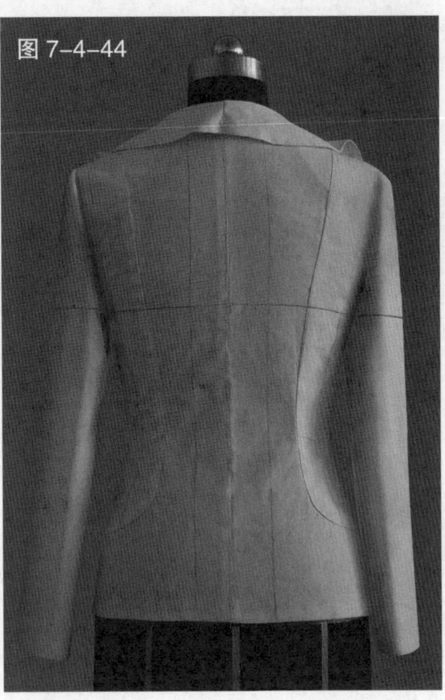
图 7-4-44

图 7-4-43 袖片裁剪同前。完成后的服装正面造型

图 7-4-44 完成后的服装背面造型

图 7-4-45 根据完成衣片描绘的各衣片平面图

图 7-4-45

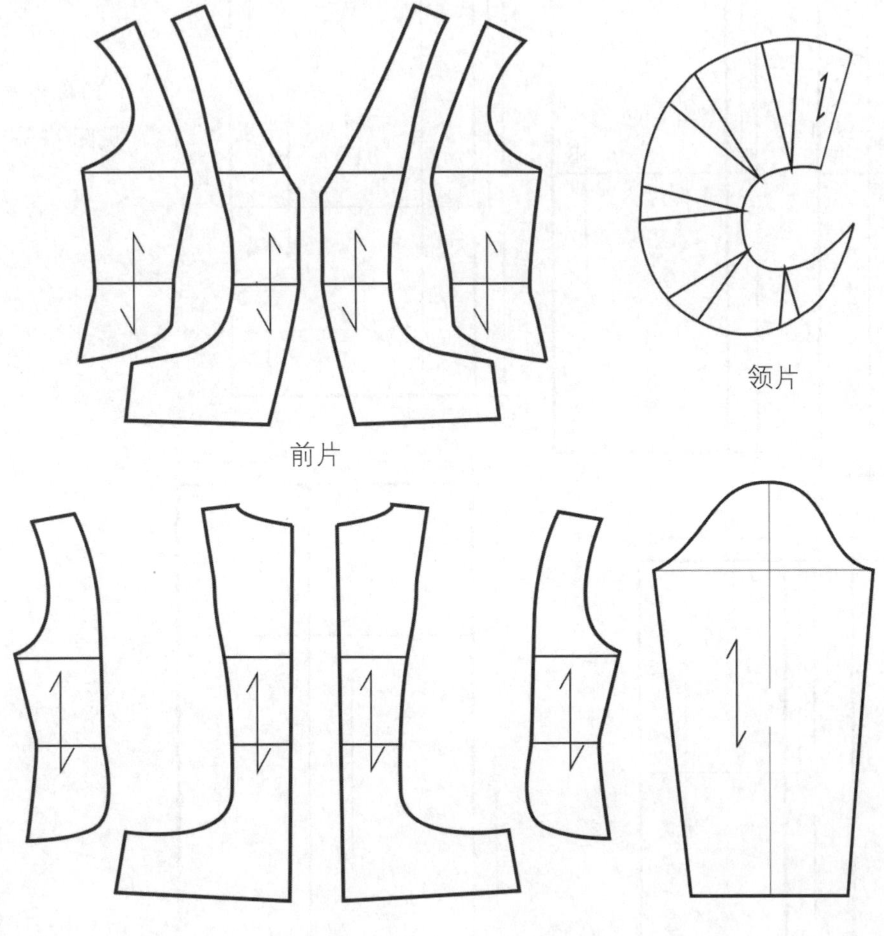

第五节 女式西服

现代女式西服不仅是职业女装的主要品种，还可作为商务休闲装穿着在各种场合。不同的造型和设计风格赋予了女式西服率性、优雅、可爱等多样化的风格。女式西服多变的衣身和领部结构是西服立体裁剪的难点，其局部细节的处理也是不可轻视的部分。下面分别介绍立领和翻驳领造型两款女式西服。

1.立领小西服

（1）款式解析

立领西服，采用公主线的分割设计，肩部缝合的贴片与立领造型相呼应；三角形门襟及下摆让服装款式更加时尚，肩部的荷叶边造型大大提升了女装的韵味（见图7-5-1）。

（2）坯布准备

见图7-5-2。

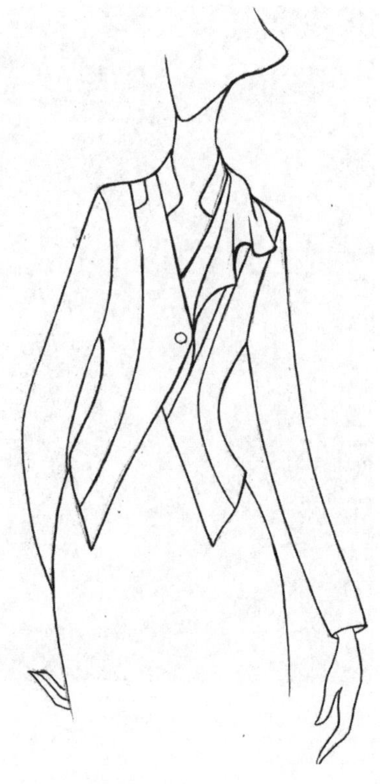

图7-5-1 款式图

（3）操作步骤

见图7-5-3～图7-5-18。

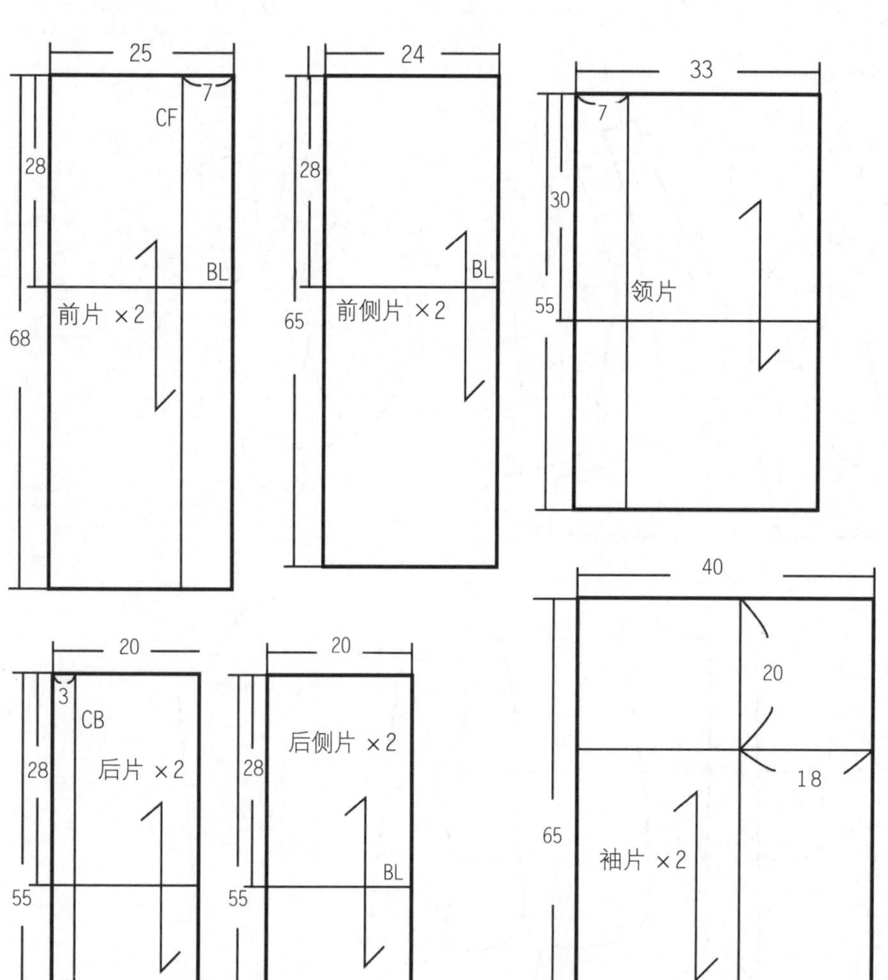

图7-5-2 坯布预裁图（单位：cm）

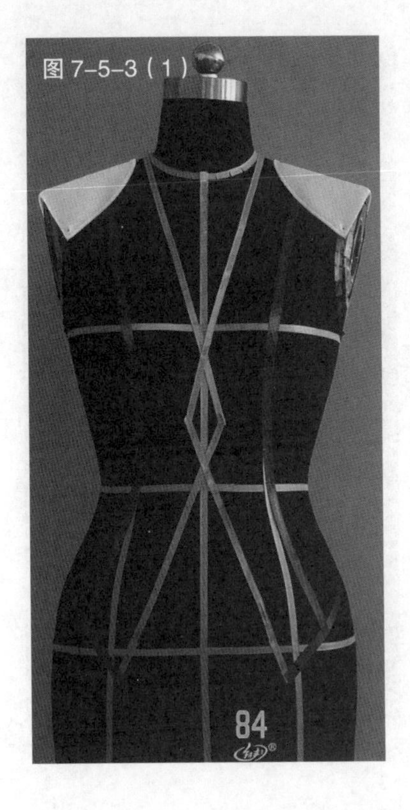

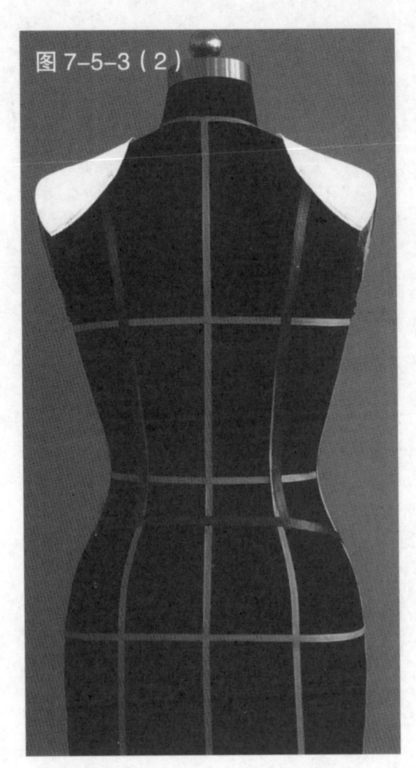

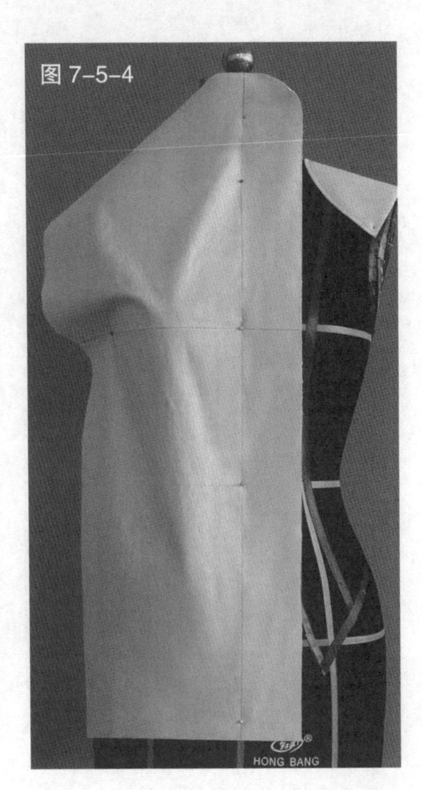

图 7-5-3 根据服装款式在人台上粘贴款式造型线，并添加肩垫

图 7-5-4 预裁前衣片用布，将其对准人台上的标识线并固定

图 7-5-5 将布料与人台贴合，并根据服装款式用色带标记出衣片的造型线

图 7-5-6 根据前衣片轮廓进行适当修剪

图 7-5-7 预裁侧边衣片用布，将其对准人台上的标识线并固定

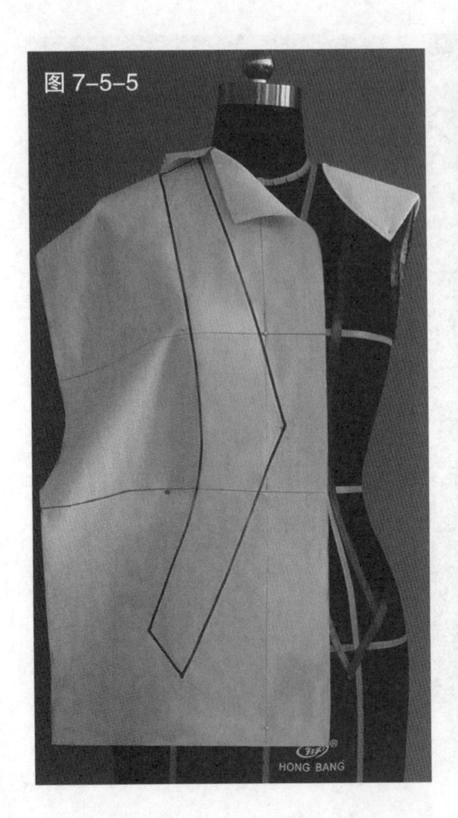

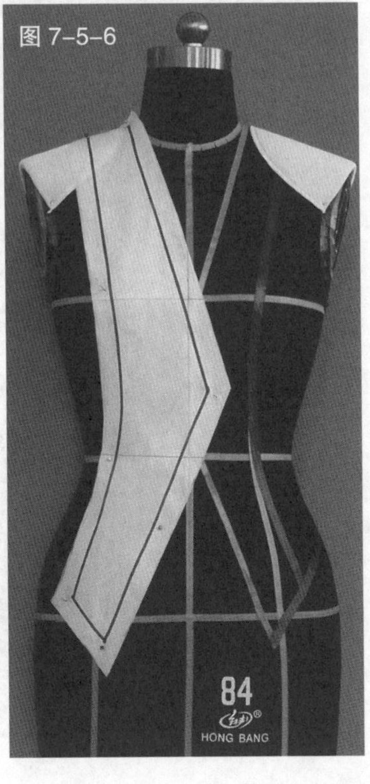

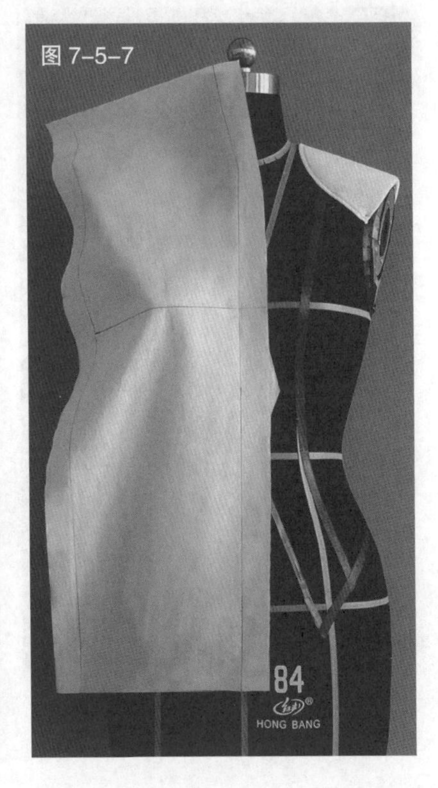

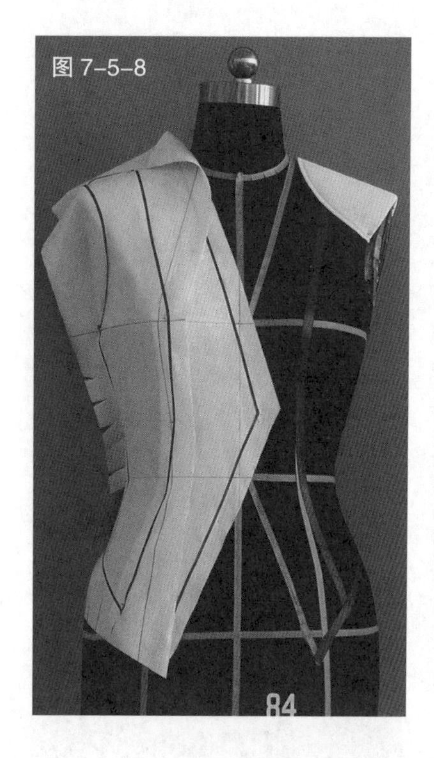

图 7-5-8

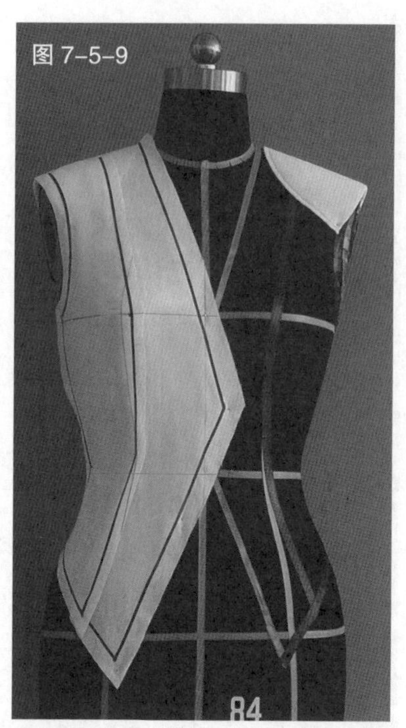

图 7-5-9

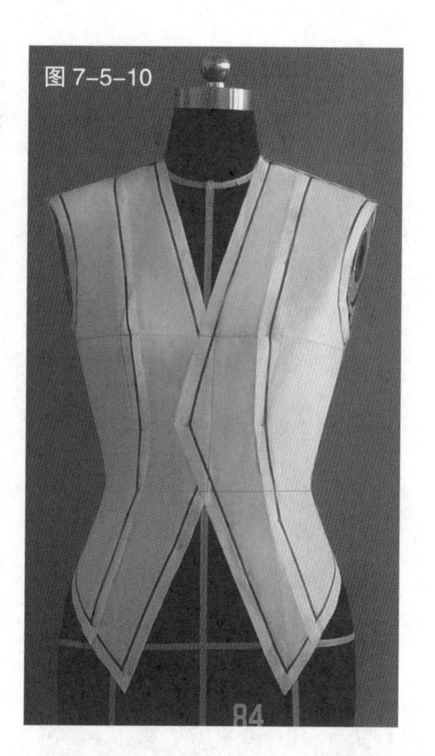

图 7-5-10

图 7-5-8　将布料与人台贴合，并适当做剪口以确保衣片的平整；再用色带确定该衣片的造型线

图 7-5-9　根据前衣片轮廓进行适当修剪

图 7-5-10　用相同的方法裁剪另一侧衣片

图 7-5-11　将预裁好的后衣片用布对准人台上的标识线并固定，确保布片与人台贴合；再根据款式用色带标注轮廓线

图 7-5-12　裁剪完成的后片各衣片

图 7-5-13　预裁肩部贴片并安装到合适的位置

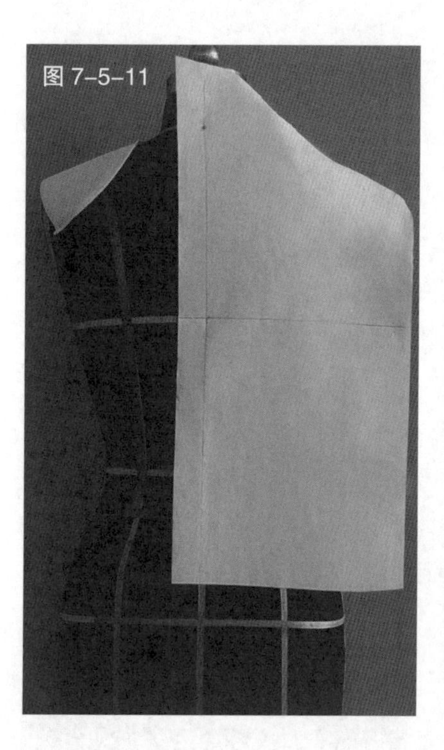

图 7-5-11

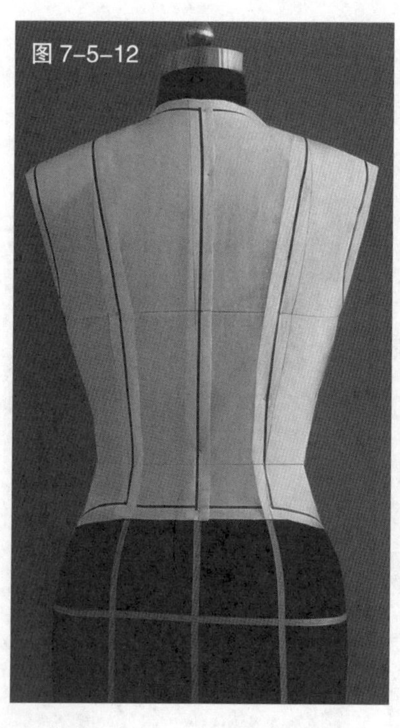

图 7-5-12

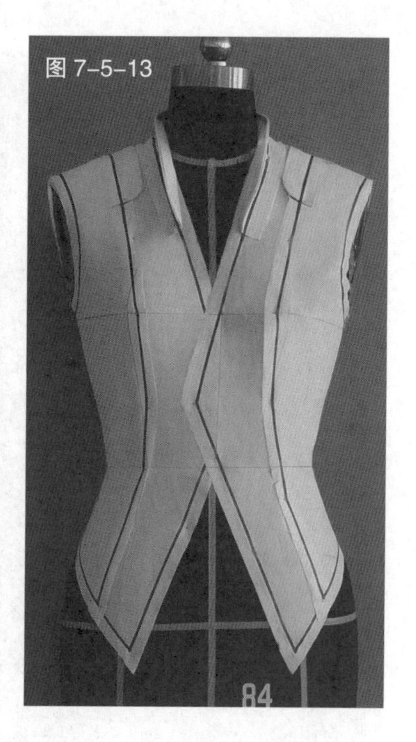

图 7-5-13

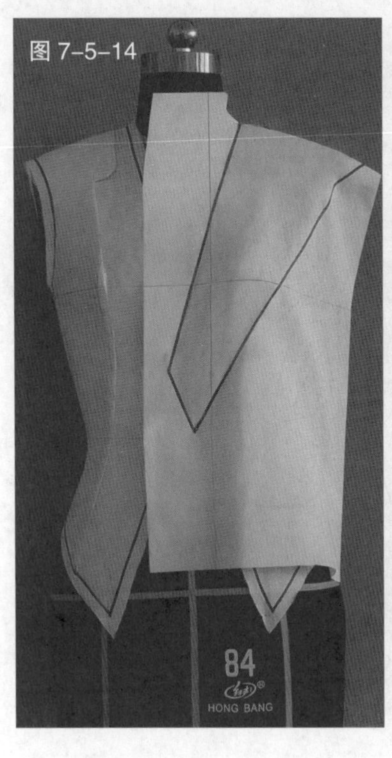

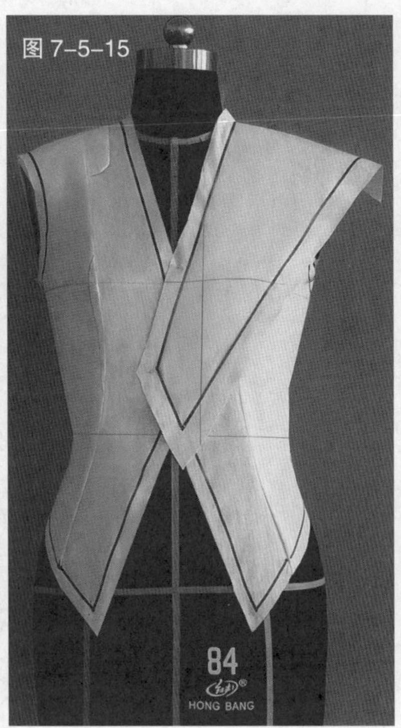

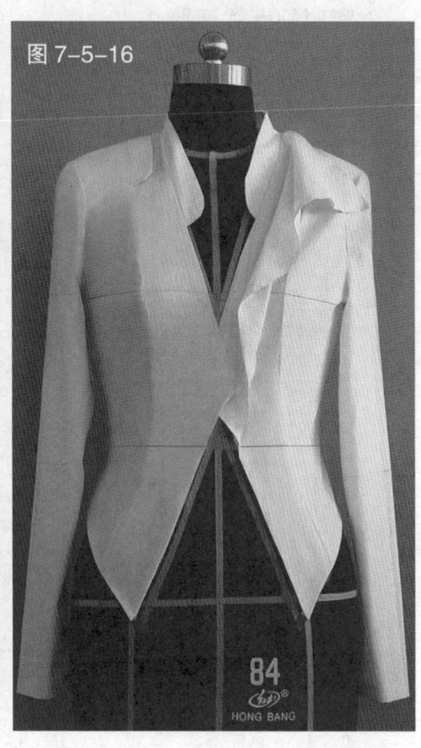

图 7-5-14 预裁荷叶边装饰片用布，基本形为上宽下窄的三角形

图 7-5-15 修剪布样，有待进一步造型

图 7-5-16 塑造荷叶边装饰片的造型，使其具有波浪感。同时完成立领和袖子的安装，即完成了服装的整体裁剪

图 7-5-17 完成后的服装背面造型

图 7-5-18 根据完成衣片描绘的各衣片平面图

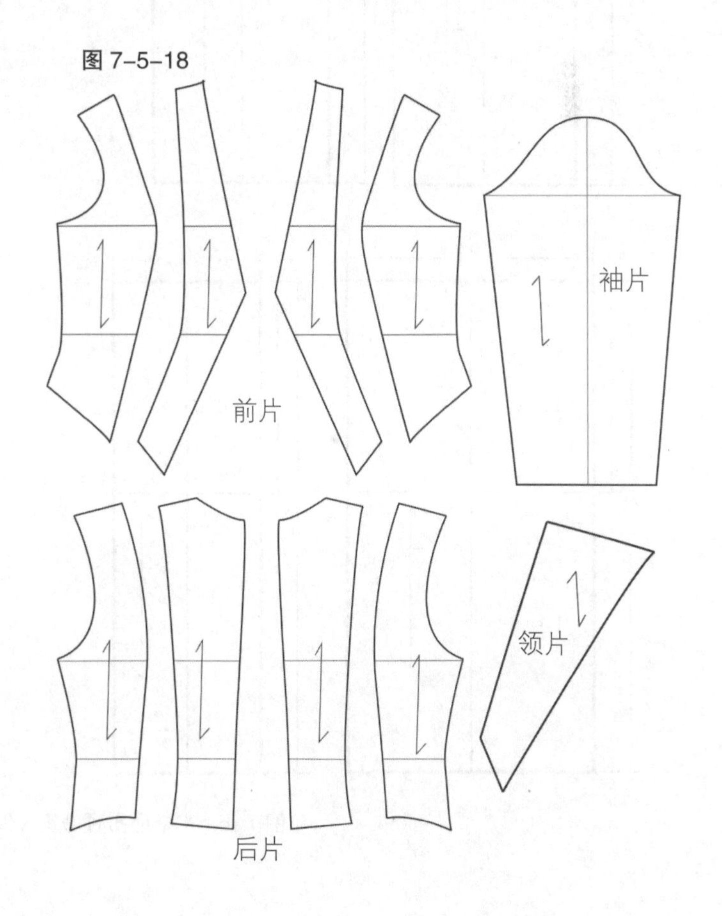

2. 翻驳领女式西服

（1）款式解析

翻驳领西装采用公主线分割设计和大翻领的设计，给单调的西服增添了时尚美感（见图 7-5-19）。

（2）坯布准备

见图 7-5-20。

（3）操作步骤

见图 7-5-21 ~图 7-5-39。

图 7-5-19 款式图

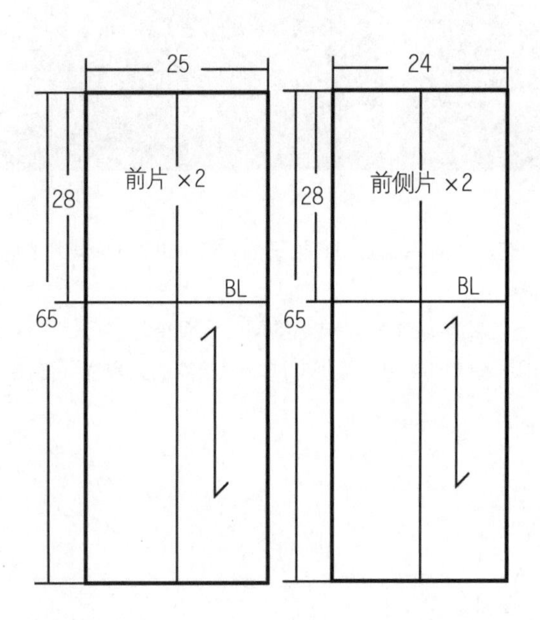

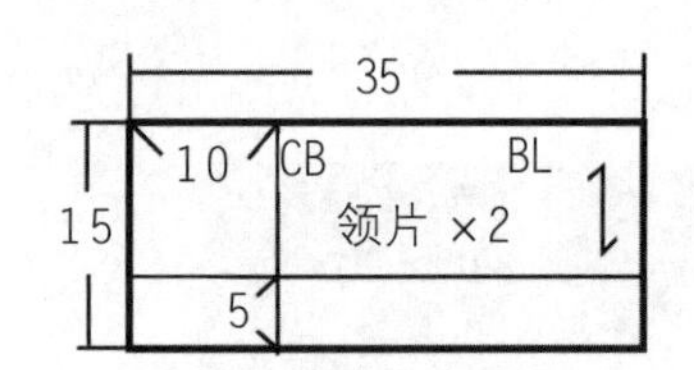

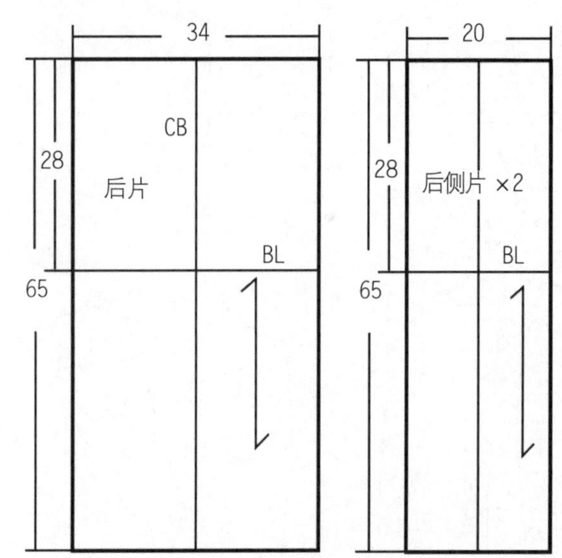

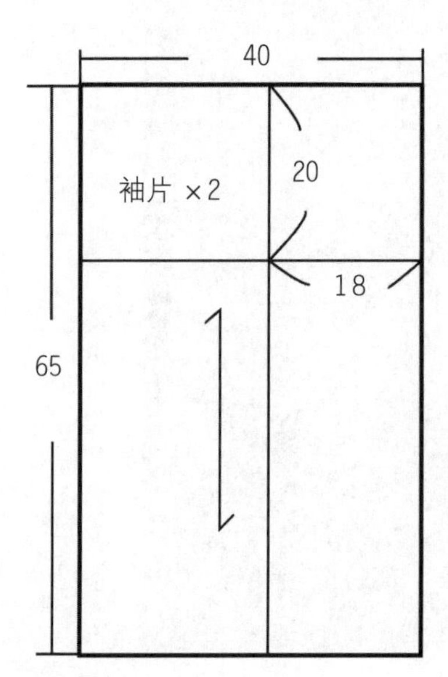

图 7-5-20 坯布预裁图（单位：cm）

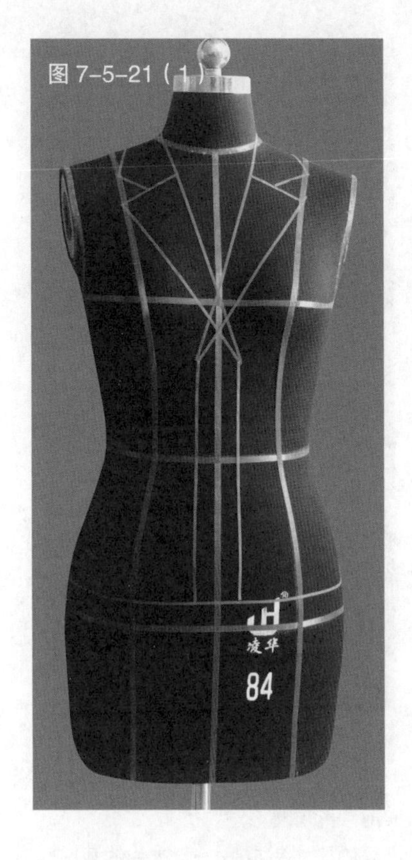

图 7-5-21（1）

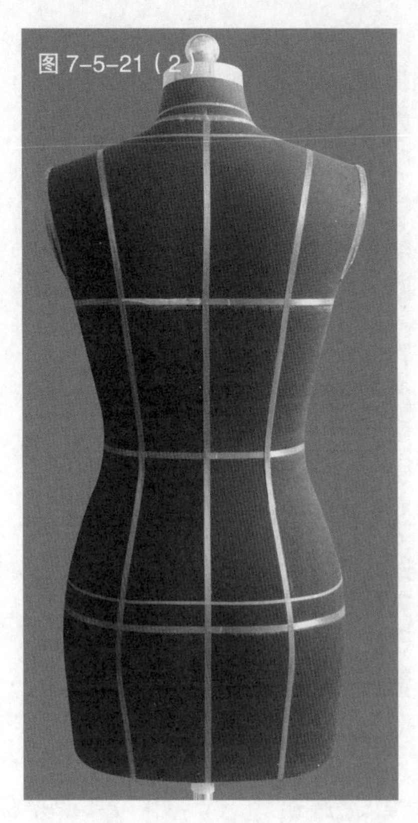
图 7-5-21（2）

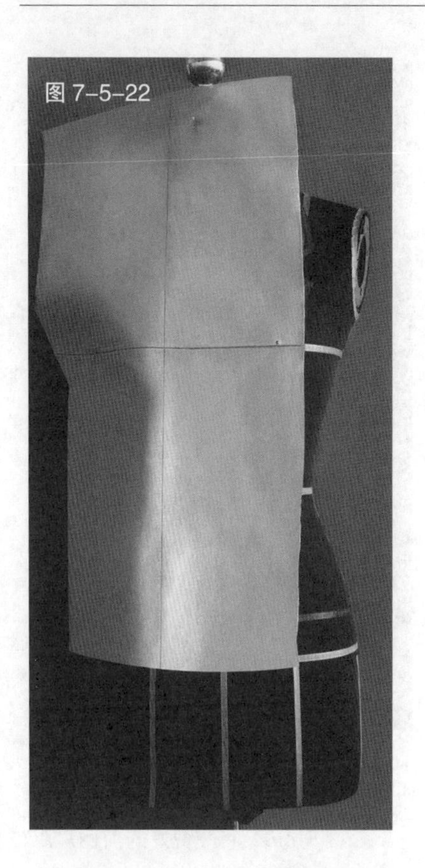
图 7-5-22

图 7-5-21 根据服装款式在人台上粘贴出款式造型线

图 7-5-22 将预裁好的前衣片用布对准前中心线和胸围线，并固定于人台上

图 7-5-23 将布料与人台贴合，再根据服装款式用色带标记出衣片的造型线，包括翻领部分

图 7-5-24 根据前衣片造型线进行适当修剪

图 7-5-25 根据服装款式翻折领部

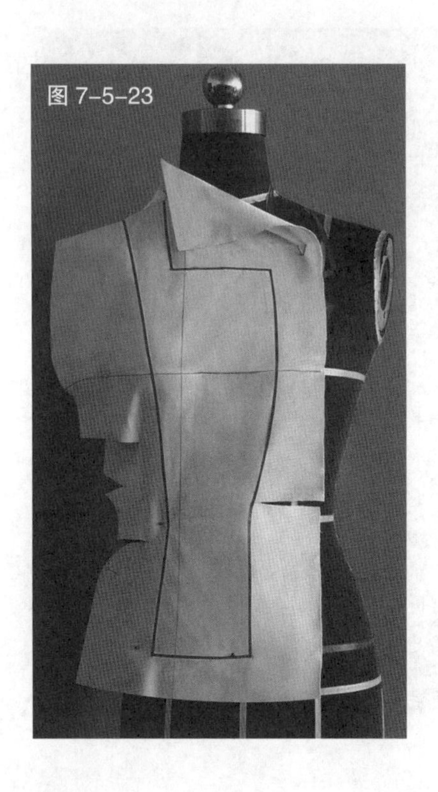
图 7-5-23

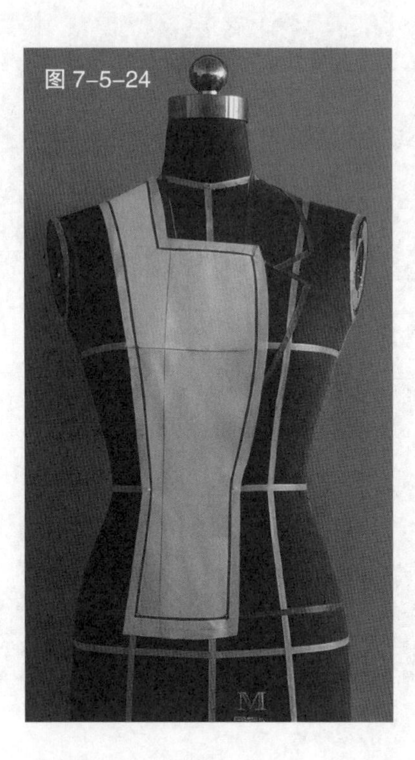
图 7-5-24

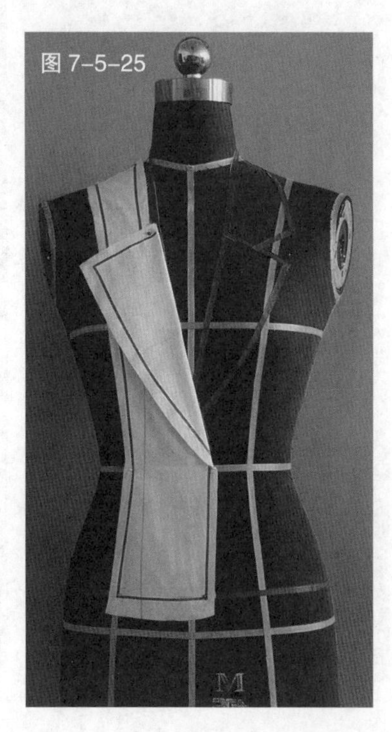
图 7-5-25

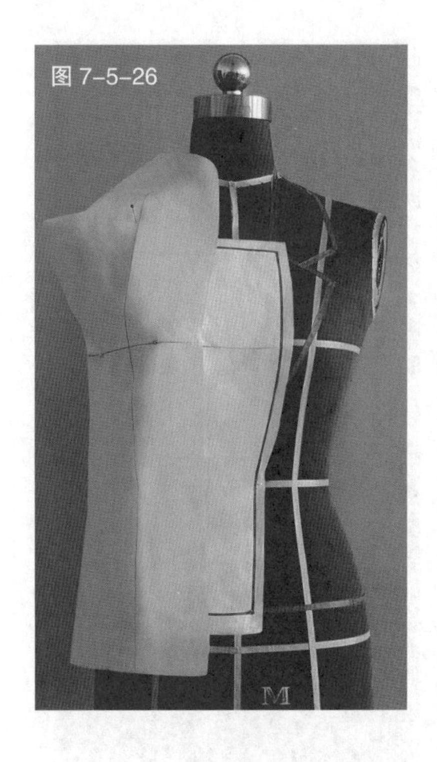

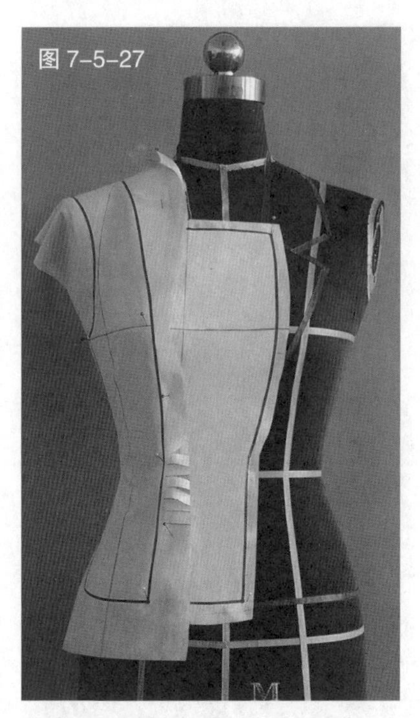

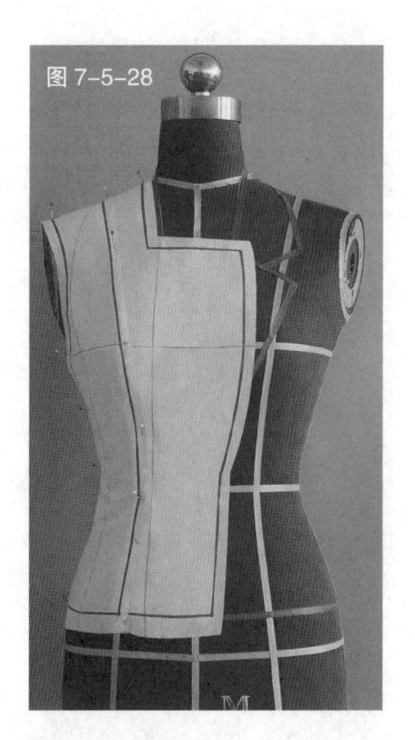

图 7-5-26　将预裁好的前侧片用布对准人台胸围线和公主缝，并固定于人台

图 7-5-27　在拼接部位适当做剪口，以确保布料贴合人台，并用色带标记出造型线

图 7-5-28　根据造型线修剪多余布料

图 7-5-29　完成前片的裁剪

图 7-5-30　用相同的方法完成另一侧衣片的裁剪

图 7-5-31　将预裁好的后衣片用布对准人台后中心线和胸围线并固定于人台上

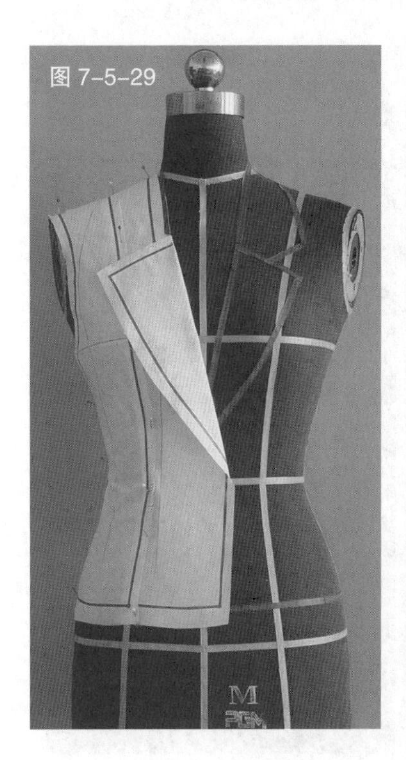

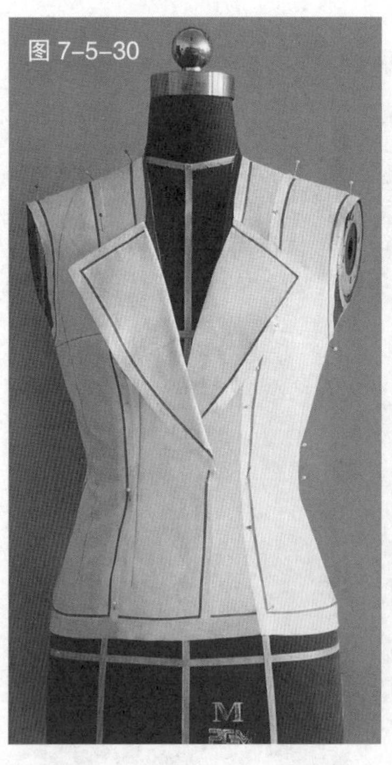

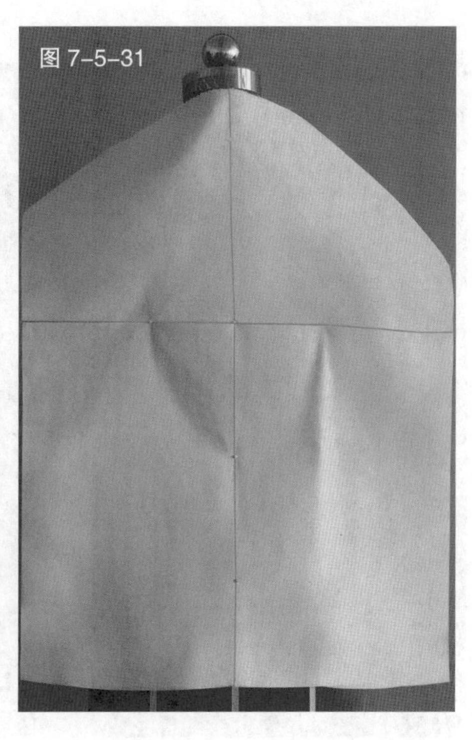

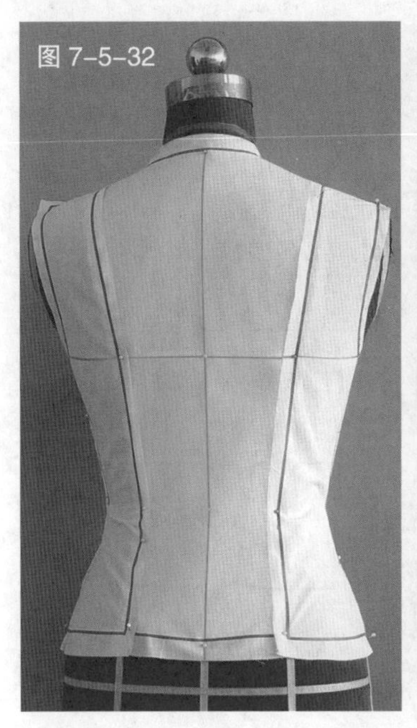

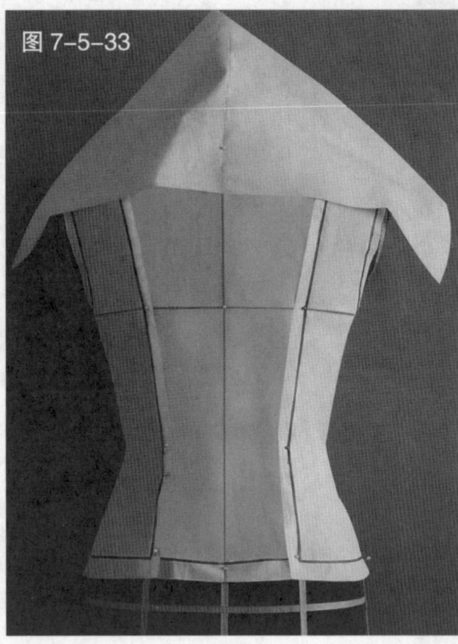

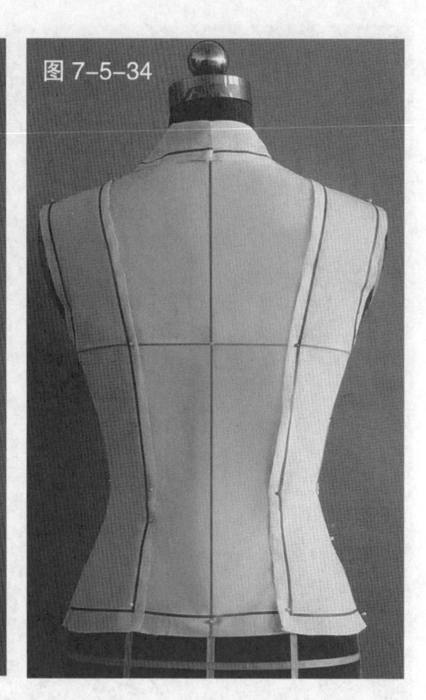

图 7-5-32　用相同的方法完成后衣片的裁剪

图 7-5-33　预裁领片驳头用布，将其对准人台后中心线并固定于人台上

图 7-5-34　确定驳头造型线

图 7-5-35　完成驳头的裁剪。初步完成衣身造型

图 7-5-36　将衣片从人台上取下，整理、画线、修剪缝份，完成衣片。然后把各衣片进行缝合，试样，完成服装造型

图 7-5-37　整理领型，裁剪袖片并安装，即完成服装的整体裁剪

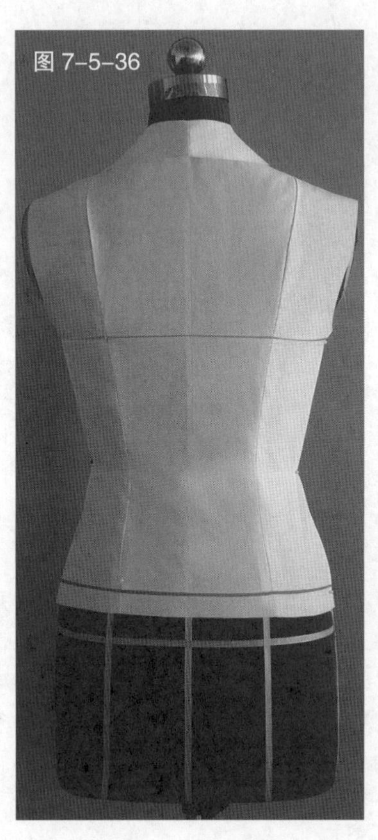

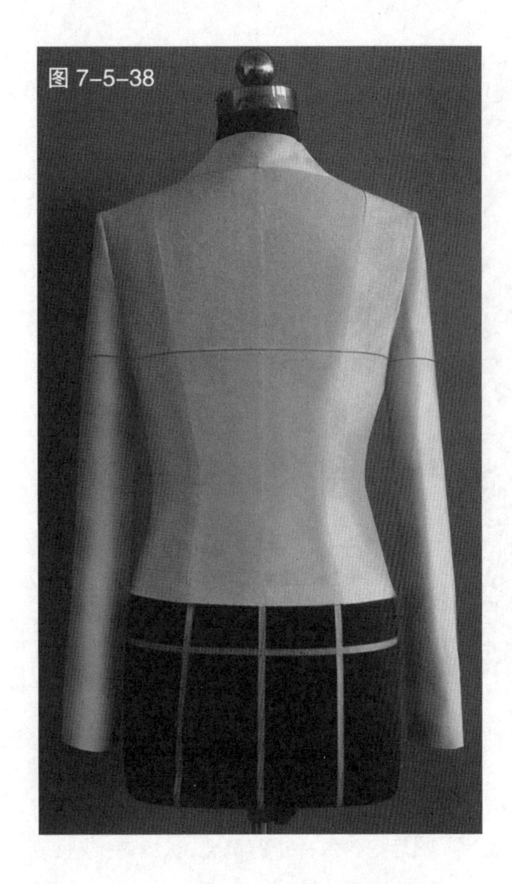

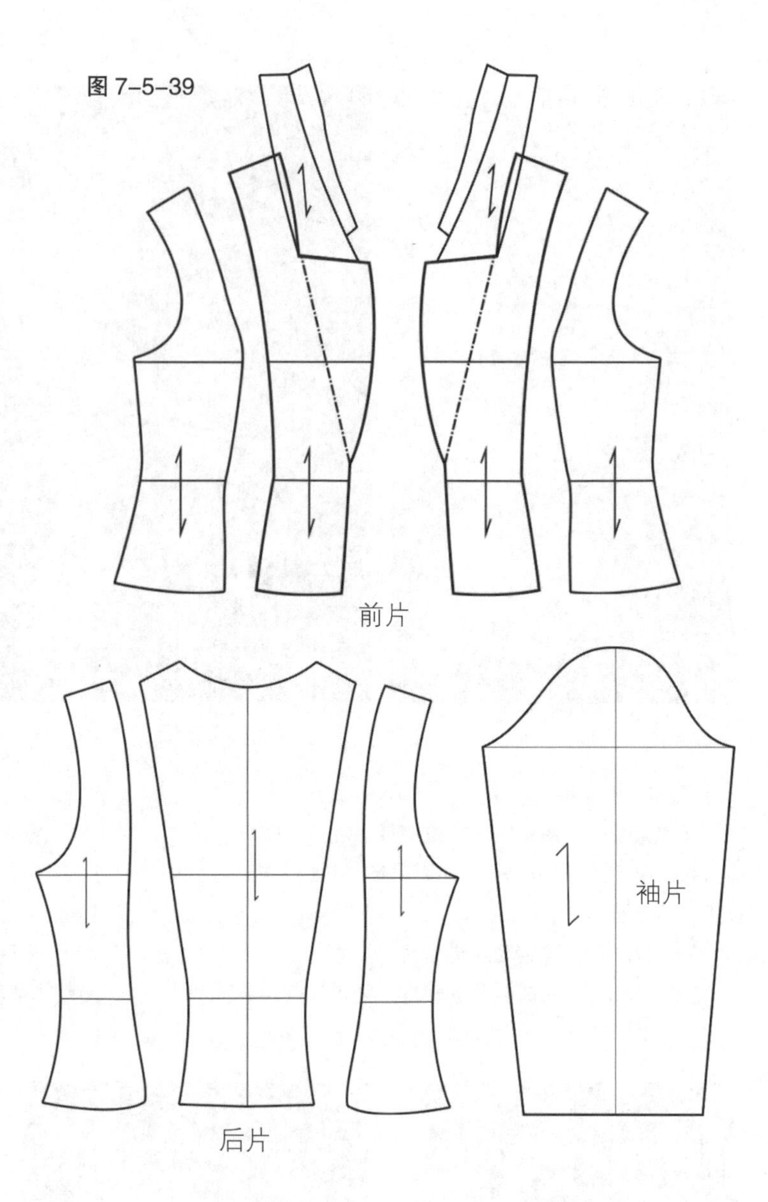

图 7-5-38 完成后的服装背面造型

图 7-5-39 根据完成造型的衣片描绘的平面图

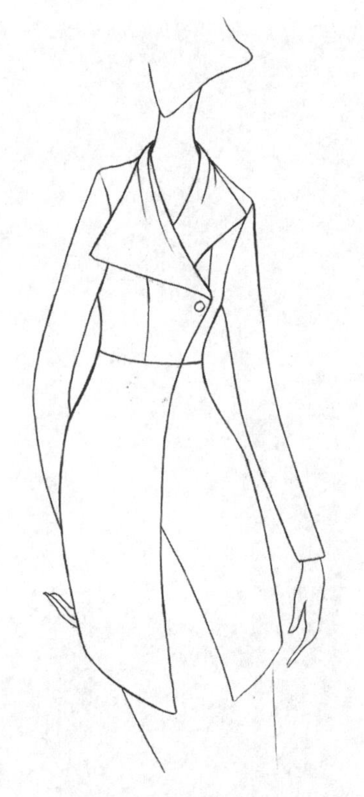

图 7-6-1 款式图

第六节 女式大衣

女式大衣衣身结构多采用省道和分割的形式，领部结构为无领、翻领或驳领。在操作过程中要注意款式造型的分析以及裁剪的流畅性。下面介绍两款以分割造型为主的中长款大衣的裁剪方法。

1. 大翻褶领大衣

（1）款式解析

该款大衣造型流畅，利用胸前及腰部的分割线除去多余的省量；单扣设计以及大翻褶领的运用使其更加个性、时尚（见图 7-6-1）。

（2）坯布准备

见图 7-6-2。

（3）操作步骤

见图 7-6-3 ~ 图 7-6-24。

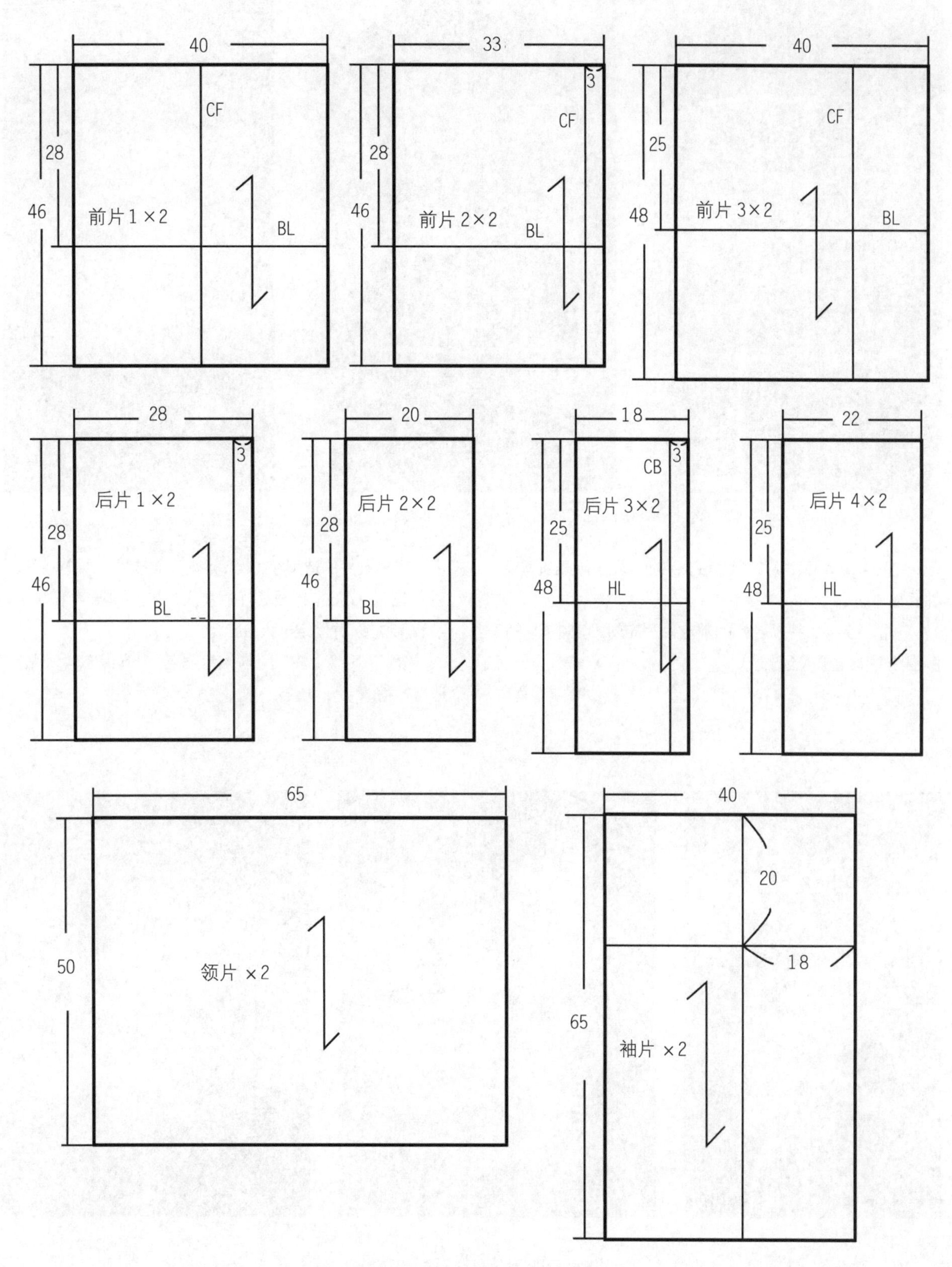

图 7-6-2　坯布预裁图（单位：cm）

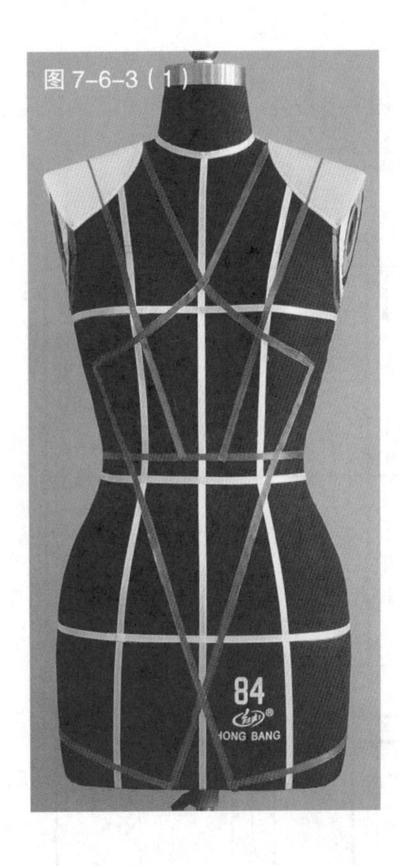

图 7-6-3（1）

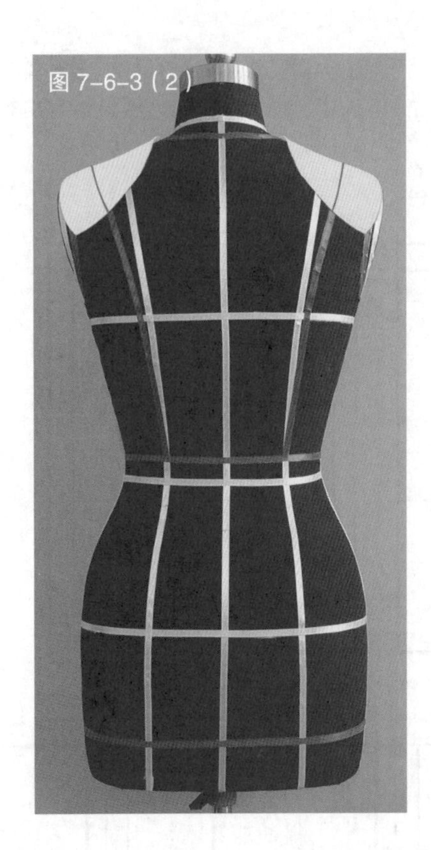
图 7-6-3（2）

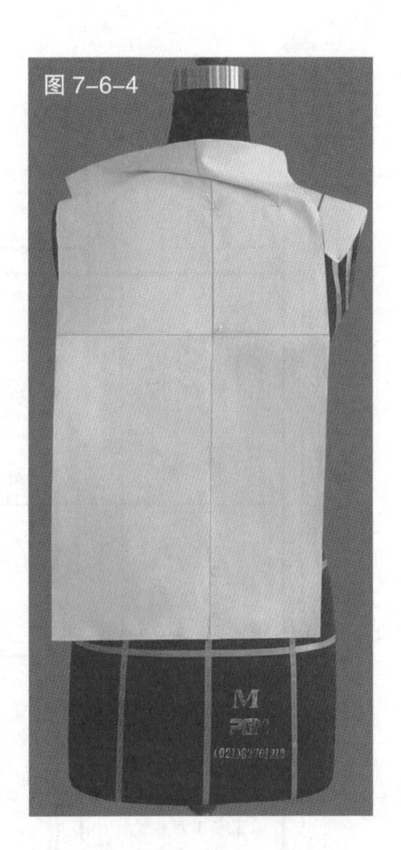
图 7-6-4

图7-6-3　根据服装款式在人台上粘贴出款式造型线，并添加垫肩

图 7-6-4　将预裁好的前衣片用布对准前中心线和胸围线并固定于人台上

图 7-6-5　将布料与人台贴合，并根据服装款式用色带标记出衣片的造型线，并修剪掉多余布料

图 7-6-6　将预裁好的前衣片侧边用布对准前中心线和胸围线，并固定于人台上

图 7-6-7　将布料与人台贴合，为确保布料伏贴，可适当打剪口

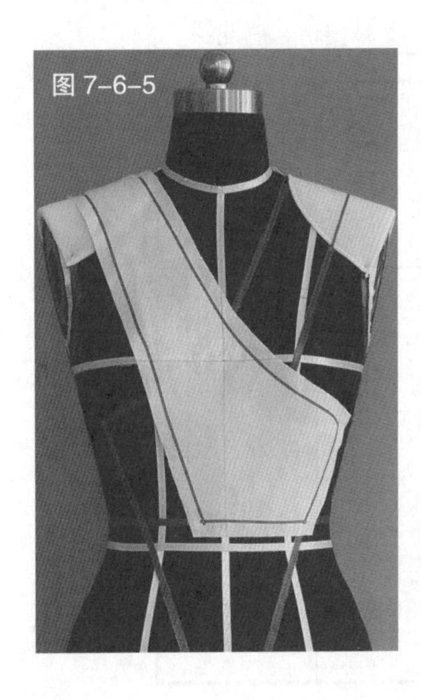
图 7-6-5

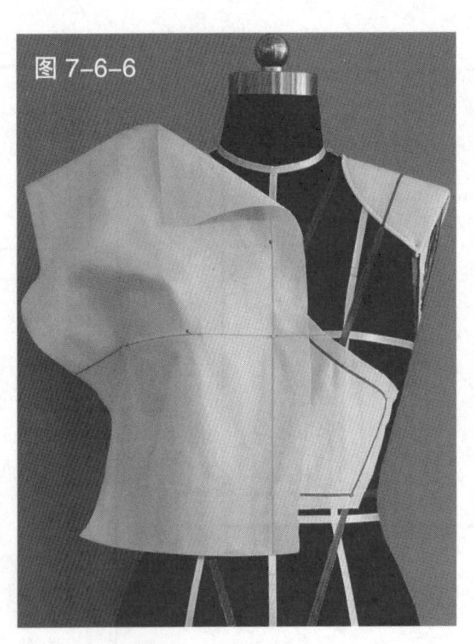
图 7-6-6

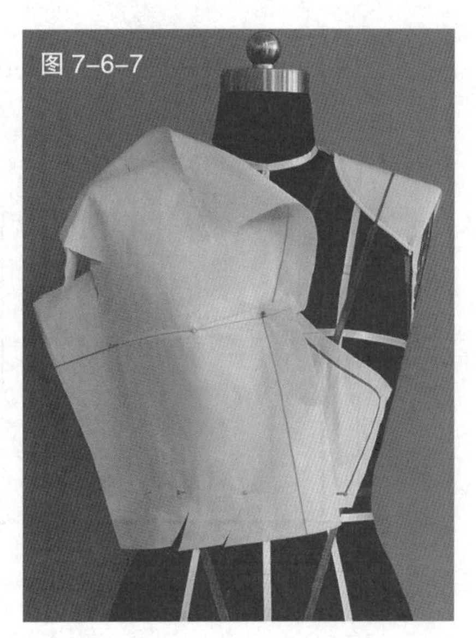
图 7-6-7

图 7-6-8

图 7-6-9

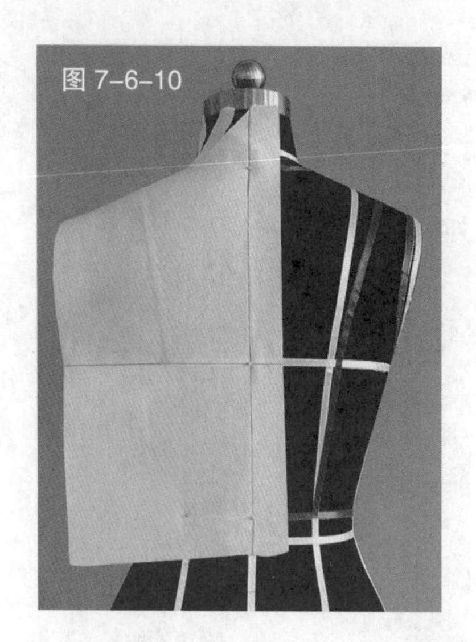
图 7-6-10

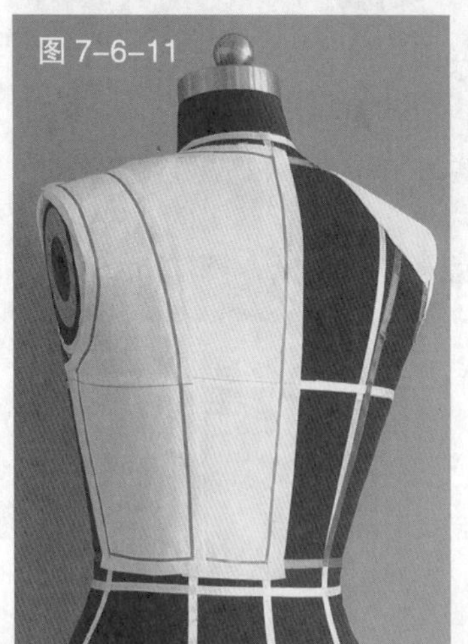
图 7-6-11

图 7-6-8 根据款式用色带标记出衣片的造型线

图 7-6-9 修剪掉多余布料，完成该布片的裁剪

图 7-6-10 将预裁好的后衣片用布对准后中心线和胸围线，并固定于人台上

图 7-6-11 用相同方法裁剪后衣片其他各布片

图 7-6-12 将预裁好的服装下摆用布对准前中心线和臀围线，并固定于人台上

图 7-6-13 用色带标记出需要的造型线

图 7-6-14 根据造型线进行适当修剪、放缝，完成下摆的裁剪

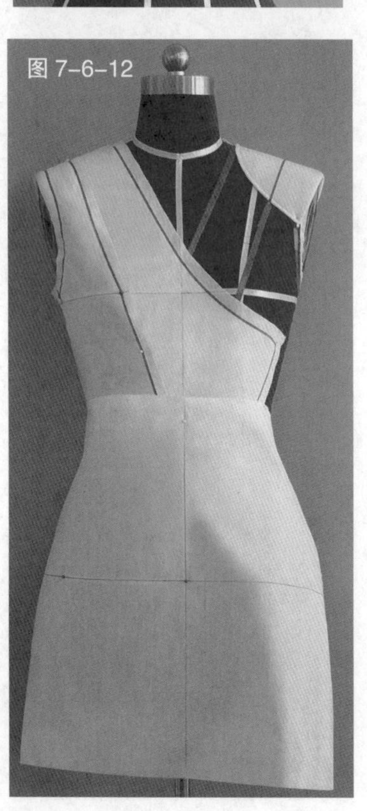
图 7-6-12

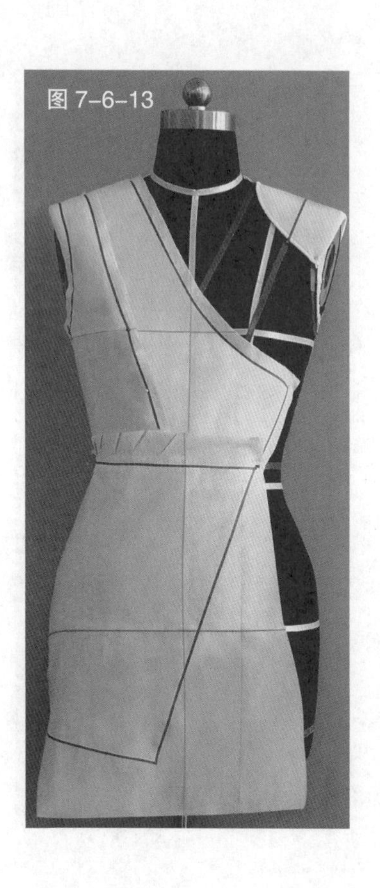
图 7-6-13

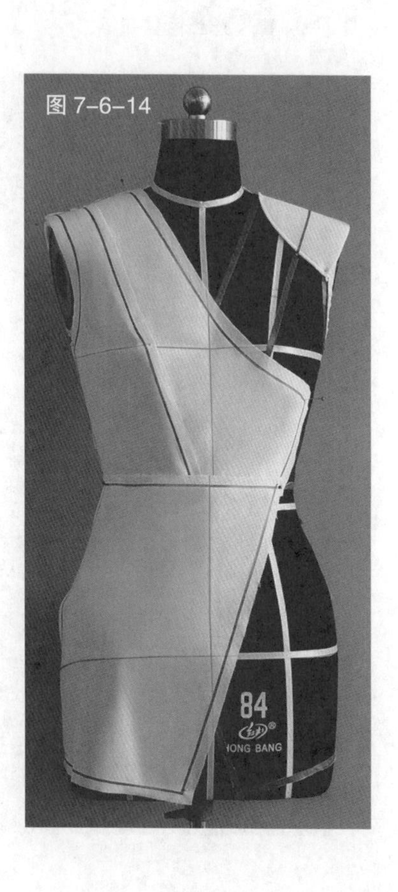

图 7-6-14

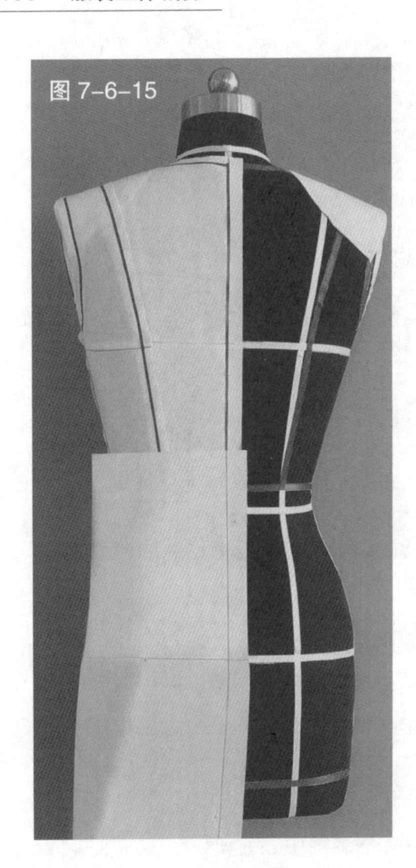

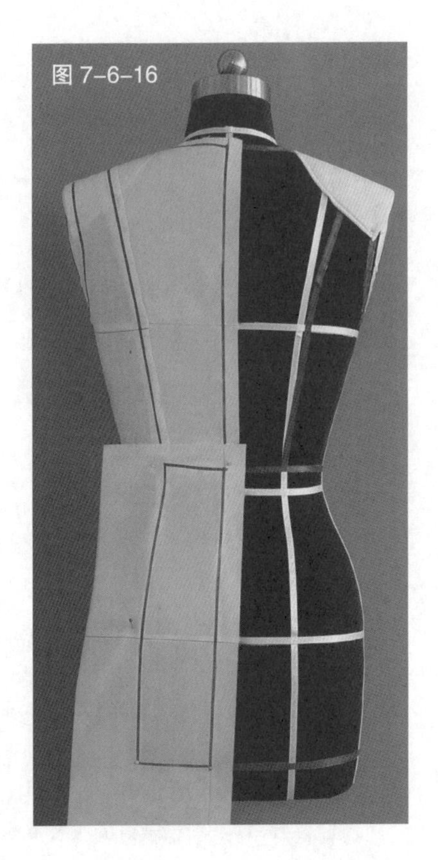

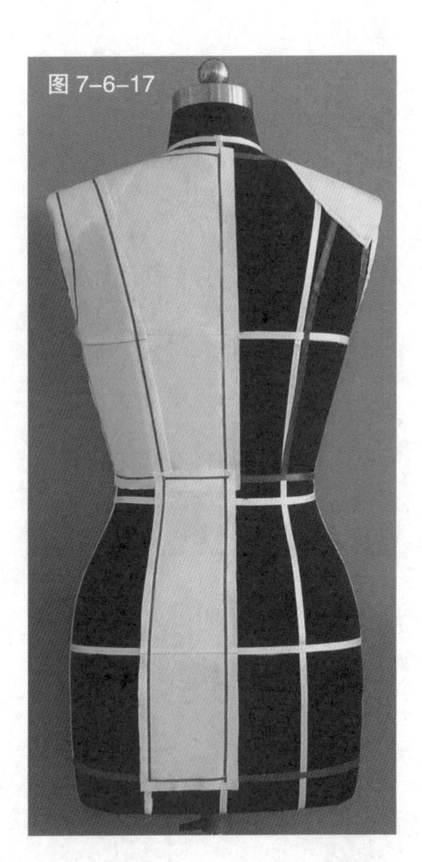

图 7-6-15　将预裁好的后衣片用布对准人台上相应的标识线，并固定于人台上

图 7-6-16　将布料与人台贴合，并根据服装款式用色带标记出该衣片的造型线

图 7-6-17　适当修剪布料

图 7-6-18　将预裁好的侧边用布对准人台上相应的标识线，并固定于人台上

图 7-6-19　用色带标记出造型线

图 7-6-20　根据造型线修剪布料

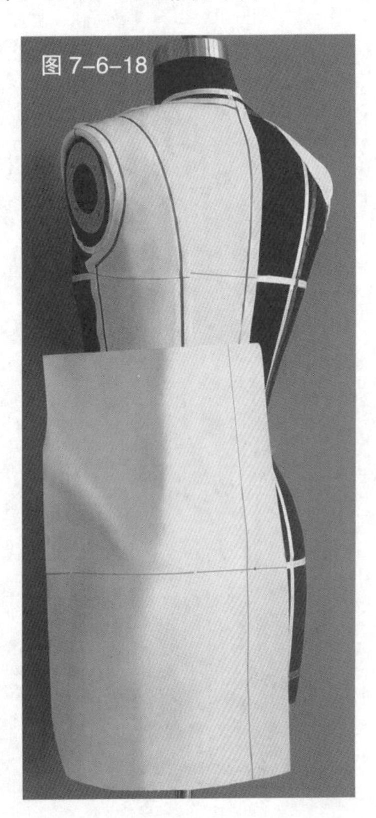

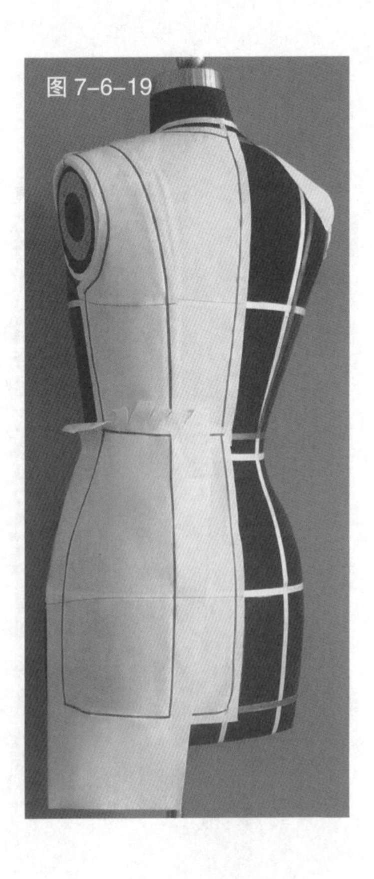

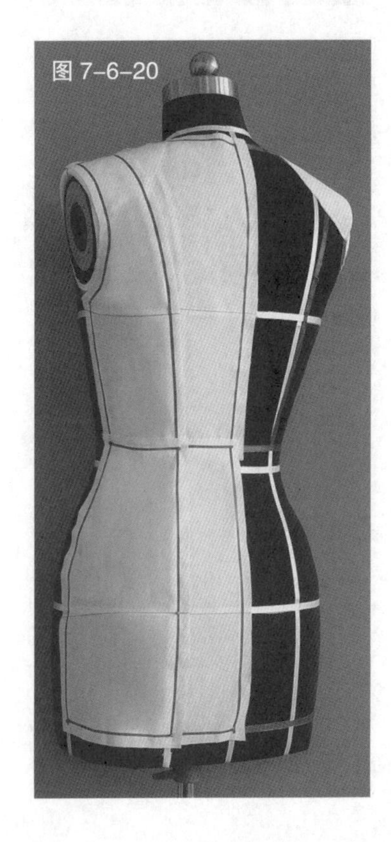

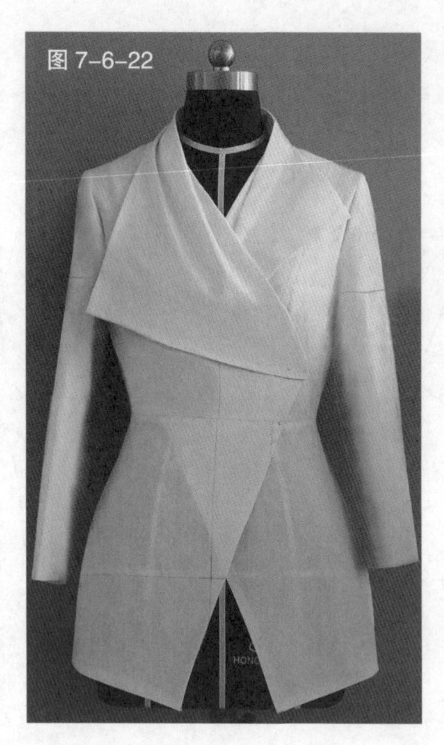

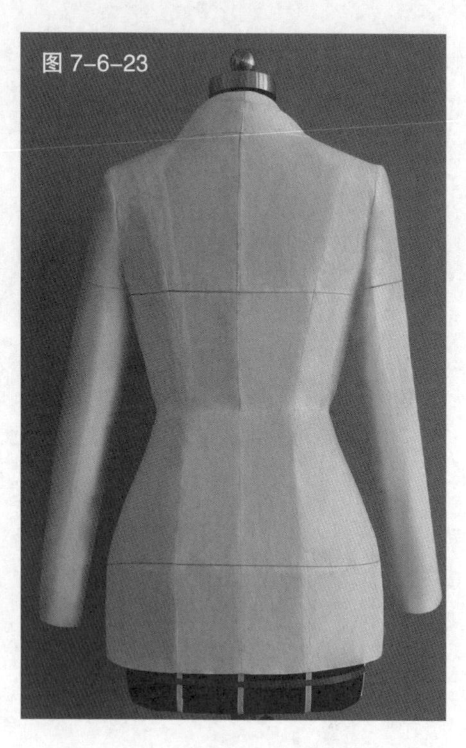

图 7-6-21　完成衣身各衣片的裁剪。然后从人台上取下衣片，进行画线、整理、修剪缝份，得到完成的衣片

图 7-6-22　把各衣片进行缝合，试样，完成衣身造型。按照褶领的裁剪方法制作领子，然后再安装上袖片，即完成服装的整体造型

图 7-6-23　完成后的服装背面造型

图 7-6-24　根据完成造型的衣片描绘的平面图

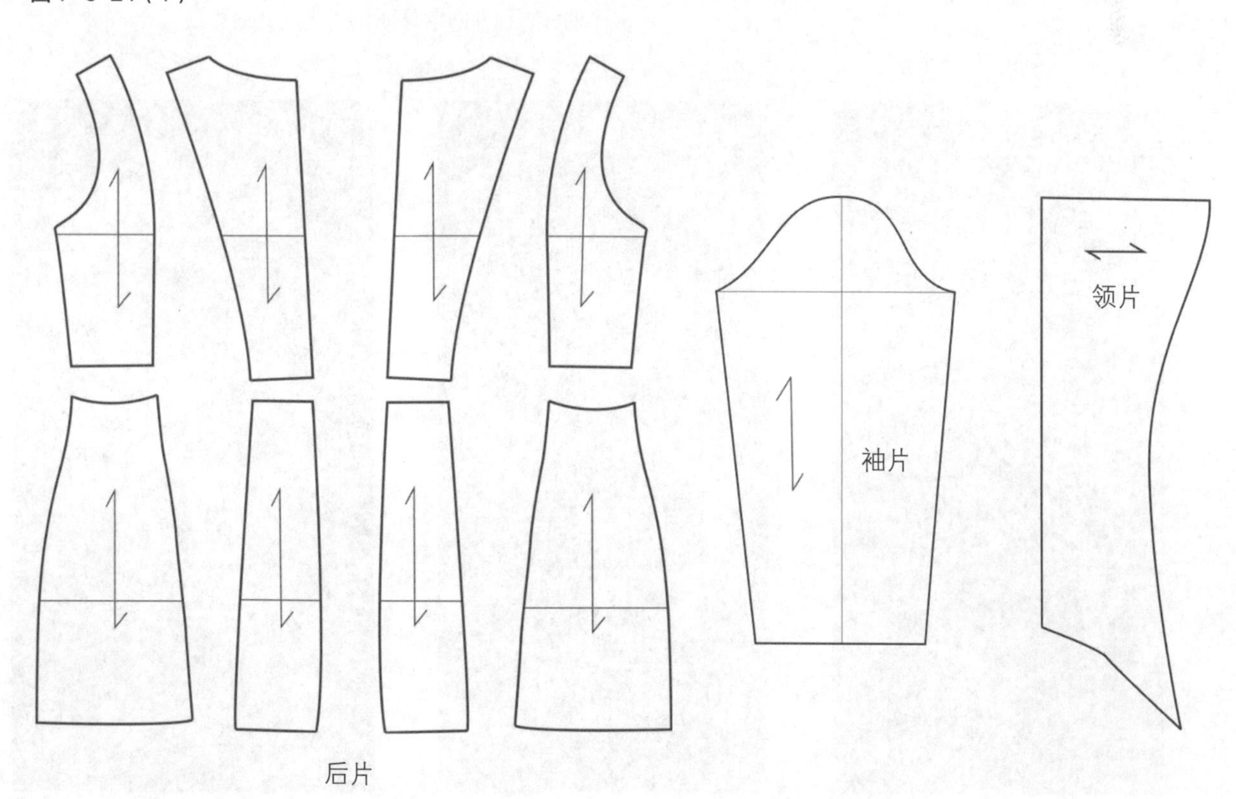

图 7-6-24（2）

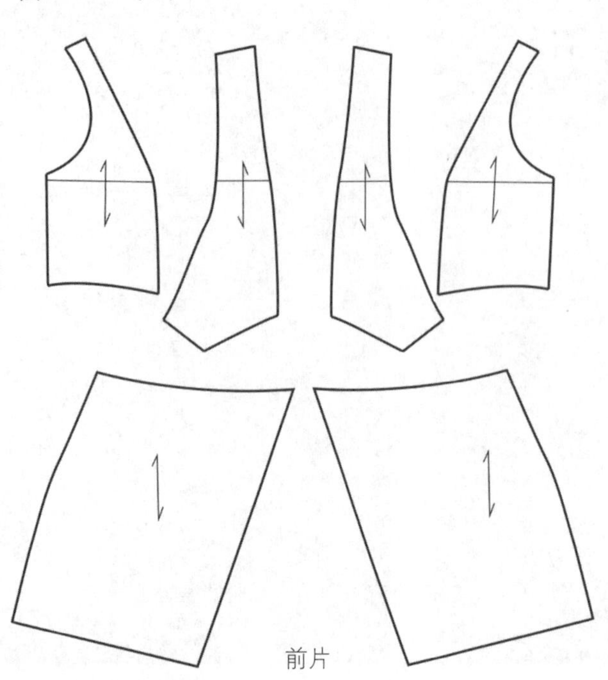

前片

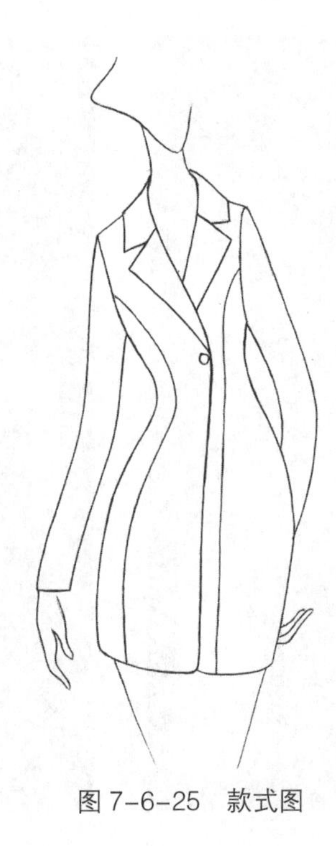

图 7-6-25　款式图

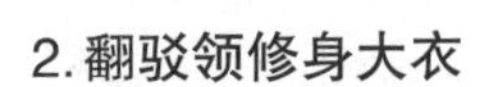

2.翻驳领修身大衣

（1）款式解析

该款大衣采用分割线的手法去除省量，使大衣更加优雅贴身；修长的廓形加上流畅的裁剪，削弱了冬季大衣的厚重感，更添女性韵味（见图 7-6-25）。

（2）坯布准备

见图 7-6-26。

（3）操作步骤

见图 7-6-27 ~ 图 7-6-50。

图 7-6-27　根据服装款式用色带在人台上粘贴出款式造型线

图 7-6-28　将预裁好的前衣片用布对准人台上相应的标识线并固定，再用色带标记出造型线

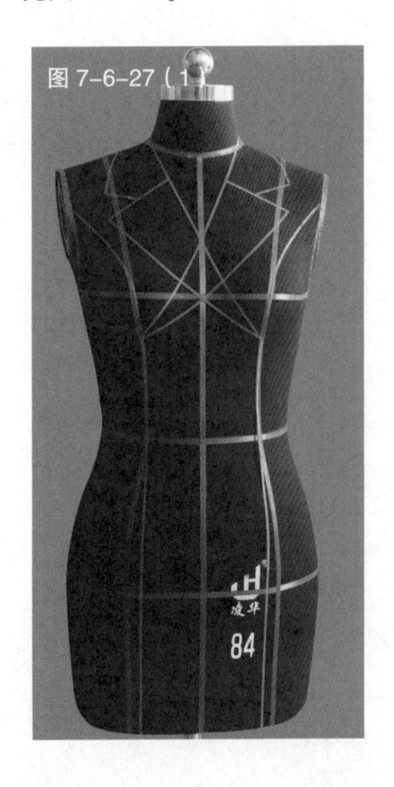

图 7-6-27（1）

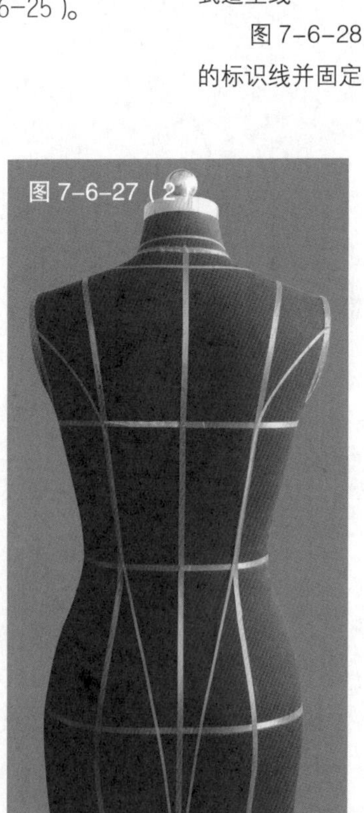

图 7-6-27（2）

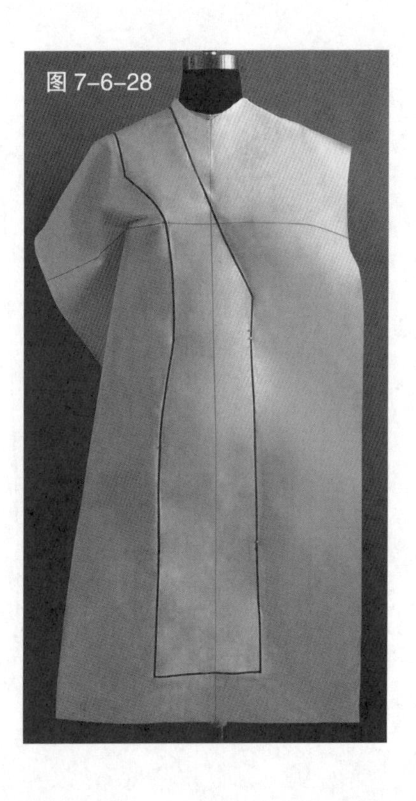

图 7-6-28

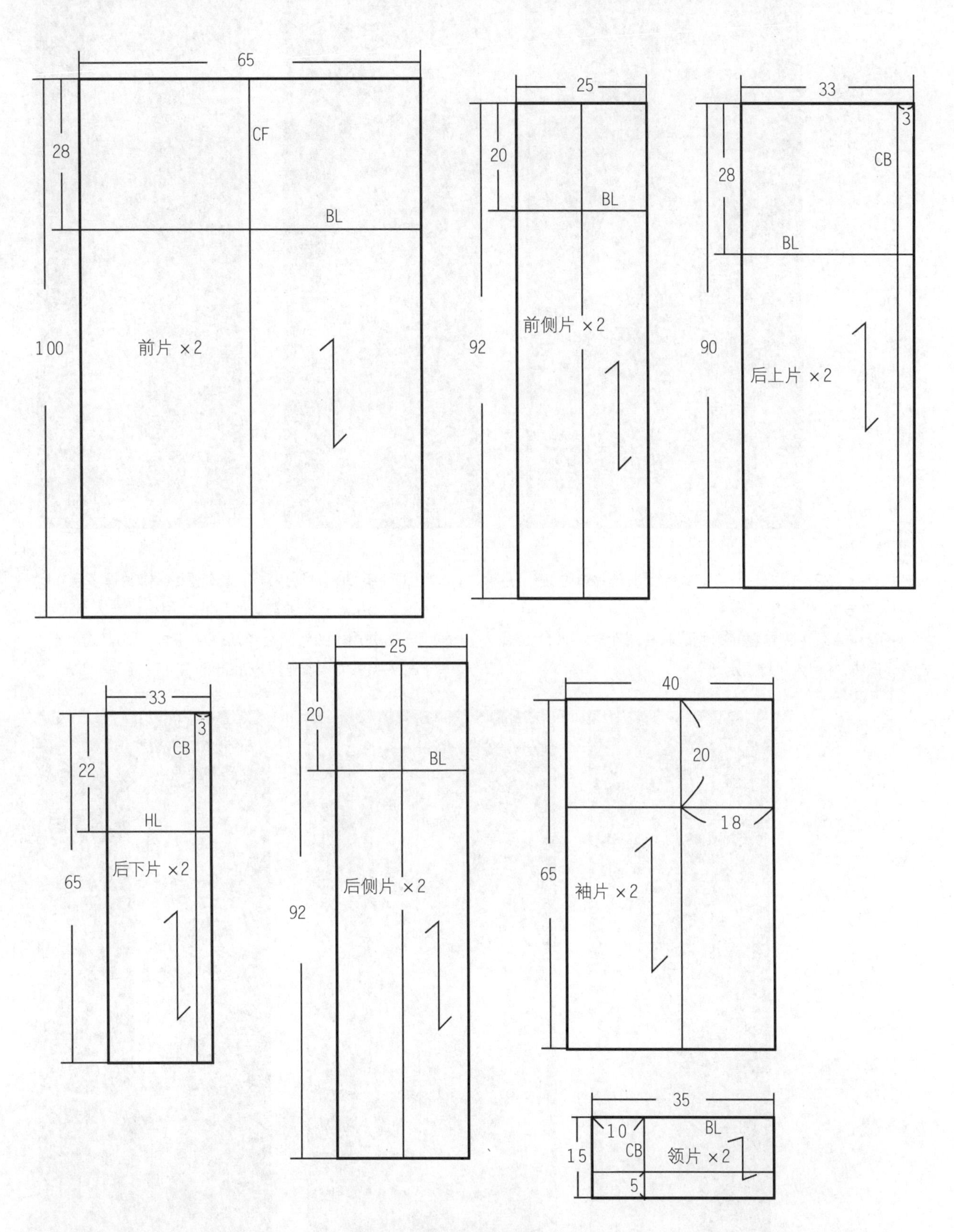

图 7-6-26 坯布预裁图 （单位：cm）

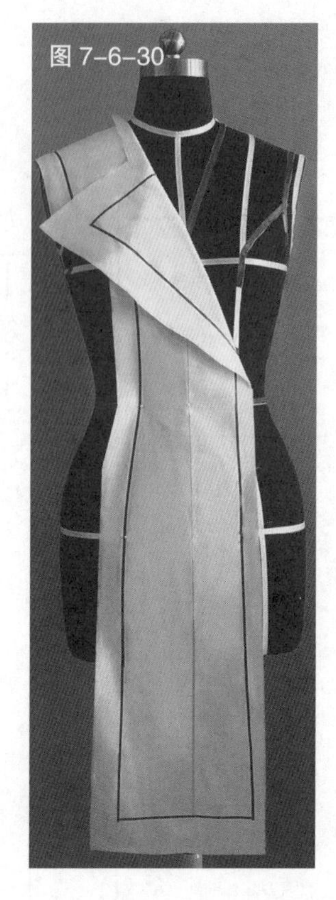

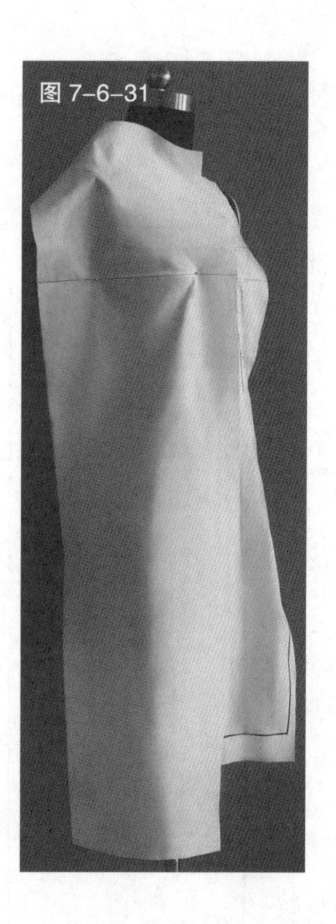

图 7-6-29　根据领子的款式标记出领片造型线

图 7-6-30　修剪掉多余布料

图 7-6-31　将预裁好的侧边衣片用布对准人台上相应的标识线，并用大头针固定

图 7-6-32　用色带标记出造型线，修剪掉多余布料

图 7-6-33　将预裁好的后衣片用布对准人台上相应的标识线，并用大头针固定，然后用色带标记出其造型线

图 7-6-34　修剪掉多余布料

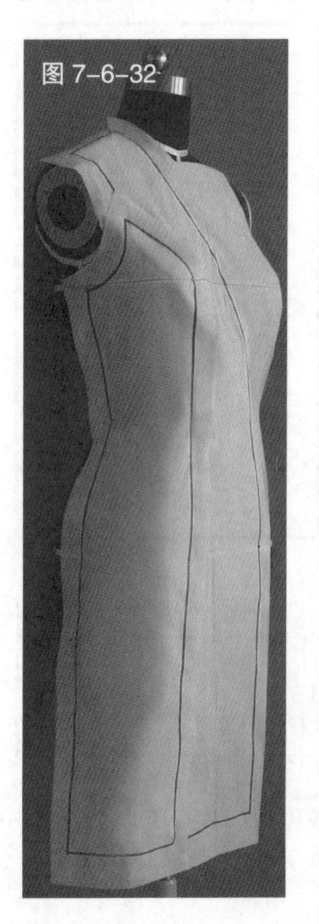

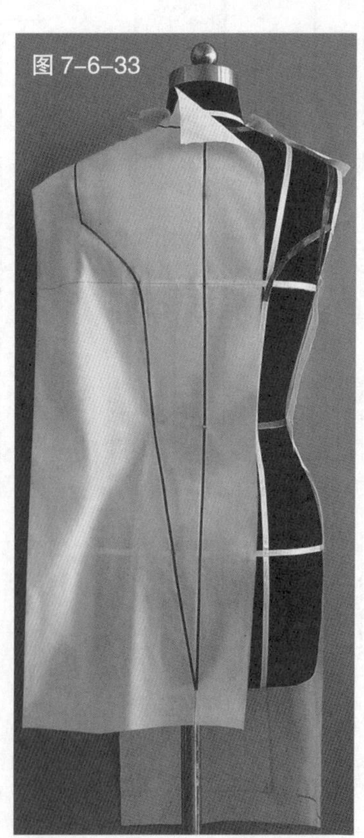

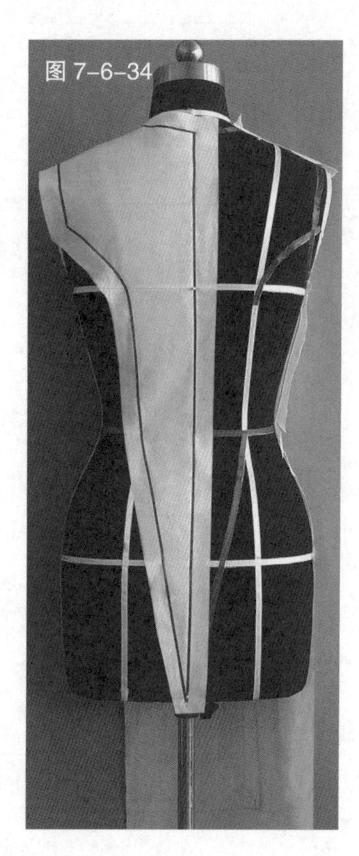

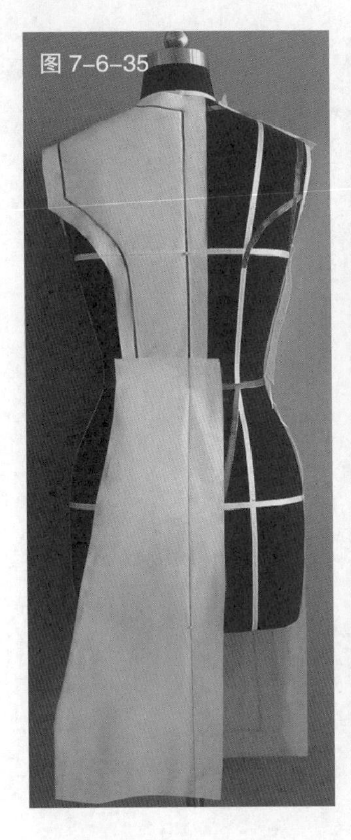

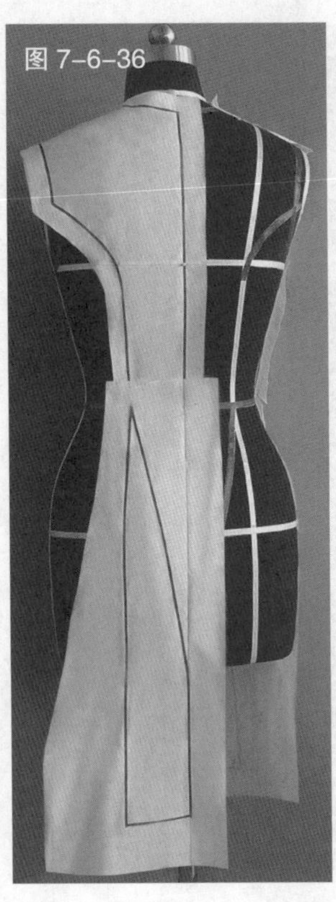

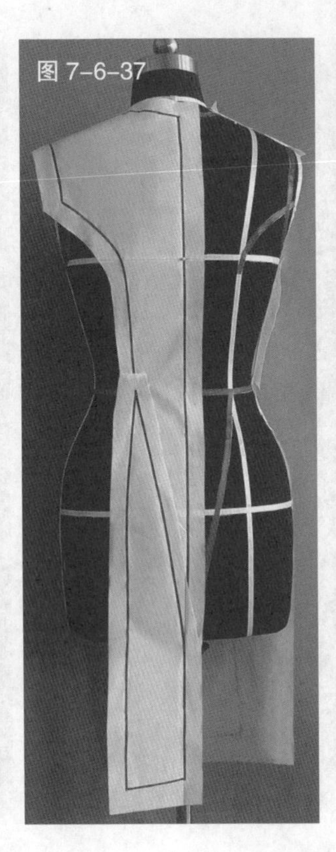

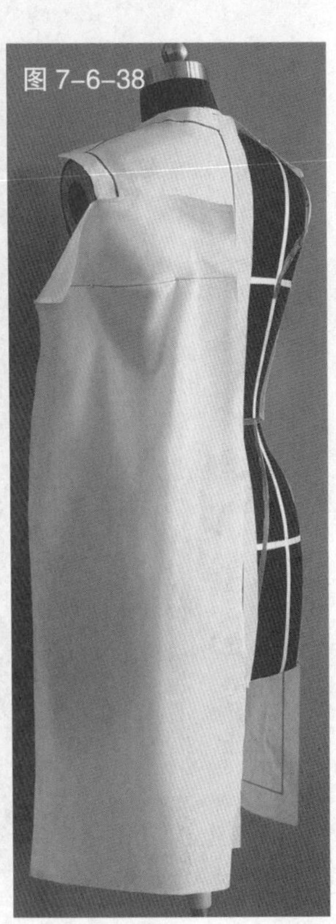

图 7-6-35 预裁后下摆用布，将其对准人台上相应的标识线

图 7-6-36 用色带确定下摆造型线

图 7-6-37 完成该衣片的裁剪

图 7-6-38 预裁侧边衣片用布，将其对准人台上相应的标识线

图 7-6-39 用色带标记出造型线，注意下摆造型要连贯、流畅

图 7-6-40 完成侧衣片的裁剪

图 7-6-41 完成前面各衣片的裁剪

图 7-6-42 完成后面各衣片的裁剪

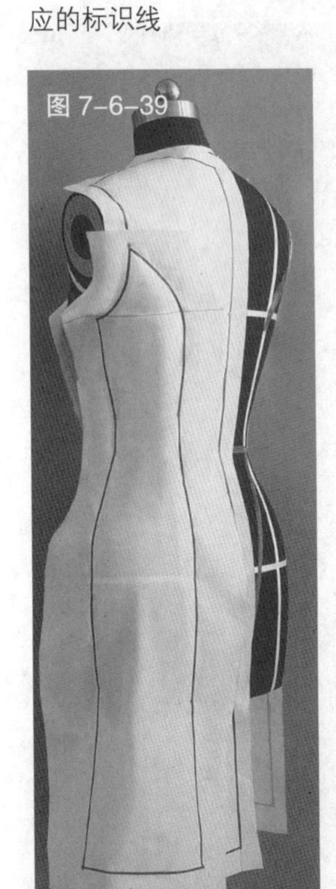

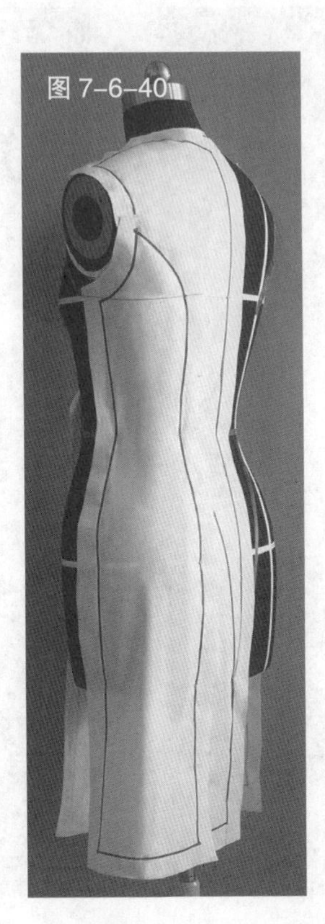

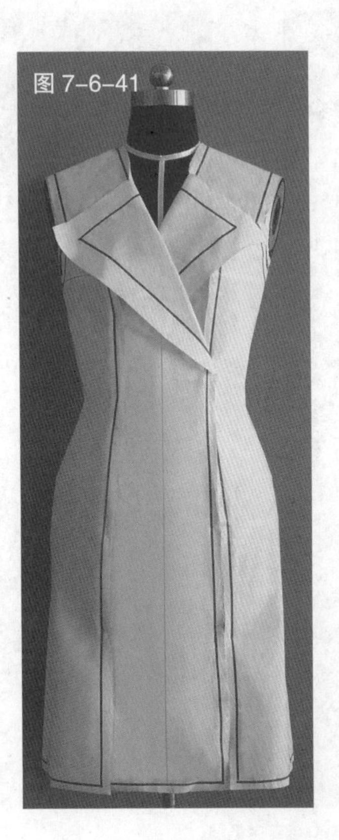

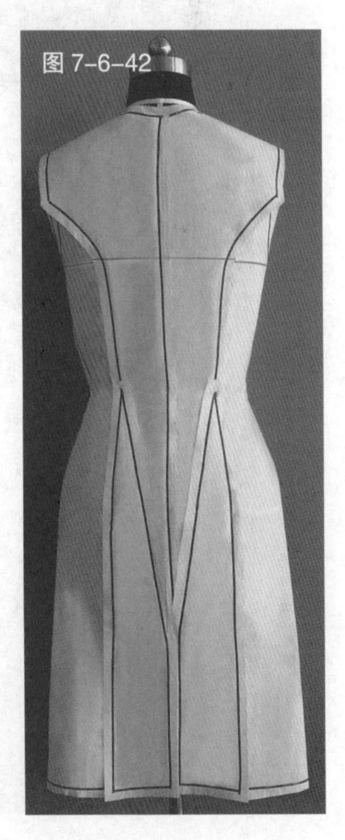

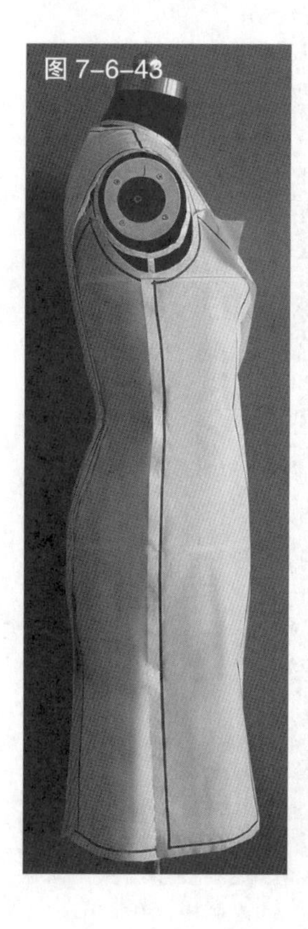

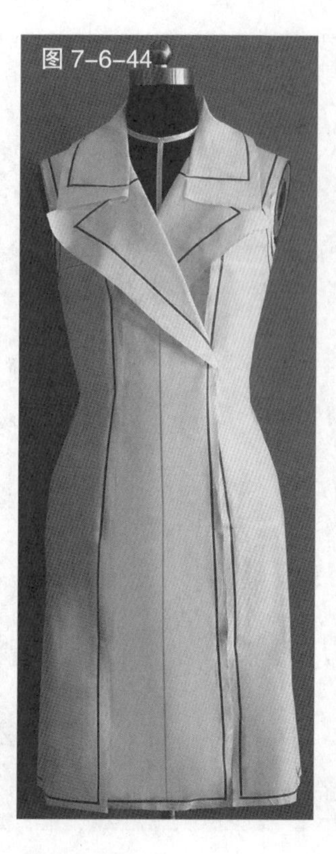

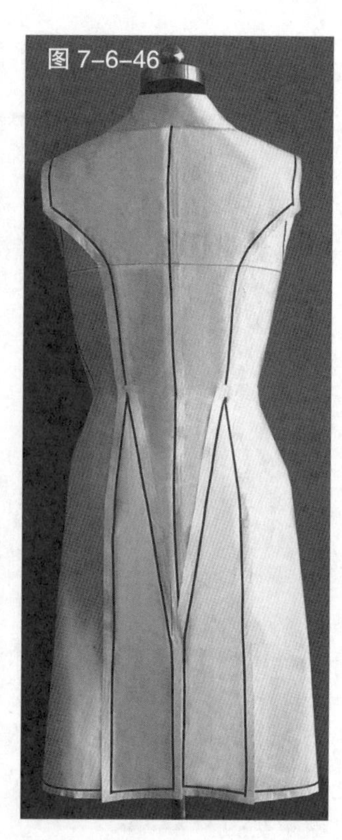

图 7-6-43　侧片中袖窿造型要圆润

图 7-6-44　预裁驳头用布，并标记出造型线

图 7-6-45　固定领片造型

图 7-6-46　领片的背面造型

图 7-6-47　从人台上取下衣片，平铺，进行画线、整理、修剪缝份，得到完成的衣片。然后再缝制各衣片及领片，进行试样，完成衣身的造型

图 7-6-48　裁剪袖片并安装，完成服装的整体造型

图 7-6-49　完成后的服装背面造型

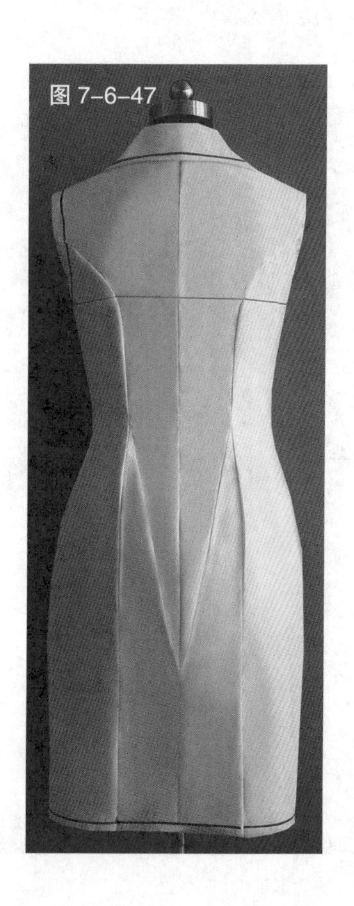

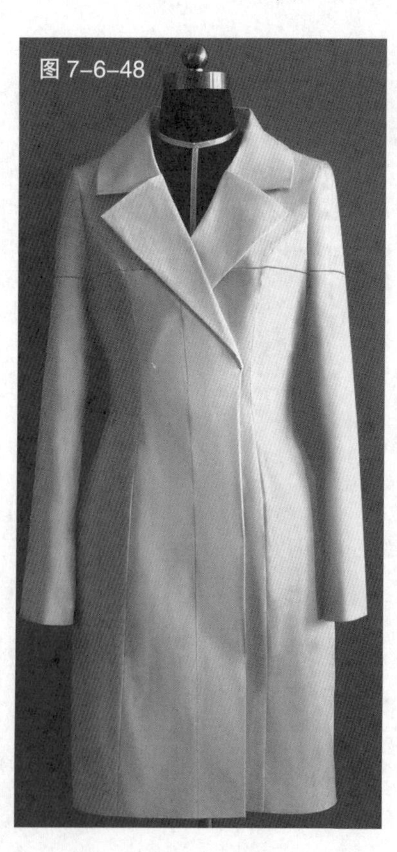

图 7-6-50(1)

图 7-6-50(2)

图 7-6-50 根据完成衣片描绘的各衣片平面图

同步练习

1.注意观察生活类服装复杂的结构特征和工艺特征,分析衬衫、外套、夹克、西服、大衣等服装在立体裁剪方法上有何相似之处。

2.认真研究本章节中的生活类服装实例的立体裁剪操作要点,学习各个部件结构的立体裁剪方法,并选择几款实例进行实践练习。

3.结合所学知识,分析练习图 1 ~图 5 中大衣和西服的款式特点和立体裁剪操作要点,并自主操作练习。

4.自行设计几款生活类服装款式,分析其设计要点和立体裁剪操作要点。

练习图 1

练习图 2

练习图 3

练习图 4

练习图 5

第八章　立体裁剪的技术手法

学习目标

本章主要介绍了抽缩法、折叠法、编织法、缠绕法、堆积法、镂空法、填充法、饰缀法、绣缀法等九大常用服装艺术造型技法。学习时先要了解各技法的工艺特点，并结合实例进行分析，达到熟练掌握各技法操作，同时还能综合运用、融会贯通。

第一节　抽缩法

一、抽缩的操作方法

抽缩法是将布料的一部分用针线平缝后，将所缝部分进行抽缩，使布料产生自然褶裥，从而产生必要的量感和美观的折光效应，如图 8-1-1 所示。根据造型的需要，抽褶的部位一般在布料的中央或两侧部位，如领口部位、服装的前中线、侧缝、下摆、袖口等处（如图 8-1-2 所示）；缝合的轨迹可以是直线、折线、平行线以及弧线（如图 8-1-3、图 8-1-4 所示）。预裁面料的长度一般为成型面料的 2 ~ 3 倍。使用的面料以丝绒、天鹅绒、涤纶长丝织物为好，这些织物的折光性好且有厚实感，形成的褶裥立体感强。

图 8-1-1　抽缩造型的特征
图 8-1-2　服装前中心线抽缩
图 8-1-3　平行线抽缩
图 8-1-4　曲线抽缩

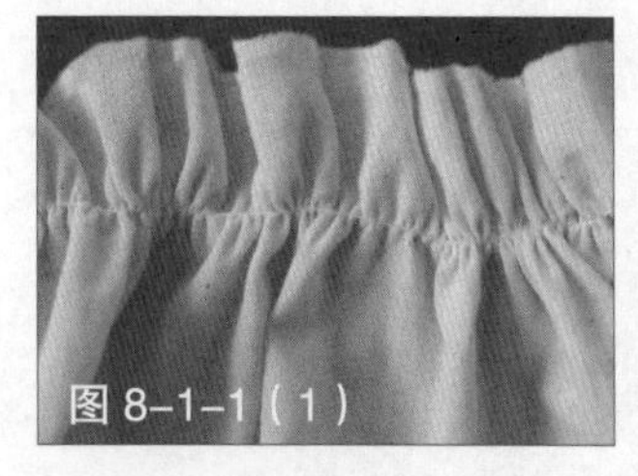

图 8-1-1（1）

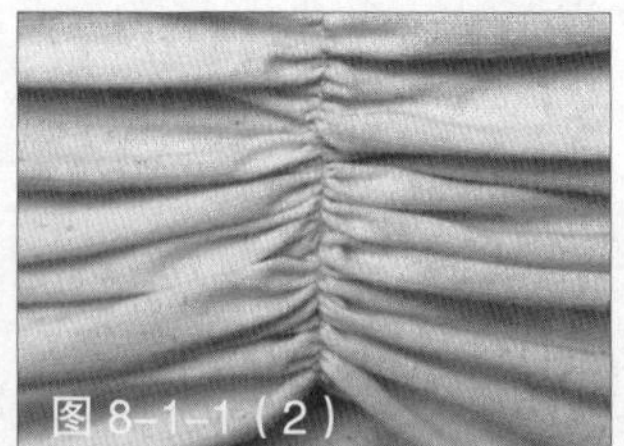

图 8-1-1（2）

图 8-1-2

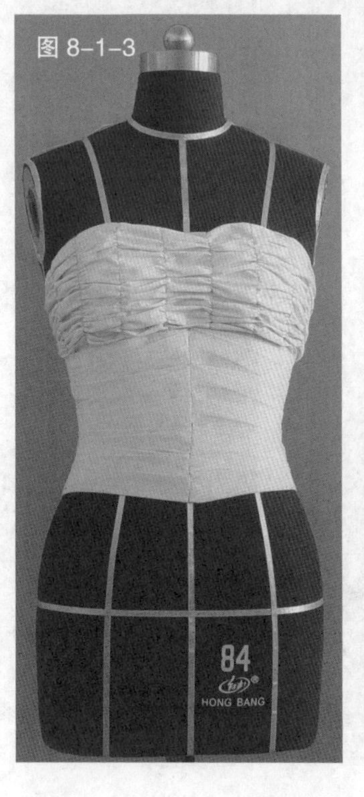

图 8-1-3

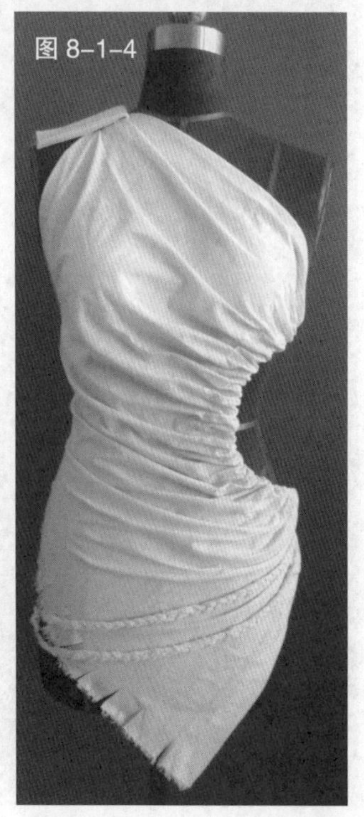

图 8-1-4

二、以抽缩法为主的服装造型实例

1. 肩部抽缩式抹胸

(1)款式解析

该款上衣采用单肩设计，并在左肩进行抽缩造型处理，用细绳穿绕；服装下摆呈三角形，更使整体服装产生特有的均衡美(见图8-1-5)。

图8-1-5 款式图

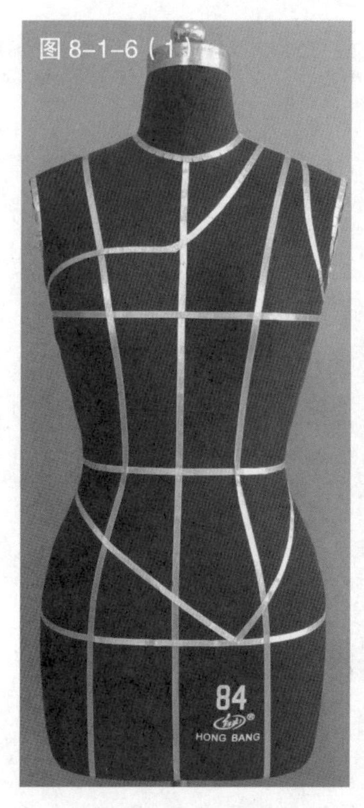

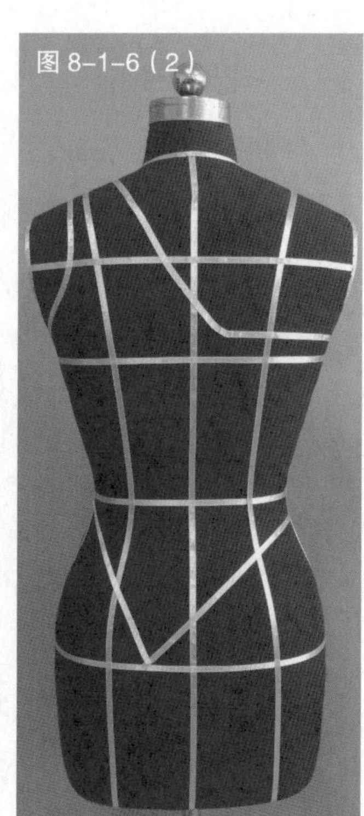

(2)操作步骤

见图8-1-6～图8-1-20。

图8-1-6 根据服装款式在人台上粘贴款式造型线

图8-1-7 预裁前衣片用布，为增加服装的悬垂度，将布料斜丝裁剪

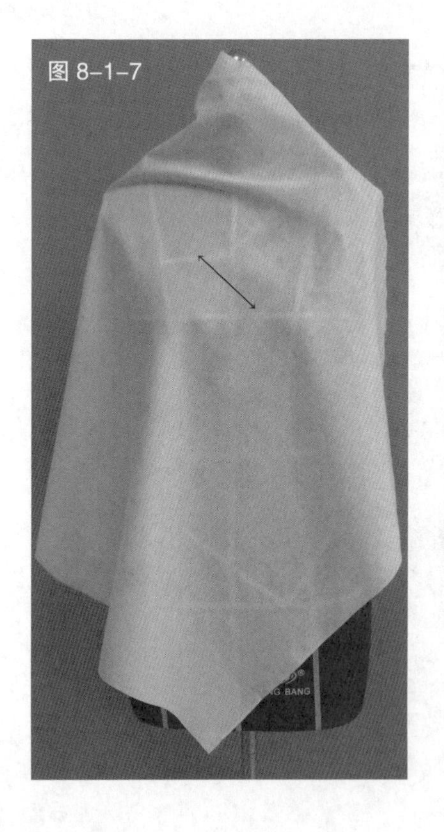

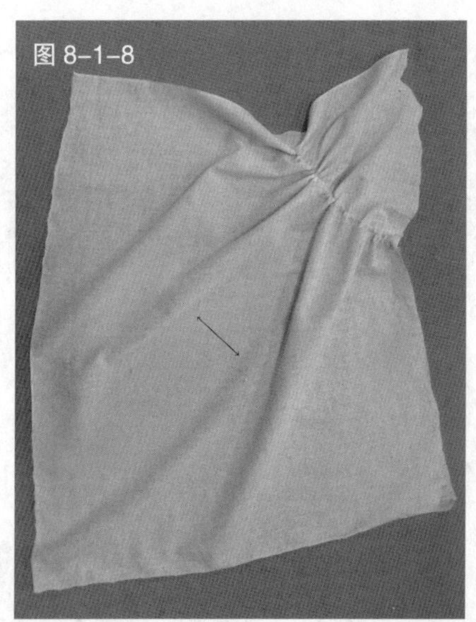

图8-1-8 确定用布中抽缩造型的位置，用手针进行抽缩、定形

图8-1-9 将抽缩好的布料置于人台上相应位置

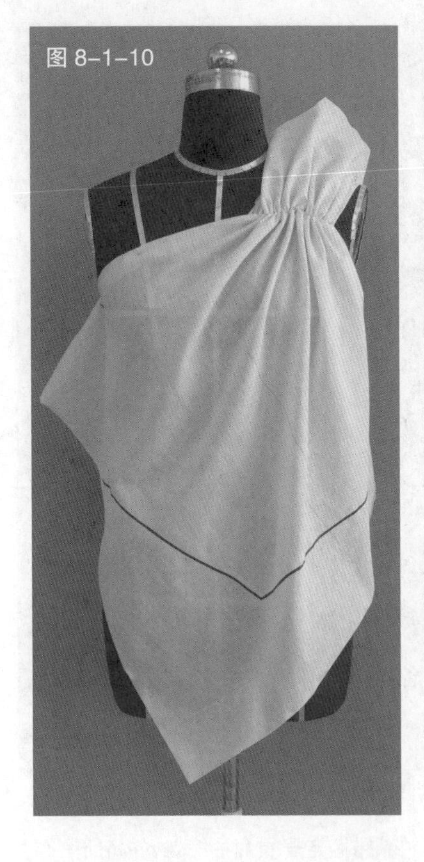
图 8-1-10

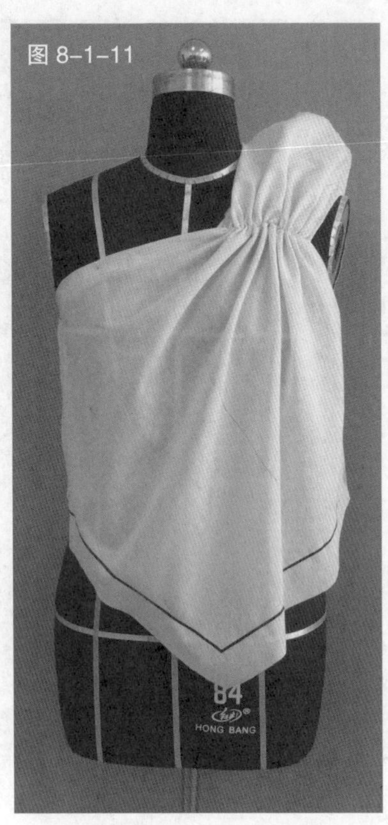
图 8-1-11

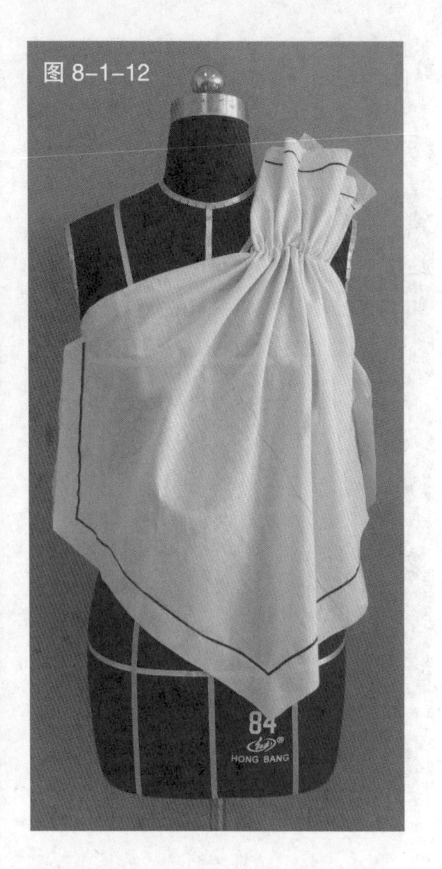
图 8-1-12

图 8-1-10　根据服装款式,用色带标记出服装的造型线

图 8-1-11　修剪毛边,下摆保留 2cm 宽的折边

图 8-1-12　用同样方法修剪肩部布料的毛边

图 8-1-13　裁剪服装后衣片(先斜裁布料)

图 8-1-14　在后片布片上相应位置进行抽缩

图 8-1-15　将抽缩好的布置于人台后背相应位置

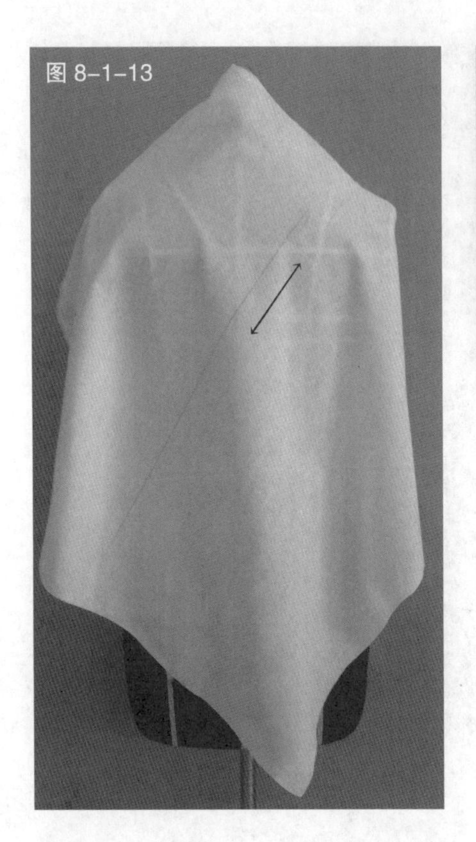
图 8-1-13

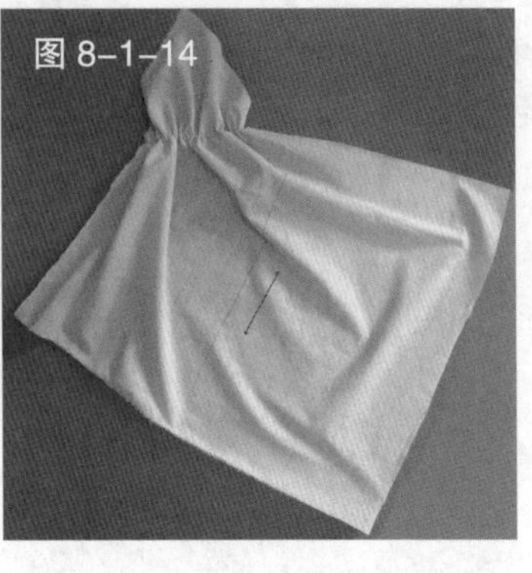
图 8-1-14

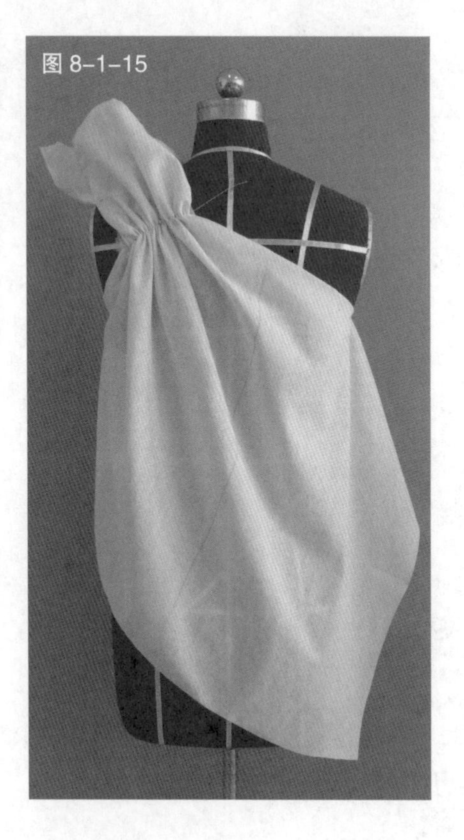
图 8-1-15

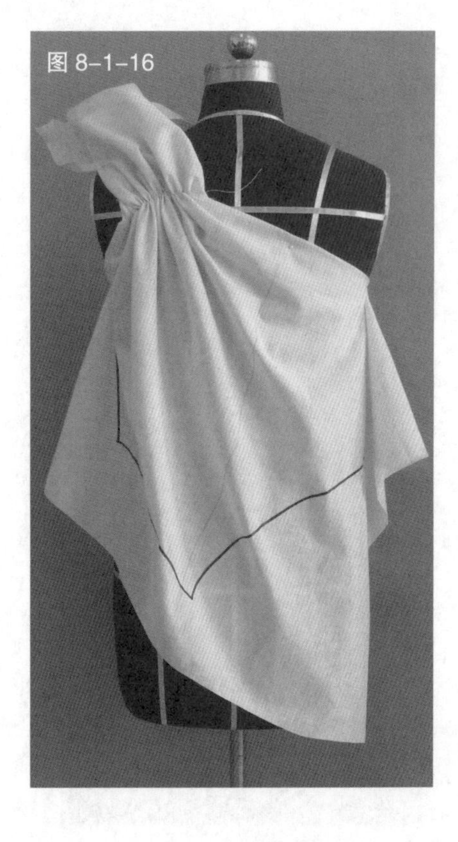

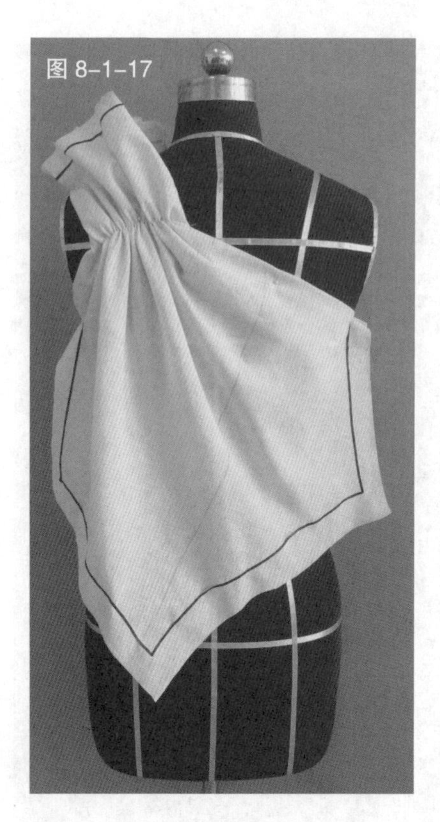

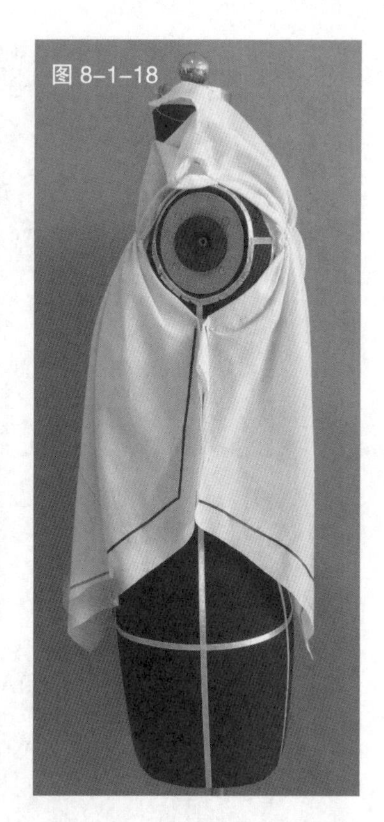

图 8-1-16　根据服装款式用色带确定服装造型线

图 8-1-17　修剪衣片的毛边

图 8-1-18　侧缝处要对齐

图 8-1-19　准备两条用于肩部的系带，长约 15cm、宽约 2cm

图 8-1-20　将系带固定于衣片抽缩处，并将所有布片的毛边反折，完成服装的整体造型

图 8-1-21　完成的服装的背面造型

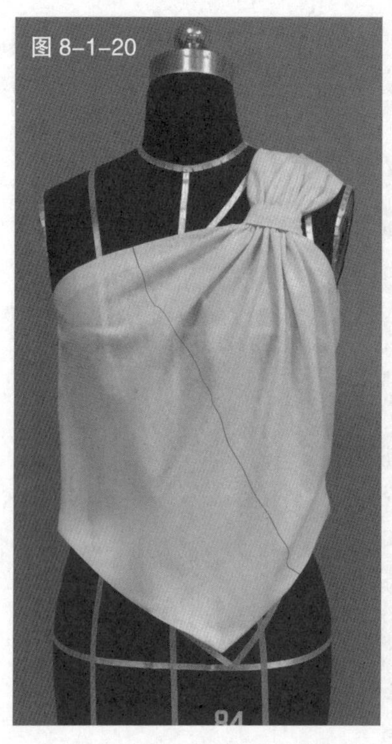

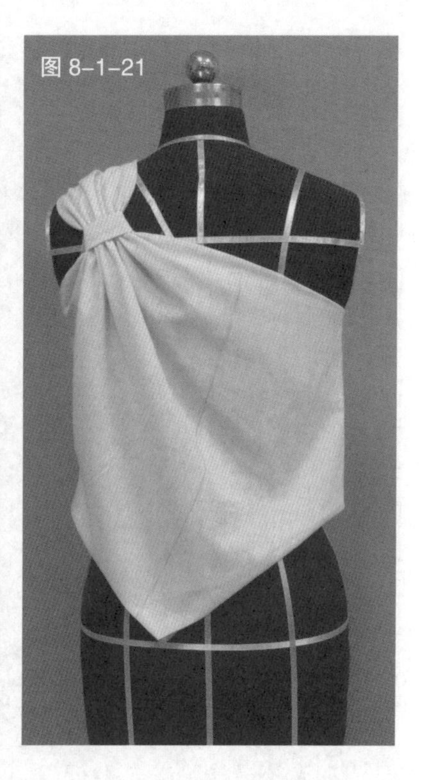

2. 抽缩式背心

（1）款式解析

夸张的肩部层叠造型，搭配简约、柔美的抽缩式衣身，大气中透出精巧的气质（见图 8-1-22）。

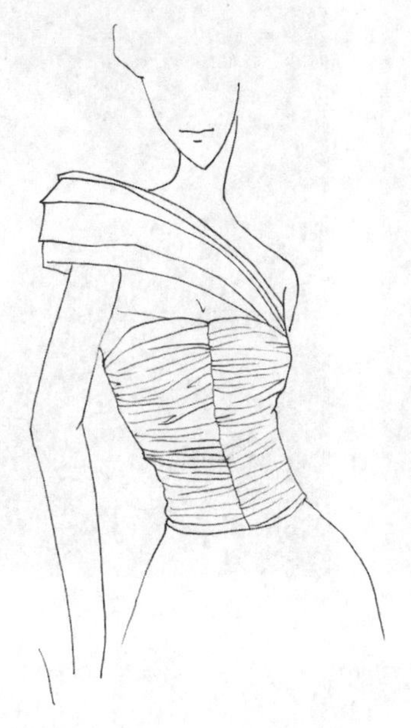

图 8-1-22　款式图

（2）操作步骤

见图 8-1-23 ~ 图 8-1-30。

图 8-1-23　根据服装款式在人台上粘贴款式造型线。为了强调人体曲线，增加了胸垫进行人体的补正

图 8-1-24　根据服装款式，先进行前衣片肩部造型的预裁，并用熨斗熨平

图 8-1-25　将预裁的造型置于人台上相应位置

图 8-1-26　将肩部造型进行重叠放置，最终达到预计的效果

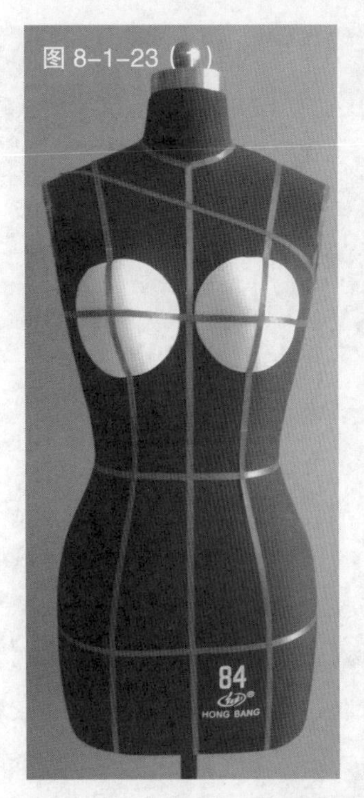

图 8-1-23（1）

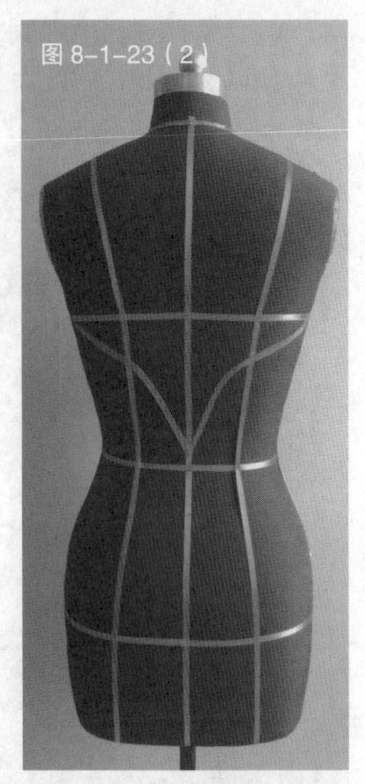

图 8-1-23（2）

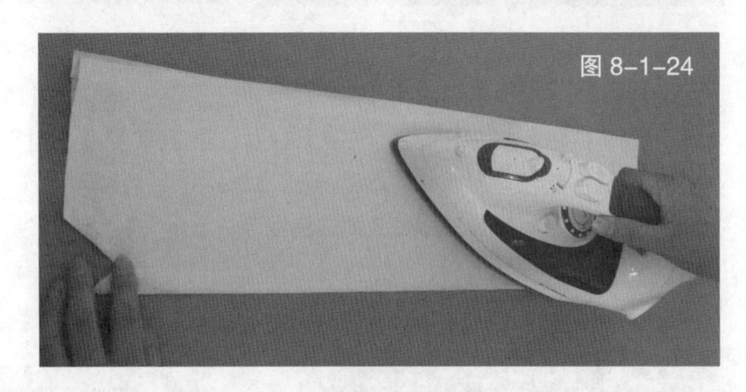

图 8-1-24

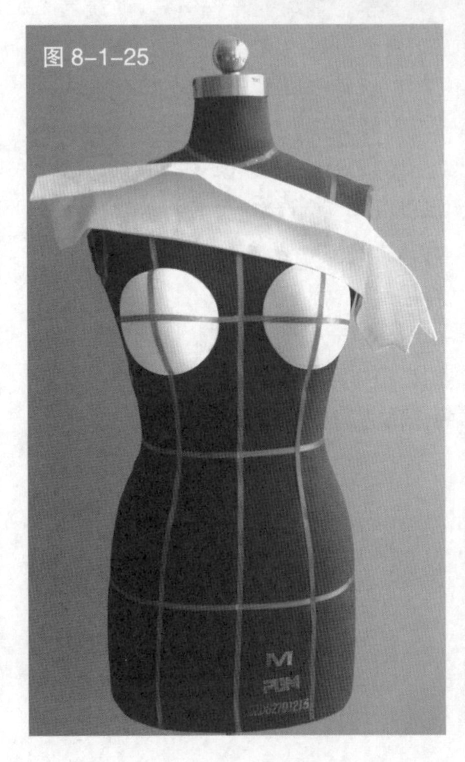

图 8-1-25

图 8-1-26

图 8-1-27

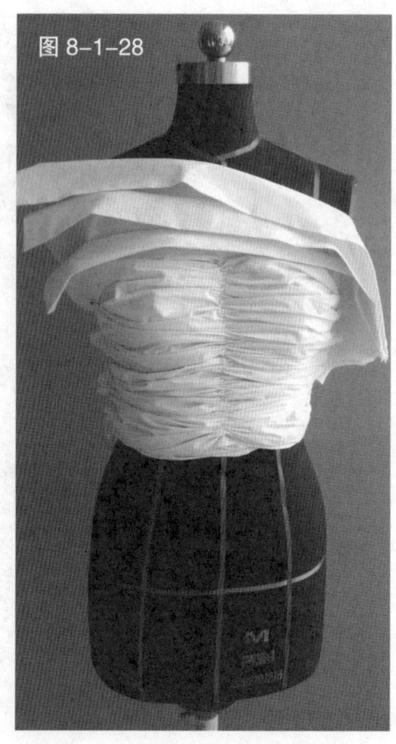
图 8-1-28

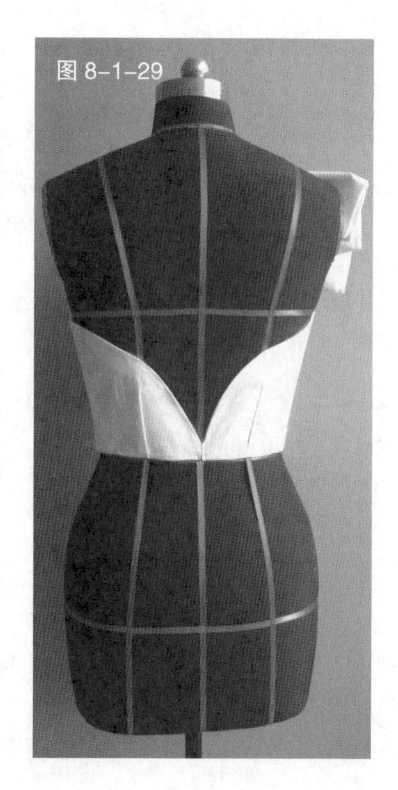
图 8-1-29

图 8-1-27　预裁前衣片并进行抽缩处理，再置于相应位置，并与肩部重叠造型融为一体
图 8-1-28　抽缩好的衣片需要经过褶纹整理，确保纹路均匀
图 8-1-29　依据服装的造型，裁剪出相应的后片造型，并在腰部收省。然后再与前片侧缝连接
图 8-1-30　完成的服装正面的造型

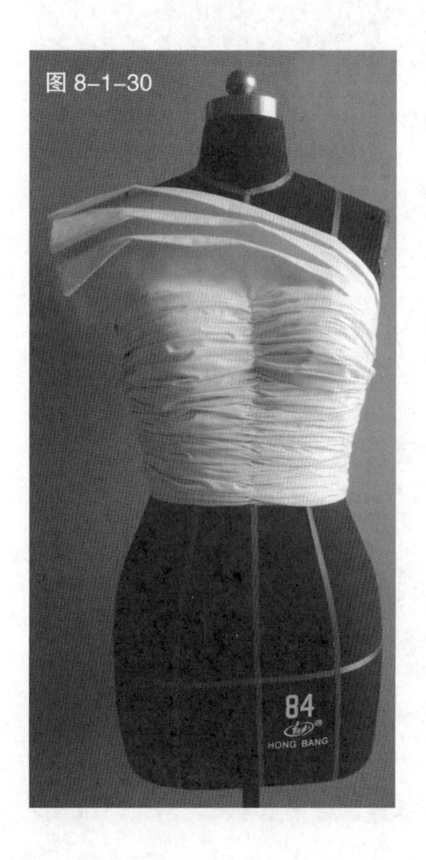

图 8-1-30

同步练习

1. 学习抽缩的操作方法，谈谈其工艺特征。

2. 认真分析本节中两款实例的操作要点并实践。

3. 结合所学知识，分析练习图 1 ~ 图 4 中提供的服装款式的操作要点，再进行操作练习，注意操作的规范性。

4. 自行设计两或三款以抽缩为主要技法的服装款式，并总结抽缩技法的操作方法和设计要点。

练习图 1

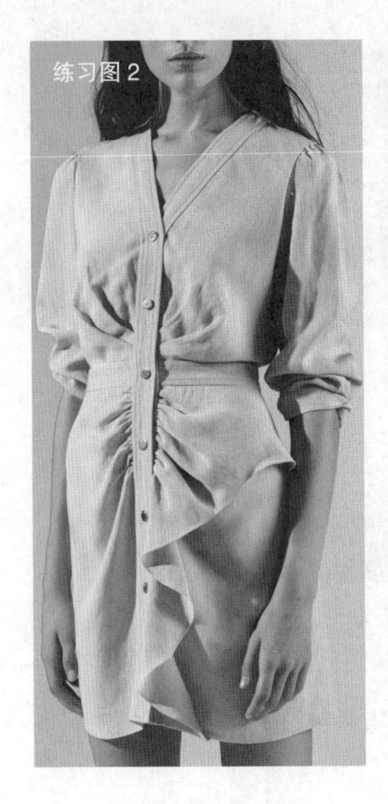
练习图 2

练习图 3

练习图 4

第二节　折叠法

一、折叠的操作方法

折叠法是将布料的一部分按有规律或无规律的方法进行折叠，形成褶或裥。褶分为顺褶、阴褶、阳褶等，如图 8-2-1 所示。折叠的造型多种多样，有直线折叠、曲线折叠，方向有平行折叠、斜向折叠、垂直折叠、放射折叠等，如图 8-2-2 ~ 图 8-2-5 所示。直线折叠常用于衣身、裙片上，褶的两端折叠的量相同，其外观形成一条条平行的造型线；曲线折叠则在外观上形成一条条连续变化的弧线，其合体性好，常用于胸部与腰部、腰部与臀部等之间变化的曲线，但缝制工艺比较复杂。进行折叠造型前必须进行布料的预裁，即根据折叠量来估算需要的面料，一般采用 1.5 ~ 3 倍的量。折叠法在材料的选择上以美丽绸、尼龙纺等富有挺度又具有光泽感的织物为佳。

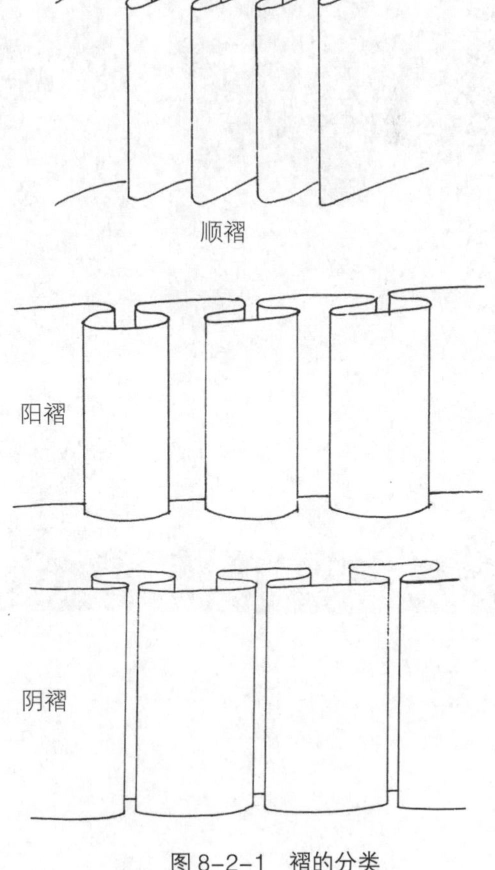

图 8-2-1　褶的分类

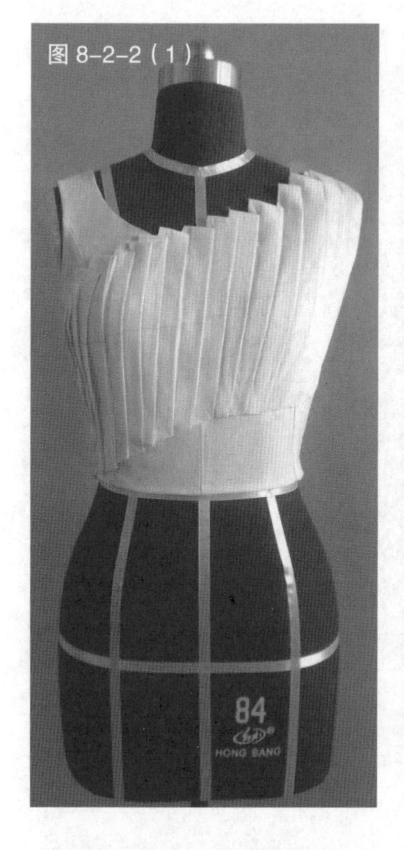

图 8-2-2（1）

图 8-2-2（2）

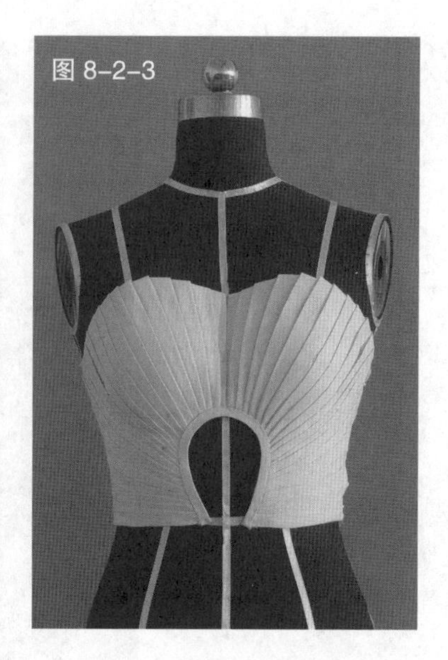
图 8-2-3

图 8-2-4

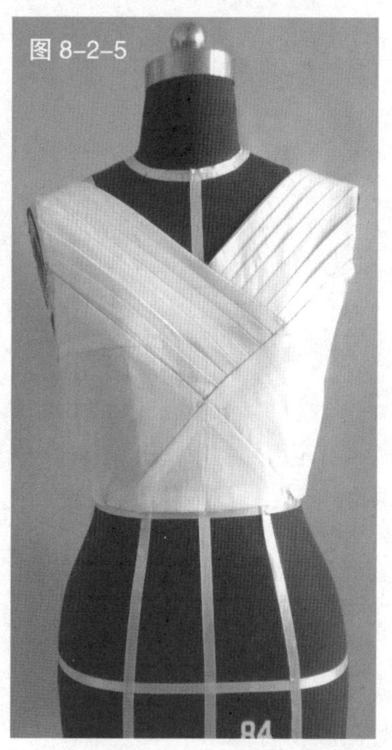
图 8-2-5

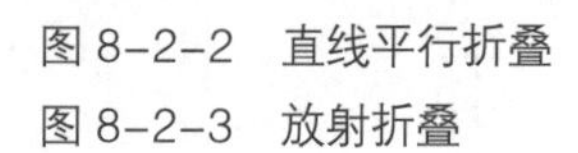
图 8-2-2 直线平行折叠
图 8-2-3 放射折叠

图 8-2-4 曲线折叠
图 8-2-5 垂直折叠

二、以折叠法为主的服装造型

1.直线折叠式背心

（1）款式解析

该背心衣身采用直线折叠法，既突显胸部曲线，又具有明显的秩序感；衣摆轻盈、飘逸，与衣身产生视觉的体量对比（见图 8-2-6）。

（2）操作步骤

见图 8-2-7 ~图 8-2-24。

图 8-2-6 款式图

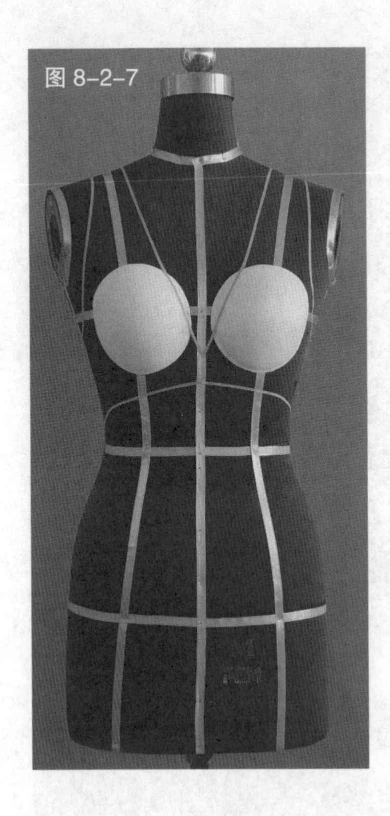

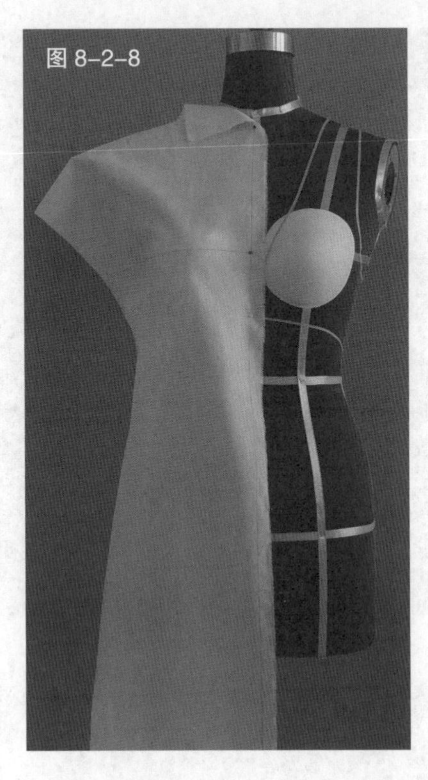

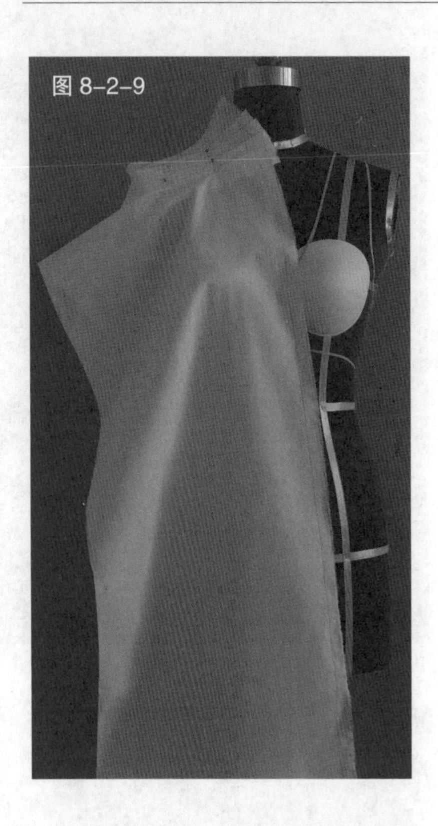

图 8-2-7 根据服装款式在人台上粘贴出款式造型线，添加胸垫突显曲线效果

图 8-2-8 预裁前衣片，取 2 ~ 3 倍的布量，用大头针固定于人台上，并对准人台上相应的各基准线

图 8-2-9 从肩部开始做直线折叠，注意始终要保持丝缕平直

图 8-2-10 当折叠经过胸点或胸点以下时，由于有落差，两头折叠量要明显多于中间，这样才能符合胸部起伏的造型特点

图 8-2-11 折叠完成后，根据人台上的服装造型线，用色带在衣片上标记出相应的轮廓造型线

图 8-2-12 修剪布料

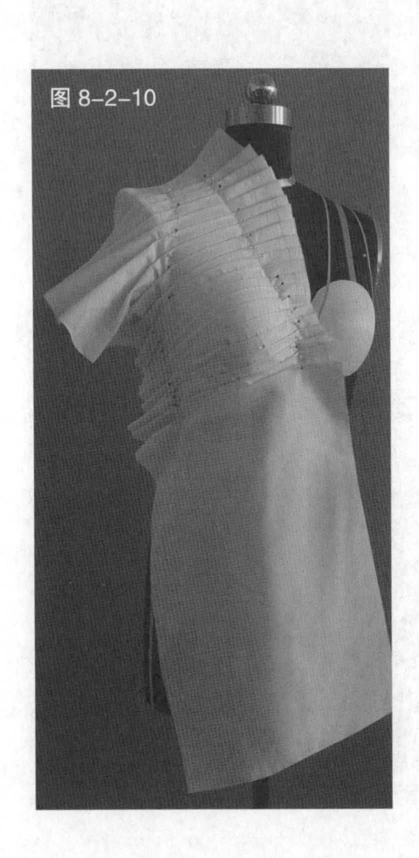

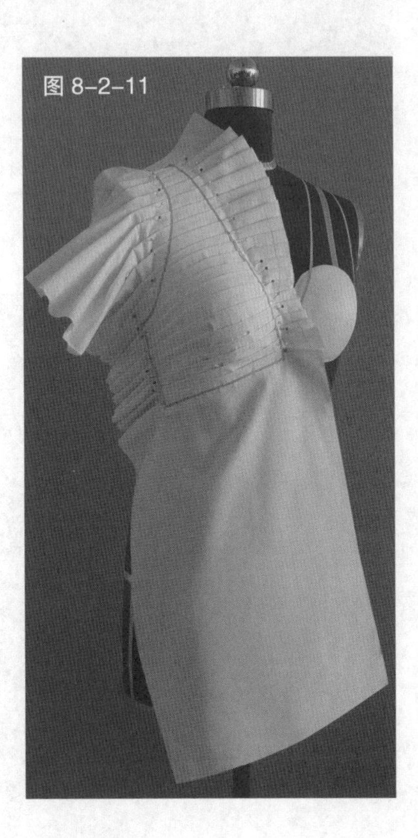

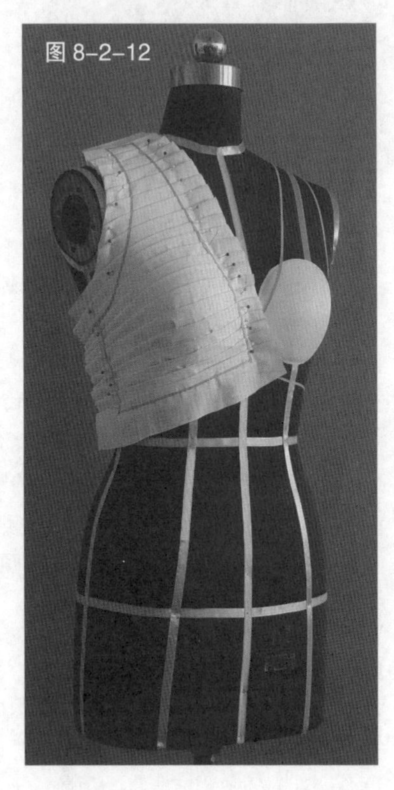

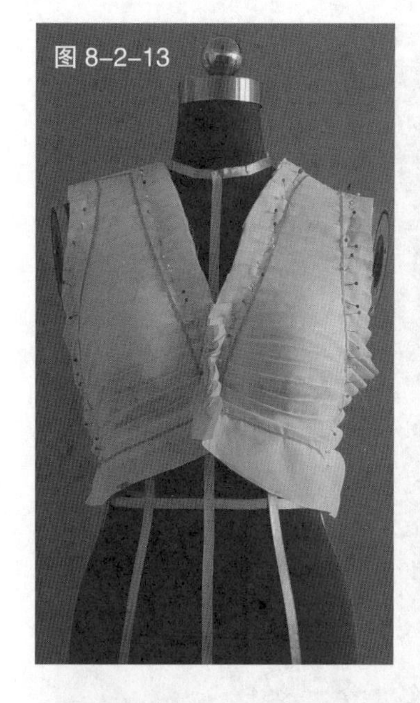
图 8-2-13

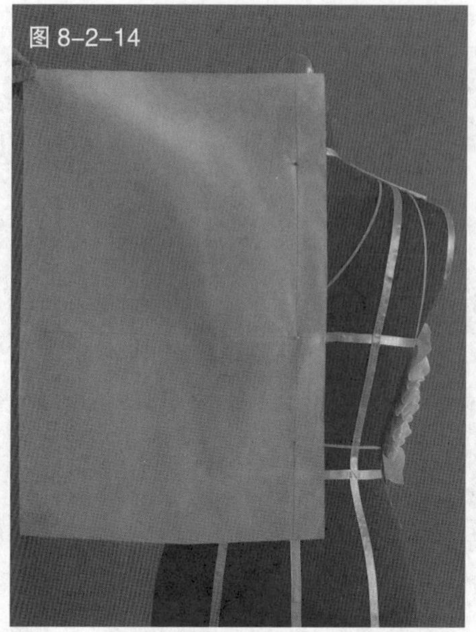
图 8-2-14

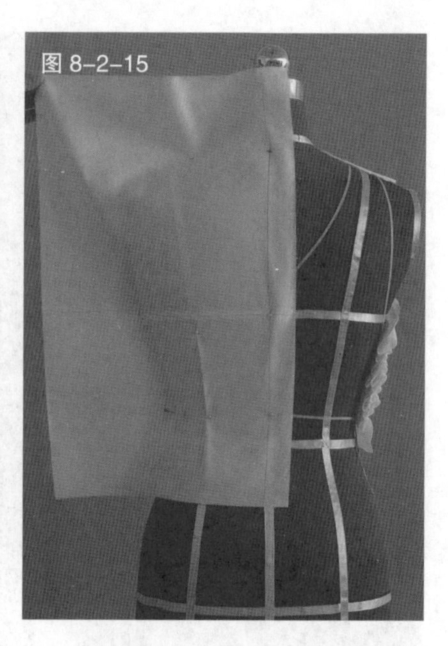
图 8-2-15

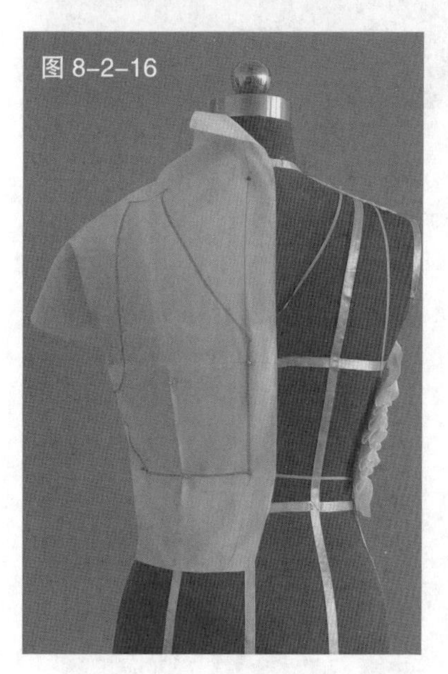
图 8-2-16

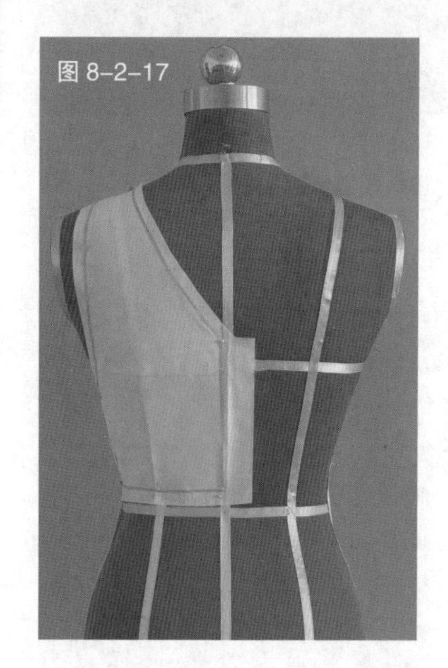
图 8-2-17

图 8-2-18

图 8-2-13　用相同方法完成另一侧衣片

图 8-2-14　接着制作后衣片。将预裁好的后片面料对准人台上相应的标识线

图 8-2-15　将布料贴合人台，制作腰省

图 8-2-16　用色带标记出后衣片的造型线

图 8-2-17　修剪布料，完成衣片的裁剪

图 8-2-18　用相同方法裁剪另一侧的后片衣片

图 8-2-19　运用圆裙的裁剪方法预裁服装的下摆

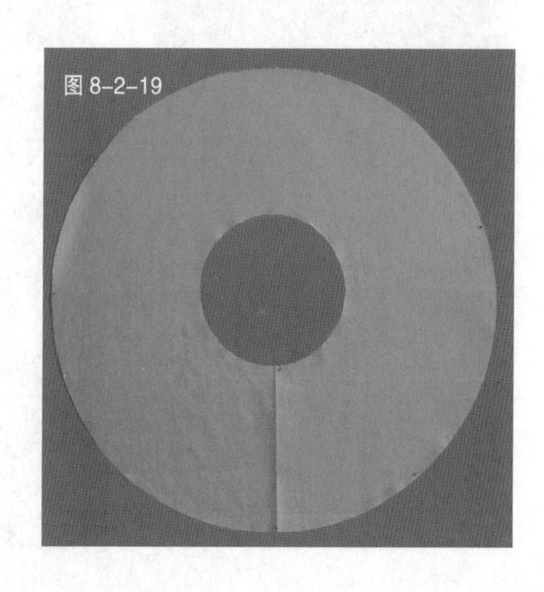
图 8-2-19

图 8-2-20

图 8-2-21

图 8-2-20 从前中心线处开始安装下摆衣片，在腰间均匀地打剪口，使波浪造型明显

图 8-2-21 完成所有衣片的裁剪。然后从人台上取下各衣片并平铺，分别进行画线、整理、修剪缝份，得到完成的衣片

图 8-2-22 缝合各衣片，进行试样，得到完成后的服装造型

图 8-2-23 完成的服装背面造型

图 8-2-24 完成的服装侧面造型

图 8-2-22

图 8-2-23

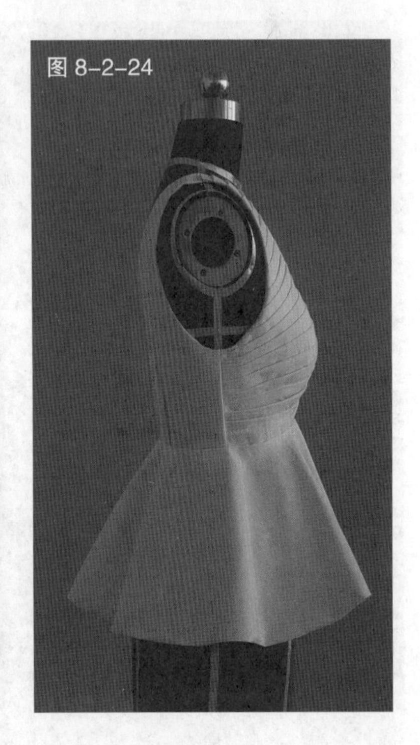

图 8-2-24

2. 曲线折叠小抹胸

（1）款式解析

该款设计源于贝壳的造型，衣片采用曲线的折叠手法，更加凸显女性胸部的柔美与挺拔（见图 8-2-25）。

（2）操作步骤

见图 8-2-26 ~ 图 8-2-36。

图 8-2-25　款式图

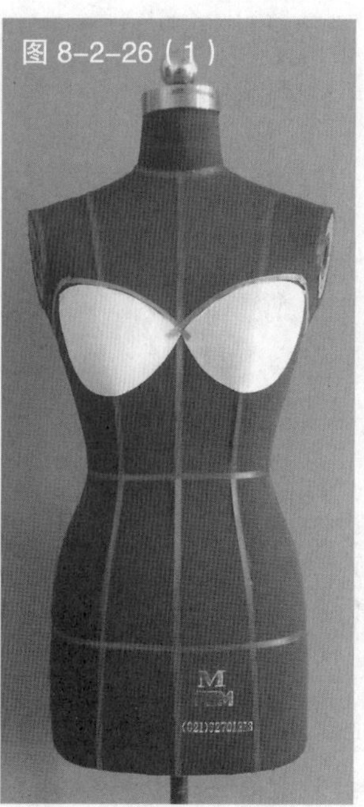

图 8-2-26（1）

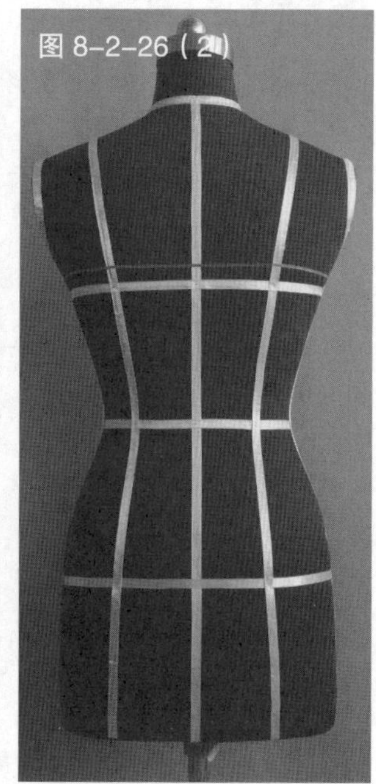

图 8-2-26（2）

图 8-2-26　根据服装款式在人台上标记出款式造型线，添加胸垫以增加胸部起伏效果

图 8-2-27　预裁右侧衣片面料，并取衣片实际长度的 2 ~ 3 倍的布量用于折叠。为保证折叠造型的贴体性，必须采用斜丝剪裁

图 8-2-28　由服装边缘向下开始做折叠造型，注意折叠的弧度均匀、造型贴体

图 8-2-29　折叠好的效果

图 8-2-27

图 8-2-28

图 8-2-29

图 8-2-30

图 8-2-31

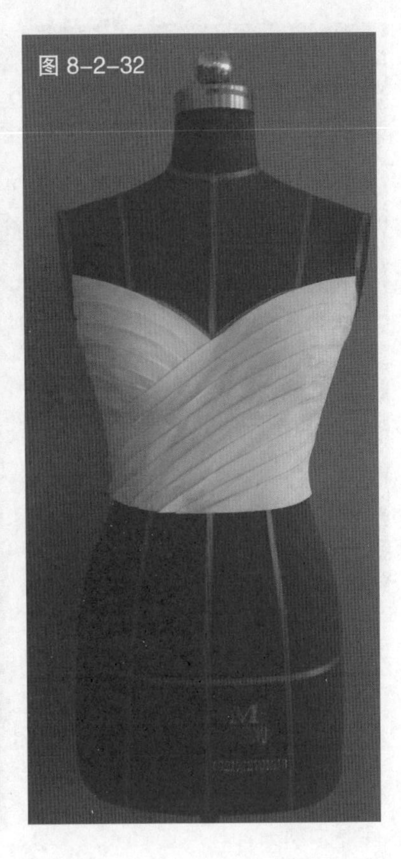

图 8-2-32

图 8-2-30 用相同的方法裁剪另一侧衣片

图 8-2-31 完成前衣片的折叠造型

图 8-2-32 修剪前衣片毛边

图 8-2-33 预裁服装后衣片，按造型要求制作腰省

图 8-2-34 修剪后衣片

图 8-2-35 按照设计要求安装腰带，完成服装的整体造型

图 8-2-33

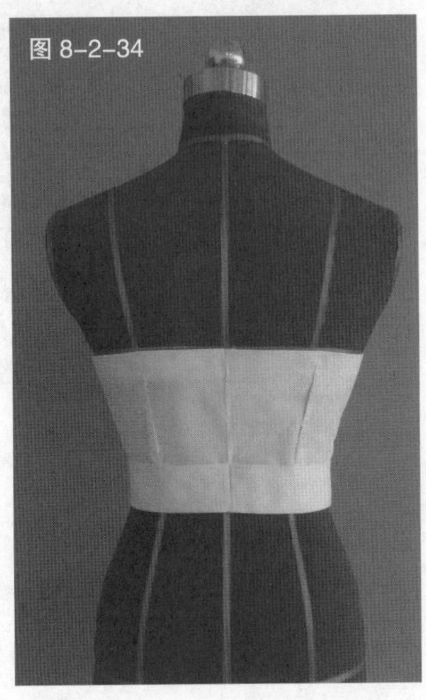

图 8-2-34

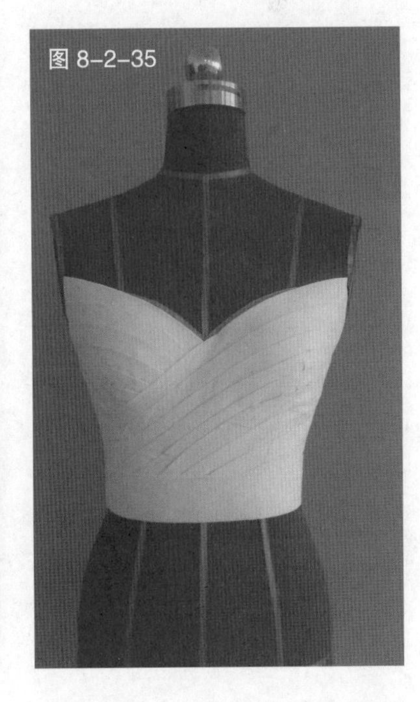

图 8-2-35

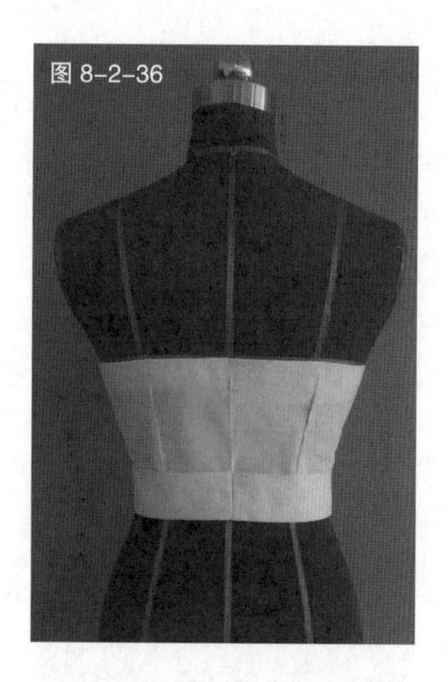
图 8-2-36

图 8-2-36　完成的服装背面造型

同步练习

1. 学习折叠的操作方法，谈谈其工艺特征。

2. 认真分析本节中两款实例的操作要点并实践。

3. 结合所学知识，分析练习图 1 ~ 图 2 中的服装款式的操作要点，再进行操作练习，注意操作的规范性。

4. 自行设计两或三款以折叠为主要技法的服装款式，并总结折叠技法的操作方法和设计要点。

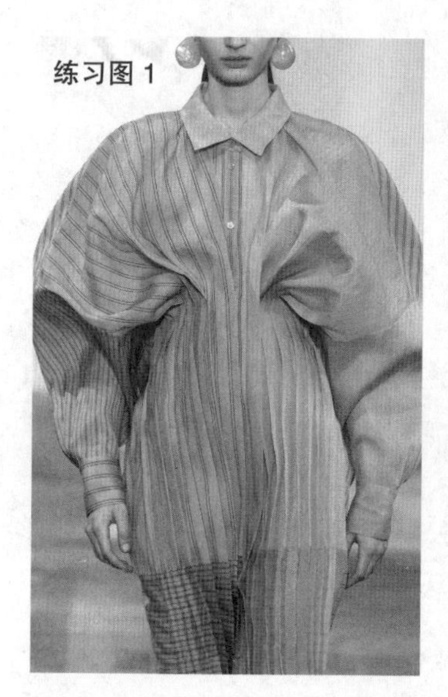
练习图 1

练习图 2

练习图 3

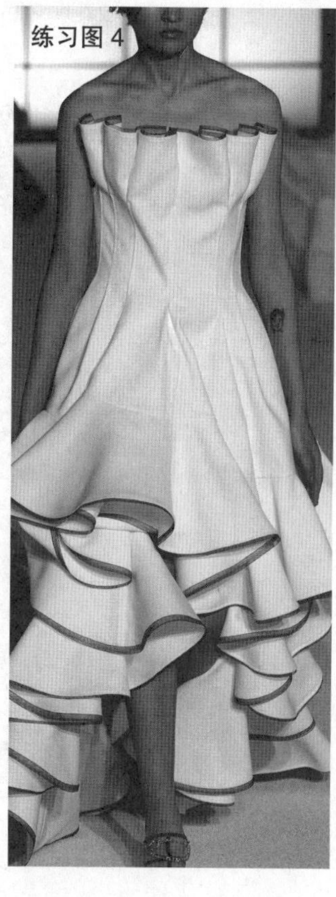
练习图 4

第三节　编织法

一、编织的操作方法

编织法是将布料裁剪成不同宽度的条状或缠成绳状，按照一定规律进行编织，编成具有各种美感的交叉纹理，或直或曲、或宽或窄、或疏或密、或凹或凸，具有独特的韵律感和层次感（见图 8-3-1 ~图 8-3-6）。

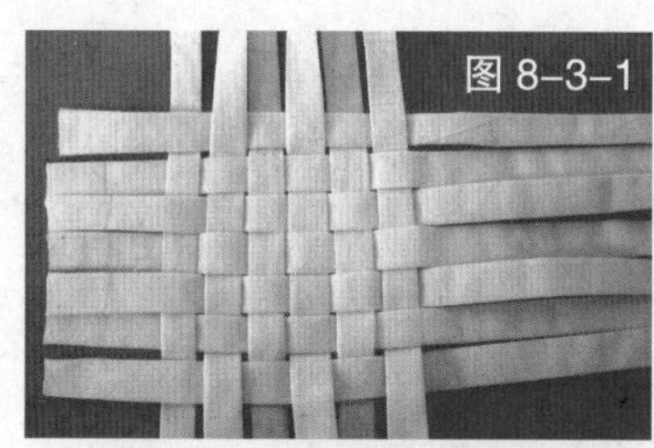

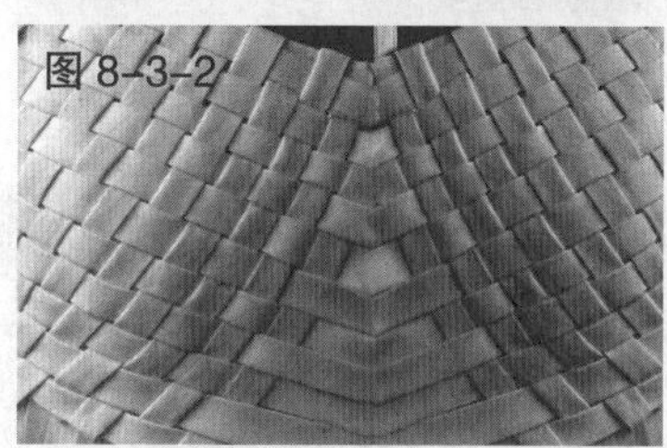

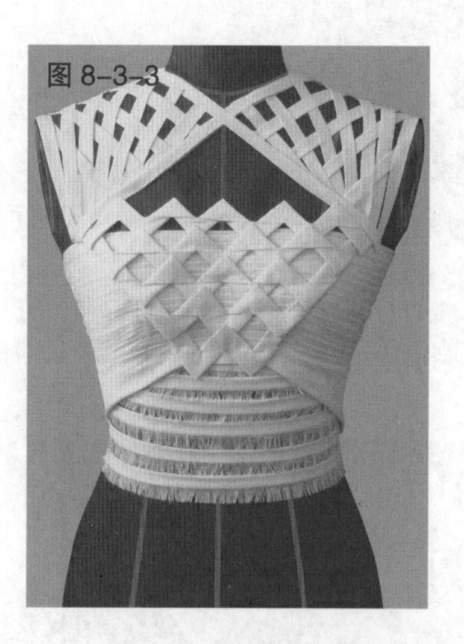

图 8-3-1　垂直编织
图 8-3-2　曲线编织
图 8-3-3　编织的疏与密
图 8-3-4　编织带的宽窄变化
图 8-3-5　绳带的编织
图 8-3-6　多变的曲线编织

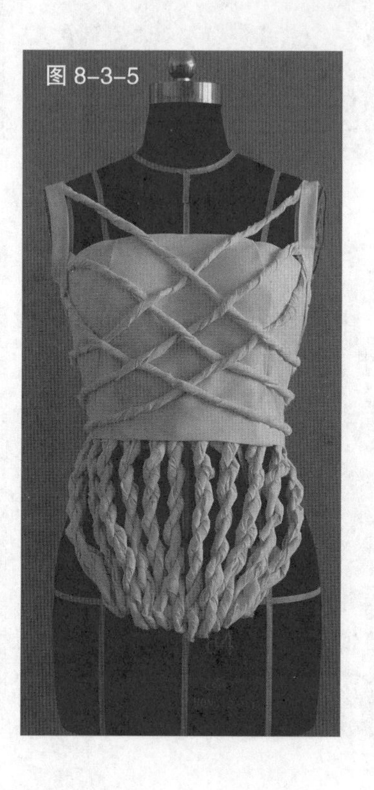

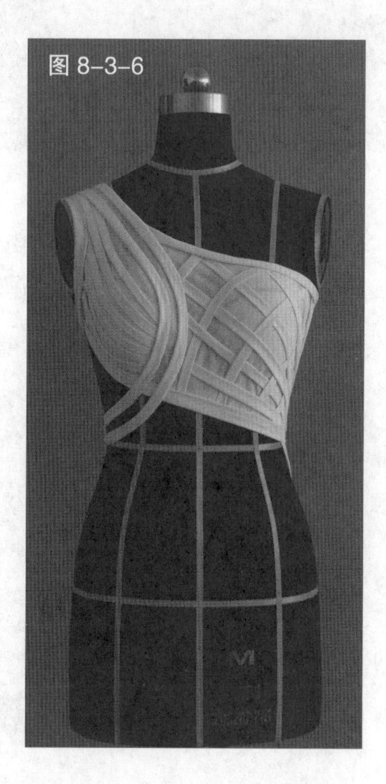

二、以编织法为主的服装造型实例

1.腰部编织式抹胸

（1）款式解析

抹胸式上衣，胸部采用折叠手法，腰部采用编织手法，锯齿状的下摆与腰部的三角造型相得益彰，使服装造型层次多变，婀娜多姿（见图 8-3-7）。

（2）操作步骤

见图 8-3-8 ~图 8-3-17。

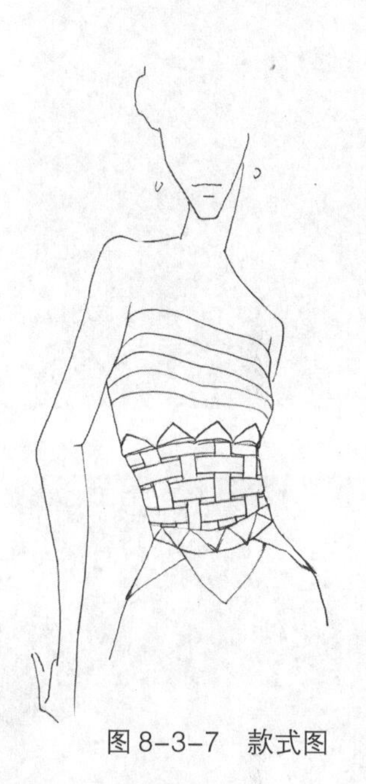

图 8-3-7　款式图

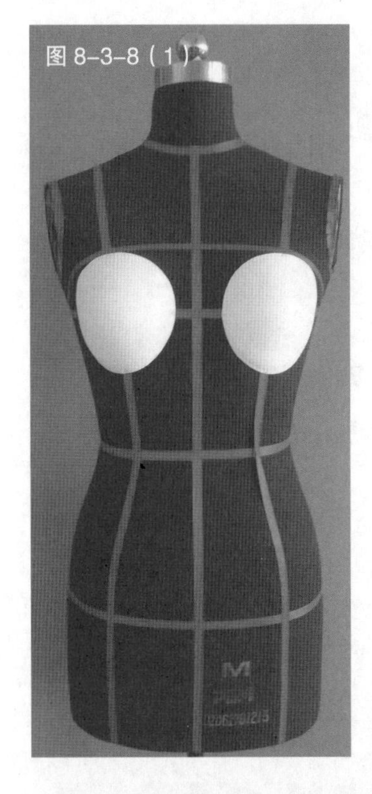
图 8-3-8（1）

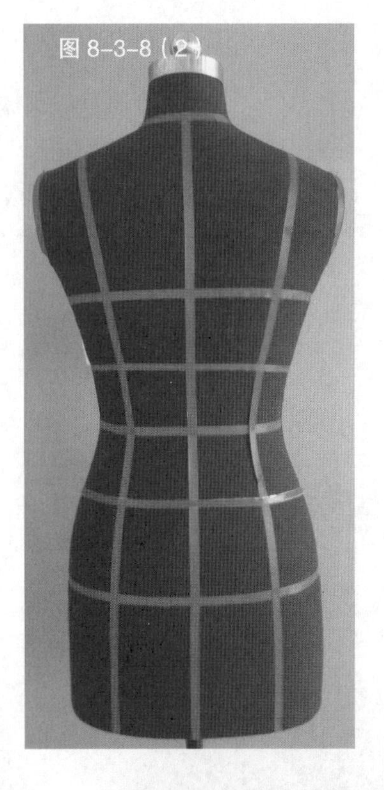
图 8-3-8（2）

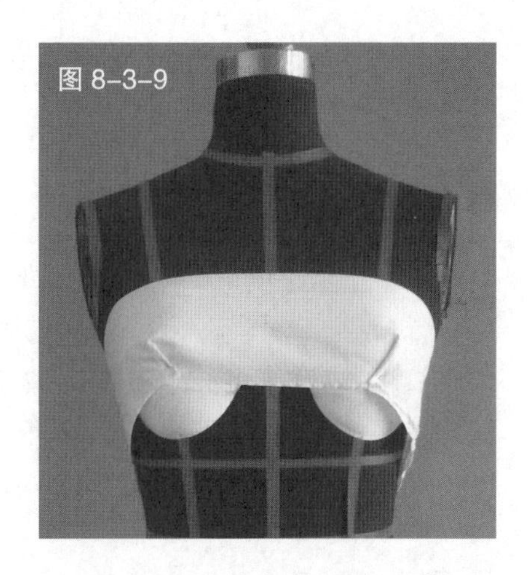
图 8-3-9

图 8-3-8　根据服装款式在人台上粘贴款式造型线，并添加胸垫

图 8-3-9　将先预好的裁胸部第一层用布固定于人台，并在胸部收省

图 8-3-10　预裁胸部第二层布片，并用折叠方法做出需要的造型

图 8-3-11　完成后的胸部衣片造型

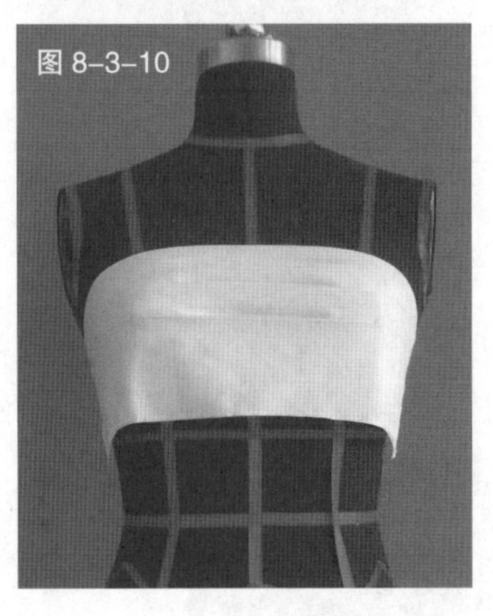
图 8-3-10

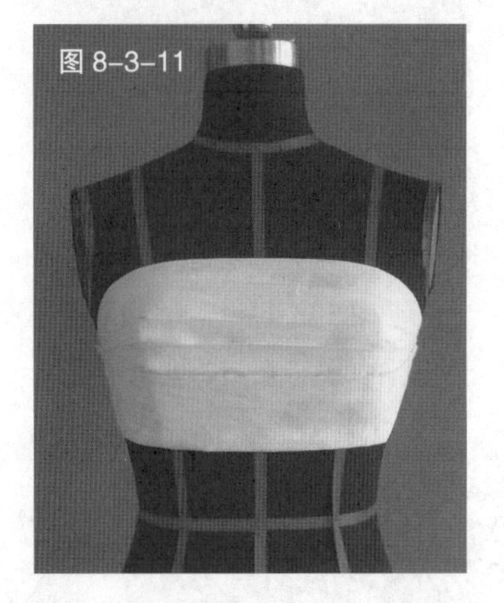
图 8-3-11

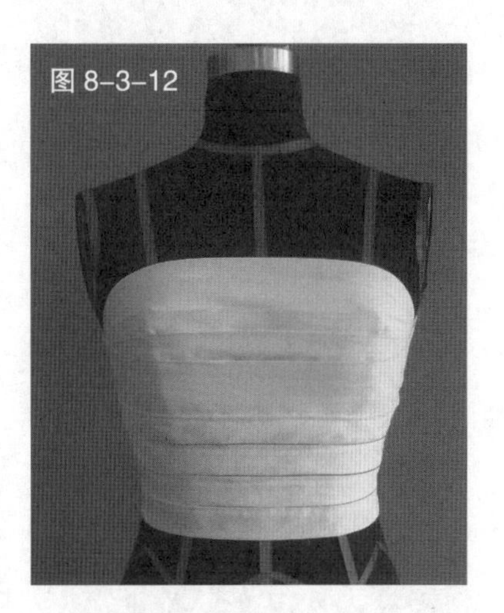
图 8-3-12

图 8-3-12　先裁剪四条宽约3cm的布条，平行安装在人台腰部，完成腰部造型

图 8-3-13　再将一根长约200cm、宽约3cm的布条以垂直方向来回穿插于横条中，注意编织的密度、松紧要一致，两头要做出三角的造型

图 8-3-14　完成后的服装腰部造型

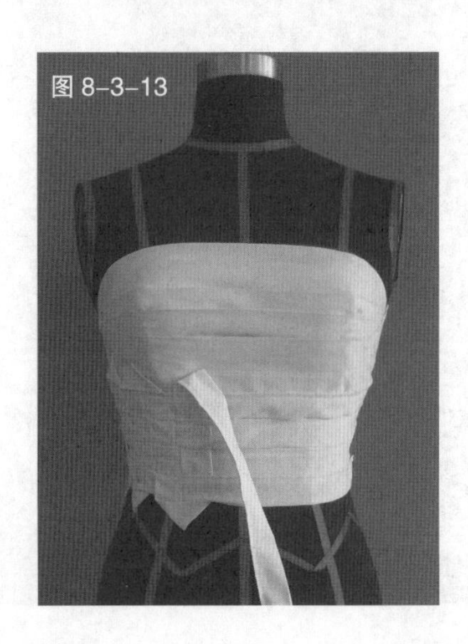
图 8-3-13

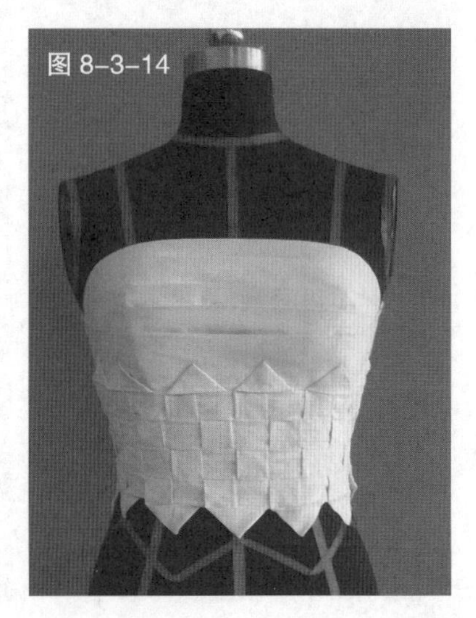
图 8-3-14

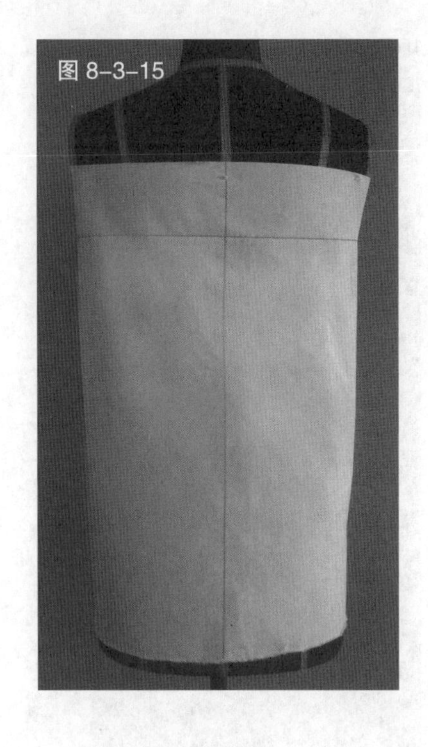
图 8-3-15

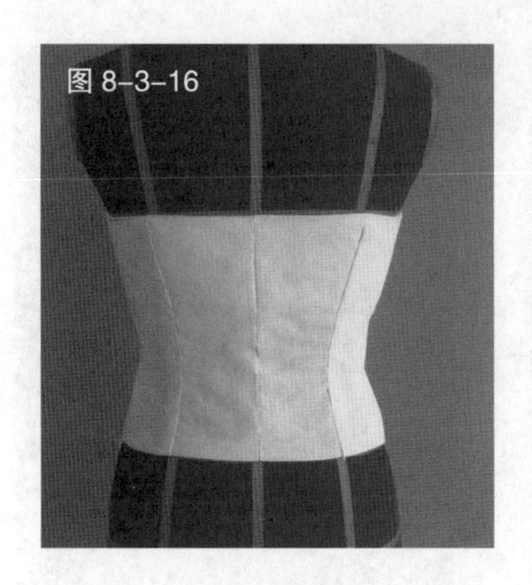
图 8-3-16

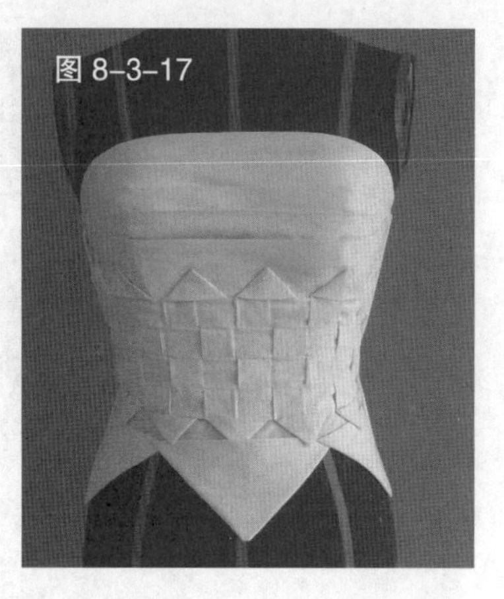
图 8-3-17

图 8-3-15　预裁后片用布，把它对准人台后中心线和胸围线，再根据造型进行收省，修剪布料

图 8-3-16　完成后的服装背面造型

图 8-3-17　用宽度为 6cm 的布条在服装的下摆处围绕一周做出折叠造型，即完成该服装的裁剪

2. 交叉编织式立领上衣

（1）款式解析

流畅的公主线将衣身完美分割，编条的交错排列使原本古朴典雅的中式造型洋溢着跳跃的视觉冲击（见图 8-3-18）。

（2）操作步骤

见图 8-3-19～图 8-3-29。

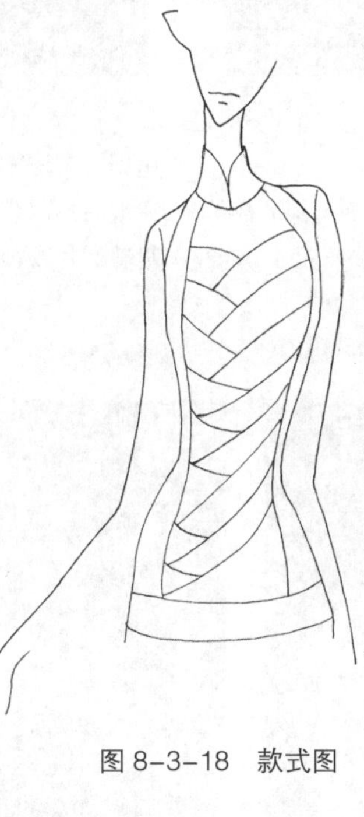
图 8-3-18　款式图

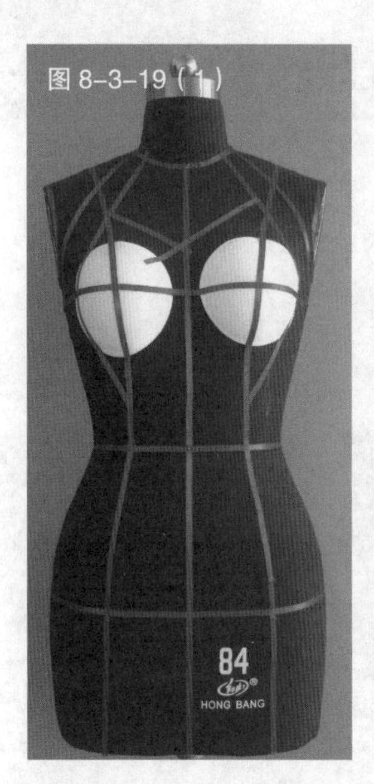

图 8-3-19（1）

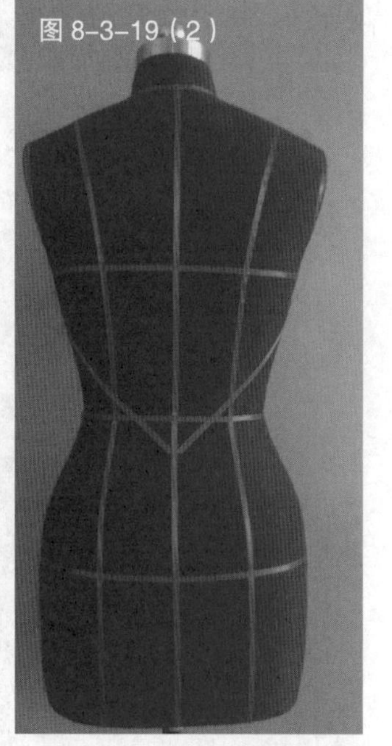
图 8-3-19（2）

图 8-3-19　根据服装款式在人台上粘贴款式造型线，并添加上胸垫

图 8-3-20　将布料以 45° 斜丝方向裁剪成宽约 3.5cm、长度不等的布条若干，然后根据款式一层层叠压，形成交叉的编织造型

图 8-3-21　在经过胸高点处时，可利用布料斜裁的弹性以确保布条与胸部贴合

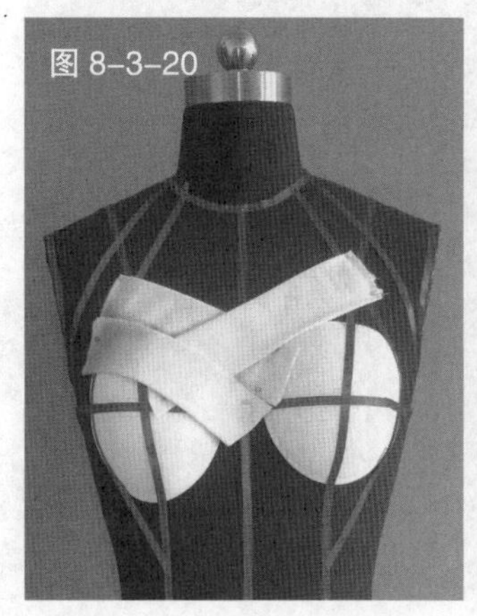
图 8-3-20

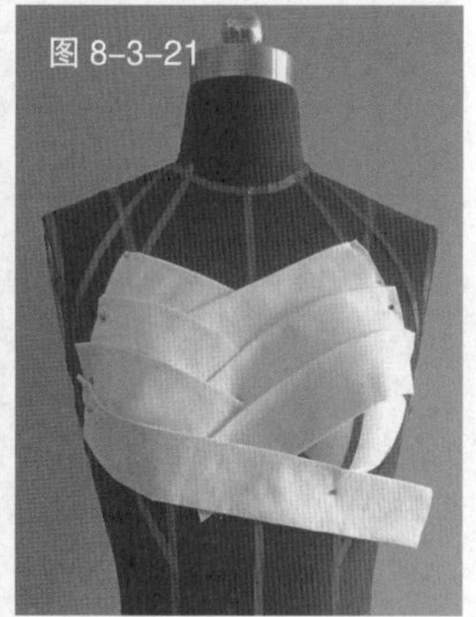
图 8-3-21

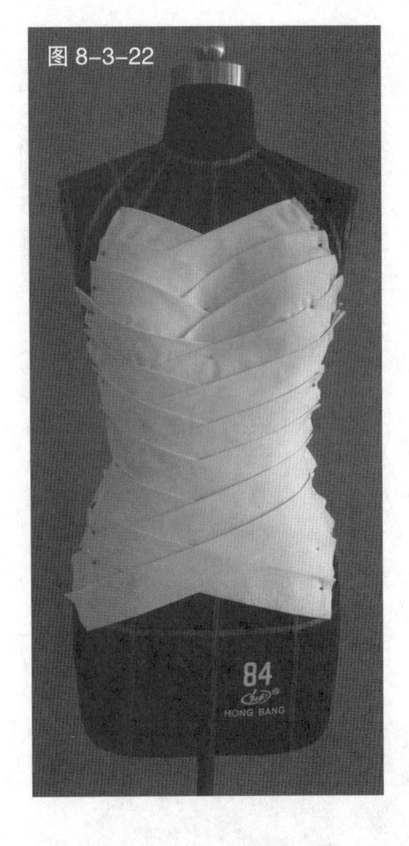

图 8-3-22 完成后的编织造型

图 8-3-23 预裁前衣片的右侧部分，并使布料贴合人台，用色带标记出造型线

图 8-3-24 修剪布料，完成裁剪

图 8-3-25 用相同方法裁剪另一侧布片

图 8-3-26 完成后的服装正面的折叠造型

图 8-3-27 裁剪后片及领片

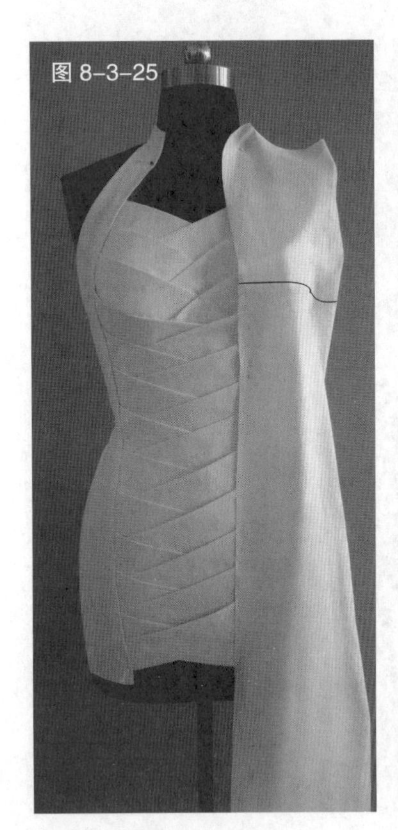

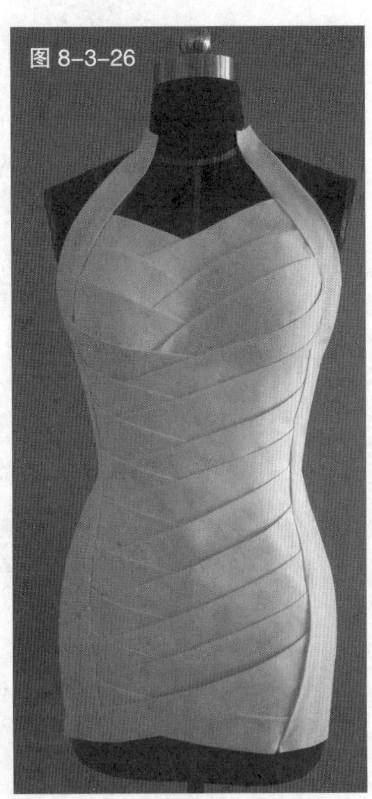

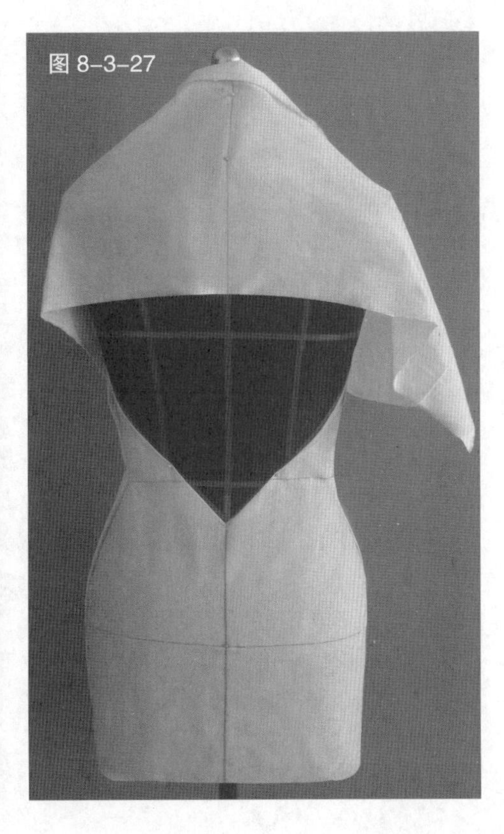

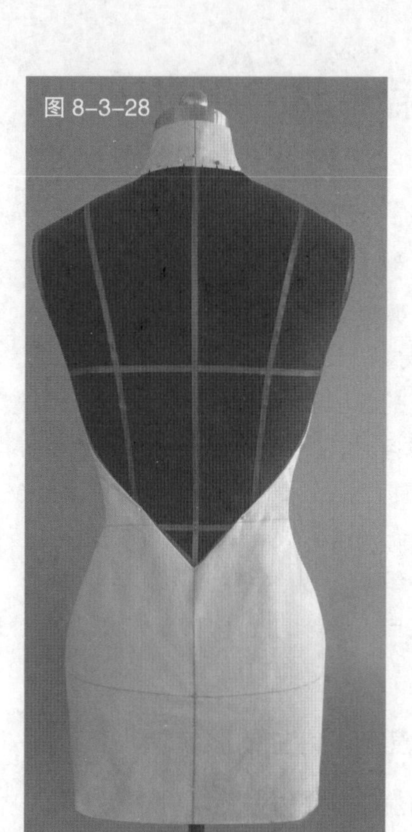

图 8-3-28 完成的后面裁剪

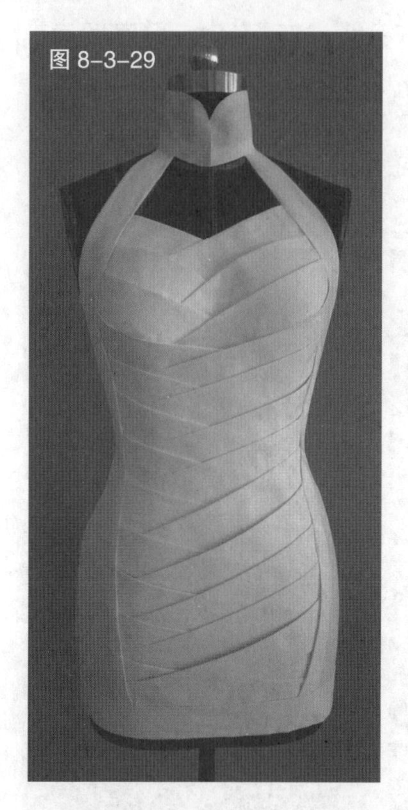

图 8-3-29 安装服装下摆贴边，完成服装的整体造型

同步练习

1.学习编织技法的操作方法，谈谈其工艺特征。

2.认真分析本节中两款实例的操作要点并实践。

3.结合所学知识，分析练习图 1 ~ 图 4 中服装款式的操作要点，再进行操作练习，注意操作的规范性。

4.自行设计两或三款以编织为主要技法的服装款式，并总结编织技法的操作方法和设计要点。

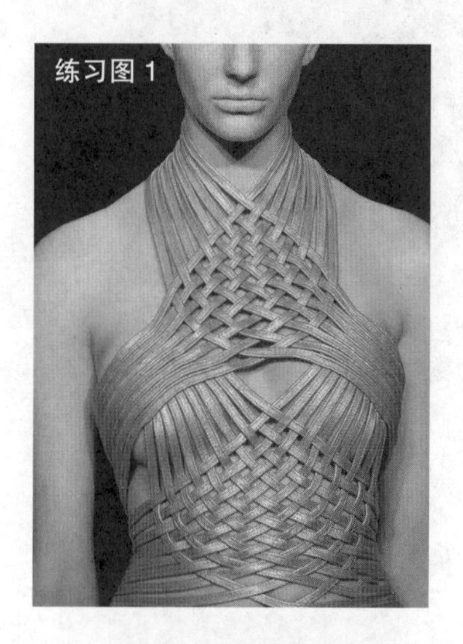

第四节 缠绕法

一、缠绕法的操作方法

缠绕法是将布料有规则或随意地环绕在人体上。缠绕后形成的线条，若是规则的则一般会形成放射状的、具有韵律感的纹路，若是随意的则呈现出自然、生动活泼、富有生气的线条（如图 8-4-1 ～图 8-4-3）。由于造型的特殊性，操作时宜选用弹性良好、具有金属光泽或丝绸光泽的面料，如美丽绸、涤丝纺等织物，因为经缠绕后面料会形成有规则的或自由形态的光环，使立体造型更具艺术感染力。

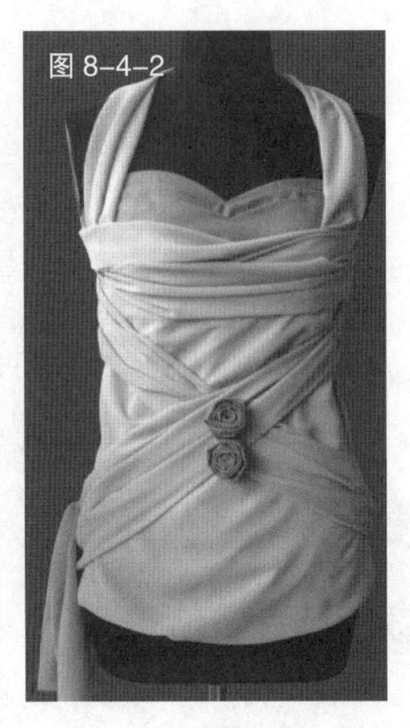

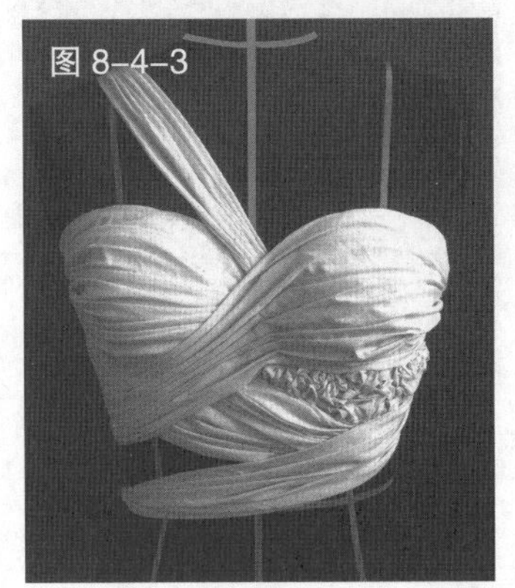

图 8-4-1 布料的随意缠绕

图 8-4-2 利用面料的弹性缠绕的效果

图 8-4-3 有规则的缠绕效果

二、以缠绕法为主的服装造型实例

1.胸部缠绕式连衣裙

（1）款式解析

该款服装胸部采用随意缠绕法，呈现自然、活泼的韵味，使本来朴素、简约的连衣裙更加性感、迷人（见图 8-4-4）。

（2）操作步骤

见图 8-4-5 ～图 8-4-17。

图 8-4-4 款式图

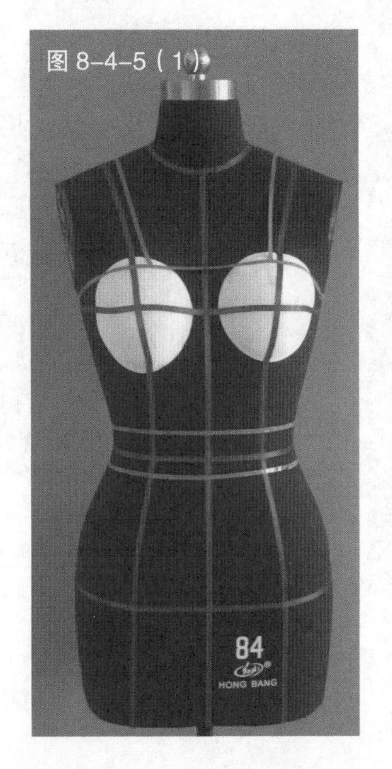

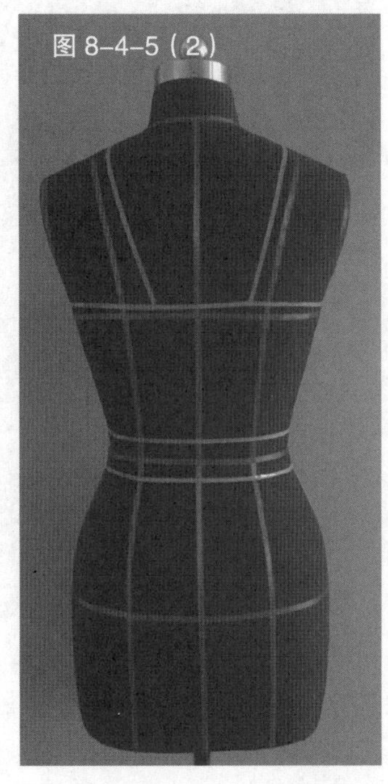

图 8-4-5 依据服装款式在人台上粘贴款式造型线，并添加胸垫

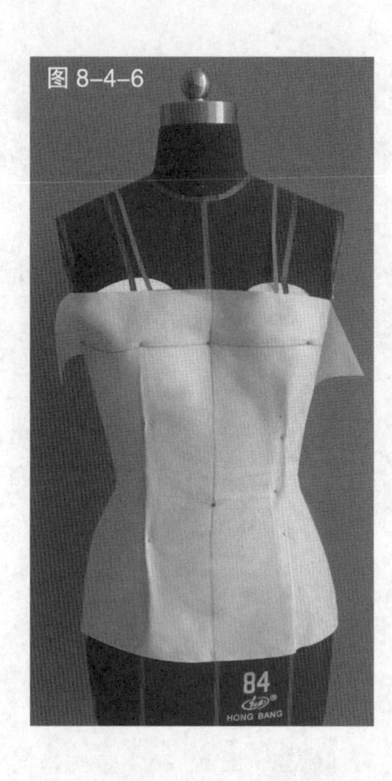

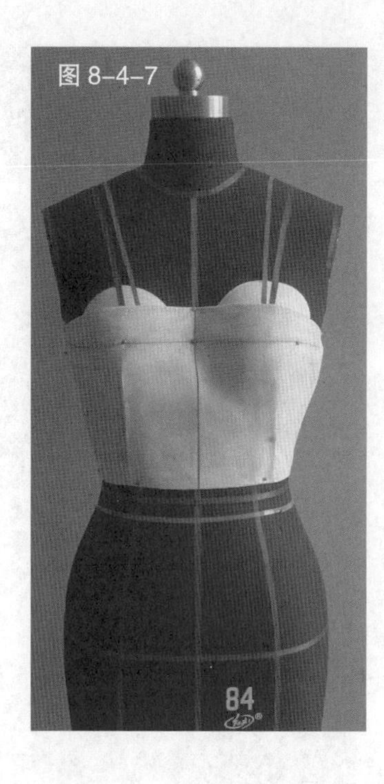

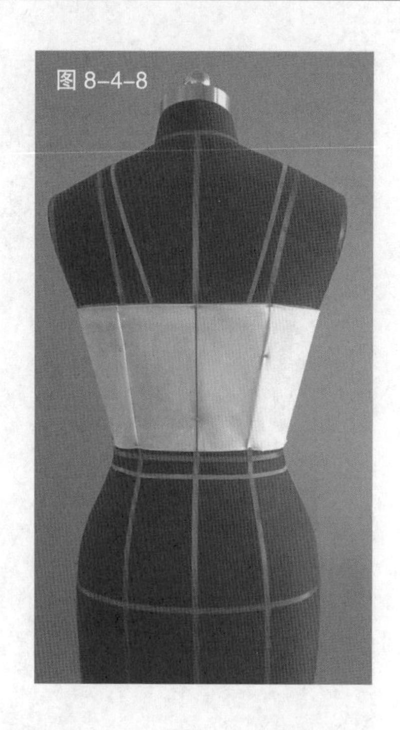

图 8-4-6 预裁前片胸衣用布，把它对准前中心线和胸围线，并完成两个腰省

图 8-4-7 修剪布料，完成前衣片的裁剪

图 8-4-8 用相同方法裁剪胸衣后片

图 8-4-9 根据裙身造型预裁裙片用布，把它对准腰围线，并做出优美的裙褶造型

图 8-4-10 裁剪宽约 4cm 的腰带，并安装于腰部

图 8-4-11 预裁肩部衣片用布，并把它固定于人台

图 8-4-12 将布料整理出自然的褶裥

图 8-4-13 完成后的肩部造型

图 8-4-14 裁剪两条宽约 20cm、长约 60cm 的布条，在胸前互相绕裹

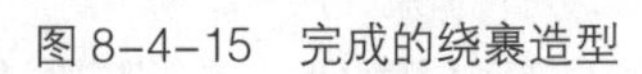

图 8-4-15 完成的绕裹造型

图 8-4-16 将布条两端绕于服装侧缝处，并与衣片缝合。注意缠绕的造型要自然、均匀

图 8-4-17 完成后的服装造型

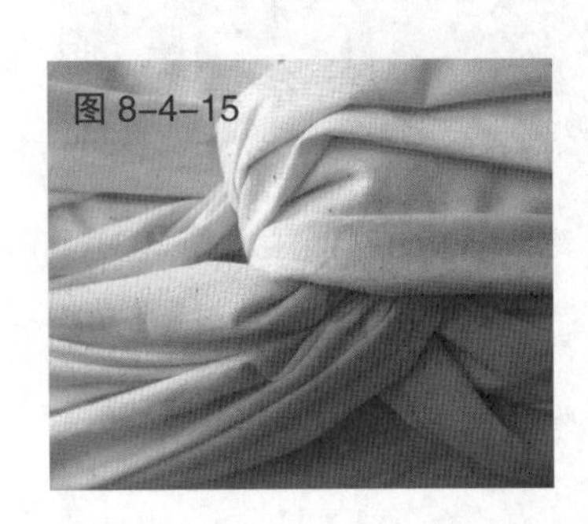

2.胸部交叉缠绕连衣裙

(1)款式解析

将布条由颈后经过胸下部缠绕至腰间,形成简约流畅的曲线;肩部捏出细碎褶裥,与腰间的褶裥形成呼应,使整体造型疏密有致,形式美感相得益彰(见图8-4-18)。

(2)操作步骤

见图8-4-19~图8-4-30。

图8-4-18 款式图

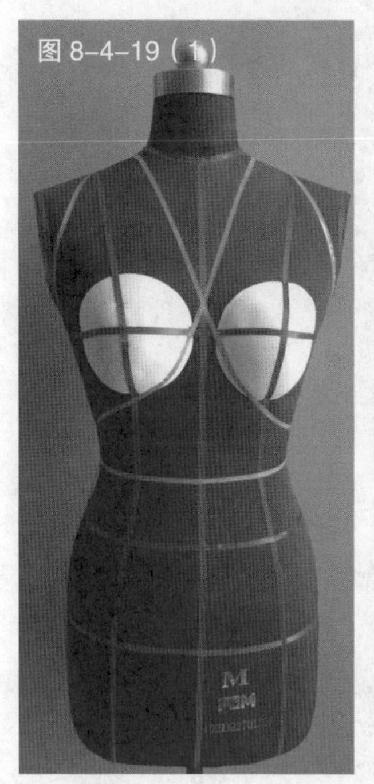

图8-4-19(1)

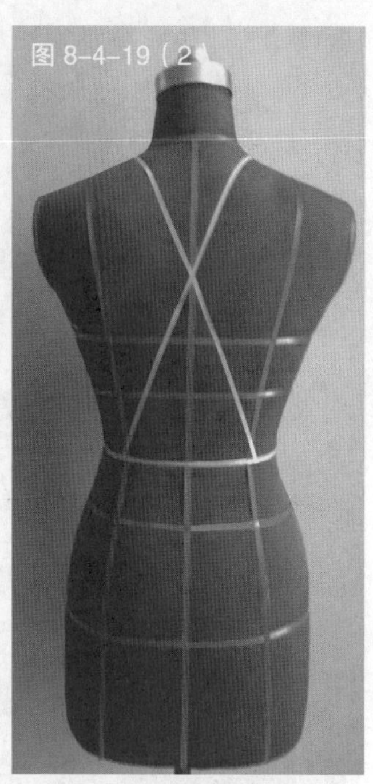

图8-4-19(2)

图8-4-19 根据服装款式在人台上粘贴款式造型线

图8-4-20 将预裁好的前片用布固定于人台,且要对准人台前中心线和胸围线

图8-4-21 修剪掉领口多余布料,使布料贴合人台肩部

图8-4-22 根据服装款式将前片浮余量移至肩部,并用手捏出细碎的褶裥

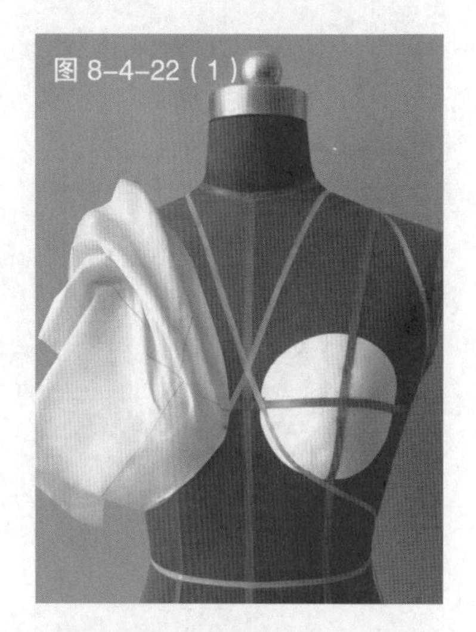

图8-4-22(1)

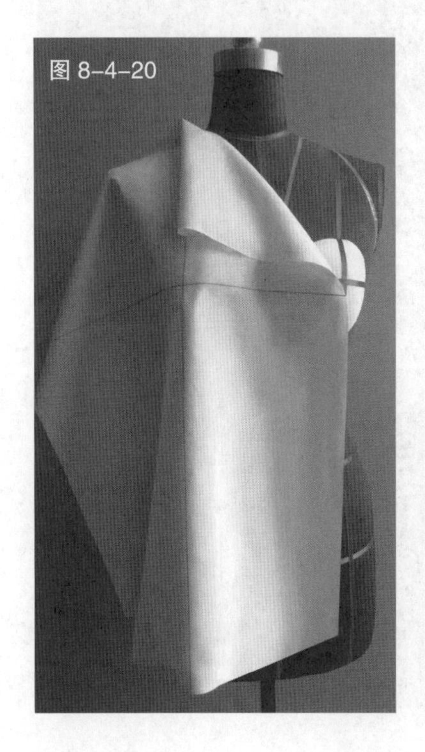

图8-4-20

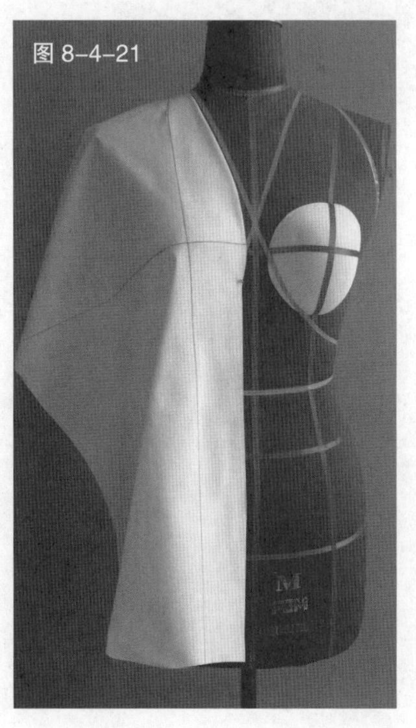

图8-4-21

图8-4-22(2)

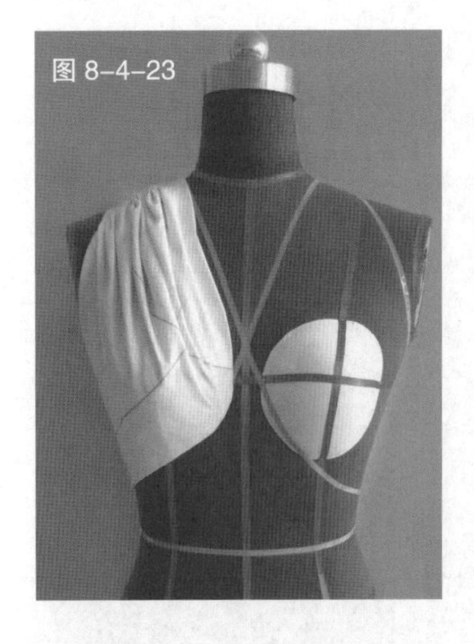
图 8-4-23

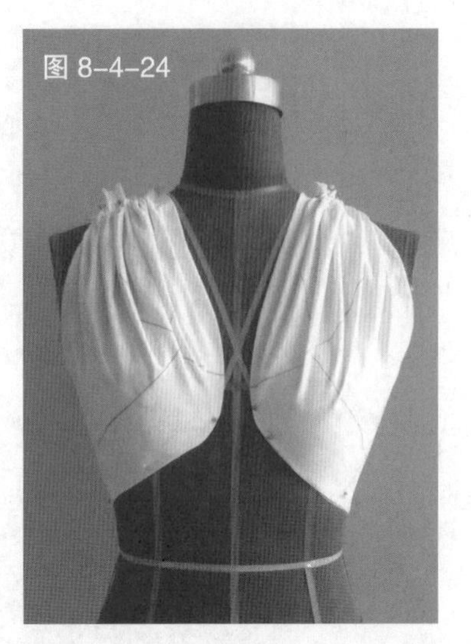
图 8-4-24

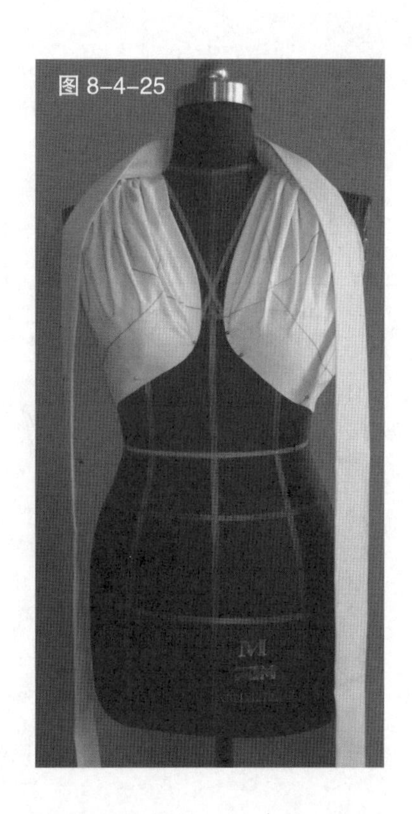
图 8-4-25

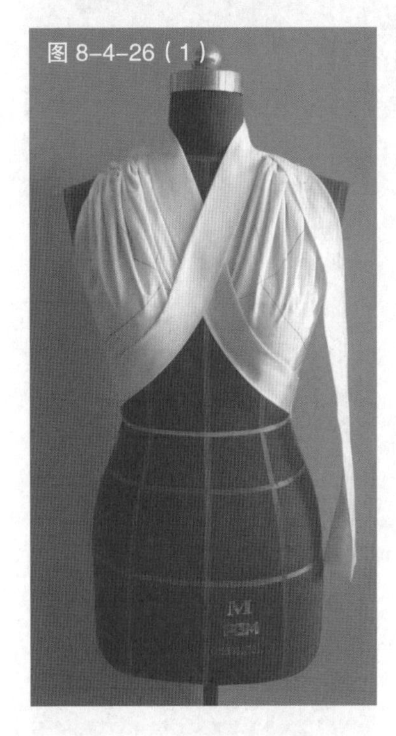
图 8-4-26（1）

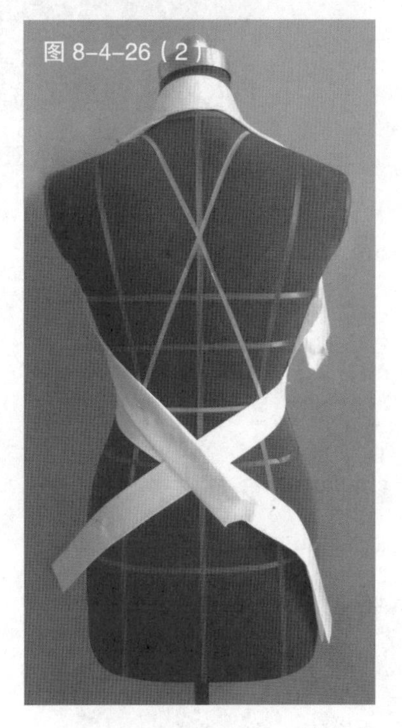
图 8-4-26（2）

图 8-4-23 整理褶裥造型，完成胸部造型的裁剪

图 8-4-24 用相同的方法，完成另一侧胸部的裁剪

图 8-4-25 将布料扣烫成宽 4 厘米、长 2 米的布条备用

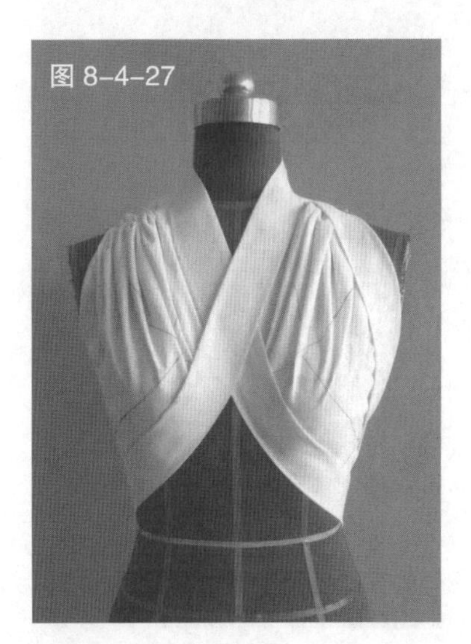
图 8-4-27

图 8-4-26 将布条从颈部后侧向前胸部进行交叉造型，再绕至腰部后侧

图 8-4-27 完成缠绕的造型

图 8-4-28 预裁裙身用布，并进行褶裥的造型处理

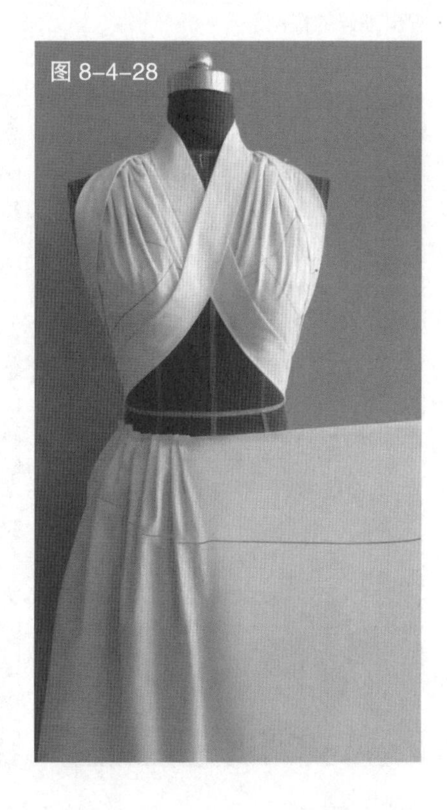
图 8-4-28

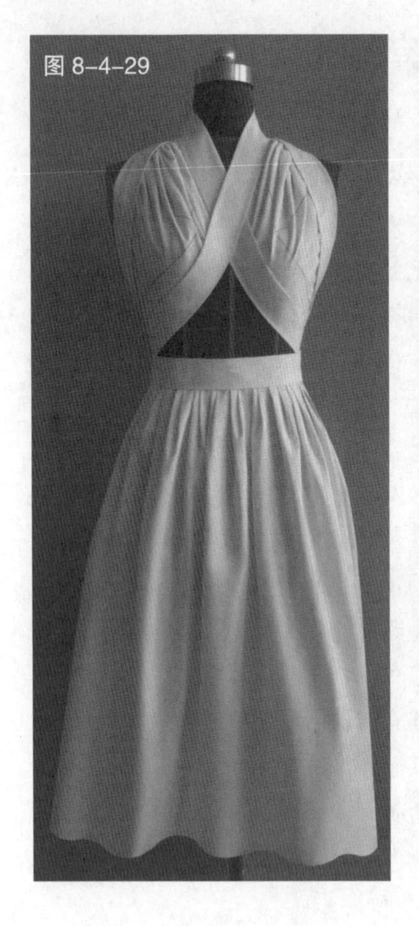

图 8-4-29

图 8-4-30

图 8-4-29 完成后的服装正面造型
图 8-4-30 完成后的服装背面造型

练习图 1

练习图 2

同步练习

1. 学习缠绕法的操作方法，谈谈其工艺特征。

2. 认真分析本节中两款实例的操作要点并实践。

3. 结合所学知识，分析练习图 1 ～图 4 中服装款式的操作要点，再进行操作练习，注意操作的规范性。

4. 自行设计两或三款以缠绕为主要技法的服装款式，并总结缠绕技法的操作方法和设计要点。

练习图 3

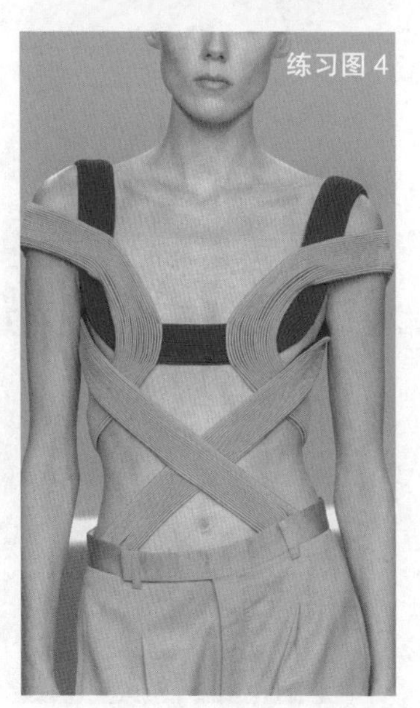

练习图 4

第五节　堆积法

一、堆积的操作方法

堆积法是将面料进行局部造型后堆积到衣身上的服装立体造型的一种方法。堆积的手法有多种。其中一种是将面料从多个不同方向进行挤压或不规则的捏褶、堆积，以形成不规则、自然的、立体感强的褶裥效果，如图 8-5-1、图 8-5-2。褶裥的高度以 2 ~ 4cm 为宜，过小显得太平坦且远视效果不好，过大则由于材料重量过重引起褶裥的间距不明朗而有臃肿之感。另一种堆积法是将若干个独立的立体造型按照一定的规律排列、堆叠在服装相应部位，堆积得越紧密越能体现出立体效果，也能产生极强的视觉美感，如图 8-5-3、图 8-5-4。由于堆积手法需要较多面料，在使用材料上宜选用剪切特性好，又富有光泽感的美丽绸、丝绒、天鹅绒等织物。

二、以堆积法为主的服装造型实例

1.胸部堆积吊带式背心

（1）款式解析

背心采用缠绕式吊带，胸部以面料挤压进行堆褶，面料的堆积更加凸显胸部高耸的曲线；腰部做简约的收省处理，强化了胸腰间的落差，更加凸显女性的曲线（见图 8-5-5）。

（2）操作步骤

见图 8-5-6 ~ 图 8-5-19。

图 8-5-5　款式图

图 8-5-1　面料的不规则捏褶
图 8-5-2　面料的挤压
图 8-5-3　花造型的堆积
图 8-5-4　方形折纸造型的堆积

图 8-5-6(1)

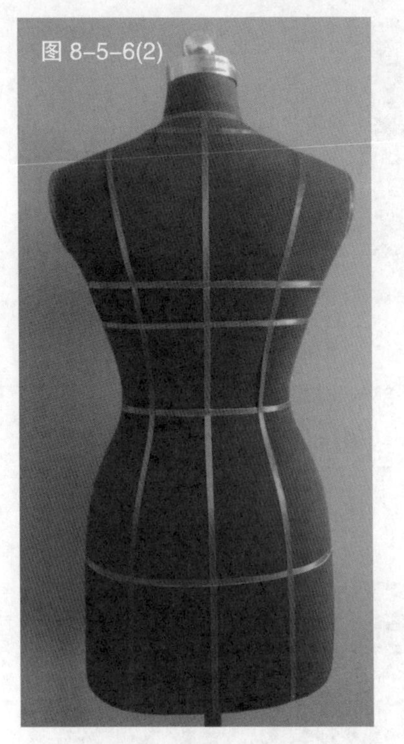
图 8-5-6(2)

图 8-5-7

图 8-5-6　根据服装款式在人台上粘贴款式造型线，并添加胸垫

图 8-5-7　预裁胸部折叠部位的布料，可多预留一些放松量

图 8-5-8　从衣片一边开始堆积布料：先用手挤压面料，使其耸起，一般高度控制在 2 ~ 4cm，再用大头针固定

图 8-5-9　堆积布料时注意褶的造型要自然、均匀

图 8-5-10　完成后的胸部堆积的造型

图 8-5-11　将预先裁剪好的长约 70cm、宽约 3cm 的布条，从颈后部围绕至前胸两侧，堆积的侧边缘毛边对齐

图 8-5-12　再裁剪相同的布条，从胸部下围包裹

图 8-5-8

图 8-5-9

图 8-5-10

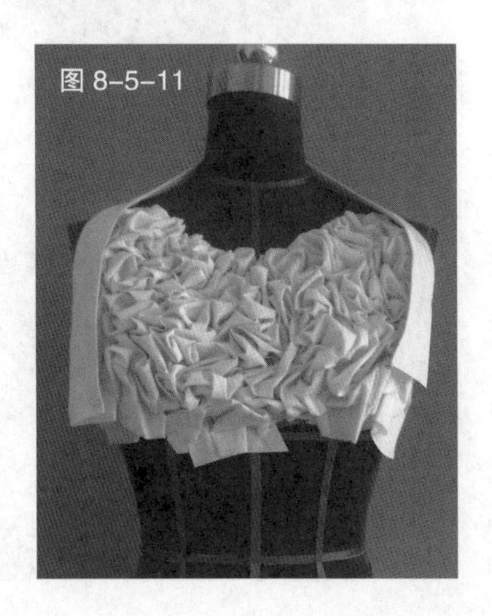
图 8-5-11

图 8-5-12

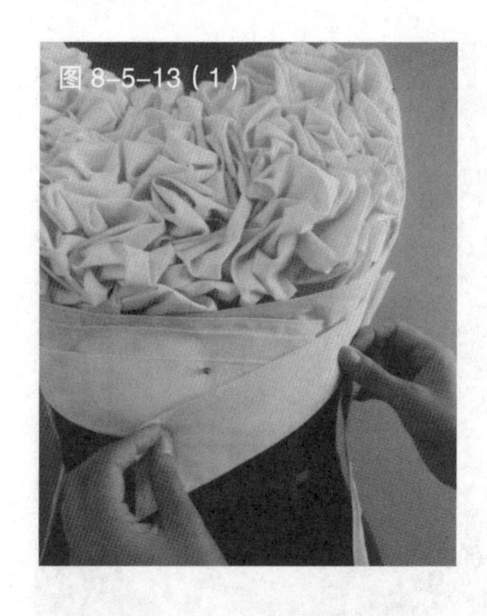
图 8-5-13（1）

图 8-5-13（2）

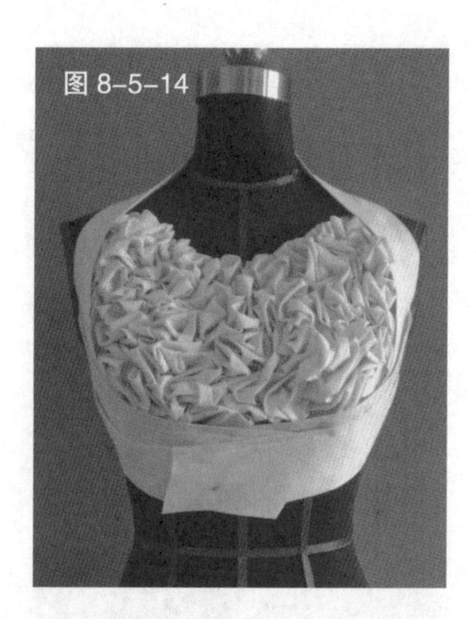
图 8-5-14

图 8-5-13　用同样的方法做其他部分的折边，完成层叠造型

图 8-5-14　完成的布边围裹的造型

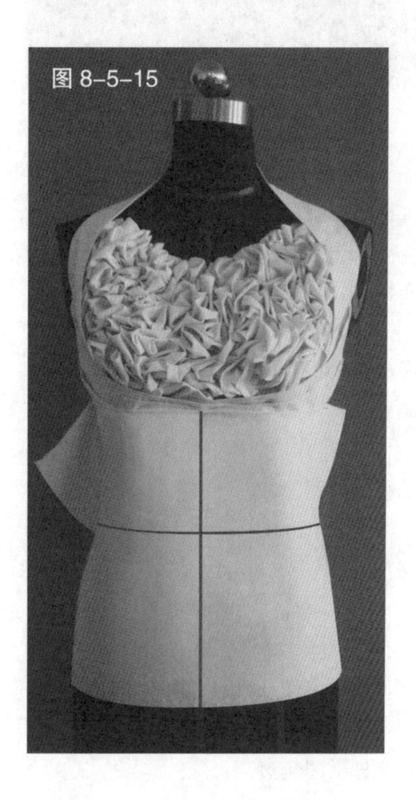
图 8-5-15

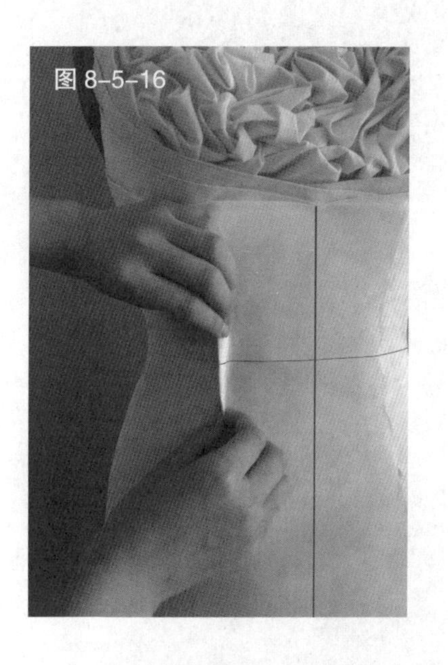
图 8-5-16

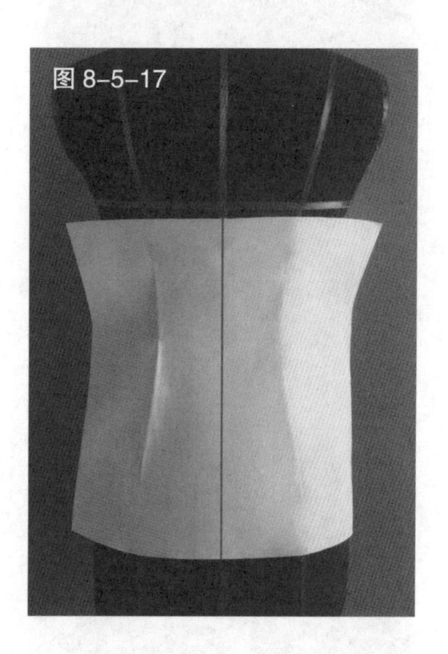
图 8-5-17

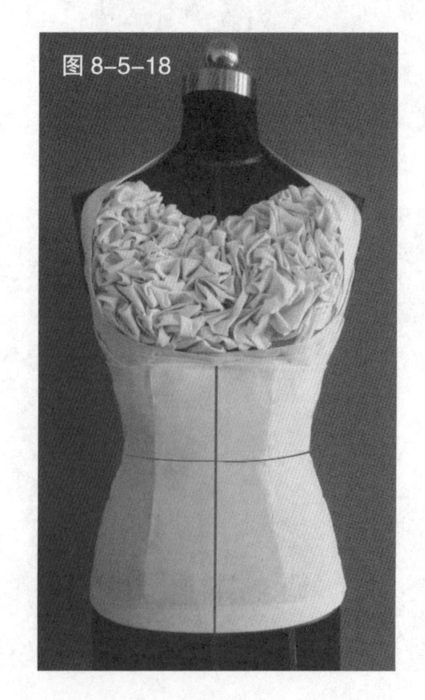
图 8-5-18

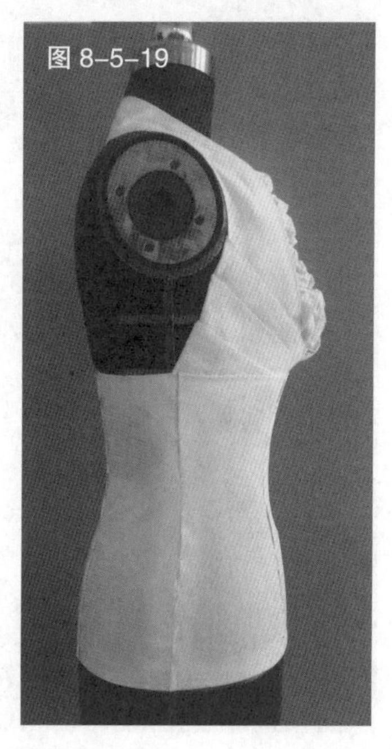
图 8-5-19

图 8-5-15　预裁前片腰部的面料
图 8-5-16　完成腰省的制作
图 8-5-17　预裁后片腰部的面料
图 8-5-18　完成的服装正面造型
图 8-5-19　完成服装的侧面造型

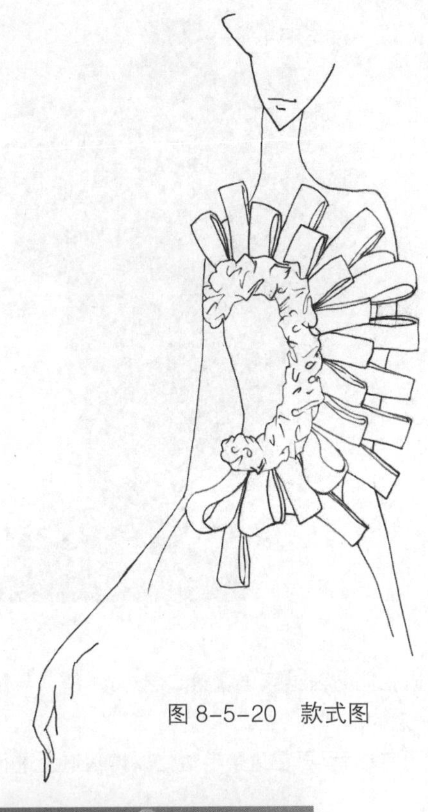

图 8-5-20　款式图

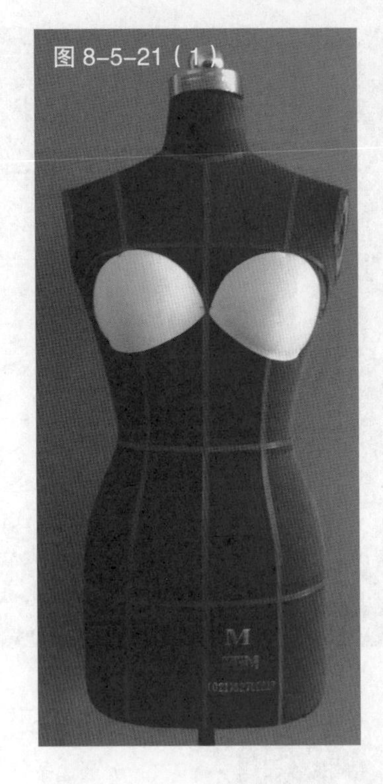

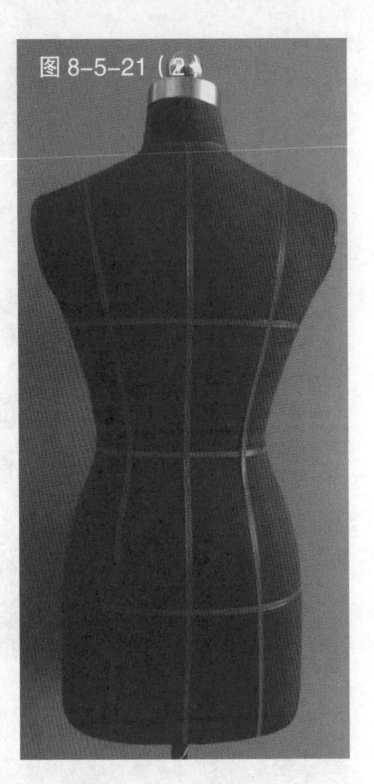

图 8-5-21　依据服装款式在人台上粘贴款式造型线，并添加胸垫

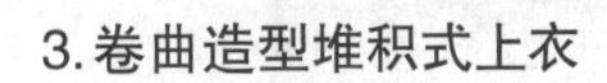

3.卷曲造型堆积式上衣

（1）款式解析

此款服装正面以若干个卷曲的边条作为堆积元素，通过曲线的排列方式进行个体的堆积，凸显服装造型的个性魅力和强烈的立体造型（见图 8-5-20）。

（2）操作步骤

见图 8-5-21 ～图 8-5-27。

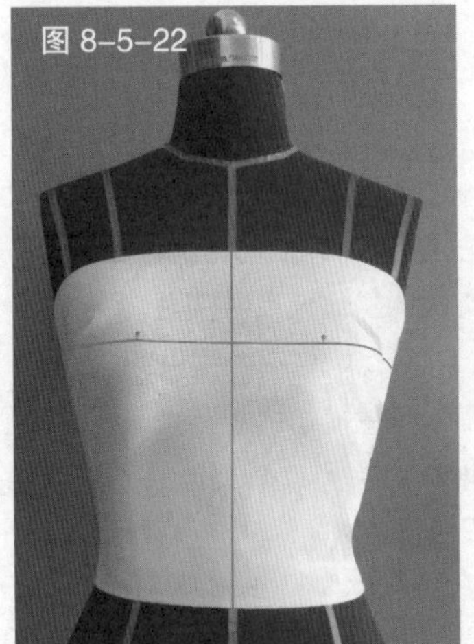

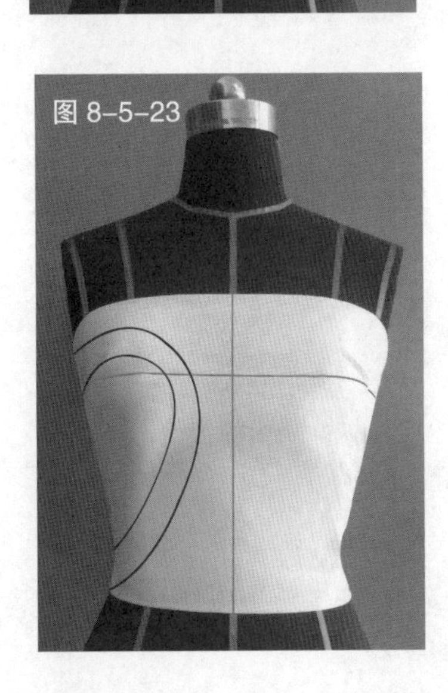

图 8-5-22　裁剪抹胸式胸衣，在侧缝处收两个胸省

图 8-5-23　在胸衣上用色带标记出卷曲造型的位置

图 8-5-24　裁剪若干条宽度约 3cm、长度不等的布条，备用

图 8-5-25　将布条卷成需要的造型，依据一定顺序进行排列、固定

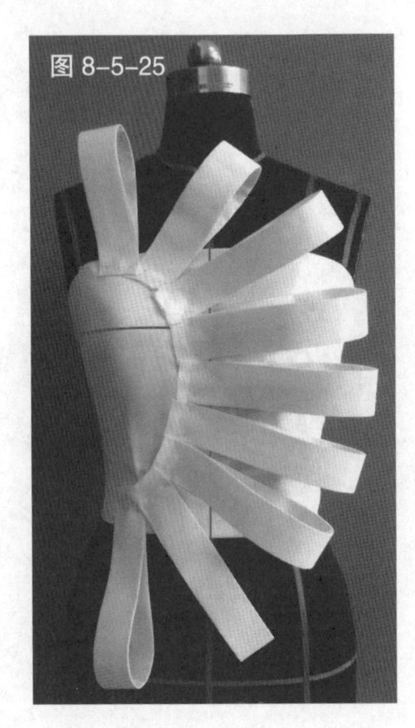

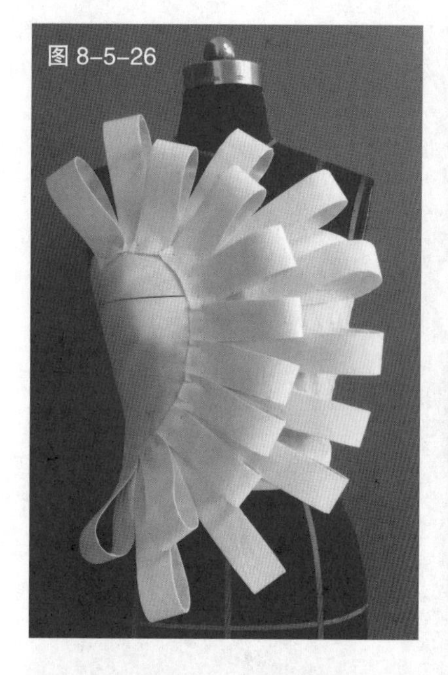
图 8-5-26

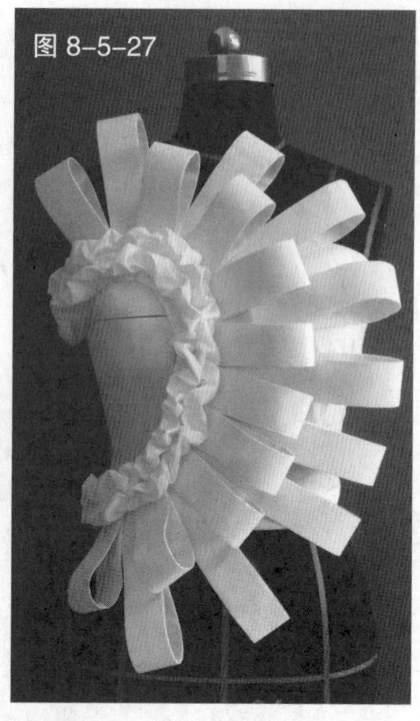
图 8-5-27

练习图 1

练习图 2

图 8-5-26　再以相同方法继续堆叠第二层边条，使其与第一层边条错位，产生一定的序列性

图 8-5-27　堆积完成后，再在边条毛边处以堆褶造型进行点缀，完成最后的裁剪

同步练习

1. 学习堆积技法的操作方法，谈谈其工艺特征。

2. 认真分析本节中三款实例的操作要点并实践。

3. 结合所学知识，分析练习图 1 ~ 图 4 中提供的服装款式的操作要点，再进行操作练习，注意操作的规范性。

4. 自行设计两或三款以堆积为主要技法的服装款式，并总结堆积技法的操作方法和设计要点。

练习图 3

练习图 4

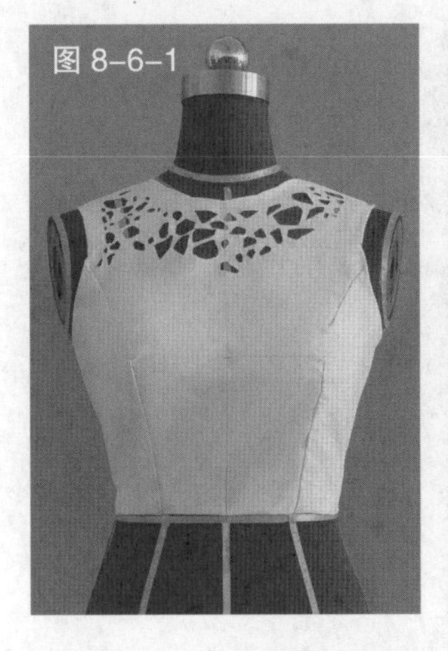

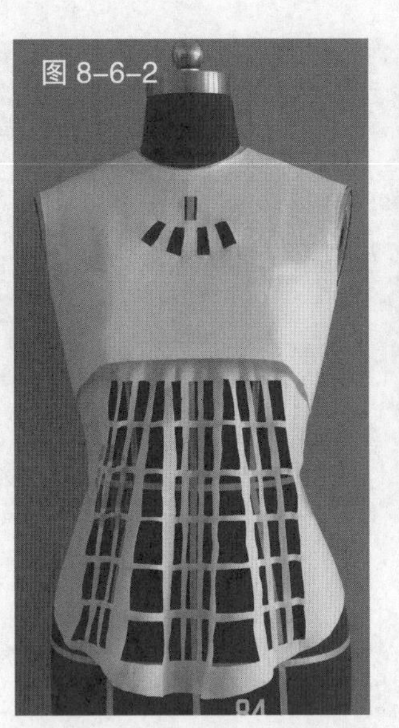

图 8-6-1 胸部镂空的造型
图 8-6-2 下摆镂空的造型

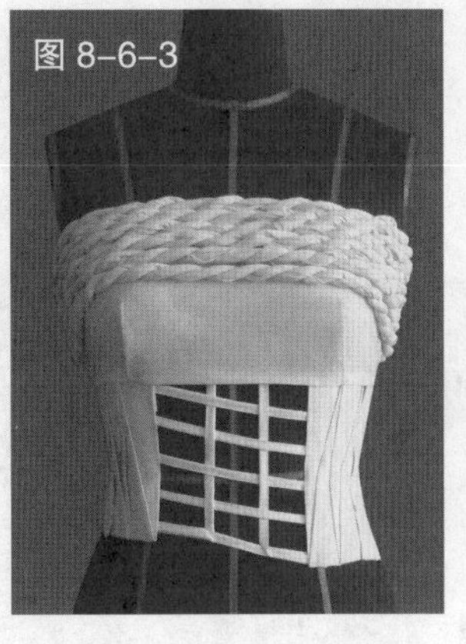

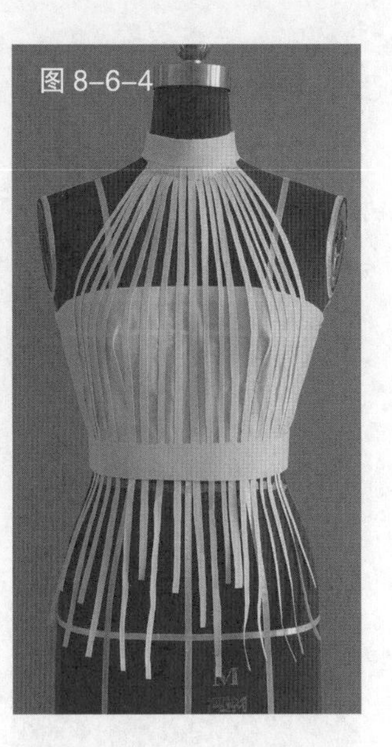

图 8-6-3 编织、排列的镂空造型
图 8-6-4 切割式镂空

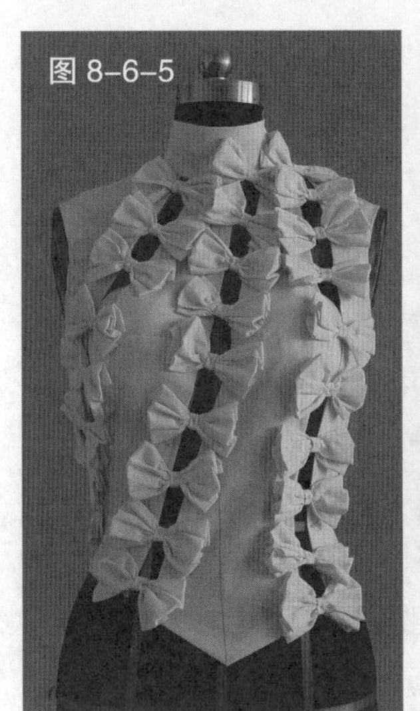

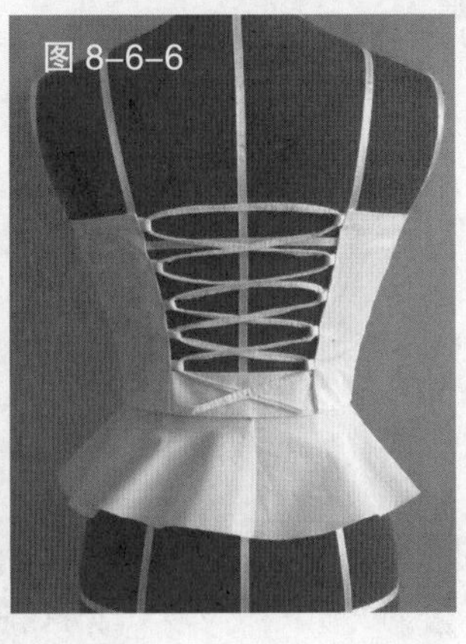

图 8-6-5 分割线处的镂空
图 8-6-6 穿绳式镂空

第六节 镂空法

一、镂空的操作方法

镂空是面料二次造型的一种特殊方法。镂空的方法有很多种。其中,一种是做减量设计,即在面料上画好图案,用刀将需要镂空的面料割掉,犹如剪纸一样透出底层服装或皮肤(如图 8-6-1、8-6-2)。还有一种是在进行其他造型时,有意或无意地留出间隙,从而露出底层面料或皮肤,产生服装透叠、多层的装饰效果,如编织造型、切割造型、穿插造型等(如图 8-6-3 ~ 图 8-6-6)。因镂空时会把布料的经纬纱割断而影响服装牢度,因此在选择布料时一般选用皮革和其他不会脱散的面料。

图 8-6-7 款式图

二、以镂空法为主的服装造型实例

1.胸部镂空式裙装

(1)款式解析

将剪纸的镂空技法运用于服装造型设计中,通过面料的剪切产生美轮美奂的图案造型,蕴含着浓厚的艺术底蕴。裙身设计简约、时尚,与传统的剪纸技术完美结合,更突显服装的独特的内涵和文化气息(见图 8-6-7)。

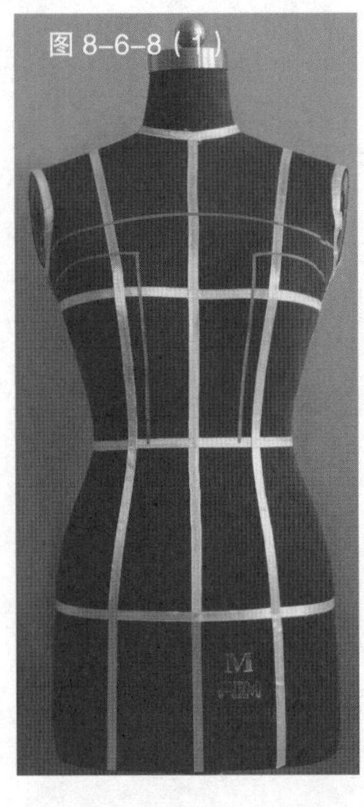

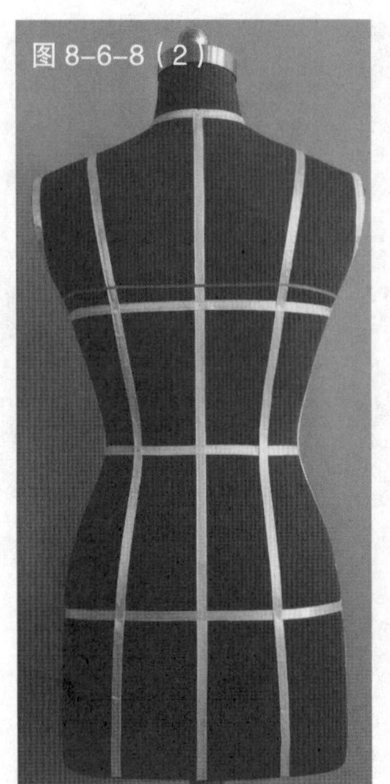

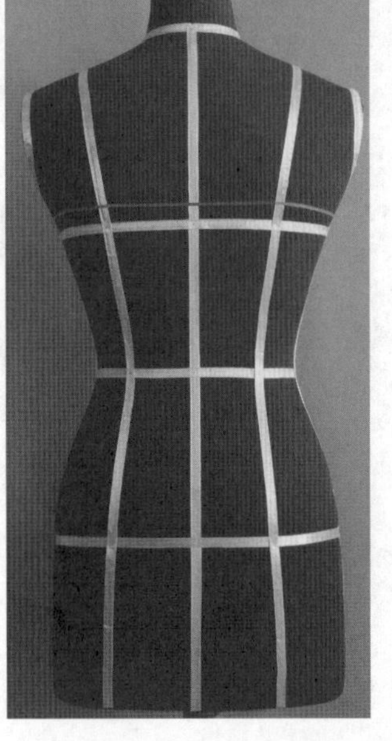

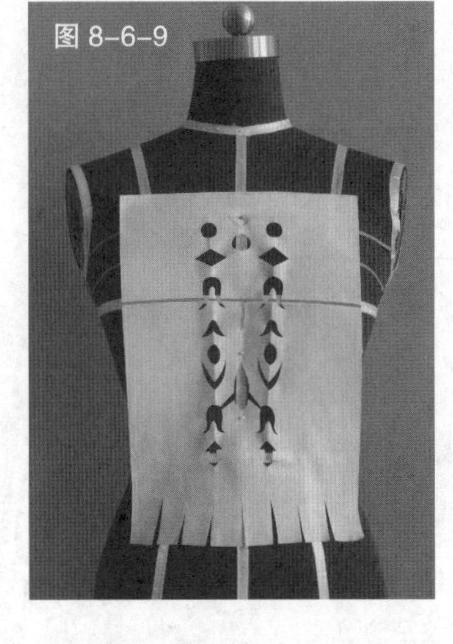

图 8-6-8　依据服装款式在人台上粘贴造型线

图 8-6-9　预裁前胸片用布，并在布料上用铅笔画出需要的图案，然后剪切，注意剪切边缘要光滑

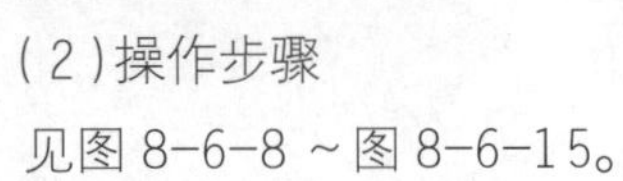

（2）操作步骤

见图 8-6-8 ~ 图 8-6-15。

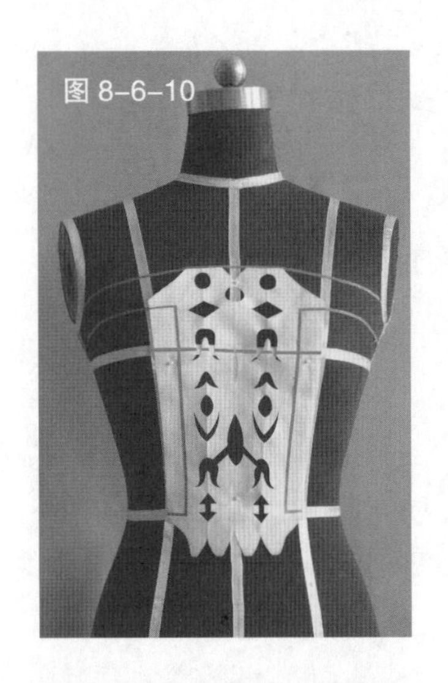

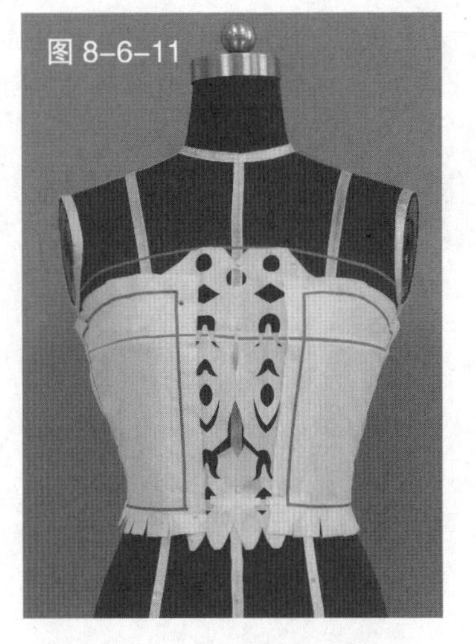

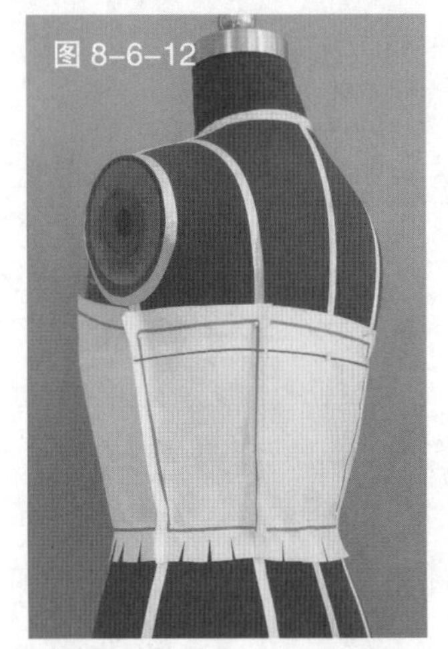

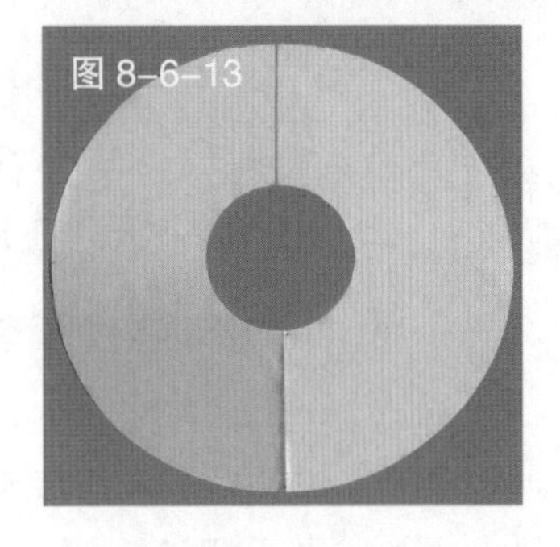

图 8-6-10　完成的镂空造型

图 8-6-11　根据款式预裁两侧布料，在胸围线处做胸省

图 8-6-12　用相同的方法完成后片的裁剪

图 8-6-13　根据裙身款式预裁裙片

图 8-6-14　安装裙片，即完成服装的制作

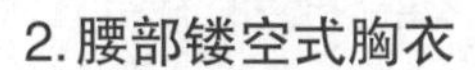

图 8-6-15　完成的服装背面的造型

2.腰部镂空式胸衣

（1）款式解析

抹胸式胸衣，腰部采用布条排列产生镂空的效果，既性感又增添了些许活跃的元素，使服装更具个性（见图 8-6-16）。

（2）操作步骤

见图 8-6-17 ~ 图 8-6-26。

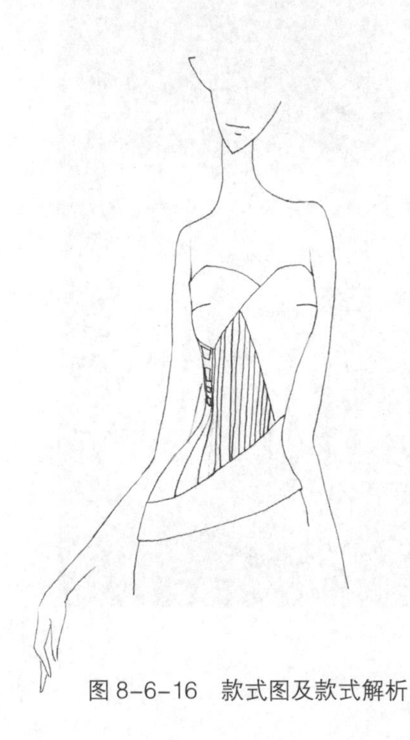

图 8-6-16　款式图及款式解析

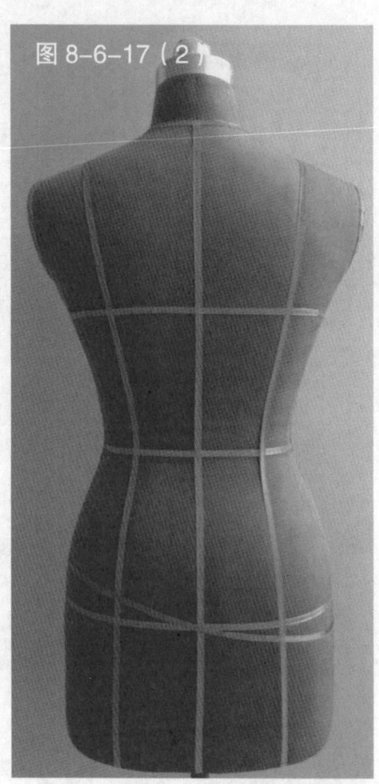

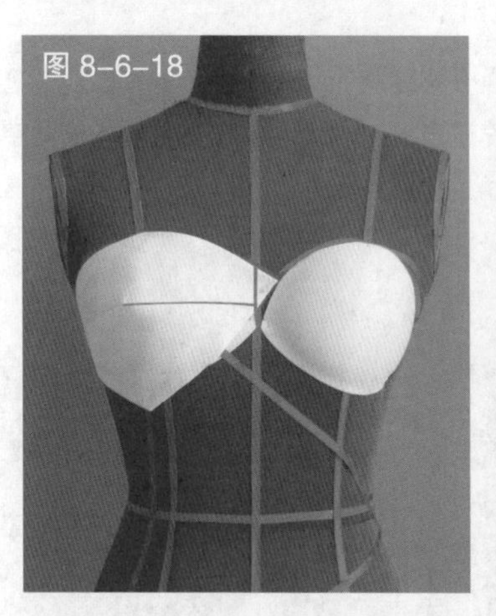

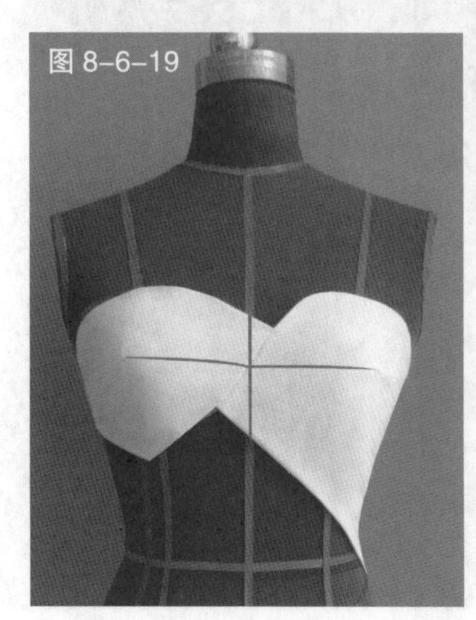

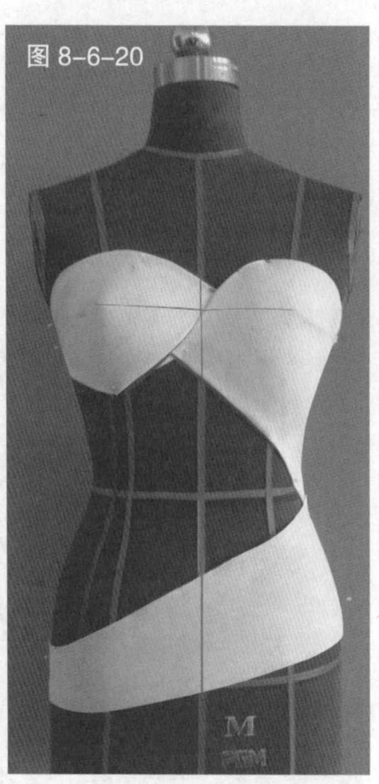

图 8-6-17　根据服装款式在人台上粘贴款式造型线

图 8-6-18　预裁胸衣部分，在胸围线处收一个胸省

图 8-6-19　完成的胸部造型

图 8-6-20　根据款式要求完成下摆造型

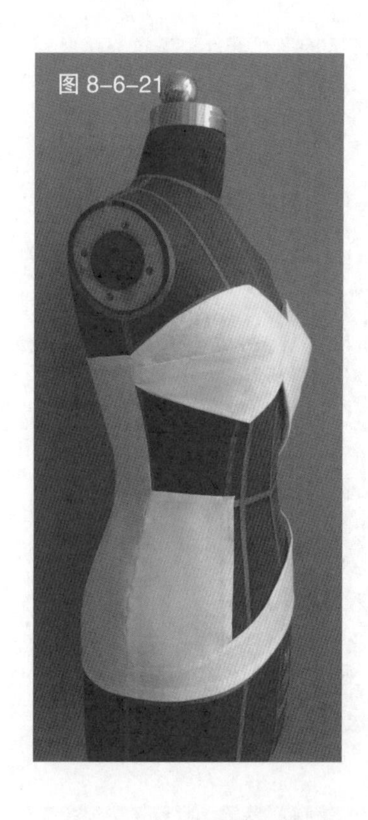

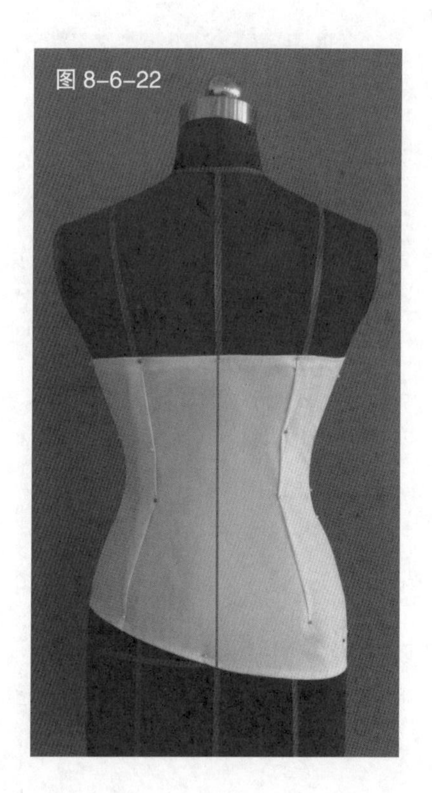

图 8-6-21　完成服装其他部分的裁剪

图 8-6-22　完成服装的后片造型

图 8-6-23　准备宽约 1.5cm 的布条，备用

图 8-6-24　根据造型完成腰部布条的安装，注意布条间空隙的大小

图 8-6-25　依次完成其他布条的安装

图 8-6-26　完成后的服装造型

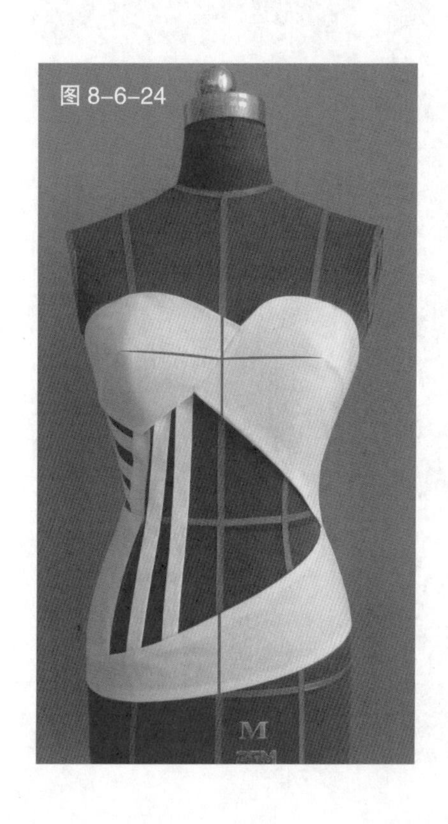

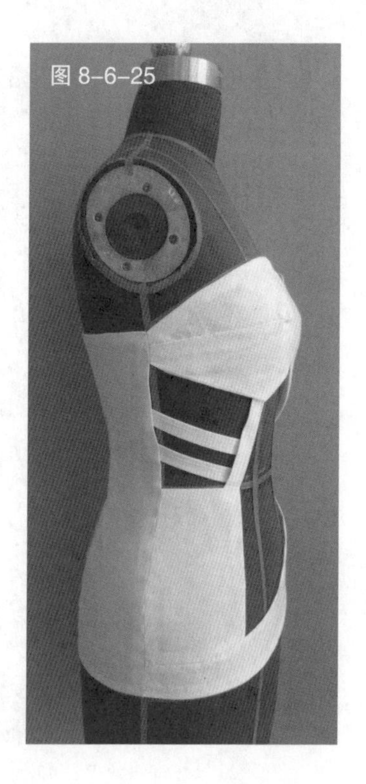

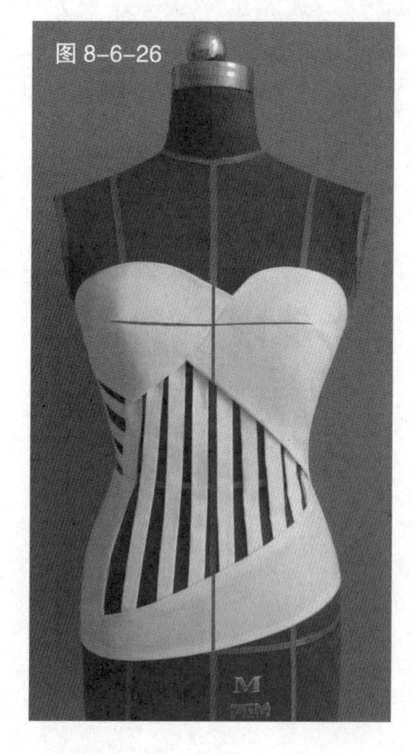

图 8-6-27 款式图

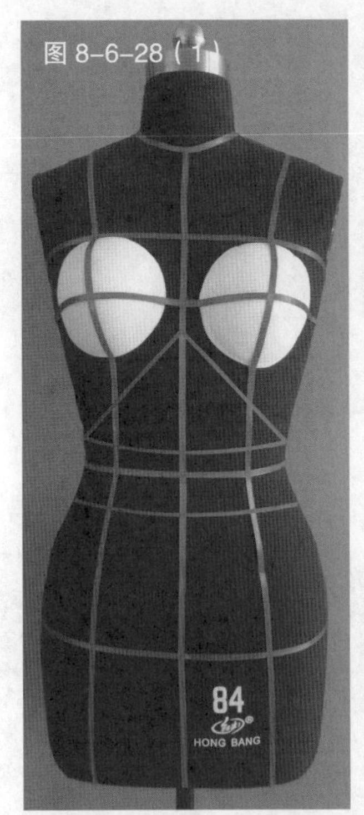

图 8-6-28（1）

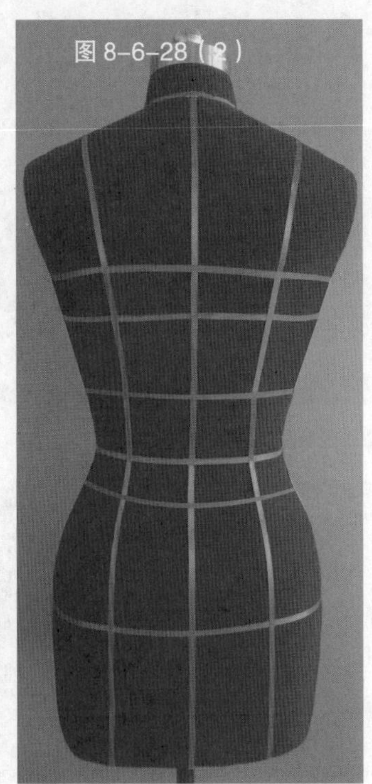

图 8-6-28（2）

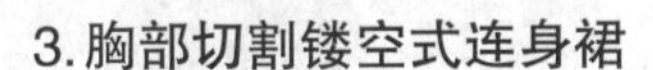

3.胸部切割镂空式连身裙

（1）款式解析

服装胸部采用面料的切割、拉伸以达到需要的镂空造型，具有极强的肌理感。背部的系带既有穿衣功能，又与前胸造型相呼应。宽大的裙摆衬托出衣身设计的精致，具有很强的艺术美感（见图 8-6-27）。

（2）操作步骤

见图 8-6-28 ~ 图 8-6-42。

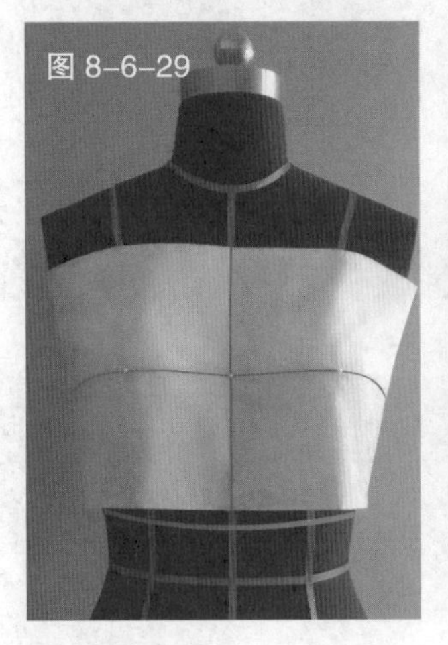

图 8-6-29

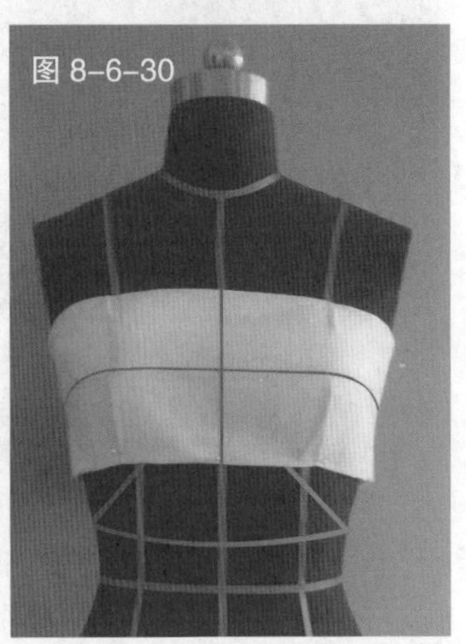

图 8-6-30

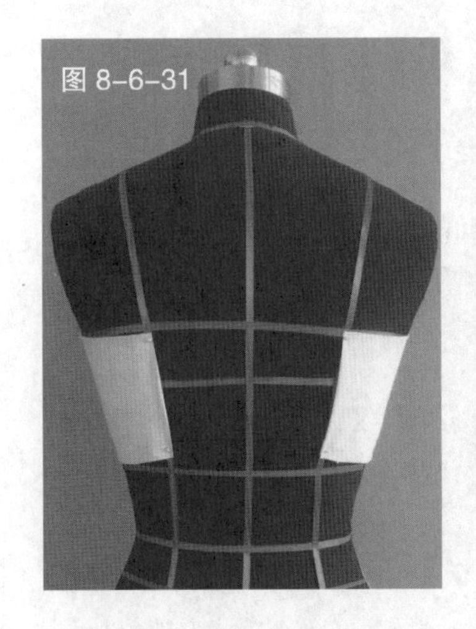

图 8-6-31

图 8-6-32

图 8-6-28 根据服装款式在人台上粘贴款式造型线

图 8-6-29 预裁胸衣，在公主线处做省

图 8-6-30 完成的胸衣正面造型

图 8-6-31 用相同的方法完成的胸衣背面造型

图 8-6-32 预裁切割造型所需要的布料，并根据设计在布料上画出切割的图案造型

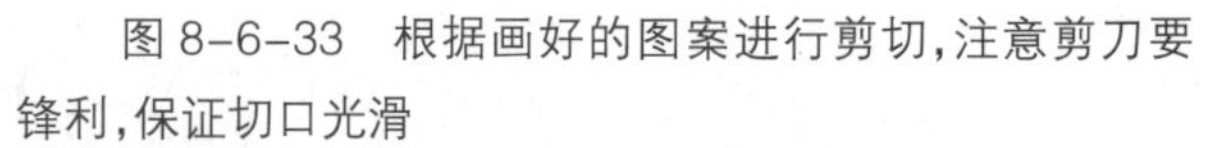

图 8-6-33　根据画好的图案进行剪切，注意剪刀要锋利，保证切口光滑

图 8-6-34　完成剪切工作后，将布料安装于恰当的位置，并保证一定力度的拉升，确保镂空的效果

图 8-6-35　使布片贴合人台并做造型整理

图 8-6-36　按照需要修剪毛边，完成镂空的造型

图 8-6-37　预裁裙片，腰部运用抽缩法完成

图 8-6-38　完成的裙片造型

图 8-6-39　裁剪腹部片用布

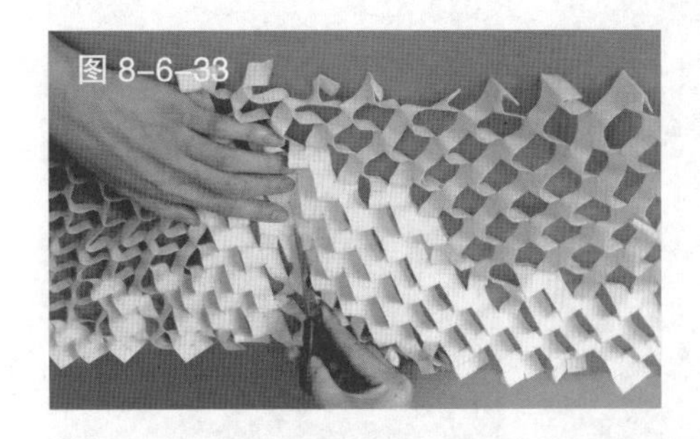

图 8-6-33

图 8-6-34

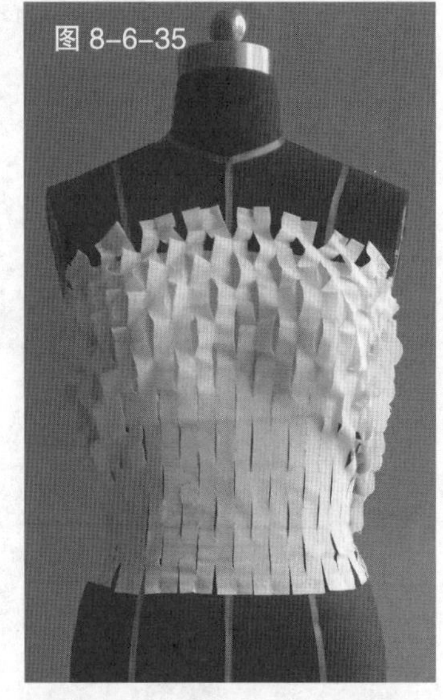

图 8-6-35

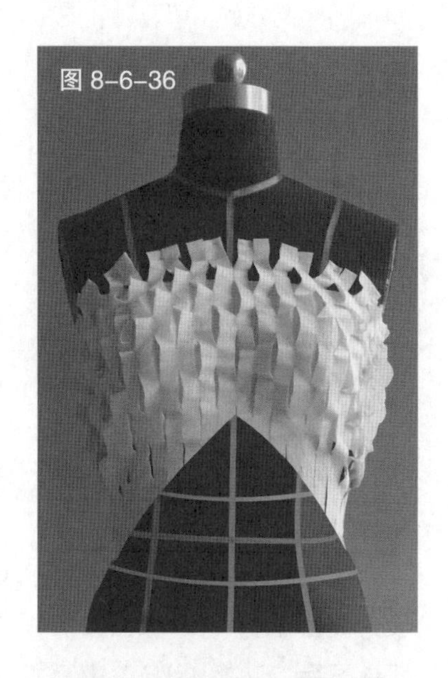

图 8-6-36

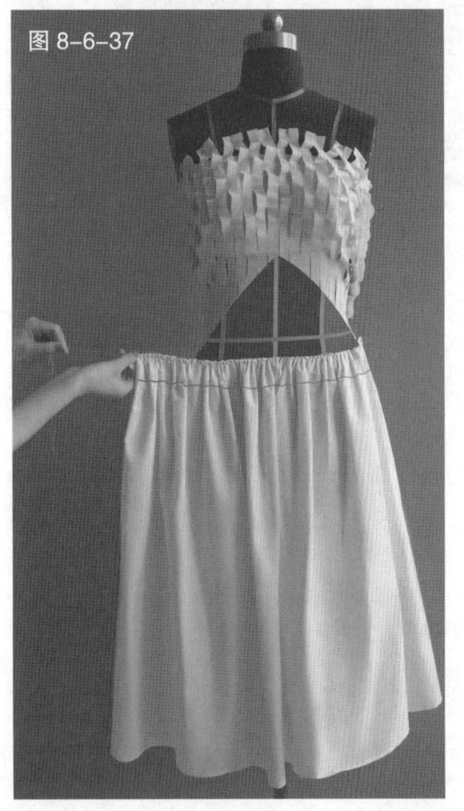

图 8-6-37

图 8-6-38

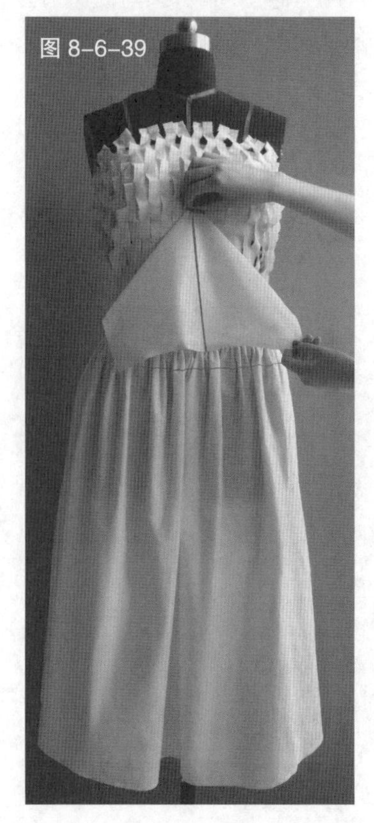

图 8-6-39

图 8-6-40

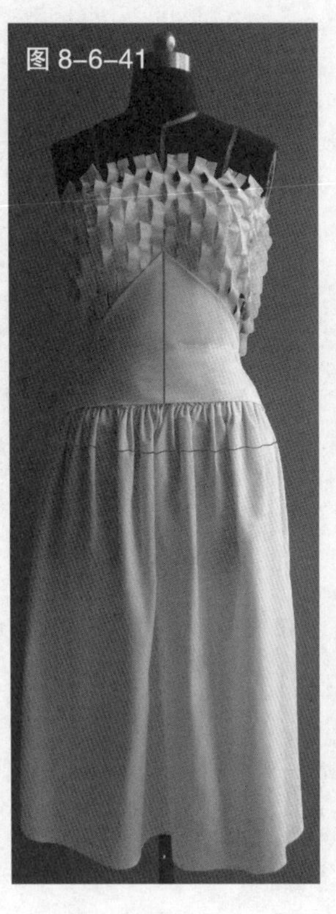
图 8-6-41

图 8-6-42

图 8-6-40　完成腹部布片的裁剪

图 8-6-41　裁剪腰头并安装于腰臀处，完成服装的整体造型

图 8-6-42　完成后的服装背面造型

同步练习

1. 学习镂空技法的操作方法，谈谈其工艺特征。

2. 认真分析本节中三款实例的操作要点并实践。

3. 结合所学知识，分析练习图 1 ～图 4 中服装款式的操作要点，再进行操作练习，注意操作的规范性。

4. 自行设计两或三款以镂空为主要技法的服装款式，并总结镂空技法的操作方法和设计要点。

练习图 1

练习图 2

练习图 3

练习图 4

第七节 填充法

一、填充的操作方法

填充法是在服装内部添加辅助材料而形成立体造型的一种技法。填充的方法和材料有很多。一种是借助粘合衬、铁丝、塑料片等具有一定硬度、可塑性强的辅助材料与面料材质粘合，支撑面料使之硬挺，从而进行随心所欲的立体造型，如图 8-7-1。还有一种是在服装需要塑形的部位加入胸垫、肩垫、臀垫、裙撑等现成的服装辅料，从而达到强化服装造型曲线的目的。甚至可以在面料里层加入棉花、腈纶棉等轻软、蓬松的填充物，塑造成各种不同的“体块”，形成夸张的立体造型，其填充物的大小直接决定服装造型的立体程度，如图 8-7-2、图 8-7-3。

图 8-7-1（2）

图 8-7-1（1）

图 8-7-1 借助粘合衬塑造服装造型

图 8-7-2 借助裙撑、胸垫塑造的礼服造型图

图 8-7-3 借助棉花、腈纶棉等辅料强化服装立体造型

图 8-7-2（1）

图 8-7-2（2）

图 8-7-3（1）

图 8-7-3（2）

二、以填充法为主的服装造型实例

1.立体分割线的运用

（1）款式解析

简约的公主线结合立体的线条装饰，使服装显得端庄又不失趣味性（见图 8-7-4）。

（2）操作步骤

见图 8-7-5 ~图 8-7-14。

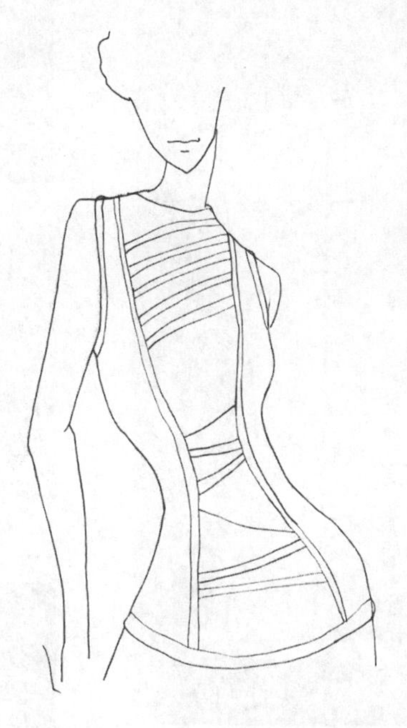
图 8-7-4　款式图及款式解析

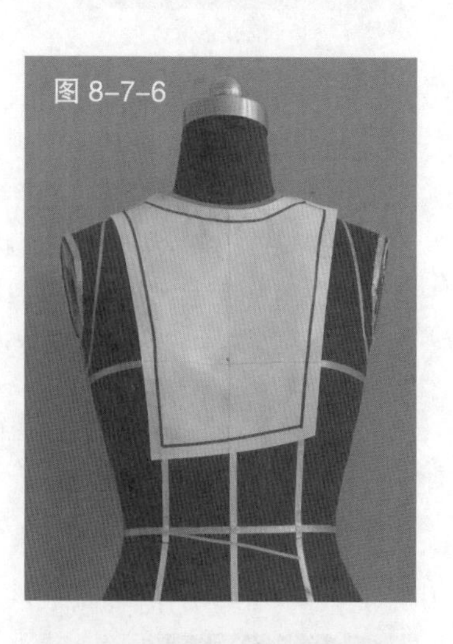
图 8-7-6

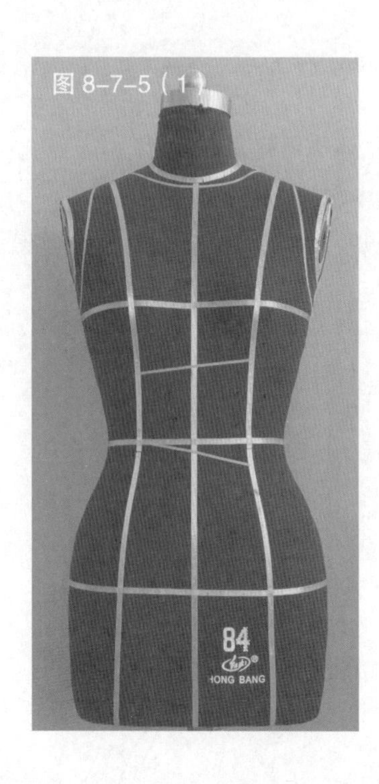
图 8-7-5（1）

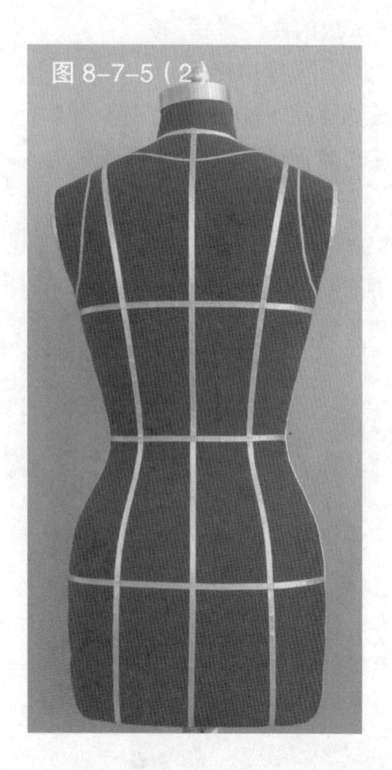
图 8-7-5（2）

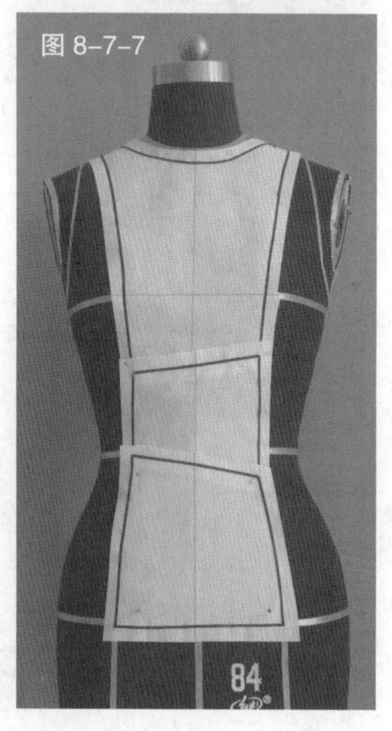
图 8-7-7

图 8-7-5　根据服装款式在人台上粘贴款式造型线

图 8-7-6　依据造型线裁剪前片各分割面的布片

图 8-7-7　完成各分割布片后修剪毛边

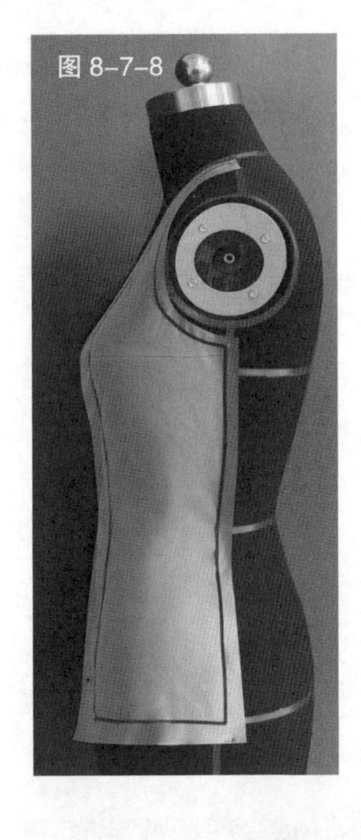

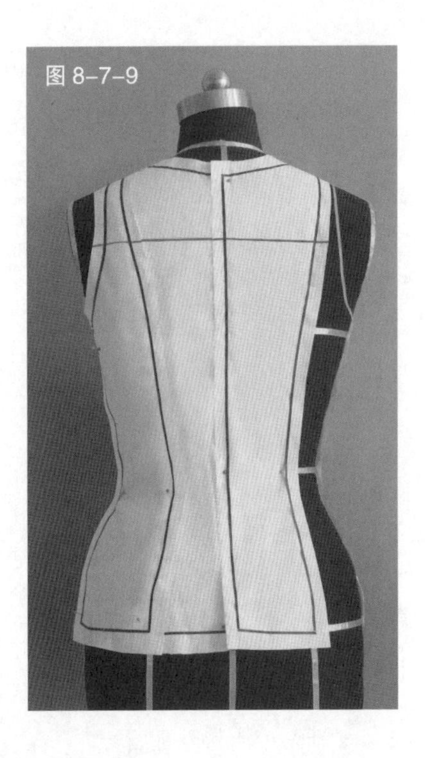

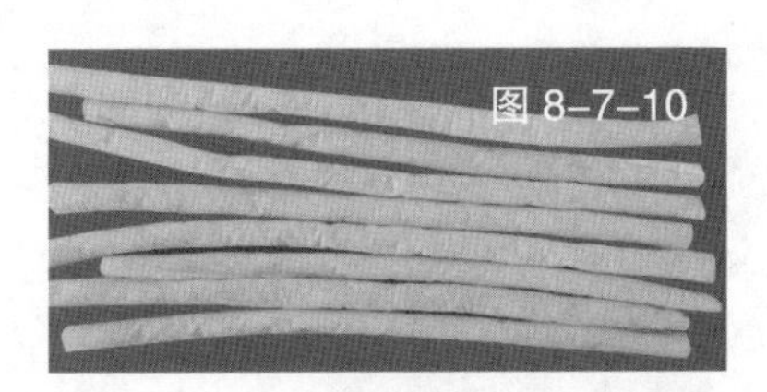

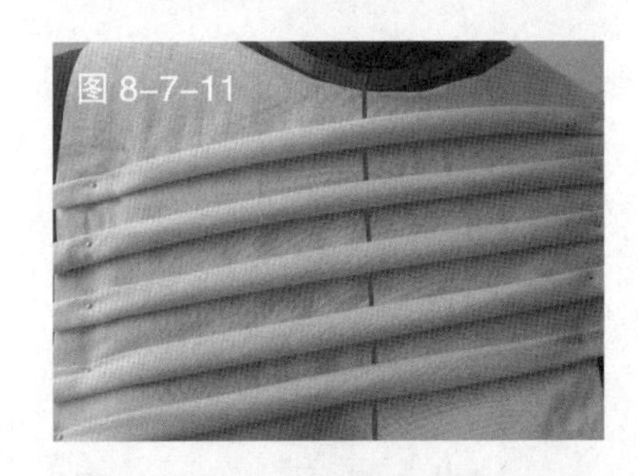

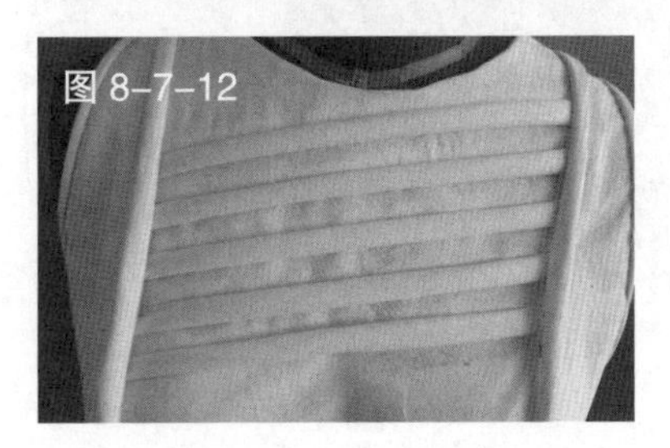

图 8-7-8　再裁剪侧面用布

图 8-7-9　裁剪背部用布

图 8-7-10　制作若干直径约 1.5cm 的立体管状：将面料裁剪成若干条状并缝合成管状，在中间填充腈纶棉，使其形成立体管状造型，填充时注意填充物不能外露

图 8-7-11　按照造型要求安装立体管状造型，用大头针固定

图 8-7-12　再安装公主线处的立体管状造型

图 8-7-13　最后安装袖窿、下摆处的立体管状造型。注意造型的固定可用缲针法，不要露出针脚

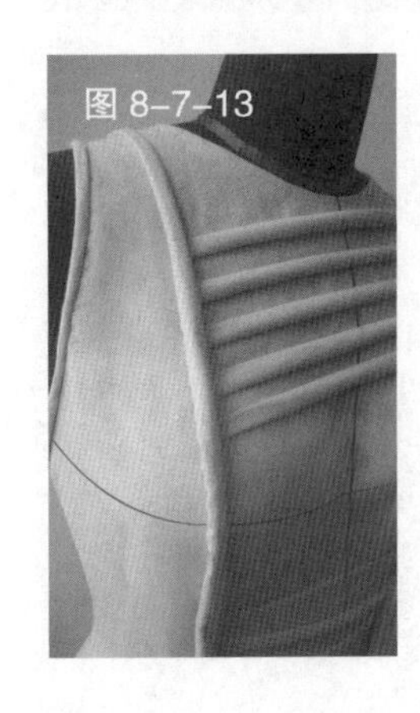

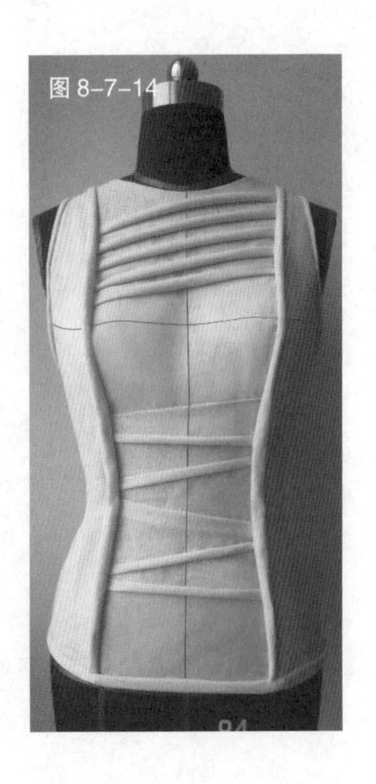

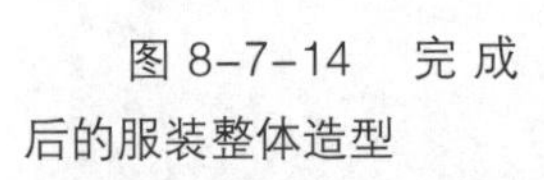

图 8-7-14　完 成后的服装整体造型

2. 立体树叶装饰的上衣

(1)款式解析

此服装运用仿生的手法，将树叶造型作为饰缀，凸显服装的个性美和童趣性(见图 8-7-15)。

图 8-7-15　款式图

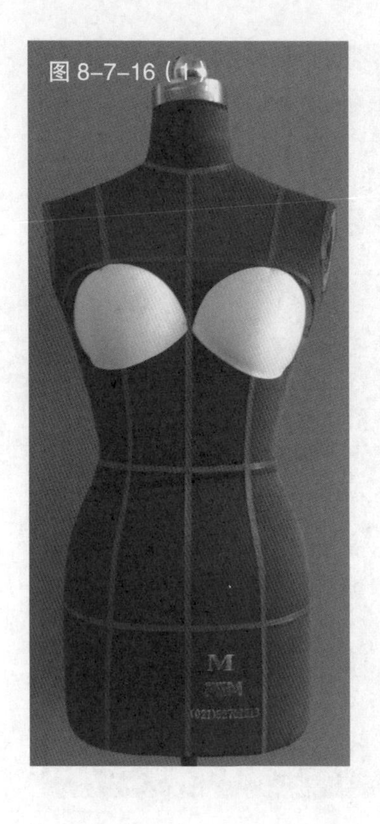
图 8-7-16（1）

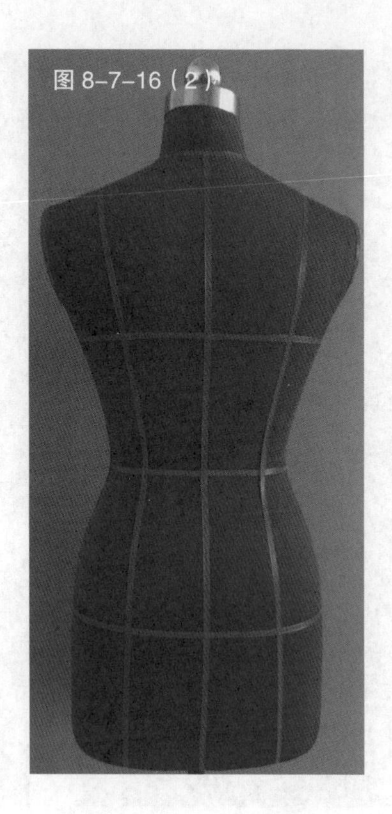
图 8-7-16（2）

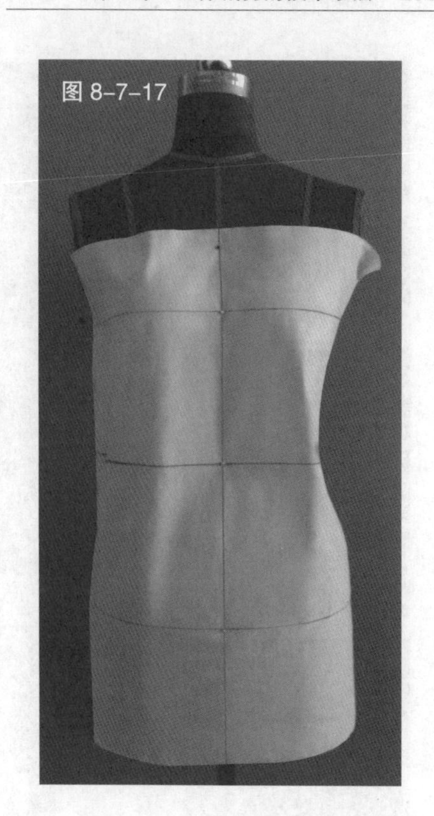
图 8-7-17

（2）操作步骤

见图 8-7-16 ~图 8-7-28。

图 8-7-16　根据服装款式在人台上粘贴款式造型线
图 8-7-17　裁剪衣身：预裁前衣身用布
图 8-7-18　按照要求完成两个腰省
图 8-7-19　完成衣身的正面造型
图 8-7-20　完成衣身的背面造型

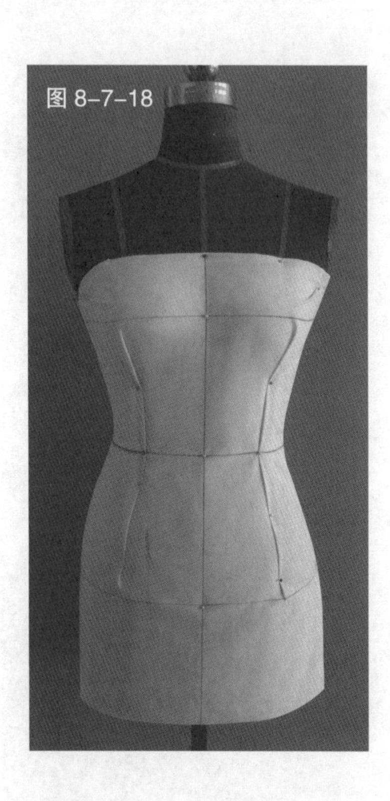
图 8-7-18

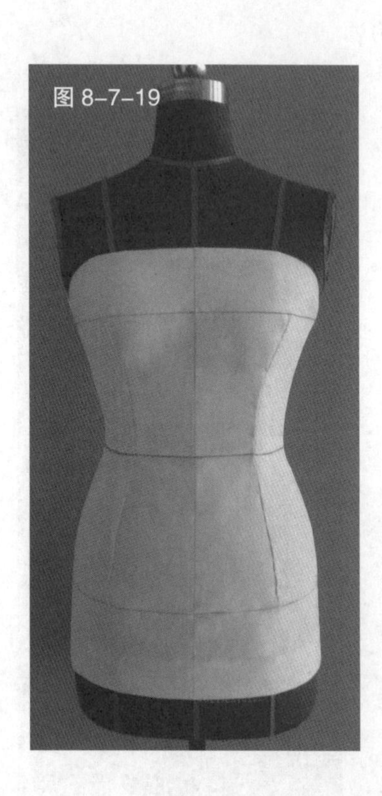
图 8-7-19

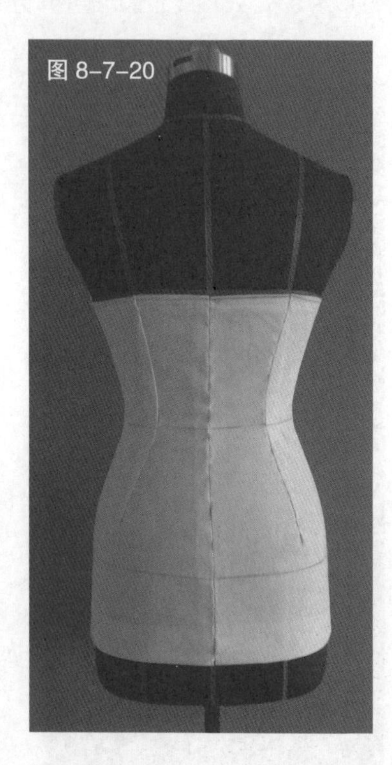
图 8-7-20

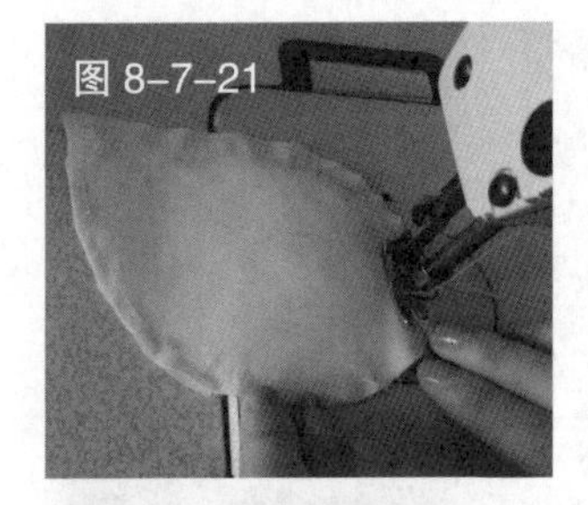

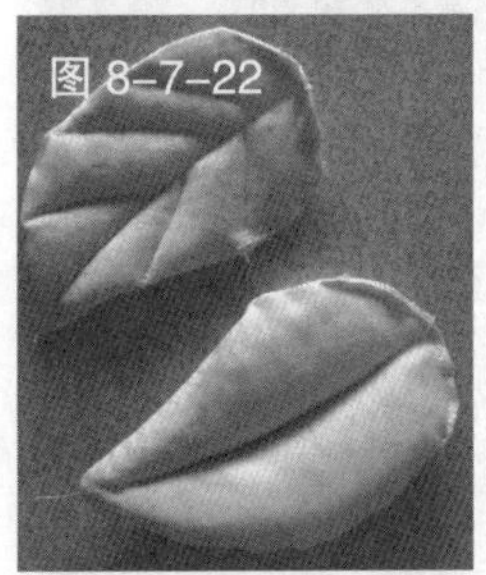

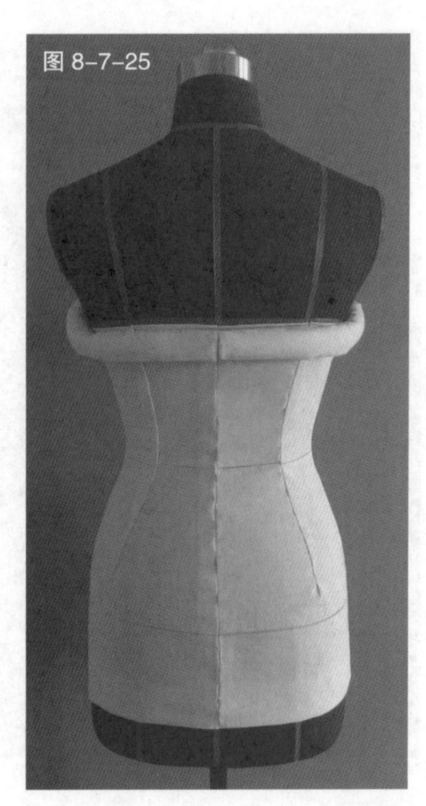

图 8-7-21　制作立体树叶：裁剪树叶状布片并缝合

图 8-7-22　填充腈纶棉，并绗缝出叶茎的造型

图 8-7-23　完成管状造型以备用，方法同上一款

图 8-7-24　安装胸口的树叶

图 8-7-25　装上管状造型作为饰边

图 8-7-26　继续安装其他部件

图 8-7-27　部件安装完毕后，再以树叶点缀装饰，完成服装的整体制作

图 8-7-28　完成的服装背面造型

练习图 1

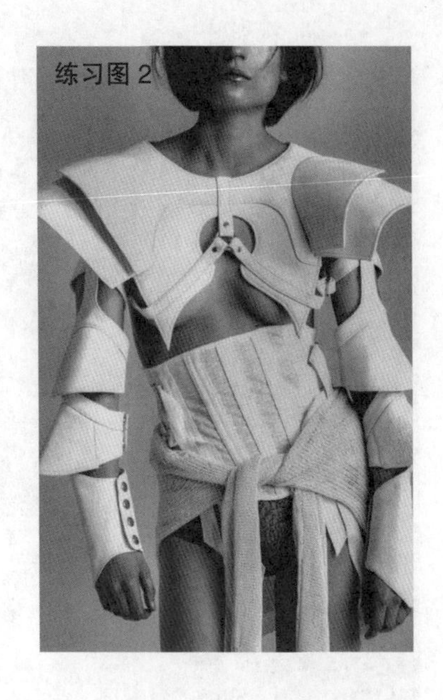
练习图 2

练习图 3

同步练习

1. 学习填充技法的操作方法，谈谈其工艺特征。

2. 认真分析本节中两款实例的操作要点并实践。

3. 结合所学知识，分析练习图 1 ～图 3 中服装款式的操作要点，再进行操作练习，注意操作的规范性。

4. 自行设计两或三款以填充为主要技法的服装款式，并总结填充技法的操作方法和设计要点。

第八节　饰缀法

一、饰缀的操作方法

饰缀就是装饰、点缀的意思。在立体裁剪中，可将面料经过折叠、缝纫、刺绣或粘接等方法形成立体的构成物而点缀在服装上；也可取现成的装饰物，如羽毛、花卉、珠、钻等，经排列重构、组合变化形成疏密、凹凸、节奏、均衡的形式美感的立体实物作为服装的视觉焦点，起到画龙点睛的作用。图 8-8-1 ～图 8-8-6 都是运用了饰缀的方法，使服装造型充满个性化和趣味性。

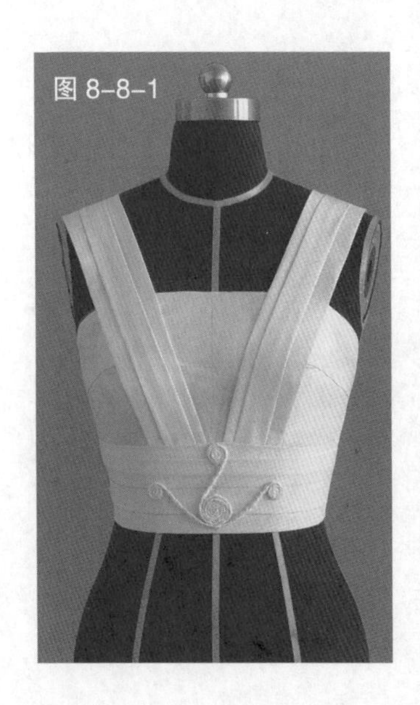
图 8-8-1

图 8-8-2

图 8-8-1　腰部的饰缀

图 8-8-2　编绳作为饰缀的装饰

图 8-8-3 花朵造型的饰缀(1)
图 8-8-4 花朵造型的饰缀(2)
图 8-8-5 花朵造型的饰缀(3)
图 8-8-6 重复造型的饰缀

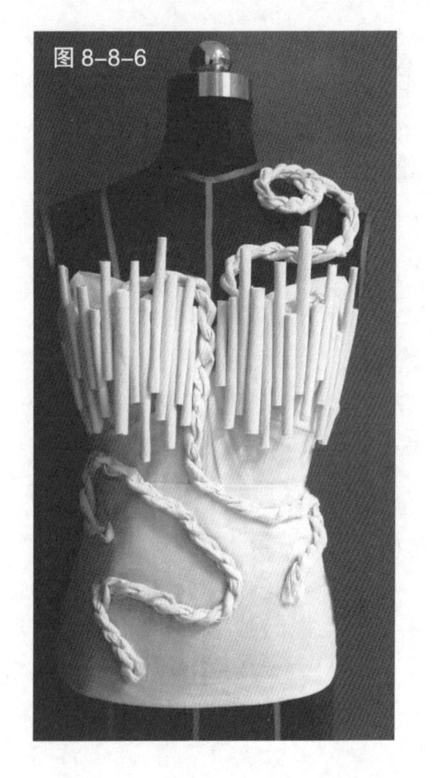

二、以饰缀法为主的服装造型实例

1. 花瓣饰缀的紧身衣

(1)款式解析

以折叠技法完成胸衣造型,并在胸口及下摆处以数个花瓣造型进行饰缀,更显得趣味、活泼(见图 8-8-7)。

图 8-8-7 款式图

图 8-8-8（1）

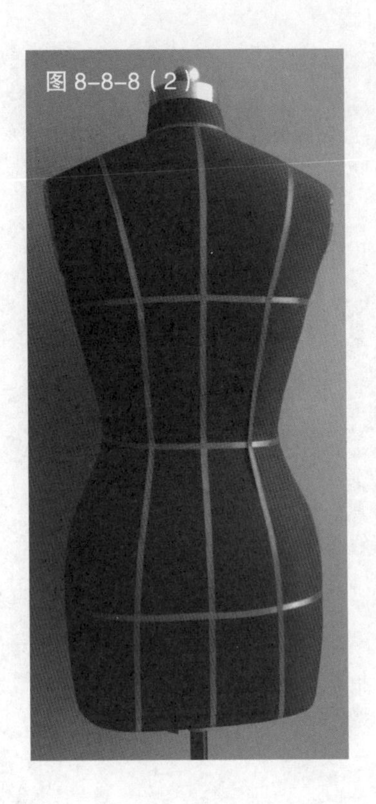
图 8-8-8（2）

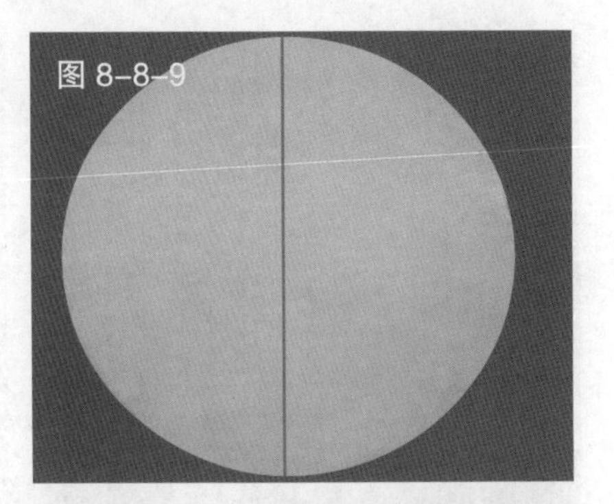
图 8-8-9

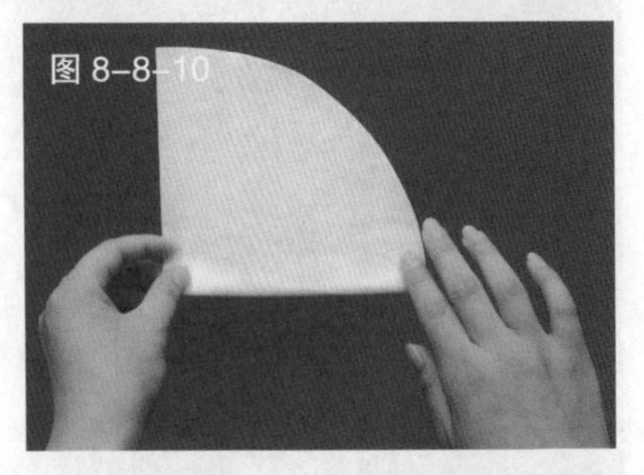
图 8-8-10

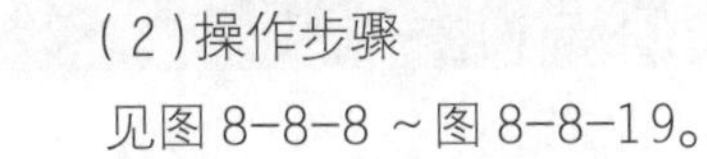

（2）操作步骤

见图 8-8-8 ~图 8-8-19。

图 8-8-8　根据服装款式在人台上粘贴款式造型线

图 8-8-9　准备好做花瓣的布料，将其剪成若干个直径约 30cm 的圆形，备用

图 8-8-10　将圆形布片连续对折两次，形成扇形

图 8-8-11　再按图示继续折叠，制作成花瓣造型

图 8-8-11（1）

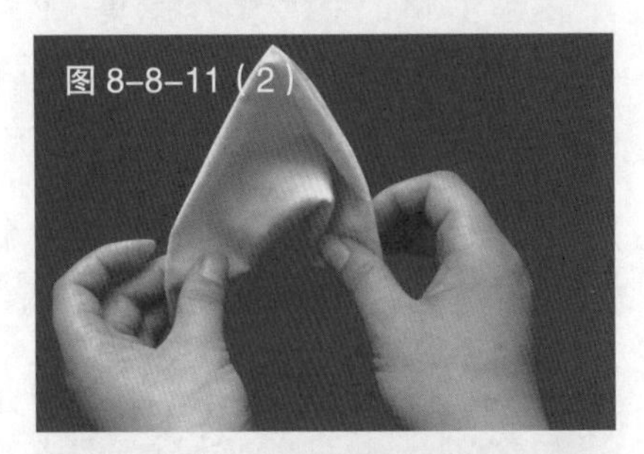
图 8-8-11（2）

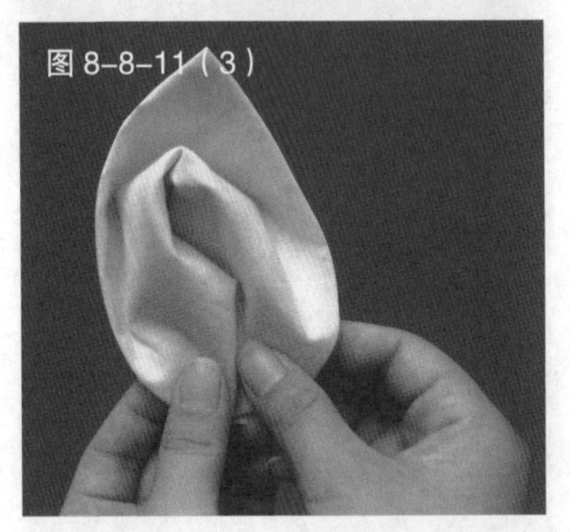
图 8-8-11（3）

图 8-8-12

图 8-8-13

图 8-8-12　将做好的花瓣造型依次安装在指定的位置

图 8-8-13　安装时注意花瓣的方向及疏密要一致

图 8-8-14

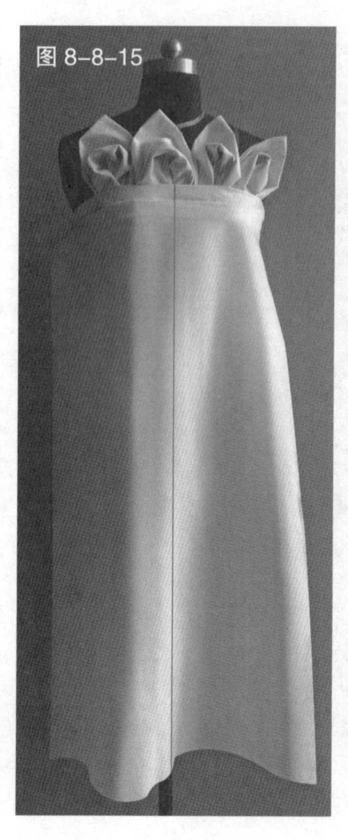

图 8-8-15

图 8-8-16

图 8-8-14 花瓣安装好的效果
图 8-8-15 预裁胸衣的布料，并完成折叠造型
图 8-8-16 折叠时注意保证布料的丝缕垂直
图 8-8-17 完成折叠的效果
图 8-8-18 预裁后片，并完成两个腰省
图 8-8-19 完成后的服装效果

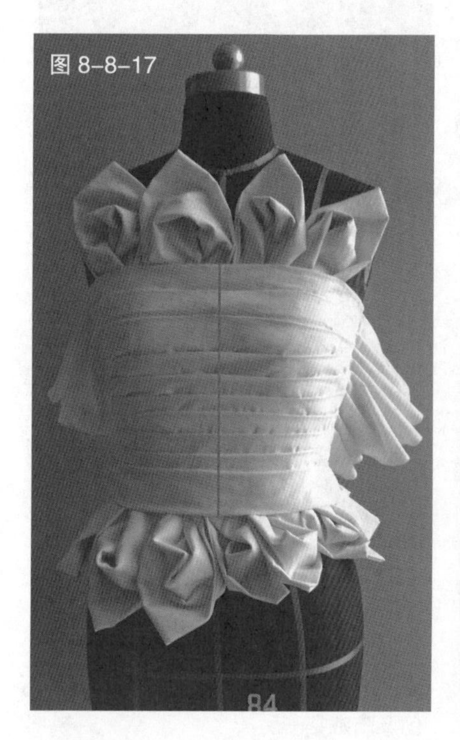

图 8-8-17

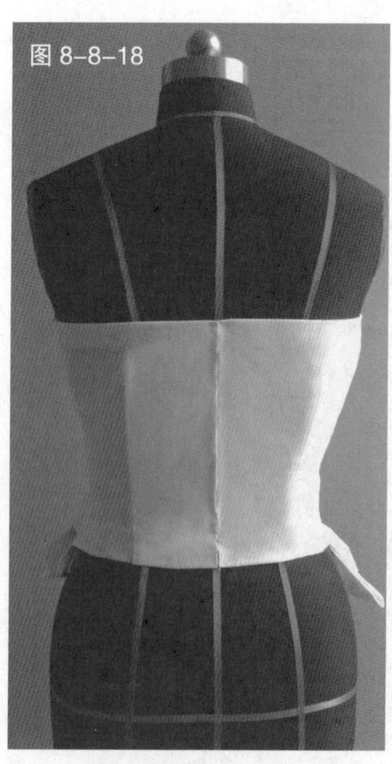

图 8-8-18

图 8-8-19

2.胸口花饰小礼服

（1）款式解析

妖娆的花朵是此款服装的视觉焦点。胸口花朵的点缀，既张扬又大气，与温文尔雅的高腰式结构线和不对称裙摆形成强烈的视觉反差，凸显礼服的个性与魅力（见图8-8-20）。

（2）操作步骤

见图8-8-21～图8-8-36。

图8-8-20　款式图

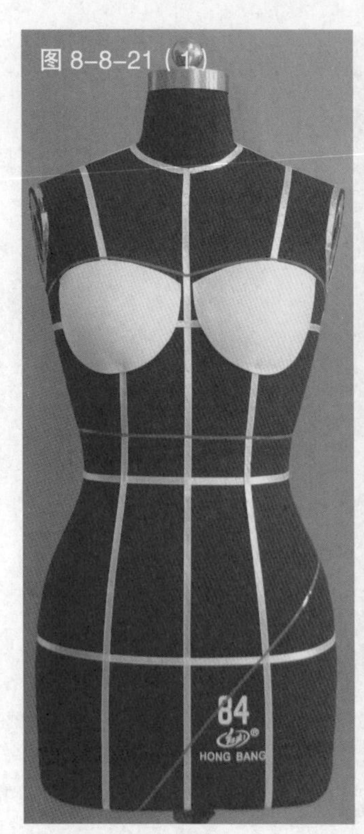

图8-8-21（1）

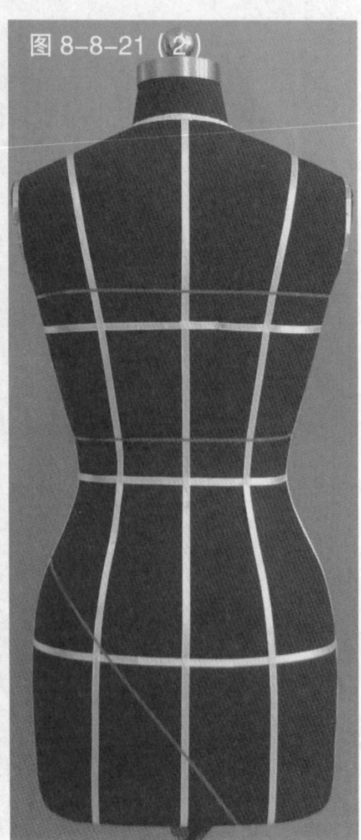

图8-8-21（2）

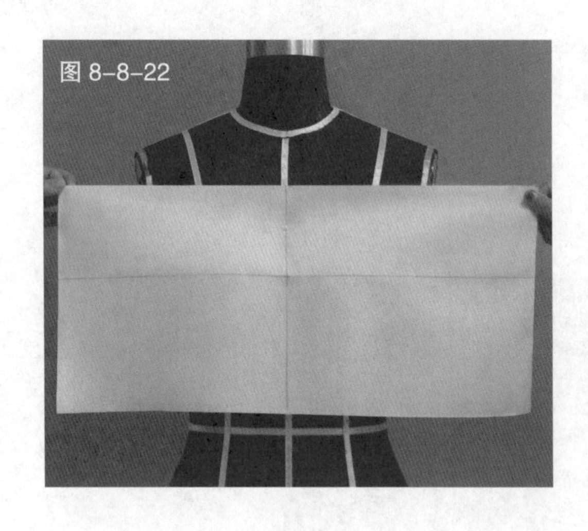

图8-8-22

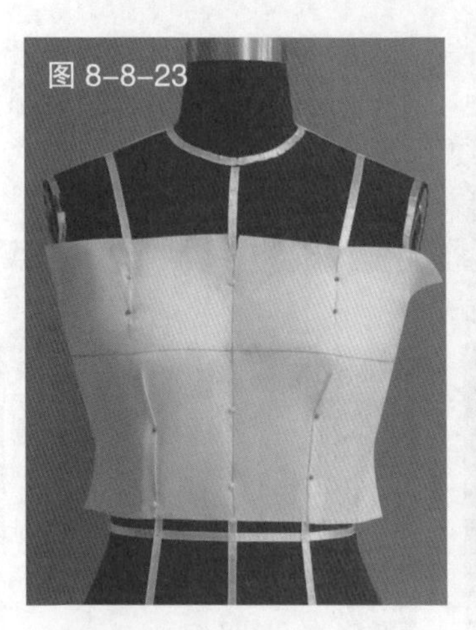

图8-8-23

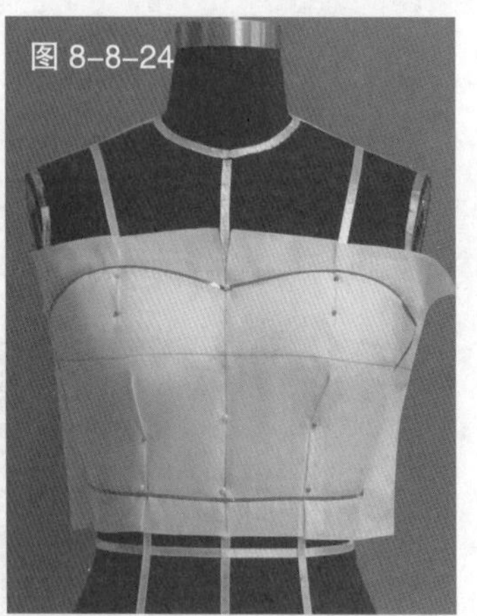

图8-8-24

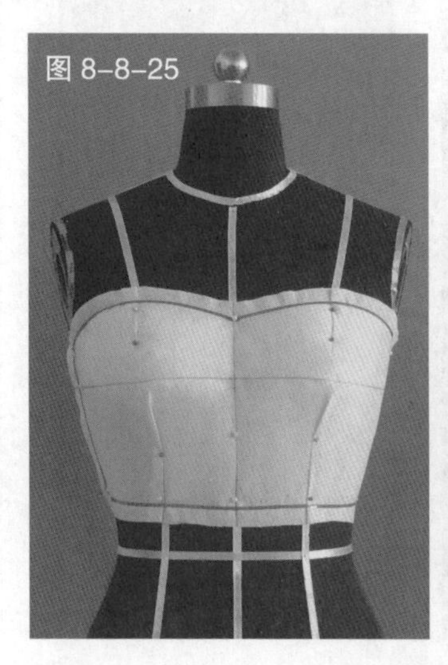

图8-8-25

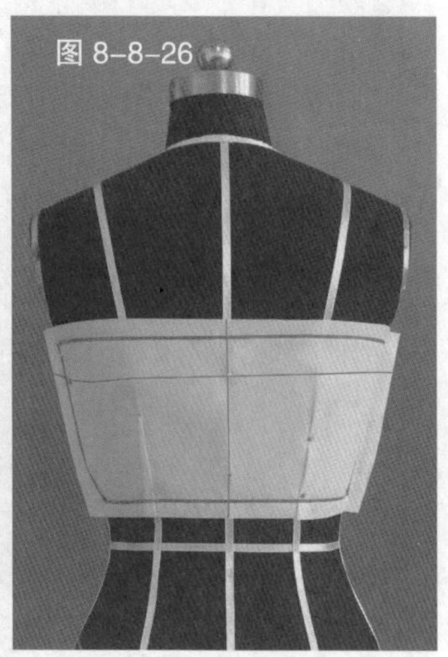

图8-8-26

图8-8-21　根据服装款式在人台上粘贴款式造型线

图8-8-22　预裁胸衣部分的布片

图8-8-23　在公主线处做省道

图8-8-24　用色带标记出需要的轮廓

图8-8-25　修剪毛边

图8-8-26　用相同的裁剪方法完成服装后片

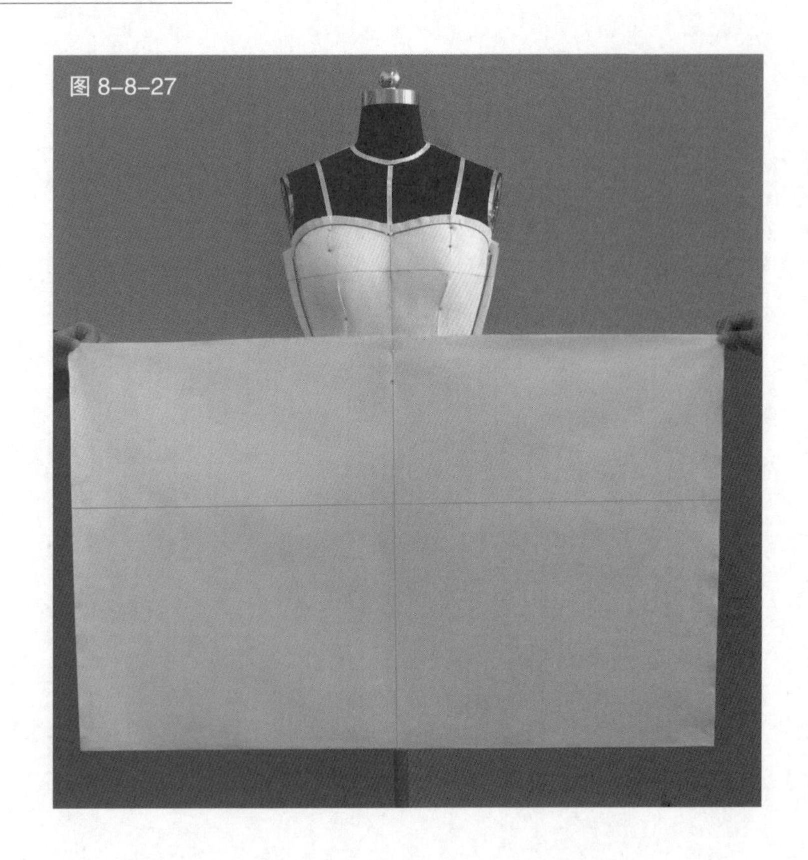
图 8-8-27

图 8-8-28

图 8-8-27　预裁裙片用布，注意褶量的估算，布的用量应是裙身实际围度的 2 ~ 3 倍

图 8-8-28　从前中心线处开始做褶，注意褶的间距要一致

图 8-8-29　完成的裙身背面的造型

图 8-8-30　在完成的裙片上用色带标记出需要的裙摆轮廓

图 8-8-31　检查前后弧度是否一致，侧缝处要衔接好

图 8-8-29

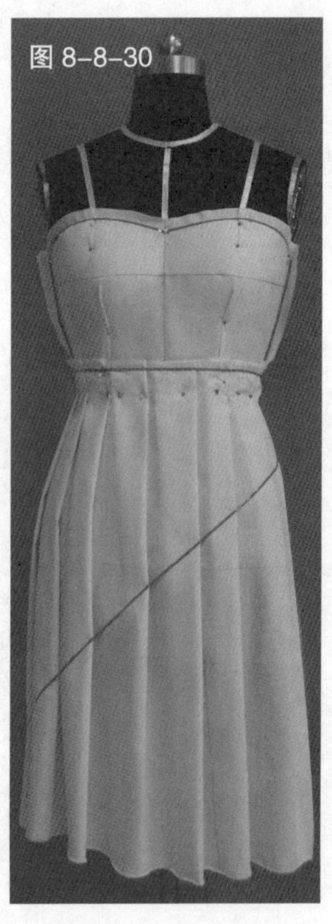
图 8-8-30

图 8-8-31

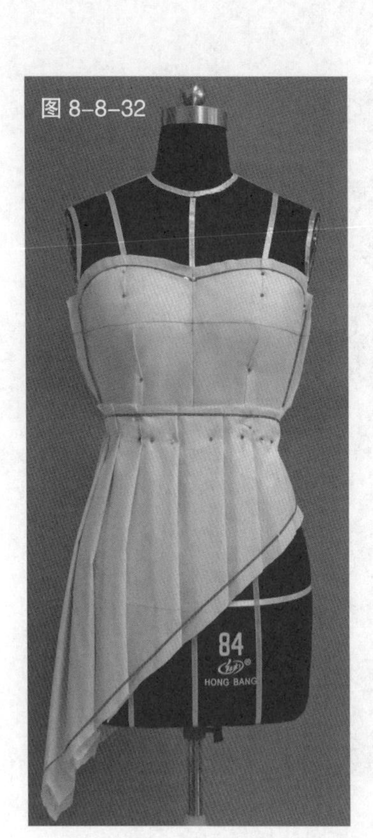

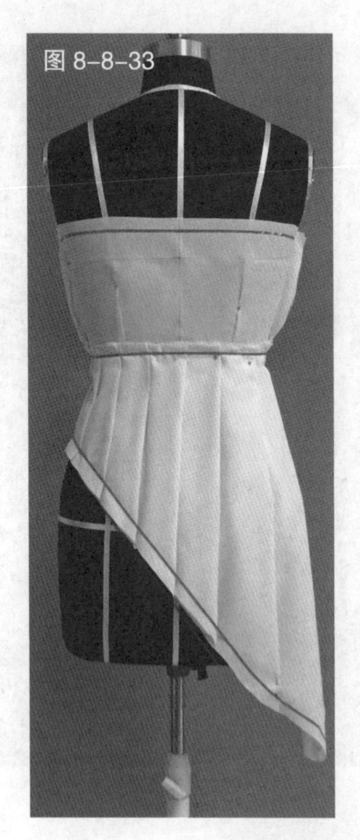

图 8-8-32　下摆处预留 2cm毛边，修剪成形

图 8-8-33　检查整体结构造型的完整性

图 8-8-34　制作花饰

图 8-8-35　按款式需要安装于服装抹胸边缘处，这样便完成了服装的整体制作

图 8-8-36　完成的服装的背面造型

3. 胸部片状饰缀连衣裙

（1）款式解析

简约的抹胸式连衣裙清新大方，胸部的片状饰品的重复排列时打破了单一格局，具有强烈的层次感和时代感（见图 8-8-37）。

（2）操作步骤

见图 8-8-38 ~ 图 8-8-52。

图 8-8-37　款式图

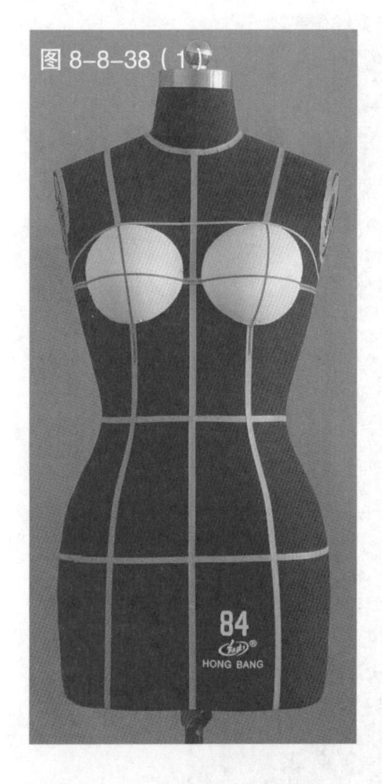

图 8-8-38（1）

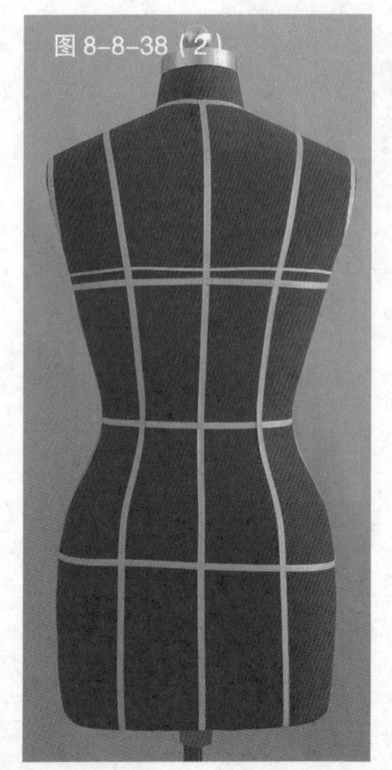
图 8-8-38（2）

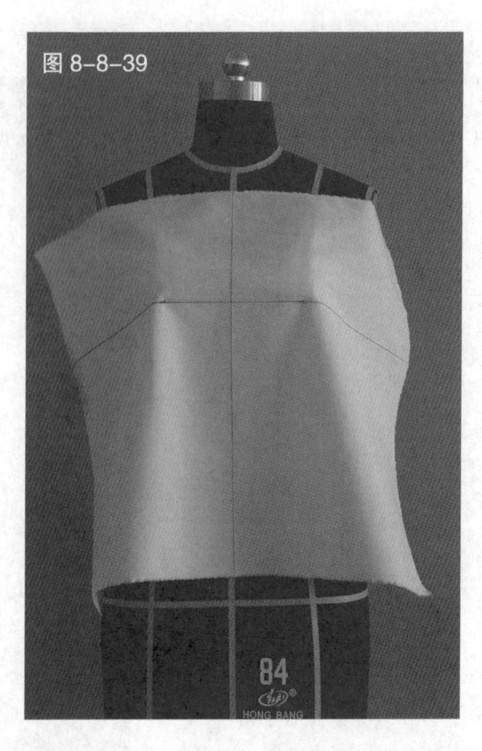

图 8-8-39

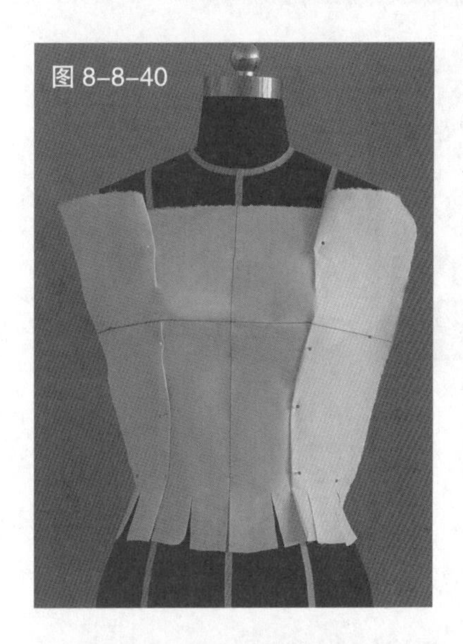
图 8-8-40

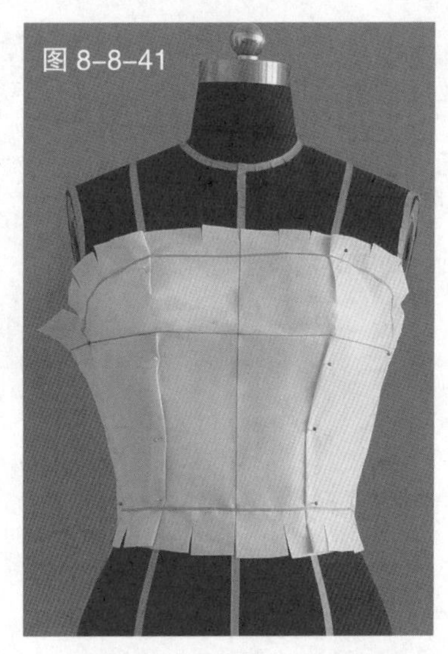
图 8-8-41

图 8-8-38　根据服装款式在人台上粘贴款式造型线
图 8-8-39　预裁抹胸部分的布片
图 8-8-40　按要求完成相应的省道造型
图 8-8-41　修剪毛边
图 8-8-42　按要求预裁服装后片
图 8-8-43　完成后片腰省造型
图 8-8-44　修剪毛边

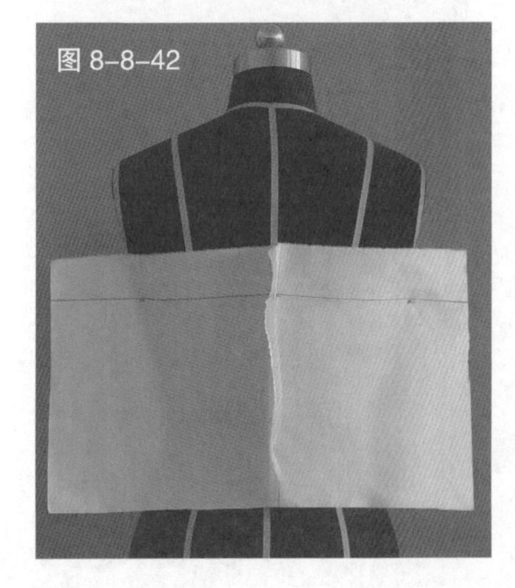
图 8-8-42

图 8-8-43

图 8-8-44

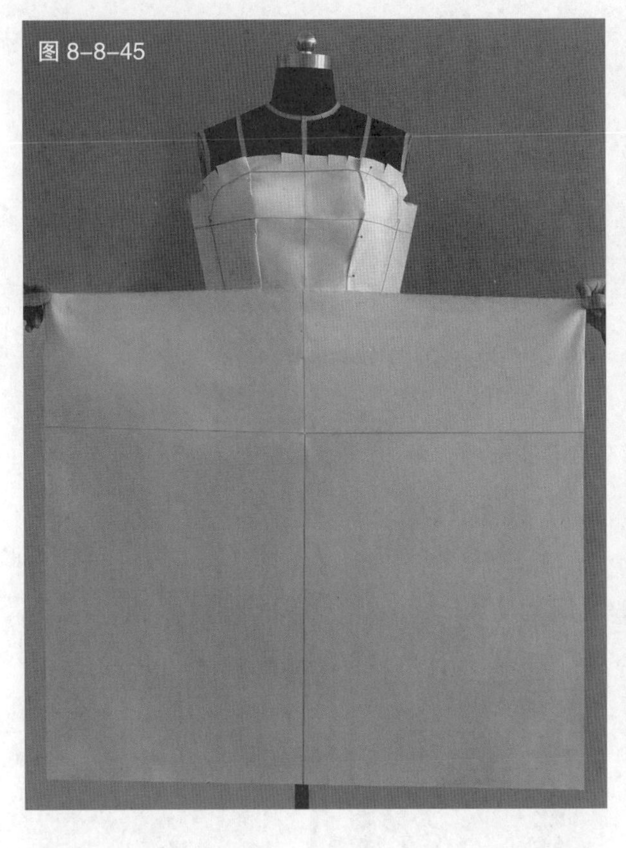

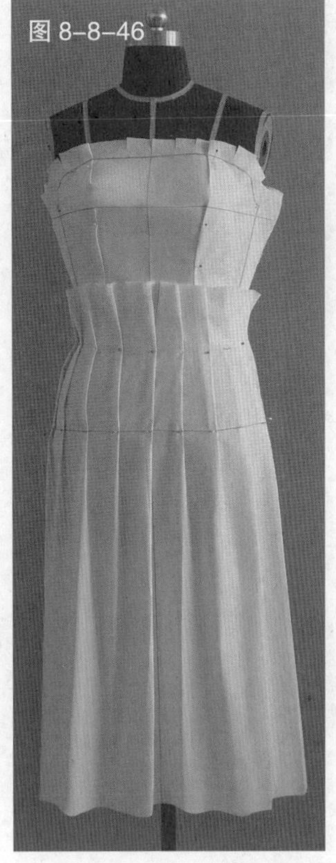

图 8-8-45 预裁裙片用布。根据裙褶造型估算需要的量,一般布的用量应是裙身实际围度的 2 ~ 3 倍

图 8-8-46 从前中心线开始向两边做褶,注意褶的间距及整体造型的统一性

图 8-8-47 完成裙装的缝合

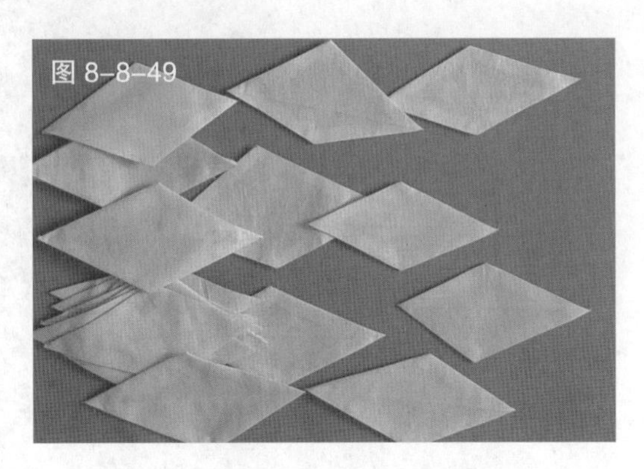

图 8-8-48 依照设计要求,用色带在前胸衣处确定片饰的安装位置,注意侧缝处的造型衔接

图 8-8-49 裁剪片饰,注意片饰的毛边要处理

图 8-8-50 将片饰安装到衣片上,用缲针法缝合四个角即可

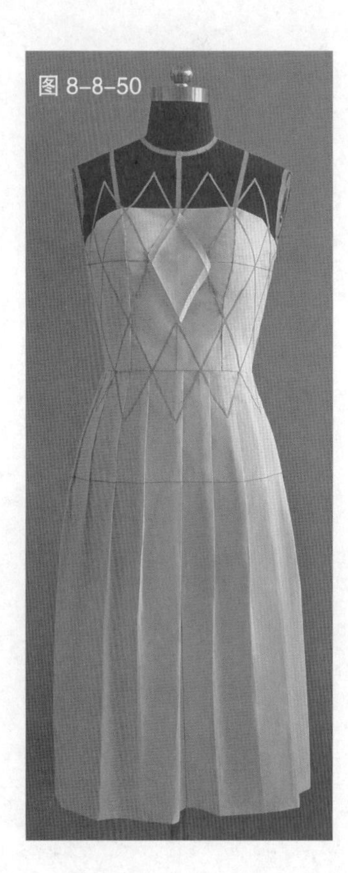

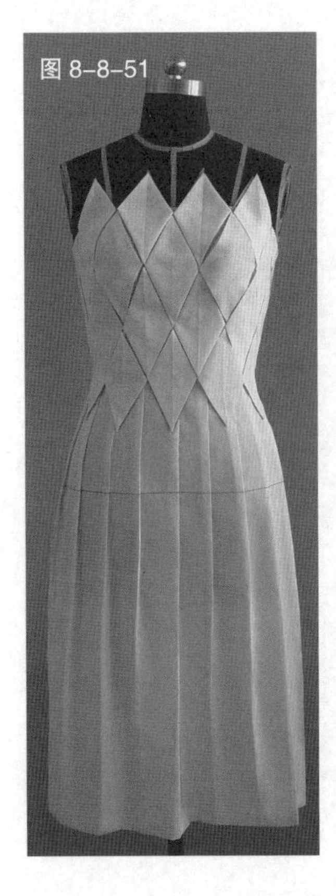

图 8-8-51 完成的服装的正面造型

图 8-8-52 完成的服装的背面造型

同步练习

1. 学习饰缀技法的操作方法，谈谈其工艺特征。

2. 认真分析本节中三款实例的操作要点并实践。

3. 结合所学知识，分析练习图 1 ~图 4 中服装款式的操作要点，再进行操作练习，注意操作的规范性。

4. 自行设计两或三款以饰缀为主要技法的服装款式，并总结饰缀技法的操作方法和设计要点。

第九节 绣缀法

一、绣缀的操作方法

绣缀法是利用材料的弹性，通过手工有规律的缝缀和扎结，形成各种凹凸起伏、柔软细腻的褶裥浮雕效果，也是通常所说的“布立体”。由于绣缀的纹理有很强的视觉冲击力，所以将其装饰在服装的领、肩、腰等部位，可使服装产生意想不到的效果和韵味。绣缀的方法很多，有捏褶法、抽褶法、缝绣法等，在运用时最好选择弹性较好且有重量感的材料。

1.捏褶法

捏褶法的操作方法见图 8-9-1 ~图 8-9-4。运用捏褶法的服装造型见图 8-9-5。

2.抽褶法

抽褶法的操作方法见图 8-9-6 ~图 8-9-8。

3.缝绣法

绣缝法实例一的操作方法见图 8-9-9 ~图 8-9-15。绣缝法实例二的操作方法见图 8-9-16 ~图 8-9-22。绣缝法实例三的立体造型见图 8-9-23。

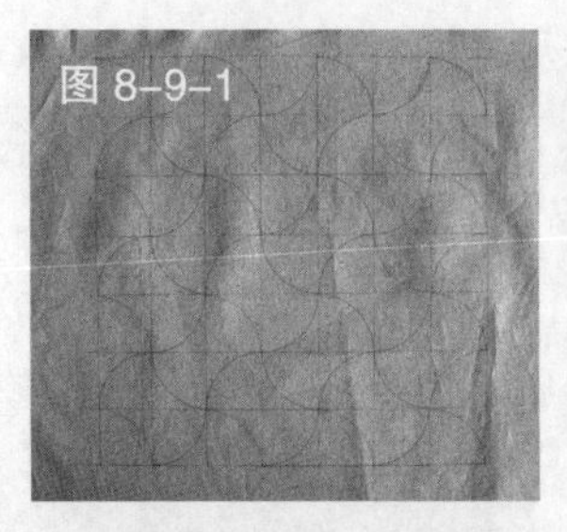

图 8-9-1

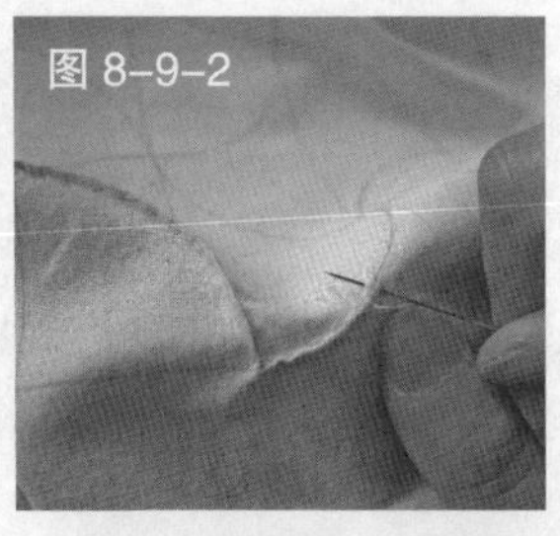

图 8-9-2

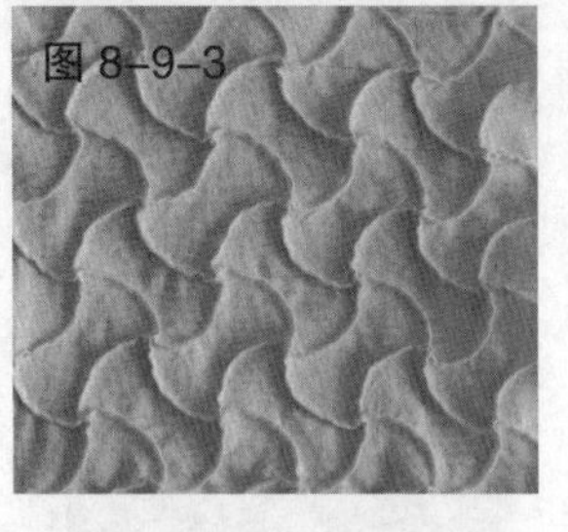

图 8-9-3

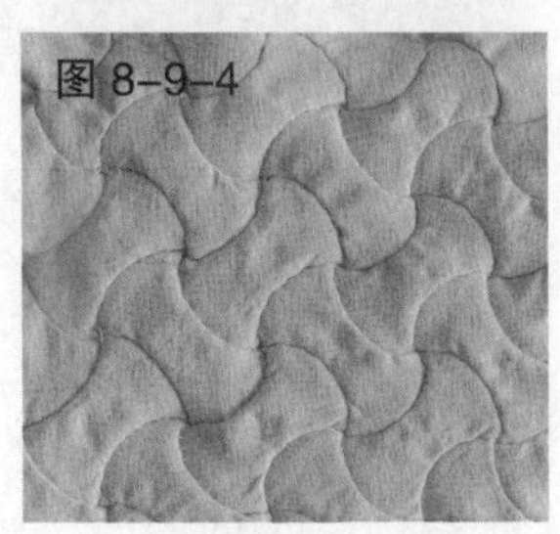

图 8-9-4

图 8-9-5

图 8-9-1 在布料上用铅笔画出要捏褶的线迹

图 8-9-2 先用手指捏出褶纹，再用针线固定

图 8-9-3 捏褶后形成四方连续的浮雕图案效果

图 8-9-4 捏褶后形成的布料反面的图案造型

图 8-9-5 捏褶的造型：先将布料顺向折叠，再逆向把褶立起来，用隐蔽的针脚固定（锁缝），使褶发生变化，表现美丽的阴影

图 8-9-6 在布料上用铅笔画出抽褶的线迹

图 8-9-7 用针线沿画出的线迹缝合、抽缩固定

图 8-9-8 抽褶后形成的四方连续的浮雕图案效果

图 8-9-9 在布料上用铅笔画出缝绣的线迹

图 8-9-10 确定点与点缝合的顺序

图 8-9-11 用同色线缝合各个点

图 8-9-12 缝合后打结固定

图 8-9-13 缝合好第一排的效果

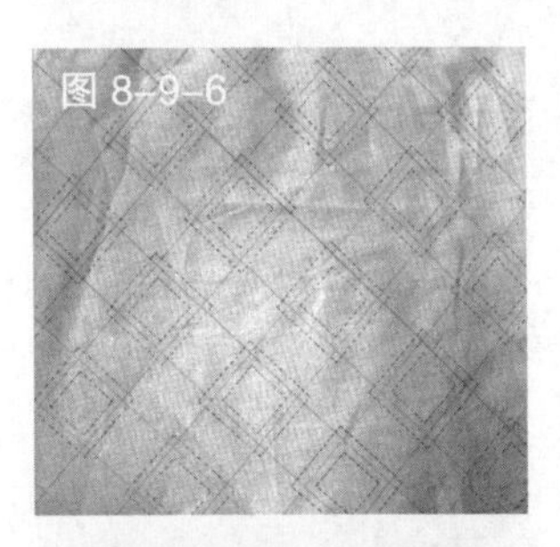

图 8-9-6

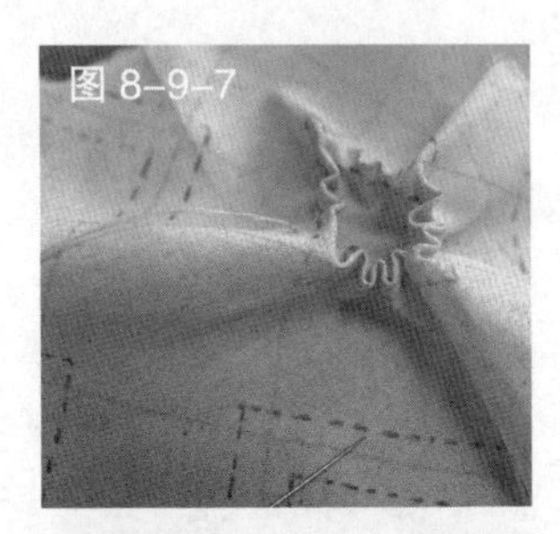

图 8-9-7

图 8-9-8

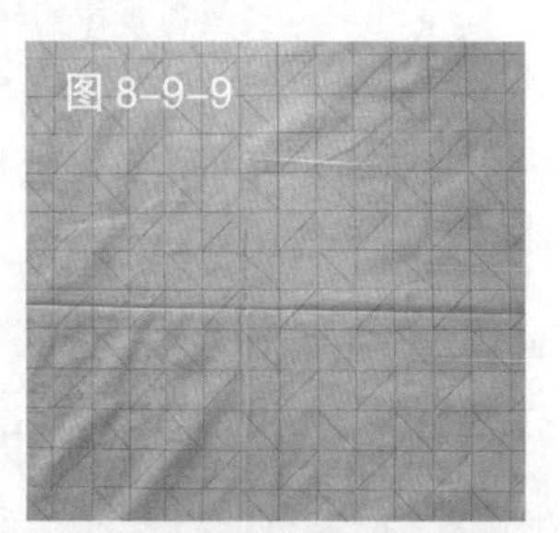

图 8-9-9

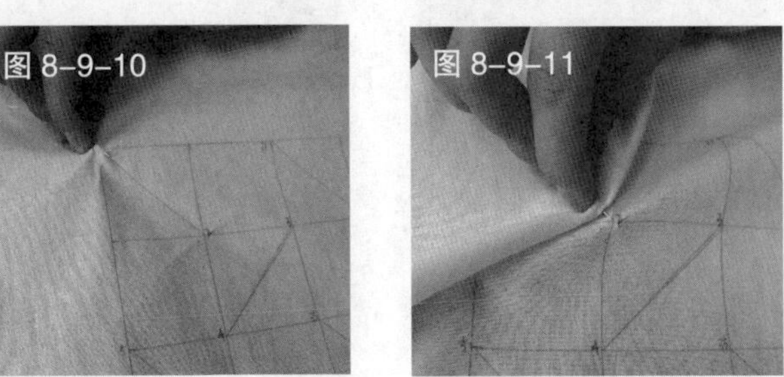

图 8-9-10 图 8-9-11

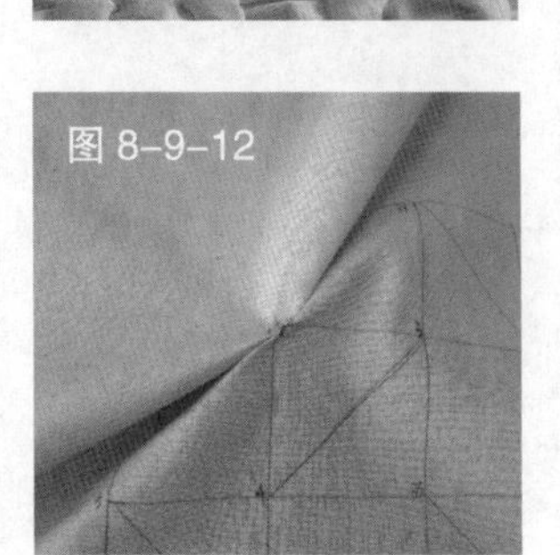

图 8-9-12

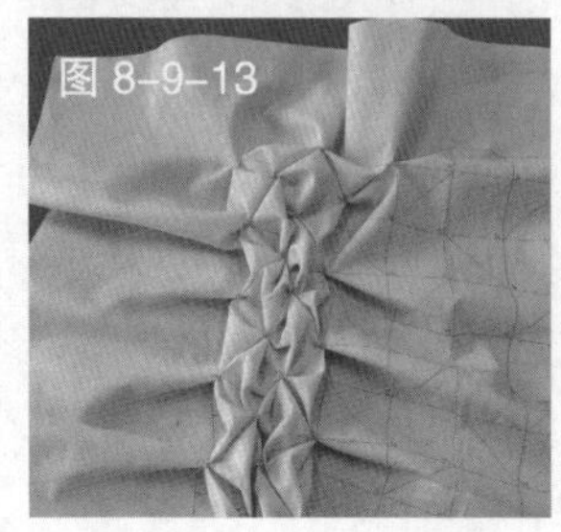

图 8-9-13

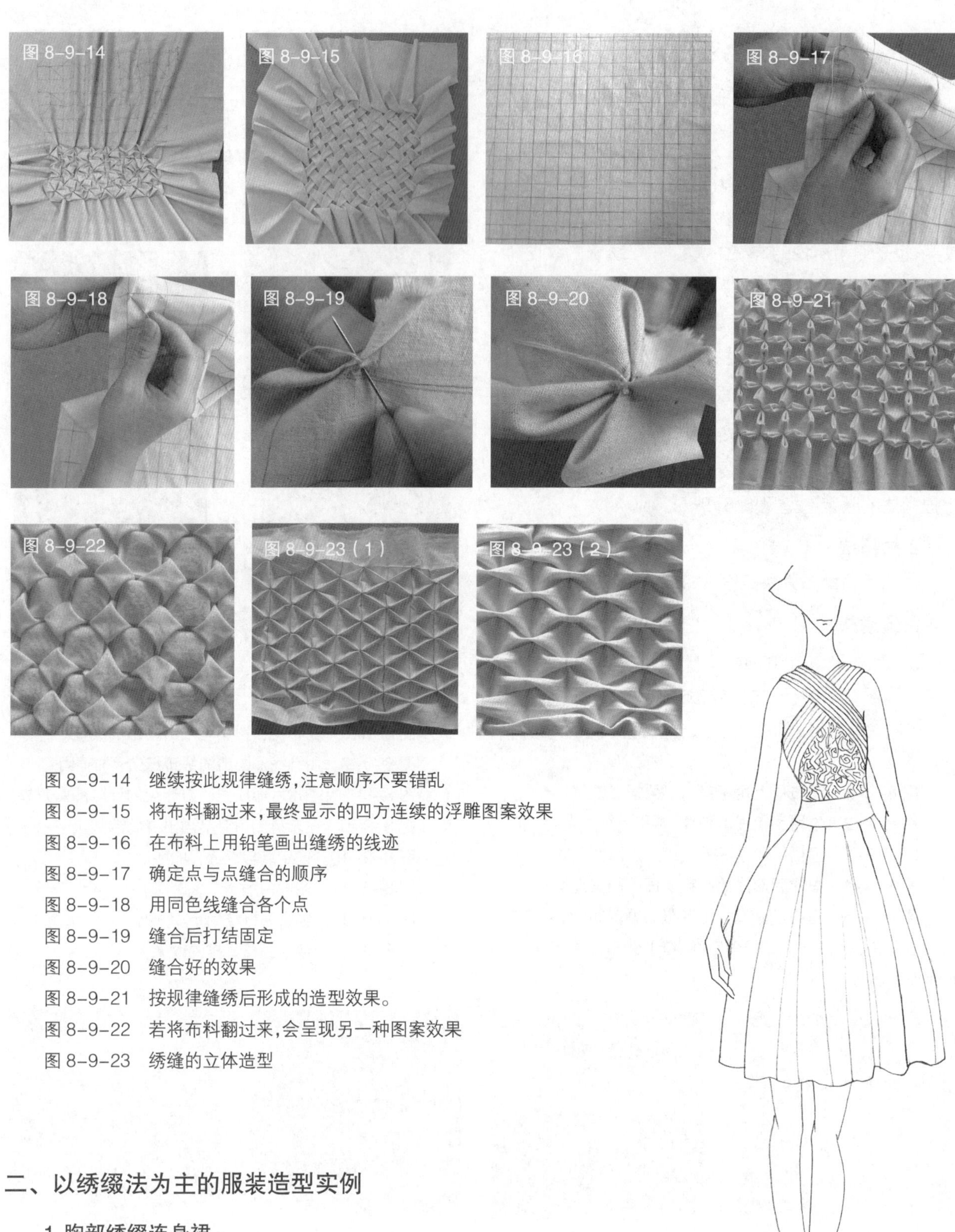

图 8-9-14　继续按此规律缝绣，注意顺序不要错乱
图 8-9-15　将布料翻过来，最终显示的四方连续的浮雕图案效果
图 8-9-16　在布料上用铅笔画出缝绣的线迹
图 8-9-17　确定点与点缝合的顺序
图 8-9-18　用同色线缝合各个点
图 8-9-19　缝合后打结固定
图 8-9-20　缝合好的效果
图 8-9-21　按规律缝绣后形成的造型效果。
图 8-9-22　若将布料翻过来，会呈现另一种图案效果
图 8-9-23　绣缝的立体造型

二、以绣缀法为主的服装造型实例

1.胸部绣缀连身裙

（1）款式解析

交叉缠绕的背带式连身裙简约大方，胸部以绣缀造型装饰，使服装产生特有的肌理效果和趣味性（见图 8-9-24）。

（2）操作步骤

见图 8-9-25 ~图 8-9-42。

图 8-9-24　款式图

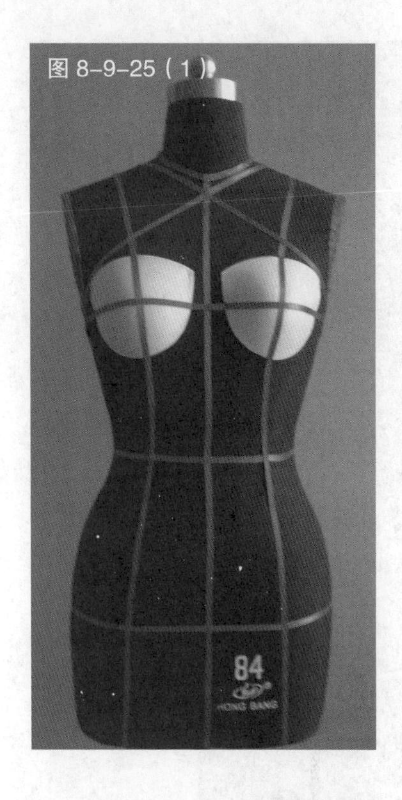

图 8-9-25（1）

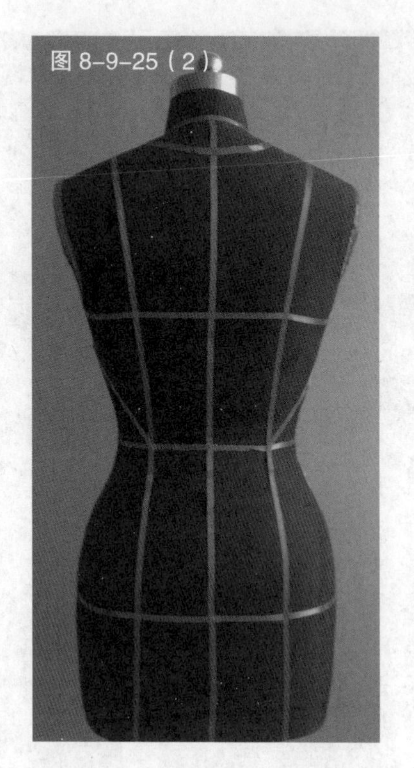
图 8-9-25（2）

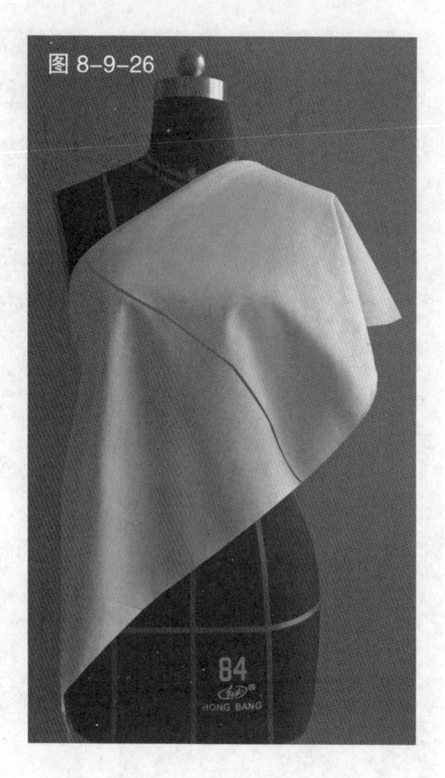

图 8-9-26

图 8-9-27

图 8-9-28

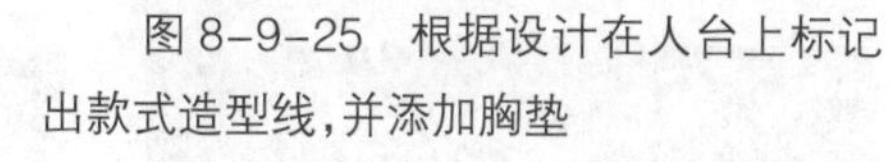
图 8-9-25 根据设计在人台上标记出款式造型线，并添加胸垫

图 8-9-26 预裁肩带用布，使用斜丝面料来裁剪

图 8-9-29

图 8-9-27 在肩带上塑造折叠造型

图 8-9-28 修剪毛边，完成肩带的裁剪

图 8-9-29 用相同的方法完成另一侧肩带的裁剪

图 8-9-30 将预裁好的裙片布料固定于人台，并对准人台上的前中心线和腰围线

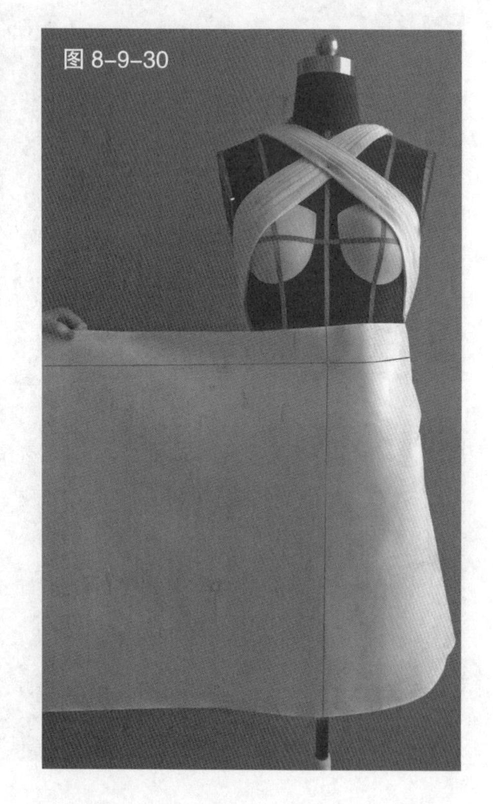
图 8-9-30

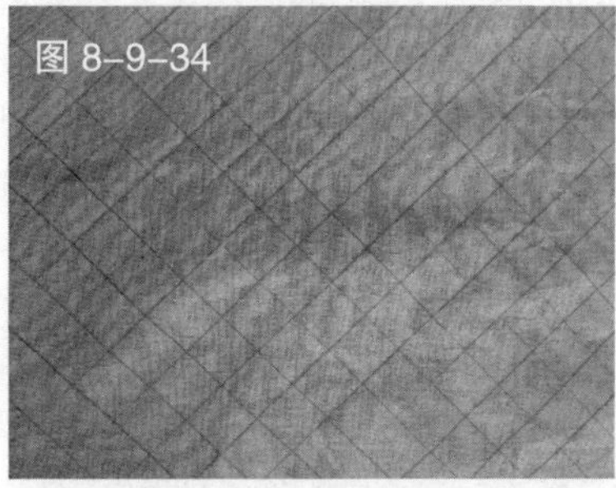

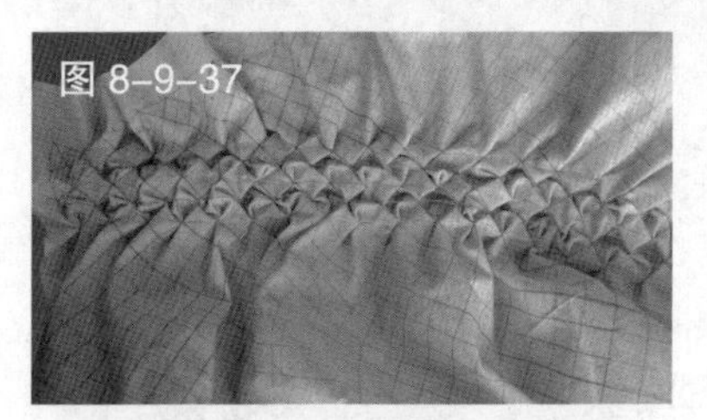

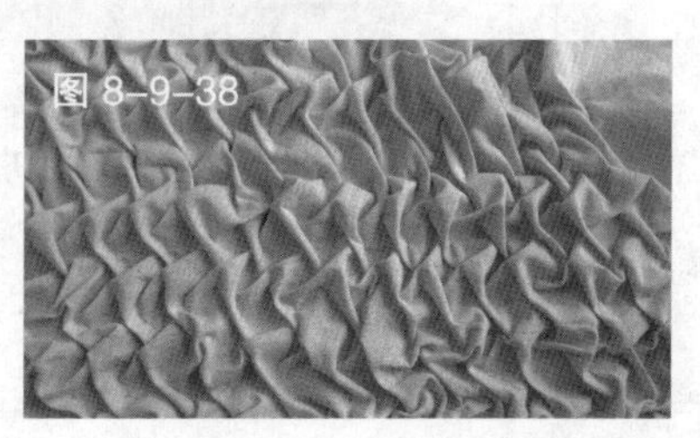

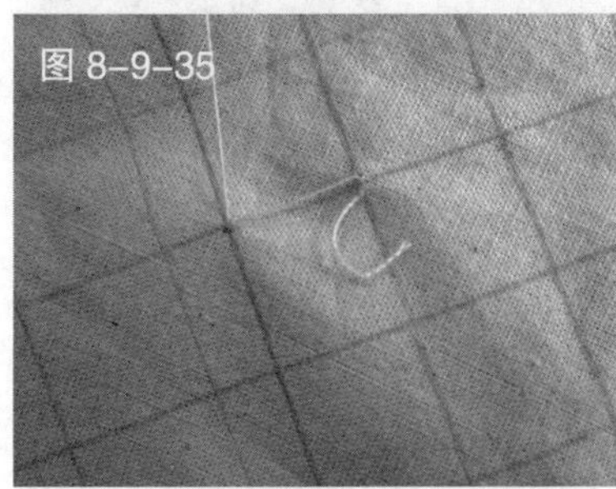

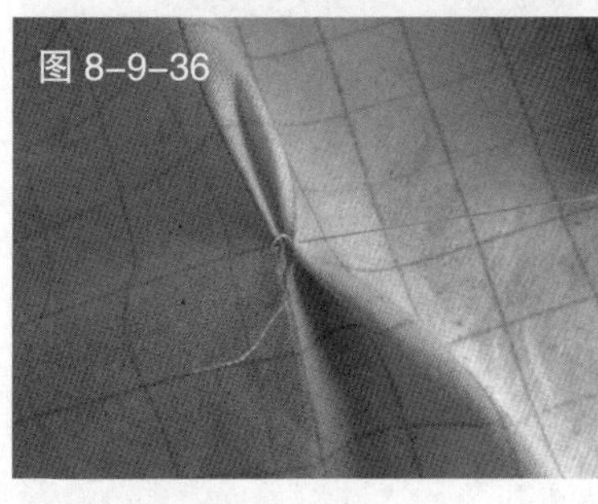

图 8-9-31 做裙褶的造型，确保布料丝缕垂直

图 8-9-32 完成裙褶的造型

图 8-9-33 裙身裁剪完成

图 8-9-34 制作胸部绣缀。先预裁胸部绣缀部分的布料，用铅笔画出缝绣的轨迹

图 8-9-35 按照先后顺序缝合各个点

图 8-9-36 用线打结固定

图 8-9-37 缝绣产生的缩皱效果

图 8-9-38 完成的布料正面立体造型

图 8-9-39 将完成绣缀的布片安装于相应的位置

图 8-9-43 款式图

2.腰部绣缀的裙摆上衣

（1）款式解析

抹胸式上衣，腰部以缝绣的浮雕图案装饰；因绣缝后布料的边缘会产生自然的波浪褶纹，将该造型巧妙作为服装下摆，使绣缀技法变得熠熠生辉、淋漓尽致（见图 8-9-43）。

（2）操作步骤

见图 8-9-44～图 8-9-60。

图 8-9-40 用肩带覆盖来隐藏毛边
图 8-9-41 安装腰带，即完成服装的裁剪
图 8-9-42 完成的服装背面效果

图 8-9-44 依据设计在人台上粘贴款式造型线，并添加胸垫

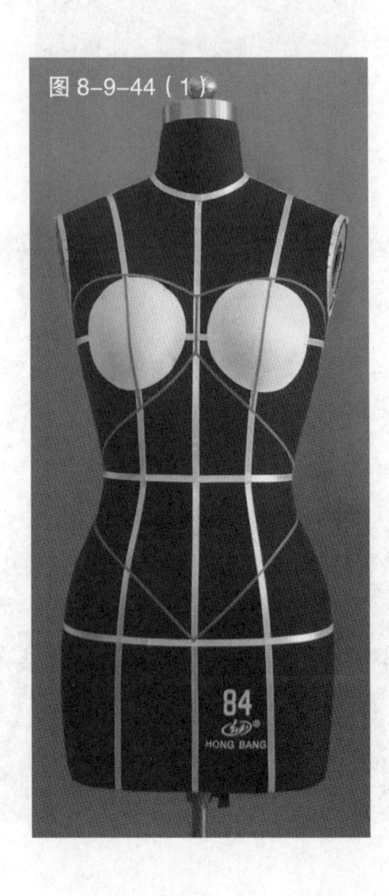

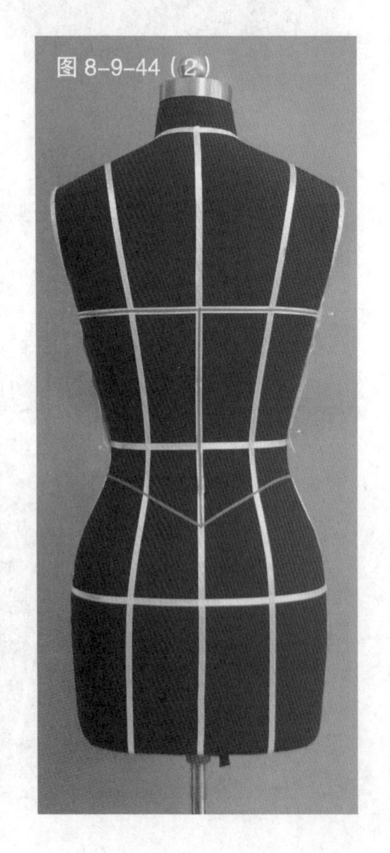

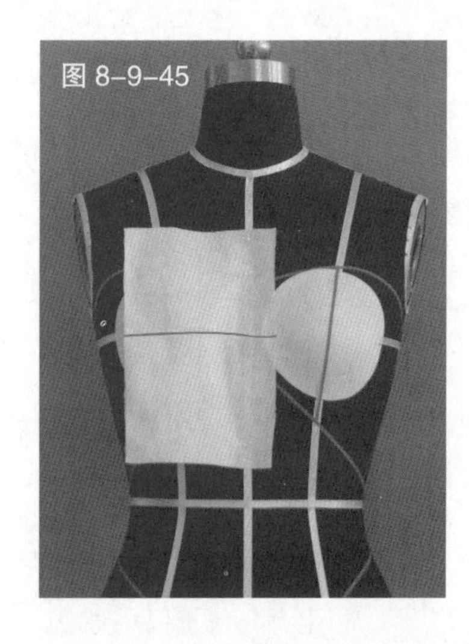
图 8-9-45

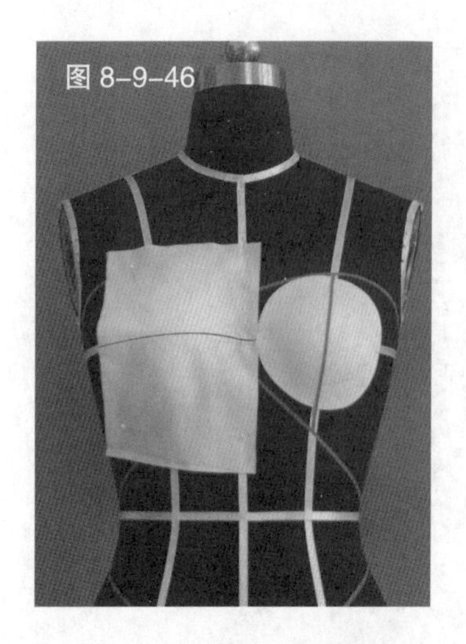
图 8-9-46

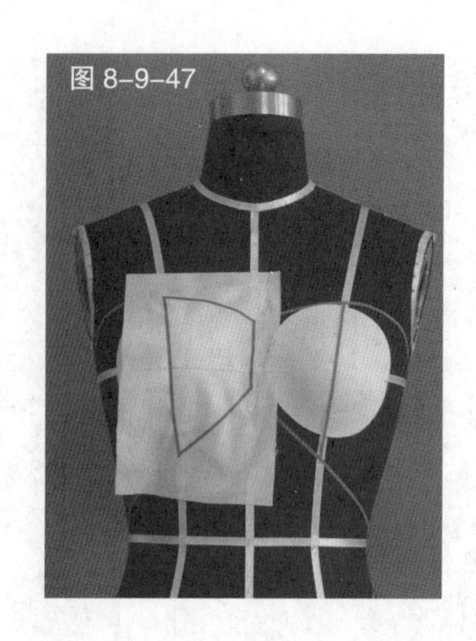
图 8-9-47

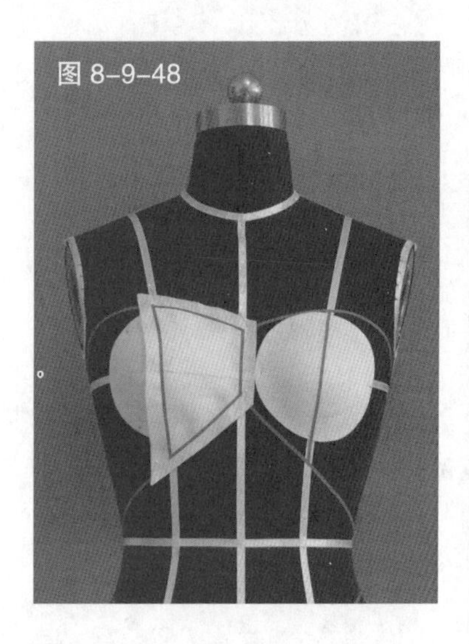
图 8-9-48

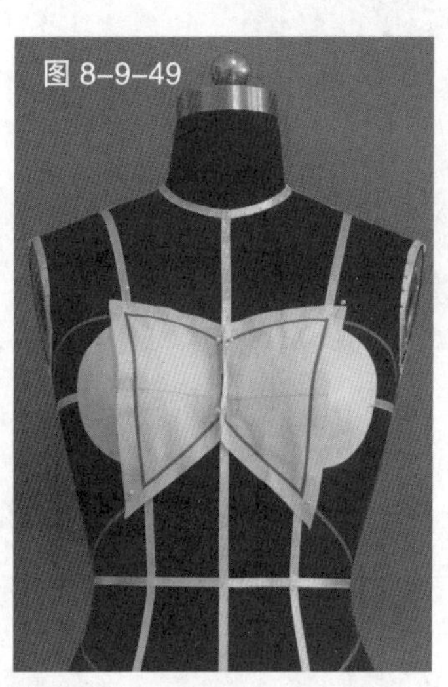
图 8-9-49

图 8-9-45 预裁胸部衣片用布，把它对准人台胸围线并固定

图 8-9-46 用大头针固定，确保布片贴合人台

图 8-9-47 用色带标记出衣片造型线

图 8-9-48 修剪布料，完成该衣片的裁剪

图 8-9-49 用相同方法裁剪另一侧衣片

图 8-9-50 预裁胸衣的其他布片

图 8-9-51 按照设计要求在袖窿处做胸省

图 8-9-52 按相同方法用色带标记衣片造型线，修剪布料

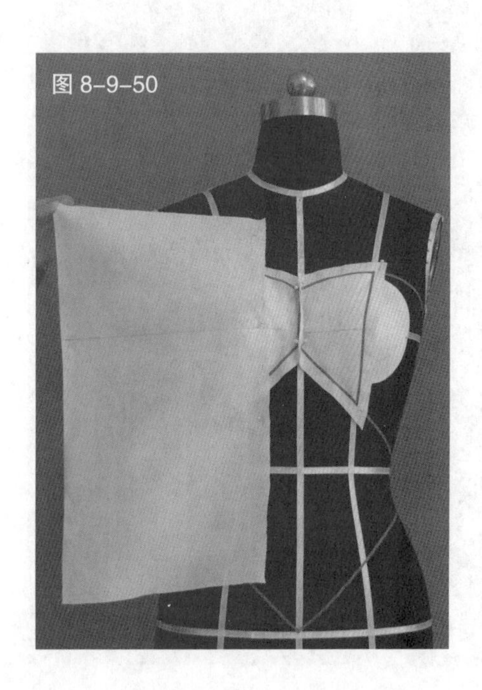
图 8-9-50

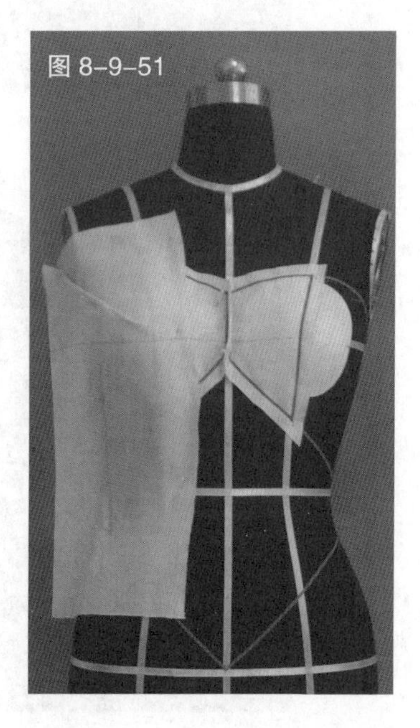
图 8-9-51

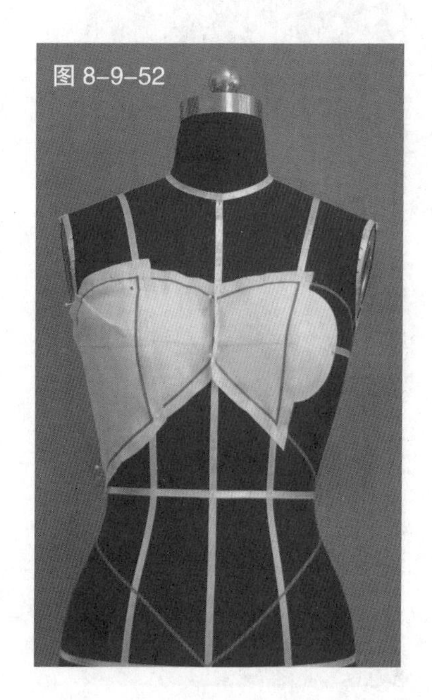
图 8-9-52

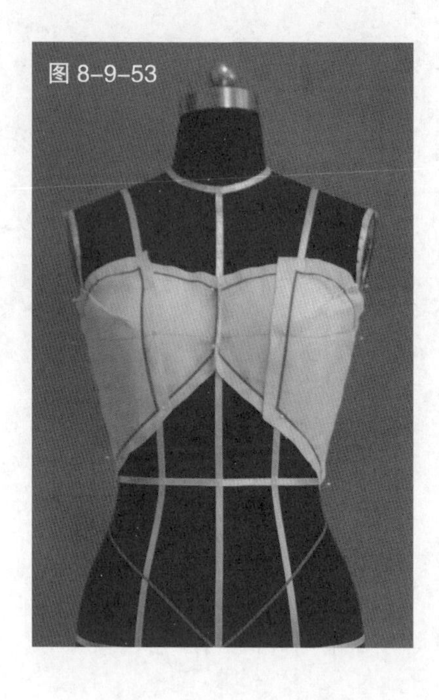
图 8-9-53

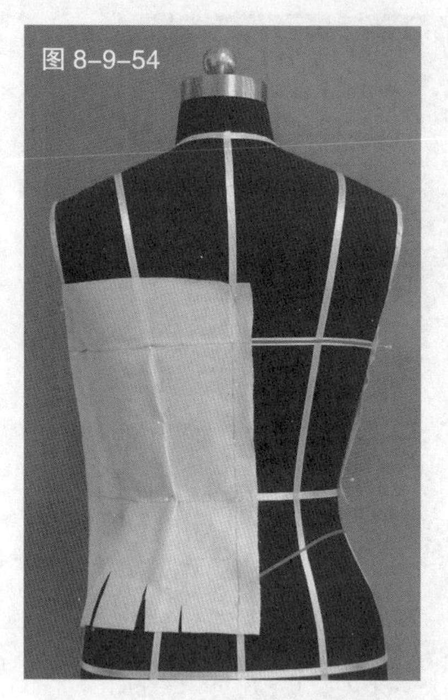
图 8-9-54

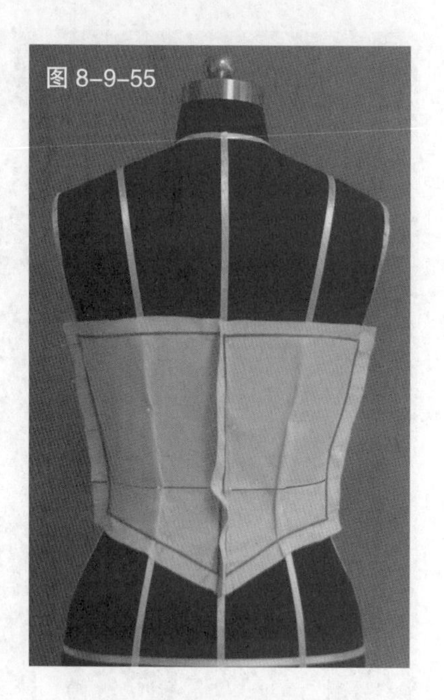
图 8-9-55

图 8-9-53　用相同方法完成另一侧衣片的裁剪

图 8-9-54　预裁后衣片，按要求完成腰省造型

图 8-9-55　用色带标记出衣片造型线，完成后衣片的裁剪

图 8-9-56　制作绣缀部分。按照前面介绍的绣缀方法完成立体的布片

图 8-9-57　安装绣缝的布片

图 8-9-58　用色带标记出衣片的造型线，修剪布料

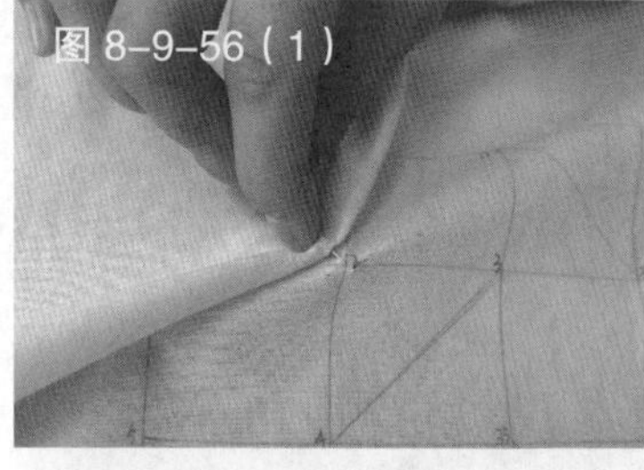
图 8-9-56（1）

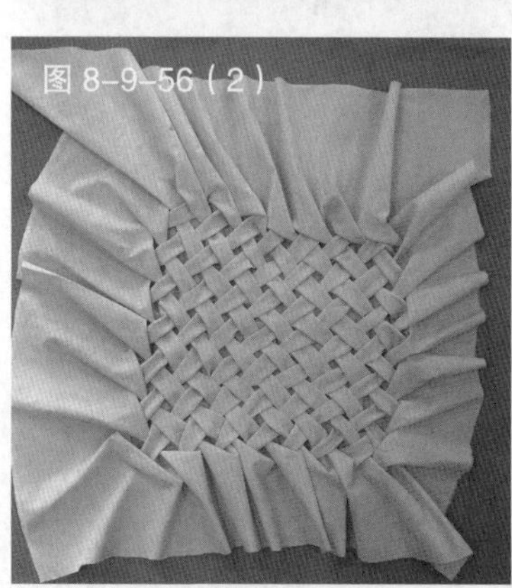
图 8-9-56（2）

图 8-9-57

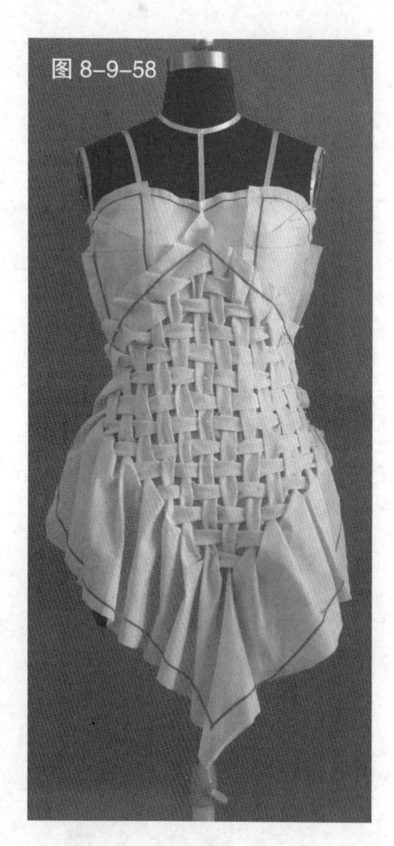
图 8-9-58

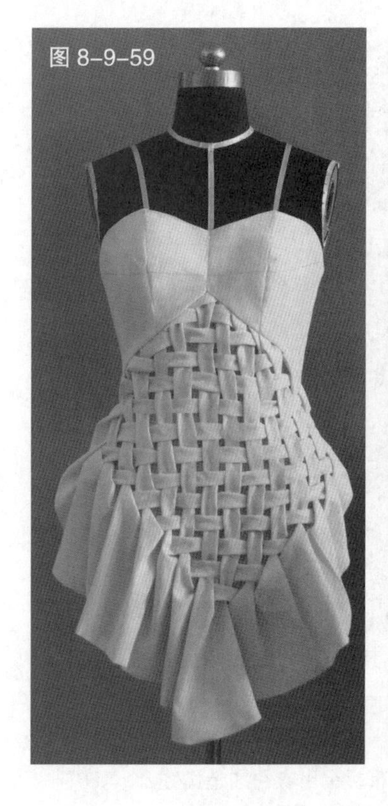
图 8-9-59

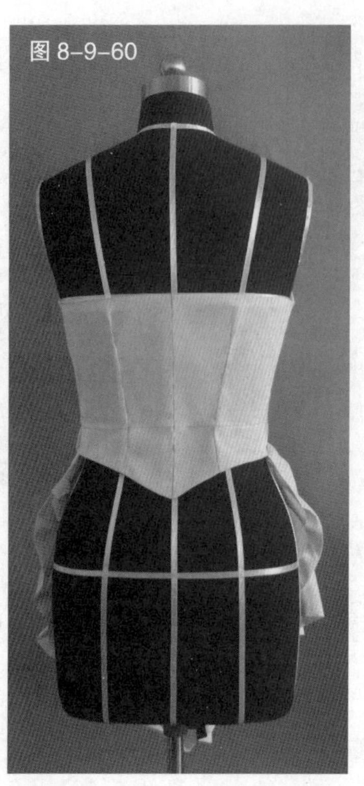
图 8-9-60

图 8-9-59　完成后的服装正面造型
图 8-9-60　完成后的服装背面造型

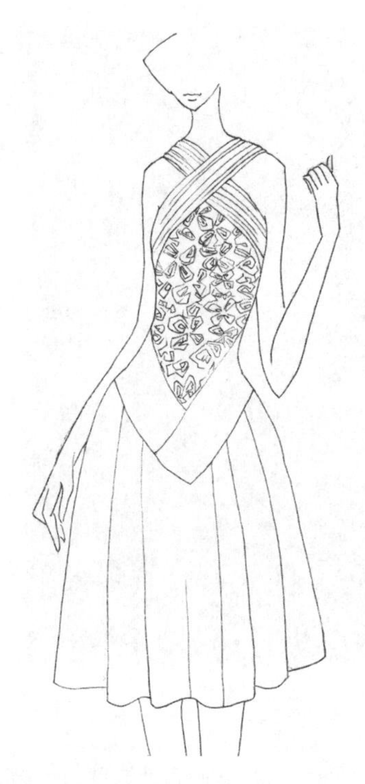
图 8-9-61　款式图

3. 胸腰部绣缀连身裙

（1）款式解析

此款服装巧妙运用缠绕、层叠的手法，将肩带、腰带造型曲线融会贯通，形成菱形的造型，具有强烈的视觉冲击；胸腰部以绣缀造型装饰，使服装产生特有的肌理美感（见图 8-9-61）。

图 8-9-62　根据设计在人台上标记出款式造型线
图 8-9-63　预裁肩带布片，使用斜丝面料来裁剪

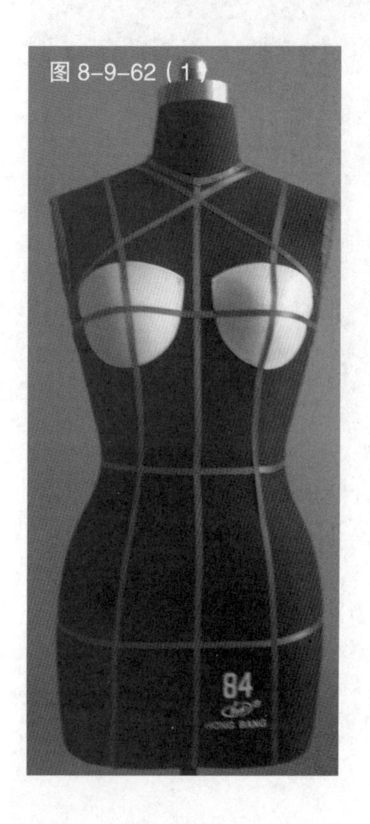
图 8-9-62（1）

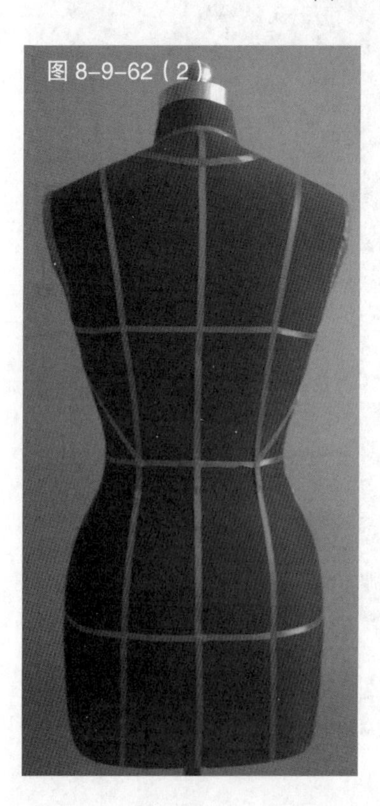
图 8-9-62（2）

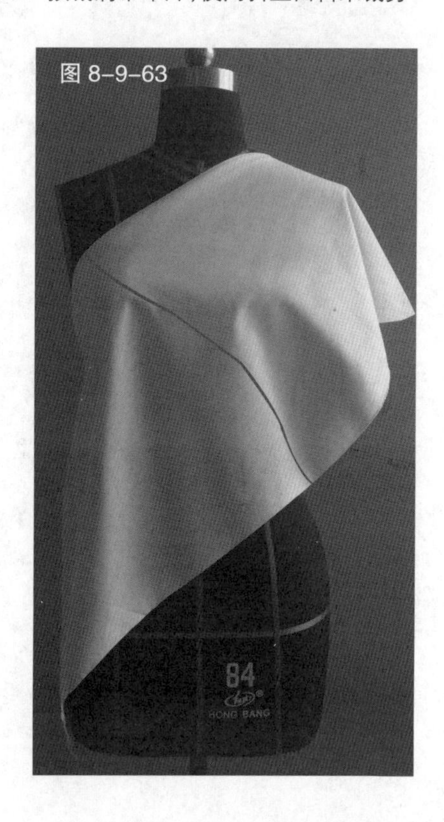
图 8-9-63

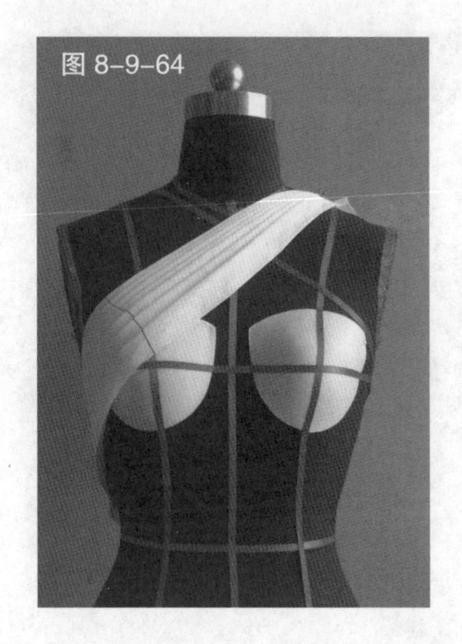
图 8-9-64

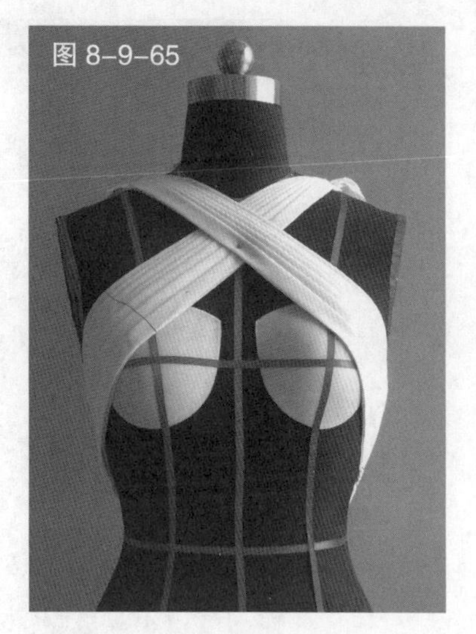
图 8-9-65

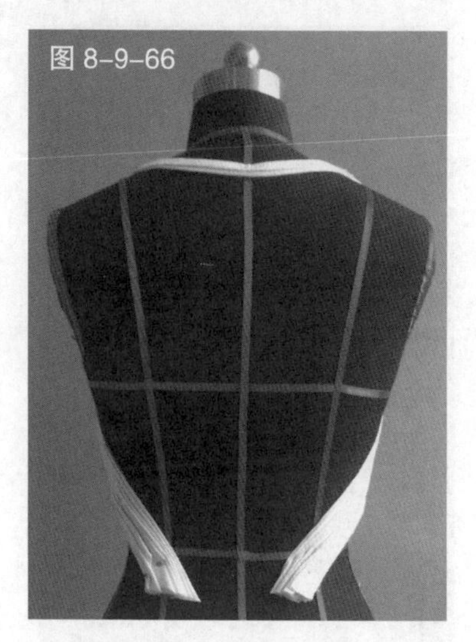
图 8-9-66

（2）操作步骤

见图 8-9-62 ~ 图 8-9-71。

图 8-9-67

图 8-9-64　在肩带上塑造折叠造型，完成裁剪
图 8-9-65　完成的肩带的正面造型
图 8-9-66　完成的肩带的背面造型
图 8-9-67　运用前面学过的方法制作绣缀布片
图 8-9-68　将绣缀的布片安装在相应的位置
图 8-9-69　裁剪并安装腰带
图 8-9-70　完成后的服装正面造型

图 8-9-68

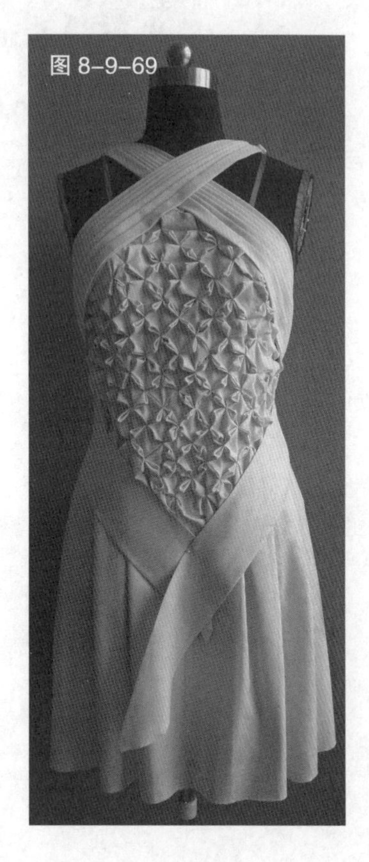
图 8-9-69

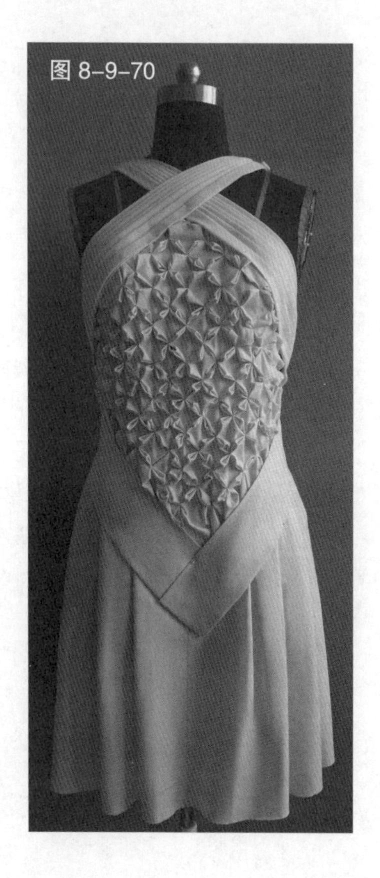
图 8-9-70

图 8-9-71 完成后的服装背面造型

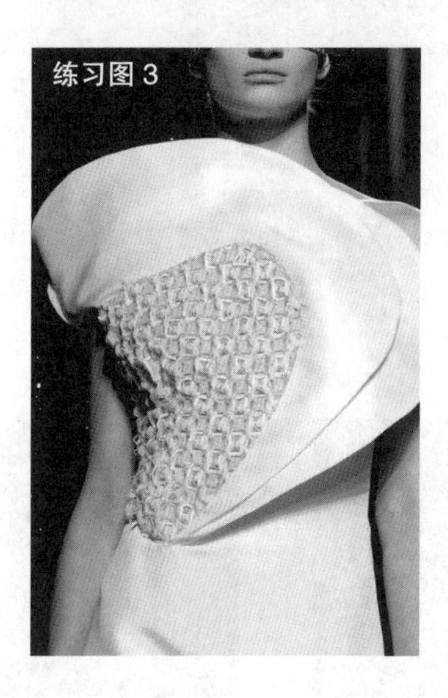

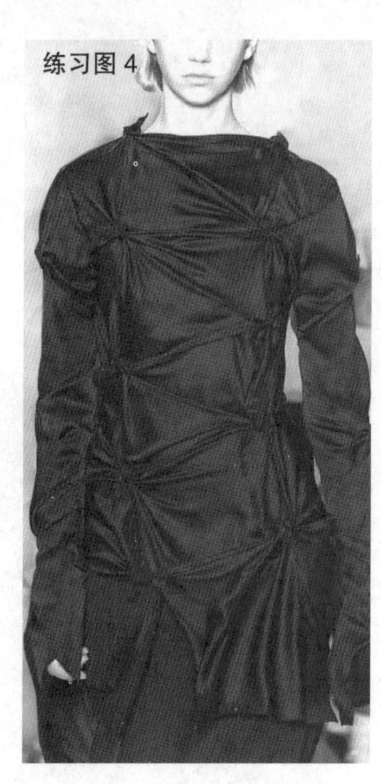

同步练习

1. 学习绣缀法的操作方法,谈谈其工艺特征。

2. 认真分析本节中三款实例的操作要点并实践。

3. 结合所学知识,分析练习图 1 ~ 图 4 中服装款式的操作要点,再进行操作练习,注意操作的规范性。

4. 自行设计两或三款以绣缀为主要技法的服装款式,并总结绣缀技法的操作方法和设计要点。

第九章　礼服的立体裁剪

学习目标

礼服可分为婚礼服、晚礼服、表演礼服、丧服、舞会服和日常礼服等。不同类型的礼服其造型设计也不同。如婚礼服的设计注重体积感，往往大量使用褶裥、蝴蝶结、装饰花边及分割线，强调多层次、多曲面的立体造型；晚礼服的设计注重人体的曲线美，其基本特征为露肩、露背、无袖等，裙摆通常是及地或曳地的。中式礼服大部分以旗袍为主，除缎纹面料、立领、盘扣、镶边、斜襟、开衩等基本造型元素外，更强调现代设计手法的综合运用，如胸部的堆积、折叠造型，腰部的镂空，臀部的填充，裙摆的花边饰缀等，突出现代元素与古典风格的融合。

在本章学习中，要求学生通过礼服的实例分析，掌握礼服裁剪的技巧，着重掌握礼服设计中重点部位（如肩部、胸部、臀部、裙摆等处）的装饰方法和技巧，运用所学的各种技法完成礼服的设计与裁剪。

第一节　露肩式旗袍

（1）款式解析

传统旗袍的款式一般包括立领、盘扣、滚边、开衩等经典元素。此款旗袍虽沿袭了传统的元素，但融合了现代的设计理念，采用大胆的露肩设计，裙长变短，没有开衩，并在裙摆处缀以层叠花边，使旗袍具有强烈的时尚感（见图 9-1-1）。

（2）坯布准备

见图 9-1-2。

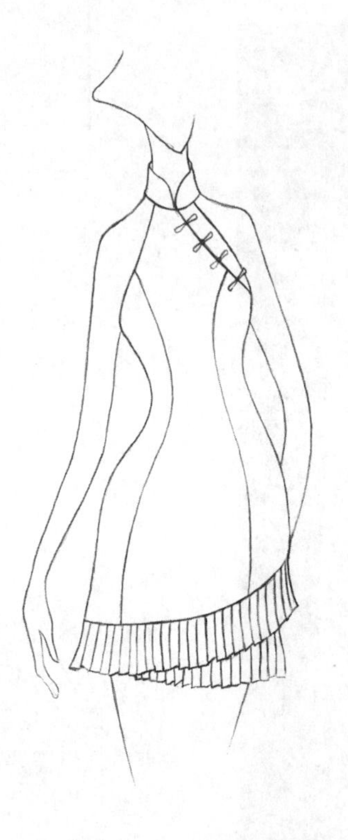

图 9-1-1　款式图

图 9-1-3　根据服装款式在人台上粘贴款式造型线

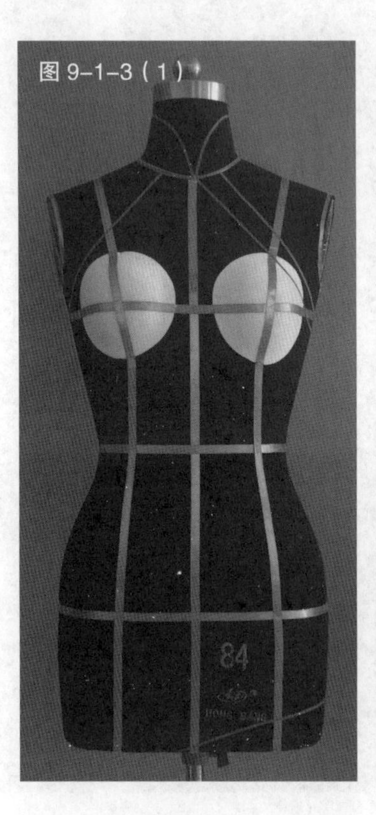

图 9-1-3（1）

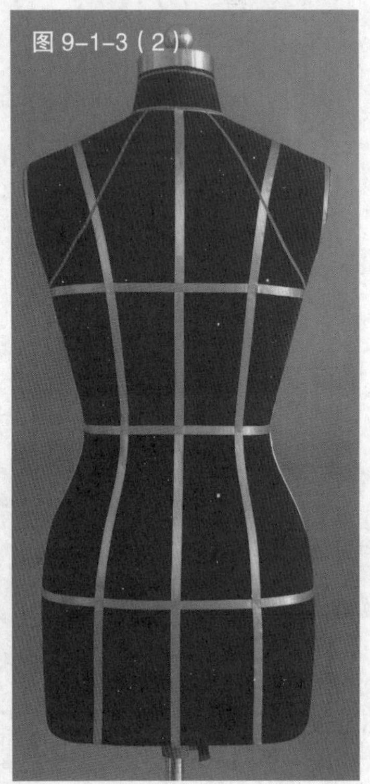

图 9-1-3（2）

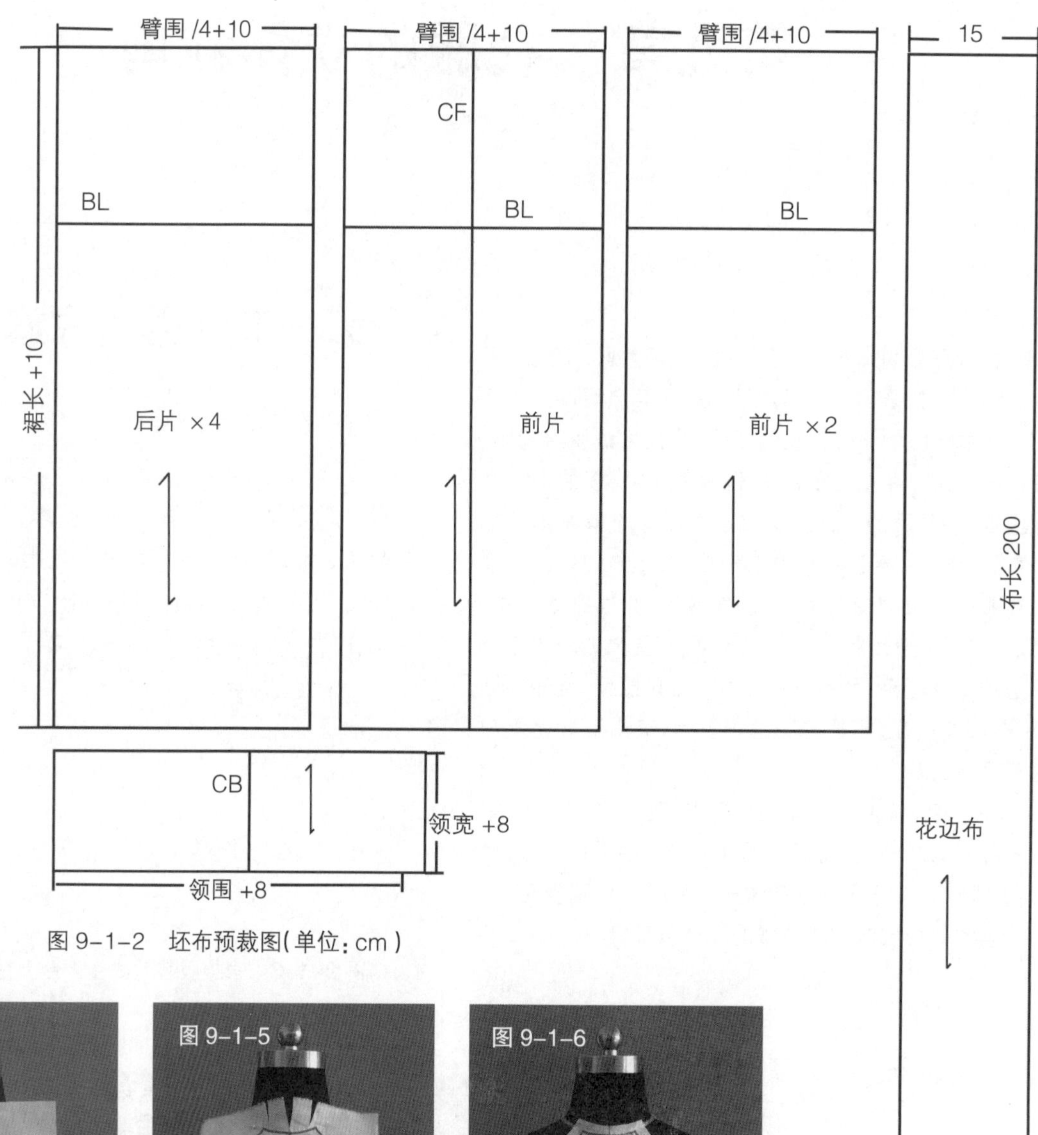

图 9-1-2 坯布预裁图(单位:cm)

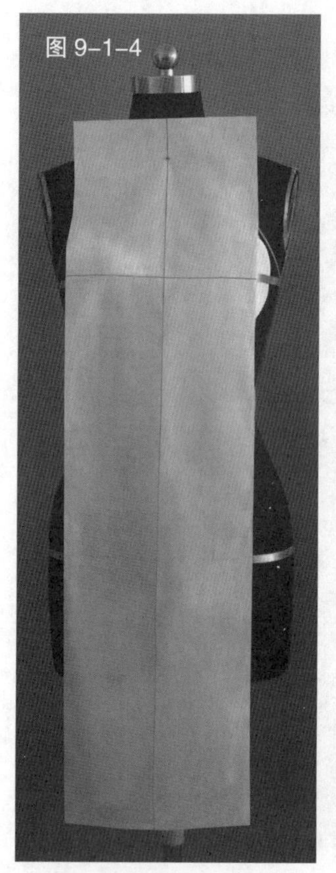

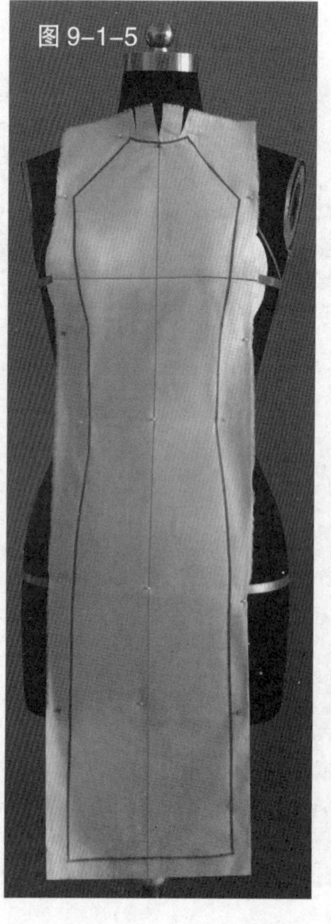

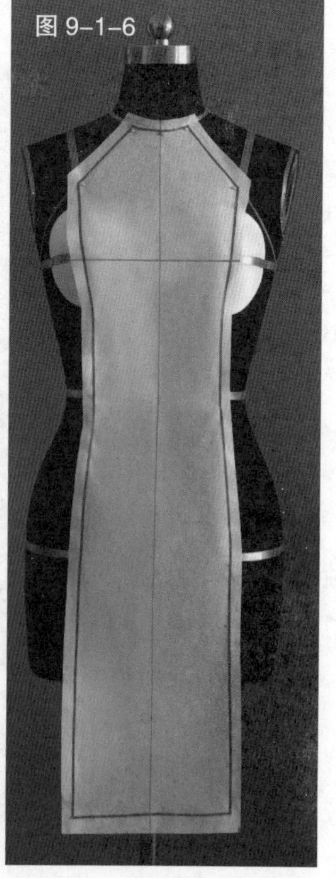

(3)操作步骤

见图 9-1-3 ~ 图 9-1-24。

图 9-1-4 预裁前裙片用布并固定于人台,对准标识线

图 9-1-5 用色带标记出需要的裙片造型

图 9-1-6 修剪毛边

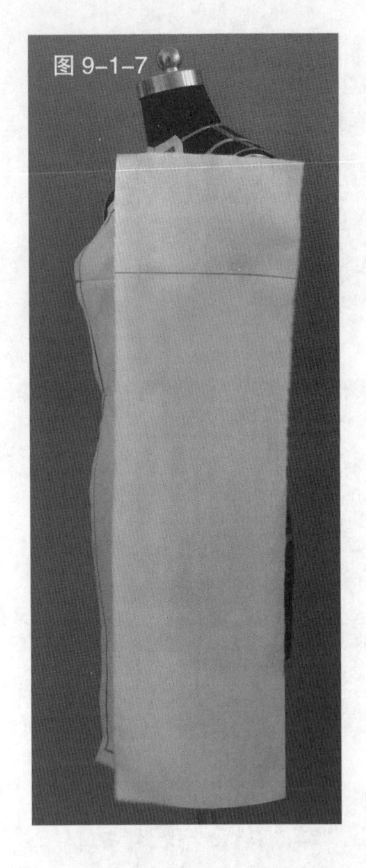

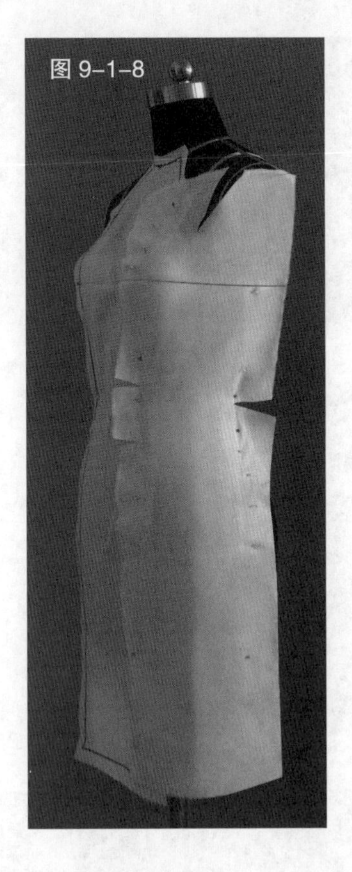

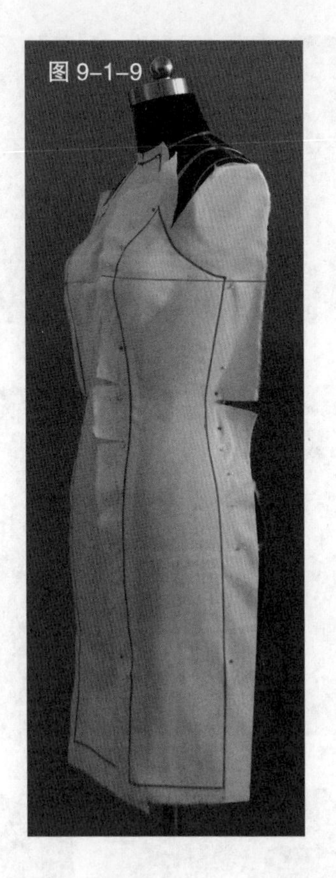

图 9-1-7 预裁侧边的两片衣片，固定于人台侧缝处并对准标识线

图 9-1-8 为使衣片贴合人台，在腰间做适量剪口

图 9-1-9 用色带标记出需要的造型

图 9-1-10 修剪毛边

图 9-1-11 用相同的方法完成服装的其他布片

图 9-1-12 用相同的方法裁剪服装的后衣片

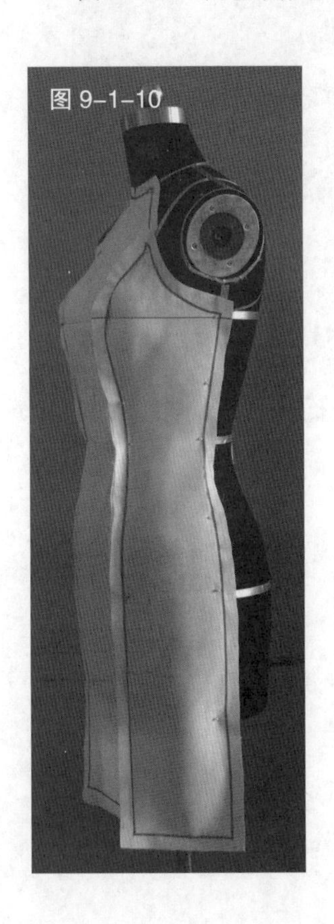

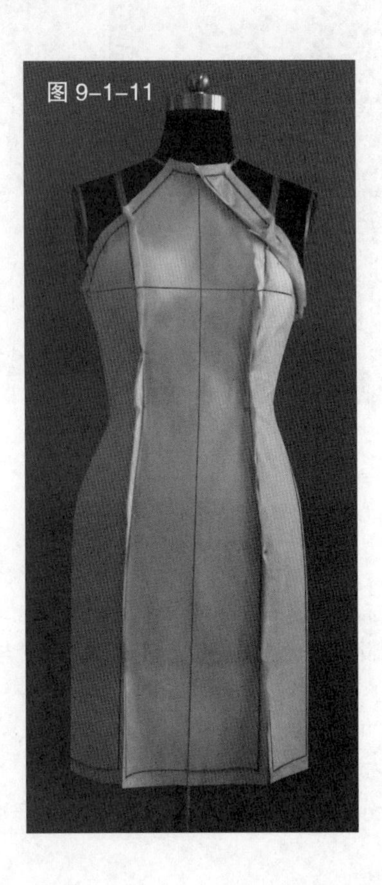

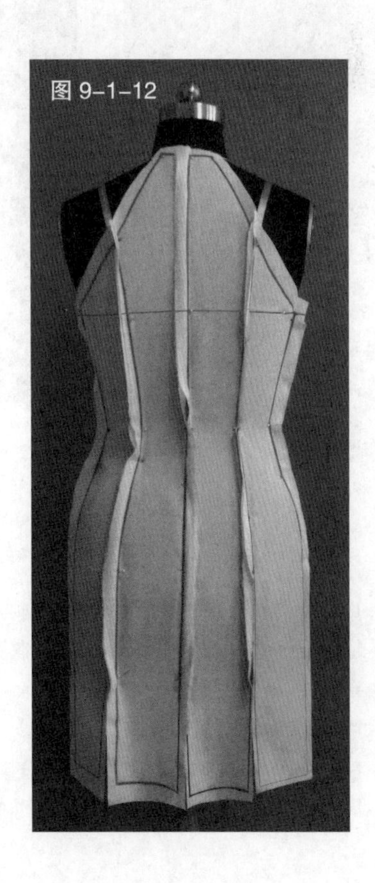

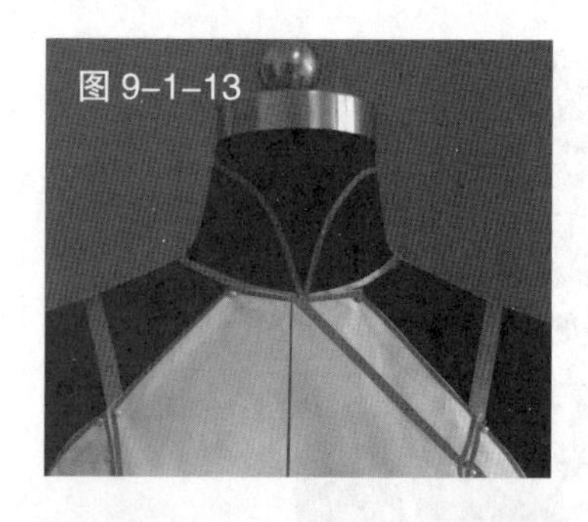
图 9-1-13

图 9-1-14

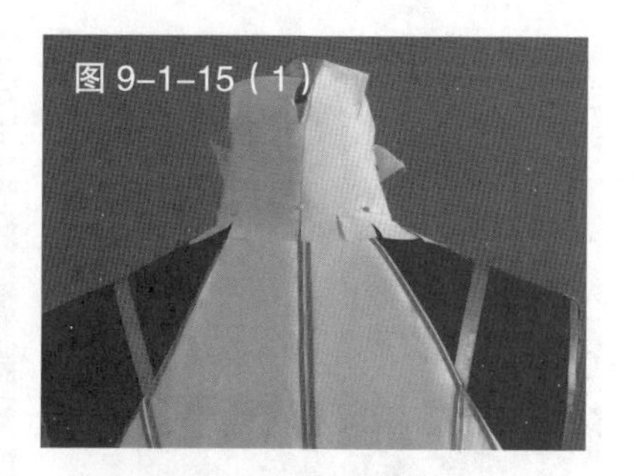
图 9-1-15（1）

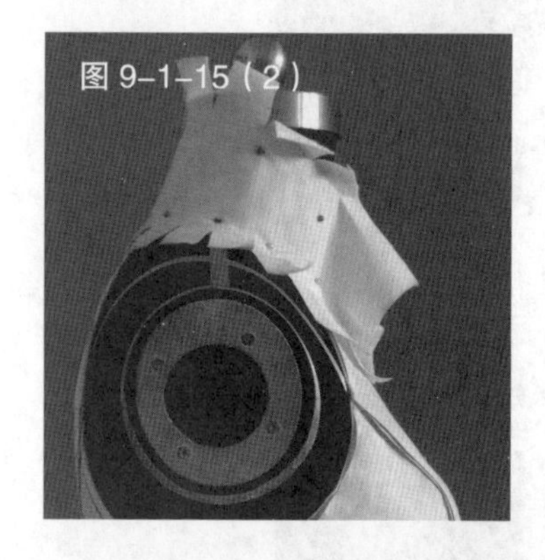
图 9-1-15（2）

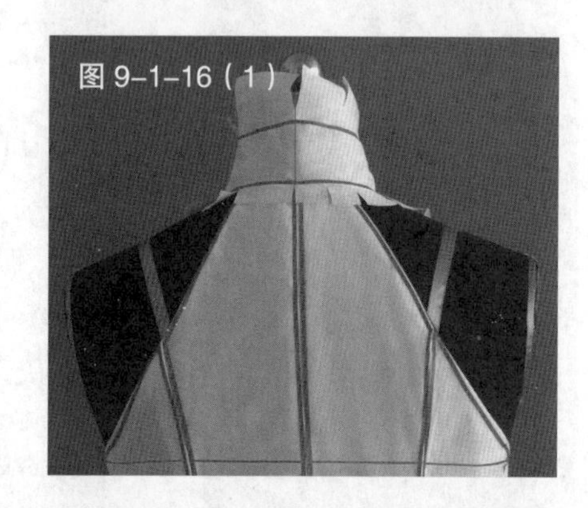
图 9-1-16（1）

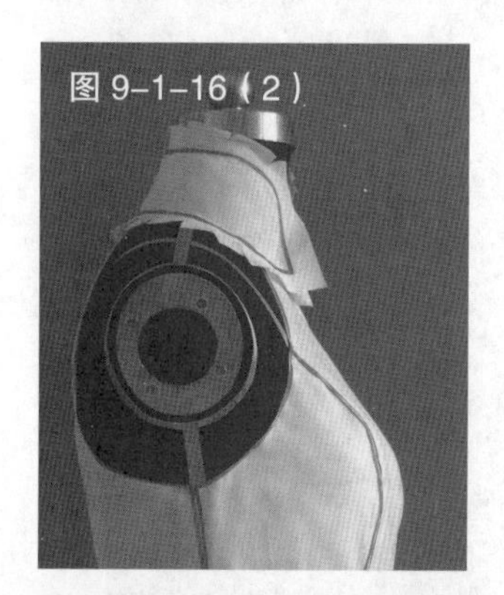
图 9-1-16（2）

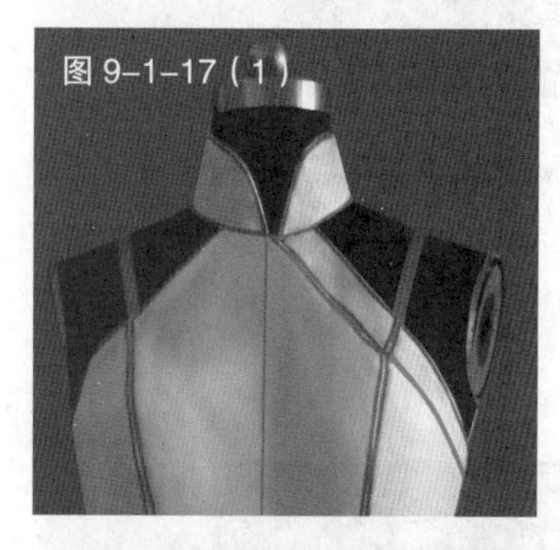
图 9-1-17（1）

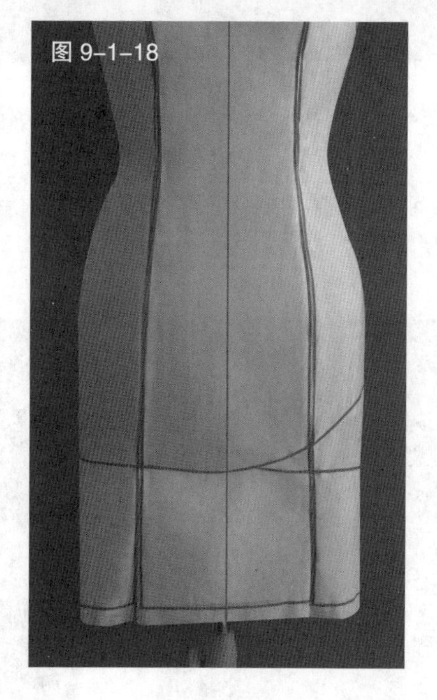
图 9-1-18

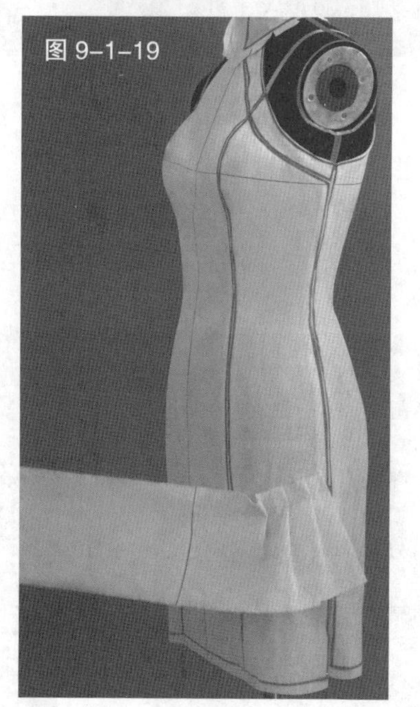
图 9-1-19

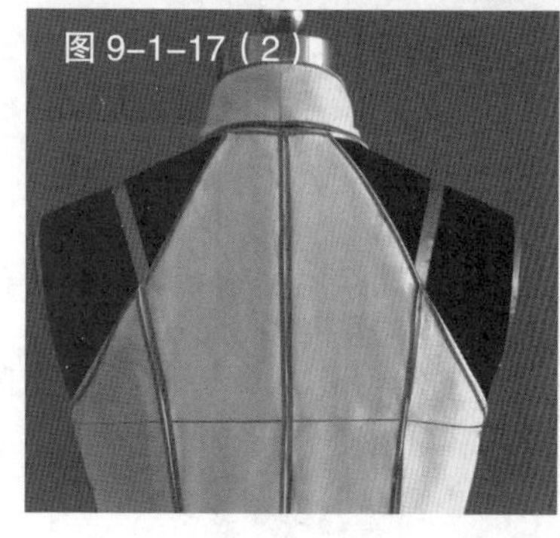
图 9-1-17（2）

图 9-1-13　裁剪立领
图 9-1-14　依据领围及领宽尺寸预裁领片，布片对准颈围后中心线
图 9-1-15　将领片由颈围后中心线处向颈部两边贴合，并做适当剪口，确保领片与颈部贴合
图 9-1-16　依据领型贴色带
图 9-1-17　完成的领子造型
图 9-1-18　用色带在裙下摆处标记出安装花边的位置
图 9-1-19　预裁一条长约 200cm、宽约 15cm 的布条作为花边，从裙摆的侧缝开始安装

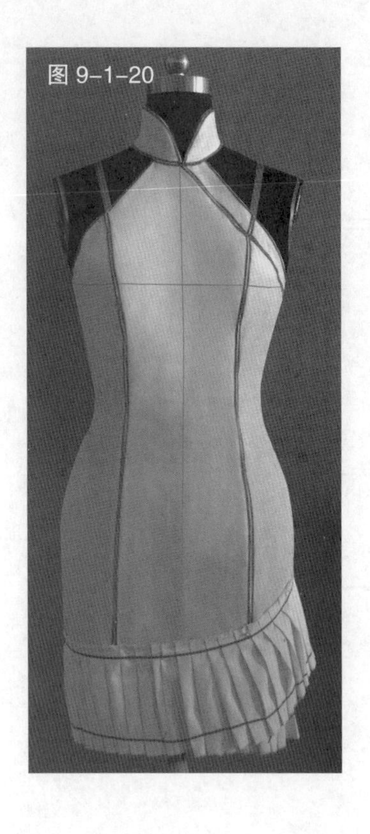

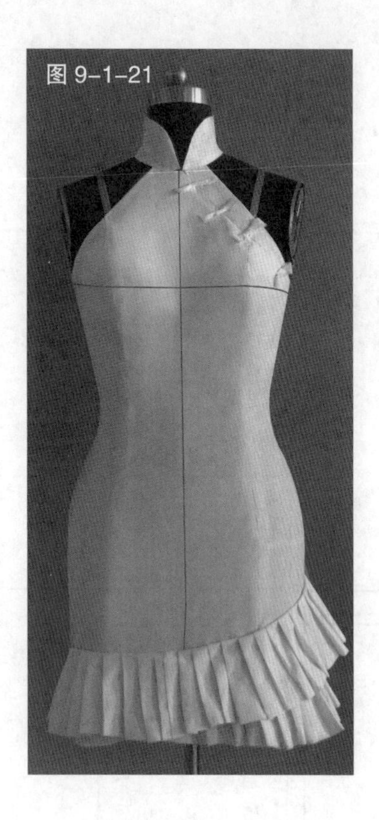

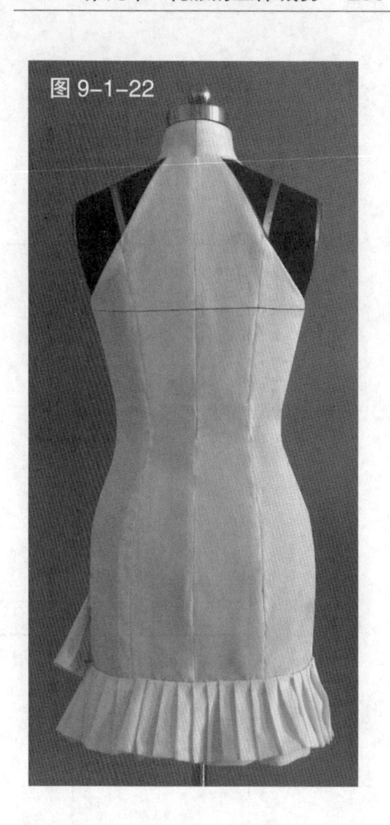

图 9-1-20 花边安装完毕
图 9-1-21 完成后的旗袍正面造型
图 9-1-22 完成后的旗袍背面造型
图 9-1-23 依据裁剪的布样制作的旗袍成衣正面造型
图 9-1-24 依据裁剪的布样制作的旗袍成衣侧面造型

图 9-1-23

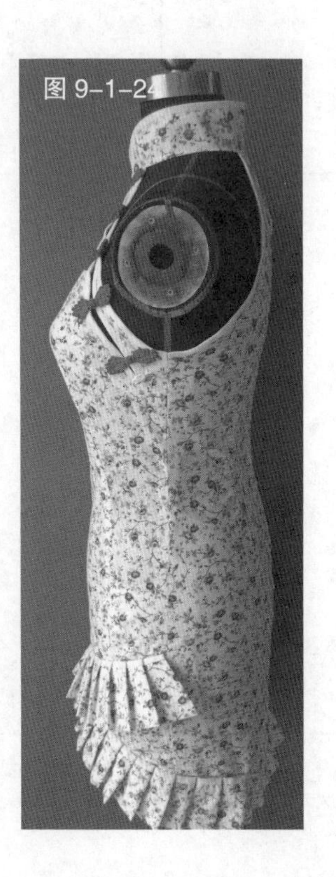

第二节 胸部镂空式旗袍

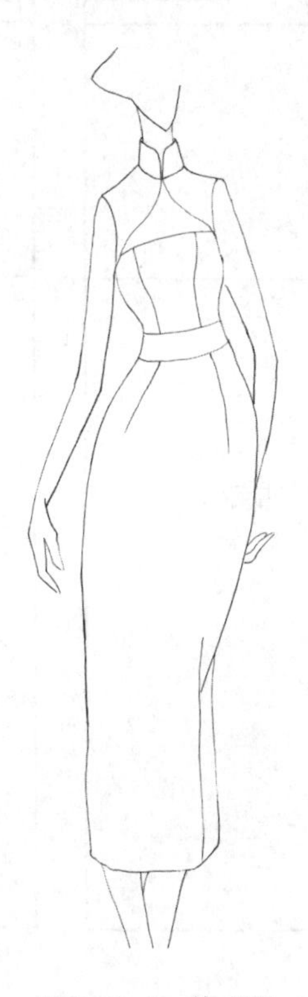

图 9-2-1 款式图

（1）款式解析

该款旗袍大胆运用胸部分割、镂空的造型技法，营造出假坎肩的巧妙结构；胸部的分割曲线与圆润的立领造型浑然一体，既体现了服装灵动的曲线美，又凸显旗袍的优雅气质（见图 9-2-1）。

（2）坯布准备

见图 9-2-2。

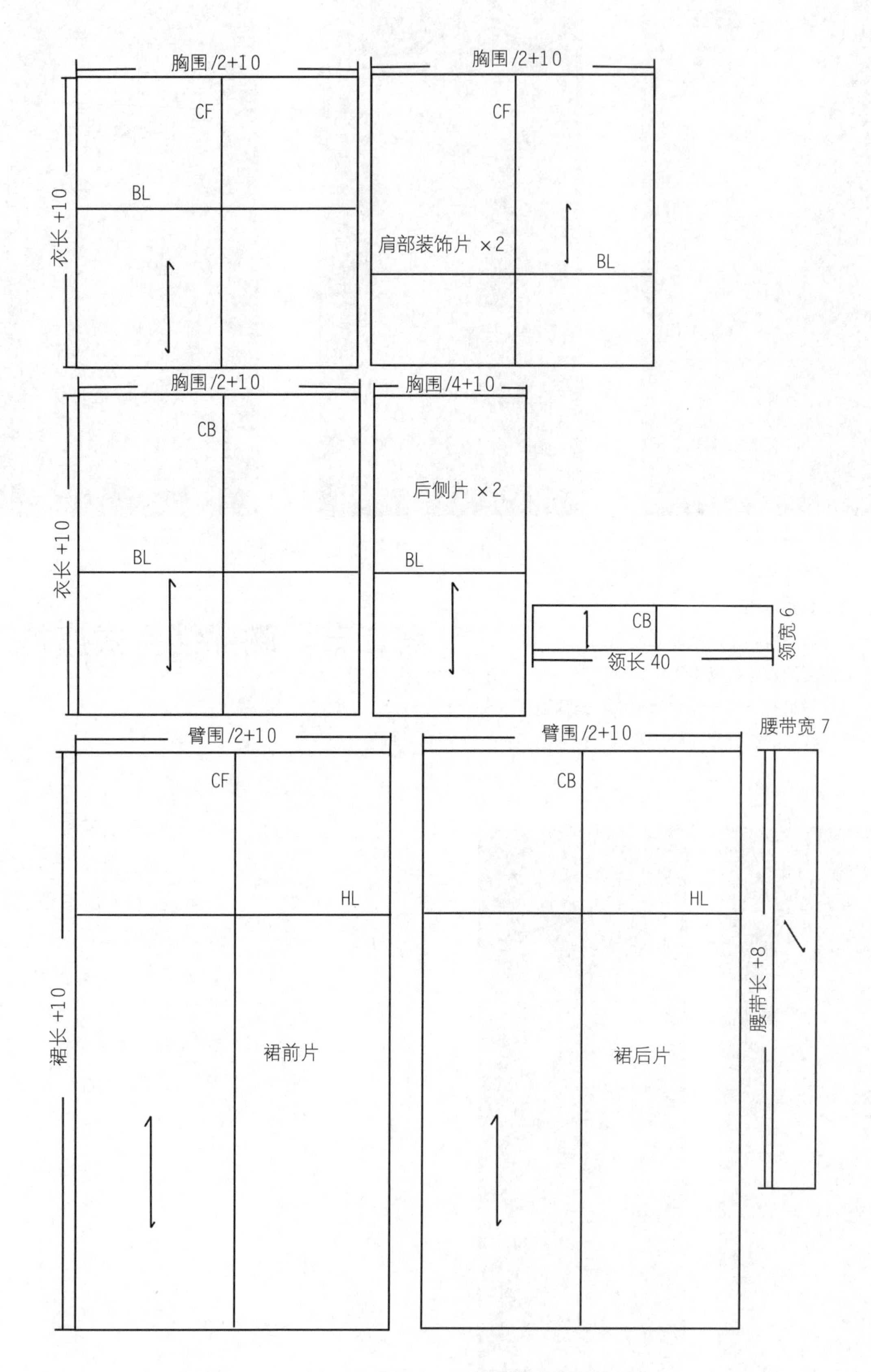

图 9-2-2 坯布预裁图（单位：cm）

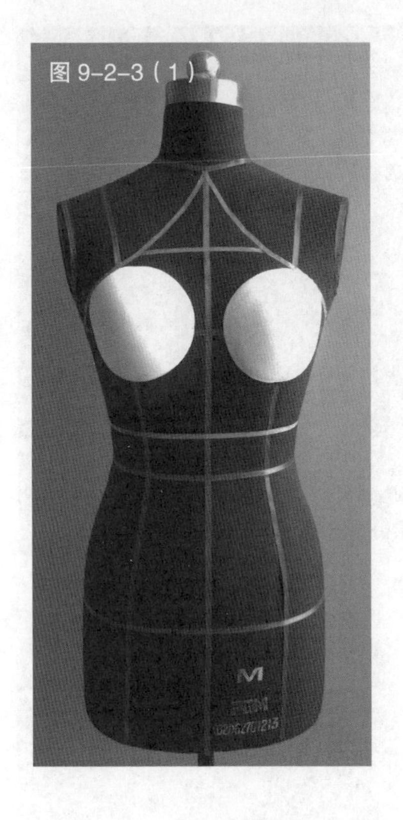
图 9-2-3（1）

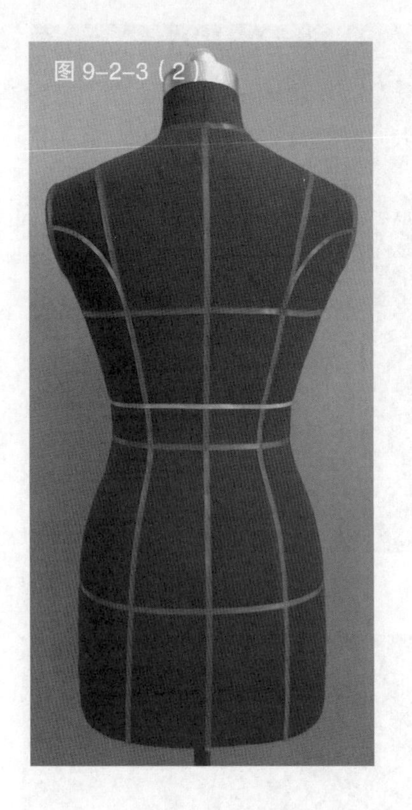
图 9-2-3（2）

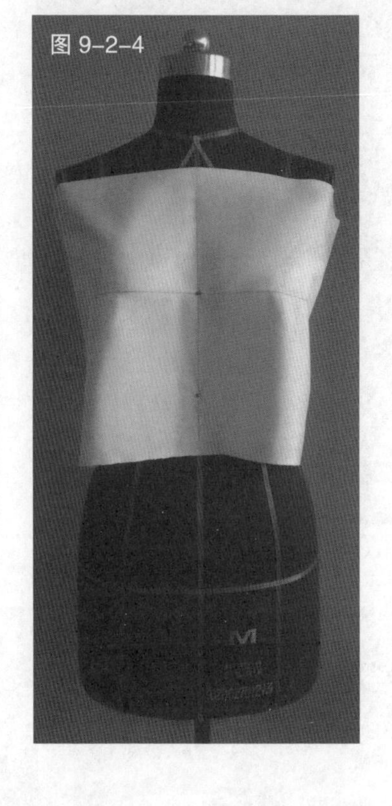
图 9-2-4

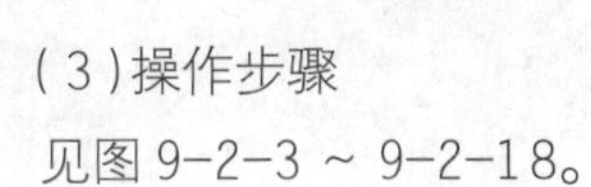
（3）操作步骤

见图 9-2-3 ~ 9-2-18。

图 9-2-3 根据服装款式在人台上粘贴款式造型线

图 9-2-4 预裁前胸部衣片

图 9-2-5 在公主线处做胸省造型

图 9-2-6 裁剪完成的前胸衣造型

图 9-2-7 预裁肩部造型的布料

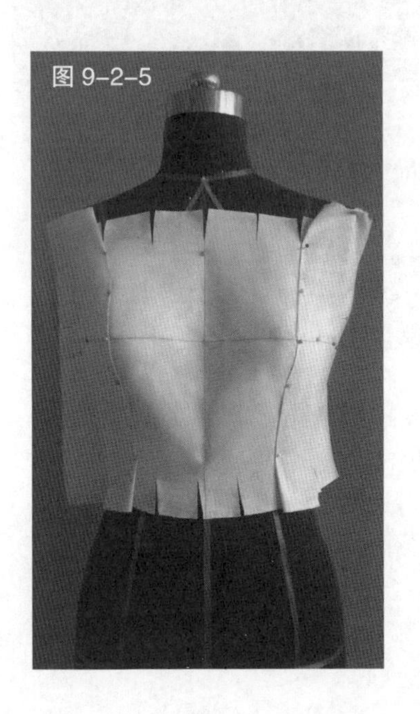
图 9-2-5

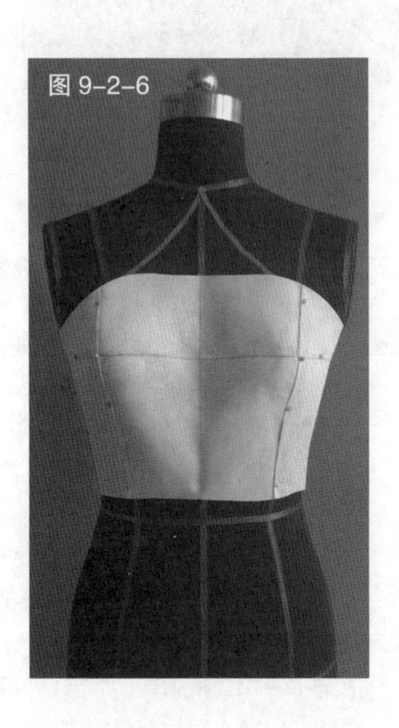
图 9-2-6

图 9-2-7

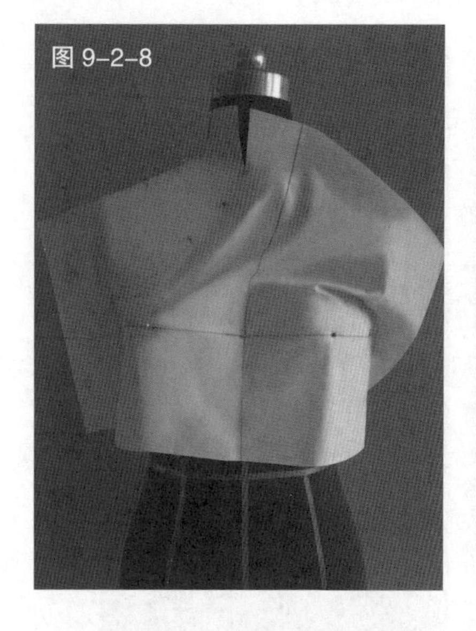
图 9-2-8

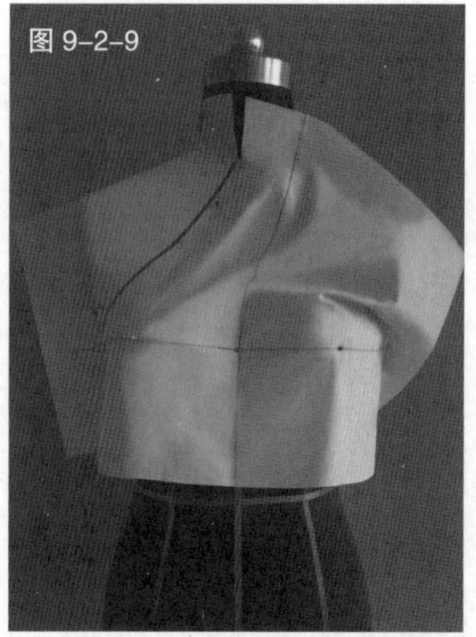
图 9-2-9

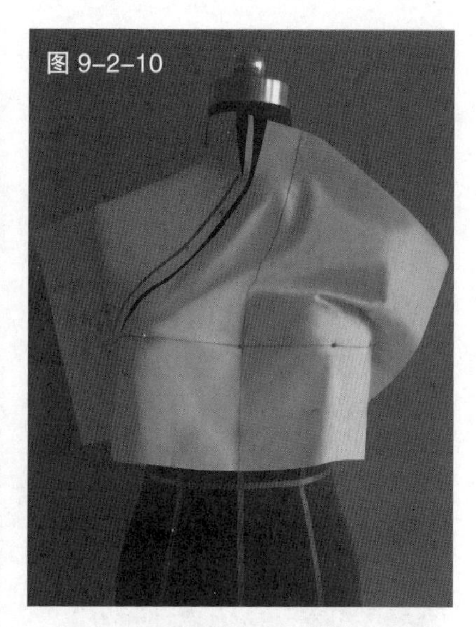
图 9-2-10

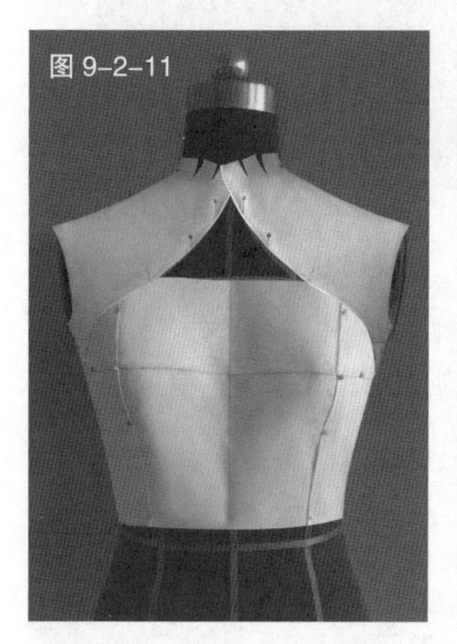
图 9-2-11

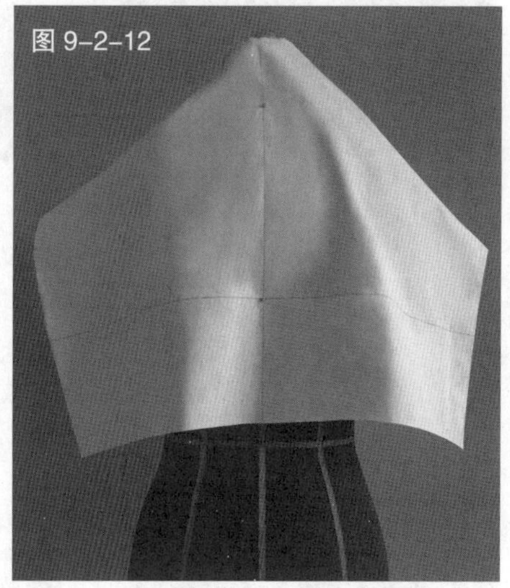
图 9-2-12

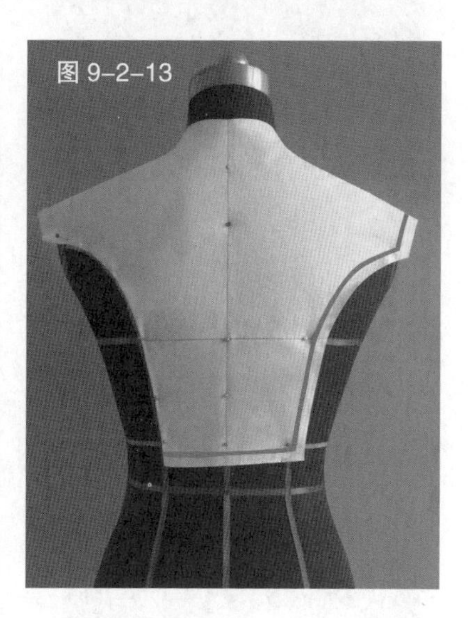
图 9-2-13

图 9-2-14

图 9-2-15

图 9-2-8　将布料与肩部贴合，适当地打剪口

图 9-2-9　用色带标记出需要的衣片造型线

图 9-2-10　修剪毛边

图 9-2-11　用相同方法完成另一侧肩部造型的裁剪

图 9-2-12　预裁后衣片用布，把它对准人台后中心线和胸围线并固定

图 9-2-13　用相同的方法修剪毛边

图 9-2-14　后片完成的效果

图 9-2-15　裁剪领片，长约 38cm、宽约 3cm，并把它与衣片连接

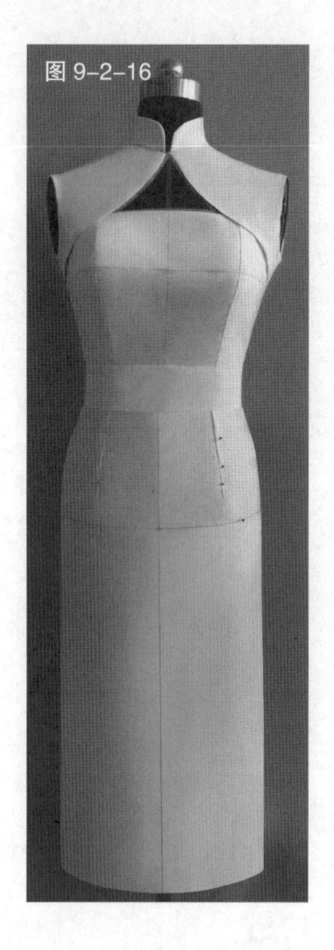
图 9-2-16

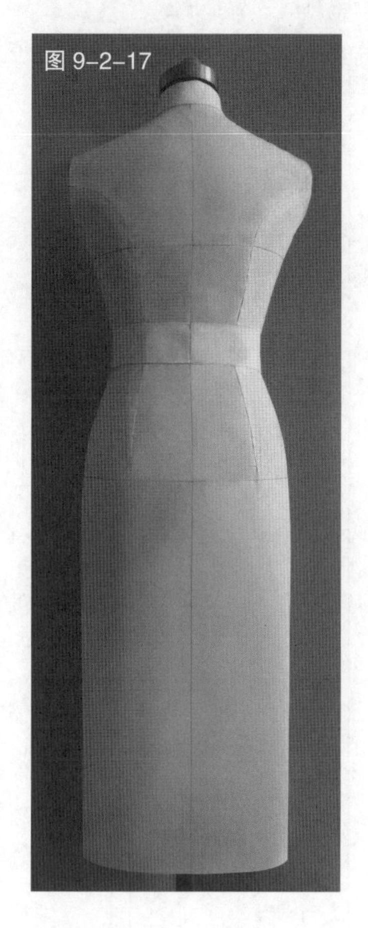
图 9-2-17

图 9-2-18

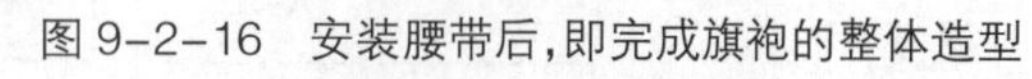

图 9-2-16　安装腰带后，即完成旗袍的整体造型

图 9-2-17　完成旗袍的背面造型

图 9-2-18　依据裁剪的布样制作的旗袍成衣

第三节　门襟开衩式旗袍

（1）款式解析

该款旗袍大胆运用胸部分割、镂空的造型技法，营造出假坎肩的巧妙结构；胸部的分割曲线与圆润的立领造型浑然一体，既体现了服装灵动的曲线美，又凸显旗袍的优雅气质（见图 9-3-1）。

（2）坯布准备

见图 9-3-2。

（3）操作步骤

见图 9-3-3 ~ 图 9-3-18。

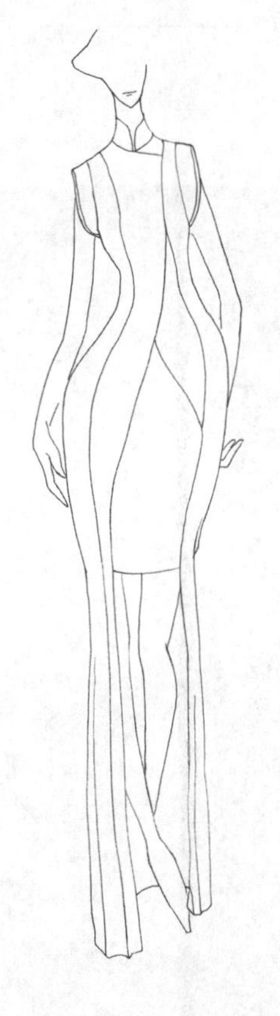

图 9-3-1　款式图

图 9-3-3　根据服装款式在人台上粘贴款式造型线

图 9-3-4　预裁左侧前衣片固定于人台，并对准基准线

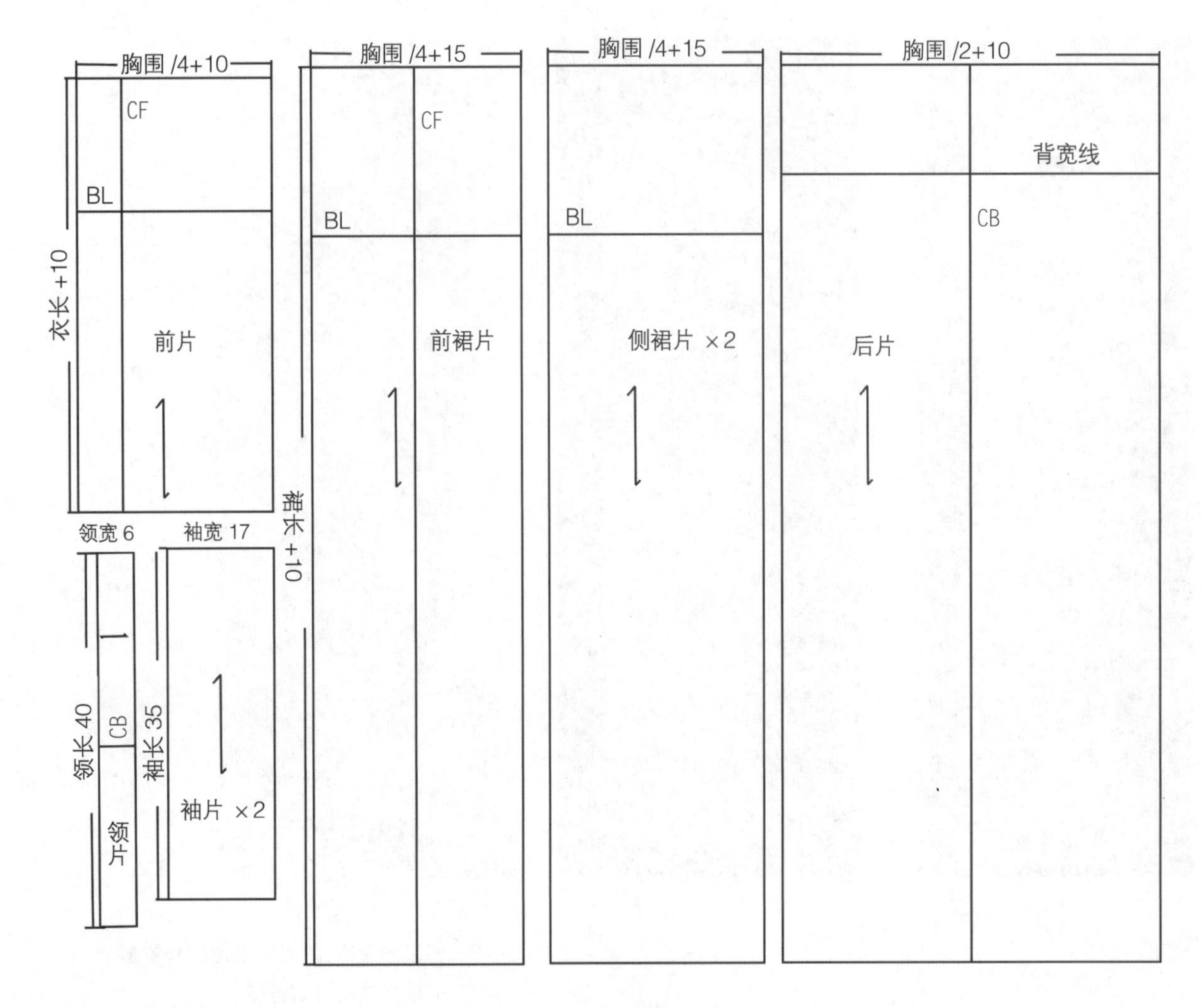

图 9-3-2 坯布预裁图(单位:cm)

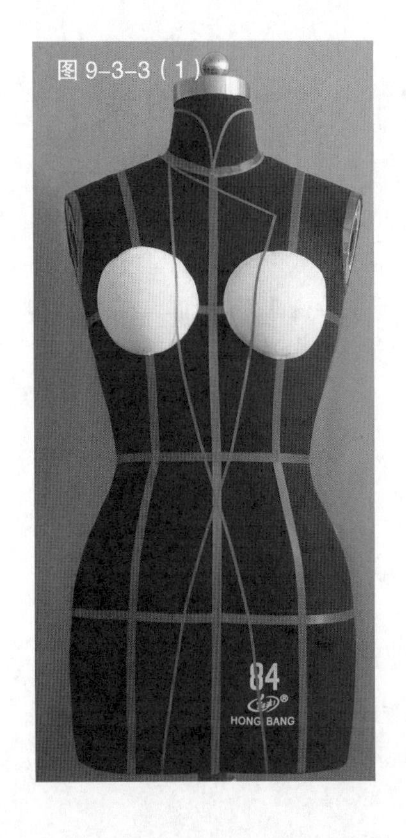

图 9-3-3(1)

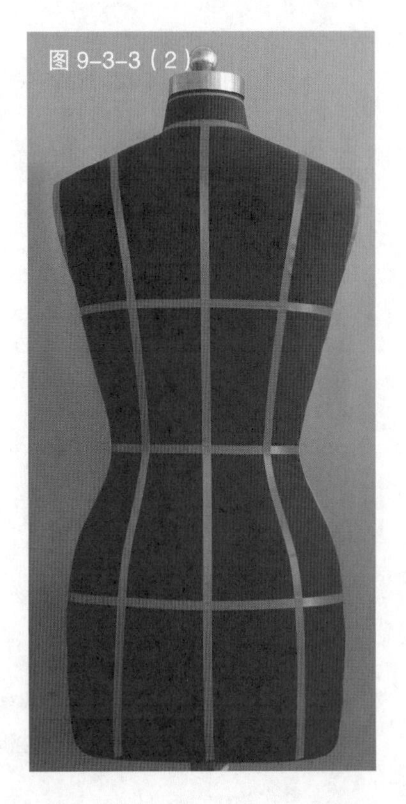

图 9-3-3(2)

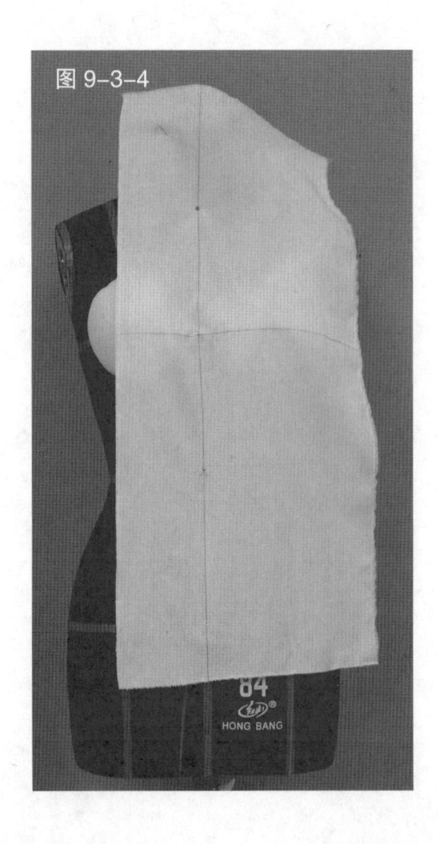

图 9-3-4

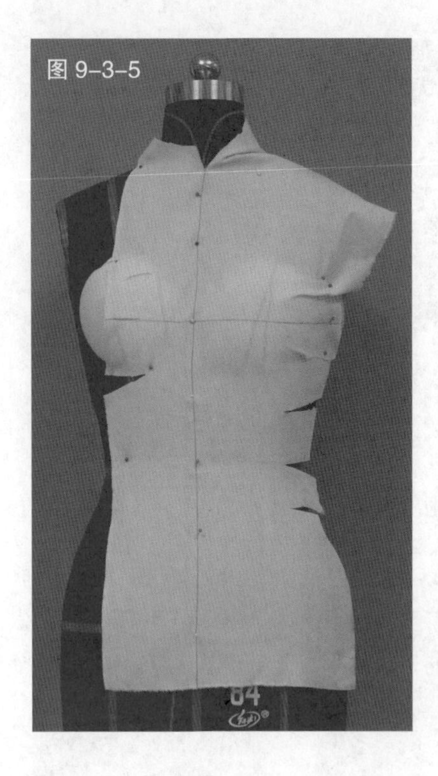
图 9-3-5

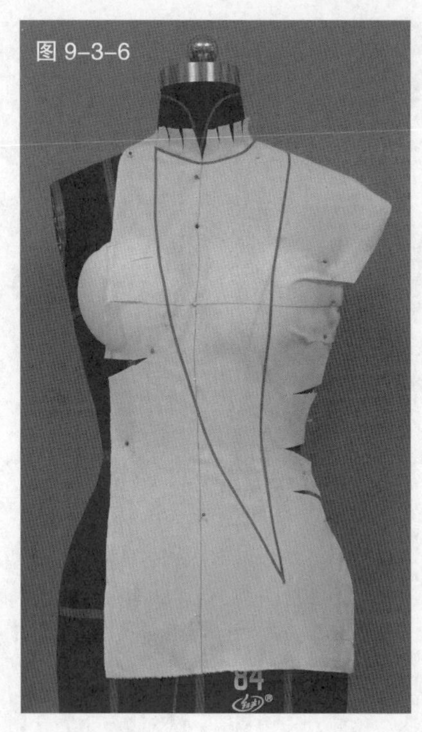
图 9-3-6

图 9-3-7

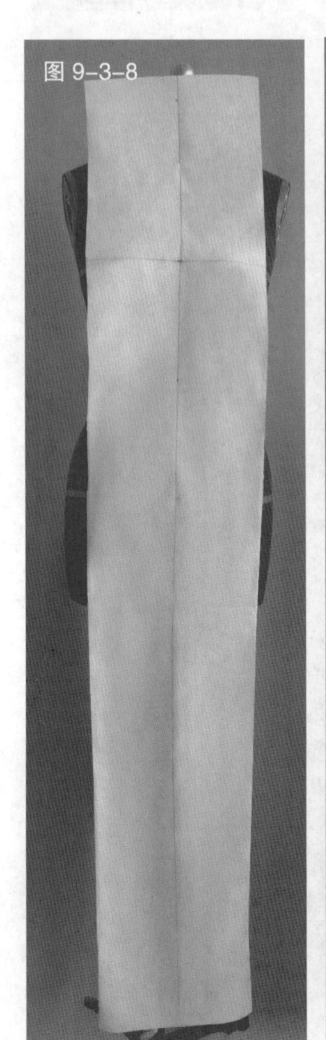
图 9-3-8

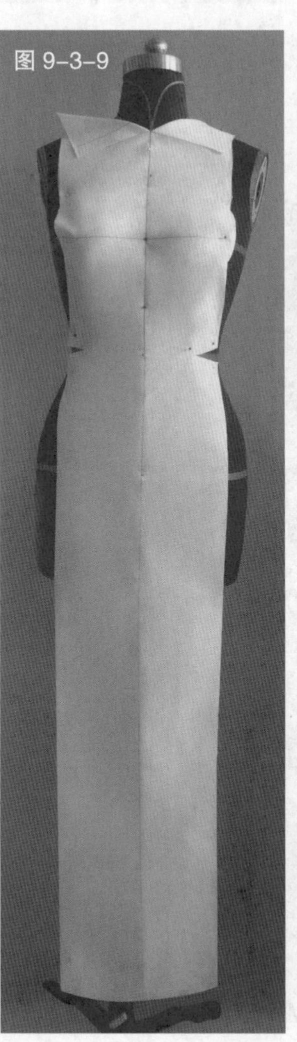
图 9-3-9

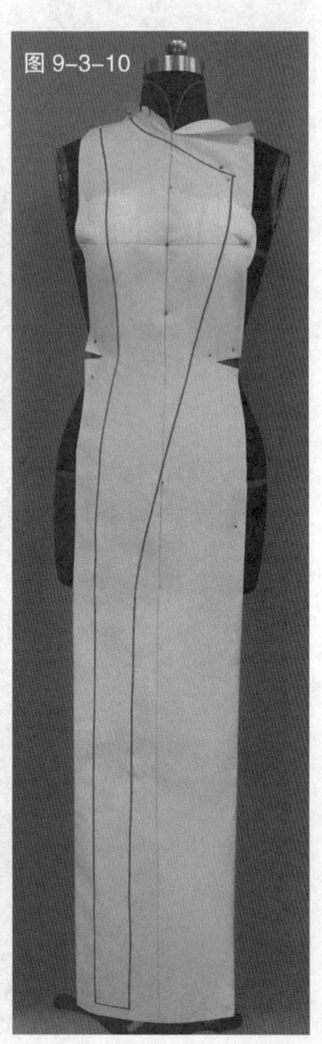
图 9-3-10

图 9-3-5 适当做剪口,确保布片与人台贴合

图 9-3-6 用色带标记出需要的造型线

图 9-3-7 修剪毛边,完成该布片的裁剪

图 9-2-8 将预裁好的前右侧衣片固定于人台，并对准人台前中心线和胸围线

图 9-2-9 做剪口以确保布片贴合

图 9-2-10 用色带标记出需要的造型线

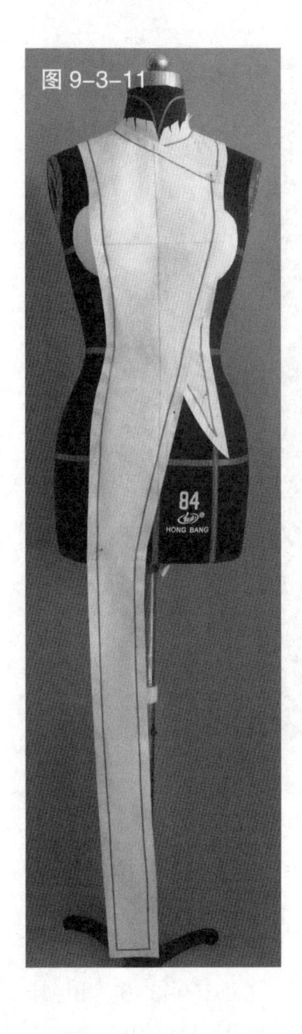

图 9-3-11

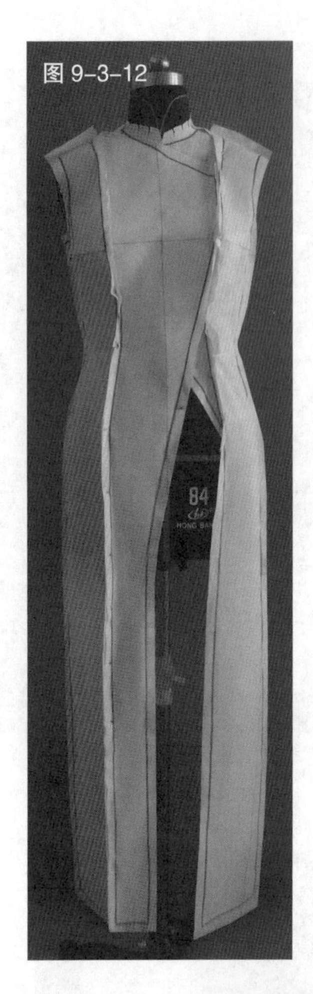
图 9-3-12

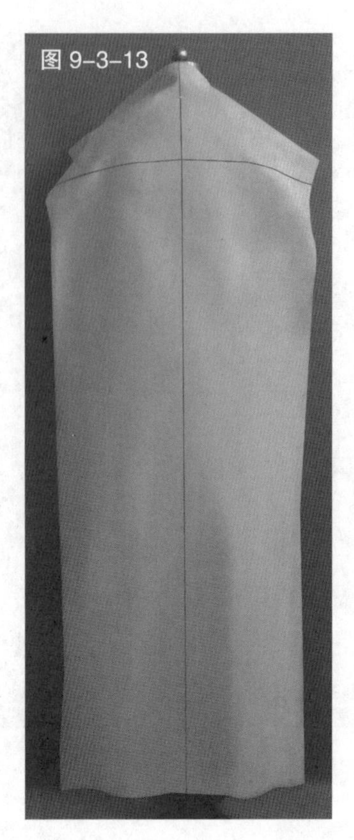
图 9-3-13

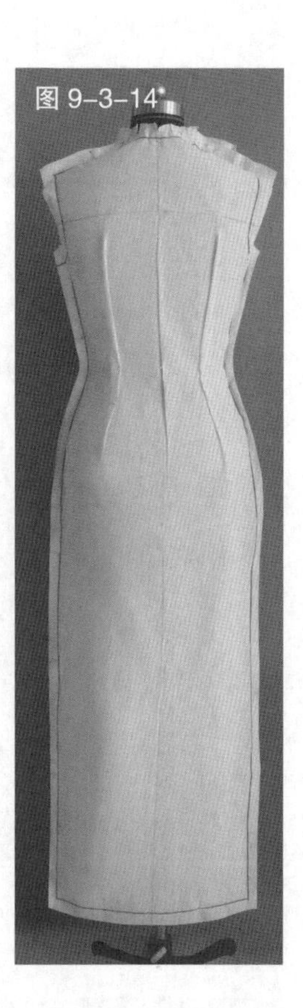
图 9-3-14

图 9-2-11　修剪毛边

图 9-2-12　用相同方法完成其他各衣片

图 9-3-13　预裁后片用布，把它对准人台后中心线和胸围线

图 9-3-14　完成后片的裁剪

图 9-3-15　完成立领的裁剪

图 9-3-16　完成两侧袖片的裁剪和制作

图 9-3-17　完成后的旗袍造型

图 9-3-18　依据裁剪的布样制作的旗袍成衣

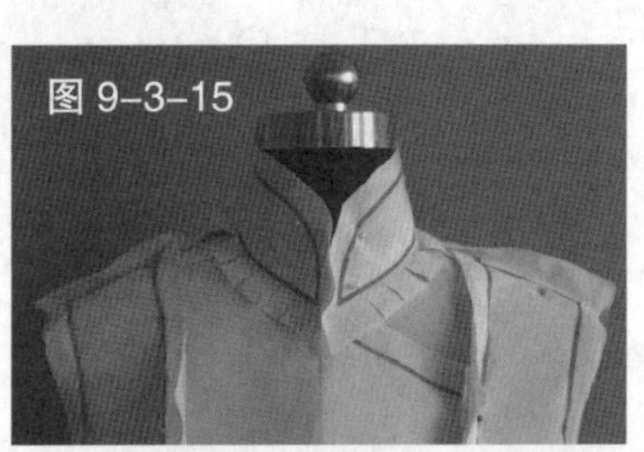
图 9-3-15

图 9-3-16

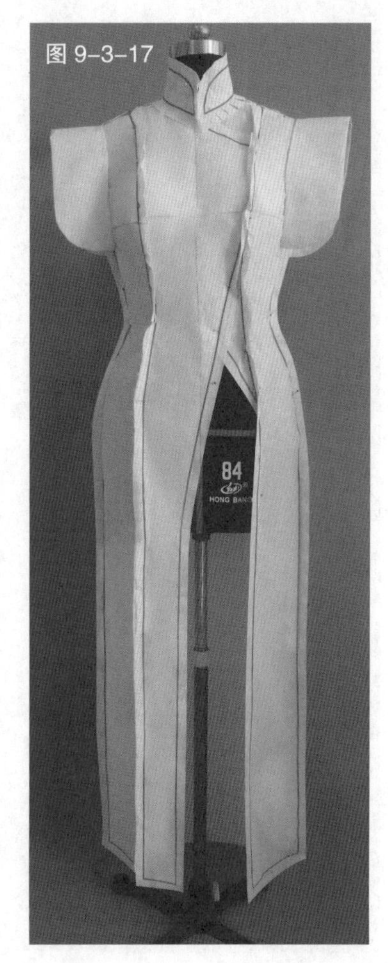

图 9-3-17

第四节　褶裥裙摆小礼服

图 9-4-1　款式图

（1）款式解析

抹胸收腰式小礼服，胸部和腰臀部用细小褶裥造型装饰，肩部的花饰与裙摆的层叠褶裥遥相呼应，雍容华贵，且整体感极强（见图 9-4-1）。

（2）坯布准备

见图 9-4-2。

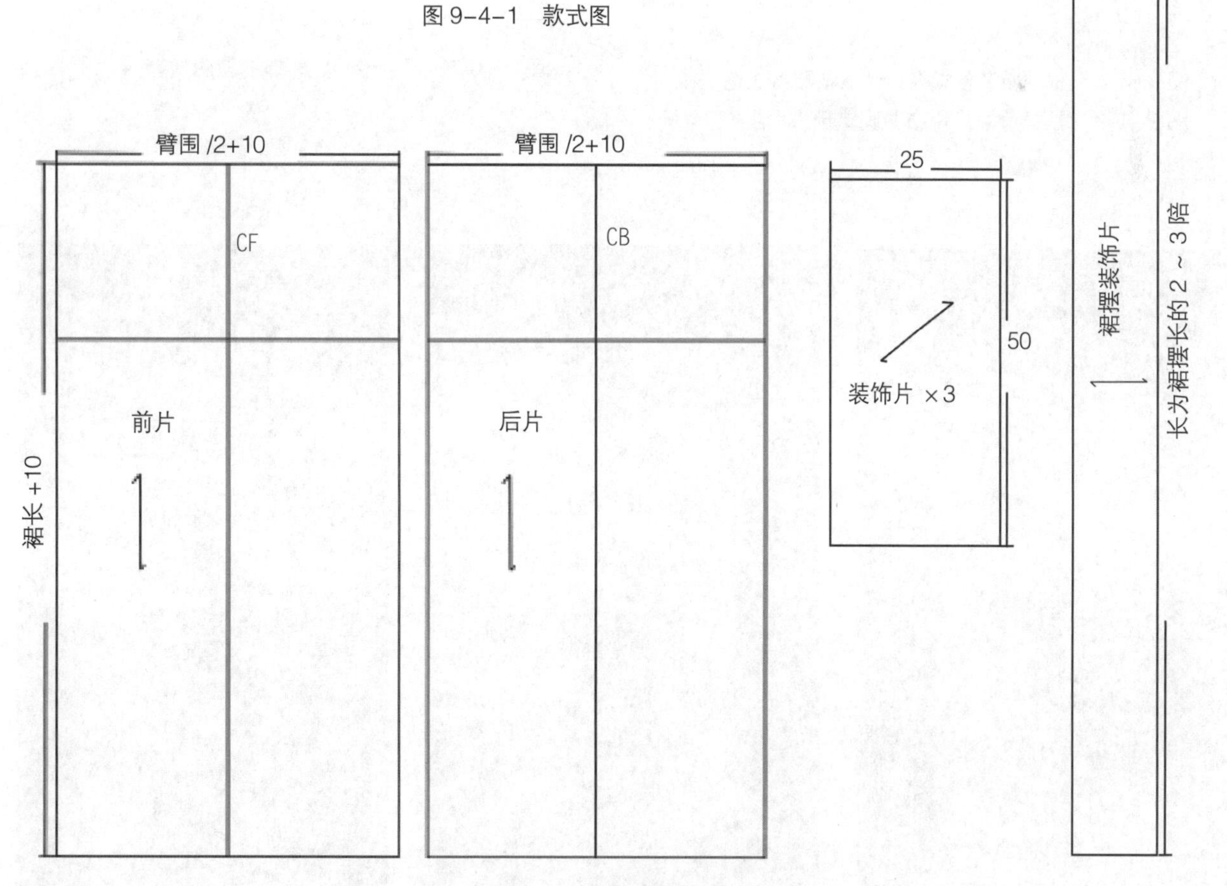

图 9-4-2　坯布预裁图（单位：cm）

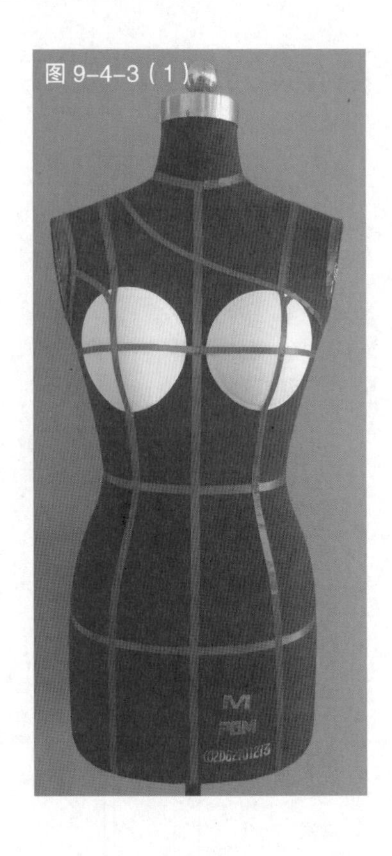
图 9-4-3（1）

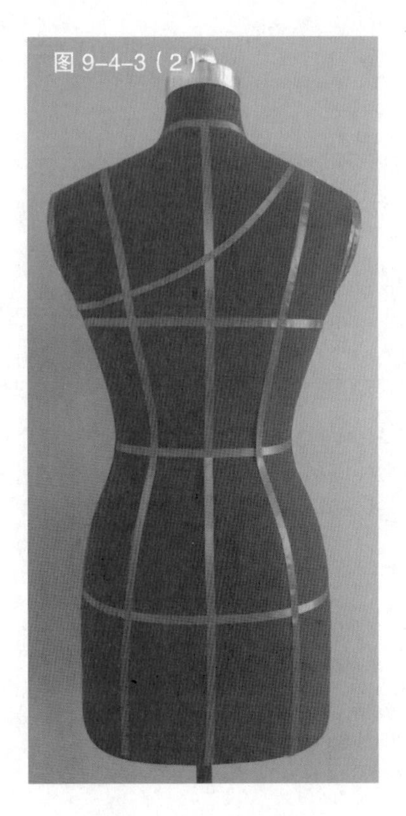
图 9-4-3（2）

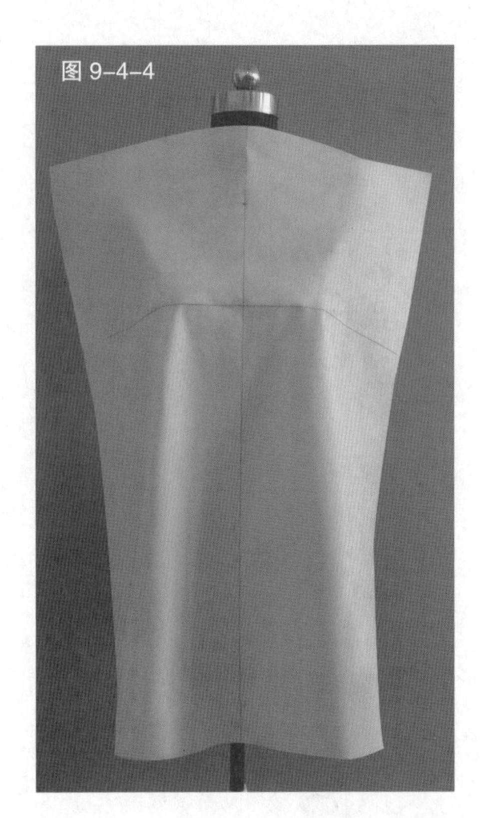
图 9-4-4

（3）操作步骤

见图 9-4-3 ~ 图 9-4-24。

图 9-4-3　根据服装款式在人台上粘贴款式造型线

图 9-4-4　预裁前裙片用布并固定于人台上，对准标识线

图 9-4-5　用色带确定袖窿省位置

图 9-4-6　完成袖窿省

图 9-4-7　用色带确定领口的轮廓造型

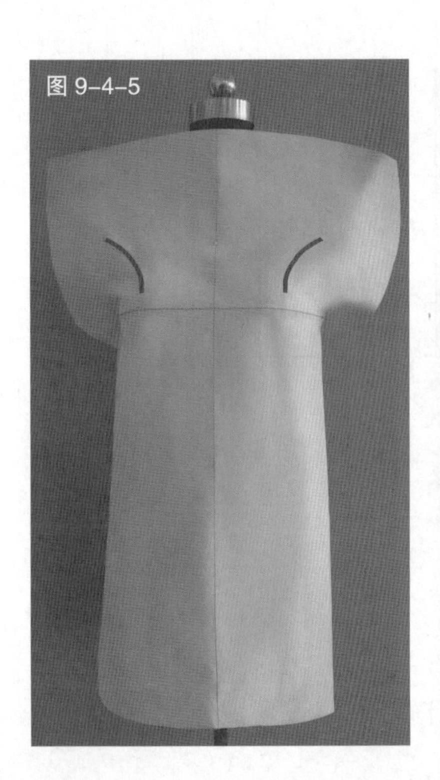
图 9-4-5

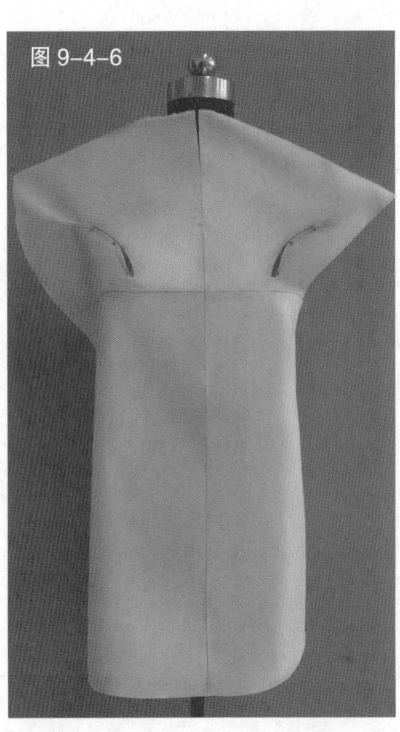
图 9-4-6

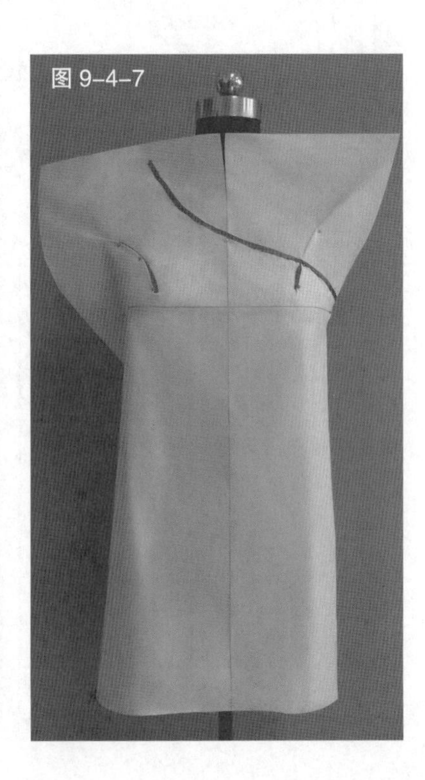
图 9-4-7

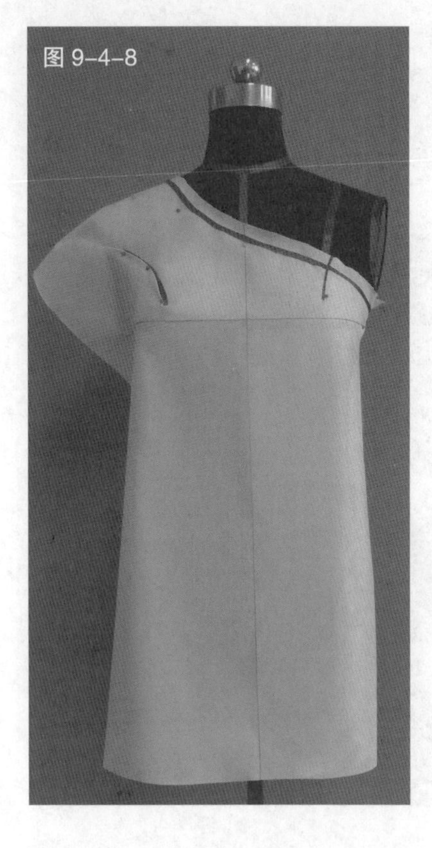

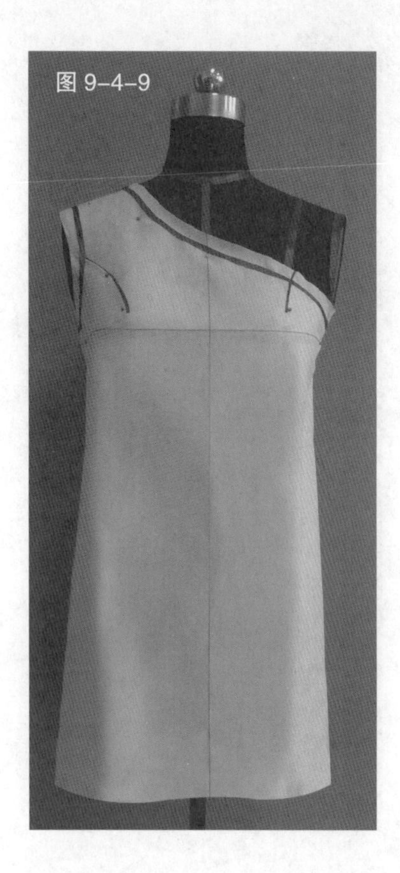

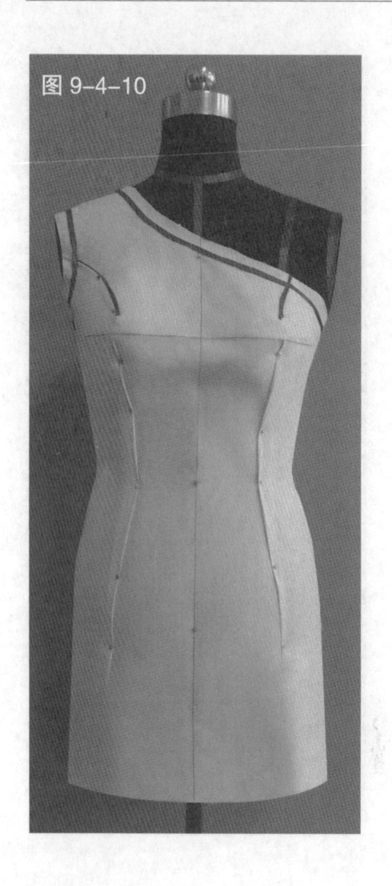

图 9-4-8　完成领口的裁剪

图 9-4-9　用色带确定袖窿的轮廓造型，完成袖窿的裁剪

图 9-4-10　完成前片腰省的制作

图 9-4-11　完成后片腰省的制作

图 9-4-12　完成裙身正面的造型

图 9-4-13　完成裙身背面的造型

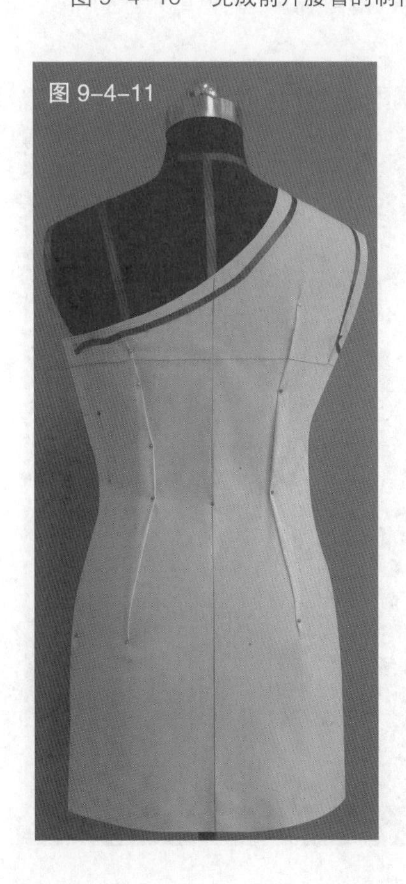

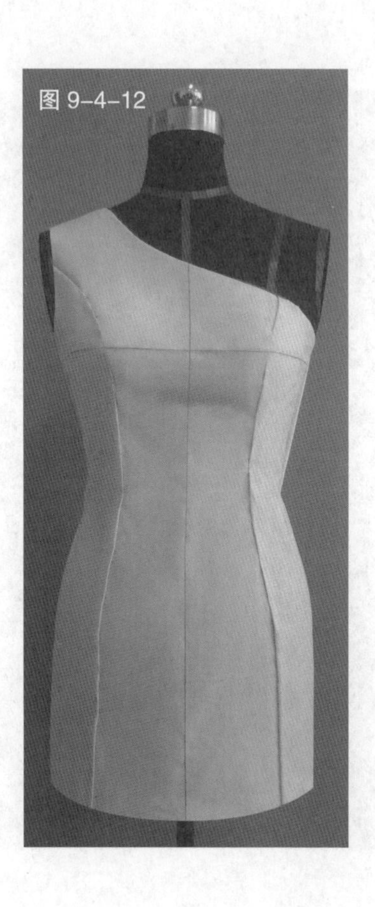

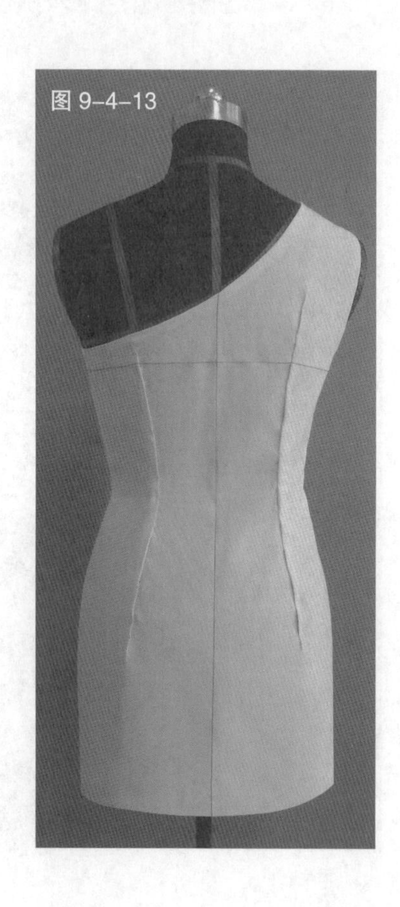

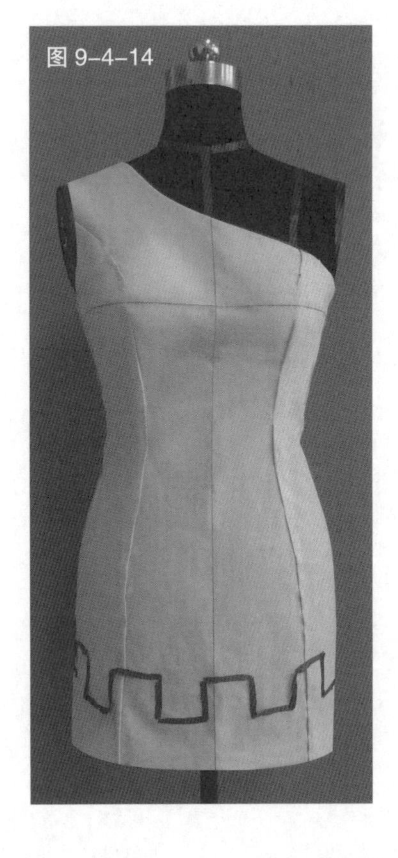

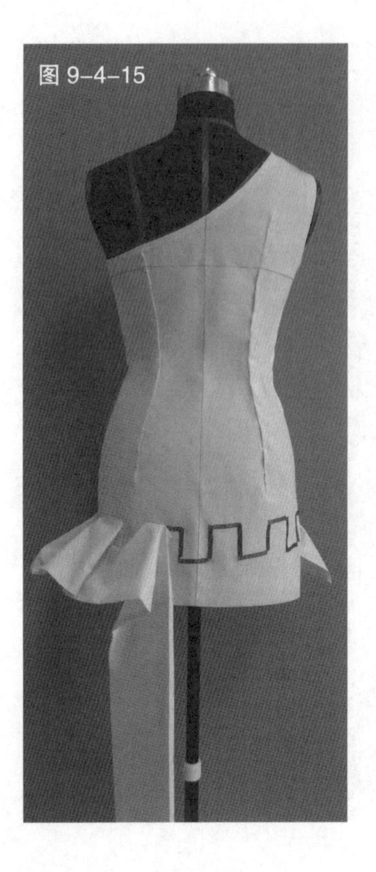

图 9-4-14　用色带标注裙下摆安装褶裥花边的位置

图 9-4-15　预裁长度约裙摆围度 2 ~ 3 倍、宽约 10cm 的布条，折好毛边，由侧缝处开始安装花边

图 9-4-16　安装好的花边造型

图 9-4-17　制作花朵并装饰于肩部

图 9-4-18　完成袖窿省

图 9-4-19　从侧缝处缩缝布料，使其产生细小褶纹

图 9-4-20 边做边用缲针法固定

图 9-4-21 用与前面相同的方法完成左侧胸部的褶纹布样

图 9-4-22 同样用针线固定

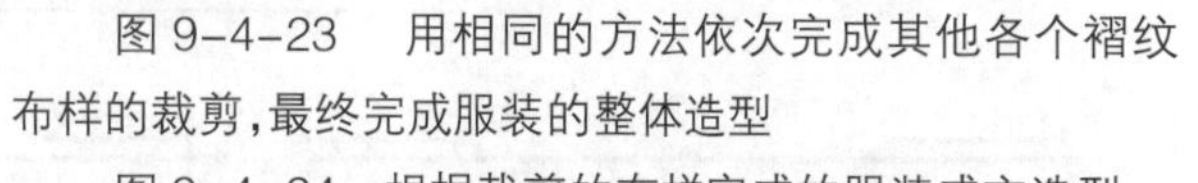

图 9-4-23 用相同的方法依次完成其他各个褶纹布样的裁剪，最终完成服装的整体造型

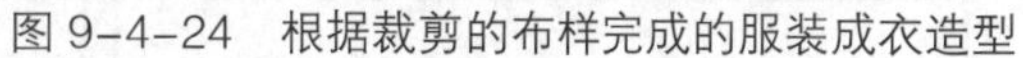

图 9-4-24 根据裁剪的布样完成的服装成衣造型

第五节　胸部折纸小礼服

(1)款式解析

礼服设计中的胸部造型绝对是设计的焦点，利用立体造型的手法对胸部进行修饰，来衬托女式礼服的美感；以儿时的折纸造型进行装饰，凸显礼服的现代气息和独有的童趣性，多层的裙摆设计又使礼服更具动感(见图 9-5-1)。

(2)坯布准备

见图 9-5-2。

(3)操作步骤

见图 9-5-3 ~ 图 9-5-18。

图 9-5-1　款式图

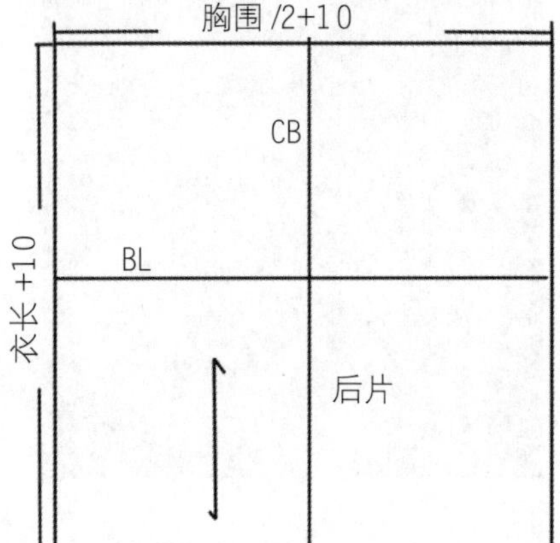
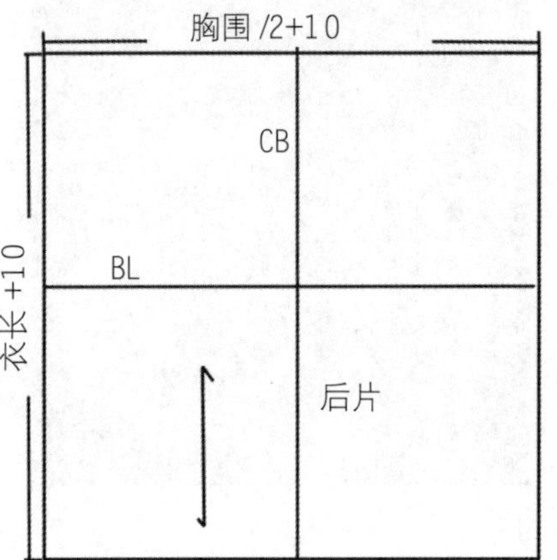

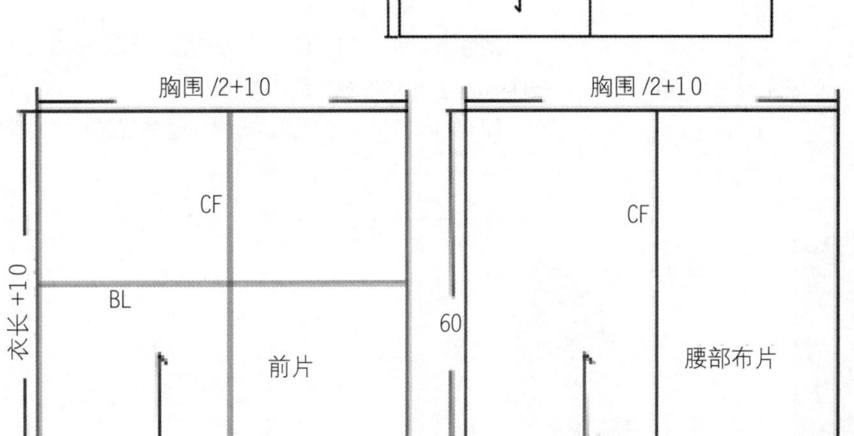

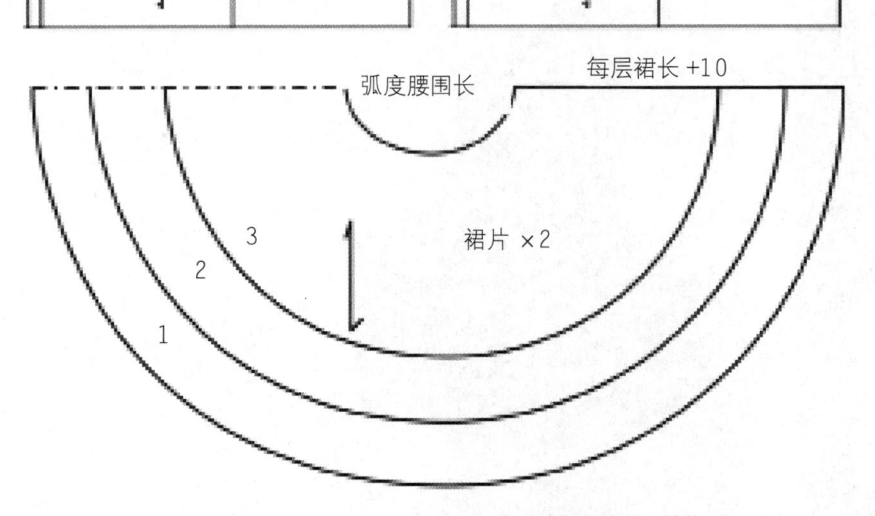

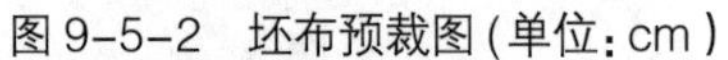

图 9-5-2　坯布预裁图(单位：cm)

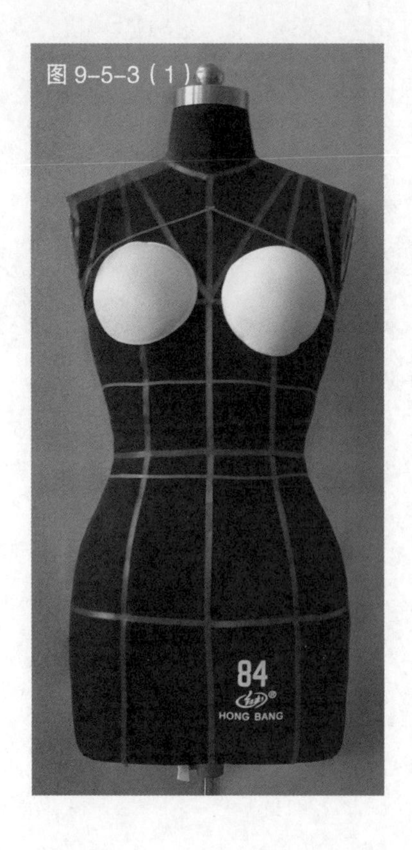

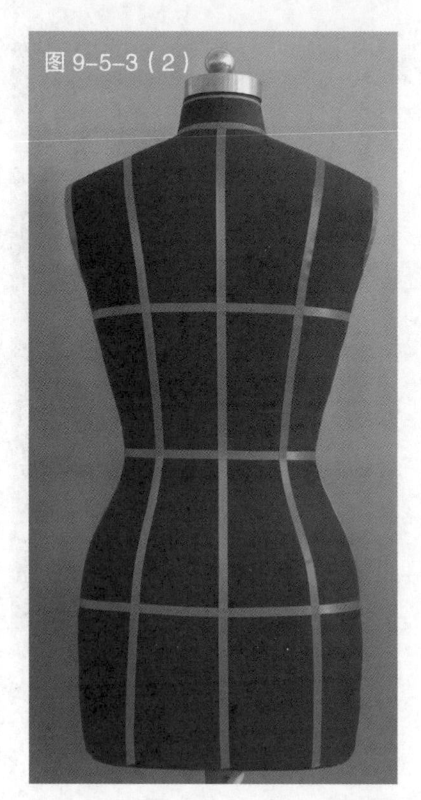

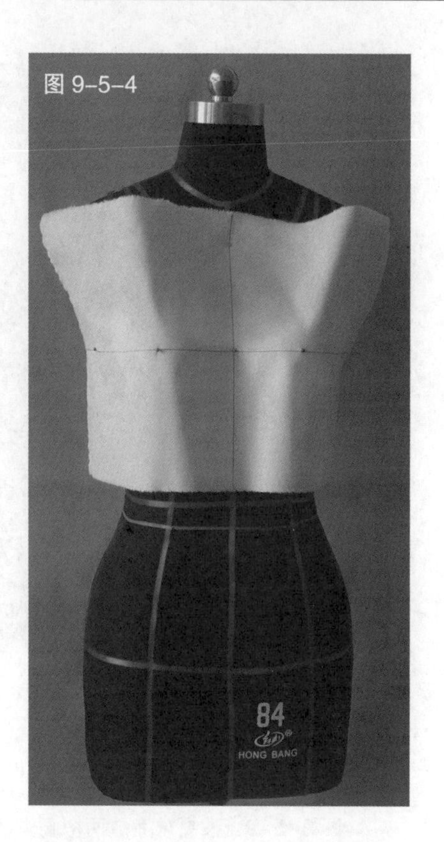

图 9-5-3　根据服装款式在人台上粘贴款式造型线

图 9-5-4　预裁前胸抹胸部位的用布，将其对准人台标识线并固定于人台上

图 9-5-5　将布片贴合人台，并按照造型要求完成省道制作，修剪毛边

图 9-5-6　预裁腰部前片的布片

图 9-5-7　按要求完成折叠的造型

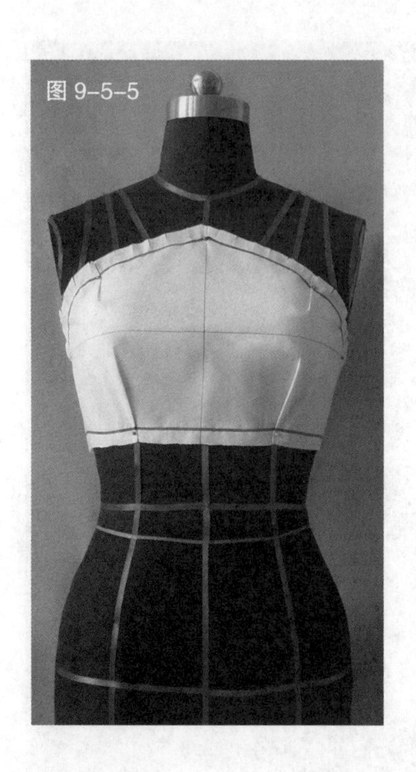

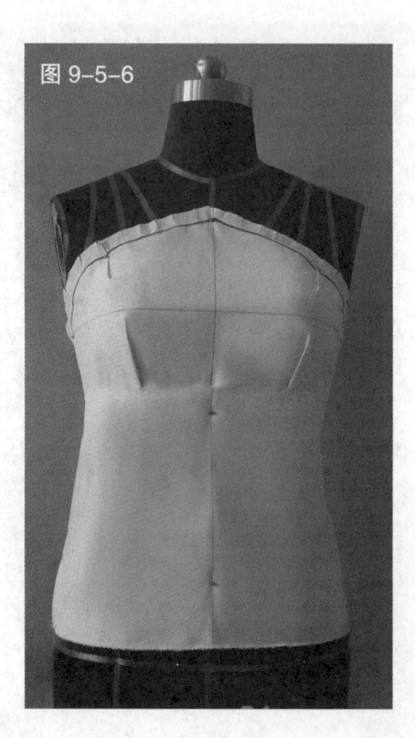

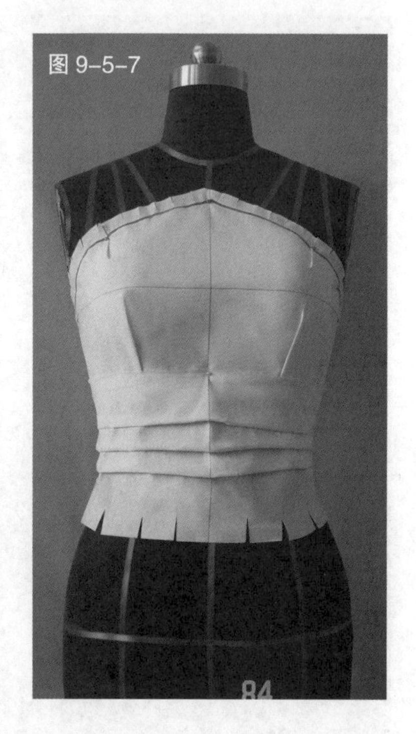

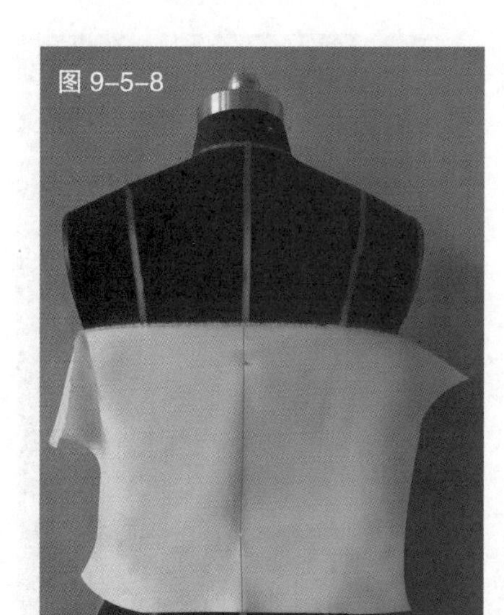
图 9-5-8

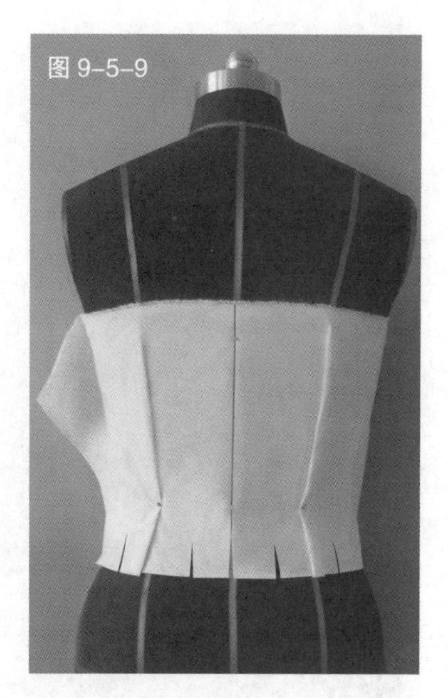
图 9-5-9

图 9-5-10

图 9-5-8 预裁服装的后片
图 9-5-9 按要求完成两个腰省,修剪毛边
图 9-5-10 完成的上衣前片部分裁剪
图 9-5-11 完成的上衣后片部分裁剪
图 9-5-12 裁剪裙摆布片并安装

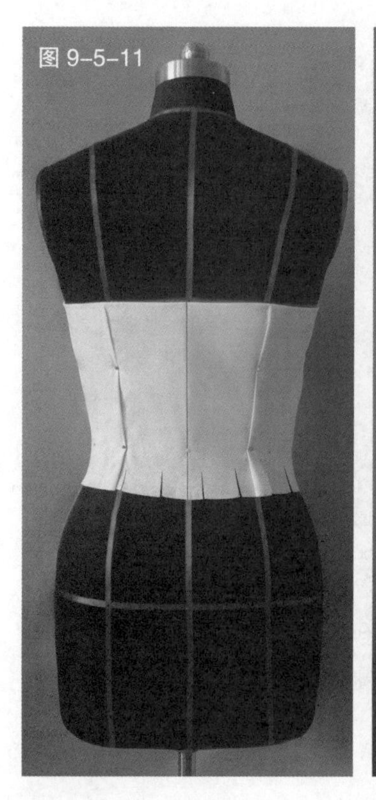
图 9-5-11

图 9-5-12（1）

图 9-5-12（2）

图 9-5-13 继续裁剪第二层和第三层裙摆布片

图 9-5-14 制作胸部折纸造型：先裁剪4块20cm×20cm的布片，进行对角折叠

图 9-5-15 再次折叠，形成约10cm的正方形折纸造型

图 9-5-16 将折纸造型安装在衣片适当位置，用缲针法固定

图 9-5-17 完成后的服装整体造型

图 9-5-18 根据裁剪的布样完成的服装成衣造型

第六节　球形式礼服

（1）款式解析

此款礼服采用填充法塑造出球形裙身的造型，既可爱又活泼；合体式胸衣配以弧形翻边，性感又不失端庄；肩带、腰带的点缀又让整体造型更加阳刚、有力度（见图9-6-1）。

（2）坯布准备

见图9-6-2

（3）操作步骤

见图9-6-3～图9-6-36。

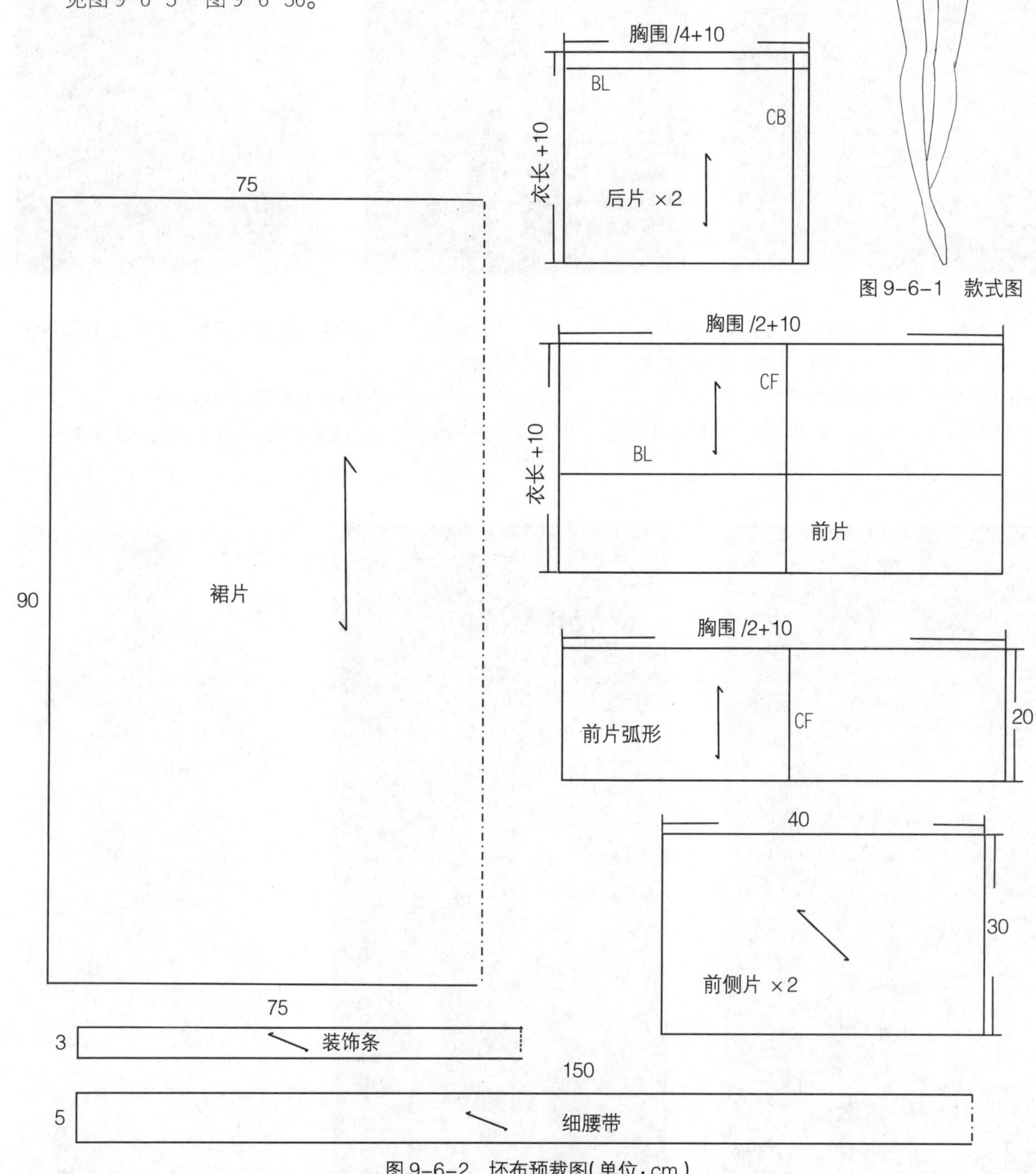

图9-6-1　款式图

图9-6-2　坯布预裁图（单位：cm）

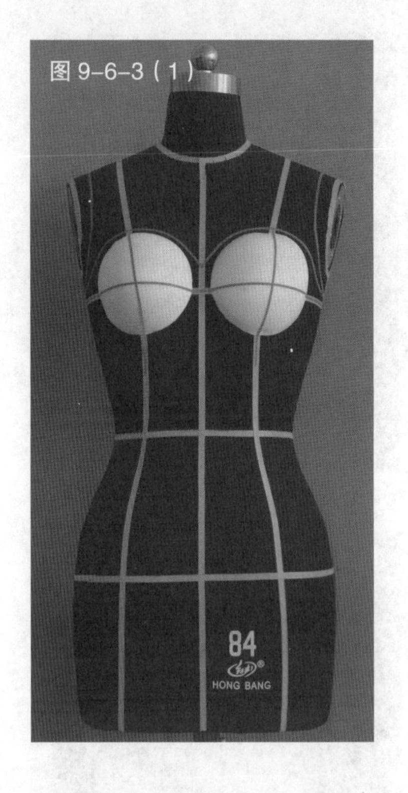

图 9-6-3（1）

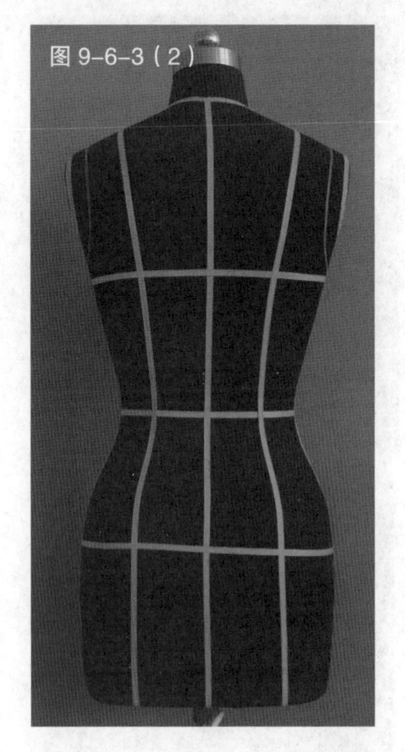
图 9-6-3（2）

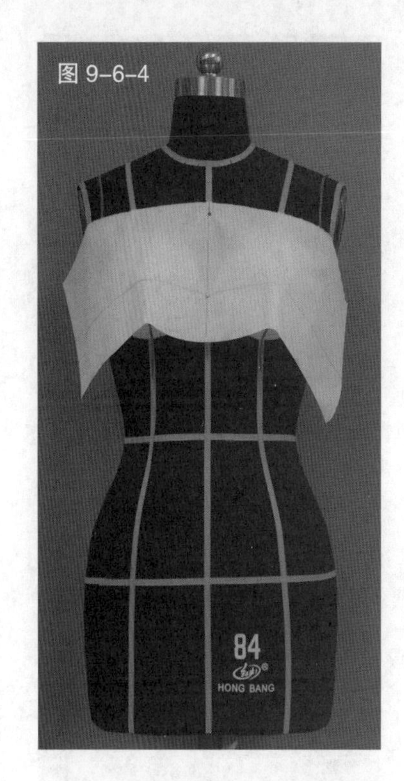

图 9-6-4

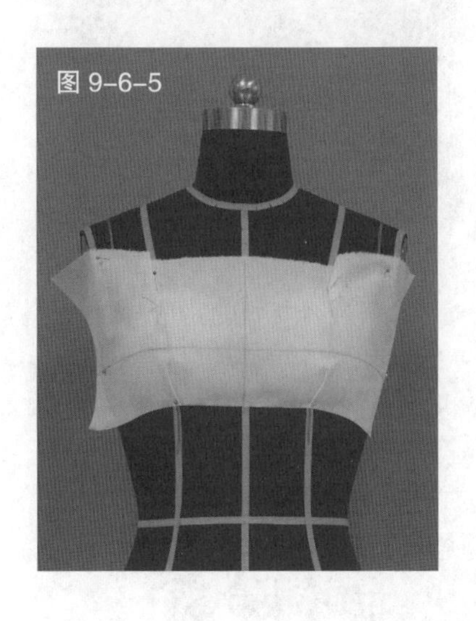
图 9-6-5

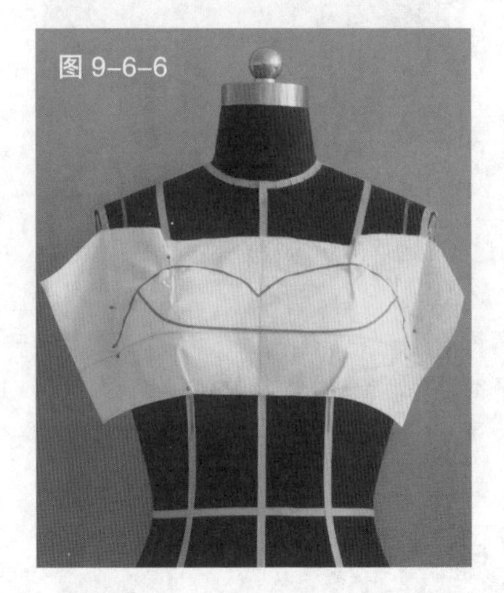
图 9-6-6

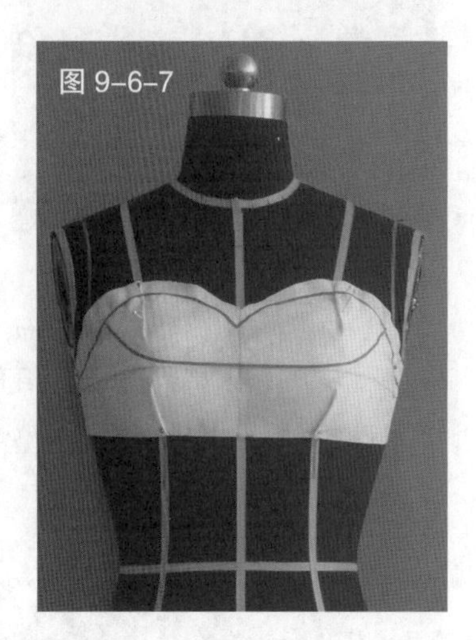
图 9-6-7

图 9-6-3　根据服装款式在人台上粘贴款式造型线

图 9-6-4　预裁胸衣部分的用布并将其固定于人台上

图 9-6-5　贴合布片，完成胸省造型

图 9-6-6　用色带截取需要的轮廓造型

图 9-6-7　修剪毛边，完成胸衣的裁剪

图 9-6-8　制作胸衣边缘的装饰条：将布料斜丝裁剪成宽度约 1.5cm 的布条并按要求安装

图 9-6-9　继续制作第二根装饰条

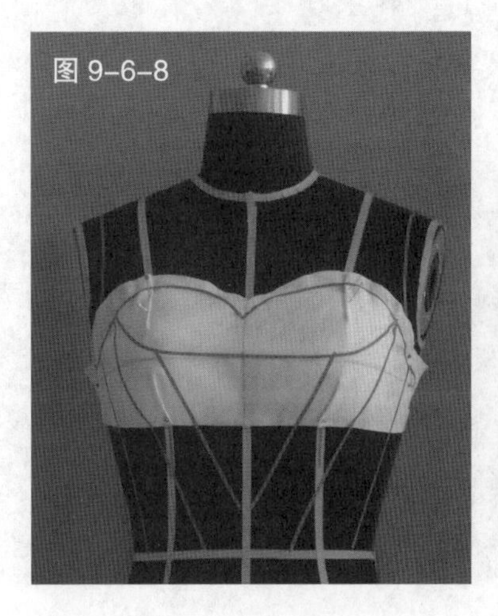
图 9-6-8

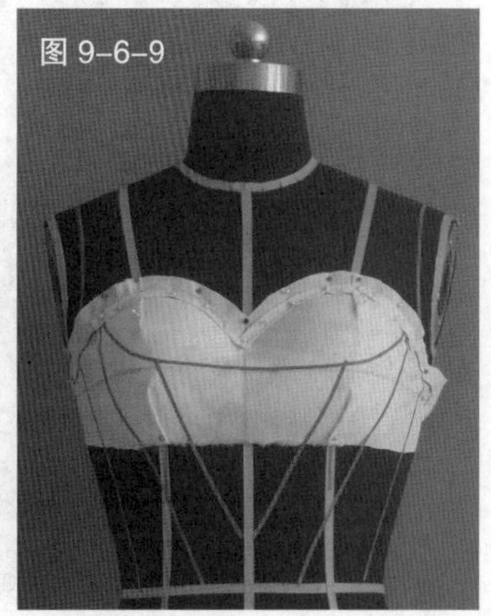
图 9-6-9

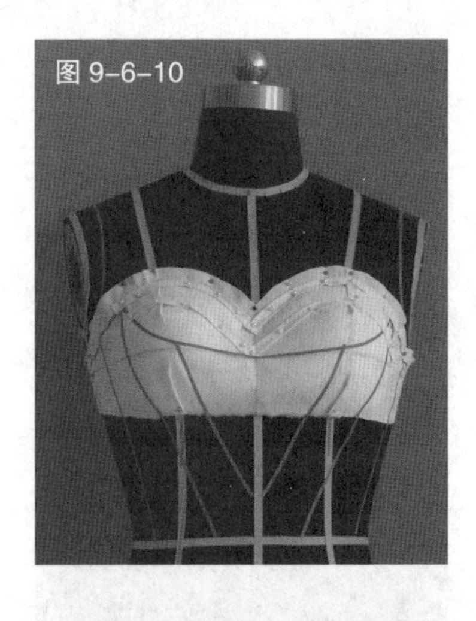
图 9-6-10

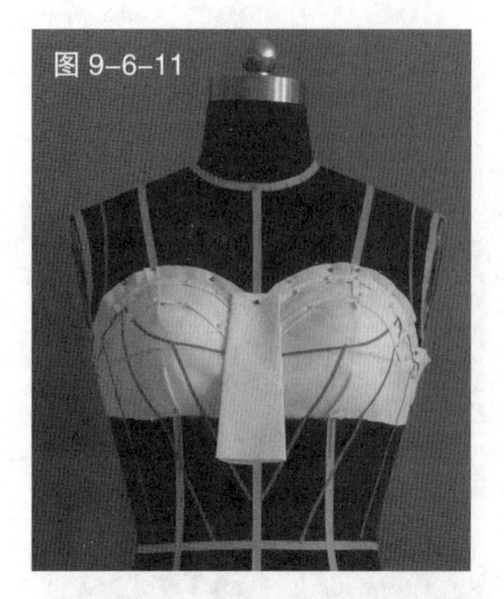
图 9-6-11

图 9-6-12

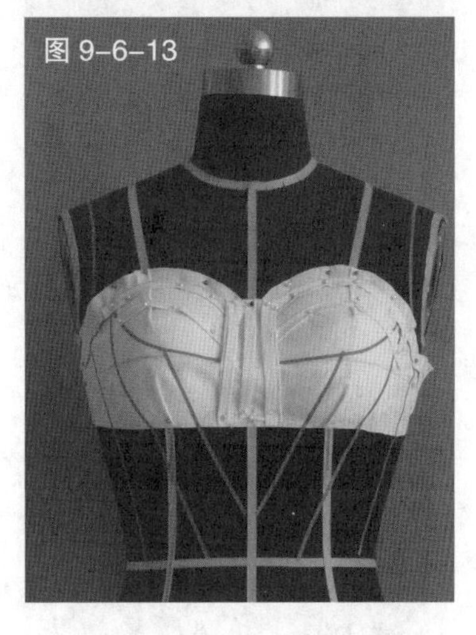
图 9-6-13

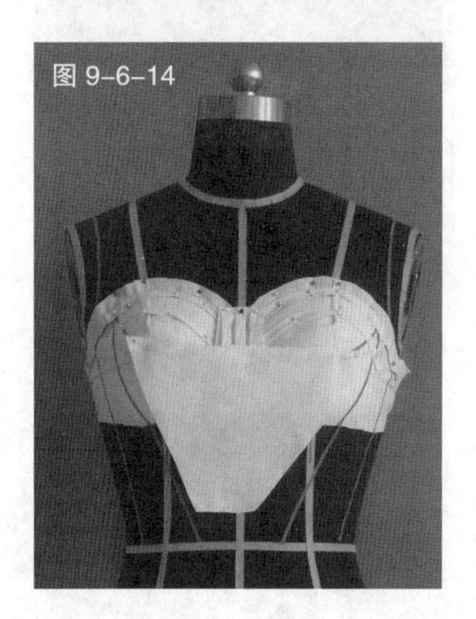
图 9-6-14

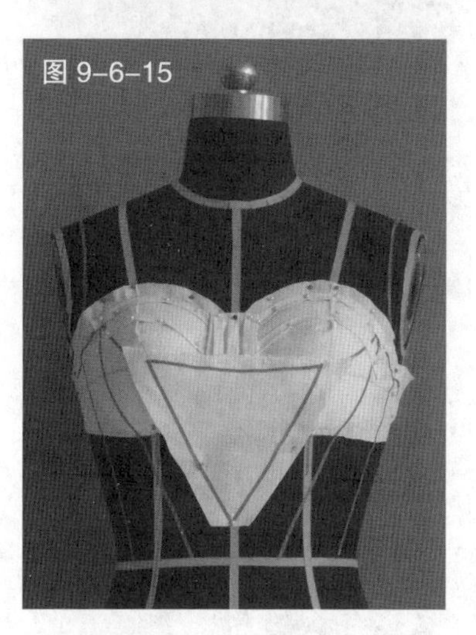
图 9-6-15

图 9-6-10　裁剪胸窝处的布片造型
图 9-6-11　该布片上同样有布条装饰
图 9-6-12　按设计要求完成其他各装饰条
图 9-6-13　完成胸部的造型
图 9-6-14　制作腰部的布样：预裁布料并贴合人台
图 9-6-15　用色带标记出相应的轮廓线，修剪毛边
图 9-6-16　继续预裁其他各布片
图 9-6-17　确保分割线的造型圆润

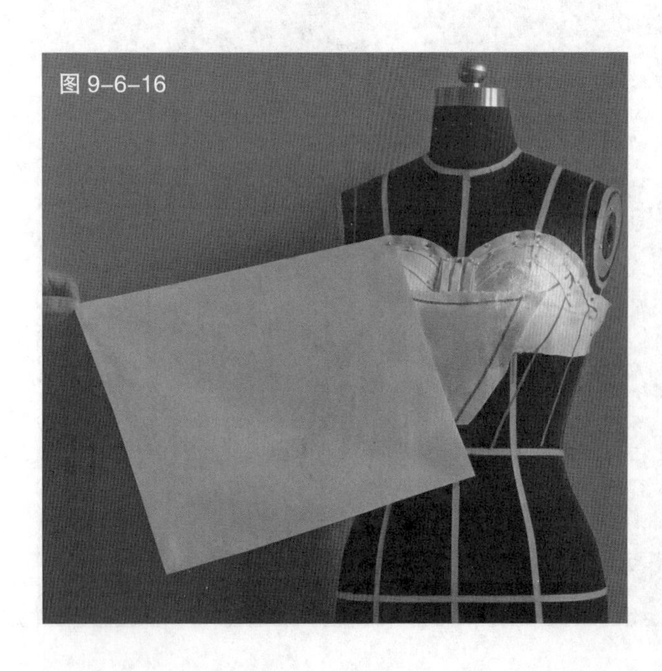
图 9-6-16

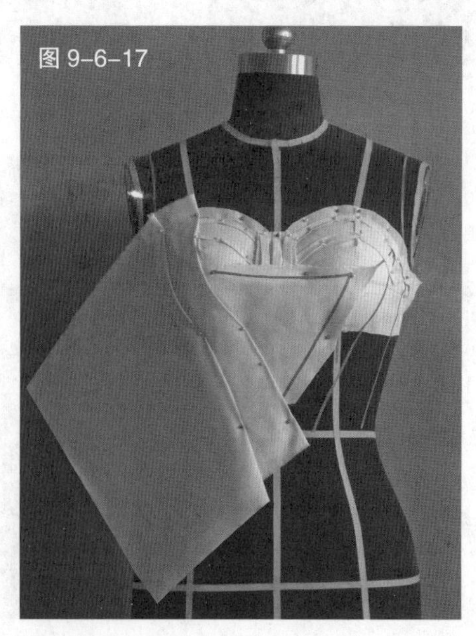
图 9-6-17

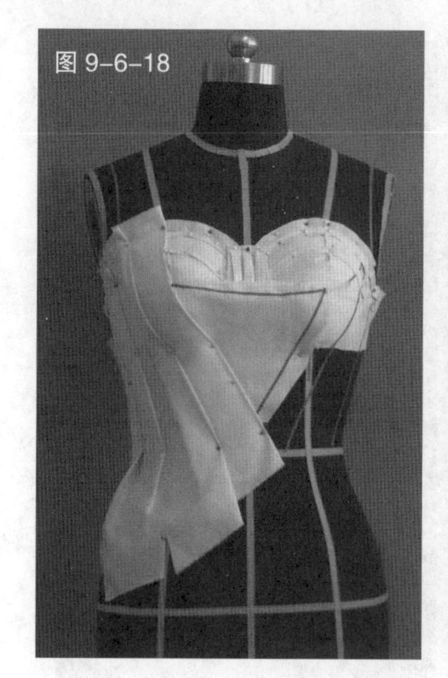
图 9-6-18

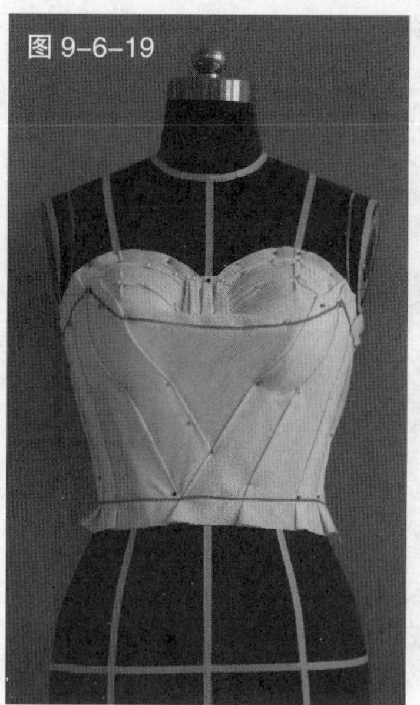
图 9-6-19

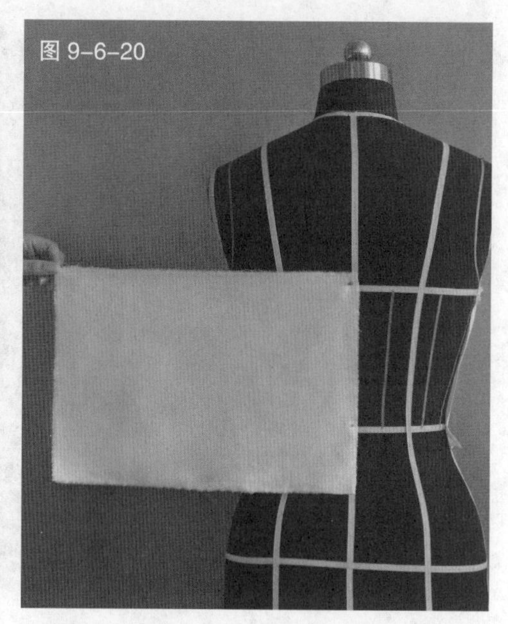
图 9-6-20

图 9-6-18 完成后的一侧的布片造型

图 9-6-19 用相同的方法裁剪另一侧布片,这样前衣片裁剪完成

图 9-6-20 预裁后衣片

图 9-6-21 按要求制作两条分割线

图 9-6-22 用色带标记出布片轮廓造型,修剪毛边

图 9-6-23 完成的后衣片的造型

图 9-6-24 预裁前胸弧形折边的布片并固定于人台相应位置

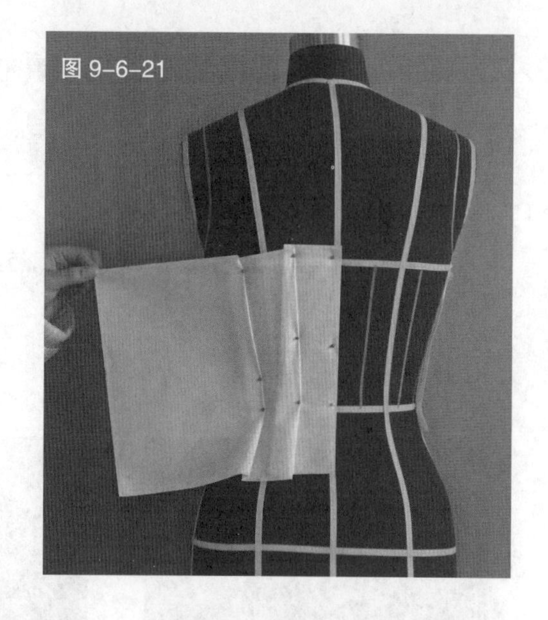
图 9-6-21

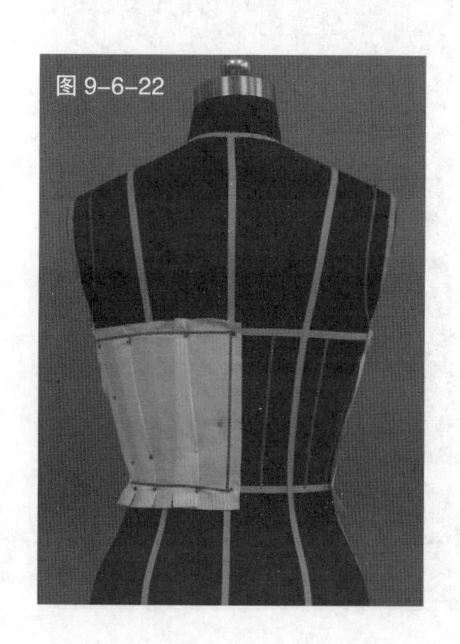
图 9-6-22

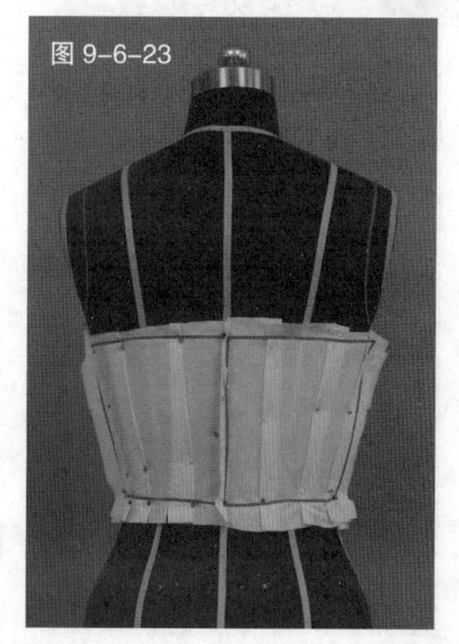
图 9-6-23

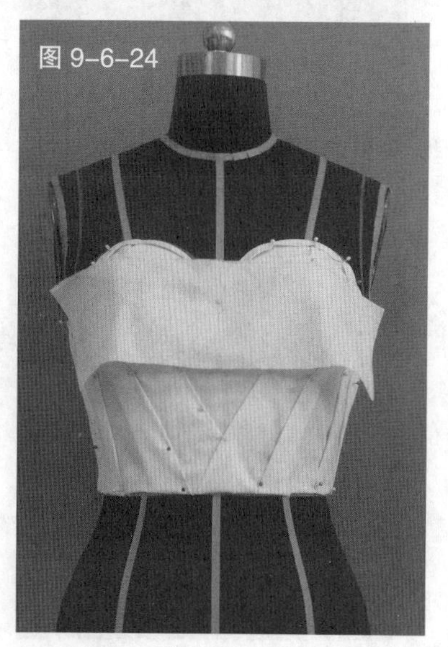
图 9-6-24

图 9-6-25

图 9-6-26

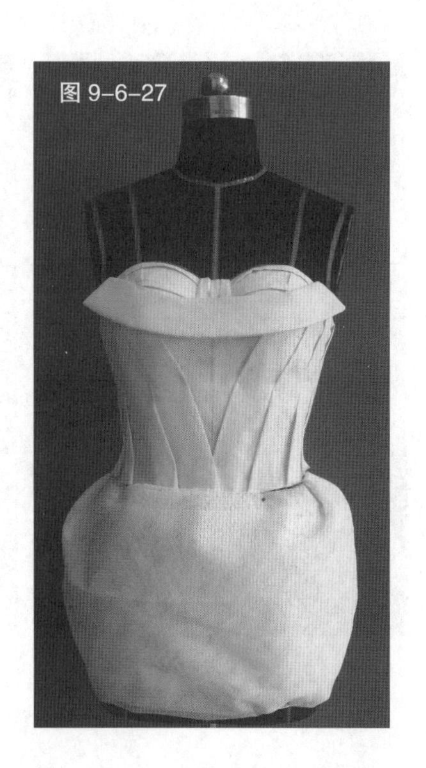
图 9-6-27

图 9-6-25　用色带标记出弧形折边的轮廓造型

图 9-6-26　这是完成好的折边造型

图 9-6-27　裁剪裙片：在裁剪裙片前需完成臀垫的制作，用坯布把适量的腈纶棉包裹成需要的体块造型

图 9-6-28　在体块外部完成裙片的预裁

图 9-6-29　注意腰间的褶量要均衡一致，否则会影响球形的外观效果

图 9-6-30　完成的球形裙身的正面造型

图 9-6-28

图 9-6-29

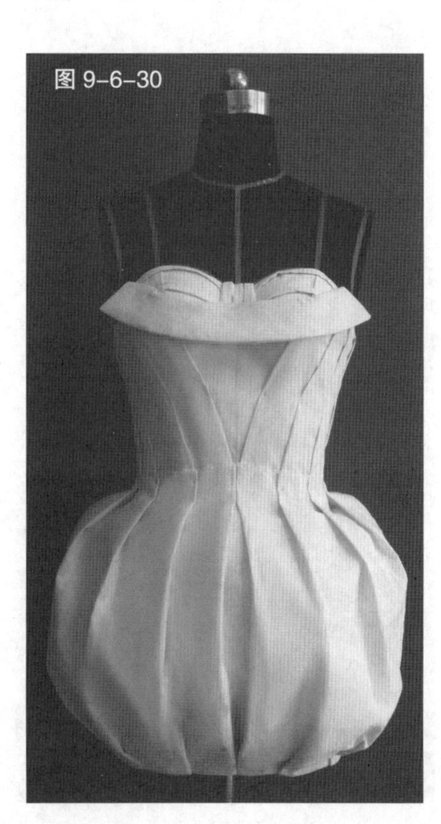
图 9-6-30

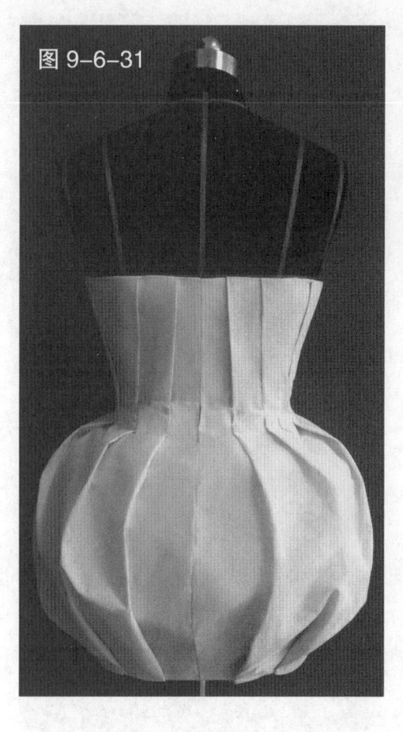
图 9-6-31

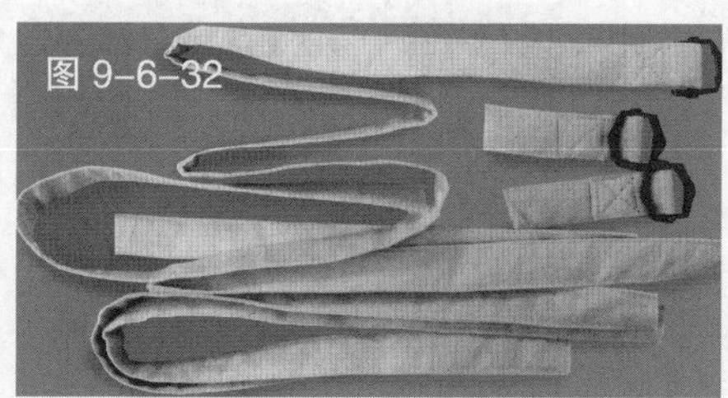
图 9-6-32

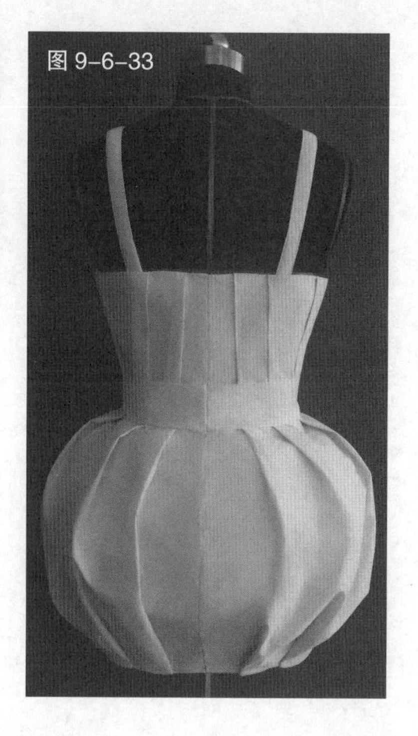
图 9-6-33

图 9-6-31　完成的球形裙身的背面造型
图 9-6-32　制作好肩带和腰带备用
图 9-6-33　裁剪宽约 4cm 的腰带并将其安装于服装腰部
图 9-6-34　完成后的服装正面造型
图 9-6-35　完成后的服装背面造型
图 9-6-36　依据裁剪的布样完成的成衣造型

图 9-6-34

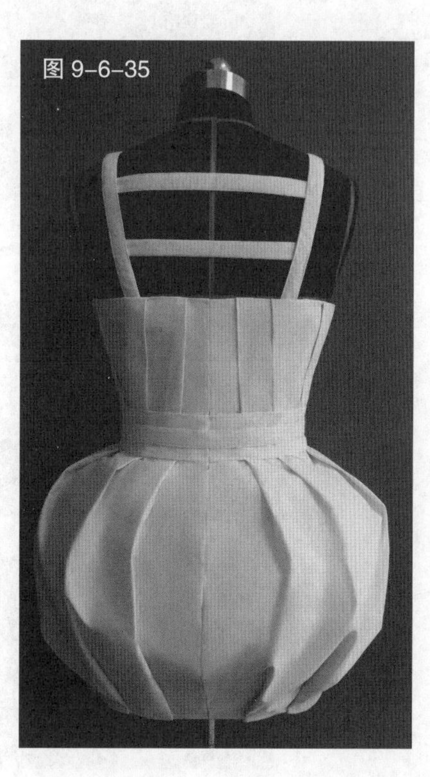
图 9-6-35

图 9-6-36

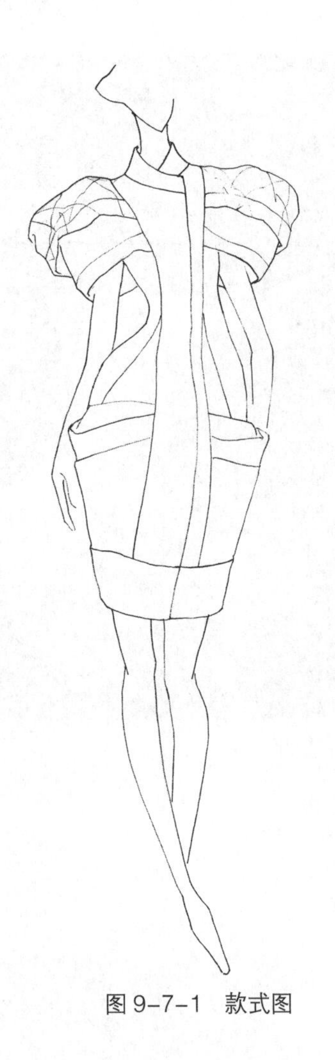

图 9-7-1 款式图

第七节 肩部填充式小礼服

（1）款式解析

此款礼服将肩部的造型进行夸张，起到收紧腰肢的错视感，展现出女性妩媚而具有独特个性的风格；运用填充技巧及绗缝针法，凸显服装的肩部造型，而胯部的抽缩褶裥又凸显女性“S”身形，让礼服更加妩媚动人（见图 9-7-1）。

（2）坯布准备

见图 9-7-2。

（3）操作步骤

见图 9-7-3 ~ 图 9-7-25。

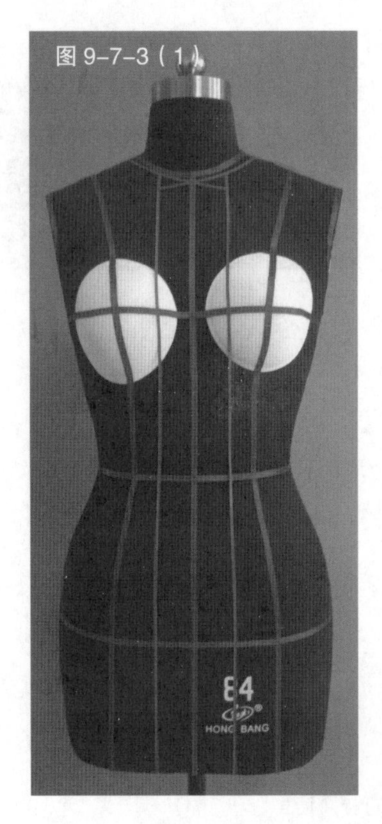

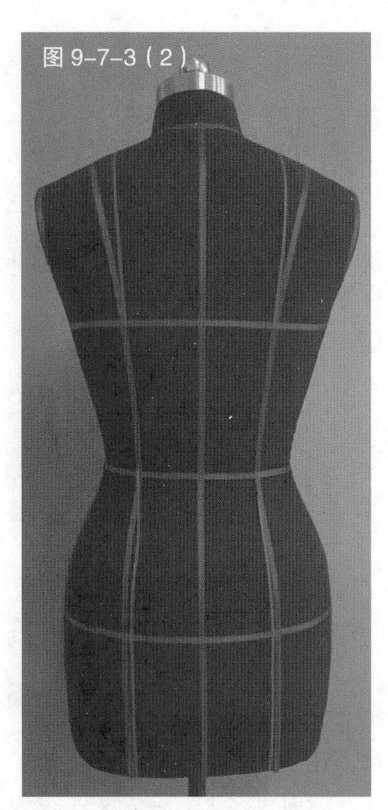

图 9-7-3 根据服装款式在人台上粘贴款式造型线

图 9-7-4 预裁前右侧衣片的布片并固定于人台，使其贴合后用色带截取衣片的轮廓

图 9-7-5 用相同的方法完成前左侧衣片的裁剪

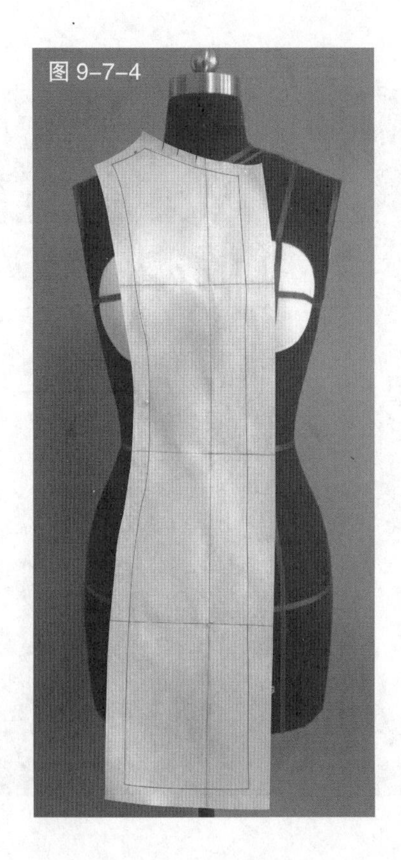

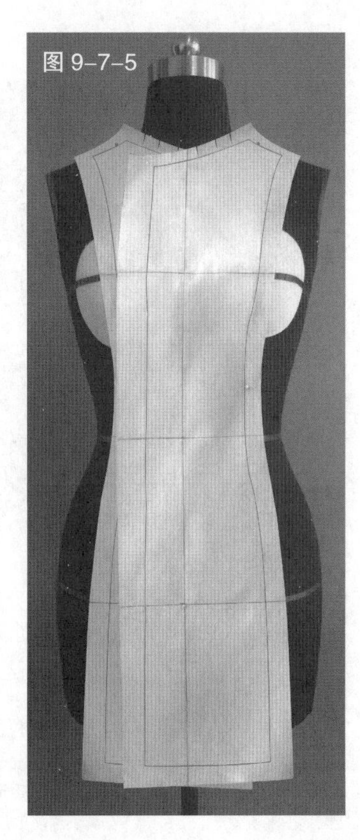

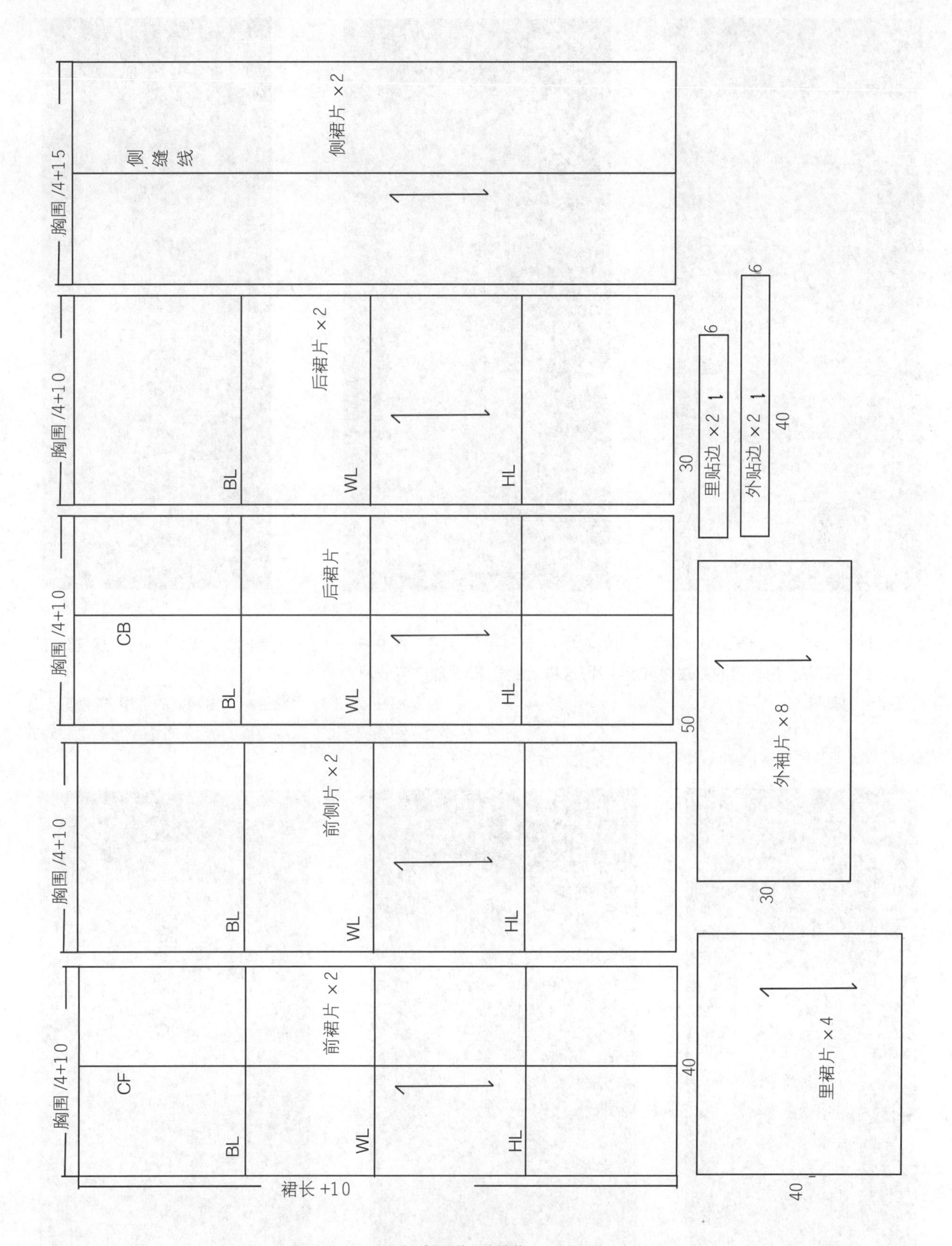

图 9-7-2　坯布预裁图(单位：cm)

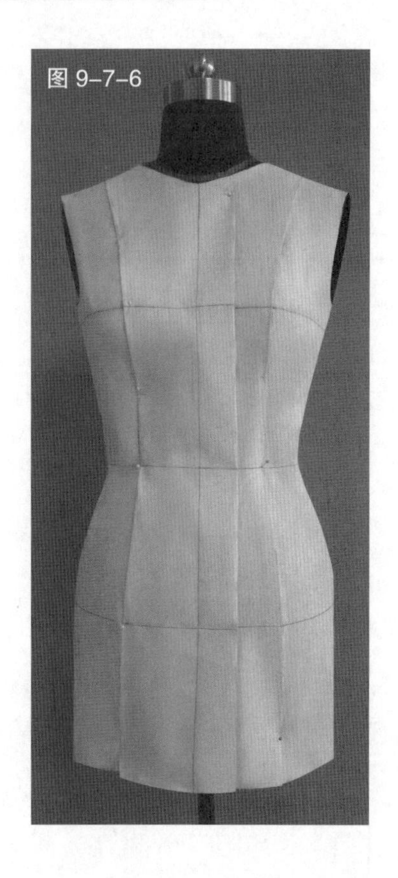

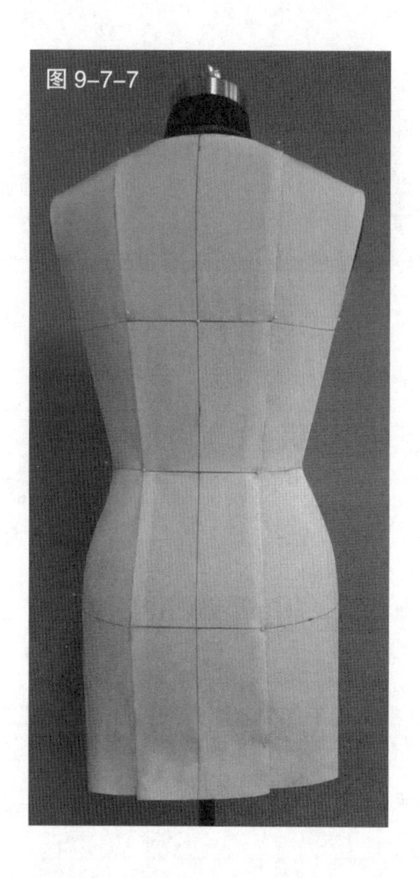

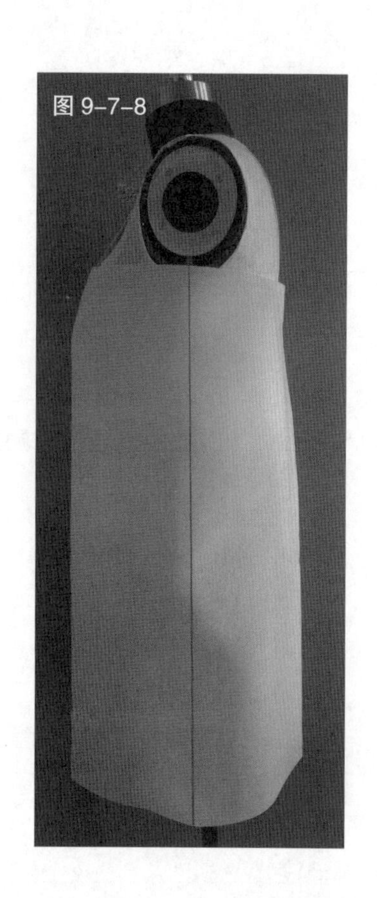

图 9-7-6 用相同的方法裁剪两侧的衣片

图 9-7-7 用相同的方法裁剪后衣片，这样就完成了裙装的裁剪

图 9-7-8 预裁胯部装饰褶裥的布片，保证丝缕与服装侧缝对齐

图 9-7-9 用色带标记出需要的造型，并修剪毛边

图 9-7-10 完成褶裥的造型，布边要与公主线对齐

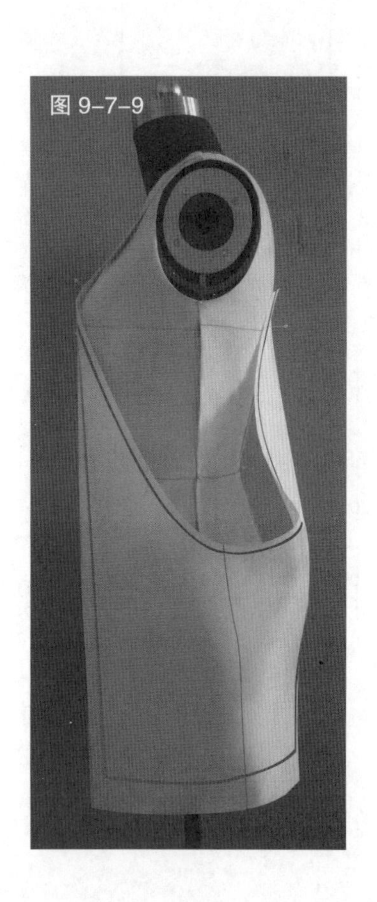

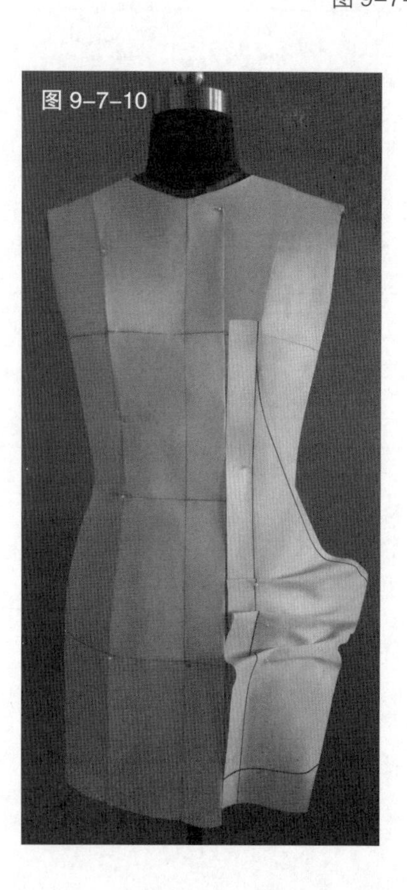

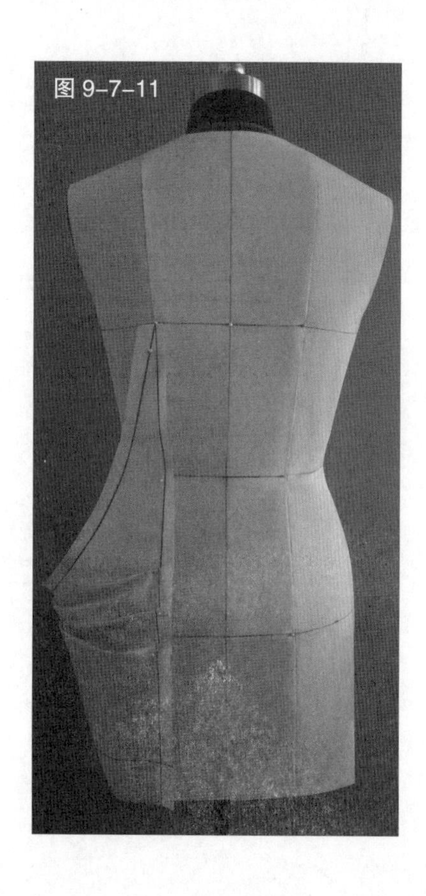

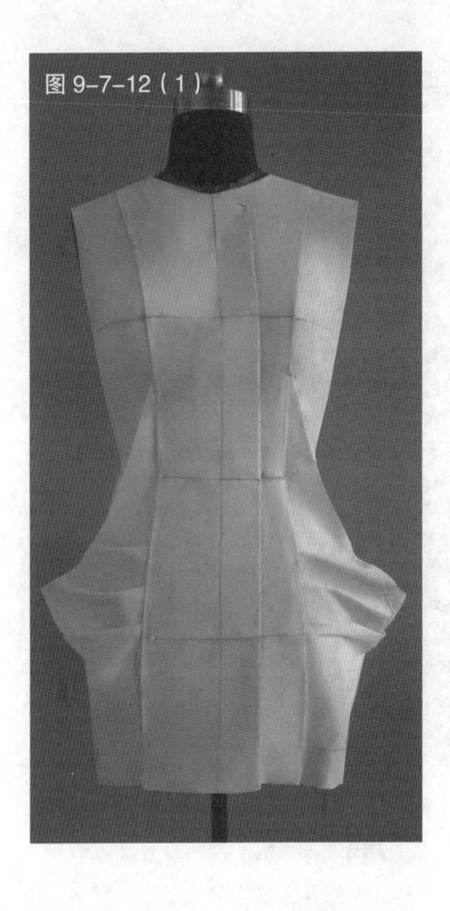
图 9-7-12（1）

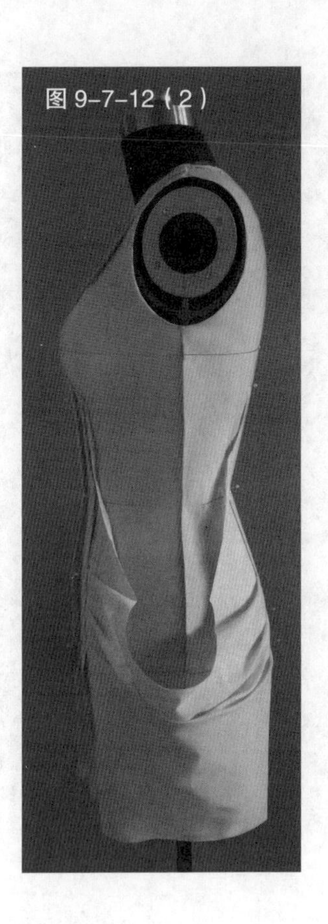
图 9-7-12（2）

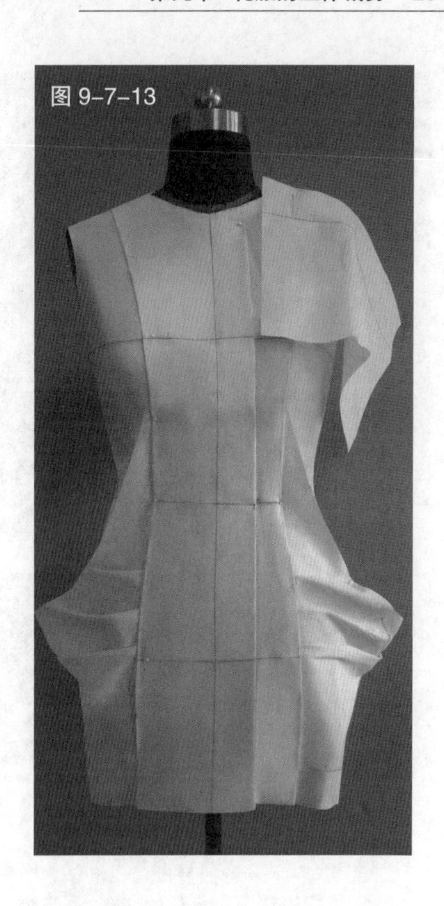
图 9-7-13

图 9-7-11 用相同的方法完成背面的褶裥造型

图 9-7-12 完成后的胯部褶裥的各角度造型

图 9-7-13 裁剪肩部造型：按设计要求预裁肩部布片

图 9-7-14 将预裁的布片放置于桌面，裁剪成对称的双层布料

图 9-7-15 用缝纫机缝合肩缝

图 9-7-16 翻转双层布片，将毛边折在里面

图 9-7-17 在直边处缝上宽度约 3cm 的贴边

图 9-7-18 将制作好的肩部造型安装于服装的公主线处

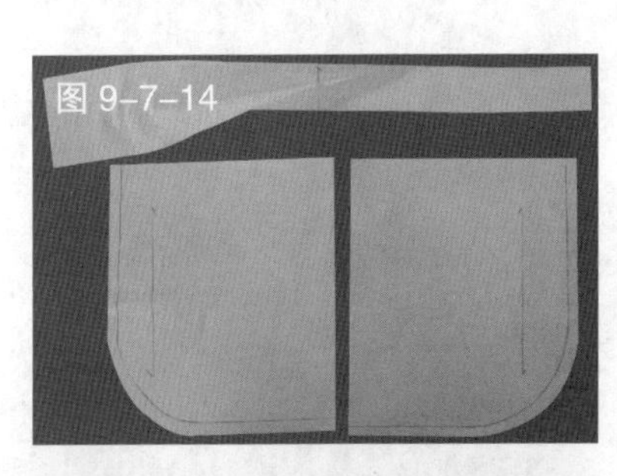
图 9-7-14

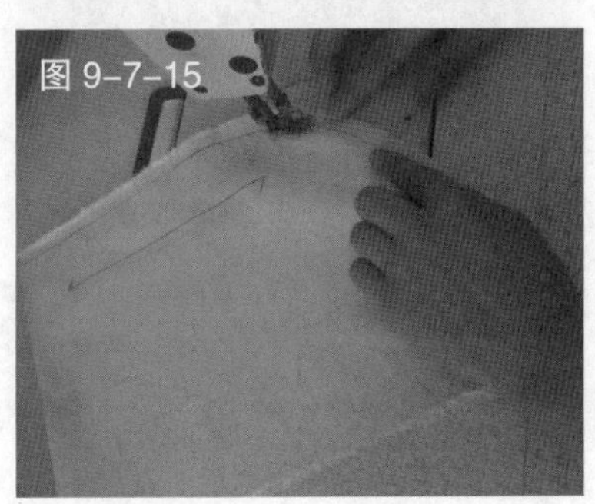
图 9-7-15

图 9-7-16

图 9-7-17

图 9-7-18

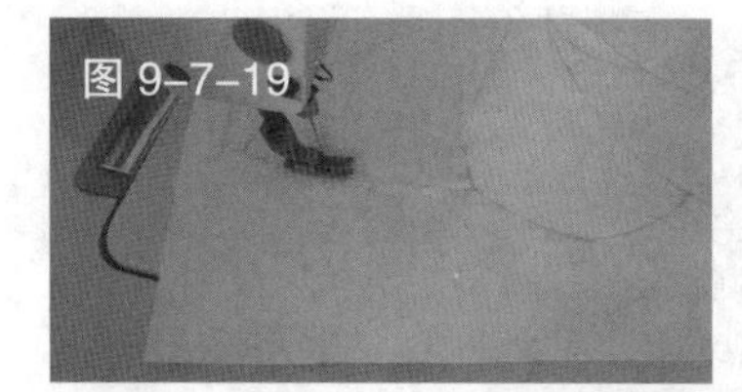
图 9-7-19

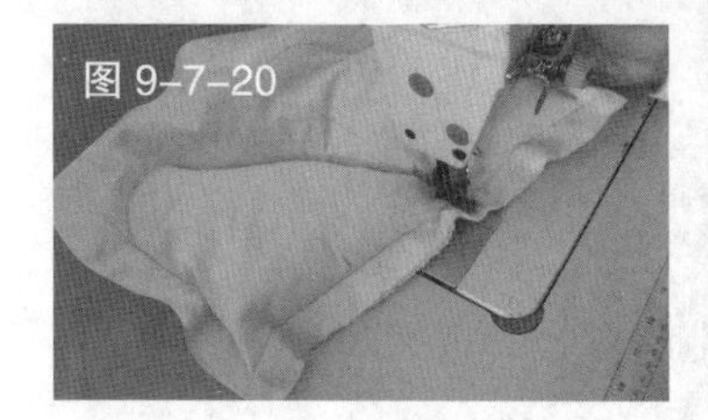
图 9-7-20

图 9-7-21

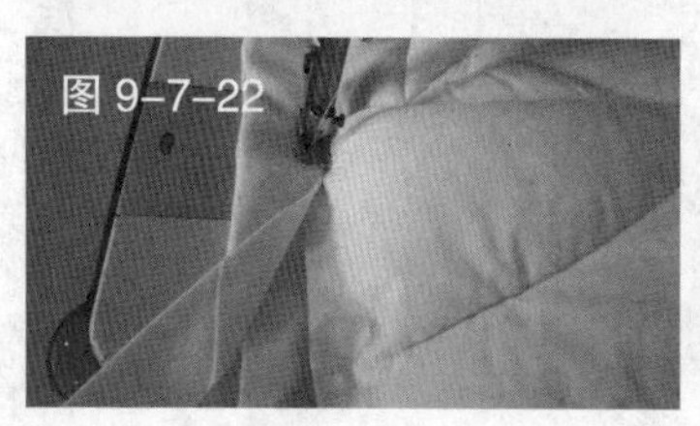
图 9-7-22

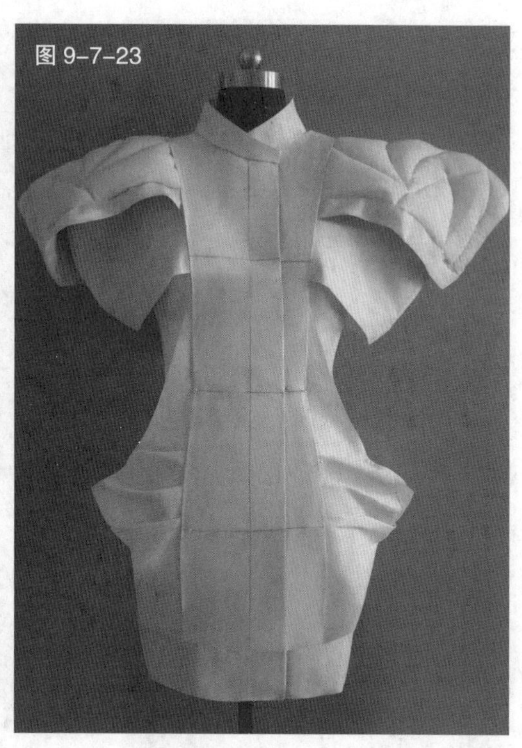
图 9-7-23

图 9-7-19　裁剪肩部填充部分：以服装的肩部尺寸为依据，预裁肩部填充部位的布料，注意需要双层

图 9-7-20　在布料的正面用铅笔轻轻画出需要绗缝的线迹，再用缝纫机将双层布料按照画出的轮廓线缝合；填充腈纶棉或棉花，继续沿铅笔线迹进行绗缝

图 9-7-21　绗缝好的部件造型

图 9-7-22　同样在该部件上缝合贴边

图 9-7-23　安装该部件，完成服装的整体造型

图 9-7-24　完成后的服装的背面造型

图 9-7-25　根据裁剪的布样制作的服装成衣

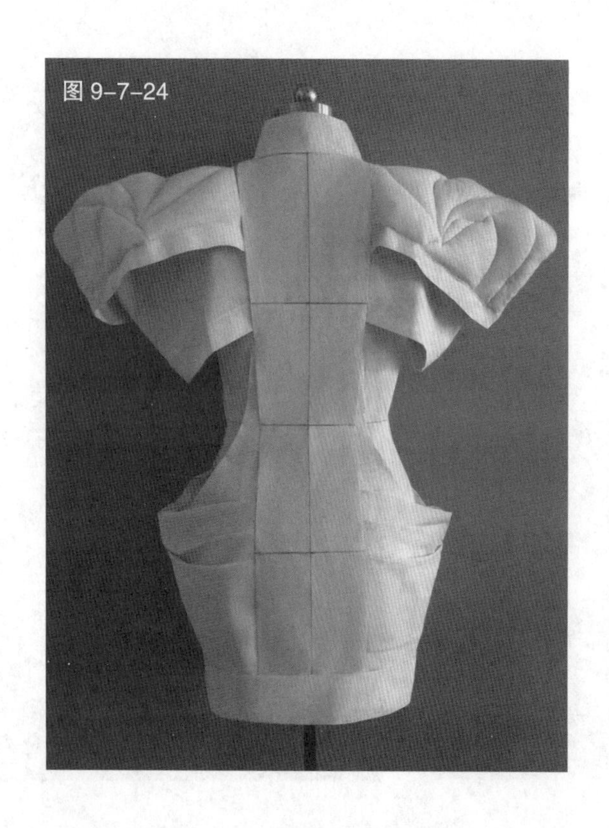
图 9-7-24

图 9-7-25

同步练习

1.认真分析本章节中的7款礼服实例的操作要点并实践。

2.结合所学知识，分析练习图1～图5中礼服款式的操作要点和技术手法，然后进行自主操作练习，注意操作的规范性。

3.总结礼服设计及裁剪的要点，自行设计两或三款礼服，将学习的技法进行综合运用。

练习图1

练习图2

练习图3

练习图4

练习图5

结束语

随着社会的快速发展，现代服装已进入了个性化、时尚化时代，人们对服装造型、色彩、品位的要求不断提高，对服装设计与裁剪技术也提出了更高的要求。

服装设计属于艺术的范畴，在造型设计教学中必须重视对学生驾驭美的综合能力的提高。服装立体裁剪作为一门创新课程，学生不仅要学会在布料与人体（或模型）之间随意塑造，尽情表达个性思维，还应结合众多的学科知识，如平面裁剪技术、人体工效学、服装材料学、服装设计学、服饰美学等，使这个充满想象、创造的过程有一个科学、完美的结果，达到艺术与技术的融合。这样既培养学生综合运用知识的能力，又能让他们在知识的交错中进行新知识的探索与研究，培养他们对知识的驾御能力和创新意识，这将成为服装教学发展的必然，也关系着学科未来的发展。

在服装立体裁剪教学中，要培养学生对服装整体结构的把握和造型的能力，通过理论讲解、实例分析及设置有效的训练题等，加强学生对材料的视、触觉的体验，引导他们挖掘新的表现方法，锻炼他们将服装款式、材料、工艺三者统一构思的能力，提高对美的整体表达能力和鉴赏能力；积极引导学生用比较法来辨析立体裁剪技法的优缺点，使学生对这种技术有一个客观、全面的评价，建立正确的思维方法及掌握处理各种问题的技能；让学生在实践中充分体验多种学科知识的碰撞，善于用新思维、新内容开阔学生的视野，提高对创意的认识和兴趣，用新事物来刺激和诱发他们的创造欲望。

教师作为学生创意探索的领航者，不仅要对学生加强“美”的理论和“美”的实践的指导，更需引导他们用敏锐的眼光寻找美、发现美，用艺术的思维来感受美、创造美。虽然本书是一本技术性教程，但作者希望借此来激发学生对创作美的激情，加强创造美能力的培养，开拓创造美的思路。

参考文献

[1] 刘咏梅 .服装立体裁剪技术 [M].北京:金盾出版社,2001.

[2] 邹平,吴小兵 .服装立体裁剪 [M].上海:东华大学出版社,2008.

[3] 白琴芳 .成衣立体裁剪教程 [M].北京:中国传媒大学出版社,2011.

[4] (日)文化服装学院 .文化服装讲座——服饰手工艺篇(第 2 版)[M].郝瑞闽,范树林,冯旭敏,编译 .北京:中国轻工业出版社,2002.

图书在版编目（C I P）数据

服装立体裁剪/於琳，张杏，赵敏编著.-- 2版. -- 上海 ：
东华大学出版社，2021.2

ISBN 978-7-5669-1852-9

Ⅰ. ①服… Ⅱ. ①於… ②张… ③赵… Ⅲ. ①立体裁
剪 Ⅳ. ①TS941.631

中国版本图书馆CIP数据核字(2021)第037292号

责任编辑：谭　英

封面设计：Marquis

服装立体裁剪
Fuzhuang Liti Caijian

於琳 张杏 赵敏　编著

东华大学出版社出版

上海市延安西路1882号

邮政编码：200051　电话：（021）62373056

出版社官网：http://dhupress.dhu.edu.cn/

出版社邮箱：dhupress@dhu.edu.cn

上海当纳利印刷有限公司印刷

开本：889㎜×1194㎜　1/16　印张：18.75　字数：660千字

2021年2月第2版　2022年8月第2次印刷

ISBN 978-7-5669-1852-9

定价：59.00元